全国高等学校自动化专业系列教材

教育部高等学校自动化专业教学指导分委员会牵头规划

Adaptive Control

自适应控制

柴天佑　岳　恒　著

Chai Tianyou　Yue Heng

清华大学出版社

北　京

内 容 简 介

自适应控制是针对具有不确定性被控对象的一种控制器设计方法。自适应控制器本质上是可以用计算机实现的控制算法，它源于工业领域的实际需求，经过几代控制学者的不断深入研究，建成了相对完整的理论体系，成为理论和实践有机结合的具有勃勃生命力和应用前景的控制科学与控制工程中的重要研究领域。

本书对自适应控制理论和应用进行了系统的介绍，其中相当部分的内容取材于作者及其学生多年来在这一领域的研究成果。主要内容包括：动态模型与参数估计、自校正控制、模型参考自适应控制、多变量自适应控制、非线性自适应控制和自适应控制的应用。本教材的主要目的是使学生掌握自适应控制器的设计方法，因此将各种自适应控制器归结为可调参数控制器和自适应律，对可调参数控制器分控制问题描述(包括被控对象、控制目标)、控制器设计、性能分析进行了详细介绍，目的是使学生掌握这些在实际中已用的控制器设计方法，在此基础上突出各种自适应控制方法的结构、设计方法、设计案例。在本书最后介绍了自适应控制的工业应用，其中包括在工业当中已经投运的自适应控制系统。

本书的特点是结构严谨，论理明晰，深入浅出，既介绍了自适应控制的基础内容，也反映了该领域的最新研究成果。本书既可以作为高等院校控制科学与控制工程学科和相关学科的硕士研究生和博士研究生教材，也可作为从事自动化科学与技术研究人员的参考书，其基础内容也可以作为自动化专业本科生教材。

图书在版编目(CIP)数据

自适应控制/柴天佑，岳恒著. --北京：清华大学出版社，2016(2024.11重印)
全国高等学校自动化专业系列教材
ISBN 978-7-302-42990-6

Ⅰ. ①自… Ⅱ. ①柴… ②岳… Ⅲ. ①自适应控制—高等学校—教材 Ⅳ. ①TP13

中国版本图书馆 CIP 数据核字(2016)第 030991 号

责任编辑：王一玲
封面设计：常雪影
责任校对：李建庄
责任印制：杨 艳

出版发行：清华大学出版社
网　　址：https://www.tup.com.cn, https://www.wqxuetang.com
地　　址：北京清华大学学研大厦 A 座　　**邮　　编**：100084
社 总 机：010-83470000　　**邮　　购**：010-62786544
投稿与读者服务：010-62776969，c-service@tup.tsinghua.edu.cn
质量反馈：010-62772015，zhiliang@tup.tsinghua.edu.cn
课件下载：https://www.tup.com.cn，010-83470236
印 装 者：三河市君旺印务有限公司
经　　销：全国新华书店
开　　本：175mm×245mm　　**印　　张**：23　　**字　　数**：489 千字
版　　次：2016 年 4 月第 1 版　　**印　　次**：2024 年11月第10次印刷
定　　价：59.00 元

产品编号：020859-02

出版说明

《全国高等学校自动化专业系列教材》

为适应我国对高等学校自动化专业人才培养的需要，配合各高校教学改革的进程，创建一套符合自动化专业培养目标和教学改革要求的新型自动化专业系列教材，“教育部高等学校自动化专业教学指导分委员会”（简称“教指委”）联合了“中国自动化学会教育工作委员会”、“中国电工技术学会高校工业自动化教育专业委员会”、“中国系统仿真学会教育工作委员会”和“中国机械工业教育协会电气工程及自动化学科委员会”四个委员会，以教学创新为指导思想，以教材带动教学改革为方针，设立专项资助基金，采用全国公开招标方式，组织编写出版了一套自动化专业系列教材——《全国高等学校自动化专业系列教材》。

本系列教材主要面向本科生，同时兼顾研究生；覆盖面包括专业基础课、专业核心课、专业选修课、实践环节课和专业综合训练课；重点突出自动化专业基础理论和前沿技术；以文字教材为主，适当包括多媒体教材；以主教材为主，适当包括习题集、实验指导书、教师参考书、多媒体课件、网络课程脚本等辅助教材；力求做到符合自动化专业培养目标、反映自动化专业教育改革方向、满足自动化专业教学需要；努力创造使之成为具有先进性、创新性、适用性和系统性的特色品牌教材。

本系列教材在“教指委”的领导下，从2004年起，通过招标机制，计划用3～4年时间出版50本左右教材，2006年开始陆续出版问世。为满足多层面、多类型的教学需求，同类教材可能出版多种版本。

本系列教材的主要读者群是自动化专业及相关专业的大学生和研究生，以及相关领域和部门的科学工作者和工程技术人员。我们希望本系列教材既能为在校大学生和研究生的学习提供内容先进、论述系统和适于教学的教材或参考书，也能为广大科学工作者和工程技术人员的知识更新与继续学习提供适合的参考资料。感谢使用本系列教材的广大教师、学生和科技工作者的热情支持，并欢迎提出批评和意见。

《全国高等学校自动化专业系列教材》编审委员会

2005年10月于北京

《全国高等学校自动化专业系列教材》编审委员会

序

FOREWORD

自动化学科有着光荣的历史和重要的地位，20 世纪 50 年代我国政府就十分重视自动化学科的发展和自动化专业人才的培养。五十多年来，自动化科学技术在众多领域发挥了重大作用，如航空、航天等，两弹一星的伟大工程就包含了许多自动化科学技术的成果。自动化科学技术也改变了我国工业整体的面貌，不论是石油化工、电力、钢铁，还是轻工、建材、医药等领域都要用到自动化手段，在国防工业中自动化的作用更是巨大的。现在，世界上有很多非常活跃的领域都离不开自动化技术，比如机器人、月球车等。另外，自动化学科对一些交叉学科的发展同样起到了积极的促进作用，例如网络控制、量子控制、流媒体控制、生物信息学、系统生物学等学科就是在系统论、控制论、信息论的影响下得到不断的发展。在整个世界已经进入信息时代的背景下，中国要完成工业化的任务还很重，或者说我们正处在后工业化的阶段。因此，国家提出走新型工业化的道路和“信息化带动工业化，工业化促进信息化”的科学发展观，这对自动化科学技术的发展是一个前所未有的战略机遇。

机遇难得，人才更难得。要发展自动化学科，人才是基础、是关键。高等学校是人才培养的基地，或者说人才培养是高等学校的根本。作为高等学校的领导和教师始终要把人才培养放在第一位，具体对自动化系或自动化学院的领导和教师来说，要时刻想着为国家关键行业和战线培养和输送优秀的自动化技术人才。

影响人才培养的因素很多，涉及教学改革的方方面面，包括如何拓宽专业口径、优化教学计划、增强教学柔性、强化通识教育、提高知识起点、降低专业重心、加强基础知识、强调专业实践等，其中构建融会贯通、紧密配合、有机联系的课程体系，编写有利于促进学生个性发展、培养学生创新能力的教材尤为重要。清华大学吴澄院士领导的《全国高等学校自动化专业系列教材》编审委员会，根据自动化学科对自动化技术人才素质与能力的需求，充分吸取国外自动化教材的优势与特点，在全国范围内，以招标方式，组织编写了这套自动化专业系列教材，这对推动高等学校自动化专业发展与人才培养具有重要的意义。这套系列教材的建设有新思路、新机制，适应了高等学校教学改革与发展的新形势，立足创建精品教材，重视实践性环节在人才培养中的作用，采用了竞争机制，以激励和推动教材建设。在此，我谨向参与本系列教材规划、组织、编写的老师致以诚挚的感谢，并希望该系列教材在全国高等学校自动化专业人才培养中发挥应有的作用。

吴启迪教授

2005年10月于教育部

序

FOREWORD

《全国高等学校自动化专业系列教材》编审委员会在对国内外部分大学有关自动化专业的教材做深入调研的基础上，广泛听取了各方面的意见，以招标方式，组织编写了一套面向全国本科生（兼顾研究生）、体现自动化专业教材整体规划和课程体系、强调专业基础和理论联系实际的系列教材，自2006年起将陆续面世。全套系列教材共50多本，涵盖了自动化学科的主要知识领域，大部分教材都配置了包括电子教案、多媒体课件、习题辅导、课程实验指导书等立体化教材配件。此外，为强调落实“加强实践教育，培养创新人才”的教学改革思想，还特别规划了一组专业实验教程，包括《自动控制原理实验教程》、《运动控制实验教程》、《过程控制实验教程》、《检测技术实验教程》和《计算机控制系统实验教程》等。

自动化科学技术是一门应用性很强的学科，面对的是各种各样错综复杂的系统，控制对象可能是确定性的，也可能是随机性的；控制方法可能是常规控制，也可能需要优化控制。这样的学科专业人才应该具有什么样的知识结构，又应该如何通过专业教材来体现，这正是“系列教材编审委员会”规划系列教材时所面临的问题。为此，设立了《自动化专业课程体系结构研究》专项研究课题，成立了由清华大学萧德云教授负责，包括清华大学、上海交通大学、西安交通大学和东北大学等多所院校参与的联合研究小组，对自动化专业课程体系结构进行深入的研究，提出了按“控制理论与工程、控制系统与技术、系统理论与工程、信息处理与分析、计算机与网络、软件基础与工程、专业课程实验”等知识板块构建的课程体系结构。以此为基础，组织规划了一套涵盖几十门自动化专业基础课程和专业课程的系列教材。从基础理论到控制技术，从系统理论到工程实践，从计算机技术到信号处理，从设计分析到课程实验，涉及的知识单元多达数百个、知识点几千个，介入的学校50多所，参与的教授120多人，是一项庞大的系统工程。从编制招标要求、公布招标公告，到组织投标和评审，最后商定教材大纲，凝聚着全国百余名教授的心血，为的是编写出版一套具有一定规模、富有特色的、既考虑研究型大学又考虑应用型大学的自动化专业创新型系列教材。

然而，如何进一步构建完善的自动化专业教材体系结构？如何建设基础知识与最新知识有机融合的教材？如何充分利用现代技术，适应现代大学生的接受习惯，改变教材单一形态，建设数字化、电子化、网络化等多元形态、开放性的“广义教材”？等等，这些都还有待我们进行更深入的研究。

本套系列教材的出版，对更新自动化专业的知识体系、改善教学条件、创造个性化的教学环境，一定会起到积极的作用。但是由于受各方面条件所限，本套教材从整体结构到每本书的知识组成都可能存在许多不当甚至谬误之处，还望使用本套教材的广大教师、学生及各界人士不吝批评指正。

吴澄 院士

2005 年 10 月于清华大学

前言

PREFACE 

复杂工业过程中存在不确定因素，生产条件及工况频繁变化，造成被控对象的动态特性难以用精确数学模型来描述，因而使基于常规控制策略的控制系统无法投入运行，或运行效果不好，影响生产效率和产品质量。解决上述问题的关键，在于如何实现工业过程的自适应控制。因此，自适应控制成为近年来控制理论和控制工程界共同关注的热点研究领域。

自适应控制的内容十分丰富，本书力图在有限的篇幅内，使读者深入了解自适应控制的思想，掌握最基本的自适应控制器的设计方法，了解这一领域的近期研究成果。本教材以 Aström 的自校正调节器、Clarke 的自校正控制器和基于 Lyapunov 稳定性和 Popov 超稳定性的模型参考自适应控制这三种最重要的自适应控制方法为基础，将各种自适应控制器归结为参数可调控制器和自适应律。为了使读者不仅掌握自适应控制器的设计方法，而且还能掌握模型参数已知的控制器设计方法，详细介绍了模型已知的调节、控制、跟踪控制三种类型的控制器设计方法。在此基础上介绍了被控对象模型参数未知时的自适应控制器设计方法，并结合作者及学生多年来在自适应控制领域的研究成果，介绍了多变量自适应控制和非线性自适应控制，有助于立志从事自适应控制研究的读者开展研究工作。

为使读者对自适应控制方法有更深入的了解，在自适应控制应用这一章，详细介绍了最小方差自校正调节、广义预测自适应控制、模型参考自适应控制、多变量自适应解耦控制、非线性自适应切换控制的应用。在主要自适应控制方法的介绍中突出可调参数控制器和自适应控制器的控制问题描述、控制器设计、性能分析、仿真和应用案例，注重培养学生自适应控制系统的设计能力。

作为自动化专业本科生的教材，可以选择第 1 章绪论，第 2 章动态模型与参数估计，第 3 章的最小方差自校正调节器（3.2 节）、广义最小方差自校正控制器（3.4 节）、自校正 PID 控制器（3.7 节），第 4 章的基于模型参考的跟踪控制器（4.3 节）的内容。

作为控制科学与控制工程专业的硕士研究生教材，可以选择第 1 章绪论，第 2 章动态模型与参数估计，第 3 章自校正控制，第 4 章模型参考自适应控制，以及第 7 章自适应控制应用中最小方差自校正控制应用（7.2 节）、广义预测自适应控制应用（7.3 节）、模型参考自适应控制应用（7.4 节）的内容。

对于控制科学与控制工程专业的博士研究生，在选择上述内容的基础上，可以选择第5章多变量自适应控制，第6章非线性自适应控制，第7章的多变量自适应解耦控制应用和非线性自适应切换控制应用(7.5节和7.6节)的内容。

本书的出版得到了全国高等学校自动化专业系列教材出版基金的资助，作者表示衷心的感谢。本书介绍的研究成果得到了国家自然科学基金、国家973计划、国家863计划等支持，作者的学生王良勇副教授、富月副教授、周晓杰副教授、丁进良教授、周平博士、张亚军博士、贾瑶博士等参加了本书的编写、仿真、绘图等工作，在此一并致谢。

作　者

2016年1月

目录

CONTENTS

第1章 绪论

1.1 自适应控制的被控对象和特点

复杂工业过程中存在不确定因素，生产条件及工况频繁变化，造成被控对象的动态特性难以用精确数学模型来描述，因而使基于常规控制策略的控制系统无法投入运行，或运行效果不好，影响生产效率和产品质量。解决上述问题的关键，在于如何实现工业过程的自适应控制。为了使读者理解自适应控制的研究对象和特点，在本节我们首先回顾一下常规反馈控制的研究对象和特点。

1.1.1 反馈控制的被控对象和特点

反馈控制系统的结构如图1.1.1所示，反馈控制系统由控制器、执行机构、被控对象和检测装置组成，反馈控制的作用是当被控对象受到干扰$d(t)$的影响，被控对象的输出变量$y(t)$偏离参考输入$w(t)$（控制器设定值）时，控制器根据参考输入$w(t)$与被控对象输出变量$y(t)$的误差产生合适的控制量$u(t)$，通过执行机构作用于被控对象，使被控对象输出变量$y(t)$尽可能跟踪参考输入$w(t)$。控制器设计时，可以把执行机构、被控对象、检测装置当作控制器设计的被控对象。

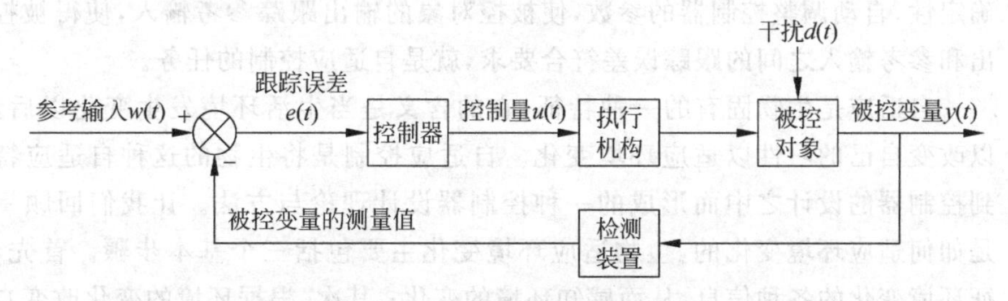

图1.1.1 反馈控制系统结构图

控制器设计的目的是，由控制器和被控对象组成的闭环系统是稳定的；而且被控对象的输出能跟踪参考输入，即消除被控对象输出与参考输入之间的跟踪误差$e(t)$，并使控制系统的动态性能如上升时间、超调量、振荡次数、调整时间等符合控制器设计要求，或者使控制性能指标达到最优。我们知道，当被控对象的动态特性能够用结构与参数已知的线性模型来描述时，可以采用以频率法和根轨迹法为基础的经典控制理论或者以状态空间法为基础的现代控制理论来设计控制器。

总之，常规反馈控制研究的对象是“确定性”的，即被控对象动态模型的结构与参数已知。

1.1.2 自适应控制的被控对象和特点

实际中，被控对象往往具有所谓的“不确定性”，即被控对象的数学模型不是完全已知的，事先难以确定被控对象的模型参数，或者模型参数是时变的，或者受到干扰时被控对象的特性发生变化，特别是在工业过程中，有时被控对象的特性随工况的变化而变化。形成被控对象不确定性的原因如下：

(1) 由于现代工业装置和过程的复杂性，单纯依靠机理分析很难确切知道它的动态特性。控制器的设计者事前不一定能够完全掌握描述被控对象动态特性的数学模型的结构和参数，所得到的数学模型往往是近似的。

(2) 被控对象所处的外部不确定性环境的影响，使被控对象的特性具有不确定性。例如，飞行器在低空和高空的气动特性相差很大，某些电子器件和化学反应过程中某些参数随着环境温度、湿度的变化而变化等。如果把这些外部环境的影响等效地用干扰来表示，这些干扰有的不能量测，有的虽然能量测但无法预计它们的变化。

(3) 被控对象本身的特性在运行过程中也会发生变化，例如，化学反应过程中原料不同时系统参数会有很大的变化，绕纸卷筒的惯性会随纸卷的直径增加而变化，机械手的动态特性会随臂的伸屈而变化，油轮的动态特性会随着装载量的加减而变化等。

针对具有不确定性的被控对象，如何设计一个控制器，能够根据被控对象的不确定性，自动调整控制器的参数，使被控对象的输出跟踪参考输入，使得被控对象输出和参考输入之间的跟踪误差符合要求，就是自适应控制的任务。

自适应是生物固有的一种特征，它的含义是当生活环境发生变化以后，生物可以改变自己的习性以适应环境变化。自适应控制是将生物的这种自适应特征应用到控制器的设计之中而形成的一种控制器设计理论与方法。让我们回顾一下生物是如何适应环境变化的，生物适应环境变化主要包括三个基本步骤。首先，了解表征环境变化的各种信息，从而感知环境的变化；其次，根据环境的变化改变自己的习性；最后，不断地判断改变后的习性是否适应环境的变化，不断调整自身习性直至适应环境的变化。

自适应控制就是将生物的这种自适应特征进行提炼，将图 1.1.1 所示的常规反馈控制系统的控制器作为内环，设计了自适应外环，从而构成如图 1.1.2 所示的自适应控制器。外环是控制器参数的自适应调整环，它的功能是不断量测被控对象的输入 $u(t)$、状态、输出 $y(t)$ 和参考输入 $w(t)$ 与输出之间的跟踪误差 $e(t)$ 等变量，逐渐了解和掌握被控对象的不确定性，然后根据所得的过程信息，按一定的设计方法，做出控制决策去更新内环控制器的结构、参数或控制作用，以便在某种意义下使控制性能达到最优或次最优，或达到某个预期目标。

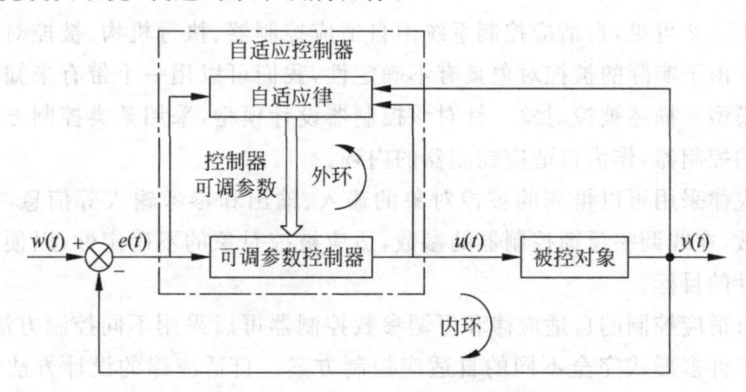

图 1.1.2 自适应控制器的结构

1.2 自适应控制的定义

自适应控制是在常规反馈控制器的基础上，将生物的自适应特性赋予控制器的设计，使控制器的离线设计变为不断在线设计以适应被控对象的不确定性。由于控制器设计方法的不同，以及自适应律的设计方法不同，因此可以形成多种自适应控制方法。

目前，关于自适应控制有许多不同的定义，不同的学者根据各自的观点，提出了自己的有关自适应控制的定义，众说不一。

1962 年 Gibson 提出了比较具体的自适应控制的定义[1]：自适应控制系统必须具有三种功能：①提供出被控对象的当前状态的连续信息，也就是要辨识对象；②它必须将当前的系统性能与期望的或者最优的性能相比较，并做出使系统趋向期望或最优性能的决策；③它必须对控制器进行适当的修正以驱使系统走向最优状态。

1974 年法国 Landau 给出了自适应控制的定义[2]：一个自适应系统，利用其中的可调系统的各种输入、状态和输出来度量某个性能指标，将所获得的性能指标与期望的性能指标相比较，然后由自适应机构来修正可调系统的参数或者产生一个辅助的输入信号，以保持系统的性能指标接近于期望的性能指标。

上述的两种定义是分别针对两类主要的自适应控制设计方法(自校正控制和模型参考自适应控制)给出的。综合这两种设计方法的思想，可以给出自适应控制的统一定义：

自适应控制由自适应律和可调参数反馈控制器组成，自适应律采用量测的被控对象的输入、状态、输出和跟踪(调节)误差等信息，在线调整反馈控制器的参数，适应被控对象的不确定性，以便在某种意义下使控制性能达到最优或次最优，或达到控制器设计的预期目标。

1.3 自适应控制的主要类型

由图 1.1.2 可见，自适应控制系统由自适应控制器、执行机构、被控对象和检测装置组成。由于实际的被控对象具有不确定性，我们可以用一个带有未知参数的控制器设计模型来描述被控对象。针对该控制器设计模型，采用某类控制方法设计出参数可调的控制器，作为自适应控制器的内环。

自适应律采用可以量测的被控对象的输入、输出和参考输入等信息，产生可调控制器参数，在线调整反馈控制器的参数，适应被控对象的不确定性，以便达到反馈控制器设计的目标。

由于自适应控制的自适应律和可调参数控制器可以采用不同控制方法来设计，因此形成了许多形式完全不同的自适应控制方案。自适应律的设计方法主要有两种：一种是基于参数估计方法；另一种是基于稳定性理论。基于参数估计方法的自适应控制的典型代表是自校正控制，基于稳定性理论的自适应控制的典型代表是模型参考自适应控制。

1.3.1 自校正控制器

自校正控制器的结构如图 1.3.1 所示，其中 $v(t)$ 和 $\xi(t)$ 分别表示被控对象受到的可测干扰和随机干扰，外环自适应律由模型参数辨识和控制器参数设计组成，内环为参数可调的控制器。

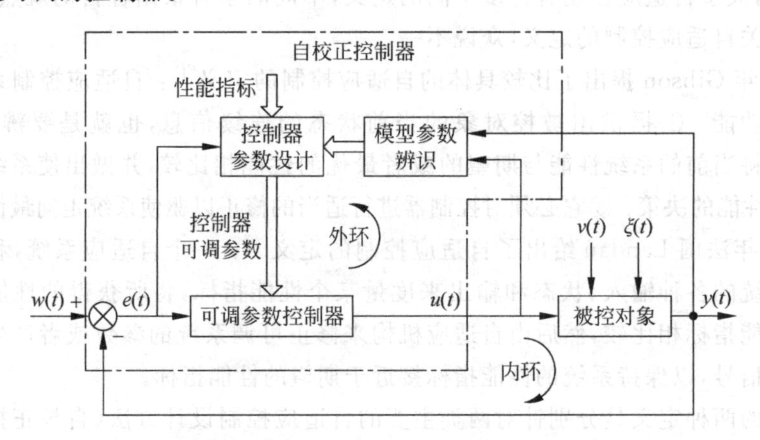

图 1.3.1 自校正控制器的结构

自校正控制器的原理是采用带有未知参数的数学模型来描述被控对象，以此模型作为控制器设计模型，采用不同的控制策略设计出参数可调的控制器。模型参数辨识采用被控对象的输入、输出信号辨识模型参数。控制器参数设计根据辨识得来的模型参数和期望的控制性能指标，对控制器参数进行在线设计，获得控制器可调参数，赋予可调参数控制器，从而产生合适的控制输入 $u(t)$，作用于被控对象使被控对象的输出 $y(t)$ 尽可能跟踪参考输入 $w(t)$。

在自校正控制中，用来设计参数可调控制器的控制策略的性能指标有两类，即优化控制性能指标和常规控制性能指标。控制策略主要包括优化控制策略（如最小方差、广义最小方差和广义预测控制等）和经典控制策略（如零极点配置和 PID 控制等），模型参数估计器采用最小二乘法、增广最小二乘法、随机梯度法和修正最小二乘法等辨识方法。

自校正控制思想可追溯到 1958 年 Kalman 发表的一篇文章[3]，文章提出了在参数估计的基础上计算最优控制器的所谓自最优控制系统。但是直到 1973 年 Aström 和 Wittenmark 证明了针对由自回归滑动平均模型（ARMA）描述的被控对象，自校正最小方差控制具有收敛性和最优性之后[4]，自适应控制思想才得到了关键性的、实质性的进展，并且还促进了随机自适应控制的发展。随后人们致力于提高自校正控制的性能和扩大应用范围的研究。1975 年 Clarke 等人提出了广义最小方差自校正控制器[5]，它可应用于非最小相位被控对象，因而受到普遍的重视。Wellstead，Aström 和 Wittenmark 分别于 1979 年和 1980 年提出了极点配置自校正控制器[6]和零极点配置自校正控制器[7]。此外，广义预测和 PID 等自校正控制、非线性自适应控制和多变量自适应控制也纷纷出现并得到迅速发展。

1.3.2 模型参考自适应控制器

模型参考自适应控制器的结构如图 1.3.2 所示，模型参考自适应控制器的外环自适应律由自适应机构组成，其内环为参数可调的控制器和参考模型组成的跟踪控制器。

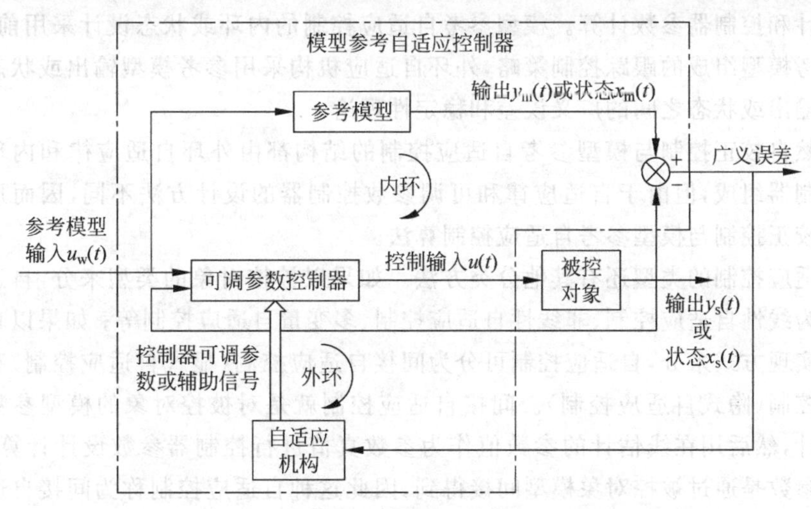

图 1.3.2　模型参考自适应控制器的结构

模型参考自适应控制器的原理是将参考模型的输入信号 $u_w(t)$加到控制器的同时也加到参考模型的输入端，参考模型的输出代表了期望的控制性能指标，即理想的输出曲线。自适应机构采用广义误差信号(参考模型的输出 $y_m(t)$或状态 $x_m(t)$和被控对象的输出 $y_s(t)$或状态 $x_s(t)$之差)修改可调参数控制器中的参数，或产生一个辅助信号，使被控对象的输出尽可能跟踪参考模型的输出，使广义误差趋于零。

模型参考自适应控制器最初由 Whitaker 于 1958 年提出[8]，并用参数最优化理论导出了自适应规律的算法(MIT 律)，这一方法的最大缺点是不能确保所设计的自适应系统是全局渐近稳定的。因此，在 20 世纪 60 年代中期，Parks 提出了用 Lyapunov 函数法设计模型参考自适应控制器[9]。此后，许多学者如 Monopoli 等又在这方面做了许多工作，对控制方案作了改进[10]。在 Popov 提出超稳定性理论之后，Landau 把这一稳定理论应用到模型参考自适应控制的设计中[11]，引起各国学者的重视。近年来，许多学者如 Narendra、Morse 和 Goodwin 等在模型参考自适应系统的稳定性、收敛性和设计方法等方面都做出了许多贡献。

1.3.3 自校正控制与模型参考自适应控制的关系

从结构上可以看出，自校正控制与模型参考自适应控制是密切相关的，它们都由内环和外环组成。内环是可调参数的控制器，外环是控制器参数的自适应调整环。

自校正控制源于随机调节问题，多用于工业过程控制；模型参考自适应控制源于确定性的伺服控制问题，多用于机器人、航海、航空航天方面。自校正控制的被控对象主要采用随机离散时间模型，模型参考自适应控制的被控对象主要采用确定性连续时间模型。这两种控制方案的内环和调整内环控制器参数的外环的设计方法所采用的技术是不同的。自校正控制器的内环设计采用最小方差、广义最小方差等最优控制策略或者极点配置、PID 控制等常规反馈控制策略，外环自适应律采用模型参数估计和控制器参数计算。模型参考自适应控制的内环或状态设计采用前馈、反馈和参考模型组成的跟踪控制策略，外环自适应机构采用参考模型输出或状态与被控对象输出或状态之间的广义误差和稳定性理论。

虽然自校正控制与模型参考自适应控制的结构都由外环自适应律和内环可调参数控制器组成，但由于自适应律和可调参数控制器的设计方法不同，因而形成了多种自校正控制与模型参考自适应控制算法。

自适应控制的类型还有其他分类方法。如果以被控对象的类型来分，自适应控制可分为线性自适应控制、非线性自适应控制、多变量自适应控制等；如果以自适应控制的实现方式来分，自适应控制可分为间接自适应控制(显式自适应控制)和直接自适应控制(隐式自适应控制)。间接自适应控制就是对被控对象的模型参数进行在线估计，然后用在线估计的参数值作为参数真值进行控制器参数设计计算，计算控制器参数是通过被控对象模型间接得到，因此这种自适应控制称为间接自适应控制或显式自适应控制；在某种情况下，可以获得含有控制器参数的被控对象模型，这样可以直接在线估计控制器的参数,省去用被控对象模型的参数估计值来设计控制器,控制器通过直接估计而得到,因此这种自适应控制称为直接自适应控制,或隐式自适应控制。

还需要指出的是,所有的这些差别都是非本质的。自校正控制与模型参考自适应控制统一格式的研究对于揭示各种自适应控制方案之间的联系和在统一格式下对多种自适应控制系统进行稳定性、收敛性及其他性能的分析,有着重要的意义。自适应控制算法的统一格式[12]统一了自校正调节器、自校正控制器、零极点配置自校正控制器、模型参考自适应控制等19种自适应控制算法,并建立了其稳定性和收敛性分析。

1.4 自适应控制的理论问题

自适应控制系统的内环反馈控制器的设计能保证被控对象模型参数已知时控制系统的稳定性和最优性等性能指标,但由于被控对象的模型参数未知,引入了自适应控制律,采用被控对象模型参数的估计值来设计控制器就可能造成控制系统不稳定,也不能保证控制性能达到模型参数已知设计的控制系统的性能,即收敛性。即使被控对象的模型是参数未知的线性或随机线性模型,由于引入了自适应控制律,使自适应控制系统成为时变的非线性系统或时变的非线性随机系统,因此这类系统的稳定性和收敛性分析变得十分困难。为了使自适应控制应用于实际,控制理论研究人员和控制工程师致力于如何保证自适应控制系统的稳定性和收敛性的理论研究。

1.4.1 稳定性和收敛性

自适应控制系统的全局收敛性是指系统的稳定性和收敛性,自适应控制系统稳定性和收敛性的研究主要包括两方面:一方面是从如何保证自适应控制系统稳定性和收敛性的角度设计新的自适应控制器;另一方面是针对已提出的自校正调节器和控制器等建立稳定性和收敛性分析,研究保证自适应控制系统稳定性和收敛性的条件。

自适应控制系统的稳定性是指对于参数未知的确定性被控对象,所有的输入和输出有界;对于参数未知的随机被控对象,所有输入输出均方有界。像任何反馈控制系统一样,保证稳定性是自适应控制系统能正常工作的前提条件。对于模型参考自适应控制系统,目前普遍使用的数学工具主要有Lyapunov直接法和Popov超稳定理论。但可惜这些稳定性理论还未能满足自适应控制的要求,也未能满意地处理已提出的一些自适应控制的稳定性分析问题。

自适应控制系统的收敛性是指自适应控制系统的性能收敛到参数已知时设计的控制系统的性能,收敛性是评价自适应控制系统性能好坏的度量标准。

1.4.2 鲁棒性

自适应控制系统的鲁棒性是指存在扰动和未建模动态的条件下，自适应控制系统保持其全局收敛性的能力。实际被控对象很难满足设计具有全局收敛性的自适应控制系统时所需的假设条件，如一般采用的控制器设计模型阶次低于实际被控对象的模型阶次，被控对象特性中常附有未计及或很难计及的寄生高频特性等未建模动态，此外，被控对象的输出受到扰动和测量噪声的影响，这些都可能导致按理想假设条件下设计的全局收敛的自适应控制系统丧失稳定性。因此具有鲁棒性的自适应控制系统是指自适应控制系统在存在有界干扰和未建模动态的条件下，仍然具有全局收敛性。如何设计一个具有强鲁棒性的自适应控制器是具有实际价值和重要理论意义的课题。

1.4.3 其他的理论问题

自适应控制的理论问题，远不止上述两个方面。例如，如何改善自适应控制系统的动态性能，如何简化自适应控制算法，使其简单便于实施。又如，复杂工业过程中，实际被控对象往往具有多变量强耦合、强非线性、特性随生产条件变化而变化，受到原料成分、运行工况、设备状态等多种不确定因素的干扰，机理不清，难以用数学模型来描述的综合复杂性。针对这种难以采用已有控制方法的具有综合复杂性的被控对象，研究保证其稳定性、收敛性和鲁棒性的自适应控制方法是有待进一步深入探索、发展和完善的理论课题。

1.5 自适应控制技术的应用概况

自适应控制最早在飞行器中得到应用。1960 年年初，进行了自适应飞行控制系统的试验[13]；自校正控制器的工业应用试验是在 1972 年完成的；1977 年，进行了船舶驾驶的自适应自动驾驶仪的工业试验，采用模型参考自适应控制方法实现的船舶自动驾驶仪与采用常规控制方案实现自动驾驶仪相比，当船舶在航行中受到潮流、海浪和阵风等干扰时，具有减少航行时间、节省燃耗的优点[14]；采用最小方差自校正调节器实现的车辆悬架控制系统，可以有效地隔离路面噪声，缓和不平路面传给车身的冲击载荷，抑制车轮的振动，保证了车辆的行驶平顺性和操纵稳定性[15]；分布式太阳能集热器的广义预测自适应控制系统，能够在太阳辐照度、反射镜的反射率和入口油温变化等干扰的情况下，控制集热器的出口温度为理想值[16]。

随着自适应控制理论、方法和技术的深入研究和发展及计算机技术的发展，自适应控制在工业过程中的应用已受到工程界和学术界的广泛关注和重视，并有不少自适应控制在工业中应用的实例，出现了商品化的自适应控制器，单回路自校正 PID

控制器成功应用于工业过程控制。在20世纪80年代初期,已有几种基于自适应控制技术的工业产品问世,并已提出第二代产品的方案。从20世纪80年代初开始到1988年5月在世界范围已安装七万个自适应控制回路[17],自适应控制思想已渗透到冶金、电力、化工等工业过程的专有控制系统中,形成了商品化的软件,如钢铁工业多架轧机的张力控制、活套控制等软件产品,这些自适应控制软件不仅提高了控制性能,而且有助于提高产品的产量和质量。

多变量自适应控制技术在我国工业生产应用中取得了不少成果,如轧辊退火的罩式退火炉多变量自适应控制系统[18],与原有的常规控制系统相比,具有调节精度高、鲁棒性好的优点;造纸厂卡网造纸机的质量和水分的广义预测自校正控制系统[19]比原有的常规控制系统的质量和水分控制精度明显提高。

多变量自适应解耦控制也开始应用于工业界,并取得了明显的控制效果,如工业加热炉上下加热段炉温的多变量自适应解耦控制[20],显著提高了炉温的控制精度;化工精馏塔顶部塔板和底部塔釜的温度的自适应解耦控制[21],显著缩短了过渡过程,提高了产品质量,实现了节能降耗;电力行业中广泛使用的钢球磨中储式制粉系统,采用了自适应解耦控制技术[22],成功实现了自动控制,解决了该系统长期以来无法实现自动控制的难题;文献[23]成功实现了大型火力发电机组的机炉协调自适应解耦控制;特殊钢棒材连轧生产线的活套和张力的自适应解耦控制[24],实现了多架轧机活套和张力的解耦控制,适应轧机延伸率的时变特性,从而实现了高精度的棒材轧制;文献[25]应用神经网络,实现了核反应堆的解耦控制。

本书最后一章介绍了最小方差自校正控制器、广义预测自校正控制器、模型参考自适应控制、多变量自适应解耦控制、非线性自适应切换控制的成功应用案例,使读者更好地掌握上述自适应控制器的设计方法。自适应控制思想与反馈控制、前馈控制、预测控制思想一样,对解决具有复杂动态特性的被控对象的控制问题具有重要作用,本章最后一节针对难以采用已有的自适应控制方法控制的复杂工业对象介绍了采用自适应控制思想,通过对未建模动态补偿实现对动态特性变化的钢球磨中储式制粉系统的自适应控制,通过该应用案例的介绍有助于读者采用自适应控制思想创造出具有自适应功能的先进控制算法。

1.6 本书组织结构

本书由7章组成,结构如下。

第1章为绪论,介绍了自适应控制研究对象及特性,给出了自适应控制的定义、主要类型和所涉及的理论问题,最后对自适应控制技术的应用进行了简单概述。

第2章为动态模型与参数估计,主要介绍了自校正控制所涉及的动态模型与参数估计等基础知识。

第3章为自校正控制,介绍了的最小方差自校正调节器、广义最小方差自校正控制器、自校正前馈控制器、零极点配置自校正控制器、自校正PID控制器和广义预测自适应控制器，在介绍上述自校正控制器之前，分别介绍了模型参数已知的控制器设计方法和性能分析方法，并以自校正前馈控制器为例，介绍了自校正控制的稳定性和收敛性分析。

第4章为模型参考自适应控制，针对用确定性线性模型描述的被控对象，介绍了模型已知时的模型跟随控制器的设计方法，以及模型参数未知时的基于Lyapunov稳定性理论和Popov超稳定性理论的模型参考自适应控制器的设计方法。

第5章为多变量自适应控制，分别介绍了多变量广义最小方差控制器和自适应控制器、多变量解耦控制器和自适应解耦控制器的设计方法，以及稳定性和收敛性分析方法。

第6章为非线性自适应控制，以工业过程为背景，针对可以用线性模型和高阶非线性项描述的非线性被控对象，介绍了单变量和多变量非线性切换控制器和自适应切换控制器设计方法及稳定性和收敛性分析方法。

第7章为自适应控制的应用，介绍了自校正调节器在汽车车辆悬架系统的应用、广义预测自适应控制在太阳能集热器中的应用、模型参考自适应控制在船舶驾驶中的应用、多变量自适应解耦控制在工业电加热炉中的应用、非线性自适应切换控制在水箱液位的应用，最后介绍了钢球磨中储式制粉系统自适应解耦控制的工业应用案例。

参考文献

[1] Gibson J E. Nonlinear Automatic Control [M]. London: McGraw-Hill, 1962.

[2] Landau I D. A Survey of model reference adaptive techniques-Theory and applications [J]. Automatica, 1974, 10(4): 353-379.

[3] Kalman R E. Design of a self-optimizing control system [J]. Transactions of the ASME, 1958, 80(2): 468-478.

[4] Aström K J, Wittenmark B. On self-tuning regulators [J]. Automatica, 1973, 9(2): 155-199.

[5] Clarke D W, Gawthrop P J. Self-tuning controller [J]. IEE Proceedings Part D: Control Theory and Applications, 1975, 122(9): 929-934.

[6] Wellstead P E, Prager D L, Zanker P. Pole assignment Self-tuning regulator [J]. IEE Proceedings Part D: Control Theory and Applications, 1979, 126: 781-787.

[7] Aström K J, Wittenmark B. Self-tuning Controllers based on pole-zero placement [J]. IEE Proceedings Part D: Control Theory and Applications, 1980, 127(3): 120-130.

[8] Whitaker H P, Yamron J, Kezer A. Design of model-reference adaptive control systems for aircraft [R]. Report R-164, Instrumentation Laboratory, MIT, Cambridge, 1958.

[9] Parks P C. Lyapunov redesign of model reference adaptive control systems [J]. IEEE Transactions on Automatic Control, 1966, 11(4): 362-367.

[10] Monopoli R V. Model reference adaptive control with an augmented signal [J]. IEEE Transactions on Automatic Control, 1974, 19(5): 474-484.

[11] Landau I D. A hyperstability criterion for model reference adaptive control systems [J].

IEEE Transactions on Automatic Control，1969，15(5)：552-555.

[12] 舒迪前，饶立昌，柴天佑. 自适应控制[M]. 沈阳：东北大学出版社，1993，220-227.

[13] Aström K J. Adaptive Control [M]. 2nd Edition. Mass.：Addison-Wesley，1995.

[14] Amerongen J. Adaptive steering of ships-a model reference approach [J]. Automatica，1984，20(1)：3-14.

[15] Wellstead P E，Zarrop M B. Self-tuning Systems：Control and Signal Processing [M]. Chichester：John Wiley & Sons，1991，345-359.

[16] Camacho E F，Berenguel M，Bordons C. Adaptive generalized predictive control of a distributed collector field [J]. IEEE Transactions on Control Systems Technology，1994，2(4)：462-467.

[17] 吴宏鑫. 自适应控制技术的应用和发展[J]. 控制理论与应用，1992，9(2)：105-114.

[18] 舒迪前，刘宏才，吴保亮等. 智能自适应控制及其在轧辊退火炉上的应用[J]. 自动化学报，1991，17(2)：207-215.

[19] 缪尔康，袁著祉. 造纸机不同时滞多变量自校正控制器[J]. 自动化学报，1989，15(5)：400-407.

[20] Chai T Y. Direct adaptive decoupling control for general stochastic multivariable systems [J]. International Journal of Control，1990，51(4)：885-909.

[21] Chai T Y，Wang G. Globally convergent multivariable adaptive decoupling controller and its application to a binary distillation column [J]. International Journal of Control，1992，55(2)：415-429.

[22] Chai T Y，Zhai L，Yue H. Multiple models and neural networks based decoupling control of ball mill coal-pulverizing systems [J]. Journal of Process Control，2011，21(3)：351-366.

[23] 柴天佑，刘红波，张晶涛等. 基于模糊推理和自适应控制的协调控制系统设计新方法及其应用[J]. 中国电机工程学报，2000，20(4)：14-18.

[24] 张振山，柴天佑，李小平等. 棒材连轧机立式活套的多变量自适应解耦控制[J]. 自动化学报，2001，27(6)：744-751.

[25] Man G H，Belle R U. A neuro-fuzzy controller for axial power distribution in nuclear reactors [J]. IEEE Transactions on Nuclear Science，1998，45(1)：59-67.

第2章 动态模型与参数估计

2.1 概述

系统的数学模型就是对该系统的动态本质的一种数学描述,它能向人们揭示该系统实际运行中的有关动态信息。但系统的数学模型总比真实系统要简单些,因此,它仅是真实系统或过程降低了复杂程度,但仍保留其主要特征的一种近似数学描述。模型是为其目的服务的,目的不同,所建立的模型也不同。

本书主要介绍的模型是设计自适应控制器所需要的被控对象的动态数学模型,即控制器设计模型,控制器设计模型是对被控对象动态特性的一种近似数学描述。由于被控对象的特性不同,模型可以分成线性模型和非线性模型、确定性模型和随机性模型、定常参数模型和时变参数模型、单变量模型和多变量模型;另外,对被控对象的描述方式不同,模型又可以分成输入输出(I/O)模型和状态空间模型、连续时间模型和离散时间模型、时域模型和频域模型等。

自校正控制所针对的被控对象模型是参数未知的离散时间随机线性模型,该模型是由确定性线性模型和随机扰动模型组成的。本章首先介绍了确定性线性模型和随机扰动模型的描述方法,然后介绍离散时间随机线性模型的未知参数的估计方法,如最小二乘法、递推最小二乘法、具有遗忘因子的递推最小二乘法、增广最小二乘法等。

2.2 离散时间随机线性模型

离散时间随机线性模型采用后移算子多项式来描述,因此,本节首先介绍后移算子多项式,然后介绍确定性线性模型、随机干扰模型以及离散时间随机线性模型的描述方法。

2.2.1 后移算子多项式

本书介绍的自校正控制器与采用其他控制策略设计的控制器一样,实际上是采用计算机实现的控制算法。计算机控制系统结构图如图 2.2.1 所示。

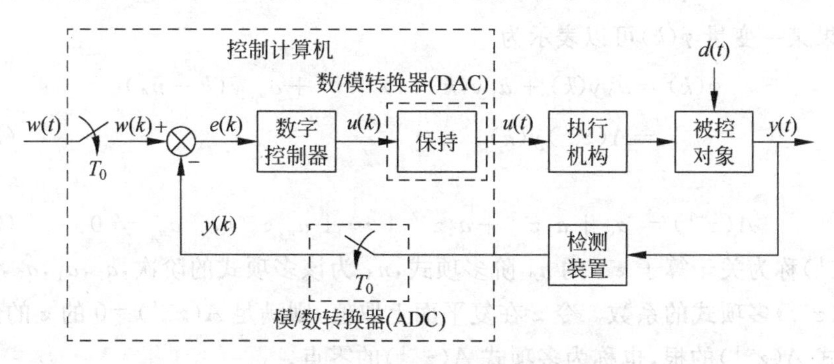

图 2.2.1　计算机控制系统结构图

由图 2.2.1 可见，连续的参考输入 $w(t)$进入控制计算机变为离散信号 $w(k)$，被控对象的输出 $y(t)$经过检测装置进入计算机，通过模拟-数字转换器(ADC)转变为离散信号 $y(k)$，由 $y(k)$和 $w(k)$产生误差信号 $e(k)=w(k)-y(k)$，数字控制器(控制算法)计算产生消除误差信号 $e(k)$的控制量 $u(k)$，经数字-模拟转换器(DAC)，将控制器输出的离散信号转换为连续信号 $u(t)$，作用于执行机构。DAC 中一般包含一个零阶保持器(ZOH)，零阶保持器输出的信号在一个采样周期内保持为常值。

上述控制计算机根据采样周期决定的时间间隔来处理离散的时间数据，被控对象一般都是连续时间的，因此需要按照某个固定的采样周期进行离散化后，得到相应的离散时间模型。由线性微分方程描述的被控对象，对于分段定常输入，可由解析解导出相应的离散时间模型。考虑如下的一阶微分方程模型

$$\tau\frac{\mathrm{d}y(t)}{\mathrm{d}t}+y(t)=Ku(t) \tag{2.2.1}$$

前一步的输出为 $y[(k-1)T_0]$，间隔 $(k-1)T_0\leqslant t\leqslant kT_0$ 内输入为常数 $u(t)=u[(k-1)T_0]$，则式(2.2.1)在 $t=kT_0$ 时刻的解析解为

$$y(kT_0)=\mathrm{e}^{-T_0/\tau}y[(k-1)T_0]+K(1-\mathrm{e}^{-T_0/\tau})u[(k-1)T_0] \tag{2.2.2}$$

若令 $a=\mathrm{e}^{-T_0/\tau}$，$b=K(1-\mathrm{e}^{-T_0/\tau})$，式(2.2.2)可以写为

$$y(k)=ay(k-1)+bu(k-1) \tag{2.2.3}$$

只要在每个长度为 T_0 的采样间隔内 $u(t)$为常数，式(2.2.3)就是式(2.2.1)在采样时刻的精确解。这是一个一阶差分方程，该方程所描述的被控对象的动态特性与连续时间微分方程式(2.2.1)所描述的动态特性在采样时刻是一致的。

对被控对象离散化时，被控对象的输入和输出变量都变成了一组离散的时间序列。假设信号 $y(k)$表示时间序列在 kT_0 时刻的值，若$\{y(k)\}$代表采样一个连续时间被控对象得到的序列，如果把采样周期 T_0 理解为单位时间，$\{y(k)\}$可以表示为$\{y(k),y(k-1),\cdots,y(k-n_A)\}$。

后移算子 z^{-1}对信号 $y(k)$的作用结果定义为

$$z^{-1}y(k)=y(k-1) \tag{2.2.4}$$

那么，$y(k-2)=z^{-2}y(k),\cdots,y(k-n_A)=z^{-n_A}y(k)$。

如果某一变量 $\phi(k)$ 可以表示为

$$\begin{aligned}\phi(k) &= a_0 y(k)+a_1 y(k-1)+\cdots+a_{n_A} y(k-n_A)\\ &= A(z^{-1})y(k)\end{aligned} \tag{2.2.5}$$

式中

$$A(z^{-1}) = a_0 + a_1 z^{-1} + a_2 z^{-2} + \cdots + a_{n_A} z^{-n_A}, \quad a_{n_A} \neq 0 \tag{2.2.6}$$

则 $A(z^{-1})$ 称为关于算子 z^{-1} 的 n_A 阶多项式，n_A 为该多项式的阶次，$a_0,a_1,a_2,\cdots,a_{n_A}$ 称为 $A(z^{-1})$ 多项式的系数。令 z 在复平面上取值，则满足 $A(z^{-1})=0$ 的 z 的集合称为多项式 $A(z^{-1})$ 的根，也称为多项式 $A(z^{-1})$ 的零点。

2.2.2 确定性线性模型

确定性线性被控对象的数学模型可由输入序列 $\{u(k),u(k-1),\cdots,u(k-n_B)\}$ 和输出序列 $\{y(k),y(k-1),\cdots,y(k-n_A)\}$ 的差分方程来描述，即

$$\begin{aligned}& y(k)+a_1 y(k-1)+\cdots+a_{n_A} y(k-n_A)\\ &= b_0 u(k-d)+b_1 u(k-d-1)+\cdots+b_{n_B} u(k-d-n_B)\end{aligned} \tag{2.2.7}$$

可以表示为

$$A(z^{-1})y(k) = z^{-d}B(z^{-1})u(k) \tag{2.2.8}$$

式中

$$A(z^{-1}) = 1+\sum_{i=1}^{n_A} a_i z^{-i} = 1 + a_1 z^{-1} + \cdots + a_{n_A} z^{-n_A} \tag{2.2.9}$$

$$B(z^{-1}) = \sum_{i=0}^{n_B} b_i z^{-i} = b_0 + b_1 z^{-1} + \cdots + b_{n_B} z^{-n_B} \tag{2.2.10}$$

且 k 表示离散时间；$d\geqslant 1$ 为被控对象的时延；n_A 和 n_B 分别为多项式 $A(z^{-1})$ 和 $B(z^{-1})$ 的阶次，均为非负整数；$a_i\,(i=1,\cdots,n_A)$ 和 $b_j\,(j=0,\cdots,n_B)$ 分别为多项式 $A(z^{-1})$ 和 $B(z^{-1})$ 的系数，均为常数，且有 $b_0\neq 0$。

离散时间传递函数为

$$G(z^{-1}) = z^{-d}\frac{B(z^{-1})}{A(z^{-1})} \tag{2.2.11}$$

若 $A(z^{-1})$ 的全部零点在单位圆内，即当 $|z|\geqslant 1$ 时，$A(z^{-1})\neq 0$，则 $A(z^{-1})$ 为稳定多项式，被控对象为开环稳定。若 $A(z^{-1})$ 有零点在单位圆外，即存在某一零点 z_0 在单位圆外，即 $|z_0|\geqslant 1$ 时 $A(z_0^{-1})=0$，则 $A(z^{-1})$ 为不稳定多项式，被控对象为开环不稳定。

若 $B(z^{-1})$ 的全部零点在单位圆内，即当 $|z|\geqslant 1$ 时，$B(z^{-1})\neq 0$，则 $B(z^{-1})$ 为稳定多项式，被控对象为最小相位。若 $B(z^{-1})$ 有零点在单位圆外，即存在某一零点 z_0 在单位圆外，即 $|z_0|\geqslant 1$ 时 $B(z_0^{-1})=0$，则 $B(z^{-1})$ 为不稳定多项式，被控对象为非最

小相位。

例如，式(2.2.3)应用后向平移算子后可以写为 $y(k)=az^{-1}y(k)+bz^{-1}u(k)$，该方程的输入与输出之间的离散时间传递函数为

$$\frac{y(k)}{u(k)} \triangleq \frac{K(1-\mathrm{e}^{-T_0/\tau})z^{-1}}{1-\mathrm{e}^{-T_0/\tau}z^{-1}} = z^{-1}\,\frac{b}{1-az^{-1}} \tag{2.2.12}$$

我们注意到，当 $z=a=\mathrm{e}^{-T_0/\tau}$ 时，上述传递函数的分母为 0，因此说明 $\mathrm{e}^{-T_0/\tau}$ 是一阶离散模型的极点，而相应的连续模型的极点为 $s=-1/\tau$。由于 b 为零阶多项式，故被控对象无零点，当 $|a|<1$ 时，$1-az^{-1}$ 为稳定多项式，被控对象开环稳定。

正确选择采样周期 T_0 在计算机控制系统中是非常重要的问题，原则上应使采样频率满足香农定理的要求，即采样频率应大于 2 倍截止频率。因为如果采样周期太长，将会丢失一些有用的高频信息，无法重构出连续时间信号，且使模型降阶，控制质量下降。采样周期也不能太短，否则有可能出现离散非最小相位零点，影响闭环系统稳定，详见文献[2]。因此采样周期的选择应在控制效果与稳定性和鲁棒性之间综合平衡考虑。

在大多数情形下采样周期的选择是不严格的，因为太小和太大之间的范围是很宽的。比较好的经验规则是选取

$$\frac{T_{95}}{T_0} = 5 \sim 15 \tag{2.2.13}$$

式中，T_{95} 是过渡过程上升到 95% 的调节时间。

另一种选择方法是

$$\frac{T_r}{T_0} = N_r \tag{2.2.14}$$

式中，T_r 是过程的上升时间，对于一阶被控对象 T_r 等于被控对象的时间常数。

此时 N_r 的合理选择在 4～10 之间。对于阻尼系数为 ζ，自然振荡频率为 ω_n 的二阶被控对象，上升时间为

$$T_r = \frac{1}{\omega_n}\exp\left(\frac{\phi}{\tan\phi}\right) \tag{2.2.15}$$

式中，$\zeta=\cos\phi$，若 $\zeta=0.7$，则 $\omega_n T_0 \approx 0.2 \sim 0.6$（$\omega_n$ 单位为 rad/s）。

此时采样周期的合理选择是

$$\frac{T_r}{T_0} = N_r = 4 \sim 10 \tag{2.2.16}$$

表 2.2.1 给出了生产过程中常用的几种被调量的采样周期选取的经验数据供参考。

表 2.2.1　生产过程中常用的几种被调量的采样周期选取原则

被调量	温度 T	压力 P	流量 Q	成分 C	液位 S
采样周期(s)	10～20	1～5	1～3	10～20	5～10

有兴趣的读者可以详见文献[1]和[2]。

2.2.3 随机干扰模型

1. 平稳随机序列

如果一个随机过程的统计特性不随着时间而发生变化，则称它为平稳随机序列。通常情况下，对于离散时间被控对象，随机扰动可以用某一平稳随机序列来进行描述。

一个随机过程的完整的统计特性包括一阶概率密度函数、二阶及高阶联合概率密度函数，在实际工作中，要获得这样多的统计信息是非常困难的，因此通常把对统计性质的了解局限到均值、方差和自相关函数上，这意味着放松了对于平稳性的要求，从而提出了宽平稳序列的概念。

一个随机序列$\{x(k)\}$，若它的均值函数为常量

$$E[x(k)] = \mu_X \tag{2.2.17}$$

方差有界

$$E\{[x(k)-\mu_X]^2\} < \infty \tag{2.2.18}$$

且其自相关函数仅是时间差的函数，即

$$E[x(k)x(k+\tau)] = R_X(\tau),\quad R_X(\tau) = R_X(-\tau),\quad \tau\text{为整数} \tag{2.2.19}$$

则称$\{x(k)\}$为宽平稳序列，或称弱平稳序列。

一个弱平稳随机序列$\{x(k)\}$，可经由它的自相关函数来获得它的全部统计特性，其自相关函数$R_X(\tau)$是一个关于τ的实偶函数序列，它表示了一个随机序列中时间间隔为τ的两个点的随机信号之间的相互依赖程度的一种度量，在$\tau=0$处，$R_X(0)=E[x^2(k)]$具有最大值，其数值代表信号的“平均功率”。

对于弱平稳随机序列$\{x(k)\}$，其自相关函数$R_X(\tau)$与其功率谱密度函数$\Phi_X(\omega)$构成一对 Fourier 变换对，即

$$\Phi_X(\omega) = \sum_{\tau=-\infty}^{\infty} R_X(\tau)\mathrm{e}^{-\mathrm{j}\omega\tau} \tag{2.2.20}$$

$$R_X(\tau) = \frac{1}{2\pi}\int_{-\pi}^{\pi} \Phi_X(\omega)\mathrm{e}^{\mathrm{j}\omega\tau}\,\mathrm{d}\omega \tag{2.2.21}$$

2. 白噪声和有色噪声

平稳随机过程可以用白噪声激励一个稳定的线性动态过程来产生，因此首先介绍白噪声序列。

离散时间白噪声$\{\xi(k)\}$是一均值为零，即

$$E[\xi(k)] = 0 \tag{2.2.22}$$

自相关函数为

$$E[\xi(i)\xi(j)] = \begin{cases}\sigma_\xi^2, & i=j\\ 0, & i\neq j\end{cases} \tag{2.2.23}$$

的宽平稳随机序列,可见当 $i \neq j$ 时,$\xi(i)$与 $\xi(j)$不相关。

白噪声的谱密度为

$$\Phi_\xi(\omega) = \sum_{\tau=-\infty}^{\infty} R_\xi(\tau) e^{-j\omega\tau} = \sum_{\tau=-\infty}^{\infty} \sigma_\xi^2 \delta_\tau e^{-j\omega\tau} = \sigma_\xi^2, \quad -\infty < \omega < \infty \tag{2.2.24}$$

上式表明,白噪声序列$\{\xi(k)\}$的谱密度函数 $\Phi_\xi(\omega)$在各个频率 ω 上相同。从光谱分析中可知,白光的光谱在各频率上有相同的强度,即白噪声与白光有类似的特性,因此称为白噪声,对于不具备上述特性的噪声统称为有色噪声。在自然界中,纯粹的白噪声序列很难遇到,但许多实际的随机序列可以近似地当作白噪声来处理。

对于一稳定时不变的离散系统,若其离散时间传递函数为 $G(z^{-1})$,且假定其输入信号为白噪声$\{\xi(k)\}$,且白噪声谱密度 $\Phi_\xi(\omega)=1$ 时,系统的输出信号$\{x(k)\}$的功率谱密度为

$$\begin{aligned}\Phi_X(\omega) &= G(z^{-1})G(z)\Phi_\xi(\omega) \\ &= G(z^{-1})G(z)\end{aligned} \tag{2.2.25}$$

式中,$z=e^{j\omega}$,可以证明,其输出信号$\{x(k)\}$也为一平稳随机序列[2]。

一点重要的启发是,有色噪声可用白噪声通过稳定线性动态过程产生。现在要问的是,平稳随机过程的谱密度函数 $\Phi(\omega)$在什么条件下可以进行如式(2.2.25)所示的谱分解。

定理 2.2.1(谱分解定理) 已知谱密度 $\Phi(\omega)$,它是 $\cos\omega$ 的有理函数,则存在一个离散时间传递函数为

$$G(z^{-1}) = \frac{C(z^{-1})}{A(z^{-1})} \tag{2.2.26}$$

的线性系统,使得由白噪声驱动的这个系统的输出是谱密度为 $\Phi(\omega)$的平稳随机过程,多项式 $A(z^{-1})$的全部零点在 z 平面单位圆内,多项式 $C(z^{-1})$的全部零点在 z 平面单位圆内或单位圆上[1]。

这意味着:对于所有具有有理谱密度的平稳随机过程,都可以用白噪声激励一个稳定的线性动态系统来产生。利用这一原理就可以建立随机扰动模型

$$x(k) = G(z^{-1})\xi(k) = \frac{C(z^{-1})}{A(z^{-1})}\xi(k) \tag{2.2.27}$$

式中,$\xi(k)$是均值为零、方差为 σ_ξ^2 的白噪声;$x(k)$为具有有理谱密度 $\Phi(\omega) = G(e^{j\omega})G(e^{-j\omega})\sigma_\xi^2$ 的平稳随机扰动(有色噪声);$G(z^{-1})$为一稳定线性系统的离散时间传递函数

$$G(z^{-1}) = \frac{C(z^{-1})}{A(z^{-1})} \tag{2.2.28}$$

式中,$A(z^{-1}) = 1 + \sum_{i=1}^{n_A} a_i z^{-i}$ 为一稳定多项式,其根代表了随机扰动模型的极点,$C(z^{-1}) = \sum_{i=0}^{n_C} c_i z^{-i}$,其根代表了扰动模型的零点,在单位圆内或圆上。

2.2.4 随机线性模型

设被控对象的输入信号为 $u(k)$，被控对象的输出信号为 $y(k)$，且被控对象存在随机扰动，如随机干扰噪声、量测噪声及模型拟合残差等干扰，则被控对象的数学模型应包括确定性和随机干扰两部分，即

$$y(k)=\frac{z^{-d}B_1(z^{-1})}{A_1(z^{-1})}u(k)+\frac{C_1(z^{-1})}{A_2(z^{-1})}\xi(k) \tag{2.2.29}$$

式中，干扰信号是由一个白噪声 $\xi(k)$ 通过一个稳定的线性系统 $\frac{C_1(z^{-1})}{A_2(z^{-1})}$ 产生。

式(2.2.29)可表示为

$$y(k)=\frac{z^{-d}B_1(z^{-1})A_2(z^{-1})}{A_1(z^{-1})A_2(z^{-1})}u(k)+\frac{C_1(z^{-1})A_1(z^{-1})}{A_1(z^{-1})A_2(z^{-1})}\xi(k) \tag{2.2.30}$$

若 $A_1(z^{-1})=A_2(z^{-1})$，则令 $A(z^{-1})=A_1(z^{-1})=A_2(z^{-1})$、$B(z^{-1})=B_1(z^{-1})$、$C(z^{-1})=C_1(z^{-1})$，则用 $A(z^{-1})$ 同时乘方程两侧得到

$$A(z^{-1})y(k)=z^{-d}B(z^{-1})u(k)+C(z^{-1})\xi(k) \tag{2.2.31}$$

在这种情况下，$A(z^{-1})$ 与 $B(z^{-1})$、$A(z^{-1})$ 与 $C(z^{-1})$ 及 $B(z^{-1})$ 与 $C(z^{-1})$ 互质。

若 $A_1(z^{-1})\neq A_2(z^{-1})$，则令

$$\begin{aligned}A(z^{-1})&=A_1(z^{-1})A_2(z^{-1})\\B(z^{-1})&=B_1(z^{-1})A_2(z^{-1})\\C(z^{-1})&=A_1(z^{-1})C_1(z^{-1})\end{aligned} \tag{2.2.32}$$

则用 $A(z^{-1})$ 同时乘方程两侧同样可以得到

$$A(z^{-1})y(k)=z^{-d}B(z^{-1})u(k)+C(z^{-1})\xi(k) \tag{2.2.33}$$

此时 $A(z^{-1})$、$B(z^{-1})$ 和 $C(z^{-1})$ 三者之间互质。一般称式(2.2.33)为受控自回归滑动平均模型(Controlled Auto-Regressive Moving Average，CARMA)。

2.3 参数估计

自校正控制的被控对象数学模型的参数往往是未知或者时变的，因此需要对被控对象模型参数进行估计。首先应当建立参数未知的被控对象的数学模型，然后对被控对象模型的参数进行估计。为此首先简要介绍建立被控对象数学模型的过程辨识方法，感兴趣的读者可详见文献[3]。

2.3.1 过程辨识简介

过程辨识是指从过程的观察数据建立动态数学模型的一门学科。L. A. Zadeh 曾从形式上给辨识下过这样的定义：“辨识就是在输入和输出数据的基础上，从一组

给定的模型类中,确定一个与所测系统等价的模型”[4];P. Eykhoff 从本质上给辨识下的定义是:“辨识问题可以归结为用一个模型来表示客观系统(或将要构造的系统)本质特征的一种演算,并用这个模型把对客观系统的理解表示成有用的形式”[5];Ljung 给辨识下的定义更加实用:“辨识有三个要素,即数据、模型类和准则。辨识就是按照一个准则在一组模型类中选择一个与数据拟合得最好的模型”[3]。过程辨识的步骤和内容简介如下。

过程辨识的一般步骤和内容如图 2.3.1 所示。

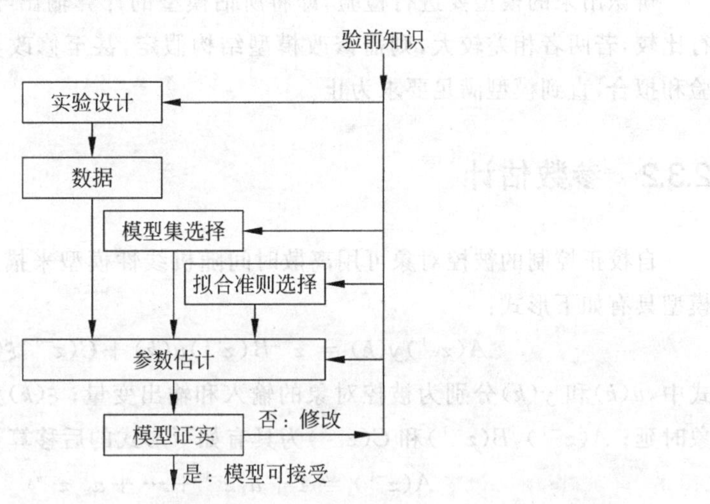

图 2.3.1 过程辨识的一般步骤和内容

验前知识是在辨识模型之前对被控对象机理和操作条件、建模目的等所了解的信息的统称。有些场合为了获得足够的验前知识还要对过程进行一些预备性的试验,以便获得一些必要的过程参数,如被控对象中主要的时间常数和纯时延、是否存在非线性、参数是否随时间变化、允许输入幅度和过程中的噪声水平等。

实验设计的目的是在某种约束条件下,使得所做出的选择具有最大的信息量。如果实验者不允许影响被控对象的运行,那么,必须使用被控对象正常操作时的数据。

实验设计主要内容是选择和决定以下内容,即输入信号的类型、产生方法和引入点、采样周期、在线或离线辨识、信号的滤波等。由于对实验条件存在种种限制,如对输入和输出量的幅度和功率的限制、最大采样速度的限制、实验进行时间或能够取得的和用于建模的样本总个数的限制等,因此怎样在上述限制条件下设计实验,以便获得尽可能多的能反映过程动态行为的有用信息,是实验设计的中心任务。

在设计好的实验中记录被控对象的输入输出数据。使用者可以决定量测哪些信号以及何时进行量测,也可选定输入信号,可以决定是采用离线的数据还是在线的数据。数据通常表现为多个时间序列,所以严格确定各时间序列之间的时序关系至关重要。

候选模型集是指可从中选出合适模型的集合。所谓模型集，简单地说，就是确定被控对象数学模型的具体表达形式，一般是根据被控对象的特性和控制器的设计方法决定用微分方程还是用差分方程、用离散时间传递函数还是用状态方程等。数学模型的具体表达形式确定后，才能进一步确定被控对象模型的阶次。模型阶次确定之后，需要对模型参数进行估计。所建立的数学模型是否很好地描述被控对象的动态特性，需要采用拟合准则来区分模型“好”和“不好”的程度。

辨识出来的模型要进行检验，即将所估模型的计算输出与被控对象实测输出进行比较，若两者相差较大，则需修改模型结构假定，甚至修改实验设计，重复进行试验和拟合，直到模型满足要求为止。

2.3.2 参数估计

自校正控制的被控对象可用离散时间随机线性模型来描述，离散时间随机线性模型具有如下形式：

$$A(z^{-1})y(k)=z^{-d}B(z^{-1})u(k)+C(z^{-1})\xi(k) \tag{2.3.1}$$

式中，$u(k)$和$y(k)$分别为被控对象的输入和输出变量；$\xi(k)$为白噪声；d为被控对象时延；$A(z^{-1})$，$B(z^{-1})$和$C(z^{-1})$为具有如下形式的后移算子多项式

$$A(z^{-1})=1+a_1z^{-1}+\cdots+a_{n_A}z^{-n_A} \tag{2.3.2}$$

$$B(z^{-1})=b_0+b_1z^{-1}+\cdots+b_{n_B}z^{-n_B} \tag{2.3.3}$$

$$C(z^{-1})=1+c_1z^{-1}+\cdots+c_{n_C}z^{-n_C} \tag{2.3.4}$$

式中，n_A，n_B和n_C为$A(z^{-1})$、$B(z^{-1})$和$C(z^{-1})$多项式的阶次，为已知非负整数；$a_i(i=1,\cdots,n_A)$、$b_j(j=0,\cdots,n_B)$和$c_l(l=1,\cdots,n_C)$分别为多项式$A(z^{-1})$、$B(z^{-1})$和$C(z^{-1})$的未知系数。

1. 递推最小二乘算法

当$C(z^{-1})=0$，表示确定性线性模型；当$C(z^{-1})=1$，表示受到白噪声干扰的随机线性模型。以受到白噪声干扰的随机线性模型为例介绍最小二乘递推估计算法。受到白噪声干扰的随机线性模型为

$$A(z^{-1})y(k)=B(z^{-1})u(k-d)+\xi(k) \tag{2.3.5}$$

定义$p=n_A+n_B+1$维的数据向量$\boldsymbol{\varphi}(k-1)$（已知）和参数向量$\boldsymbol{\theta}$（未知）为

$$\begin{aligned}\boldsymbol{\varphi}(k-1)=[&-y(k-1),-y(k-2),\cdots,-y(k-n_A),\\&u(k-d),u(k-d-1),\cdots,u(k-d-n_B)]^{\mathrm{T}}\end{aligned} \tag{2.3.6}$$

$$\boldsymbol{\theta}=[a_1,a_2,\cdots,a_{n_A},b_0,b_1,\cdots,b_{n_B}]^{\mathrm{T}} \tag{2.3.7}$$

则被控对象式(2.3.5)可以表示为

$$y(k)=\boldsymbol{\varphi}^{\mathrm{T}}(k-1)\boldsymbol{\theta}+\xi(k) \tag{2.3.8}$$

下面的问题是如何通过已量测到的输出和输入序列$\{y(k)\}$和$\{u(k)\}$，求得待估计的参数，并使估计误差按某一准则为最小。

1）一次完成最小二乘估计算法

现在的问题是如何确定参数向量$\boldsymbol{\theta}$，使得在最小二乘意义上，由$\boldsymbol{\varphi}^{\mathrm{T}}(k-1)\boldsymbol{\theta}$算出的输出应尽可能与实测变量$y(k)$相接近，即使得残差平方和为最小，估计准则为

$$J(\hat{\boldsymbol{\theta}}) = \sum_{i=1}^{N}[y(i)-\boldsymbol{\varphi}^{\mathrm{T}}(i-1)\hat{\boldsymbol{\theta}}]^2 \tag{2.3.9}$$

记由N次观测($N\gg n_{\mathrm{A}}+n_{\mathrm{B}}+1$)的数据得到的对未知参数$\boldsymbol{\theta}$的估计为$\hat{\boldsymbol{\theta}}$，那么，对于第$i$次观测，实际观测值$y(i)$与估计模型计算值$y_{\mathrm{m}}(i)=\boldsymbol{\varphi}^{\mathrm{T}}(i-1)\hat{\boldsymbol{\theta}}$之间的偏差为

$$\begin{aligned}\varepsilon(i) &= y(i)-\boldsymbol{\varphi}^{\mathrm{T}}(i-1)\hat{\boldsymbol{\theta}}\\ &= \boldsymbol{\varphi}^{\mathrm{T}}(i-1)(\boldsymbol{\theta}-\hat{\boldsymbol{\theta}})+\xi(i)\end{aligned} \tag{2.3.10}$$

$\varepsilon(i)$称为残差。引入记号

$$\boldsymbol{y}_N=\begin{bmatrix}y(1)\\y(2)\\\vdots\\y(N)\end{bmatrix},\quad \boldsymbol{\Phi}_N=\begin{bmatrix}\boldsymbol{\varphi}^{\mathrm{T}}(0)\\\boldsymbol{\varphi}^{\mathrm{T}}(1)\\\vdots\\\boldsymbol{\varphi}^{\mathrm{T}}(N-1)\end{bmatrix},\quad \boldsymbol{\xi}_N=\begin{bmatrix}\xi(1)\\\xi(2)\\\vdots\\\xi(N)\end{bmatrix},\quad \boldsymbol{\varepsilon}_N=\begin{bmatrix}\varepsilon(1)\\\varepsilon(2)\\\vdots\\\varepsilon(N)\end{bmatrix} \tag{2.3.11}$$

则式(2.3.8)可以表示为

$$\boldsymbol{y}_N=\boldsymbol{\Phi}_N\boldsymbol{\theta}+\boldsymbol{\xi}_N \tag{2.3.12}$$

而式(2.3.10)可以表示为

$$\boldsymbol{\varepsilon}_N=\boldsymbol{y}_N-\boldsymbol{\Phi}_N\hat{\boldsymbol{\theta}}=\boldsymbol{\Phi}_N(\boldsymbol{\theta}-\hat{\boldsymbol{\theta}})+\boldsymbol{\xi}_N \tag{2.3.13}$$

式(2.3.13)表明，残差$\boldsymbol{\varepsilon}_N$取决于参数拟合误差$(\boldsymbol{\theta}-\hat{\boldsymbol{\theta}})$和过程噪声$\boldsymbol{\xi}_N$。

最小二乘目标函数式(2.3.9)可表示为

$$J=\boldsymbol{\varepsilon}_N^{\mathrm{T}}\boldsymbol{\varepsilon}_N=(\boldsymbol{y}_N-\boldsymbol{\Phi}_N\hat{\boldsymbol{\theta}})^{\mathrm{T}}(\boldsymbol{y}_N-\boldsymbol{\Phi}_N\hat{\boldsymbol{\theta}}) \tag{2.3.14}$$

我们的目标就是求取使得式(2.3.14)达到极小的$\hat{\boldsymbol{\theta}}$，该值称为未知参数向量$\boldsymbol{\theta}$的最小二乘估计，记为$\hat{\boldsymbol{\theta}}_{\mathrm{LS}}$。上述最小二乘问题的解由下面的定理给出。

定理 2.3.1(最小二乘估计)　使目标函数式(2.3.14)达到最小的参数估计$\hat{\boldsymbol{\theta}}_{\mathrm{LS}}$应满足下列正则方程

$$\boldsymbol{\Phi}_N^{\mathrm{T}}\boldsymbol{\Phi}_N\hat{\boldsymbol{\theta}}_{\mathrm{LS}}=\boldsymbol{\Phi}_N^{\mathrm{T}}\boldsymbol{y}_N \tag{2.3.15}$$

如果$\boldsymbol{\Phi}_N^{\mathrm{T}}\boldsymbol{\Phi}_N$满秩，可得唯一解

$$\hat{\boldsymbol{\theta}}_{\mathrm{LS}}=(\boldsymbol{\Phi}_N^{\mathrm{T}}\boldsymbol{\Phi}_N)^{-1}\boldsymbol{\Phi}_N^{\mathrm{T}}\boldsymbol{y}_N \tag{2.3.16}$$

证明　由式(2.3.14)得

$$J=\boldsymbol{y}_N^{\mathrm{T}}\boldsymbol{y}_N-2(\boldsymbol{\Phi}_N^{\mathrm{T}}\boldsymbol{y}_N)^{\mathrm{T}}\hat{\boldsymbol{\theta}}+\hat{\boldsymbol{\theta}}^{\mathrm{T}}\boldsymbol{\Phi}_N^{\mathrm{T}}\boldsymbol{\Phi}_N\hat{\boldsymbol{\theta}} \tag{2.3.17}$$

所以

$$\frac{\partial J}{\partial \hat{\boldsymbol{\theta}}}=-2\,\boldsymbol{\Phi}_N^{\mathrm{T}}\boldsymbol{y}_N+2\,\boldsymbol{\Phi}_N^{\mathrm{T}}\boldsymbol{\Phi}_N\hat{\boldsymbol{\theta}} \tag{2.3.18}$$

令$\left.\frac{\partial J}{\partial \hat{\boldsymbol{\theta}}}\right|_{\hat{\boldsymbol{\theta}}=\hat{\boldsymbol{\theta}}_{\mathrm{LS}}}=\mathbf{0}$,可得

$$\boldsymbol{\Phi}_N^{\mathrm{T}}\boldsymbol{\Phi}_N\hat{\boldsymbol{\theta}}_{\mathrm{LS}}=\boldsymbol{\Phi}_N^{\mathrm{T}}\boldsymbol{y}_N \tag{2.3.19}$$

由于$\boldsymbol{\Phi}_N^{\mathrm{T}}\boldsymbol{\Phi}_N$满秩,因此由式(2.3.18)求导

$$\frac{\partial}{\partial \hat{\boldsymbol{\theta}}}\left(\frac{\partial J}{\partial \hat{\boldsymbol{\theta}}}\right)^{\mathrm{T}}=2\,\boldsymbol{\Phi}_N^{\mathrm{T}}\boldsymbol{\Phi}_N>0 \tag{2.3.20}$$

由式(2.3.19)可得使最小二乘目标函数式(2.3.14)极小的唯一解式(2.3.16)。

■

2) 递推最小二乘估计算法

定理2.3.1给出的最小二乘算法是一次完成算法,在具体使用时不但占用内存量大,而且不能用于在线辨识。解决这个问题的办法是把它化成递推算法。

递推算法的基本思想可以概括成

新的估计值$\hat{\boldsymbol{\theta}}(k)$ = 老的估计值$\hat{\boldsymbol{\theta}}(k-1)$ + 修正项

这样不仅可以减少计算量和存储量,而且还能够实现在线辨识。

引理2.3.1(矩阵求逆) 设$\boldsymbol{A}$、$\boldsymbol{C}$和$(\boldsymbol{A}+\boldsymbol{BCD})$都为非奇异方阵,则

$$(\boldsymbol{A}+\boldsymbol{BCD})^{-1}=\boldsymbol{A}^{-1}-\boldsymbol{A}^{-1}\boldsymbol{B}(\boldsymbol{C}^{-1}+\boldsymbol{DA}^{-1}\boldsymbol{B})^{-1}\boldsymbol{DA}^{-1} \tag{2.3.21}$$

证明 采用直接证法

$$\begin{aligned}&(\boldsymbol{A}+\boldsymbol{BCD})[\boldsymbol{A}^{-1}-\boldsymbol{A}^{-1}\boldsymbol{B}(\boldsymbol{C}^{-1}+\boldsymbol{DA}^{-1}\boldsymbol{B})^{-1}\boldsymbol{DA}^{-1}]\\
=&\boldsymbol{I}+\boldsymbol{BCDA}^{-1}-\boldsymbol{B}(\boldsymbol{C}^{-1}+\boldsymbol{DA}^{-1}\boldsymbol{B})^{-1}\boldsymbol{DA}^{-1}-\boldsymbol{BCDA}^{-1}\boldsymbol{B}(\boldsymbol{C}^{-1}+\boldsymbol{DA}^{-1}\boldsymbol{B})^{-1}\boldsymbol{DA}^{-1}\\
=&\boldsymbol{I}+\boldsymbol{BCDA}^{-1}-\boldsymbol{B}(\boldsymbol{I}+\boldsymbol{CDA}^{-1}\boldsymbol{B})(\boldsymbol{C}^{-1}+\boldsymbol{DA}^{-1}\boldsymbol{B})^{-1}\boldsymbol{DA}^{-1}\\
=&\boldsymbol{I}+\boldsymbol{BCDA}^{-1}-\boldsymbol{BC}(\boldsymbol{C}^{-1}+\boldsymbol{DA}^{-1}\boldsymbol{B})(\boldsymbol{C}^{-1}+\boldsymbol{DA}^{-1}\boldsymbol{B})^{-1}\boldsymbol{DA}^{-1}\\
=&\boldsymbol{I}\end{aligned} \tag{2.3.22}$$

■

定理2.3.2(递推最小二乘估计) 未知参数向量$\boldsymbol{\theta}$的最小二乘估计$\hat{\boldsymbol{\theta}}_{\mathrm{LS}}$的递推计算公式为

$$\hat{\boldsymbol{\theta}}_{\mathrm{LS}}(k)=\hat{\boldsymbol{\theta}}_{\mathrm{LS}}(k-1)+\boldsymbol{K}(k)[y(k)-\boldsymbol{\varphi}^{\mathrm{T}}(k-1)\hat{\boldsymbol{\theta}}_{\mathrm{LS}}(k-1)] \tag{2.3.23}$$

$$\boldsymbol{K}(k)=\frac{\boldsymbol{P}(k-1)\boldsymbol{\varphi}(k-1)}{1+\boldsymbol{\varphi}^{\mathrm{T}}(k-1)\boldsymbol{P}(k-1)\boldsymbol{\varphi}(k-1)} \tag{2.3.24}$$

$$\boldsymbol{P}(k)=[\boldsymbol{I}-\boldsymbol{K}(k)\boldsymbol{\varphi}^{\mathrm{T}}(k-1)]\boldsymbol{P}(k-1) \tag{2.3.25}$$

式中

$$\boldsymbol{P}(k)=[\boldsymbol{\Phi}_k^{\mathrm{T}}\boldsymbol{\Phi}_k]^{-1} \tag{2.3.26}$$

$$\boldsymbol{\Phi}_k=\begin{bmatrix}\boldsymbol{\varphi}^{\mathrm{T}}(0)\\ \boldsymbol{\varphi}^{\mathrm{T}}(1)\\ \vdots\\ \boldsymbol{\varphi}^{\mathrm{T}}(k-1)\end{bmatrix}\tag{2.3.27}$$

证明　设$\hat{\boldsymbol{\theta}}(k-1)$是基于到时刻$(k-1)$为止的所有观测数据在对$(k-1)$时刻的未知参数$\boldsymbol{\theta}$的最小二乘估计，由式(2.3.16)得

$$\hat{\boldsymbol{\theta}}_{\mathrm{LS}}(k-1)=[\boldsymbol{\Phi}_{k-1}^{\mathrm{T}}\boldsymbol{\Phi}_{k-1}]^{-1}\boldsymbol{\Phi}_{k-1}^{\mathrm{T}}\boldsymbol{y}_{k-1}\tag{2.3.28}$$

采集一组新观测数据后，得到k时刻关于未知参数$\boldsymbol{\theta}$的最小二乘估计

$$\hat{\boldsymbol{\theta}}_{\mathrm{LS}}(k)=[\boldsymbol{\Phi}_k^{\mathrm{T}}\boldsymbol{\Phi}_k]^{-1}\boldsymbol{\Phi}_k^{\mathrm{T}}\boldsymbol{y}_k\tag{2.3.29}$$

考虑到

$$\boldsymbol{\Phi}_k=\begin{bmatrix}\boldsymbol{\Phi}_{k-1}\\ \boldsymbol{\varphi}^{\mathrm{T}}(k-1)\end{bmatrix},\quad \boldsymbol{y}_k=\begin{bmatrix}\boldsymbol{y}_{k-1}\\ y(k)\end{bmatrix}\tag{2.3.30}$$

所以，可将式(2.3.29)表示为

$$\hat{\boldsymbol{\theta}}_{\mathrm{LS}}(k)=[\boldsymbol{\Phi}_{k-1}^{\mathrm{T}}\boldsymbol{\Phi}_{k-1}+\boldsymbol{\varphi}(k-1)\boldsymbol{\varphi}^{\mathrm{T}}(k-1)]^{-1}[\boldsymbol{\Phi}_{k-1}^{\mathrm{T}}\boldsymbol{y}_{k-1}+\boldsymbol{\varphi}(k-1)y(k)]\tag{2.3.31}$$

令$\boldsymbol{P}(k)=[\boldsymbol{\Phi}_k^{\mathrm{T}}\boldsymbol{\Phi}_k]^{-1}$，则有$\boldsymbol{P}(k-1)=[\boldsymbol{\Phi}_{k-1}^{\mathrm{T}}\boldsymbol{\Phi}_{k-1}]^{-1}$，于是有

$$\boldsymbol{P}(k)=[\boldsymbol{P}^{-1}(k-1)+\boldsymbol{\varphi}(k-1)\boldsymbol{\varphi}^{\mathrm{T}}(k-1)]^{-1}\tag{2.3.32}$$

引用矩阵求逆引理(引理 2.3.1)，令

$$\boldsymbol{A}=\boldsymbol{P}^{-1}(k-1)=\boldsymbol{\Phi}_{k-1}^{\mathrm{T}}\boldsymbol{\Phi}_{k-1},\quad \boldsymbol{B}=\boldsymbol{\varphi}(k-1),\quad \boldsymbol{C}=1,\quad \boldsymbol{D}=\boldsymbol{\varphi}^{\mathrm{T}}(k-1)\tag{2.3.33}$$

于是由

$$(\boldsymbol{A}+\boldsymbol{BCD})^{-1}=\boldsymbol{A}^{-1}-\boldsymbol{A}^{-1}\boldsymbol{B}(\boldsymbol{C}^{-1}+\boldsymbol{DA}^{-1}\boldsymbol{B})^{-1}\boldsymbol{DA}^{-1}\tag{2.3.34}$$

可得

$$\begin{aligned}\boldsymbol{P}(k)&=[\boldsymbol{P}^{-1}(k-1)+\boldsymbol{\varphi}(k-1)\boldsymbol{\varphi}^{\mathrm{T}}(k-1)]^{-1}\\ &=\boldsymbol{P}(k-1)-\boldsymbol{P}(k-1)\boldsymbol{\varphi}(k-1)[1+\boldsymbol{\varphi}^{\mathrm{T}}(k-1)\boldsymbol{P}(k-1)\boldsymbol{\varphi}(k-1)]^{-1}\\ &\quad\ \boldsymbol{\varphi}^{\mathrm{T}}(k-1)\boldsymbol{P}(k-1)\qquad(2.3.35)\\ &=\boldsymbol{P}(k-1)-\frac{\boldsymbol{P}(k-1)\boldsymbol{\varphi}(k-1)}{1+\boldsymbol{\varphi}^{\mathrm{T}}(k-1)\boldsymbol{P}(k-1)\boldsymbol{\varphi}(k-1)}\boldsymbol{\varphi}^{\mathrm{T}}(k-1)\boldsymbol{P}(k-1)\end{aligned}$$

引入记号

$$\boldsymbol{K}(k)=\frac{\boldsymbol{P}(k-1)\boldsymbol{\varphi}(k-1)}{1+\boldsymbol{\varphi}^{\mathrm{T}}(k-1)\boldsymbol{P}(k-1)\boldsymbol{\varphi}(k-1)}\tag{2.3.36}$$

于是有

$$\begin{aligned}\boldsymbol{P}(k)&=\boldsymbol{P}(k-1)-\boldsymbol{K}(k)\boldsymbol{\varphi}^{\mathrm{T}}(k-1)\boldsymbol{P}(k-1)\\ &=[\boldsymbol{I}-\boldsymbol{K}(k)\boldsymbol{\varphi}^{\mathrm{T}}(k-1)]\boldsymbol{P}(k-1)\end{aligned}\tag{2.3.37}$$

考虑到式(2.3.31)，可知

$$\hat{\boldsymbol{\theta}}_{LS}(k)=\boldsymbol{P}(k)[\boldsymbol{\Phi}_{k-1}^{T}\boldsymbol{y}_{k-1}+\boldsymbol{\varphi}(k-1)y(k)] \tag{2.3.38}$$

将式(2.3.37)代入式(2.3.38)，进行化简可得

$$\begin{aligned}\hat{\boldsymbol{\theta}}_{LS}(k)&=[\boldsymbol{I}-\boldsymbol{K}(k)\boldsymbol{\varphi}^{T}(k-1)]\boldsymbol{P}(k-1)[\boldsymbol{\Phi}_{k-1}^{T}\boldsymbol{y}_{k-1}+\boldsymbol{\varphi}(k-1)y(k)]\\&=[\boldsymbol{P}(k-1)-\boldsymbol{K}(k)\boldsymbol{\varphi}^{T}(k-1)\boldsymbol{P}(k-1)]\cdot[\boldsymbol{\Phi}_{k-1}^{T}\boldsymbol{y}_{k-1}+\boldsymbol{\varphi}(k-1)y(k)]\\&=\boldsymbol{P}(k-1)\boldsymbol{\Phi}_{k-1}^{T}\boldsymbol{y}_{k-1}-\boldsymbol{K}(k)\boldsymbol{\varphi}^{T}(k-1)\boldsymbol{P}(k-1)\boldsymbol{\Phi}_{k-1}^{T}\boldsymbol{y}_{k-1}\\&\quad+[\boldsymbol{I}-\boldsymbol{K}(k)\boldsymbol{\varphi}^{T}(k-1)]\boldsymbol{P}(k-1)\boldsymbol{\varphi}(k-1)y(k)\end{aligned} \tag{2.3.39}$$

注意到

$$\hat{\boldsymbol{\theta}}_{LS}(k-1)=[\boldsymbol{\Phi}_{k-1}^{T}\boldsymbol{\Phi}_{k-1}]^{-1}\boldsymbol{\Phi}_{k-1}^{T}\boldsymbol{y}_{k-1}=\boldsymbol{P}(k-1)\boldsymbol{\Phi}_{k-1}^{T}\boldsymbol{y}_{k-1} \tag{2.3.40}$$

则式(2.3.39)变为

$$\begin{aligned}\hat{\boldsymbol{\theta}}_{LS}(k)&=\hat{\boldsymbol{\theta}}_{LS}(k-1)-\boldsymbol{K}(k)\boldsymbol{\varphi}^{T}(k-1)\hat{\boldsymbol{\theta}}_{LS}(k-1)\\&\quad+[\boldsymbol{I}-\boldsymbol{K}(k)\boldsymbol{\varphi}^{T}(k-1)]\boldsymbol{P}(k-1)\boldsymbol{\varphi}(k-1)y(k)\\&=\hat{\boldsymbol{\theta}}_{LS}(k-1)+[\boldsymbol{I}-\boldsymbol{K}(k)\boldsymbol{\varphi}^{T}(k-1)]\boldsymbol{P}(k-1)\boldsymbol{\varphi}(k-1)y(k)\\&\quad-\boldsymbol{K}(k)\boldsymbol{\varphi}^{T}(k-1)\hat{\boldsymbol{\theta}}_{LS}(k-1)\end{aligned} \tag{2.3.41}$$

由式(2.3.36)可知下列等式成立

$$[\boldsymbol{I}-\boldsymbol{K}(k)\boldsymbol{\varphi}^{T}(k-1)]\boldsymbol{P}(k-1)\boldsymbol{\varphi}(k-1)=\boldsymbol{K}(k) \tag{2.3.42}$$

于是有

$$\hat{\boldsymbol{\theta}}_{LS}(k)=\hat{\boldsymbol{\theta}}_{LS}(k-1)+\boldsymbol{K}(k)[y(k)-\boldsymbol{\varphi}^{T}(k-1)\hat{\boldsymbol{\theta}}_{LS}(k-1)] \tag{2.3.43}$$

■

用递推公式估计$\boldsymbol{\theta}$时，需要已知初值$\hat{\boldsymbol{\theta}}(0)$和$\boldsymbol{P}(0)$，它们可以按照一次完成最小二乘法由初始的一批观测数据按式(2.3.16)计算得出，但这样计算是很麻烦的，特别是在计算$\boldsymbol{P}(0)$时要对矩阵求逆。通常的简便做法是令

$$\hat{\boldsymbol{\theta}}(0)=\boldsymbol{0} \tag{2.3.44}$$

$$\boldsymbol{P}(0)=\alpha\boldsymbol{I} \tag{2.3.45}$$

式中，α为足够大的正数，一般取$\alpha=10^{6}$。

可以证明这样选择初值时，递推若干步后求得$\boldsymbol{\theta}$和$\boldsymbol{P}$与按一次完成法计算出的$\hat{\boldsymbol{\theta}}(0)$和$\boldsymbol{P}(0)$很接近，但可避免矩阵求逆。

用递推算法估计参数有明显的物理意义：

① 新估计是在上一次估计的基础上修正得到；

② 按预报误差或称新息修正，新息表达式为$[y(k)-\boldsymbol{\varphi}^{T}(k-1)\hat{\boldsymbol{\theta}}_{LS}(k-1)]$。实际上参数估计递推算法中的

$$\begin{aligned}\boldsymbol{\varphi}^{T}(k-1)\hat{\boldsymbol{\theta}}(k-1)=&-\hat{a}_{1}(k-1)y(k-1)-\cdots-\hat{a}_{n_A}(k-1)y(k-n_A)\\&+\hat{b}_{0}(k-1)u(k-d)+\cdots+\hat{b}_{n_B}(k-1)u(k-d-n_B)\end{aligned} \tag{2.3.46}$$

就是利用$(k-1)$时刻已测量到的数据$\boldsymbol{\varphi}(k-1)$和参数估计$\hat{\boldsymbol{\theta}}(k-1)$对 k 时刻被控对象输出 $y(k)$进行的预测，而$[y(k)-\boldsymbol{\varphi}^{\mathrm{T}}(k-1)\hat{\boldsymbol{\theta}}(k)]$就是当被控对象的真实输出 $y(k)$得到之后计算的 k 时刻的预测误差。新的参数估计值$\hat{\boldsymbol{\theta}}(k)$就是在利用上述预测误差对上次递推得出的参数估计值$\hat{\boldsymbol{\theta}}(k-1)$进行修正的基础上得到的；

③ $\boldsymbol{K}(k)$是修正系数，是预测误差的加权矩阵。

递推最小二乘法的计算步骤归纳如下：

(1) 置初值$\hat{\boldsymbol{\theta}}(0)=\mathbf{0}$，$\boldsymbol{P}(0)=10^6\boldsymbol{I}$；

(2) 构造数据向量

$$\boldsymbol{\varphi}(k-1)=[-y(k-1),-y(k-2),\cdots,-y(k-n_A),\\ u(k-d),u(k-d-1),\cdots,u(k-d-n_B)]^{\mathrm{T}}$$

(3) 施加 $u(k)$于对象，进行第 k 次采样，得到 $y(k)$；

(4) 由式(2.3.24)计算 $\boldsymbol{K}(k)$；

(5) 由式(2.3.23)计算$\hat{\boldsymbol{\theta}}_{\mathrm{LS}}(k)$；

(6) 由式(2.3.25)计算 $\boldsymbol{P}(k)$；

(7) 递推一步 $k+1\to k$，并返回步骤(2)，构造新的数据向量。

3) 最小二乘估计的统计性质

上面介绍的最小二乘参数估计方法，是其他一些参数估计方法的基础，因此研究这一方法所估参数的正确程度非常必要。由于在进行参数估计时实测数据受到各种随机干扰，故 $\boldsymbol{y}_N$、$\boldsymbol{\Phi}_N$、$\hat{\boldsymbol{\theta}}$ 等都是随机向量，对于随机向量其“优良度”和“可信度”可通过研究其统计性质，如无偏性、一致性和有效性等来判断，即将所估参数与其真实值进行比较，以判断被估计量的精确程度和实用价值。

(1) 无偏性。无偏性估计是指所估参数是否围绕参数的真值上下波动，且其数学期望等于参数真值，即是否有 $\mathrm{E}[\hat{\boldsymbol{\theta}}]=\boldsymbol{\theta}$。这里$\boldsymbol{\theta}$为参数真值，$\mathrm{E}[\cdot]$表示数学期望。

如果模型式(2.3.12)中的噪声 ξ_N 的均值为零，且 ξ_N 与$\boldsymbol{\Phi}_N$ 统计独立，则最小二乘估计量$\hat{\boldsymbol{\theta}}_{\mathrm{LS}}$是无偏估计量，即 $\mathrm{E}[\hat{\boldsymbol{\theta}}_{\mathrm{LS}}]=\boldsymbol{\theta}$。

将式(2.3.12)代入式(2.3.16)有

$$\hat{\boldsymbol{\theta}}_{\mathrm{LS}}=\boldsymbol{\theta}+(\boldsymbol{\Phi}_N^{\mathrm{T}}\boldsymbol{\Phi}_N)^{-1}\boldsymbol{\Phi}_N^{\mathrm{T}}\xi_N \tag{2.3.47}$$

对上式两边取数学期望

$$\mathrm{E}[\hat{\boldsymbol{\theta}}_{\mathrm{LS}}]=\mathrm{E}[\boldsymbol{\theta}]+\mathrm{E}[(\boldsymbol{\Phi}_N^{\mathrm{T}}\boldsymbol{\Phi}_N)^{-1}\boldsymbol{\Phi}_N^{\mathrm{T}}\xi_N]=\boldsymbol{\theta} \tag{2.3.48}$$

故$\hat{\boldsymbol{\theta}}_{\mathrm{LS}}$是无偏估计量。

必须指出，无偏性并不要求 $\xi(k)$是白噪声，只要求其均值为零且与$\boldsymbol{\Phi}_N$ 统计独立即可。

(2) 有效性。有效性估计是指参数估计量$\hat{\boldsymbol{\theta}}$ 在参数真值上下波动程度的方差是否为最小，若为最小则称该统计量$\hat{\boldsymbol{\theta}}$为$\boldsymbol{\theta}$的有效估计。

我们首先回顾一下协方差和协方差阵的概念。若随机变量x_1和x_2之间的协方差$\mathrm{Cov}[x_1,x_2]\triangleq\mathrm{E}\{[x_1-\mathrm{E}(x_1)][x_2-\mathrm{E}(x_2)]\}=0$，则说明$x_1$和$x_2$互不相关。对于$n$维随机向量$\boldsymbol{x}=[x_1,x_2,\cdots,x_n]^{\mathrm{T}}$，其协方差阵定义为

$$\mathrm{Cov}[\boldsymbol{x}]=\mathrm{E}\{[\boldsymbol{x}-\mathrm{E}(\boldsymbol{x})]\cdot[\boldsymbol{x}-\mathrm{E}(\boldsymbol{x})]^{\mathrm{T}}\}$$
$$=\begin{bmatrix}\sigma_{x_1}^2 & \mathrm{Cov}[x_1,x_2] & \cdots & \mathrm{Cov}[x_1,x_n]\\ \mathrm{Cov}[x_2,x_1] & \sigma_{x_2}^2 & \cdots & \mathrm{Cov}[x_2,x_n]\\ \vdots & \vdots & \ddots & \vdots\\ \mathrm{Cov}[x_n,x_1] & \mathrm{Cov}[x_n,x_2] & \cdots & \sigma_{x_n}^2\end{bmatrix}$$

它代表$\boldsymbol{x}=[x_1,x_2,\cdots,x_n]^{\mathrm{T}}$诸元素之间相互关联的程度。显然，协方差阵是对称阵。

因为有效估计与参数估计偏差$\tilde{\boldsymbol{\theta}}=\hat{\boldsymbol{\theta}}-\boldsymbol{\theta}$的方差有关，而$\tilde{\boldsymbol{\theta}}$各分量的方差就是$\tilde{\boldsymbol{\theta}}$的协方差阵主对角线上的各元素，因此要研究参数估计的有效性，必须先了解$\tilde{\boldsymbol{\theta}}$协方差阵的性质。

如果模型式(2.3.8)中的噪声$\xi(k)$均值为零，协方差阵$\mathrm{Cov}[\xi_N]=\mathrm{E}[\xi_N\xi_N^{\mathrm{T}}]=\Sigma$，且与$\boldsymbol{\Phi}_N$统计独立，则最小二乘估计误差$\tilde{\boldsymbol{\theta}}_{\mathrm{LS}}=\hat{\boldsymbol{\theta}}_{\mathrm{LS}}-\boldsymbol{\theta}=(\boldsymbol{\Phi}_N^{\mathrm{T}}\boldsymbol{\Phi}_N)^{-1}\boldsymbol{\Phi}_N^{\mathrm{T}}\xi_N$的协方差阵为

$$\begin{aligned}\mathrm{Cov}[\tilde{\boldsymbol{\theta}}_{\mathrm{LS}}]&=\mathrm{E}\{[(\boldsymbol{\Phi}_N^{\mathrm{T}}\boldsymbol{\Phi}_N)^{-1}\boldsymbol{\Phi}_N^{\mathrm{T}}\xi_N][(\boldsymbol{\Phi}_N^{\mathrm{T}}\boldsymbol{\Phi}_N)^{-1}\boldsymbol{\Phi}_N^{\mathrm{T}}\xi_N]^{\mathrm{T}}\}\\&=\mathrm{E}[(\boldsymbol{\Phi}_N^{\mathrm{T}}\boldsymbol{\Phi}_N)^{-1}\boldsymbol{\Phi}_N^{\mathrm{T}}\Sigma\boldsymbol{\Phi}_N(\boldsymbol{\Phi}_N^{\mathrm{T}}\boldsymbol{\Phi}_N)^{-1}]\end{aligned}\tag{2.3.49}$$

假设$\xi(k)$是均值为零，方差为σ^2的白噪声，其协方差阵$\mathrm{Cov}[\xi_N]=\sigma^2\boldsymbol{I}$，则式(2.3.49)为

$$\mathrm{Cov}[\tilde{\boldsymbol{\theta}}_{\mathrm{LS}}]=\sigma^2\mathrm{E}[(\boldsymbol{\Phi}_N^{\mathrm{T}}\boldsymbol{\Phi}_N)^{-1}]\tag{2.3.50}$$

假设$\xi(k)$是均值为零，方差为σ^2的正态白噪声，可以证明式(2.3.50)取得极小值，则最小二乘估计量是有效估计量，详细证明过程可见文献[2]。

(3) 一致性。一致性估计是指随着观测次数N的增加，参数估计量$\hat{\boldsymbol{\theta}}$依概率1收敛于参数真值，即$\hat{\boldsymbol{\theta}}_N\xrightarrow[N\to\infty]{P}\boldsymbol{\theta}$。

如果式(2.3.8)中的噪声$\xi(k)$是均值为零，方差为σ^2的白噪声，则最小二乘估计是一致收敛的，即

$$\lim_{N\to\infty}\hat{\boldsymbol{\theta}}_{\mathrm{LS}}=\boldsymbol{\theta},\quad \mathrm{W.P.1}\tag{2.3.51}$$

式中，W.P.1表示依概率1收敛。

因由式(2.3.50)有

$$\begin{aligned}\lim_{N\to\infty}\mathrm{Cov}[\tilde{\boldsymbol{\theta}}_{\mathrm{LS}}]&=\lim_{N\to\infty}\sigma^2\mathrm{E}[(\boldsymbol{\Phi}_N^{\mathrm{T}}\boldsymbol{\Phi}_N)^{-1}]\\&=\lim_{N\to\infty}\frac{\sigma^2}{N}\mathrm{E}\left[\left(\frac{1}{N}\boldsymbol{\Phi}_N^{\mathrm{T}}\boldsymbol{\Phi}_N\right)^{-1}\right]\end{aligned}\tag{2.3.52}$$

式中，$\frac{1}{N}\boldsymbol{\Phi}_N^{\mathrm{T}}\boldsymbol{\Phi}_N$将依概率1收敛于一正定阵，且$\sigma^2$是有界的，因此由式(2.3.52)有

$$\lim_{N\to\infty}\mathrm{Cov}[\tilde{\boldsymbol{\theta}}_{\mathrm{LS}}]=\mathbf{0} \tag{2.3.53}$$

又因

$$\mathrm{E}[\tilde{\boldsymbol{\theta}}_{\mathrm{LS}}]=\mathrm{E}[\hat{\boldsymbol{\theta}}_{\mathrm{LS}}-\boldsymbol{\theta}]=\mathbf{0} \tag{2.3.54}$$

故有

$$\lim_{N\to\infty}\hat{\boldsymbol{\theta}}_{\mathrm{LS}}=\boldsymbol{\theta},\quad \mathrm{W.P.1} \tag{2.3.55}$$

上式表明当噪声 $\xi(k)$ 为白噪声时，最小二乘估计量是一致收敛的。必须指出，只有当 $\xi(k)$ 是白噪声时，上述结论才成立。

上面讨论的三点统计性质都是假设估计误差或噪声干扰 $\xi(k)$ 与数据向量 $\boldsymbol{\Phi}(k-1)$ 中的数据是统计独立的，或者是白噪声情况下，最小二乘参数估计的统计性质。如果 $\xi(k)$ 是统计特性不清楚的噪声，也可采用最小二乘法进行估计，尽管可能是有偏估计，但不要求掌握任何验前知识，这是这种算法的突出优点。对于确定性线性模型的参数估计，也可采用最小二乘参数估计。

例 2.3.1　递推最小二乘辨识算法仿真实验

阶次和时延已知、参数未知的被控对象模型为

$$y(k)+1.5y(k-1)+0.6y(k-2)=2u(k-3)-1.4u(k-4)+\xi(k)$$

式中，$\xi(k)$ 为均值为 0、方差为 0.8 的正态白噪声。实验者用方差为 1 的正态白噪声 $u(k)$ 作为输入激励被控对象，定义数据向量和参数向量分别为

$$\boldsymbol{\varphi}(k-1)=[-y(k-1),-y(k-2),u(k-3),u(k-4)]^{\mathrm{T}}$$
$$\boldsymbol{\theta}=[a_1,a_2,b_0,b_1]^{\mathrm{T}}$$

采用递推最小二乘算法对上述被控对象模型进行辨识仿真实验，参数向量的初值选为 0，运行时间从 $k=0$ 到 $k=150$，仿真结果如图 2.3.2 所示。其中，定义 $A^*(z^{-1})=a_1z^{-1}+\cdots+a_{n_A}z^{-n_A}$，$\hat{A}^*(k)$ 表示在 k 时刻对 $A^*(z^{-1})$ 的各系数 $a_1,\cdots,a_{n_A}$ 的估计值，$\hat{B}(k)$ 表示在 k 时刻对 $B(z^{-1})$ 的各系数 $b_0,\cdots,b_{n_B}$ 的估计值。后续仿真图中的表示方法与此类似。图中虚线代表真实参数，实线代表在 k 时刻对参数的估计结果，第 150 步的估计结果为

$$\hat{a}_1=1.5024,\quad \hat{a}_2=0.6110,\quad \hat{b}_0=1.9896,\quad \hat{b}_1=-1.3711$$

我们看到，与真实的参数已经非常接近。

若将被控对象所受到的扰动信号换成下列的有色噪声

$$y(k)+1.5y(k-1)+0.6y(k-2)=2u(k-3)-1.4u(k-4)+\xi(k)+1.2\xi(k-1)+0.85\xi(k-2)$$

其他条件不变，仿真结果如图 2.3.3 所示。第 150 步的估计结果为

$$\hat{a}_1=1.3983,\quad \hat{a}_2=0.5033,\quad \hat{b}_0=1.8972,\quad \hat{b}_1=-1.5671$$

可以看到，对于受到有色噪声影响的被控对象，常规最小二乘辨识算法不能保证参数估计的无偏性。

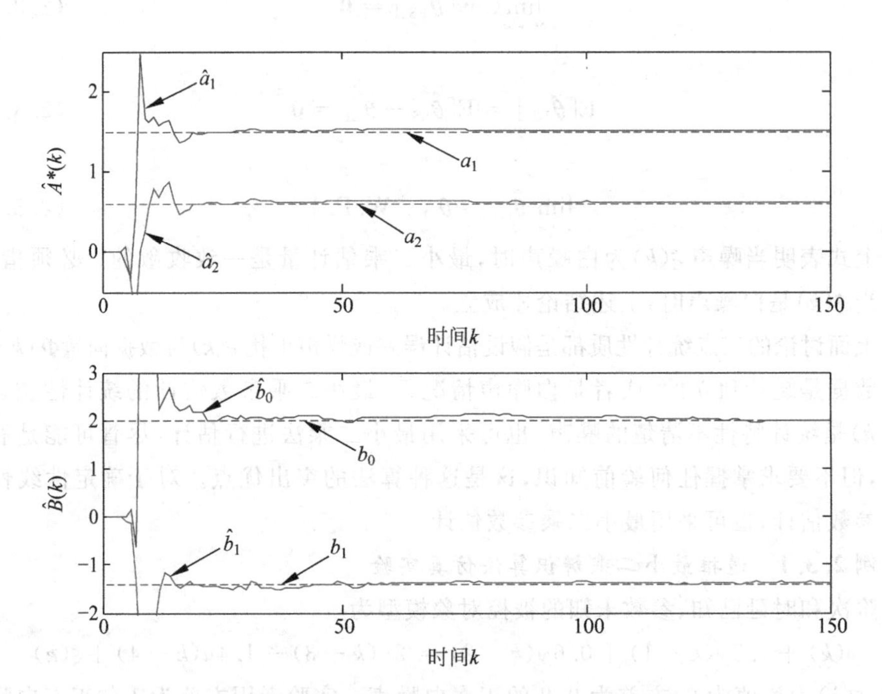

图 2.3.2 递推最小二乘法辨识算法的仿真曲线

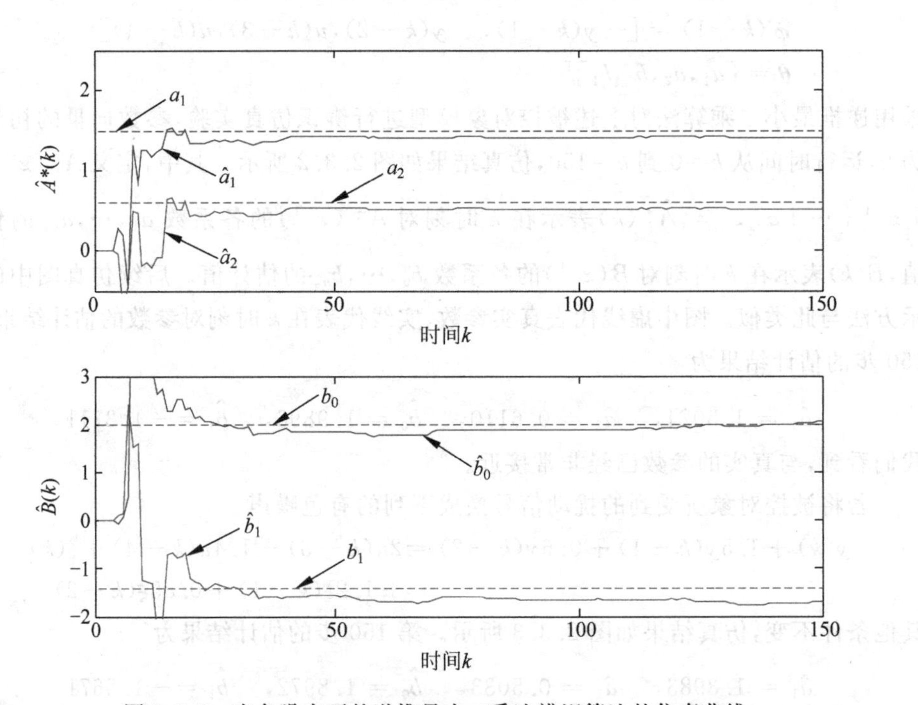

图 2.3.3 有色噪声下的递推最小二乘法辨识算法的仿真曲线

2. 增广最小二乘算法

前面讨论最小二乘参数估计的统计性质时曾指出，当模型式(2.3.12)中的噪声 ξ_N 与过程数据矩阵 $\boldsymbol{\Phi}_N$ 统计独立时，最小二乘估计是无偏估计的；当$\{\xi(k)\}$是相关的随机序列，即 $\xi(k)$是有色噪声时，则最小二乘估计是有偏的。下面来分析这一问题。

由式(2.3.47)有

$$\hat{\boldsymbol{\theta}}_{\mathrm{LS}} = \boldsymbol{\theta} + (\boldsymbol{\Phi}_N^{\mathrm{T}}\boldsymbol{\Phi}_N)^{-1}\boldsymbol{\Phi}_N^{\mathrm{T}}\xi_N \tag{2.3.56}$$

改写成

$$\hat{\boldsymbol{\theta}}_{\mathrm{LS}} = \boldsymbol{\theta} + \left(\frac{1}{N}\boldsymbol{\Phi}_N^{\mathrm{T}}\boldsymbol{\Phi}_N\right)^{-1}\frac{1}{N}\boldsymbol{\Phi}_N^{\mathrm{T}}\xi_N \tag{2.3.57}$$

式中，$\xi_N = [\xi(1),\xi(2),\cdots,\xi(N)]^{\mathrm{T}}$。当$\{\xi(k)\}$与$\{u(k)\}$，$\{y(k)\}$均为遍历性平稳随机过程时，$\frac{1}{N}\boldsymbol{\Phi}_N^{\mathrm{T}}\boldsymbol{\Phi}_N$ 和$\frac{1}{N}\boldsymbol{\Phi}_N^{\mathrm{T}}\xi_N$ 分别依概率 1 收敛于其数学期望值，即相关矩阵

$$\frac{1}{N}\boldsymbol{\Phi}_N^{\mathrm{T}}\boldsymbol{\Phi}_N = \frac{1}{N}\sum_{k=1}^{N}\boldsymbol{\varphi}(k)\boldsymbol{\varphi}^{\mathrm{T}}(k)\xrightarrow[N\to\infty]{P}R_{\phi\phi} \tag{2.3.58}$$

$$\frac{1}{N}\boldsymbol{\Phi}_N^{\mathrm{T}}\xi_N = \frac{1}{N}\sum_{k=1}^{N}\boldsymbol{\varphi}(k)\xi(k)\xrightarrow[N\to\infty]{P}R_{\phi\xi} \tag{2.3.59}$$

将式(2.3.58)和式(2.3.59)代入式(2.3.57)中有

$$\hat{\boldsymbol{\theta}}_{\mathrm{LS}} = \boldsymbol{\theta} + R_{\phi\phi}^{-1}\cdot R_{\phi\xi} \tag{2.3.60}$$

上式表明：只有 $R_{\phi\xi}$等于零的情况下，才可以获得$\boldsymbol{\theta}$ 的无偏估计。但因$\{\xi(k)\}$是相关序列，$R_{\phi\xi}\neq\mathbf{0}$，故最小二乘估计$\hat{\boldsymbol{\theta}}_{\mathrm{LS}}$并不依概率 1 收敛于真值$\boldsymbol{\theta}$，即

$$\lim_{N\to\infty}\hat{\boldsymbol{\theta}}_{\mathrm{LS}} \neq \boldsymbol{\theta},\quad \text{W.P.1} \tag{2.3.61}$$

基于上述原因，对于有色噪声情况，要想获得参数的无偏估计，必须应用其他改进的递推算法。

对于相关噪声情况，可应用增广最小二乘法或称增广矩阵法来进行参数估计。待辨识对象模型用式(2.3.1)描述，用差分方程表示为

$$\begin{aligned} y(k) = &- a_1 y(k-1) - \cdots a_{n_A} y(k-n_A) \\ &+ b_0 u(k-d) + b_1 u(k-d-1) + \cdots + b_{n_B} u(k-d-n_B) \\ &+ \xi(k) + c_1\xi(k-1) + \cdots + c_{n_C}\xi(k-n_C) \end{aligned} \tag{2.3.62}$$

所谓增广矩阵就是把最小二乘法中 $\boldsymbol{P}(k)$阵的维数从 $p\times p=(n_A+n_B+1)\times(n_A+n_B+1)$维扩大到$(p+n_C)\times(p+n_C)$维，其中的 n_C 就是噪声项多项式$C(z^{-1})$的阶次。

现将数据向量$\boldsymbol{\varphi}(k-1)$和参数向量$\boldsymbol{\theta}(k)$均由 p 维增广到$(p+n_C)$维，增广后的$\boldsymbol{\varphi}(k-1)$和$\boldsymbol{\theta}(k)$分别为

$$\begin{aligned} \boldsymbol{\varphi}(k-1) = [&-y(k-1),\cdots,-y(k-n_A),u(k-d),\cdots,u(k-d-n_B), \\ &\xi(k-1),\cdots,\xi(k-n_C)]^{\mathrm{T}} \end{aligned} \tag{2.3.63}$$

$$\boldsymbol{\theta}=[a_1,a_2,\cdots,a_{n_A},b_0,b_1,\cdots,b_{n_B},c_1,c_2,\cdots,c_{n_C}]^{\mathrm{T}} \tag{2.3.64}$$

假设$\{\xi(k)\}$序列的已往数据是已知的，即对于k时刻向量$\boldsymbol{\varphi}(k-1)$的各元素均为已知量，则可将式(2.3.62)表示的模型化成如下最小二乘结构形式

$$y(k)=\boldsymbol{\varphi}^{\mathrm{T}}(k-1)\boldsymbol{\theta}+\xi(k) \tag{2.3.65}$$

式中，$\boldsymbol{\varphi}(k-1)$和$\boldsymbol{\theta}$均为被增广了的向量。

这样即可直接用由式(2.3.23)～式(2.3.25)组成的递推最小二乘算法获得参数$\boldsymbol{\theta}$的无偏估计。

问题在于$\{\xi(i)\}$的数值并不是已知的，为了求得$\xi(i)$，可近似地用它的估计值$\hat{\xi}(i)$来代替。用$\xi(i)$的估计值$\hat{\xi}(i)$来代替真实值后可以构造如下新的增广数据向量

$$\begin{aligned}\hat{\boldsymbol{\varphi}}(k-1)=&[-y(k-1),\cdots,-y(k-n_A),u(k-d),\cdots,u(k-d-n_B),\\&\hat{\xi}(k-1),\cdots,\hat{\xi}(k-n_C)]^{\mathrm{T}}\end{aligned} \tag{2.3.66}$$

噪声的估计量$\hat{\xi}(k)$可由下列递推算法求出

$$\hat{\xi}(k)=y(k)-\hat{\boldsymbol{\varphi}}^{\mathrm{T}}(k-1)\hat{\boldsymbol{\theta}}(k-1) \tag{2.3.67}$$

式中，$\hat{\boldsymbol{\theta}}(k-1)$为增广后的参数向量在$(k-1)$时刻的估计值。

因此递推增广最小二乘算法的计算公式为

$$\hat{\boldsymbol{\theta}}(k)=\hat{\boldsymbol{\theta}}(k-1)+\boldsymbol{K}(k)[y(k)-\hat{\boldsymbol{\varphi}}^{\mathrm{T}}(k-1)\hat{\boldsymbol{\theta}}(k-1)] \tag{2.3.68}$$

$$\boldsymbol{K}(k)=\frac{\boldsymbol{P}(k-1)\hat{\boldsymbol{\varphi}}(k-1)}{1+\hat{\boldsymbol{\varphi}}^{\mathrm{T}}(k-1)\boldsymbol{P}(k-1)\hat{\boldsymbol{\varphi}}(k-1)} \tag{2.3.69}$$

$$\boldsymbol{P}(k)=[\boldsymbol{I}-\boldsymbol{K}(k)\hat{\boldsymbol{\varphi}}^{\mathrm{T}}(k-1)]\boldsymbol{P}(k-1) \tag{2.3.70}$$

$$\hat{\xi}(k)=y(k)-\hat{\boldsymbol{\varphi}}^{\mathrm{T}}(k-1)\hat{\boldsymbol{\theta}}(k-1) \tag{2.3.71}$$

递推计算公式的初始值选择为

$$\hat{\boldsymbol{\theta}}(0)=\mathbf{0},\quad \boldsymbol{P}(0)=10^6\boldsymbol{I}\quad 和\quad \hat{\xi}(0)=\hat{\xi}(-1)=\cdots=\hat{\xi}(1-n_C)=0 \tag{2.3.72}$$

上述分析表明，增广最小二乘法是最小二乘法的一种推广，最小二乘法的推导方法同样适用于增广最小二乘法。增广最小二乘法不仅可以估计离散线性随机模型的确定性模型参数，而且可以估计噪声模型的参数。尽管估计得到的模型参数可能是有偏的，但通常情况下发现它具有较好的收敛性，可以获得CARMA模型较为满意的估计结果，因此该方法在自适应控制中获得了广泛的应用。

增广最小二乘法的计算步骤如下：

(1) 置初值$\hat{\boldsymbol{\theta}}(0),\boldsymbol{P}(0),\hat{\xi}(0),\cdots,\hat{\xi}(1-n_C)$；

(2) 构成增广数据向量

$$\begin{aligned}\hat{\boldsymbol{\varphi}}(k-1)=&[-y(k-1),\cdots,-y(k-n_A),u(k-d),\cdots,u(k-d-n_B),\\&\hat{\xi}(k-1),\cdots,\hat{\xi}(k-n_C)]^{\mathrm{T}};\end{aligned}$$

(3) 进行第k次采样，得到$y(k)$；

(4) 计算$\hat{\xi}(k)=y(k)-\hat{\boldsymbol{\varphi}}^{\mathrm{T}}(k-1)\hat{\boldsymbol{\theta}}(k-1)$；

(5) 由式(2.3.69)计算$\boldsymbol{K}(k)$；

(6) 由式(2.3.68)计算$\hat{\boldsymbol{\theta}}(k)$；

(7) 由式(2.3.70)计算 $\boldsymbol{P}(k)$；

(8) 递推一步$(k+1)\rightarrow k$，并返回步骤(2)，构造新的数据向量。

例 2.3.2　增广最小二乘辨识算法仿真实验

仍然采用例 2.3.1 中带有有色噪声的被控对象模型

$$y(k)+1.5y(k-1)+0.6y(k-2)=2u(k-3)-1.4u(k-4)+\xi(k)+1.2\xi(k-1)+0.85\xi(k-2)$$

定义数据向量和参数向量分别为

$$\hat{\boldsymbol{\varphi}}(k-1)=[-y(k-1),-y(k-2),u(k-3),u(k-4),\hat{\xi}(k-1),\hat{\xi}(k-2)]^{\mathrm{T}}$$

$$\boldsymbol{\theta}=[a_1,a_2,b_0,b_1,c_1,c_2]^{\mathrm{T}}$$

采用增广最小二乘算法对上述被控对象模型进行辨识仿真实验，参数向量的初值选为**0**，运行时间从 $k=0$ 到 $k=150$，仿真结果如图 2.3.4 所示。图中虚线代表真实参

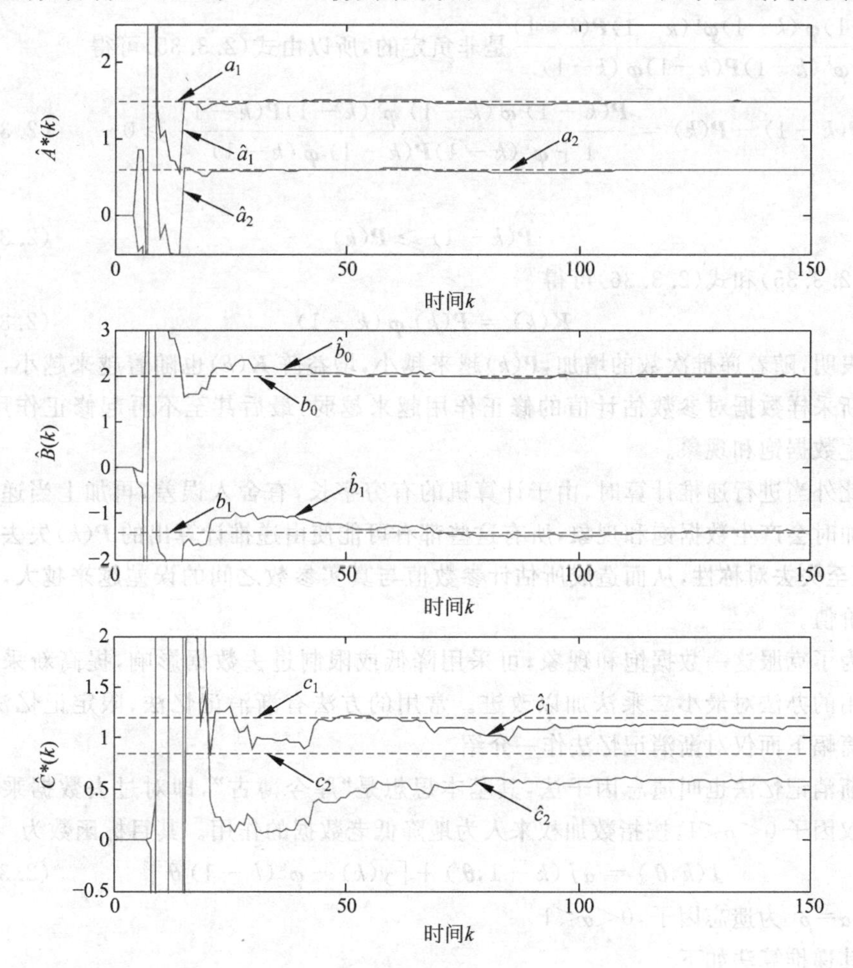

图 2.3.4　增广最小二乘法辨识算法的仿真曲线

数，实线代表在 k 时刻对参数的估计结果，第150步的估计结果为

$$\hat{a}_1 = 1.4941,\quad \hat{a}_2 = 0.5977,\quad \hat{b}_0 = 2.0047,\quad \hat{b}_1 = -1.3834,$$

$$\hat{c}_1 = 1.1189,\quad \hat{c}_2 = 0.5730$$

我们看到，除了对 $C(z^{-1})$ 多项式的辨识效果稍差之外，整体辨识效果已经相当不错。

3. 具有遗忘因子的递推最小二乘法

用上述递推最小二乘法对慢时变被控对象进行参数估计时，随着观测数据和递推次数的增加，会出现所谓"数据饱和"现象，下面分析产生"数据饱和"的原因及解决办法。

先分析随着递推次数的增加，$\boldsymbol{P}(k)$ 阵是怎么变化的。

因为 $\boldsymbol{P}(0)$ 正定，而在 $\boldsymbol{P}(k)=[\boldsymbol{P}^{-1}(k-1)+\boldsymbol{\varphi}(k-1)\boldsymbol{\varphi}^{\mathrm{T}}(k-1)]^{-1}$ 中，$\boldsymbol{\varphi}(k-1)\boldsymbol{\varphi}^{\mathrm{T}}(k-1)$ 是非负定的，所以从 $\boldsymbol{P}(1)\sim\boldsymbol{P}(k)$ 都是正定的。又因为 $\dfrac{\boldsymbol{P}(k-1)\boldsymbol{\varphi}(k-1)\boldsymbol{\varphi}^{\mathrm{T}}(k-1)\boldsymbol{P}(k-1)}{1+\boldsymbol{\varphi}^{\mathrm{T}}(k-1)\boldsymbol{P}(k-1)\boldsymbol{\varphi}(k-1)}$ 是非负定的，所以由式(2.3.35)可得

$$\boldsymbol{P}(k-1)-\boldsymbol{P}(k)=\frac{\boldsymbol{P}(k-1)\,\boldsymbol{\varphi}(k-1)\,\boldsymbol{\varphi}^{\mathrm{T}}(k-1)\boldsymbol{P}(k-1)}{1+\boldsymbol{\varphi}^{\mathrm{T}}(k-1)\boldsymbol{P}(k-1)\,\boldsymbol{\varphi}(k-1)}\geqslant 0 \tag{2.3.73}$$

故有

$$\boldsymbol{P}(k-1)\geqslant\boldsymbol{P}(k) \tag{2.3.74}$$

由式(2.3.35)和式(2.3.36)可得

$$\boldsymbol{K}(k)=\boldsymbol{P}(k)\,\boldsymbol{\varphi}(k-1) \tag{2.3.75}$$

上式表明，随着递推次数的增加，$\boldsymbol{P}(k)$ 越来越小，增益阵 $\boldsymbol{K}(k)$ 也随着越来越小，这将导致新采样数据对参数估计值的修正作用越来越弱，最后甚至不再起修正作用了，即产生数据饱和现象。

此外当进行递推计算时，由于计算机的有穷字长，有舍入误差，再加上当递推次数增加时会产生数据饱和现象，所有这些都有可能使由递推计算出的 $\boldsymbol{P}(k)$ 失去正定性，甚至失去对称性，从而造成所估计参数值与真实参数之间的误差越来越大，失去使用价值。

为了克服这一数据饱和现象，可采用降低或限制过去数据影响，提高新采样数据作用的办法对最小二乘法加以改进。常用的方法有渐消记忆法、限定记忆法等，限于篇幅下面仅对渐消记忆法作一介绍。

渐消记忆法也叫遗忘因子法，其基本思想是"厚今薄古"，即对过去数据乘上一个加权因子 $0<\rho<1$，按指数加权来人为地降低老数据的作用。其目标函数为

$$J(k,\boldsymbol{\theta})=\alpha J(k-1,\boldsymbol{\theta})+[y(k)-\boldsymbol{\varphi}^{\mathrm{T}}(k-1)\,\boldsymbol{\theta}]^2 \tag{2.3.76}$$

式中，$\alpha=\rho^2$ 为遗忘因子，$0<\alpha<1$。

其递推算法如下

$$\hat{\boldsymbol{\theta}}(k)=\hat{\boldsymbol{\theta}}(k-1)+\boldsymbol{K}(k)[y(k)-\boldsymbol{\varphi}^{\mathrm{T}}(k-1)\,\hat{\boldsymbol{\theta}}(k-1)] \tag{2.3.77}$$

$$\boldsymbol{K}(k)=\frac{\boldsymbol{P}(k-1)\,\boldsymbol{\varphi}(k-1)}{\alpha+\boldsymbol{\varphi}^{\mathrm{T}}(k-1)\boldsymbol{P}(k-1)\,\boldsymbol{\varphi}(k-1)} \tag{2.3.78}$$

$$\boldsymbol{P}(k)=\frac{1}{\alpha}[\boldsymbol{I}-\boldsymbol{K}(k)\,\boldsymbol{\varphi}^{\mathrm{T}}(k-1)]\boldsymbol{P}(k-1) \tag{2.3.79}$$

应用数学归纳法可证明上述递推公式。因

$$\boldsymbol{\Phi}_k=\begin{bmatrix}\rho\boldsymbol{\Phi}_{k-1}\\ \boldsymbol{\varphi}^{\mathrm{T}}(k-1)\end{bmatrix},\quad \boldsymbol{y}_k=\begin{bmatrix}\rho\boldsymbol{y}_{k-1}\\ y(k)\end{bmatrix} \tag{2.3.80}$$

则有

$$\begin{aligned}\boldsymbol{P}(k)&=[\boldsymbol{\Phi}_k^{\mathrm{T}}\boldsymbol{\Phi}_k]^{-1}\\ &=[\rho^2\,\boldsymbol{\Phi}_{k-1}^{\mathrm{T}}\,\boldsymbol{\Phi}_{k-1}+\boldsymbol{\varphi}(k-1)\,\boldsymbol{\varphi}^{\mathrm{T}}(k-1)]^{-1}\\ &=[\rho^2\boldsymbol{P}^{-1}(k-1)+\boldsymbol{\varphi}(k-1)\,\boldsymbol{\varphi}^{\mathrm{T}}(k-1)]^{-1}\\ &=\frac{1}{\rho^2}\left[\boldsymbol{P}(k-1)-\frac{\boldsymbol{P}(k-1)\,\boldsymbol{\varphi}(k-1)\,\boldsymbol{\varphi}^{\mathrm{T}}(k-1)\boldsymbol{P}(k-1)}{\rho^2+\boldsymbol{\varphi}^{\mathrm{T}}(k-1)\boldsymbol{P}(k-1)\,\boldsymbol{\varphi}(k-1)}\right]\\ &=\frac{1}{\alpha}\left[\boldsymbol{P}(k-1)-\frac{\boldsymbol{P}(k-1)\,\boldsymbol{\varphi}(k-1)\,\boldsymbol{\varphi}^{\mathrm{T}}(k-1)\boldsymbol{P}(k-1)}{\alpha+\boldsymbol{\varphi}^{\mathrm{T}}(k-1)\boldsymbol{P}(k-1)\,\boldsymbol{\varphi}(k-1)}\right]\\ &=\frac{1}{\alpha}[\boldsymbol{I}-\boldsymbol{K}(k)\,\boldsymbol{\varphi}^{\mathrm{T}}(k-1)]\boldsymbol{P}(k-1)\end{aligned} \tag{2.3.81}$$

且有

$$\hat{\boldsymbol{\theta}}(k)=\hat{\boldsymbol{\theta}}(k-1)+\boldsymbol{K}(k)[y(k)-\boldsymbol{\varphi}^{\mathrm{T}}(k-1)\,\hat{\boldsymbol{\theta}}(k-1)] \tag{2.3.82}$$

式中，$\alpha=0.95\sim0.997$，α 如选得太小，会降低参数估计的精度。

需要指出的是，当取 $\alpha=1$ 时，即是常规的递推最小二乘算法。

例 2.3.3　具有遗忘因子的递推最小二乘法仿真实验

阶次和时延已知、参数未知且时变的被控对象模型为

$$y(k)+1.5y(k-1)+0.6y(k-2)=2u(k-3)-1.4u(k-4)+\xi(k)$$

式中，$\xi(k)$为均值为 0、方差为 0.8 的正态白噪声；当 $k=200$ 时，a_1 由 1.5 变成 0.9，b_1 由 -1.4 变成 -0.4。

定义数据向量和参数向量分别为

$$\boldsymbol{\varphi}(k-1)=[-y(k-1),-y(k-2),u(k-3),u(k-4)]^{\mathrm{T}}$$

$$\boldsymbol{\theta}=[a_1,a_2,b_0,b_1]^{\mathrm{T}}$$

选择遗忘因子 $\alpha=0.97$，采用具有遗忘因子的最小二乘算法对上述被控对象模型进行辨识仿真实验，参数向量的初值选为 $\mathbf{0}$，运行时间从 $k=0$ 到 $k=700$，仿真结果如图 2.3.5 所示。图中虚线代表真实参数，实线代表在 k 时刻对参数的估计结果，第 200 步的估计结果为

$$\hat{a}_1=1.5081,\quad \hat{a}_2=0.6024,\quad \hat{b}_0=2.1429,\quad \hat{b}_1=-1.2297$$

第 700 步的估计结果为

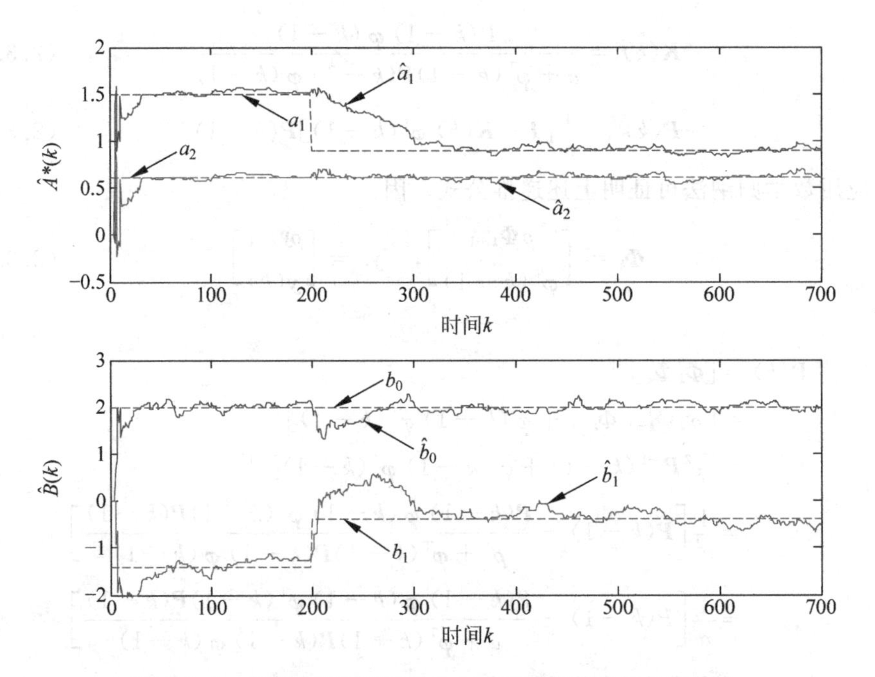

图 2.3.5 具有遗忘因子的最小二乘法辨识算法的仿真曲线

$$\hat{a}_1 = 0.9090, \quad \hat{a}_2 = 0.6007, \quad \hat{b}_0 = 1.9543, \quad \hat{b}_1 = -0.5274$$

我们看到，与真实的参数已经非常接近。

思考题和习题

2.1 离散差分方程表达形式如下

$$A(z^{-1})y(k) = z^{-d}B(z^{-1})u(k) + C(z^{-1})\xi(k)$$

(1) 确定性被控对象应如何用上述模型表示？

(2) 受白噪声干扰的随机被控对象如何用上述模型表示？

(3) 受有色噪声干扰的随机被控对象如何用上述模型表示？

(4) 如何判断上述模型的时延、极点和零点？

(5) 如何判断上述模型是否开环稳定？

(6) 如何判断上述模型是否最小相位？

2.2 判断下列数学模型哪些表示确定性被控对象，哪些表示受随机干扰的被控对象，给出被控对象的时延，判断被控对象是否为开环稳定，是否为最小相位？并说明理由。

(1) $y(k)+1.5y(k-1)+0.6y(k-2)=2u(k-3)-1.4u(k-4)$

(2) $y(k)+1.5y(k-1)+0.6y(k-2)=2u(k-5)-1.4u(k-6)+\xi(k)+1.2\xi(k-1)+0.85\xi(k-2)$

(3) $y(k+3)+1.5y(k+2)=0.7u(k)-1.4u(k-1)+\xi(k+3)+1.2\xi(k+2)+$

$0.85\xi(k+1)$

(4) $y(k+2)-0.5y(k)=0.7u(k)+1.4u(k-1)+\xi(k+2)+1.2\xi(k+1)+0.85\xi(k)$

2.3　在现实的物理世界里面，举例说明哪些被控对象是开环不稳定的，哪些被控对象是非最小相位的。

2.4　针对如下两个给定的被控对象模型，采用递推最小二乘法进行模型参数辨识的仿真实验：

(1) $y(k)+1.5y(k-1)+0.6y(k-2)=2u(k-2)-1.4u(k-3)+\xi(k)$

(2) $y(k)+1.5y(k-1)+1.1y(k-2)+0.5y(k-3)=2u(k-2)-1.4u(k-3)+0.5u(k-4)+\xi(k)$

式中，$\xi(k)$为白噪声。仿真实验中分别采用如下几种不同的输入信号：

(1) 单位阶跃信号；

(2) 单一频率的正弦波信号；

(3) 由两个不同频率的正弦波信号混叠的信号；

(4) 由三个不同频率的正弦波信号混叠的信号。

观察采用哪一种输入信号能使得模型参数估计是无偏的？为什么？进一步观察白噪声的方差大小不同时，模型参数估计结果会有什么变化？

2.5　被控对象模型为

$$y(k)+0.5y(k-1)=2u(k-2)-1.4u(k-3)+\xi(k)$$

式中，$\xi(k)$为白噪声，请针对下面两种情况：

(1) 输入信号是白噪声序列；

(2) 输入信号由 PID 控制器产生

$$u(k)=u(k-1)+K_p[e(k)-e(k-1)]+K_I e(k)$$

式中，$e(k)=w(k)-y(k)$，$K_p=0.1$ 和 $K_I=0.1$ 为控制器参数且参考输入为

$$w(k)=5+5\mathrm{sgn}\left(\sin\frac{\pi k}{150}\right)$$

式中，sgn()为符号函数，请分别用递推最小二乘法进行被控对象模型参数辨识的仿真实验，并观察两种输入信号下模型参数估计是否无偏。

2.6　被控对象模型为

$$y(k)+0.5y(k-1)=b_0u(k-3)-1.4u(k-4)+\xi(k)+0.3\xi(k-1)$$

式中，$\xi(k)$为白噪声，b_0 每间隔 50 拍就在 0.7 和 2.1 两个数值之间跳变，请用下列四种方法进行被控对象模型参数辨识的仿真实验：

(1) 常规的递推最小二乘法；

(2) 常规的递推增广最小二乘法；

(3) 具有遗忘因子的递推最小二乘法；

(4) 具有遗忘因子的递推增广最小二乘法。

请比较哪一种方法辨识参数的效果最好，为什么？

2.7　一般来说，当阶次为 n 的线性微分方程转换为离散时间形式时，将得到阶次为 n 的线性差分方程。假设连续时间被控对象由下列状态空间方程表示

$$\frac{\mathrm{d}\boldsymbol{x}(t)}{\mathrm{d}t} = \boldsymbol{A}\boldsymbol{x}(t) + \boldsymbol{B}\boldsymbol{u}(t)$$

$$\boldsymbol{y}(t) = \boldsymbol{C}\boldsymbol{x}(t)$$

式中，$\boldsymbol{x}(t)$ 为被控对象的 n 维状态变量；$\boldsymbol{u}(t)$ 和 $\boldsymbol{y}(t)$ 为被控对象的 r 维输入变量和 p 维输出变量。试采用零阶保持采样的离散化方法和后移算子推导输入输出之间的离散时间传递函数，并写出被控对象的差分方程描述。

参考文献

[1] Astrom K J, Wittenmark B. Computer-Controlled Systems Theory and Design[M]. 3rd Edition. New Jersey: Prentice Hall, 1997.（中译本：计算机控制系统——原理与设计. 第三版[M]. 北京：电子工业出版社，2000.）

[2] 舒迪前，饶立昌，柴天佑. 自适应控制[M]. 沈阳：东北大学出版社，1993.

[3] Ljung L. System Identification—Theory for the User [M]. 2nd Edition. New Jersey: Prentice Hall, 1999.（中译本：系统辨识——使用者的理论[M]. 上海：华东师范大学出版社，1990.）

[4] Zadeh L A. From circuit theory to system theory[J]. Proceedings of the IRE, 1962, 50(5): 856-865.

[5] Eykhoff P. System Identification: Parameter and State Estimation [M]. Chichester: John Wiley & Sons, 1974.

第3章 自校正控制

3.1 概述

本章介绍自校正控制器所针对的被控对象的数学模型是参数未知的离散时间随机线性输入输出模型，自校正控制器由参数可调的控制器和自适应控制律组成，其中自适应控制律由模型参数辨识和控制器参数设计组成，其结构如图 3.1.1 所示。

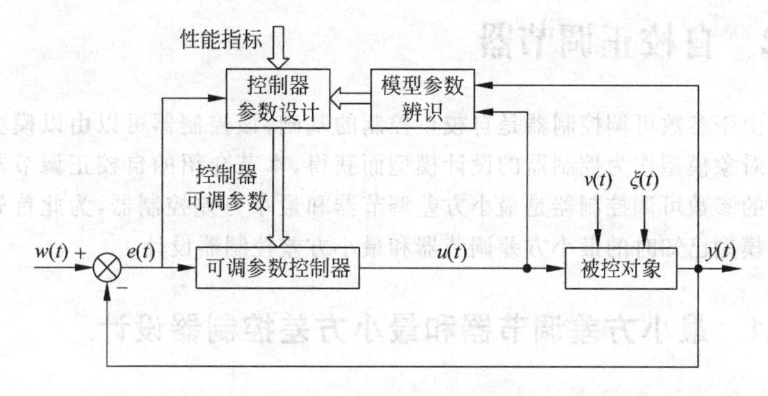

图 3.1.1　自校正控制器结构

模型参数辨识采用被控对象的输入、输出信号辨识模型参数，控制器参数设计使用模型参数的估计值，根据控制器的性能指标，在线计算控制器参数，作为可调控制器的参数。

自校正控制器使用输入输出数据在线辨识被控对象模型的未知参数，或者可调控制器的参数，应用参数估计值去调整控制器的参数，从而适应被控对象的不确定性，使被控对象的输出尽可能好地去跟踪理想输出。

不同的辨识算法和不同的控制策略将组成各种自校正控制算法，只有适当的辨识算法和合适的控制策略的结合才能产生既便于在线实施又具有稳定性的自校正控制算法。因此，如何选择控制策略和辨识算法，如何将其有机结合起来是自校正控制的关键问题之一。目前提出了多种自适应控制方案，如自校正调节器[1,2]、自校正控制器[3]、自校正前馈控制器[4]、极点配置自校正控制器[5]、零极点配置自校正控制器[6]、广义预测自校正控制器[7,8]等。上面介绍的自校正控制算法都采用受控自回归滑动平均模型(CARMA),即输入输出模型,如果采用状态空间模型也可以得到类似的自校正控制算法。由于基于CARMA模型的自校正控制算法简单,应用广泛,所以本章主要介绍几种基于CARMA模型的自校正控制算法。

从自校正控制算法所采用的控制策略来分类,自校正控制器可分为基于最优控制策略的自校正控制器(如最小方差、广义最小方差自校正控制器)、基于经典控制策略的自校正控制器(如零极点配置自校正控制器)和基于最优控制策略与经典控制策略相结合的自校正控制器(如具有极点配置的广义自校正控制器)三类。从自校正控制算法的实现方式来分类,有隐式(直接)和显式(间接)自校正控制算法两类,隐式算法是直接辨识控制器参数,显式算法则首先辨识被控对象的模型参数,然后采用模型参数估计值计算控制器的参数。隐式算法与显式算法相比,由于省去了控制器参数计算这一步,从而可以避免求解矩阵方程,使算法的鲁棒性提高;但当被控对象的时延大时,显式算法可减少辨识参数个数,且容易将保证算法稳定的条件与被控对象的模型参数联系起来。

3.2 自校正调节器

由于参数可调控制器是自校正控制的基础,该控制器可以由以模型参数已知的被控对象模型作为控制器的设计模型而获得,本节介绍的自校正调节器与自校正控制器的参数可调控制器是最小方差调节器和最小方差控制器,为此首先介绍当被控对象模型已知时的最小方差调节器和最小方差控制器设计。

3.2.1 最小方差调节器和最小方差控制器设计

1. 控制问题描述

考虑如下单输入单输出的被控对象

$$A(z^{-1})y(k) = z^{-d}B(z^{-1})u(k) + C(z^{-1})\xi(k) \tag{3.2.1}$$

式中,$y(k)$、$u(k)$和$\xi(k)$分别为被控对象的输出、输入和白噪声;z^{-1}为后移算子;$A(z^{-1})$、$B(z^{-1})$和$C(z^{-1})$为z^{-1}的多项式;d为被控对象时延,并且$d\geqslant 1$。

多项式$A(z^{-1})$、$B(z^{-1})$和$C(z^{-1})$可以表示为

$$A(z^{-1}) = 1 + a_1 z^{-1} + \cdots + a_{n_A} z^{-n_A} \tag{3.2.2}$$

$$B(z^{-1}) = b_0 + b_1 z^{-1} + \cdots + b_{n_B} z^{-n_B} \tag{3.2.3}$$

$$C(z^{-1}) = 1 + c_1 z^{-1} + \cdots + c_{n_C} z^{-n_C} \tag{3.2.4}$$

$\xi(k)$为独立的随机噪声,满足

$$\mathrm{E}[\xi(k)] = 0 \tag{3.2.5}$$

$$\mathrm{E}[\xi(i)\xi(j)] = \begin{cases} \sigma^2, & i = j \\ 0, & i \neq j \end{cases} \tag{3.2.6}$$

$$\lim_{N\to\infty}\frac{1}{N}\sum_{k=1}^{N}\xi^2(k)<\infty \tag{3.2.7}$$

式(3.2.5)～式(3.2.7)表示随机噪声的均值为零,方差为有限正值,方差的采样均方值有界。$B(z^{-1})$为稳定多项式,即被控对象为最小相位。$C(z^{-1})$为稳定多项式,即 $B(z^{-1})$和 $C(z^{-1})$的根全部在 z 平面单位圆内,或当$|z|\geqslant 1$ 时,$B(z^{-1})\neq 0$,$C(z^{-1})\neq 0$。

控制目标是,针对被控对象的数学模型式(3.2.1),设计最小方差调节器和最小方差控制器,使得被控对象$(k+d)$时刻的输出 $y(k+d)$与理想输出 $y^*(k+d)$的误差的方差极小,即

$$\min J$$

其中

$$J=\mathrm{E}\{[y(k+d)-y^*(k+d)]^2\} \tag{3.2.8}$$

式中,$y^*(k+d)$为$(k+d)$时刻的理想输出,表示为

$$y^*(k+d)=R(z^{-1})w(k) \tag{3.2.9}$$

式中,$w(k)$为有界参考输入,$R(z^{-1})$为加权多项式,也可将其理解为参考模型,这样 $y^*(k+d)$可以看成参考模型输出。

对于调节问题,参考输入 $w(k)\equiv 0$,即理想输出 $y^*(k+d)\equiv 0$,即最小方差调节器的性能指标为

$$\min J$$

其中

$$J=\mathrm{E}[y^2(k+d)] \tag{3.2.10}$$

由模型式(3.2.1)知被控对象输出 $y(k)$是一随机过程,如果将理想输出 $y^*(k+d)$看成是被控对象输出 $y(k+d)$的均值,那么性能指标式(3.2.8)就表示被控对象输出 $y(k+d)$与理想输出 $y^*(k+d)$的误差的方差,显然使式(3.2.8)极小的最优控制就能使$(k+d)$时刻被控对象输出 $y(k+d)$与理想输出 $y^*(k+d)$之间的误差的方差最小。

2. 最小方差调节器和最小方差控制器

1) 最优预报

如果能找到被控对象输出 $y(k+d)$的最小方差预报 $y^*(k+d|k)$,那么只要令最小方差预报 $y^*(k+d|k)$等于理想输出 $y^*(k+d)$就可以求出最优控制 $u(k)$。因为这样的 $u(k)$可以使 $y(k+d)-y^*(k+d|k)$的方差最小,又因 $y^*(k+d|k)=y^*(k+d)$,所以这样的 $u(k)$也使 $y(k+d)-y^*(k+d)$的方差最小。

最小方差调节律应该为

$$y^*(k+d\mid k)=0 \tag{3.2.11}$$

从上述分析中可看出,要求使式(3.2.8)极小的最优控制,必须首先求$(k+d)$时刻输出 $y(k+d)$的最优预报 $y^*(k+d|k)$。

$y(k+d)$的最优预报 $y^*(k+d|k)$应该满足如下条件：

(1) 具有最优性，即使预报误差$\bar{e}(k+d)=y(k+d)-y^*(k+d|k)$的方差最小，即

$$\min J_1$$
$$J_1=\mathrm{E}\{[y(k+d)-y^*(k+d\mid k)]^2\} \tag{3.2.12}$$

(2) 具有可实现性，即应该是 k 时刻和 k 以前时刻$(k-1,k-2,\cdots)$的输入输出数据的线性组合。

为此需要将被控对象模型式(3.2.1)的$(k+d)$时刻的输出表示成最优预报加上预报误差的形式。

引入 Diophantine 方程

$$C(z^{-1})=A(z^{-1})F(z^{-1})+z^{-d}G(z^{-1}) \tag{3.2.13}$$

上式中引入 z^{-d}项可使$F(z^{-1})$的阶次为 $d-1$，这样可将$(k+d)$时刻的输出 $y(k+d)$化成由 $y(k),y(k-1),\cdots,u(k),u(k-1),\cdots$组成的一项和由噪声 $\xi(k+d),\xi(k+d-1),\cdots,\xi(k+1)$组成的另一项之和，因这两项不相关，故可求出 $y(k+d)$的最优预报。

方程式(3.2.13)对 $F(z^{-1})$和 $G(z^{-1})$有解的充要条件是 $A(z^{-1})$和 z^{-d}互质，显然 $A(z^{-1})$和 z^{-d}互质，故式(3.2.13)一定有解。确定 $F(z^{-1})$和 $G(z^{-1})$的阶次 n_F 和 n_G 的方法是根据方程两边 z^{-1} 的同次幂系数相等的原则建立一组线性方程，若 $C(z^{-1})$和 $A(z^{-1})$的系数已知，$F(z^{-1})$和 $G(z^{-1})$的系数未知，则方程组中未知数的个数为 n_F+n_G+2，且方程式个数为 n_C+1 或 n_F+n_A+1 或 n_G+d+1。要使式(3.2.13)有唯一解的条件是方程个数等于未知数个数，即

$$n_F+n_G+2=n_G+d+1 \tag{3.2.14}$$
$$n_F+n_G+2=n_F+n_A+1 \tag{3.2.15}$$
$$n_F+n_G+2=n_C+1 \tag{3.2.16}$$

由上式可确定 $F(z^{-1})$和 $G(z^{-1})$的阶次

$$n_F=d-1,\quad n_G=\max\{n_A-1,n_C-d\} \tag{3.2.17}$$

下面求最优预报 $y^*(k+d|k)$，用 $F(z^{-1})$乘式(3.2.1)两边得

$$F(z^{-1})A(z^{-1})y(k+d)=F(z^{-1})B(z^{-1})u(k)+F(z^{-1})C(z^{-1})\xi(k+d) \tag{3.2.18}$$

利用式(3.2.13)，上式变为

$$C(z^{-1})y(k+d)=G(z^{-1})y(k)+F(z^{-1})B(z^{-1})u(k)+C(z^{-1})F(z^{-1})\xi(k+d) \tag{3.2.19}$$

或

$$y(k+d)=\frac{G(z^{-1})y(k)+F(z^{-1})B(z^{-1})u(k)}{C(z^{-1})}+F(z^{-1})\xi(k+d) \tag{3.2.20}$$

上式左边是$(k+d)$时刻的输出，右边第一项如果看成是预报，那么右边第二项就可

以看成是预报误差。

将式(3.2.20)代入预报性能指标式(3.2.12)有

$$\begin{aligned}J_1&=\mathrm{E}\{[y(k+d)-y^*(k+d\mid k)]^2\}\\&=\mathrm{E}\left\{\left[\frac{G(z^{-1})y(k)+F(z^{-1})B(z^{-1})u(k)}{C(z^{-1})}+F(z^{-1})\xi(k+d)-y^*(k+d\mid k)\right]^2\right\}\end{aligned}\tag{3.2.21}$$

因为$\dfrac{G(z^{-1})y(k)+F(z^{-1})B(z^{-1})u(k)}{C(z^{-1})}$是 $y(k),y(k-1),\cdots$以及 $u(k-1)$, $u(k-2),\cdots$的线性组合,$F(z^{-1})\xi(k+d)$是$\xi(k+d),\xi(k+d-1),\cdots,\xi(k+1)$的线性组合,这两项互不相关,因此式(3.2.21)可以写成

$$\begin{aligned}J_1&=\mathrm{E}\left\{\left[\frac{G(z^{-1})y(k)+F(z^{-1})B(z^{-1})u(k)}{C(z^{-1})}-y^*(k+d\mid k)\right]^2\right\}\\&\quad+\mathrm{E}\{[F(z^{-1})\xi(k+d)]^2\}\\&\geqslant\mathrm{E}\{[F(z^{-1})\xi(k+d)]^2\}\end{aligned}\tag{3.2.22}$$

显然只有当预报值取

$$y^*(k+d\mid k)=\frac{G(z^{-1})y(k)+F(z^{-1})B(z^{-1})u(k)}{C(z^{-1})}\tag{3.2.23}$$

时,性能指标式(3.2.21)才能达到最小值,即

$$\min J_1=\mathrm{E}\{[F(z^{-1})\xi(k+d)]^2\}=\left(1+\sum_{i=1}^{d-1}f_i^2\right)\sigma^2\tag{3.2.24}$$

式中,$\sigma^2=\mathrm{E}[\xi^2(k)]$,见式(3.2.6)。

2) 最小方差控制律

下面根据最优预报来求最优控制律。

由式(3.2.20)和式(3.2.23)可知

$$y(k+d)=y^*(k+d\mid k)+F(z^{-1})\xi(k+d)\tag{3.2.25}$$

将式(3.2.25)代入式(3.2.8)

$$\begin{aligned}J&=\mathrm{E}[y^*(k+d\mid k)-y^*(k+d)+F(z^{-1})\xi(k+d)]^2\\&=\mathrm{E}[y^*(k+d\mid k)-y^*(k+d)]^2+\mathrm{E}[F(z^{-1})\xi(k+d)]^2\\&\geqslant\mathrm{E}[F(z^{-1})\xi(k+d)]^2\end{aligned}\tag{3.2.26}$$

上式中第二项不含有 $u(k)$,不可控,欲使 J 最小必须使

$$y^*(k+d\mid k)=y^*(k+d)\tag{3.2.27}$$

这时性能指标式(3.2.8)的最小值为

$$\min J=\mathrm{E}\{[F(z^{-1})\xi(k+d)]^2\}=\left(1+\sum_{i=1}^{d-1}f_i^2\right)\sigma^2\tag{3.2.28}$$

显然,式(3.2.27)表明,最优控制律可以通过使 $y(k+d)$的最优预报等于理想输出 $y^*(k+d)$得到。由式(3.2.23)可得最小方差控制律为

$$\frac{G(z^{-1})y(k)+F(z^{-1})B(z^{-1})u(k)}{C(z^{-1})}=y^*(k+d) \tag{3.2.29}$$

即

$$G(z^{-1})y(k)+H(z^{-1})u(k)=C(z^{-1})R(z^{-1})w(k) \tag{3.2.30}$$

式中

$$H(z^{-1})=F(z^{-1})B(z^{-1})=h_0+h_1z^{-1}+\cdots+h_{n_H}z^{-n_H}$$

对于最小方差调节器，理想输出 $y^*(k+d)\equiv 0$，因而最优预报 $y^*(k+d|k)=0$，所以最小方差调节器为

$$G(z^{-1})y(k)+F(z^{-1})B(z^{-1})u(k)=0 \tag{3.2.31}$$

即

$$G(z^{-1})y(k)+H(z^{-1})u(k)=0 \tag{3.2.32}$$

图 3.2.1 给出了被控对象模型已知时的最小方差控制器的设计原理框图，控制目标是让被控对象输出与理想输出之间的误差的方差最小，从而确定了最小方差控制器的性能指标式(3.2.8)。通过求被控对象 $(k+d)$ 时刻的输出 $y(k+d)$ 的最优预报，使最优预报等于理想输出，使最小方差性能指标极小，求得最小方差控制器的结构和参数。

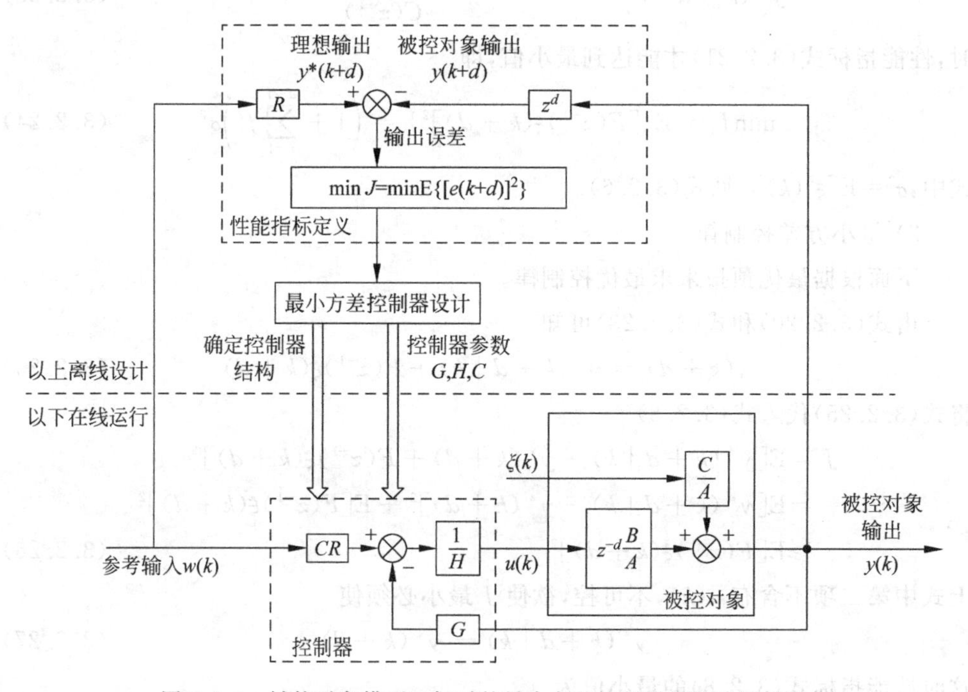

图 3.2.1 被控对象模型已知时的最小方差控制器的设计原理图

最小方差控制律与常规反馈控制器具有相同的结构，如图 3.2.1 所示。只不过最小方差控制器的输入项为 $C(z^{-1})R(z^{-1})$，反馈项 $G(z^{-1})$ 和控制项 $H(z^{-1})$ 是预先由式(3.2.13)确定的。

例 3.2.1 最小方差调节律设计

被控对象的模型为

$$(1-1.6z^{-1}+0.6z^{-2})y(k)=(1.5-0.53z^{-1}+0.9z^{-2})u(k-1)+(1-0.4z^{-1})\xi(k)$$

求最小方差调节律。

解 根据被控对象的模型可知

$$A(z^{-1})=1-1.6z^{-1}+0.6z^{-2},\quad B(z^{-1})=1.5-0.53z^{-1}+0.9z^{-2},$$
$$C(z^{-1})=1-0.4z^{-1},\quad d=1$$

参考式(3.2.13),引入 Diophantine 方程

$$1-0.4z^{-1}=(1-1.6z^{-1}+0.6z^{-2})F(z^{-1})+z^{-1}G(z^{-1})$$

要使得上述 Diophantine 方程有唯一解,多项式 $F(z^{-1})$ 和 $G(z^{-1})$ 的阶次 n_F 和 n_G 分别取 $n_F=d-1=0$,$n_G=\max\{n_A-1,n_C-d\}=1$,求解 Diophantine 方程可得

$$F(z^{-1})=1,\quad G(z^{-1})=1.2-0.6z^{-1}$$

根据式(3.2.23)可知,最优预报为

$$y^*(k+d\mid k)=\frac{G(z^{-1})y(k)+F(z^{-1})B(z^{-1})u(k)}{C(z^{-1})}$$

即

$$y^*(k+d\mid k)=(1.2-0.6z^{-1})y(k)+(1.5-0.53z^{-1}+0.9z^{-2})u(k)+0.4y^*(k+d-1\mid k-1)$$

最优预报的误差为

$$\tilde{e}(k+d)=y(k+d)-y^*(k+d\mid k)=F(z^{-1})\xi(k+d)=\xi(k+d)$$

最优预报误差的方差为

$$J_{\min}=\mathrm{E}\{[F(z^{-1})\xi(k+d)]^2\}=\mathrm{E}[\xi^2(k)]=\sigma^2$$

由式(3.2.31)可知最小方差调节律为

$$G(z^{-1})y(k)+H(z^{-1})u(k)=0$$

式中,$H(z^{-1})=F(z^{-1})B(z^{-1})$。这样 $H(z^{-1})=F(z^{-1})B(z^{-1})=1.5-0.53z^{-1}+0.9z^{-2}$,$G(z^{-1})=1.2-0.6z^{-1}$,最小方差调节律为

$$(1.5-0.53z^{-1}+0.9z^{-2})u(k)+(1.2-0.6z^{-1})y(k)=0$$

即

$$u(k)=\frac{1}{1.5}[0.53u(k-1)-0.9u(k-2)-1.2y(k)+0.6y(k-1)]$$

3) 仿真实验

为了验证和比较本节最小方差调节律的有效性,我们进行下列的仿真实验。

例 3.2.2 最小方差调节器的仿真实验[9]

被控对象模型为

$$(1-0.8z^{-1})y(k)=z^{-1}u(k)+(1+0.98z^{-1})\xi(k)$$

式中,$\xi(k)$为均值为0、方差为1的独立随机噪声。

运行时间从 $k=1$ 到 $k=1200$，在仿真过程的不同阶段采用不同的调节律。

(1) 在 $k=1$ 到 $k=399$ 期间，被控对象处于开环状态，即保持

$$u(k)\equiv 0$$

因此有

$$y(k+1)=0.8y(k)+\xi(k)+0.98\xi(k+1)$$

(2) 在 $k=400$ 到 $k=799$ 期间，取非最小方差调节律

$$u(k)=-0.8y(k)$$

那么可得

$$y(k+1)=\xi(k)+0.98\xi(k+1)$$

被控对象输出 y 的方差为 $\sigma_y=(1+0.98^2)\times 1>1$。

(3) 在 $k=800$ 到 $k=1200$ 期间，采用最小方差调节律，即

$$u(k)=-1.78y(k)$$

此时有

$$y(k+1)=\xi(k+1)$$

被控对象输出 y 的方差为 1。

为了考察和比较被控对象输出偏差的大小，我们在仿真中定义

$$J_1(k)=\sum_{i=1}^{k}y^2(i)$$

由于随机信号的作用，$J_1(k)$ 的曲线表现为一条递增的近似直线，显然，其斜率越大，说明被控对象输出的方差越大。

仿真结果如图 3.2.2 所示，我们可以依次看到被控对象输出、控制输入以及被控对象输出偏差的平方和指标的变化情况。可以看出，不施加控制作用时，被控对象输出的偏差波动最大，当采用最小方差调节律作用于被控对象时，被控对象输出的方差达到最小，仿真结果与前面的分析结果一致。

4) 性能分析

最小方差调节器和最小方差控制器必须要保证闭环系统的稳定性，即被控对象的输入和输出是均方有界的，即

$$\lim_{N\to\infty}\frac{1}{N}\sum_{k=1}^{N}y^2(k)<\infty,\quad \lim_{N\to\infty}\frac{1}{N}\sum_{k=1}^{N}u^2(k)<\infty \tag{3.2.33}$$

并且使得性能指标式(3.2.8)达到最优，即使被控对象的输出与理想输出之间的误差的方差达到极小，即为

$$J=\mathrm{E}\{[F(z^{-1})\xi(k+d)]^2\}=\left(1+\sum_{i=1}^{d-1}f_i^2\right)\sigma^2 \tag{3.2.34}$$

闭环系统的稳定性和最优性由定理 3.2.1 给出。

定理 3.2.1　如果被控对象模型式(3.2.1)满足下列条件：

(1) $B(z^{-1})$ 稳定，$C(z^{-1})$ 稳定，且时延已知；

(2) $\lim\limits_{N\to\infty}\frac{1}{N}\xi^2(k)<\infty$。

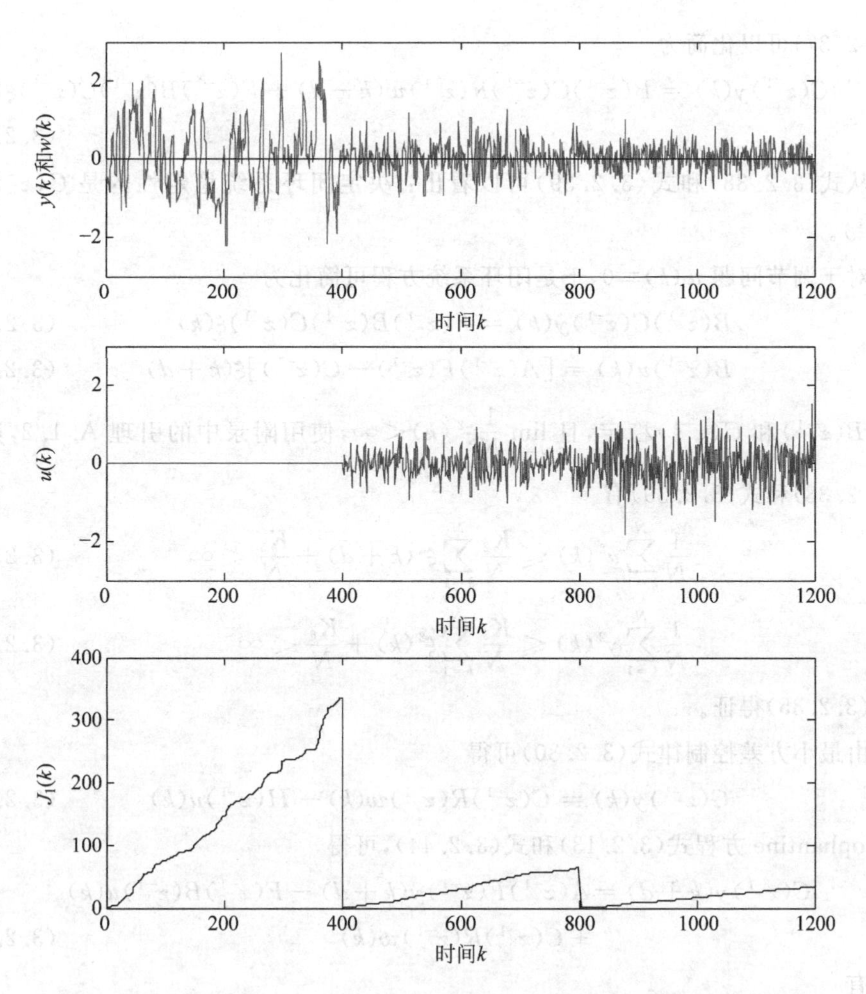

图 3.2.2　被控对象开环运行、采用非最小方差调节器和最小方差调节器的被控对象输出、控制输入以及误差平方和指标

那么以最小方差控制律式(3.2.30)或以最小方差调节律式(3.2.31)作用于被控对象模型式(3.2.1)时,所导致的闭环系统是稳定的,即依概率 1 有

$$\lim_{N\to\infty}\frac{1}{N}\sum_{k=1}^{N}y^2(k)<\infty,\quad \lim_{N\to\infty}\frac{1}{N}\sum_{k=1}^{N}u^2(k)<\infty \tag{3.2.35}$$

且被控对象的输出与理想输出之间的误差的方差等于

$$\min J=\mathrm{E}\{[F(z^{-1})\xi(k+d)]^2\}=\left(1+\sum_{i=1}^{d-1}f_i^2\right)\sigma^2 \tag{3.2.36}$$

证明　由被控对象模型式(3.2.1)和控制器方程式(3.2.30)可得闭环系统方程

$$\begin{aligned}&[A(z^{-1})F(z^{-1})B(z^{-1})+z^{-d}B(z^{-1})G(z^{-1})]y(k)\\&=B(z^{-1})C(z^{-1})R(z^{-1})w(k-d)+F(z^{-1})B(z^{-1})C(z^{-1})\xi(k)\end{aligned} \tag{3.2.37}$$

$$B(z^{-1})u(k)=A(z^{-1})R(z^{-1})w(k)+[A(z^{-1})F(z^{-1})-C(z^{-1})]\xi(k+d) \tag{3.2.38}$$

式(3.2.37)可以化简为

$$B(z^{-1})C(z^{-1})y(k)=B(z^{-1})C(z^{-1})R(z^{-1})w(k-d)+F(z^{-1})B(z^{-1})C(z^{-1})\xi(k) \tag{3.2.39}$$

这样从式(3.2.38)和式(3.2.39)可以看出：决定闭环系统稳定性的是 $C(z^{-1})$ 和 $B(z^{-1})$。

对于调节问题 $w(k)\equiv 0$，于是闭环系统方程可简化为

$$B(z^{-1})C(z^{-1})y(k)=F(z^{-1})B(z^{-1})C(z^{-1})\xi(k) \tag{3.2.40}$$

$$B(z^{-1})u(k)=[A(z^{-1})F(z^{-1})-C(z^{-1})]\xi(k+d) \tag{3.2.41}$$

由于 $B(z^{-1})$ 和 $C(z^{-1})$ 稳定，且 $\lim\limits_{N\to\infty}\frac{1}{N}\xi^2(k)<\infty$，使用附录中的引理 A.1.2，则由式(3.2.38)和式(3.2.39)有

$$\frac{1}{N}\sum_{k=1}^{N}u^2(k)\leqslant\frac{K_2}{N}\sum_{k=1}^{N}\xi^2(k+d)+\frac{K_3}{N}<\infty \tag{3.2.42}$$

$$\frac{1}{N}\sum_{k=1}^{N}y^2(k)\leqslant\frac{K_5}{N}\sum_{k=1}^{N}\xi^2(k)+\frac{K_6}{N}<\infty \tag{3.2.43}$$

故式(3.2.35)得证。

由最小方差控制律式(3.2.30)可得

$$G(z^{-1})y(k)=C(z^{-1})R(z^{-1})w(k)-H(z^{-1})u(k) \tag{3.2.44}$$

由 Diophantine 方程式(3.2.13)和式(3.2.44)，可得

$$\begin{aligned}C(z^{-1})y(k+d)=&A(z^{-1})F(z^{-1})y(k+d)-F(z^{-1})B(z^{-1})u(k)\\&+C(z^{-1})R(z^{-1})w(k)\end{aligned} \tag{3.2.45}$$

因此有

$$y(k+d)=\frac{F(z^{-1})[A(z^{-1})y(k+d)-B(z^{-1})u(k)]}{C(z^{-1})}+R(z^{-1})w(k) \tag{3.2.46}$$

由被控对象模型式(3.2.1)可知

$$A(z^{-1})y(k+d)-B(z^{-1})u(k)=C(z^{-1})\xi(k+d)$$

于是可得

$$y(k+d)=F(z^{-1})\xi(k+d)+R(z^{-1})w(k) \tag{3.2.47}$$

代入性能指标式(3.2.8)，得到

$$\begin{aligned}J&=\mathrm{E}\{[y(k+d)-R(z^{-1})w(k)]^2\}\\&=\mathrm{E}\{[F(z^{-1})\xi(k+d)]^2\}\\&=\left(1+\sum_{i=1}^{d-1}f_i^2\right)\sigma^2\end{aligned} \tag{3.2.48}$$

采用同样的方法可证由最小方差调节律式(3.2.32)作用于被控对象模型式(3.2.1)，被控对象的输入和输出是均方有界的，且性能指标

$$\min J = \mathrm{E}\{[F(z^{-1})\xi(k+d)]^2\} = \left(1 + \sum_{i=1}^{d-1} f_i^2\right)\sigma^2 \tag{3.2.49}$$

■

3.2.2　自校正调节器设计

自校正调节器[1]是由瑞典学者 Åström 和 Wittenmark 在 1973 年提出的，它是最早也是最简单的广泛应用于实际的自校正控制算法，它采用了最小方差调节律和递推最小二乘参数估计方法，并将两者有机地结合起来直接辨识调节器的参数，实际上它是一种隐式算法。

1. 控制问题描述

被控对象仍采用式(3.2.1)进行描述，$B(z^{-1})$为稳定多项式，即被控对象为最小相位，$C(z^{-1})$为稳定多项式，$A(z^{-1})$、$B(z^{-1})$和 $C(z^{-1})$的阶次 n_A、n_B 和 n_C 已知，对象时延 d 已知，多项式 $A(z^{-1})$、$B(z^{-1})$和 $C(z^{-1})$的系数未知。

控制目标是，当被控对象模型式(3.2.1)的参数未知时，设计自校正调节器，使得被控对象输出 $y(k+d)$的方差最小，即

$$\min J = \min \mathrm{E}\{[y(k+d)]^2\} \tag{3.2.50}$$

2. 最小方差自校正调节器

由于 $A(z^{-1})$、$B(z^{-1})$和 $C(z^{-1})$未知，因此调节器式(3.2.32)中的 $G(z^{-1})$和 $H(z^{-1})$未知，采用隐式算法直接对调节器参数 $G(z^{-1})$和 $H(z^{-1})$进行估计，因此首先求取调节器参数 $G(z^{-1})$和 $H(z^{-1})$的辨识方程。

1) 调节器参数辨识方程

由最优预报式(3.2.23)可知

$$C(z^{-1})y^*(k+d \mid k) = G(z^{-1})y(k) + H(z^{-1})u(k) \tag{3.2.51}$$

注意到 $C(z^{-1})$为首一多项式，定义

$$C^*(z^{-1}) = C(z^{-1}) - C(0) = c_1 z^{-1} + c_2 z^{-2} + \cdots + c_{n_C} z^{-n_C} \tag{3.2.52}$$

可知有

$$y^*(k+d \mid k) = G(z^{-1})y(k) + H(z^{-1})u(k) - C^*(z^{-1})y^*(k+d \mid k) \tag{3.2.53}$$

于是由式(3.2.25)可得

$$y(k+d) = G(z^{-1})y(k) + H(z^{-1})u(k) - C^*(z^{-1})y^*(k+d \mid k) + F(z^{-1})\xi(k+d) \tag{3.2.54}$$

平移 d 步，可得

$$y(k)=G(z^{-1})y(k-d)+H(z^{-1})u(k-d)-C^*(z^{-1})y^*(k\mid k-d)+F(z^{-1})\xi(k) \tag{3.2.55}$$

由于最小方差调节器使 $y^*(k+d|k)=0$,故调节器参数辨识方程为

$$y(k)=G(z^{-1})y(k-d)+H(z^{-1})u(k-d)+F(z^{-1})\xi(k) \tag{3.2.56}$$

2) 参数估计算法及自校正调节器方程

定义数据向量$\boldsymbol{\varphi}(k)$和参数向量$\boldsymbol{\theta}$为

$$\boldsymbol{\varphi}(k)=[y(k),\cdots,y(k-n_G),u(k),\cdots,u(k-n_H)]^{\mathrm{T}} \tag{3.2.57}$$

$$\boldsymbol{\theta}=[g_0,\cdots,g_{n_G},h_0,\cdots,h_{n_H}]^{\mathrm{T}} \tag{3.2.58}$$

式中,n_G 为$G(z^{-1})$多项式的阶次,由式(3.2.17)确定,$n_H=n_B+d-1$ 为 $H(z^{-1})$多项式的阶次。则调节器参数辨识方程式(3.2.56)可以表示为

$$y(k)=\boldsymbol{\varphi}^{\mathrm{T}}(k-d)\boldsymbol{\theta}+F(z^{-1})\xi(k) \tag{3.2.59}$$

而最小方差调节律方程式(3.2.32)可表示为

$$\boldsymbol{\varphi}^{\mathrm{T}}(k)\boldsymbol{\theta}=0 \tag{3.2.60}$$

由于 $F(z^{-1})\xi(k)$与$\boldsymbol{\varphi}^{\mathrm{T}}(k-d)\boldsymbol{\theta}$不相关,采用如下最小二乘估计法来辨识参数$\boldsymbol{\theta}$

$$\hat{\boldsymbol{\theta}}(k)=\hat{\boldsymbol{\theta}}(k-1)+\boldsymbol{K}(k)[y(k)-\boldsymbol{\varphi}^{\mathrm{T}}(k-d)\hat{\boldsymbol{\theta}}(k-1)] \tag{3.2.61}$$

$$\boldsymbol{K}(k)=\frac{\boldsymbol{P}(k-1)\boldsymbol{\varphi}(k-d)}{1+\boldsymbol{\varphi}^{\mathrm{T}}(k-d)\boldsymbol{P}(k-1)\boldsymbol{\varphi}(k-d)} \tag{3.2.62}$$

$$\boldsymbol{P}(k)=[\boldsymbol{I}-\boldsymbol{K}(k)\boldsymbol{\varphi}^{\mathrm{T}}(k-d)]\boldsymbol{P}(k-1) \tag{3.2.63}$$

并用下式来求最小方差自校正调节律 $u(k)$

$$\boldsymbol{\varphi}^{\mathrm{T}}(k)\hat{\boldsymbol{\theta}}(k)=0 \tag{3.2.64}$$

在前述的所有参数都参加辨识的方案中,可能会在辨识的过程中出现 h_0 的估计值过小,将导致出现过大的 $u(k)$,为避免这种情况,我们还可以采用固定 h_0 不参加辨识的自校正方法,可以通过先验知识或者离线辨识得到 h_0 的一个适当的估计值。此时,数据向量$\boldsymbol{\varphi}(k)$和参数向量$\boldsymbol{\theta}$定义如下

$$\boldsymbol{\varphi}(k)=[y(k),\cdots,y(k-n_G),u(k-1),\cdots,u(k-n_H)]^{\mathrm{T}} \tag{3.2.65}$$

$$\boldsymbol{\theta}=[g_0,\cdots,g_{n_G},h_1,\cdots,h_{n_H}]^{\mathrm{T}} \tag{3.2.66}$$

故调节器参数辨识方程式(3.2.56)可以写成

$$y(k)-h_0u(k-d)=\boldsymbol{\varphi}^{\mathrm{T}}(k-d)\boldsymbol{\theta}+F(z^{-1})\xi(k) \tag{3.2.67}$$

而最小方差调节律方程式(3.2.32)可以写成

$$h_0u(k)=-\boldsymbol{\varphi}^{\mathrm{T}}(k)\boldsymbol{\theta} \tag{3.2.68}$$

由于 $F(z^{-1})\xi(k)$与$\boldsymbol{\varphi}^{\mathrm{T}}(k-d)\boldsymbol{\theta}$不相关,且 h_0 不参加辨识,采用最小二乘估计法来辨识参数$\boldsymbol{\theta}$,则有

$$\hat{\boldsymbol{\theta}}(k)=\hat{\boldsymbol{\theta}}(k-1)+\boldsymbol{K}(k)[y(k)-h_0u(k-d)-\boldsymbol{\varphi}^{\mathrm{T}}(k-d)\hat{\boldsymbol{\theta}}(k-1)] \tag{3.2.69}$$

$$\boldsymbol{K}(k)=\frac{\boldsymbol{P}(k-1)\boldsymbol{\varphi}(k-d)}{1+\boldsymbol{\varphi}^{\mathrm{T}}(k-d)\boldsymbol{P}(k-1)\boldsymbol{\varphi}(k-d)} \tag{3.2.70}$$

$$\boldsymbol{P}(k)=[\boldsymbol{I}-\boldsymbol{K}(k)\boldsymbol{\varphi}^{\mathrm{T}}(k-d)]\boldsymbol{P}(k-1) \tag{3.2.71}$$

将所估计参数代入式(3.2.68)，即得最小方差自校正调节律

$$u(k)=-\frac{1}{h_0}\boldsymbol{\varphi}^{\mathrm{T}}(k)\hat{\boldsymbol{\theta}}(k) \tag{3.2.72}$$

最小方差自校正调节器的计算步骤总结如下：

(1) 测取 $y(k)$；

(2) 形成数据向量$\boldsymbol{\varphi}(k)$和$\boldsymbol{\varphi}(k-d)$；

(3) 采用递推最小二乘法估计参数$\hat{\boldsymbol{\theta}}(k)$；

(4) h_0 参加辨识时用式(3.2.64)，h_0 不参加辨识时用式(3.2.72)计算 $u(k)$；

(5) 返回步骤(1)。

3. 仿真实验

为了验证最小方差自校正调节律的有效性，我们进行下列的仿真实验。

例 3.2.3　最小方差自校正调节律的仿真实验

阶次和时延已知、参数未知的被控对象模型为

$$(1+1.5z^{-1}+0.6z^{-2})y(k)=z^{-2}(0.3-0.2z^{-1})u(k)+(1-0.8z^{-1})\xi(k)$$

式中，$\xi(k)$为均值为 0、方差为 0.1 的独立随机噪声，运行时间从 $k=1$ 到 $k=300$。

由 $n_A=2, n_B=1, n_C=1$ 和 $d=2$ 可知 $n_G=1$ 和 $n_H=2$。

采用 h_0 不参加辨识的隐式算法实现最小方差自校正调节器，数据向量$\boldsymbol{\varphi}(k)$和参数向量$\boldsymbol{\theta}$分别为

$$\boldsymbol{\varphi}(k)=[y(k),y(k-1),u(k-1),u(k-2)]^{\mathrm{T}}$$
$$\boldsymbol{\theta}=[g_0,g_1,h_1,h_2]^{\mathrm{T}}$$

采用递推最小二乘算法进行参数估计，参数向量的初值选为 $\mathbf{0}$。为了说明性能指标的收敛情况，运行期间分两段。在 $k=0$ 到 $k=199$ 之间采用最小方差自校正调节器进行控制。在 $k=200$ 到 $k=300$ 之间采用模型已知时的最小方差调节器进行控制，这时在控制程序中直接使用如下调节器参数

$$F(z^{-1})=1-2.3z^{-1}$$
$$G(z^{-1})=2.85+1.38z^{-1}$$
$$H(z^{-1})=0.3-0.89z^{-1}+0.46z^{-2}$$

仍然采用例 3.2.2 中的平方和指标进行调节器性能的度量。由于在 $k<100$ 时自校正的过渡过程已经结束，我们在 $k=100$ 和 $k=200$ 时刻对该指标归零，以便更直观地进行比较。

仿真结果如图 3.2.3 和图 3.2.4 所示，其中，图 3.2.3 为分别采用最小方差自校

正调节器和最小方差调节器时的被控对象输出 $y(k)$跟踪参考输入 $w(k)$以及对应的控制输入 $u(k)$的曲线，图 3.2.4 为控制器参数估计的曲线。

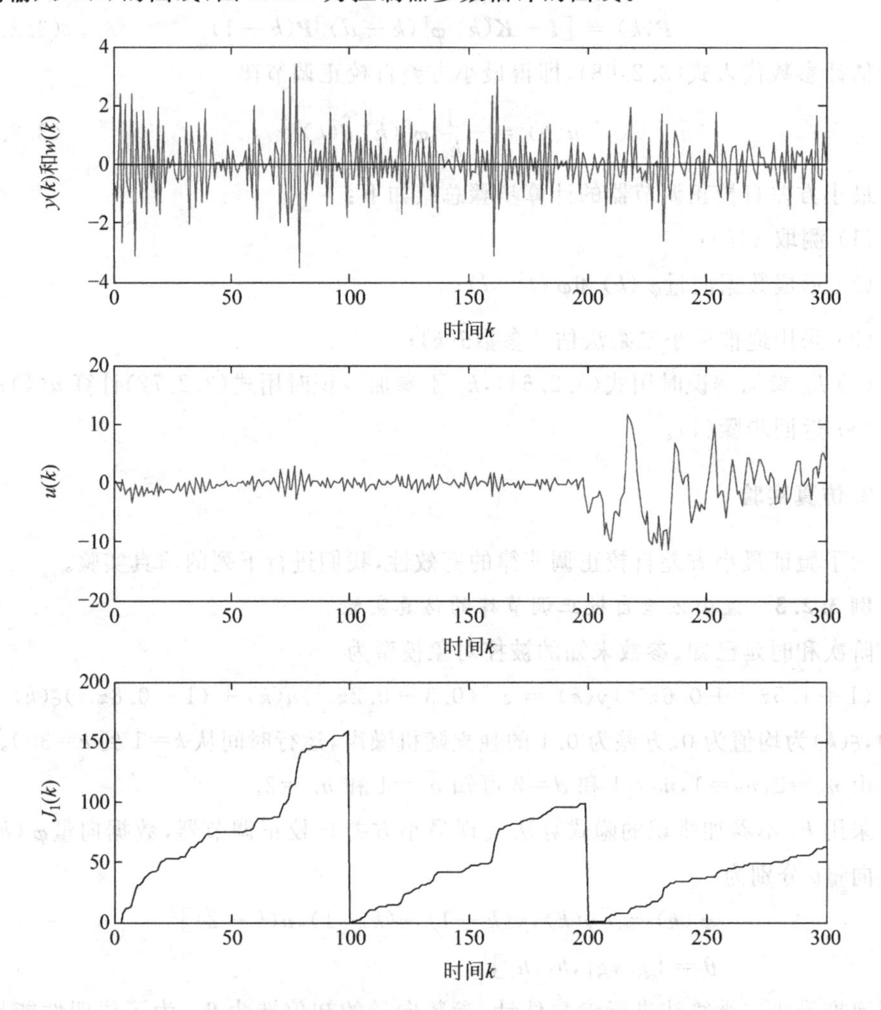

图 3.2.3　参数未知时的最小方差自校正调节器与参数已知的最小方差调节器的仿真比较

从仿真结果我们可以看出：

(1) 在自校正的起始阶段，大约在 $k=40$ 之前，参数正在辨识过程之中，控制效果不好，输入的波动非常大。

(2) 在 $40<k<200$ 之间，输出偏差平方和指标的斜率与模型已知时的最小方差调节器的指标斜率几乎一致，说明控制性能已经收敛到参数已知时的调节器性能。

(3) 从参数估计的效果来看，虽然实现了调节器性能的收敛，但却没有实现调节器参数的收敛。由图中可见，所估计的调节器参数与真实的最小方差调节器参数相比较，仍有明显的偏差。

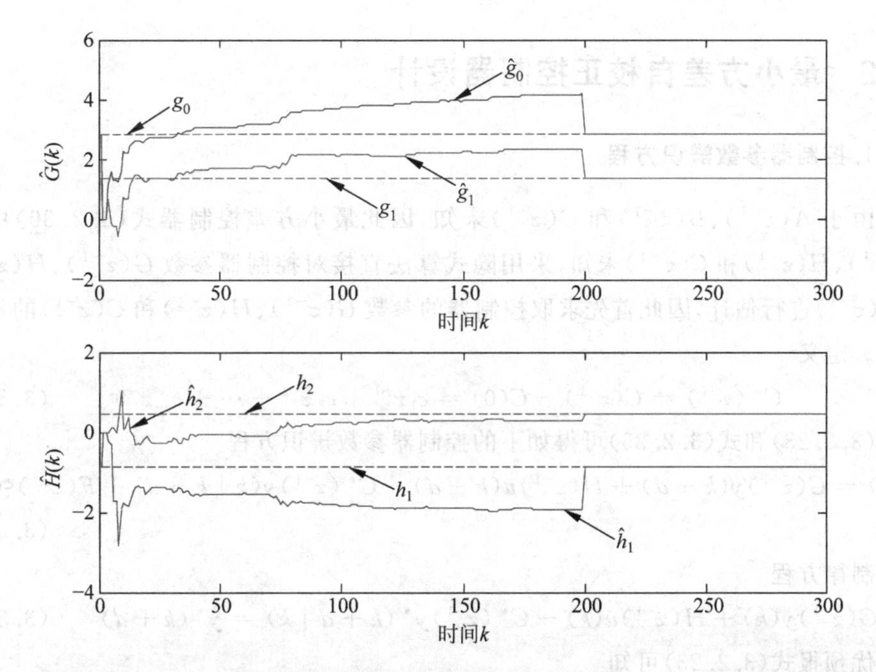

图 3.2.4　最小方差自校正调节器的参数估计过程(在 $0<k<200$ 期间)

3.3 最小方差自校正控制器

自校正调节器要求参考输入 $w(k)\equiv 0$,在工业过程控制中的含义是使被控对象的输出在工作点附近波动的方差最小。当工作点不在原点时,可以通过坐标变换转换到原点。但工业过程中,参考输入常常有阶跃性的变化,上述自校正调节器不能使被控对象的输出跟踪阶跃变化的参考输入信号。为了跟踪阶跃变化的参考输入信号,需要采用最小方差自校正控制器。

3.3.1 控制问题描述

被控对象仍采用式(3.2.1)进行描述,$B(z^{-1})$为稳定多项式,即被控对象为最小相位,$C(z^{-1})$为稳定多项式,$A(z^{-1})$、$B(z^{-1})$和 $C(z^{-1})$的阶次 n_A、n_B 和 n_C 已知,对象时延 d 已知,多项式 $A(z^{-1})$、$B(z^{-1})$和 $C(z^{-1})$的系数未知。

控制目标是,设被控对象模型式(3.2.1)的参数未知,当理想输出 $y^*(k+d)=R(z^{-1})w(k)$、$w(k)\neq 0$ 时,设计自校正控制器,使得被控对象输出 $y(k+d)$与理想输出 $y^*(k+d)$之间的误差的方差极小,即

$$\min J=\min \mathrm{E}\{[y(k+d)-y^*(k+d)]^2\} \tag{3.3.1}$$

3.3.2 最小方差自校正控制器设计

1. 控制器参数辨识方程

由于 $A(z^{-1})$、$B(z^{-1})$ 和 $C(z^{-1})$ 未知，因此最小方差控制器式(3.2.30)中的 $G(z^{-1})$、$H(z^{-1})$ 和 $C(z^{-1})$ 未知，采用隐式算法直接对控制器参数 $G(z^{-1})$、$H(z^{-1})$ 和 $C(z^{-1})$ 进行估计，因此首先求取控制器的参数 $G(z^{-1})$、$H(z^{-1})$ 和 $C(z^{-1})$ 的辨识方程。定义

$$C^*(z^{-1}) = C(z^{-1}) - C(0) = c_1 z^{-1} + c_2 z^{-2} + \cdots + c_{n_C} z^{-n_C} \tag{3.3.2}$$

由式(3.2.23)和式(3.2.25)可得如下的控制器参数辨识方程

$$y(k) = G(z^{-1})y(k-d) + H(z^{-1})u(k-d) - C^*(z^{-1})y(k \mid k-d) + F(z^{-1})\xi(k) \tag{3.3.3}$$

和控制律方程

$$G(z^{-1})y(k) + H(z^{-1})u(k) - C^*(z^{-1})y^*(k+d \mid k) = y^*(k+d) \tag{3.3.4}$$

由最优预报式(3.2.23)可知

$$C(z^{-1})y^*(k \mid k-d) = G(z^{-1})y(k-d) + H(z^{-1})u(k-d) \tag{3.3.5}$$

即

$$y^*(k \mid k-d) = G(z^{-1})y(k-d) + H(z^{-1})u(k-d) - C^*(z^{-1})y^*(k \mid k-d) \tag{3.3.6}$$

2. 参数估计算法及自校正控制器方程

定义数据向量

$$\begin{aligned}\boldsymbol{\varphi}(k) = [&y(k), y(k-1), \cdots, y(k-n_G), u(k), u(k-1), u(k-2), \cdots, u(k-n_H)\\ &-y^*(k+d-1 \mid k-1), -y^*(k+d-2 \mid k-2), \cdots,\\ &-y^*(k+d-n_C \mid k-n_C)]^{\mathrm{T}}\end{aligned} \tag{3.3.7}$$

和参数向量

$$\boldsymbol{\theta} = [g_0, g_1, \cdots, g_{n_G}, h_0, h_1, \cdots, h_{n_H}, c_1, c_2, \cdots, c_{n_C}]^{\mathrm{T}} \tag{3.3.8}$$

于是式(3.3.3)和式(3.3.4)可写成

$$y(k) = \boldsymbol{\varphi}^{\mathrm{T}}(k-d)\boldsymbol{\theta} + F(z^{-1})\xi(k) \tag{3.3.9}$$

$$\boldsymbol{\varphi}^{\mathrm{T}}(k)\boldsymbol{\theta} = y^*(k+d) \tag{3.3.10}$$

而式(3.3.6)可以写成

$$y^*(k \mid k-d) = \boldsymbol{\varphi}^{\mathrm{T}}(k-d)\boldsymbol{\theta} \tag{3.3.11}$$

当被控对象的参数 $G(z^{-1})$、$H(z^{-1})$ 和 $C(z^{-1})$ 未知时，数据向量 $\boldsymbol{\varphi}(k)$ 中的最优预报 $y^*(k|k-d)$ 也未知，无法构造数据向量 $\boldsymbol{\varphi}(k)$。这时，由式(3.3.11)，我们可以用它的估计值 $\bar{y}(k)$ 来代替，定义

$$\hat{\boldsymbol{\varphi}}(k)=[y(k),y(k-1),\cdots,y(k-n_G),u(k),u(k-1),u(k-2),\cdots,u(k-n_H),$$
$$-\bar{y}(k+d-1),-\bar{y}(k+d-2),\cdots,-\bar{y}(k+d-n_C)]^{\mathrm{T}} \tag{3.3.12}$$

式中

$$\bar{y}(k+d)=\hat{\boldsymbol{\varphi}}^{\mathrm{T}}(k)\hat{\boldsymbol{\theta}}(k) \tag{3.3.13}$$

因此参数递推估计公式需用增广最小二乘法

$$\hat{\boldsymbol{\theta}}(k)=\hat{\boldsymbol{\theta}}(k-1)+\boldsymbol{K}(k)[y(k)-\hat{\boldsymbol{\varphi}}^{\mathrm{T}}(k-d)\hat{\boldsymbol{\theta}}(k-1)] \tag{3.3.14}$$

$$\boldsymbol{K}(k)=\frac{\boldsymbol{P}(k-1)\hat{\boldsymbol{\varphi}}(k-d)}{1+\hat{\boldsymbol{\varphi}}^{\mathrm{T}}(k-d)\boldsymbol{P}(k-1)\hat{\boldsymbol{\varphi}}(k-d)} \tag{3.3.15}$$

$$\boldsymbol{P}(k)=[\boldsymbol{I}-\boldsymbol{K}(k)\boldsymbol{\varphi}^{\mathrm{T}}(k-d)]\boldsymbol{P}(k-1) \tag{3.3.16}$$

最小方差自校正控制律为

$$\hat{\boldsymbol{\varphi}}^{\mathrm{T}}(k)\hat{\boldsymbol{\theta}}(k)=y^*(k+d) \tag{3.3.17}$$

为了避免在辨识的过程中出现 h_0 的估计值过小，将导致出现过大的 $u(k)$ 的情况，可以参照最小方差自校正调节器中固定 h_0 的方法实现最小方差自校正控制。

最小方差自校正控制器的计算步骤如下：

(1) 测取 $y(k)$；

(2) 形成数据向量 $\hat{\boldsymbol{\varphi}}(k)$ 和 $\hat{\boldsymbol{\varphi}}(k-d)$；

(3) 采用增广最小二乘递推算法式(3.3.14)～式(3.3.16)估计参数向量 $\hat{\boldsymbol{\theta}}(k)$；

(4) 用式(3.3.17)计算 $u(k)$；

(5) 由式(3.3.13)计算最优预报 $y^*(k+d|k)$ 的估计值 $\bar{y}(k+d)$，以便组成下次采样所需的观测数据向量；

(6) 返回步骤(1)。

3. 仿真实验

为了验证最小方差自校正控制律的有效性，我们进行下列的仿真实验。

例 3.3.1　最小方差自校正控制律的仿真实验

阶次和时延已知、参数未知的被控对象的模型为

$$(1-1.7z^{-1}-0.6z^{-2})y(k)=z^{-2}(1-0.5z^{-1})u(k)+(1-0.4z^{-1})\xi(k)$$

式中，$\xi(k)$ 为均值为 0、方差为 0.2 的独立随机噪声，运行时间从 $k=1$ 到 $k=400$。

参考输入为，在 $0<k<4$ 之间，$w(k)=0$；在 $4<k<150$ 之间，$w(k)=10$；在 $150<k<300$ 之间，$w(k)=5$；在 $300<k<400$ 之间，$w(k)=20$。

采用所有参数都参加辨识的隐式算法实现本节所介绍的最小方差自校正控制器对上述被控对象模型进行仿真，由 $n_A=2$、$n_B=1$、$n_C=1$ 和 $d=2$ 可知 $n_G=1$ 和 $n_H=2$。数据向量 $\hat{\boldsymbol{\varphi}}(k)$ 和参数向量 $\boldsymbol{\theta}$ 分别为

$$\hat{\boldsymbol{\varphi}}(k)=[y(k),y(k-1),u(k),u(k-1),u(k-2),-\bar{y}(k+1)]^{\mathrm{T}}$$
$$\boldsymbol{\theta}=[g_0,g_1,h_0,h_1,h_2,c_1]^{\mathrm{T}}$$

参数向量的初值选为 $\mathbf{0}$。

仿真实验结果如图 3.3.1 和图 3.3.2 所示，其中图 3.3.1 为采用最小方差自校正控制器时的被控对象输出 $y(k)$ 跟踪参考输入 $w(k)$ 以及对应的控制输入 $u(k)$ 的曲线，图 3.3.2 为控制器参数估计的曲线。

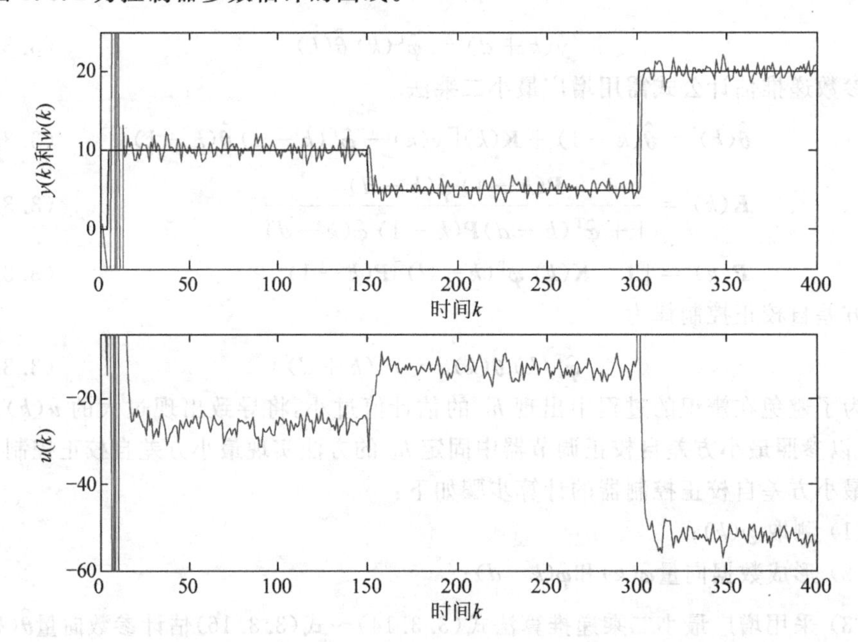

图 3.3.1 采用最小方差自校正控制器时的被控对象输出、参考输入和控制输入

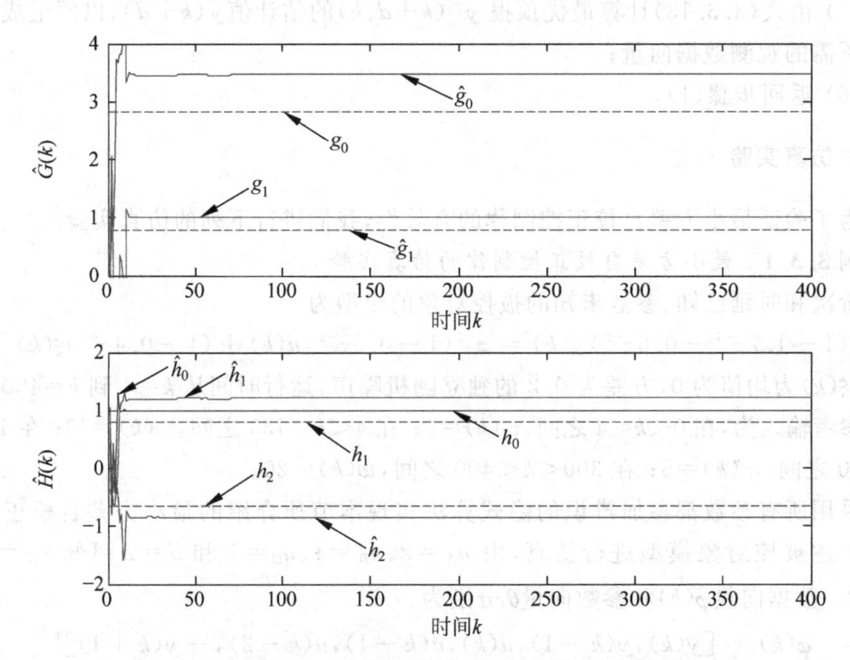

图 3.3.2 采用最小方差自校正控制器时的控制器参数估计曲线

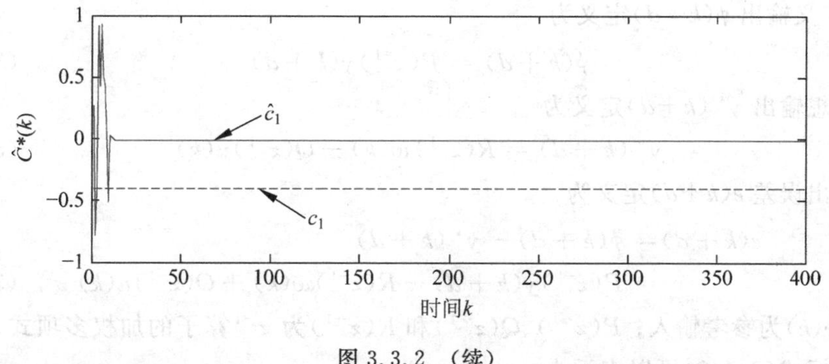

图 3.3.2 (续)

从仿真结果我们可以看出,除起始阶段外,最小方差控制器可以使被控对象的输出跟踪非零的参考输入,但不能保证参数收敛。

3.4 广义最小方差自校正控制器

上述最小方差自校正调节器和控制器要求被控对象是最小相位的;此外由于未对控制量加权,因而可能产生过大的控制输入。为了克服最小方差自校正调节器的缺点,英国学者 Clarke 和 Gawthrop 提出了广义最小方差自校正控制器[3],该控制器采用了广义最小方差控制律,它是在最小方差性能指标的基础上加上对控制量加权获得的。Clarke 和 Gawthrop 的自校正控制器将广义最小方差控制律和增广最小二乘递推估计算法有机地结合起来,采用隐式算法,它既保持了算法的简易性,又能控制非最小相位被控对象和限制过大的控制输入。广义最小方差自校正控制器的参数可调控制器是广义最小方差控制器,为此首先介绍当被控对象模型已知时的广义最小方差控制器设计。

3.4.1 广义最小方差控制器设计

1. 控制问题描述

设被控对象的动态模型为

$$A(z^{-1})y(k) = z^{-d}B(z^{-1})u(k) + C(z^{-1})\xi(k) \tag{3.4.1}$$

式中各项定义与式(3.2.1)一样,不同的是 $B(z^{-1})$可以为不稳定多项式,即被控对象可以是非最小相位。

控制目标是,针对被控对象的数学模型式(3.4.1),设计广义最小方差控制器,使得广义输出误差 $e(k+d)$的方差极小,即

$$\min J$$

其中

$$J = \mathrm{E}\{[e(k+d)]^2\} = \mathrm{E}\{[\phi(k+d) - y^*(k+d)]^2\} \tag{3.4.2}$$

式中，广义输出 $\phi(k+d)$ 定义为

$$\phi(k+d)=P(z^{-1})y(k+d) \tag{3.4.3}$$

广义理想输出 $y^*(k+d)$ 定义为

$$y^*(k+d)=R(z^{-1})w(k)-Q(z^{-1})u(k) \tag{3.4.4}$$

广义输出误差 $e(k+d)$ 定义为

$$\begin{aligned}e(k+d)&=\phi(k+d)-y^*(k+d)\\&=P(z^{-1})y(k+d)-R(z^{-1})w(k)+Q(z^{-1})u(k)\end{aligned} \tag{3.4.5}$$

式中，$w(k)$ 为参考输入；$P(z^{-1})$、$Q(z^{-1})$ 和 $R(z^{-1})$ 为 z^{-1} 算子的加权多项式。因此性能指标式(3.4.2)可以表示为

$$J=\mathrm{E}\{[P(z^{-1})y(k+d)-R(z^{-1})w(k)+Q(z^{-1})u(k)]^2\} \tag{3.4.6}$$

于是求使式(3.4.2)极小的最优控制就变成了求使广义输出误差方差为极小的最优控制问题，这样就可以采用求解最小方差控制律的方法来求解使式(3.4.2)最小的控制律。

2. 广义最小方差控制器

1) 最优预报

同最小方差控制律一样，只要求得广义输出 $\phi(k+d)$ 的最优预报 $\phi^*(k+d|k)$，使 $\phi^*(k+d|k)$ 与广义理想输出 $y^*(k+d)$ 相等，即可得到最优控制律 $\phi^*(k+d|k)=y^*(k+d)$，此时广义输出误差最小。

引入下 Diophantine 方程

$$C(z^{-1})P(z^{-1})=A(z^{-1})F(z^{-1})+z^{-d}G(z^{-1}) \tag{3.4.7}$$

式中

$$F(z^{-1})=1+\sum_{i=1}^{n_F}f_iz^{-i} \tag{3.4.8}$$

$$G(z^{-1})=\sum_{i=0}^{n_G}g_iz^{-i} \tag{3.4.9}$$

为待求多项式，其阶次限制为

$$n_F=d-1 \tag{3.4.10}$$

$$n_G=\max\{n_A-1,n_P+n_C-d\} \tag{3.4.11}$$

用 $F(z^{-1})$ 乘式(3.4.1)并利用式(3.4.7)，采用上节求最优预报的方法可求得广义输出 $\phi(k+d)$ 的 d 步超前最优预报 $\phi^*(k+d|k)$ 为

$$\phi^*(k+d\mid k)=\frac{G(z^{-1})y(k)+F(z^{-1})B(z^{-1})u(k)}{C(z^{-1})} \tag{3.4.12}$$

此时有

$$\phi(k+d)=\phi^*(k+d\mid k)+F(z^{-1})\xi(k+d) \tag{3.4.13}$$

2) 广义最小方差控制律

将式(3.4.13)代入式(3.4.2)，采用求最小方差控制律的方法可得广义最小方

差控制律为

$$\phi^*(k+d \mid k) = R(z^{-1})w(k) - Q(z^{-1})u(k) \tag{3.4.14}$$

由式(3.4.12)和式(3.4.14)可得最优控制律的另一形式

$$\overline{H}(z^{-1})u(k) = E(z^{-1})w(k) - G(z^{-1})y(k) \tag{3.4.15}$$

式中

$$\overline{H}(z^{-1}) = F(z^{-1})B(z^{-1}) + C(z^{-1})Q(z^{-1}) \tag{3.4.16}$$

$$E(z^{-1}) = C(z^{-1})R(z^{-1}) \tag{3.4.17}$$

它与最小方差控制律式(3.2.30)具有相同的结构,区别仅在于 $H(z^{-1})$和 $\overline{H}(z^{-1})$不同,在最小方差控制律中 $H(z^{-1})=F(z^{-1})B(z^{-1})$,而在广义最小方差控制律中 $\overline{H}(z^{-1})=F(z^{-1})B(z^{-1})+C(z^{-1})Q(z^{-1})$,最小方差控制律中 $F(z^{-1})$由式(3.2.13)给出,广义最小方差控制律中 $F(z^{-1})$由式(3.4.7)给出。

结合本章 3.6 节,从式(3.2.30)和式(3.4.15)中可看到无论是最小方差控制律还是广义最小方差控制律都与一般极点配置控制器具有类似结构,广义最小方差控制器的结构图如图 3.4.1 所示。

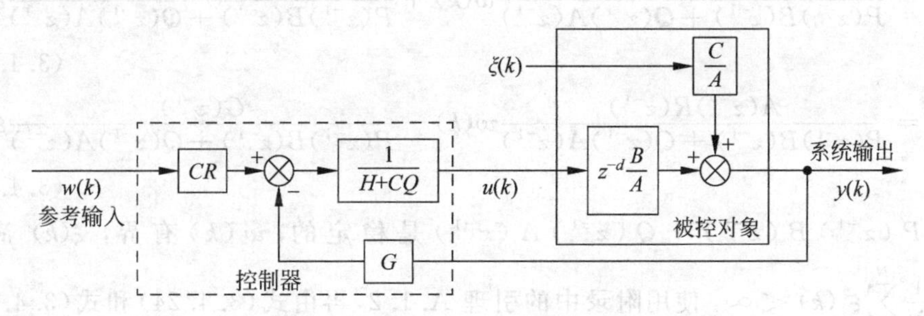

图 3.4.1 广义最小方差控制器的结构图

3) 性能分析

广义最小方差控制器必须要保证闭环系统的稳定性,即被控对象的输入和输出均方有界,即

$$\lim_{N\to\infty}\frac{1}{N}\sum_{k=1}^{N}y^2(k) < \infty, \quad \lim_{N\to\infty}\frac{1}{N}\sum_{k=1}^{N}u^2(k) < \infty \tag{3.4.18}$$

并且使得性能指标式(3.4.2)达到最优,即使被控对象的广义输出与广义理想输出之间的误差的方差达到最小,即为

$$J = \mathrm{E}\{[F(z^{-1})\xi(k+d)]^2\} = \left(1+\sum_{i=1}^{d-1}f_i^2\right)\sigma^2 \tag{3.4.19}$$

闭环系统的稳定性和最优性由定理 3.4.1 给出。

定理 3.4.1 假定:

(1) $C(z^{-1})$是稳定的,且时延已知;

(2) 依概率 1 有$\lim\limits_{N\to\infty}\frac{1}{N}\sum\limits_{k=1}^{N}\xi^2(k) < \infty$;

(3) 离线选择加权多项式 $P(z^{-1})$和 $Q(z^{-1})$,使 $P(z^{-1})B(z^{-1})+Q(z^{-1})A(z^{-1})$是

稳定的，即

$$P(z^{-1})B(z^{-1})+Q(z^{-1})A(z^{-1})\neq 0,\quad |z|\geqslant 1 \tag{3.4.20}$$

那么广义最小方差控制律式(3.4.15)能保证闭环系统是稳定的，即依概率1有

$$\lim_{N\to\infty}\frac{1}{N}\sum_{k=1}^{N}y^2(k)<\infty \tag{3.4.21}$$

$$\lim_{N\to\infty}\frac{1}{N}\sum_{k=1}^{N}u^2(k)<\infty \tag{3.4.22}$$

且使得性能指标式(3.4.2)达到最优，即使被控对象的广义输出与广义理想输出之间的误差的方差达到最小，即为

$$J=\mathrm{E}\{[F(z^{-1})\xi(k+d)]^2\}=\left(1+\sum_{i=1}^{d-1}f_i^2\right)\sigma^2 \tag{3.4.23}$$

证明 闭环系统的输出和输入方程可分别由将控制律式(3.4.15)写成$u(k)$和$y(k)$的表达式后再代入被控对象模型式(3.4.1)求得，即

$$y(k)=\frac{z^{-d}B(z^{-1})R(z^{-1})}{P(z^{-1})B(z^{-1})+Q(z^{-1})A(z^{-1})}w(k)+\frac{F(z^{-1})B(z^{-1})+C(z^{-1})Q(z^{-1})}{P(z^{-1})B(z^{-1})+Q(z^{-1})A(z^{-1})}\xi(k) \tag{3.4.24}$$

$$u(k)=\frac{A(z^{-1})R(z^{-1})}{P(z^{-1})B(z^{-1})+Q(z^{-1})A(z^{-1})}w(k)-\frac{G(z^{-1})}{P(z^{-1})B(z^{-1})+Q(z^{-1})A(z^{-1})}\xi(k) \tag{3.4.25}$$

由于$P(z^{-1})B(z^{-1})+Q(z^{-1})A(z^{-1})$是稳定的，$w(k)$有界，$\xi(k)$满足$\lim\limits_{N\to\infty}\frac{1}{N}\sum\limits_{k=1}^{N}\xi^2(k)<\infty$，使用附录中的引理A.1.2，再由式(3.4.24)和式(3.4.25)可得

$$\frac{1}{N}\sum_{k=1}^{N}u^2(k)\leqslant\frac{K_1}{N}\sum_{k=1}^{N}w^2(k)+\frac{K_2}{N}\sum_{k=1}^{N}\xi^2(k)+\frac{K_3}{N}<\infty \tag{3.4.26}$$

$$\frac{1}{N}\sum_{k=1}^{N}y^2(k)\leqslant\frac{K_4}{N}\sum_{k=1}^{N}w^2(k-d)+\frac{K_5}{N}\sum_{k=1}^{N}\xi^2(k)+\frac{K_6}{N}<\infty \tag{3.4.27}$$

此即式(3.4.21)和式(3.4.22)。

由广义最小方差控制律式(3.4.15)可得

$$G(z^{-1})y(k)=E(z^{-1})w(k)-\overline{H}(z^{-1})u(k) \tag{3.4.28}$$

由Diophantine方程式(3.4.7)和式(3.4.28)，可得

$$\begin{aligned}C(z^{-1})P(z^{-1})y(k+d)=&A(z^{-1})F(z^{-1})y(k+d)-F(z^{-1})B(z^{-1})u(k)\\&-C(z^{-1})Q(z^{-1})u(k)\\&+C(z^{-1})R(z^{-1})w(k)\end{aligned} \tag{3.4.29}$$

因此有

$$\begin{aligned}P(z^{-1})y(k+d)=&\frac{F(z^{-1})[A(z^{-1})y(k+d)-B(z^{-1})u(k)]}{C(z^{-1})}-Q(z^{-1})u(k)\\&+R(z^{-1})w(k)\end{aligned} \tag{3.4.30}$$

由被控对象模型式(3.4.1)可知

$$A(z^{-1})y(k+d)-B(z^{-1})u(k)=C(z^{-1})\xi(k+d)$$

于是可得

$$P(z^{-1})y(k+d)=F(z^{-1})\xi(k+d)-Q(z^{-1})u(k)+R(z^{-1})w(k) \tag{3.4.31}$$

代入性能指标式(3.4.6),得到

$$\begin{aligned}J&=\mathrm{E}\{[P(z^{-1})y(k+d)-R(z^{-1})w(k)+Q(z^{-1})u(k)]^2\}\\&=\mathrm{E}\{[F(z^{-1})\xi(k+d)]^2\}\\&=\left(1+\sum_{i=1}^{d-1}f_i^2\right)\sigma^2\end{aligned} \tag{3.4.32}$$

■

4) 加权项选择

由定理3.4.1知,$P(z^{-1})$和$Q(z^{-1})$的选择直接关系到参数已知时用广义最小方差控制律时闭环系统的稳定性,式(3.4.20)给出了选择加权多项式$P(z^{-1})$和$Q(z^{-1})$的准则。当参数未知时,无论对确定性被控对象还是随机被控对象,采用广义最小方差自校正控制器时,式(3.4.20)也是选择加权多项式$P(z^{-1})$和$Q(z^{-1})$使自校正系统稳定的准则。不管$A(z^{-1})$或$B(z^{-1})$是否稳定,即不管是开环不稳定或是非最小相位,都可通过适当选择$P(z^{-1})$和$Q(z^{-1})$使闭环系统稳定,因此广义最小方差控制器可以控制开环不稳定或非最小相位的被控对象。

从闭环系统方程式(3.4.24)还可看出,加权多项式的选择还关系到是否能消除跟踪误差的问题,即参考输入$w(k)$与被控对象输出$y(k)$之间的稳态增益是否为1。选择加权多项式来消除阶跃输入跟踪误差的方法有两种:一种是引入积分器,即$Q(1)=0$,简单的取法是$Q(z^{-1})=\lambda(1-z^{-1})$,由式(3.4.24)知,如果$Q(1)=0$,那么只要$R(1)=P(1)$,$w(k)$和$y(k)$之间的传递函数在稳态时为1;另一种是不引入积分器而在线校正$R(z^{-1})$,由式(3.4.24)知,只要取

$$R(1)=\left.\frac{A(z^{-1})Q(z^{-1})}{B(z^{-1})}+P(z^{-1})\right|_{z=1} \tag{3.4.33}$$

则$w(k)$与$y(k)$之间的传递函数的稳态值为1。如果参考输入是阶跃输入,上述方法都能消除稳态误差。

选择加权多项式$P(z^{-1})$、$Q(z^{-1})$和$R(z^{-1})$的方法有两种:一种是离线选择,另一种是在线选择。下面介绍两种离线凑试$P(z^{-1})$和$Q(z^{-1})$并选择$R(z^{-1})$的方法。

(1) 采用积分器选择加权多项式的方法是令

$$P(z^{-1})=R(z^{-1}) \tag{3.4.34}$$

$$Q(z^{-1})=\lambda(1-z^{-1}) \tag{3.4.35}$$

式中,λ必须满足

$$P(z^{-1})B(z^{-1})+\lambda(1-z^{-1})A(z^{-1})\neq 0,\quad |z|\geqslant 1 \tag{3.4.36}$$

为了使自校正控制器简单,一般取

$$P(z^{-1})=R(z^{-1})=1 \tag{3.4.37}$$

(2) 不加积分器选择加权多项式时,可以利用式(3.4.33),但此式需要知道被控对象参数 $A(z^{-1})$ 和 $B(z^{-1})$,而在隐式自校正控制器中,辨识得到的是控制器参数,这就需要将式(3.4.33)中的被控对象参数转换成控制器参数。将式(3.4.33)改写后有

$$R = \left.\frac{A(z^{-1})F(z^{-1})Q(z^{-1})}{F(z^{-1})B(z^{-1})} + P(z^{-1})\right|_{z=1} \quad (\text{对阶跃输入,取 } R(z^{-1}) = R) \tag{3.4.38}$$

式中,$F(1)B(1)=H(1)$,由式(3.4.7)知 $A(1)F(1)=C(1)P(1)-G(1)$,这样

$$R(1) = \frac{Q(1)[C(1)P(1) - G(1)]}{H(1)} + P(1) \tag{3.4.39}$$

式中,$P(z^{-1})$ 和 $Q(z^{-1})$ 离线选择,$C(1)$、$G(1)$ 和 $H(1)$ 由辨识得到的控制器参数 $C(z^{-1})$、$G(z^{-1})$ 和 $H(z^{-1})$ 来求,如何辨识 $C(z^{-1})$、$G(z^{-1})$ 和 $H(z^{-1})$ 将在 3.4.2 节介绍。

一种简单的不加积分器而能消除跟踪误差的选择多项式的方法是取

$$P(z^{-1}) = 1, \quad Q(z^{-1}) = \lambda \tag{3.4.40}$$

再离线选择 λ 使其满足

$$B(z^{-1}) + \lambda A(z^{-1}) \neq 0 \quad |z| \geqslant 1 \tag{3.4.41}$$

在线选择 $R(z^{-1})$ 使其满足

$$R = \frac{[C(1) - G(1)]\lambda}{H(1)} + 1 \tag{3.4.42}$$

一般来说,加入积分器来消除稳态跟踪误差的方法鲁棒性较强,由式(3.4.24)可知加入积分器后会使闭环系统极点位置改变,对有些被控对象来说,容易使极点位置趋近单位圆,这样容易使被控对象输出波动增大甚至不稳定。在这种情况下,采用不加积分作用消除稳态误差的方法能获得好的控制效果,因为这种方法不改变闭环系统的极点位置。

上述两种方法都采用离线凑试加权多项式 $P(z^{-1})$ 和 $Q(z^{-1})$ 的办法,凑试准则式(3.4.36)和式(3.4.41)都符合式(3.4.20),即这些离线凑试 $P(z^{-1})$ 和 $Q(z^{-1})$ 的准则不仅适用于广义最小方差控制器也适用于自校正控制器。但离线凑试加权多项式比较费事,因凑试时需事先知道被控对象参数 $A(z^{-1})$ 和 $B(z^{-1})$,但在自适应情况下 $P(z^{-1})$ 和 $Q(z^{-1})$ 通常未知,这就给凑试 $P(z^{-1})$ 和 $Q(z^{-1})$ 带来困难。解决这一问题的途径是直接采用在线选择加权多项式的算法,感兴趣的读者请参阅文献[10]。

3.4.2 广义最小方差自校正控制器设计

1. 控制问题描述

被控对象仍采用式(3.4.1)进行描述,多项式 $A(z^{-1})$、$B(z^{-1})$ 和 $C(z^{-1})$ 的阶次 n_A、n_B 和 n_C 已知,对象时延 d 已知,多项式 $A(z^{-1})$、$B(z^{-1})$ 和 $C(z^{-1})$ 的系数未知,且被控对象可以是非最小相位的。

控制目标是，当被控对象模型式(3.4.1)的参数未知，设计广义最小方差自校正控制器，使得被控对象的广义输出 $\phi(k+d)$ 与广义理想输出 $y^*(k+d)$ 的误差的方差极小，即

$$\min J = \min \mathrm{E}\{[P(z^{-1})y(k+d) - R(z^{-1})w(k) + Q(z^{-1})u(k)]^2\} \quad (3.4.43)$$

2. 自校正控制器

由于 $A(z^{-1})$、$B(z^{-1})$ 和 $C(z^{-1})$ 未知，因此广义最小方差控制器式(3.4.15)中的 $G(z^{-1})$、$H(z^{-1})$ 和 $C(z^{-1})$ 未知，采用隐式算法直接对控制器参数 $G(z^{-1})$、$H(z^{-1})$ 和 $C(z^{-1})$ 进行估计，因此首先求取控制器的参数 $G(z^{-1})$、$H(z^{-1})$ 和 $C(z^{-1})$ 的辨识方程。

1) 控制器参数辨识方程

利用式(3.4.12)～式(3.4.14)，得到控制器参数辨识方程

$$\phi(k) = G(z^{-1})y(k-d) + H(z^{-1})u(k-d) - C^*(z^{-1})\phi^*(k \mid k-d) + F(z^{-1})\xi(k) \quad (3.4.44)$$

控制器方程为

$$G(z^{-1})y(k) + H(z^{-1})u(k) - C^*(z^{-1})\phi^*(k+d \mid k) = y^*(k+d) \quad (3.4.45)$$

式中

$$y^*(k+d) = R(z^{-1})w(k) - Q(z^{-1})u(k) \quad (3.4.46)$$

由最优预报式(3.4.12)可知

$$C(z^{-1})y^*(k \mid k-d) = G(z^{-1})y(k-d) + H(z^{-1})u(k-d) \quad (3.4.47)$$

于是有

$$\phi^*(k \mid k-d) = G(z^{-1})y(k-d) + H(z^{-1})u(k-d) - C^*(z^{-1})\phi^*(k \mid k-d) \quad (3.4.48)$$

定义 $(n_G+n_H+n_C+2)$ 维数据向量 $\boldsymbol{\varphi}(k)$ 和参数向量 $\boldsymbol{\theta}$ 分别为

$$\begin{aligned}\boldsymbol{\varphi}(k) = [&y(k),\cdots,y(k-n_G),u(k),\cdots,u(k-n_H),\\ &-\phi^*(k+d-1 \mid k-1),\cdots,-\phi^*(k+d-n_C \mid k-n_C)]^{\mathrm{T}}\end{aligned} \quad (3.4.49)$$

$$\boldsymbol{\theta} = [g_0,\cdots,g_{n_G},h_0,\cdots,h_{n_H},c_1,\cdots,c_{n_C}]^{\mathrm{T}} \quad (3.4.50)$$

式中，$\phi^*(k|k-d)$ 可以写成

$$\phi^*(k \mid k-d) = \boldsymbol{\varphi}^{\mathrm{T}}(k-d)\boldsymbol{\theta} \quad (3.4.51)$$

因此，控制器参数辨识方程式(3.4.44)为

$$\phi(k) = \boldsymbol{\varphi}^{\mathrm{T}}(k-d)\boldsymbol{\theta} + F(z^{-1})\xi(k) \quad (3.4.52)$$

2) 参数估计算法和自校正控制器

式(3.4.52)中 $F(z^{-1})\xi(k)$ 是由 $\xi(k)$，$\xi(k-1)$，…，$\xi(k-d-1)$ 组成的，而 $\boldsymbol{\varphi}(k-d)$ 是由 $y(k-d)$，$y(k-d-1)$，…，$u(k-d)$，…，$u(k-d-n_H)$ 等组成的，显然上式右边两项不相关，故可采用递推最小二乘法辨识参数。

但是，当被控对象参数未知时，数据向量 $\boldsymbol{\varphi}(k)$ 中的最优预报 $\phi^*(k+d-1|k-1)$

也未知，因此无法构造可用的数据向量。由式(3.4.51)可知，同最小方差自校正控制器的方法类似，我们引入它的估计值来代替。为此引入记号

$$\hat{\boldsymbol{\varphi}}(k)=[y(k),\cdots,y(k-n_G),u(k),\cdots,u(k-n_H),\\ -\bar{y}(k+d-1),\cdots,-\bar{y}(k+d-n_C)]^{\mathrm{T}} \tag{3.4.53}$$

式中

$$\bar{y}(k+d)=\hat{\boldsymbol{\varphi}}^{\mathrm{T}}(k)\hat{\boldsymbol{\theta}}(k) \tag{3.4.54}$$

参数估计的递推公式采用增广最小二乘法

$$\hat{\boldsymbol{\theta}}(k)=\hat{\boldsymbol{\theta}}(k-1)+\boldsymbol{K}(k)[\phi(k)-\hat{\boldsymbol{\varphi}}^{\mathrm{T}}(k-d)\hat{\boldsymbol{\theta}}(k-1)] \tag{3.4.55}$$

$$\boldsymbol{K}(k)=\frac{\boldsymbol{P}(k-1)\hat{\boldsymbol{\varphi}}(k-d)}{1+\hat{\boldsymbol{\varphi}}^{\mathrm{T}}(k-d)\boldsymbol{P}(k-1)\hat{\boldsymbol{\varphi}}(k-d)} \tag{3.4.56}$$

$$\boldsymbol{P}(k)=[\boldsymbol{I}-\boldsymbol{K}(k)\hat{\boldsymbol{\varphi}}^{\mathrm{T}}(k-d)]\boldsymbol{P}(k-1) \tag{3.4.57}$$

由式(3.4.49)和式(3.4.50)知，参数已知时的广义最小方差控制律式(3.4.45)可写成

$$\boldsymbol{\varphi}^{\mathrm{T}}(k)\boldsymbol{\theta}=R(z^{-1})w(k)-Q(z^{-1})u(k) \tag{3.4.58}$$

用估计的参数代替真实参数，可得自校正控制律为

$$\hat{\boldsymbol{\varphi}}^{\mathrm{T}}(k)\hat{\boldsymbol{\theta}}(k)=R(z^{-1})w(k)-Q(z^{-1})u(k) \tag{3.4.59}$$

综上所述，广义最小方差自校正控制算法计算步骤总结如下：

(1) 测取 $y(k)$和 $w(k)$；

(2) 计算广义输出 $\phi(k)$；

(3) 形成数据向量$\hat{\boldsymbol{\varphi}}(k)$和$\hat{\boldsymbol{\varphi}}(k-d)$；

(4) 用递推最小二乘法式(3.4.55)～式(3.4.57)计算$\hat{\boldsymbol{\theta}}(k)$；

(5) 用式(3.4.42)在线校正 $R(z^{-1})$；

(6) 用式(3.4.54)计算最优预报 $\phi^{*}(k+d|k)$的估计值$\bar{y}(k+d)$，以便组成下次采样所需的观测数据向量；

(7) 返回步骤(1)。

3.4.3 仿真实验

为了验证广义最小方差控制律和广义最小方差自校正控制律的有效性，我们进行下列的仿真实验。

例 3.4.1 广义最小方差控制器和自校正控制器的仿真实验

开环不稳定非最小相位的被控对象模型为

$$(1-1.7z^{-1}-0.6z^{-2})y(k)=z^{-2}(1.0+2.0z^{-1})u(k)+(1-0.4z^{-1})\xi(k)$$

式中，$\xi(k)$为均值为 0、方差为 0.2 的独立随机噪声，运行时间从 $k=1$ 到 $k=400$。

由 $n_A=2,n_B=1,n_C=1$ 和 $d=2$ 可知 $n_G=1$ 和 $n_H=2$。

参考输入为如下方波信号

$$w(k) = 5 + 5\mathrm{sgn}\left(\sin\frac{\pi k}{150}\right)$$

不加积分器，离线选择加权多项式

$$P(z^{-1}) = 1$$
$$Q(z^{-1}) = \lambda = 1.08$$

(1) 广义最小方差控制器

被控对象模型已知时，广义最小方差控制器方程为

$$(2.08 + 2.868z^{-1} + 2.6z^{-2})u(k) = -(2.81 + 0.78z^{-1})y(k) + (0.532 - 0.2128z^{-1})w(k)$$

广义最小方差控制器的仿真结果如图3.4.2所示，可以看出，当被控对象模型参数已知时，采用上述的广义最小方差控制器，可以使得闭环系统稳定，跟踪非零的参考输入，且能够消除稳态跟踪误差。

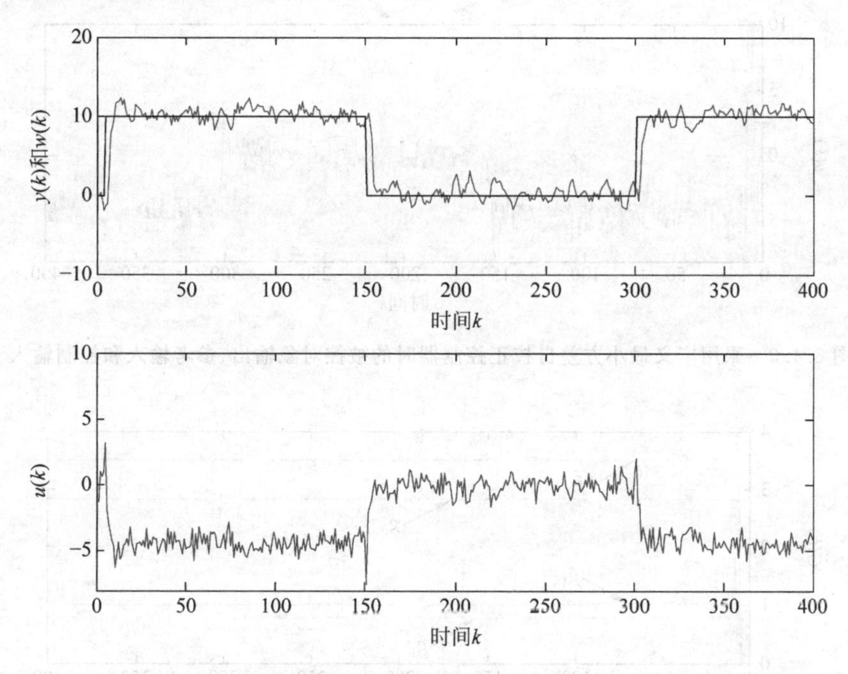

图3.4.2 采用广义最小方差控制器时的被控对象输出、参考输入和控制输入

(2) 广义最小方差自校正控制器

当上述被控对象模型参数未知时，采用广义最小方差自校正控制器进行仿真实验。控制器阶次不变，加权阵选择不变，对控制器参数进行估计，数据向量$\hat{\boldsymbol{\varphi}}(k)$和参数向量$\boldsymbol{\theta}$分别为

$$\hat{\boldsymbol{\varphi}}(k) = [y(k), y(k-1), u(k), u(k-1), u(k-2), -\bar{y}(k+1)]^{\mathrm{T}}$$
$$\boldsymbol{\theta} = [g_0, g_1, h_0, h_1, h_2, c_1]^{\mathrm{T}}$$

仿真实验结果如图3.4.3和图3.4.4所示，其中图3.4.3为采用广义最小方差自校正控制器时的被控对象输出$y(k)$跟踪参考输入$w(k)$以及对应的控制输入$u(k)$的曲

线,图 3.4.4 为控制器参数估计的曲线。可以看出,当被控对象模型参数未知时,采用上述的广义最小方差自校正控制器,可以使得闭环系统稳定,可以跟踪非零的参考输入,且能够消除稳态跟踪误差;在自适应控制的初期,控制效果不好,随着时间的推移,所辨识的控制器参数迅速收敛(没有收敛到真值),控制效果已经相当理想。

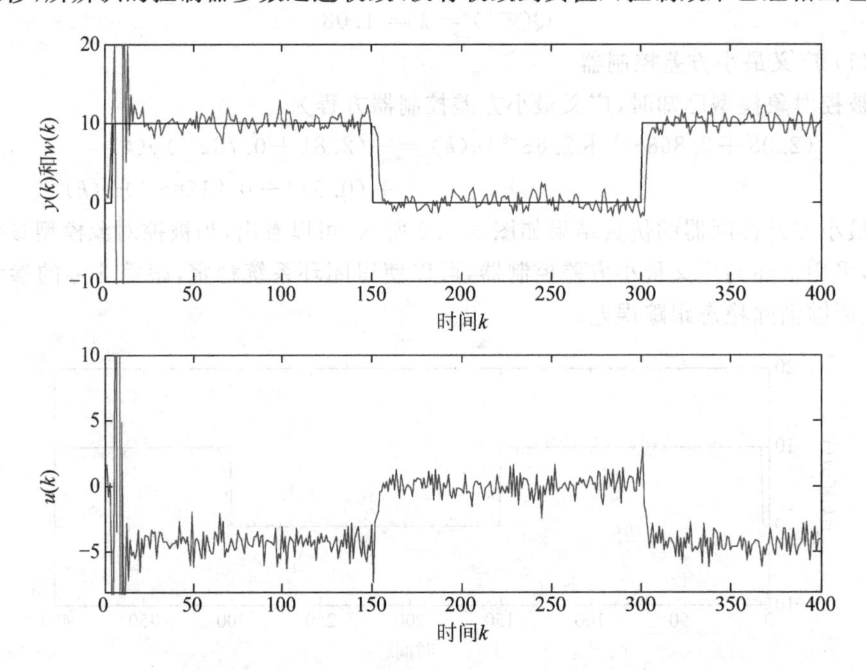

图 3.4.3 采用广义最小方差自校正控制器时的被控对象输出、参考输入和控制输入

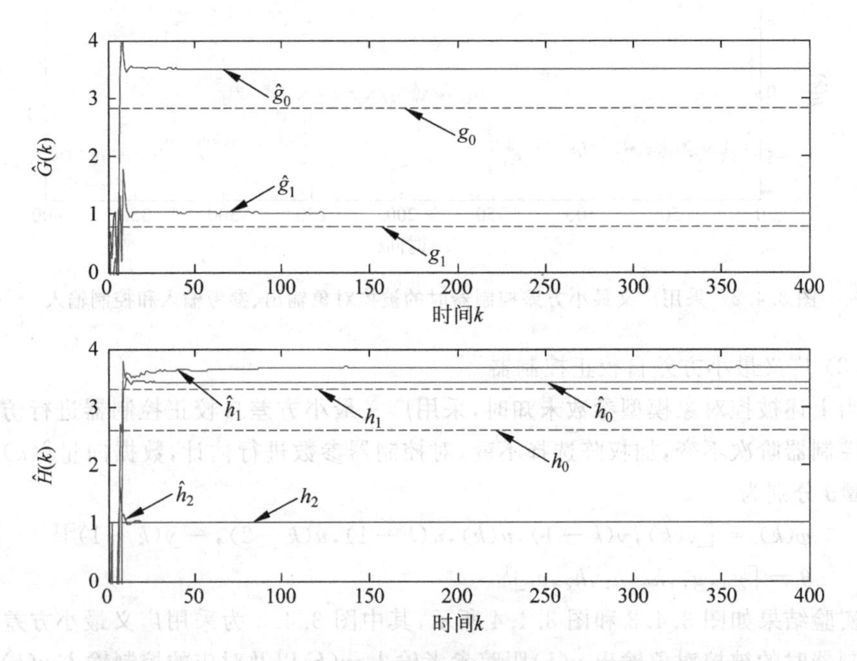

图 3.4.4 广义最小方差自校正控制器的控制器参数估计曲线

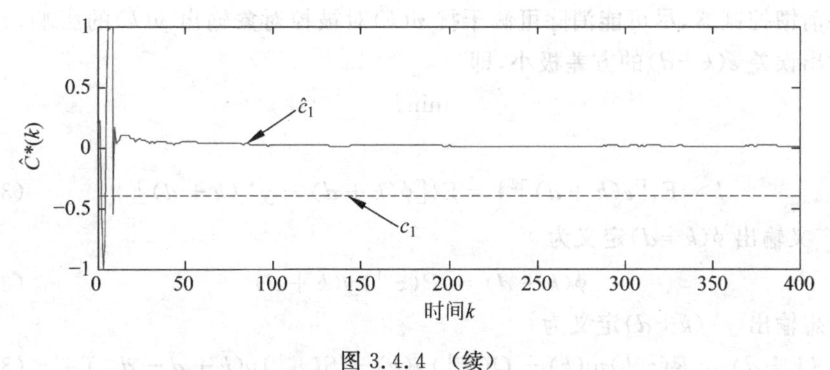

图 3.4.4 （续）

3.5　自校正前馈控制器

在工业过程中，有些被控对象常受到可测干扰的影响。如在钢厂中，为了有效利用转炉炼钢中产生的高温烟气，安装了余热锅炉，利用高温烟气产生饱和蒸汽供民用取暖和作工业热源用。余热锅炉水位调节系统的任务是使给水量适应锅炉蒸发量的变化，保持水位恒定。水位过高影响产生的蒸汽质量，水位过低容易引起锅炉爆炸，因此余热锅炉的水位调节是非常重要的。影响水位的主要因素是给水量和炼钢的启停过程所造成的蒸发量的变化，调节时前者可作为控制输入，后者蒸发量可以检测但不可作为控制输入，可作为可测干扰处理。

对于具有可测干扰的被控对象，采用前馈控制可有效抑制可测干扰对输出的影响。但如果可测干扰与输出之间的模型参数未知，为了获得满意的控制效果，就必须将前馈控制与自适应控制结合起来。余热锅炉的给水系统由于炼钢过程的频繁启停，其运行条件频繁改变致使被控对象参数发生变化，故需用自适应前馈控制。将前馈控制引入自校正调节器和控制器，在适当参数配合下可实现对可测干扰的补偿，组成有动静态补偿的自校正前馈控制器。本节介绍的广义最小方差自校正前馈控制器的参数可调控制器是广义最小方差前馈控制器，为此首先介绍当被控对象模型已知时的广义最小方差前馈控制器设计。

3.5.1　广义最小方差前馈控制器设计

1. 控制问题描述

设被控对象的模型为

$$A(z^{-1})y(k) = z^{-d}B(z^{-1})u(k) + z^{-d_{B2}}B_2(z^{-1})v(k) + C(z^{-1})\xi(k) \quad (3.5.1)$$

式中，$v(k)$为有界可测干扰，它与输出$y(k)$之间的传输时延用d_{B2}表示；$B_2(z^{-1})$为z^{-1}的n_{B2}阶多项式，假定$d_{B2}\geqslant d$；其他各项定义同式(3.4.1)；同样$B(z^{-1})$可以为不稳定多项式，即被控对象可以是非最小相位。

控制目标是，针对具有可测干扰的被控对象的数学模型式(3.5.1)，设计广义最小方差前馈控制器,尽可能消除可测干扰 $v(k)$ 对被控对象输出 $y(k)$ 的影响,且使得广义输出误差 $e(k+d)$ 的方差极小,即

$$\min J$$

其中

$$J=\mathrm{E}\{[e(k+d)]^2\}=\mathrm{E}\{[\phi(k+d)-y^*(k+d)]^2\} \tag{3.5.2}$$

式中,广义输出 $\phi(k+d)$ 定义为

$$\phi(k+d)=P(z^{-1})y(k+d) \tag{3.5.3}$$

广义理想输出 $y^*(k+d)$ 定义为

$$y^*(k+d)=R(z^{-1})w(k)-Q(z^{-1})u(k)-S(z^{-1})v(k+d-d_{B2}) \tag{3.5.4}$$

广义输出误差 $e(k+d)$ 定义为

$$e(k+d)=\phi(k+d)-R(z^{-1})w(k)+Q(z^{-1})u(k)+S(z^{-1})v(k+d-d_{B2}) \tag{3.5.5}$$

式中,$w(k)$ 为参考输入,$P(z^{-1})$、$Q(z^{-1})$、$R(z^{-1})$ 和 $S(z^{-1})$ 为加权项,其中 $P(z^{-1})$、$Q(z^{-1})$ 和 $R(z^{-1})$ 的含义同 3.4 节,$S(z^{-1})$ 用于对可测扰动进行加权。从后面的分析可看到,在性能指标式(3.5.4)中引入 $S(z^{-1})v(k+d-d_{B2})$,就能通过对 $S(z^{-1})$ 的选择来对可测干扰实现动静态补偿。

因此性能指标式(3.5.2)可以表示为

$$J=\mathrm{E}\{[P(z^{-1})y(k+d)-R(z^{-1})w(k)+S(z^{-1})v(k+d-d_{B2})+Q(z^{-1})u(k)]^2\} \tag{3.5.6}$$

于是求使式(3.5.2)极小的最优控制就变成了求使广义输出误差方差为极小的最优控制问题。这样就可以采用求解最小方差控制律的办法来求解使式(3.5.2)最小的控制律。

2. 广义最小方差前馈控制器

1) 最优预报

广义输出 $\phi(k+d)$ 的 d 步超前最优预报可采用与 3.4 节类似的求最优预报的方法求得,即

$$\phi^*(k+d\mid k)=\frac{G(z^{-1})y(k)+F(z^{-1})B(z^{-1})u(k)+F(z^{-1})B_2(z^{-1})v(k+d-d_{B2})}{C(z^{-1})} \tag{3.5.7}$$

式中,多项式 $F(z^{-1})$ 和 $G(z^{-1})$ 由下面的 Diophantine 方程确定

$$C(z^{-1})P(z^{-1})=A(z^{-1})F(z^{-1})+z^{-d}G(z^{-1}) \tag{3.5.8}$$

其阶次限制为

$$n_F=d-1,\quad n_G=\max\{n_A-1,n_P+n_C-d\} \tag{3.5.9}$$

2) 前馈控制器

得到最优预报之后,广义输出 $\phi(k+d)$ 可以表示为

$$\phi(k+d)=\phi^*(k+d\mid k)+F(z^{-1})\xi(k+d) \tag{3.5.10}$$

令最优预报等于广义理想输出，即可求得广义最小方差前馈控制律为

$$\phi^{*}(k+d \mid k)=R(z^{-1})w(k)-Q(z^{-1})u(k)-S(z^{-1})v(k+d-d_{B2}) \quad (3.5.11)$$

由式(3.5.7)和式(3.5.11)还可求出最优控制律的另一种形式

$$G(z^{-1})y(k)+\overline{H}(z^{-1})u(k)+\overline{D}(z^{-1})v(k+d-d_{B2})=E(z^{-1})w(k) \quad (3.5.12)$$

式中

$$\overline{H}(z^{-1})=F(z^{-1})B(z^{-1})+C(z^{-1})Q(z^{-1})=H(z^{-1})+C(z^{-1})Q(z^{-1}) \quad (3.5.13)$$

$$\overline{D}(z^{-1})=F(z^{-1})B_2(z^{-1})+C(z^{-1})S(z^{-1})=D(z^{-1})+C(z^{-1})S(z^{-1}) \quad (3.5.14)$$

且有

$$H(z^{-1})=F(z^{-1})B(z^{-1}) \quad (3.5.15)$$

$$D(z^{-1})=F(z^{-1})B_2(z^{-1}) \quad (3.5.16)$$

$$E(z^{-1})=C(z^{-1})R(z^{-1}) \quad (3.5.17)$$

控制器的结构如图 3.5.1 所示，可以看出，这是一种前馈控制器的结构。

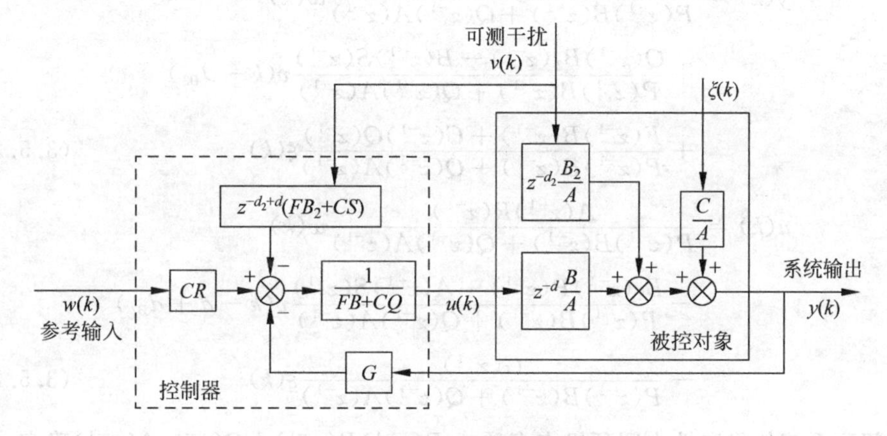

图 3.5.1　广义最小方差前馈控制器结构图

3）性能分析

广义最小方差控制器必须要保证闭环系统的稳定性，即被控对象的输入和输出是均方有界的，即

$$\lim_{N\to\infty}\frac{1}{N}\sum_{k=1}^{N}y^2(k)<\infty,\quad \lim_{N\to\infty}\frac{1}{N}\sum_{k=1}^{N}u^2(k)<\infty \quad (3.5.18)$$

并且使得性能指标式(3.5.2)达到最优，即使被控对象的广义输出与广义理想输出之间的误差的方差达到最小，即为

$$J=\mathrm{E}\{[F(z^{-1})\xi(k+d)]^2\}=\left(1+\sum_{i=1}^{d-1}f_i^2\right)\sigma^2 \quad (3.5.19)$$

闭环系统的稳定性和最优性由定理 3.5.1 给出。

定理 3.5.1　假定：

(1) $C(z^{-1})$稳定，且时延已知；

(2) 依概率 1 有$\lim\limits_{N\to\infty}\frac{1}{N}\sum\limits_{k=1}^{N}\xi^2(k)<\infty$；

(3) 离线选择加权多项式 $P(z^{-1})$ 和 $Q(z^{-1})$ 使 $P(z^{-1})B(z^{-1})+Q(z^{-1})A(z^{-1})$ 是稳定的，即

$$P(z^{-1})B(z^{-1})+Q(z^{-1})A(z^{-1})\neq 0,\quad |z|\geqslant 1 \tag{3.5.20}$$

那么广义最小方差前馈控制律式(3.5.12)能保证闭环系统是稳定的，即依概率1有

$$\lim_{N\to\infty}\frac{1}{N}\sum_{k=1}^{N}y^2(k)<\infty,\quad \lim_{N\to\infty}\frac{1}{N}\sum_{k=1}^{N}u^2(k)<\infty \tag{3.5.21}$$

且性能指标式(3.5.2)达到最优，即使被控对象的广义输出与广义理想输出之间的误差的方差达到最小，即为

$$J=\mathrm{E}\{[F(z^{-1})\xi(k+d)]^2\}=\left(1+\sum_{i=1}^{d-1}f_i^2\right)\sigma^2 \tag{3.5.22}$$

证明 闭环系统的输出和输入方程可由式(3.5.12)和式(3.5.1)导出，即

$$\begin{aligned}y(k)=&\frac{z^{-d}B(z^{-1})R(z^{-1})}{P(z^{-1})B(z^{-1})+Q(z^{-1})A(z^{-1})}w(k)\\&+\frac{Q(z^{-1})B_2(z^{-1})-B(z^{-1})S(z^{-1})}{P(z^{-1})B(z^{-1})+Q(z^{-1})A(z^{-1})}v(k-d_{B2})\\&+\frac{F(z^{-1})B(z^{-1})+C(z^{-1})Q(z^{-1})}{P(z^{-1})B(z^{-1})+Q(z^{-1})A(z^{-1})}\xi(k)\end{aligned} \tag{3.5.23}$$

$$\begin{aligned}u(k)=&\frac{A(z^{-1})R(z^{-1})}{P(z^{-1})B(z^{-1})+Q(z^{-1})A(z^{-1})}w(k)\\&-\frac{B_2(z^{-1})P(z^{-1})+A(z^{-1})S(z^{-1})}{P(z^{-1})B(z^{-1})+Q(z^{-1})A(z^{-1})}v(k-d+d_{B2})\\&-\frac{G(z^{-1})}{P(z^{-1})B(z^{-1})+Q(z^{-1})A(z^{-1})}\xi(k)\end{aligned} \tag{3.5.24}$$

显然闭环系统的稳定性由闭环极点多项式 $P(z^{-1})B(z^{-1})+Q(z^{-1})A(z^{-1})$ 确定。

由于 $P(z^{-1})B(z^{-1})+Q(z^{-1})A(z^{-1})$ 是稳定的，$w(k)$ 有界，$v(k)$ 有界，$\xi(k)$ 满足 $\lim\limits_{N\to\infty}\frac{1}{N}\sum\limits_{k=1}^{N}\xi^2(k)<\infty$，使用附录中的引理A.1.2，再由式(3.5.23)和式(3.5.24)可得

$$\frac{1}{N}\sum_{k=1}^{N}u^2(k)\leqslant\frac{K_1}{N}\sum_{k=1}^{N}w^2(k)+\frac{K_2}{N}\sum_{k=1}^{N}v^2(k-d+d_{B2})+\frac{K_3}{N}\sum_{k=1}^{N}\xi^2(k)+\frac{K_4}{N}<\infty$$

$$\frac{1}{N}\sum_{k=1}^{N}y^2(k)\leqslant\frac{K_5}{N}\sum_{k=1}^{N}w^2(k-d)+\frac{K_6}{N}\sum_{k=1}^{N}v^2(k-d_{B2})+\frac{K_7}{N}\sum_{k=1}^{N}\xi^2(k)+\frac{K_8}{N}<\infty$$

故式(3.5.21)得证。

由广义最小方差前馈控制律式(3.5.12)可得

$$\begin{aligned}G(z^{-1})y(k)=&E(z^{-1})w(k)-[F(z^{-1})B(z^{-1})+C(z^{-1})Q(z^{-1})]u(k)\\&-[F(z^{-1})B_2(z^{-1})+C(z^{-1})S(z^{-1})]v(k+d-d_{B2})\end{aligned} \tag{3.5.25}$$

由 Diophantine 方程式(3.5.8)和式(3.5.25)，可得

$$
\begin{aligned}
C(z^{-1})P(z^{-1})y(k+d) = & A(z^{-1})F(z^{-1})y(k+d) \\
& -F(z^{-1})B(z^{-1})u(k) - C(z^{-1})Q(z^{-1})u(k) \\
& -F(z^{-1})B_2(z^{-1})v(k+d-d_{B2}) \\
& -C(z^{-1})S(z^{-1})v(k+d-d_{B2}) \\
& +C(z^{-1})R(z^{-1})w(k)
\end{aligned} \tag{3.5.26}
$$

因此有

$$
\begin{aligned}
P(z^{-1})y(k+d) = & \frac{F(z^{-1})[A(z^{-1})y(k+d) - B(z^{-1})u(k) - B_2(z^{-1})v(k+d-d_{B2})]}{C(z^{-1})} \\
& -Q(z^{-1})u(k) - S(z^{-1})v(k+d-d_{B2}) \\
& +R(z^{-1})w(k)
\end{aligned} \tag{3.5.27}
$$

由被控对象模型式(3.5.1)可知

$$
A(z^{-1})y(k+d) - B(z^{-1})u(k) - B_2(z^{-1})v(k+d-d_{B2}) = C(z^{-1})\xi(k+d) \tag{3.5.28}
$$

于是可得

$$
\begin{aligned}
P(z^{-1})y(k+d) = & F(z^{-1})\xi(k+d) - Q(z^{-1})u(k) \\
& -S(z^{-1})v(k+d-d_{B2}) + R(z^{-1})w(k)
\end{aligned} \tag{3.5.29}
$$

代入性能指标式(3.5.6)，得到

$$
\begin{aligned}
J = & \mathrm{E}\{[P(z^{-1})y(k+d) - R(z^{-1})w(k) \\
& + S(z^{-1})v(k+d-d_{B2}) + Q(z^{-1})u(k)]^2\} \\
= & \mathrm{E}\{[F(z^{-1})\xi(k+d)]^2\} \\
= & \left(1 + \sum_{i=1}^{d-1} f_i^2\right)\sigma^2
\end{aligned} \tag{3.5.30}
$$

■

4) 加权多项式的选择

由定理 3.5.1 可知，广义最小方差前馈控制律与广义最小方差控制律一样，$P(z^{-1})$和$Q(z^{-1})$的选择关系到闭环系统的稳定性。式(3.5.20)是选择$P(z^{-1})$和$Q(z^{-1})$，保证闭环系统稳定的准则，同时，它也是当进行自校正控制时，保证自校正系统全局收敛的准则。不管被控对象是否开环稳定，是否为非最小相位，总可以通过选择适当的$P(z^{-1})$和$Q(z^{-1})$使闭环系统稳定。

要实现对可测干扰的动态和静态补偿，根据式(3.5.23)知必须选择$S(z^{-1})$使

$$
Q(z^{-1})B_2(z^{-1}) - B(z^{-1})S(z^{-1}) = 0 \tag{3.5.31}
$$

在自校正前馈控制器中如不将可测干扰加权项引入性能指标中，即$S(z^{-1})=0$，则由式(3.5.14)可知，要实现对$v(k)$的动静态补偿必须使$Q(z^{-1})B_2(z^{-1})$为零，这只有当被控对象是最小相位时，$Q(z^{-1})$才可选为零。但是对非最小相位的被控对象，$Q(z^{-1})$不能选为零，即使引入积分作用使$Q(1)=0$，也只能对可测干扰实现静态补偿。这就是为什么要在性能指标中引入$S(z^{-1})$的原因。

由定理 3.5.1 知可测干扰作用于被控对象后不影响闭环系统的稳定性。如果按

照式(3.5.31)来选择 $S(z^{-1})$，按式(3.4.39)来选择 $R(z^{-1})$，则可消除闭环系统的跟踪误差。

为了使加权多项式的选择和控制器参数联系起来，对式(3.5.31)作些改变。用 $F(z^{-1})$乘以式(3.5.31)，可得

$$Q(z^{-1})D(z^{-1})-H(z^{-1})S(z^{-1})=0 \tag{3.5.32}$$

当被控对象为最小相位时，可设 $Q(z^{-1})=Q_1(z^{-1})B(z^{-1})$，由式(3.5.32)可知 $S(z^{-1})=Q_1(z^{-1})B_2(z^{-1})$，这表明此法对最小相位的被控对象可实现对可测干扰的完全动静态补偿。但在一般情况下，因为 $Q(z^{-1})$已经选择好，$B_2(z^{-1})$和 $B(z^{-1})$已知，$S(z^{-1})$未知，要使式(3.5.32)有解，方程中各多项式 $Q(z^{-1})$、$B_2(z^{-1})$、$B(z^{-1})$和 $S(z^{-1})$的阶次必须满足下列关系

$$n_S+1\geqslant n_B+n_S+1,\quad n_S+1\geqslant n_Q+n_{B2}+1 \tag{3.5.33}$$

即方程中未知数的个数大于或等于方程式的个数，故要求 $n_B=0$。当 $n_B>0$ 时，式(3.5.32)只有最小二乘解。

选择加权多项式 $P(z^{-1})$、$Q(z^{-1})$、$R(z^{-1})$和 $S(z^{-1})$的方法可归纳如下：

(1) 引入积分器。取 $P(z^{-1})=R(z^{-1})$，$Q(1)=0$，离线凑试 $P(z^{-1})$和 $Q(z^{-1})$使其满足

$$P(z^{-1})B(z^{-1})+Q(z^{-1})A(z^{-1})\neq 0,\quad |z|\geqslant 1 \tag{3.5.34}$$

在线校正 $S(z^{-1})$使其满足

$$Q(z^{-1})D(z^{-1})-H(z^{-1})S(z^{-1})=0,\quad S(1)=0 \tag{3.5.35}$$

为简便可选 $P(z^{-1})=R(z^{-1})=1$，$Q(z^{-1})=\lambda(1-z^{-1})$，于是式(3.5.20)为

$$B(z^{-1})+\lambda(1-z^{-1})A(z^{-1})\neq 0,\quad |z|\geqslant 1 \tag{3.5.36}$$

(2) 不引入积分器。离线凑试 $P(z^{-1})$和 $Q(z^{-1})$使其满足

$$P(z^{-1})B(z^{-1})+Q(z^{-1})A(z^{-1})\neq 0,\quad |z|\geqslant 1$$

由式(3.4.39)和式(3.5.35)在线选择 $R(z^{-1})$和 $S(z^{-1})$，即

$$R(1)=\frac{[P(1)C(1)-G(1)]Q(1)}{H(1)}+P(1) \tag{3.5.37}$$

$$Q(z^{-1})D(z^{-1})-H(z^{-1})S(z^{-1})=0 \tag{3.5.38}$$

$$S(1)=\frac{Q(1)D(1)}{H(1)} \tag{3.5.39}$$

在上述选择加权多项式的方法中，对 $S(1)$提出了要求，这是因为在一般情况下，由式(3.5.35)和式(3.5.38)只能求得近似解，不能完全实现对可测干扰的动态补偿。

3.5.2 广义最小方差自校正前馈控制器设计

1. 控制问题描述

被控对象采用式(3.5.1)进行描述，多项式 $A(z^{-1})$、$B(z^{-1})$、$B_2(z^{-1})$和 $C(z^{-1})$的阶次 n_A、n_B、n_{B2}和 n_C 已知，对象时延 d 和 d_{B2} 已知，多项式 $A(z^{-1})$、$B(z^{-1})$、

$B_2(z^{-1})$和$C(z^{-1})$的系数未知，且被控对象可以是非最小相位的。

控制目标是，当被控对象模型式(3.5.1)的参数未知，设计广义最小方差自校正前馈控制器，使得被控对象的广义输出$\phi(k+d)$与广义理想输出$y^*(k+d)$之间的误差的方差最小，即

$$\min J=\min \mathrm{E}\{[P(z^{-1})y(k+d)-R(z^{-1})w(k)+S(z^{-1})v(k+d-d_{B2})+Q(z^{-1})u(k)]^2\} \tag{3.5.40}$$

2. 自校正前馈控制器

由于$A(z^{-1})$、$B(z^{-1})$、$B_2(z^{-1})$和$C(z^{-1})$未知，因此前馈控制器式(3.5.12)中的$G(z^{-1})$、$H(z^{-1})$、$D(z^{-1})$和$C(z^{-1})$未知，采用隐式算法直接对前馈控制器参数$G(z^{-1})$、$H(z^{-1})$、$D(z^{-1})$和$C(z^{-1})$进行估计，因此首先求取前馈控制器的参数$G(z^{-1})$、$H(z^{-1})$、$D(z^{-1})$和$C(z^{-1})$的辨识方程。

1) 控制器参数辨识方程

首先求控制器参数辨识方程和控制律方程。由式(3.5.7)和式(3.5.10)可得控制器参数辨识方程

$$\phi(k)=G(z^{-1})y(k-d)+H(z^{-1})u(k-d)+D(z^{-1})v(k-d_{B2})-C^*(z^{-1})\phi^*(k\mid k-d)+F(z^{-1})\xi(k) \tag{3.5.41}$$

由式(3.5.11)和式(3.5.41)可得控制律方程

$$G(z^{-1})y(k)+H(z^{-1})u(k)+D(z^{-1})v(k+d-d_{B2})-C^*(z^{-1})\phi^*(k+d\mid k)=y^*(k+d) \tag{3.5.42}$$

式中

$$y^*(k+d)=R(z^{-1})w(k)-Q(z^{-1})u(k)-S(z^{-1})v(k+d-d_{B2}) \tag{3.5.43}$$

由最优预报式(3.5.7)可知

$$C(z^{-1})\phi^*(k\mid k-d)=G(z^{-1})y(k-d)+H(z^{-1})u(k-d)+D(z^{-1})v(k-d_{B2}) \tag{3.5.44}$$

于是有

$$\phi^*(k\mid k-d)=G(z^{-1})y(k-d)+H(z^{-1})u(k-d)+D(z^{-1})v(k-d_{B2})-C^*(z^{-1})\phi^*(k\mid k-d) \tag{3.5.45}$$

定义数据向量$\boldsymbol{\varphi}(k)$和参数向量$\boldsymbol{\theta}$为

$$\begin{aligned}\boldsymbol{\varphi}(k)=[&y(k),\cdots,y(k-n_G),u(k),\cdots,u(k-n_H),\\&v(k+d-d_{B2}),\cdots,v(k+d-d_{B2}-n_D),\\&-\phi^*(k+d-1\mid k-1),\cdots,-\phi^*(k+d-n_C\mid k-n_C)]^{\mathrm{T}}\end{aligned} \tag{3.5.46}$$

$$\boldsymbol{\theta}=[g_0,\cdots,g_{n_G},h_0,\cdots,h_{n_H},d_0,\cdots,d_{n_D},c_1,\cdots,c_{n_C}]^{\mathrm{T}} \tag{3.5.47}$$

由式(3.5.45)，$\phi^*(k|k-d)$可以写成

$$\phi^*(k\mid k-d)=\boldsymbol{\varphi}^{\mathrm{T}}(k-d)\,\boldsymbol{\theta} \tag{3.5.48}$$

控制器参数辨识方程式(3.5.41)为

$$\phi(k)=\boldsymbol{\varphi}^{\mathrm{T}}(k-d)\,\boldsymbol{\theta}+F(z^{-1})\xi(k) \tag{3.5.49}$$

2）参数估计算法及自校正前馈控制器方程

由于 $F(z^{-1})\xi(k)$ 与 $\boldsymbol{\varphi}^{\mathrm{T}}(k-d)\boldsymbol{\theta}$ 不相关，故可用递推最小二乘法辨识控制器参数。但因 $\boldsymbol{\varphi}(k)$ 中的 $\phi^{*}(k+d-1|k-1)\cdots$ 未知，由式(3.5.48)，可用它的估计值代替，为此引入记号

$$\begin{aligned}\hat{\boldsymbol{\varphi}}(k)=[&y(k),\cdots,y(k-n_G),u(k),\cdots,u(k-n_H),\\&v(k+d-d_{B2}),\cdots,v(k+d-d_{B2}-n_D),\\&-\bar{y}(k+d-1),\cdots,-\bar{y}(k+d-n_C)]^{\mathrm{T}}\end{aligned}\tag{3.5.50}$$

式中

$$\bar{y}(k+d)=\hat{\boldsymbol{\varphi}}^{\mathrm{T}}(k)\hat{\boldsymbol{\theta}}(k)\tag{3.5.51}$$

于是参数估计的最小二乘递推算法如下

$$\hat{\boldsymbol{\theta}}(k)=\hat{\boldsymbol{\theta}}(k-1)+\boldsymbol{K}(k)[\phi(k)-\hat{\boldsymbol{\varphi}}^{\mathrm{T}}(k-d)\hat{\boldsymbol{\theta}}(k-1)]\tag{3.5.52}$$

$$\boldsymbol{K}(k)=\frac{\boldsymbol{P}(k-1)\hat{\boldsymbol{\varphi}}(k-d)}{1+\hat{\boldsymbol{\varphi}}^{\mathrm{T}}(k-d)\boldsymbol{P}(k-1)\hat{\boldsymbol{\varphi}}(k-d)}\tag{3.5.53}$$

$$\boldsymbol{P}(k)=[\boldsymbol{I}-\boldsymbol{K}(k)\hat{\boldsymbol{\varphi}}^{\mathrm{T}}(k-d)]\boldsymbol{P}(k-1)\tag{3.5.54}$$

由参数已知时的广义最小方差前馈控制律式(3.5.12)可写成

$$\boldsymbol{\varphi}^{\mathrm{T}}(k)\boldsymbol{\theta}(k)=y^{*}(k+d)\tag{3.5.55}$$

用估计的参数代替真实参数，自校正前馈控制律为

$$\hat{\boldsymbol{\varphi}}^{\mathrm{T}}(k)\hat{\boldsymbol{\theta}}(k)=y^{*}(k+d)\tag{3.5.56}$$

综上所述，自校正前馈控制算法的计算步骤总结如下：

(1) 测取 $y(k)$、$v(k)$ 和 $w(k)$；

(2) 形成数据向量 $\hat{\boldsymbol{\varphi}}(k-d)$；

(3) 用递推最小二乘法式(3.5.52)～式(3.5.54)估计参数 $\hat{\boldsymbol{\theta}}(k)$；

(4) 用式(3.5.56)计算控制律 $u(k)$；

(5) 用式(3.5.35)校正 $S(z^{-1})$，或由式(3.5.37)～式(3.5.39)校正 $R(z^{-1})$ 和 $S(z^{-1})$；

(6) 由式(3.5.51)求 $\phi^{*}(k+d|k)$ 的估计值 $\bar{y}(k+d)$；

(7) 返回步骤(1)。

3.5.3 仿真实验

为了验证广义最小方差前馈控制律和广义最小方差自校正前馈控制律的有效性，我们进行下列的仿真实验。

例 3.5.1 广义最小方差前馈控制器和广义最小方差自校正前馈控制器的仿真实验

带可测扰动的开环不稳定非最小相位的被控对象模型为

$$\begin{aligned}(1-1.7z^{-1}-0.6z^{-2})y(k)=&z^{-2}(1.0+2.0z^{-1})u(k)+(1-2.5z^{-1})v(k-3)\\&+(1-0.4z^{-1})\xi(k)\end{aligned}$$

式中，$\xi(k)$为均值为 0、方差为 0.5 的独立随机噪声，运行时间从 $k=1$ 到 $k=400$。

参考输入为

$$w(k) = 5 + 5\mathrm{sgn}\left(\sin\frac{\pi k}{150}\right)$$

可测扰动为

$$v(k) = 0 + 6.0\mathrm{sgn}\left[\sin\left(\frac{\pi k}{150} + \frac{\pi}{2}\right)\right]$$

由 $n_A=2$、$n_B=1$、$n_{B2}=1$、$n_C=1$、$d=2$、$d_{B2}=3$ 可知 $n_G=1$、$n_H=2$、$n_D=2$。离线选择加权项

$$P(z^{-1}) = 1$$

$$\lambda = 0.18$$

(1) 广义最小方差前馈控制器

当被控对象模型参数已知时，可得广义最小方差前馈控制器方程为

$$(2.08 + 2.868z^{-1} + 2.6z^{-2})u(k) = -(2.81 + 0.78z^{-1})y(k) + (0.532 - 0.2128z^{-1})w(k) - (0.46 - 0.984z^{-1} - 3.25z^{-2})v(k-1)$$

广义最小方差前馈控制器的仿真结果如图 3.5.2 所示，可以看出，当被控对象模型参数已知时，采用上述的广义最小方差前馈控制器，可以使得闭环系统稳定，跟踪非零的参考输入，且能够消除稳态跟踪误差。

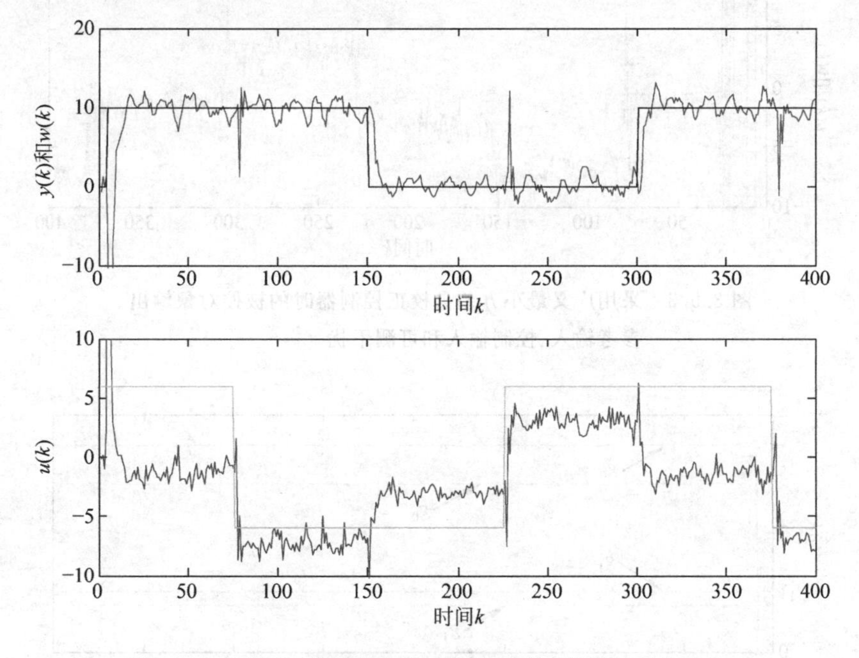

图 3.5.2　采用广义最小方差前馈控制器时的被控对象输出、参考输入、控制输入和可测干扰

(2) 广义最小方差自校正前馈控制器

当上述被控对象模型参数未知时,采用广义最小方差自校正前馈控制器进行仿真实验。控制器阶次不变,加权阵选择不变,对控制器参数进行估计。数据向量 $\hat{\boldsymbol{\varphi}}(k)$ 和参数向量 $\boldsymbol{\theta}$ 分别为

$$\hat{\boldsymbol{\varphi}}(k)=[y(k),y(k-1),u(k),u(k-1),u(k-2),v(k-1),\\v(k-2),v(k-3),-\bar{y}(k+1)]^{\mathrm{T}}$$

$$\boldsymbol{\theta}=[g_0,g_1,h_0,h_1,h_2,d_0,d_1,d_2,c_1]^{\mathrm{T}}$$

仿真实验结果如图 3.5.3 和图 3.5.4 所示,其中图 3.5.3 为采用广义最小方差自校正前馈控制器时的被控对象输出 $y(k)$ 跟踪参考输入 $w(k)$ 以及对应的控制输入 $u(k)$ 和可测干扰 $v(k)$ 的曲线,图 3.5.4 为控制器参数估计的曲线。

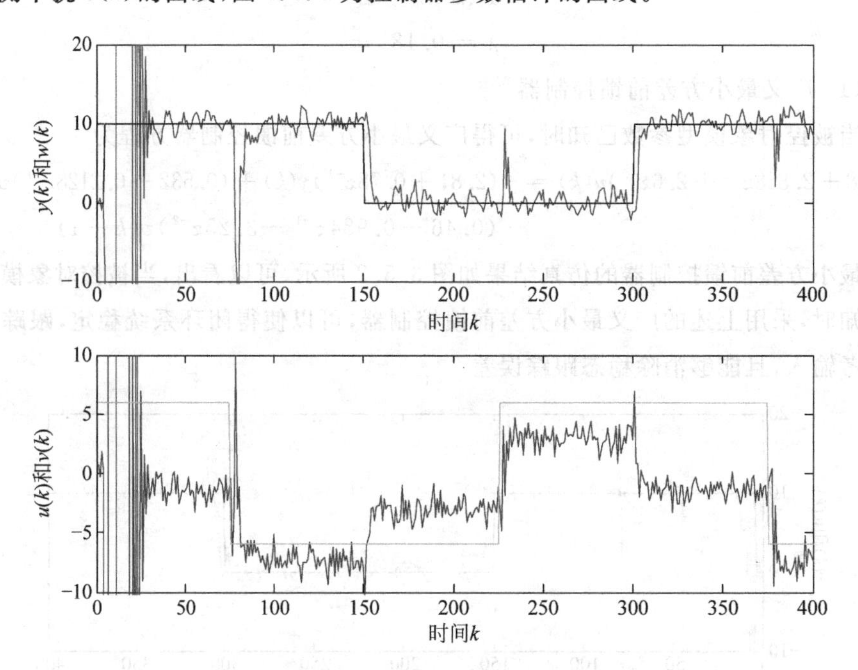

图 3.5.3 采用广义最小方差自校正控制器时的被控对象输出、参考输入、控制输入和可测干扰

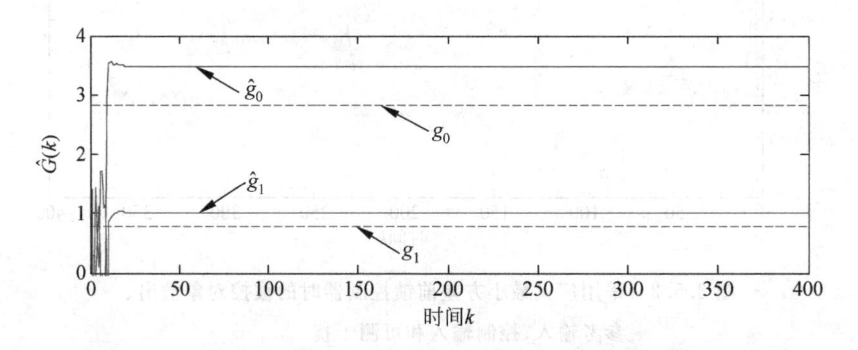

图 3.5.4 广义最小方差自校正前馈控制器的控制器参数估计曲线

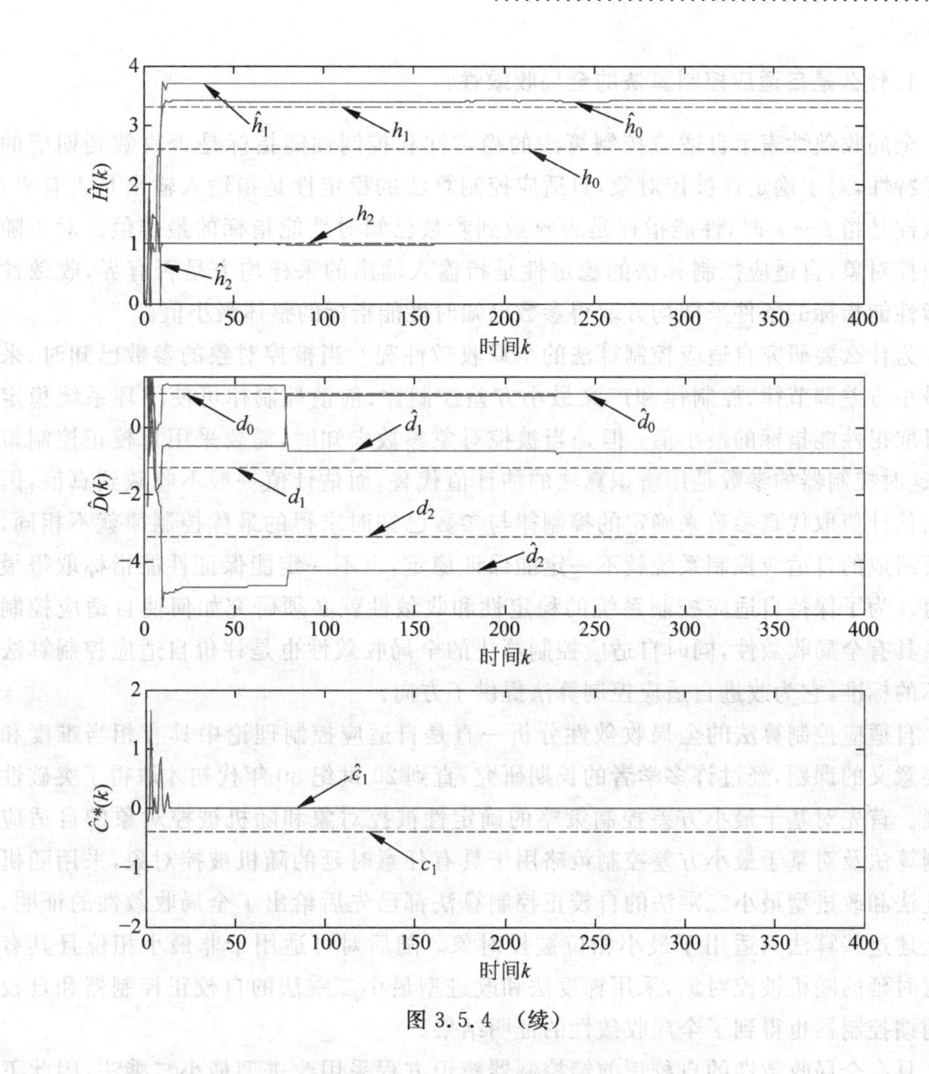

图 3.5.4 （续）

3.5.4　自校正前馈控制算法的全局收敛性分析

前面介绍了基于最小方差的自校正调节器、基于广义最小方差的自校正控制器和自校正前馈控制器，从性能指标来看，广义最小方差自校正前馈控制器的性能指标是

$$J = \mathrm{E}\{[P(z^{-1})y(k+d) - R(z^{-1})w(k) + Q(z^{-1})u(k) + S(z^{-1})v(k+d-d_{B2})]^2\} \tag{3.5.57}$$

它概括了上述各类自校正控制算法的性能指标。从控制律和闭环系统方程来看，广义最小方差前馈控制律也可统一广义最小方差控制律、最小方差调节律。在自校正情况下无论从控制器参数辨识方程、控制律方程还是从自校正控制算法本身都可看出，自校正调节器、自校正控制器都是自校正前馈控制器的特例。因此只要能证明自校正前馈控制器的全局收敛性，那么自校正调节器、自校正控制器的全局收敛性问题也就迎刃而解了。

1. 什么是自适应控制算法的全局收敛性?

全局收敛性表示自适应控制算法的稳定性和控制性能指标是否收敛到期望的最优特性,对于确定性被控对象,自适应控制算法的稳定性是指输入输出是否有界,收敛性是指 $k\to\infty$ 时,性能指标是否收敛到参数已知时性能指标的最佳值。对于随机被控对象,自适应控制算法的稳定性是指输入输出的采样均方是否有界,收敛性是指性能指标的条件采样均方取得参数已知时性能指标的整体最小值。

为什么要研究自适应控制算法的全局收敛性呢?当被控对象的参数已知时,采用最小方差调节律、控制律和广义最小方差控制律、前馈控制律可使闭环系统稳定且可取得性能指标的最小值;但是当被控对象参数未知时,需要采用自校正控制策略,这时控制器的参数是用辨识算法的估计值代替,而估计值一般不收敛到真值,因此用估计值取代真参数来确定的控制律与参数已知时求得的最优控制律就不相同,它所组成的自适应控制系统就不一定能保证稳定,也不一定能保证性能指标取得最小值。为了保持自适应控制系统的稳定性和收敛性就必须研究如何使自适应控制算法具有全局收敛性,同时自适应控制算法的全局收敛性也是评价自适应控制算法好坏的标准,它为改进自适应控制算法提供了方向。

自适应控制算法的全局收敛性分析一直是自适应控制理论中具有相当难度和重要意义的课题,经过许多学者的长期研究,直到20世纪80年代初才取得了突破性进展。首先对基于最小方差控制策略的确定性被控对象和随机被控对象的自适应控制算法及对基于最小方差控制策略用于具有任意时延的随机被控对象,采用随机梯度法和改进型最小二乘法的自校正控制算法都已先后给出了全局收敛性的证明,但上述这些算法只适用于最小相位被控对象。随后对可适用于非最小相位且其有任意时延的随机被控对象,采用梯度法和改进型最小二乘法的自校正控制器和自校正前馈控制器也得到了全局收敛性的证明结果。

具有全局收敛性的自校正前馈控制器辨识方程采用改进型最小二乘法,因此下面首先介绍改进型最小二乘法。

2. 改进型最小二乘法

如果自校正前馈控制器采用最小二乘估计算法,为了证明全局收敛性,需要对辨识算法进行修改。对最优预报 $\phi^*(k|k-d)$ 进行近似估计时,需要采用后验预报即将式(3.5.51)改为

$$\bar{y}(k)=\hat{\boldsymbol{\varphi}}^{\mathrm{T}}(k-d)\,\hat{\boldsymbol{\theta}}(k) \tag{3.5.58}$$

前面采用的辨识方程式(3.5.41)和控制律方程式(3.5.42)不仅需要已知 $\phi^*(k|k-d)$ 的近似预报 $\bar{y}(k)$,而且需要知道 $\phi^*(k+d-1|k-1)$,这就需要知道 $\bar{y}(k+d-1)$ 即 $\hat{\boldsymbol{\varphi}}^{\mathrm{T}}(k-1)\hat{\boldsymbol{\theta}}(k+d-1)$,显然求不出来,故需对辨识方程和控制律方程进行修改以便式中只包含 $\phi^*(k|k-d)$,由式(3.5.7)知

$$C(z^{-1})\phi^*(k+d\mid k)=G(z^{-1})y(k)+H(z^{-1})u(k)+D(z^{-1})v(k+d-d_{B2})\tag{3.5.59}$$

引入恒等式

$$1=\bar F(z^{-1})C(z^{-1})+z^{-d}\bar G(z^{-1}),\quad n_{\bar F}=d-1,\quad n_{\bar G}=n_C-1\tag{3.5.60}$$

由于$C(z^{-1})$与z^{-d}互质,故可由式(3.5.60)解出$\bar F(z^{-1})$和$\bar G(z^{-1})$,用$\bar F(z^{-1})$乘式(3.5.59)两边并利用式(3.5.60)可得

$$\begin{aligned}\phi^*(k+d\mid k)=&\alpha(z^{-1})y(k)+\beta(z^{-1})u(k)+\beta_2(z^{-1})v(k+d-d_{B2})\\&+\bar G(z^{-1})\phi^*(k\mid k-d)\end{aligned}\tag{3.5.61}$$

式中

$$\alpha(z^{-1})=\bar F(z^{-1})G(z^{-1})\tag{3.5.62}$$

$$\beta(z^{-1})=\bar F(z^{-1})H(z^{-1})\tag{3.5.63}$$

$$\beta_2(z^{-1})=\bar F(z^{-1})D(z^{-1})\tag{3.5.64}$$

由式(3.5.10)、式(3.5.11)和式(3.5.61)可得控制器参数的辨识方程和控制律方程

$$\begin{aligned}\phi(k)=&\alpha(z^{-1})y(k-d)+\beta(z^{-1})u(k-d)+\beta_2(z^{-1})v(k-d_{B2})\\&+\bar G(z^{-1})\phi^*(k-d\mid k-2d)+F(z^{-1})\xi(k)\end{aligned}\tag{3.5.65}$$

$$\alpha(z^{-1})y(k)+\beta(z^{-1})u(k)+\beta_2(z^{-1})v(k+d-d_{B2})+\bar G(z^{-1})\phi^*(k\mid k-d)=y^*(k+d)\tag{3.5.66}$$

式中

$$y^*(k+d)=R(z^{-1})w(k)-Q(z^{-1})u(k)-S(z^{-1})v(k+d-d_{B2})\tag{3.5.67}$$

定义数据向量$\boldsymbol{\varphi}(k)$和参数向量$\boldsymbol{\theta}$为

$$\begin{aligned}\boldsymbol{\varphi}(k)=[&y(k),\cdots,y(k-n_\alpha),u(k),\cdots,u(k-n_\beta),\\&v(k+d-d_{B2}),\cdots,v(k+d-d_{B2}-n_{\beta2}),\\&\phi^*(k\mid k-d),\cdots,\phi^*(k-n_C+1\mid k-n_C-d+1)]^{\mathrm T}\end{aligned}\tag{3.5.68}$$

$$\boldsymbol{\theta}=[\alpha_0,\cdots,\alpha_{n_\alpha},\beta_0,\cdots,\beta_{n_\beta},\beta_{2,0},\beta_{2,1},\cdots,\beta_{2,n_{\beta2}},\bar g_0,\bar g_1,\cdots,\bar g_{n_C-1}]^{\mathrm T}\tag{3.5.69}$$

于是式(3.5.65)和式(3.5.66)可分别写成

$$\phi(k)=\boldsymbol{\varphi}^{\mathrm T}(k-d)\boldsymbol{\theta}+F(z^{-1})\xi(k)\tag{3.5.70}$$

$$\boldsymbol{\varphi}^{\mathrm T}(k)\boldsymbol{\theta}=y^*(k+d)\tag{3.5.71}$$

这样即可采用下列改进型最小二乘辨识算法来估计控制器参数

$$\hat{\boldsymbol{\theta}}(k)=\hat{\boldsymbol{\theta}}(k-d)+a(k-d)\boldsymbol{P}(k-d)\hat{\boldsymbol{\varphi}}(k-d)[\phi(k)-\hat{\boldsymbol{\varphi}}^{\mathrm T}(k-d)\hat{\boldsymbol{\theta}}(k-d)]\tag{3.5.72}$$

$$\boldsymbol{P}(k-d)=\boldsymbol{P}(k-2d)-\frac{\boldsymbol{P}(k-2d)\hat{\boldsymbol{\varphi}}(k-d)\hat{\boldsymbol{\varphi}}^{\mathrm T}(t-k)\boldsymbol{P}(k-2d)}{1+\hat{\boldsymbol{\varphi}}^{\mathrm T}(k-d)\boldsymbol{P}(k-2d)\hat{\boldsymbol{\varphi}}(k-d)}\tag{3.5.73}$$

$$a(k-d)=1\tag{3.5.74}$$

其中,$\boldsymbol{P}(-2d)=\boldsymbol{P}(-2d+1)=\cdots=\boldsymbol{P}(-d)=\delta\boldsymbol{I}$($\delta$为正数);如果下列条件①和条件②不满足,则$\boldsymbol{P}(k-d)$和$a(k-d)$按式(3.5.79)和式(3.5.80)取值,$\hat{\boldsymbol{\varphi}}(k-d)$见式(3.5.81)。

条件① $$r(k-d)\mathrm{tr}[\boldsymbol{P}(k-d)]\leqslant K_1<\infty \tag{3.5.75}$$

式中，tr[·]表示矩阵的迹，即矩阵主对角元素之和

$$r(k-d)=r(k-d-1)+\hat{\boldsymbol{\varphi}}^{\mathrm{T}}(k-d)\,\hat{\boldsymbol{\varphi}}(k-d) \tag{3.5.76}$$

其中

$$r(-d-1)=r(-d)=\cdots=r(-1)=n_\alpha+n_\beta+n_{\bar{G}}+1 \tag{3.5.77}$$

条件② $$\hat{\boldsymbol{\varphi}}^{\mathrm{T}}(k-d)\boldsymbol{P}(k-2d)\hat{\boldsymbol{\varphi}}(k-d)\leqslant K_2<\infty \tag{3.5.78}$$

如果条件①和条件②不满足，那么

$$\boldsymbol{P}(k-d)=\frac{r(k-2d)}{r(k-d)}\boldsymbol{P}(k-2d) \tag{3.5.79}$$

$$a(k-d)=\frac{1}{1+\hat{\boldsymbol{\varphi}}^{\mathrm{T}}(k-d)\boldsymbol{P}(k-d)\,\hat{\boldsymbol{\varphi}}(k-d)} \tag{3.5.80}$$

式中

$$\begin{aligned}\hat{\boldsymbol{\varphi}}(k-d)=[&y(k-d),\cdots,y(k-d-n_\alpha),\\&u(k-d),\cdots,u(k-d-n_\beta),\\&v(k-d_{B2}),\cdots,v(k-d_{B2}-n_{\beta 2}),\\&\bar{y}(k-d),\cdots,\bar{y}(k-d-n_C+1)]^{\mathrm{T}}\end{aligned} \tag{3.5.81}$$

其中

$$\bar{y}(k)=\hat{\boldsymbol{\varphi}}^{\mathrm{T}}(k-d)\,\hat{\boldsymbol{\theta}}(k) \tag{3.5.82}$$

由下式求 $u(k)$

$$\hat{\boldsymbol{\varphi}}^{\mathrm{T}}(k)\,\hat{\boldsymbol{\theta}}(k)=y^*(k+d) \tag{3.5.83}$$

3. 基于改进型最小二乘法的自校正前馈控制算法的全局收敛性分析

应用改进型最小二乘法可以证明上述自校正前馈控制算法具有全局收敛性。

假设 3.5.1 假设被控对象满足如下条件：

(1) 被控对象模型式(3.5.1)的 $A(z^{-1})$、$B(z^{-1})$、$B_2(z^{-1})$和 $C(z^{-1})$的阶次 n_A、n_B、n_{B2}和 n_C 的上界已知，d 和 d_{B2}已知，且 $d\leqslant d_{B2}$；

(2) $\xi(k)$具有下列性质

$$\mathrm{E}[\xi(k)\mid F_{k-1}]=0,\quad \text{a. s.}\quad \mathrm{E}[\xi^2(k)\mid F_{k-1}]=\sigma^2,\quad \text{a. s.} \tag{3.5.84}$$

$$\lim_{N\to\infty}\frac{1}{N}\sum_{k=1}^{N}\xi^2(k)<\infty,\quad \text{a. s.} \tag{3.5.85}$$

式中，$\{F_{k-1}\}$为非降子 σ-代数族，定义参见附录 A.2；

(3) $\left[\frac{1}{\bar{C}(z^{-1})}-\frac{1}{2}\right]$严正实，式中，$\bar{C}(z^{-1})=\bar{F}(z^{-1})C(z^{-1})=1-z^{-d}\bar{G}(z^{-1})$；

(4) 满足选择 $P(z^{-1})$和 $Q(z^{-1})$使$[P(z^{-1})B(z^{-1})+Q(z^{-1})A(z^{-1})]$稳定。

引理 3.5.1 递推算法式(3.5.72)～式(3.5.82)具有下列性质：

(1) $r(k-d)\mathrm{tr}\boldsymbol{P}(k-d)\leqslant K_1<\infty$； (3.5.86)

(2) $\sum_{k=d}^{\infty}\frac{O(k)}{r(k-d)}\leqslant K_3<\infty$；　(3.5.87)

(3) $1-O(k)\geqslant\frac{1}{K_4}>0$；　(3.5.88)

(4) $e(k)=\frac{\eta(k)}{1-O(k)}$，式中　(3.5.89)

$$e(k)=\phi(k)-y^*(k) \tag{3.5.90}$$

$$\eta(k)=\phi(k)-\bar{y}(k) \tag{3.5.91}$$

$$O(k)=a(k-d)\hat{\boldsymbol{\varphi}}^{\mathrm{T}}(k-d)\boldsymbol{P}(k-d)\hat{\boldsymbol{\varphi}}(k-d) \tag{3.5.92}$$

证明

(1) 由式(3.5.73)、式(3.5.75)、式(3.5.79)可证式(3.5.86)。

(2)
$$\sum_{k=d}^{\infty}\frac{a(k-d)\hat{\boldsymbol{\varphi}}^{\mathrm{T}}(k-d)\boldsymbol{P}(k-d)\hat{\boldsymbol{\varphi}}(k-d)}{r(k-d)}$$

$$\leqslant\sum_{t=d}^{\infty}[\lambda_{\max}\boldsymbol{P}(k-d)]\frac{\hat{\boldsymbol{\varphi}}^{\mathrm{T}}(k-d)\hat{\boldsymbol{\varphi}}(k-d)}{r(k-d)}$$

（因为 $a(k-d)\leqslant 1$，$\lambda_{\max}\boldsymbol{P}(k-d)$ 为最大特征值）

$$\leqslant\sum_{t=d}^{\infty}r(k-d)\mathrm{tr}\boldsymbol{P}(k-d)\frac{\hat{\boldsymbol{\varphi}}^{\mathrm{T}}(k-d)\hat{\boldsymbol{\varphi}}(k-d)}{r^2(k-d)}$$

（因为 $\mathrm{tr}\boldsymbol{P}(k-d)\geqslant\lambda_{\max}\boldsymbol{P}(k-d)$）

$$\leqslant\sum_{t=d}^{\infty}K_1\frac{\hat{\boldsymbol{\varphi}}^{\mathrm{T}}(k-d)\hat{\boldsymbol{\varphi}}(k-d)}{r^2(k-d)}$$

（利用式(3.5.86)）

$$\leqslant\sum_{t=d}^{\infty}K_1\frac{r(k-d)-r(k-d-1)}{r(k-d)r(k-d-1)}$$

（利用式(3.5.76)）

$$=\sum_{t=d}^{\infty}K_1\left[\frac{1}{r(k-d-1)}-\frac{1}{r(k-d)}\right]$$

$$\leqslant K_1\frac{1}{r(-1)}=K_3<\infty$$

(3)
$$1-a(k-d)\hat{\boldsymbol{\varphi}}^{\mathrm{T}}(k-d)\boldsymbol{P}(k-d)\hat{\boldsymbol{\varphi}}(k-d)$$

$$=1-\frac{1}{1+\hat{\boldsymbol{\varphi}}^{\mathrm{T}}(k-d)\boldsymbol{P}(k-d)\hat{\boldsymbol{\varphi}}(k-d)}\hat{\boldsymbol{\varphi}}^{\mathrm{T}}(k-d)\boldsymbol{P}(k-d)\hat{\boldsymbol{\varphi}}(k-d)$$

（利用式(3.5.80)）

$$=\frac{1}{1+\hat{\boldsymbol{\varphi}}^{\mathrm{T}}(k-d)\boldsymbol{P}(k-d)\hat{\boldsymbol{\varphi}}(k-d)}$$

$$\geqslant\frac{1}{1+\lambda_{\max}\boldsymbol{P}(k-d)\hat{\boldsymbol{\varphi}}^{\mathrm{T}}(k-d)\hat{\boldsymbol{\varphi}}(k-d)}$$

$$\geqslant\frac{1}{1+r(k-d)\mathrm{tr}\boldsymbol{P}(k-d)\frac{\hat{\boldsymbol{\varphi}}^{\mathrm{T}}(k-d)\hat{\boldsymbol{\varphi}}(k-d)}{r(k-d)}}$$

（因为 $\mathrm{tr}\boldsymbol{P}(k-d)\geqslant\lambda_{\max}\boldsymbol{P}(k-d)$）

$$\geqslant\frac{1}{1+K_1}>0 \qquad \left(因为\ 0<\frac{r(k-d)-r(k-d-1)}{r(k-d)}<1\right)$$

(4) 对式(3.5.72)左乘$\hat{\boldsymbol{\varphi}}^{\mathrm{T}}(k-d)$,并利用式(3.5.82)、式(3.5.83)、式(3.5.90)、式(3.5.91)和式(3.5.92)有

$$\hat{\boldsymbol{\varphi}}^{\mathrm{T}}(k-d)\,\hat{\boldsymbol{\theta}}(k)=\hat{\boldsymbol{\varphi}}^{\mathrm{T}}(k-d)\,\hat{\boldsymbol{\theta}}(k-d)+a(k-d)\,\hat{\boldsymbol{\varphi}}^{\mathrm{T}}(k-d)\boldsymbol{P}(k-d)\,\hat{\boldsymbol{\varphi}}(k-d)\left[\phi(k)-\hat{\boldsymbol{\varphi}}^{\mathrm{T}}(k-d)\,\hat{\boldsymbol{\theta}}(k-d)\right]$$

$$\eta(k)=e(k)-a(k-d)\,\hat{\boldsymbol{\varphi}}^{\mathrm{T}}(k-d)\boldsymbol{P}(k-d)\,\hat{\boldsymbol{\varphi}}(k-d)e(k)$$

$$e(k)=\frac{\eta(k)}{1-a(k-d)\,\hat{\boldsymbol{\varphi}}^{\mathrm{T}}(k-d)\boldsymbol{P}(k-d)\,\hat{\boldsymbol{\varphi}}(k-d)}$$

从而引理得证。 ■

引理 3.5.2 当算法式(3.5.72)～式(3.5.83)应用于式(3.5.1)时,闭环系统的输入输出方程为

$$\begin{aligned}&[P(z^{-1})B(z^{-1})+Q(z^{-1})A(z^{-1})]y(k)\\&=B(z^{-1})R(z^{-1})w(k-d)+[Q(z^{-1})B_2(z^{-1})\\&\quad-B(z^{-1})S(z^{-1})]v(k-d_{B2})+Q(z^{-1})C(z^{-1})\xi(k)+B(z^{-1})e(k)\end{aligned}\tag{3.5.93}$$

和

$$\begin{aligned}&[P(z^{-1})B(z^{-1})+Q(z^{-1})A(z^{-1})]u(k)\\&=A(z^{-1})R(z^{-1})w(k)-[P(z^{-1})B_2(z^{-1})\\&\quad+A(z^{-1})S(z^{-1})]v(k+d-d_{B2})\\&\quad-P(z^{-1})C(z^{-1})\xi(k+d)+A(z^{-1})e(k+d)\end{aligned}\tag{3.5.94}$$

证明 由性能指标式(3.5.57)知

$$e(k)=P(z^{-1})y(k)-R(z^{-1})w(k-d)+Q(z^{-1})u(k-d)+S(z^{-1})v(k-d_{B2})\tag{3.5.95}$$

用$B(z^{-1})$乘式(3.5.95)并利用式(3.5.1)即可得式(3.5.93),同理用$A(z^{-1})$乘式(3.5.95)并利用式(3.5.1)即可得式(3.5.94)。

定理 3.5.2 当满足假设3.5.1中的条件(1)～条件(4)时,自校正前馈控制算法式(3.5.72)～式(3.5.83)应用于被控对象模型式(3.5.1)时,依概率1有:稳定性

$$\limsup_{N\to\infty}\frac{1}{N}\sum_{k=1}^{N}y^2(k)<\infty\tag{3.5.96}$$

$$\limsup_{N\to\infty}\frac{1}{N}\sum_{k=1}^{N}u^2(k)<\infty\tag{3.5.97}$$

收敛性

$$\lim_{N\to\infty}\frac{1}{N}\sum_{k=1}^{N}\mathrm{E}\{[P(z^{-1})y(k+d)-R(z^{-1})w(k)+Q(z^{-1})u(k)+S(z^{-1})v(k+d-d_{B2})]^2\mid F_k\}=\gamma_2\tag{3.5.98}$$

还假设$w(k)$和$v(k)$为有界参考输入和扰动。

证明　第一部分：定义

$$b(k)=-\hat{\boldsymbol{\varphi}}^{\mathrm{T}}(k-d)\tilde{\boldsymbol{\theta}}(k),\quad \tilde{\boldsymbol{\theta}}(k)=\hat{\boldsymbol{\theta}}(k)-\boldsymbol{\theta}_0 \tag{3.5.99}$$

$$z(k-d)=\eta(k)-\varepsilon(k),\quad \varepsilon(k)=F(z^{-1})\xi(k) \tag{3.5.100}$$

$$h(k)=z(k-d)-\frac{1+\rho}{2}b(k) \tag{3.5.101}$$

由式(3.5.60)和式(3.5.61)可导出

$$\bar{C}(z^{-1})\phi^{*}(k\mid k-d)=\alpha(z^{-1})y(k-d)+\beta(z^{-1})u(k-d)+\beta_2(z^{-1})v(k-d_{B2}) \tag{3.5.102}$$

上式两边减$\bar{C}(z^{-1})\bar{y}(k)$，($\bar{C}(z^{-1})=\bar{F}(z^{-1})C(z^{-1})$)，并按顺序利用式(3.5.60)、式(3.5.65)、式(3.5.91)、式(3.5.100)、式(3.5.82)和式(3.5.99)有

$$\begin{aligned}\bar{C}(z^{-1})[\phi(k)-\bar{y}(k)-\varepsilon(k)]&=\alpha(z^{-1})y(k-d)+\beta(z^{-1})u(k-d)\\&\quad+\beta_2(z^{-1})v(k-d_{B2})+\bar{G}(z^{-1})\bar{y}(k-d)-\bar{y}(k)\end{aligned} \tag{3.5.103}$$

$$\begin{aligned}\bar{C}(z^{-1})z(k-d)&=\hat{\boldsymbol{\varphi}}^{\mathrm{T}}(k-d)\boldsymbol{\theta}_0-\hat{\boldsymbol{\varphi}}^{\mathrm{T}}(k-d)\hat{\boldsymbol{\theta}}(k)\\&=-\hat{\boldsymbol{\varphi}}^{\mathrm{T}}(k-d)\tilde{\boldsymbol{\theta}}(k)\\&=b(k)\end{aligned} \tag{3.5.104}$$

由式(3.5.101)和式(3.5.104)可得

$$h(k)=\left[\frac{1}{\bar{C}(z^{-1})}-\frac{1+\rho}{2}\right]b(k) \tag{3.5.105}$$

因为$\left[\dfrac{1}{\bar{C}(z^{-1})}-\dfrac{1}{2}\right]$严正实，选择$0<\rho<1$，使得$\left[\dfrac{1}{\bar{C}(z^{-1})}-\dfrac{1+\rho}{2}\right]$仍保持其为严正实。

定义下列 Lyapunov 二次函数来分析收敛性

$$V(k)=\frac{\tilde{\boldsymbol{\theta}}^{\mathrm{T}}(k)\boldsymbol{P}^{-1}(k-d)\tilde{\boldsymbol{\theta}}(k)}{r(k-d)} \tag{3.5.106}$$

根据算法式(3.5.72)～式(3.5.83)两种不同形式来研究二次函数$V(k)$的表示式。

对于第一种形式，假设条件①和条件②满足(即式(3.5.75)和式(3.5.78))，由式(3.5.73)有

$$\boldsymbol{P}^{-1}(k-d)=\boldsymbol{P}^{-1}(k-2d)+\hat{\boldsymbol{\varphi}}(k-d)\hat{\boldsymbol{\varphi}}^{\mathrm{T}}(k-d)\quad(\text{使用求逆引理}) \tag{3.5.107}$$

上式两边左乘$\tilde{\boldsymbol{\theta}}^{\mathrm{T}}(k)$，右乘$\tilde{\boldsymbol{\theta}}(k)$，并应用式(3.5.104)

$$\tilde{\boldsymbol{\theta}}^{\mathrm{T}}(k)\boldsymbol{P}^{-1}(k-d)\tilde{\boldsymbol{\theta}}(k)=\tilde{\boldsymbol{\theta}}^{\mathrm{T}}(k)\boldsymbol{P}^{-1}(k-2d)\tilde{\boldsymbol{\theta}}(k)+b^2(k) \tag{3.5.108}$$

因为

$$\boldsymbol{P}(k-d)\hat{\boldsymbol{\varphi}}(k-d)=\frac{\boldsymbol{P}(k-2d)\hat{\boldsymbol{\varphi}}(k-d)}{1+\hat{\boldsymbol{\varphi}}^{\mathrm{T}}(k-d)\boldsymbol{P}(k-2d)\hat{\boldsymbol{\varphi}}(k-d)}\quad(\text{利用式(3.5.73)}) \tag{3.5.109}$$

因此式(3.5.72)可写成

$$\hat{\boldsymbol{\theta}}(k)=\hat{\boldsymbol{\theta}}(k-d)+\frac{\boldsymbol{P}(k-2d)\hat{\boldsymbol{\varphi}}(k-d)}{1+\hat{\boldsymbol{\varphi}}^{\mathrm{T}}(k-d)\boldsymbol{P}(k-2d)\hat{\boldsymbol{\varphi}}(k-d)}e(k) \tag{3.5.110}$$

上式左乘$\hat{\boldsymbol{\varphi}}^{\mathrm{T}}(k-d)$，并利用式(3.5.83)、式(3.5.80)、式(3.5.91)可得

$$\eta(k)=\frac{e(k)}{1+\hat{\boldsymbol{\varphi}}^{\mathrm{T}}(k-d)\boldsymbol{P}(k-2d)\,\hat{\boldsymbol{\varphi}}(k-d)} \tag{3.5.111}$$

将式(3.5.111)代入式(3.5.110)有

$$\tilde{\boldsymbol{\theta}}(k)=\tilde{\boldsymbol{\theta}}(k-d)+\boldsymbol{P}(k-2d)\,\hat{\boldsymbol{\varphi}}(k-d)\eta(k) \tag{3.5.112}$$

将上式代入式(3.5.108)右边

$$\begin{aligned}\tilde{\boldsymbol{\theta}}^{\mathrm{T}}(k)\boldsymbol{P}^{-1}(k-d)\,\tilde{\boldsymbol{\theta}}(k)=&\tilde{\boldsymbol{\theta}}^{\mathrm{T}}(k-d)\boldsymbol{P}^{-1}(k-2d)\,\tilde{\boldsymbol{\theta}}(k-d)\\&+2\,\hat{\boldsymbol{\varphi}}^{\mathrm{T}}(k-d)\,\tilde{\boldsymbol{\theta}}(k-d)\eta(k)\\&+\hat{\boldsymbol{\varphi}}^{\mathrm{T}}(k-d)\boldsymbol{P}(k-2d)\,\hat{\boldsymbol{\varphi}}(k-d)\eta^2(k)\\&+b^2(k)\end{aligned} \tag{3.5.113}$$

对上式中的$2\,\hat{\boldsymbol{\varphi}}^{\mathrm{T}}(k-d)\tilde{\boldsymbol{\theta}}(k-d)\eta(k)$，利用式(3.5.112)左乘$\hat{\boldsymbol{\varphi}}^{\mathrm{T}}(k-d)$及式(3.5.99)，可将其化简，于是式(3.5.113)变为

$$\begin{aligned}\tilde{\boldsymbol{\theta}}^{\mathrm{T}}(k)\boldsymbol{P}^{-1}(k-d)\,\tilde{\boldsymbol{\theta}}(k)=&\tilde{\boldsymbol{\theta}}^{\mathrm{T}}(k-d)\boldsymbol{P}^{-1}(k-2d)\,\tilde{\boldsymbol{\theta}}(k-d)+b^2(k)-2b(k)\eta(k)\\&-\hat{\boldsymbol{\varphi}}^{\mathrm{T}}(k-d)\boldsymbol{P}(k-2d)\,\hat{\boldsymbol{\varphi}}(k-d)\eta^2(k)\\=&\tilde{\boldsymbol{\theta}}^{\mathrm{T}}(k-d)\boldsymbol{P}(k-2d)\,\tilde{\boldsymbol{\theta}}(k-d)\\&-2b(k)\left[z(k-d)-\frac{1+\rho}{2}b(k)+\frac{\rho}{2}b(k)+\varepsilon(k)\right]\\&-\hat{\boldsymbol{\varphi}}^{\mathrm{T}}(k-d)\boldsymbol{P}(k-2d)\,\hat{\boldsymbol{\varphi}}(k-d)\eta^2(k)\\=&\tilde{\boldsymbol{\theta}}^{\mathrm{T}}(k-d)\boldsymbol{P}(k-2d)\,\tilde{\boldsymbol{\theta}}(k-d)-\rho b^2(k)-2b(k)h(k)\\&-2b(k)\varepsilon(k)-\hat{\boldsymbol{\varphi}}^{\mathrm{T}}(k-d)\boldsymbol{P}(k-2d)\,\hat{\boldsymbol{\varphi}}(k-d)\eta^2(k)\end{aligned} \tag{3.5.114}$$

上式推导中利用了式(3.5.100)和式(3.5.101)。根据式(3.5.106)，并考虑到式(3.5.76)，可将上式改写成

$$V(k)\leqslant V(k-d)-\frac{\rho b^2(k)}{r(k-d)}-\frac{2b(k)h(k)}{r(k-d)}-\frac{2b(k)\varepsilon(k)}{r(k-d)} \tag{3.5.115}$$

对于第二种形式，同样可求出类似上述$V(k)$的表示式。

当条件①和条件②不满足时，应用式(3.5.72)和式(3.5.80)有

$$\tilde{\boldsymbol{\theta}}(k)=\tilde{\boldsymbol{\theta}}(k-d)+\frac{\boldsymbol{P}(k-d)\,\hat{\boldsymbol{\varphi}}(k-d)}{1+\hat{\boldsymbol{\varphi}}^{\mathrm{T}}(k-d)\boldsymbol{P}(k-d)\,\hat{\boldsymbol{\varphi}}(k-d)}e(k) \tag{3.5.116}$$

上式左乘$\hat{\boldsymbol{\varphi}}^{\mathrm{T}}(k-d)$，并利用式(3.5.83)、式(3.5.82)、式(3.5.90)和式(3.5.91)可得

$$\eta(k)=\frac{e(k)}{1+\hat{\boldsymbol{\varphi}}^{\mathrm{T}}(k-d)\boldsymbol{P}(k-d)\,\hat{\boldsymbol{\varphi}}(k-d)} \tag{3.5.117}$$

因此式(3.5.116)可写成

$$\tilde{\boldsymbol{\theta}}(k)=\tilde{\boldsymbol{\theta}}(k-d)+\boldsymbol{P}(k-d)\,\hat{\boldsymbol{\varphi}}(k-d)\eta(k) \tag{3.5.118}$$

利用式(3.5.79)和式(3.5.118)，可求得

$$\tilde{\boldsymbol{\theta}}^{\mathrm{T}}(k)\boldsymbol{P}^{-1}(k-d)\tilde{\boldsymbol{\theta}}(k)=\frac{r(k-d)}{r(k-2d)}\tilde{\boldsymbol{\theta}}^{\mathrm{T}}(k-d)\boldsymbol{P}^{-1}(k-2d)\tilde{\boldsymbol{\theta}}(k-d)$$
$$+2\hat{\boldsymbol{\varphi}}^{\mathrm{T}}(k-2d)\tilde{\boldsymbol{\theta}}(k-d)\eta(k)$$
$$+\hat{\boldsymbol{\varphi}}^{\mathrm{T}}(k-d)\boldsymbol{P}(k-d)\hat{\boldsymbol{\varphi}}(k-d)\eta^2(k) \tag{3.5.119}$$

用$\hat{\boldsymbol{\varphi}}^{\mathrm{T}}(k-d)$左乘式(3.5.118)并利用式(3.5.99)，可将式(3.5.119)简化成

$$\begin{aligned}\tilde{\boldsymbol{\theta}}^{\mathrm{T}}(k)\boldsymbol{P}^{-1}(k-d)\tilde{\boldsymbol{\theta}}(k)&=\frac{r(k-d)}{r(k-2d)}\tilde{\boldsymbol{\theta}}^{\mathrm{T}}(k-d)\boldsymbol{P}^{-1}(k-2d)\tilde{\boldsymbol{\theta}}(k-d)-2b(k)\eta(k)\\&\quad-\hat{\boldsymbol{\varphi}}^{\mathrm{T}}(k-d)\boldsymbol{P}(k-d)\hat{\boldsymbol{\varphi}}(k-d)\eta^2(k)\\&=\frac{r(k-d)}{r(k-2d)}\tilde{\boldsymbol{\theta}}^{\mathrm{T}}(k-d)\boldsymbol{P}^{-1}(k-2d)\tilde{\boldsymbol{\theta}}(k-d)\\&\quad-2b(k)\left[z(k-d)-\frac{1+\rho}{2}b(k)+\frac{1+\rho}{2}b(k)+\varepsilon(k)\right]\\&\quad-\hat{\boldsymbol{\varphi}}^{\mathrm{T}}(k-d)\boldsymbol{P}(k-d)\hat{\boldsymbol{\varphi}}(k-d)\eta^2(k)\\&=\frac{r(k-d)}{r(k-2d)}\tilde{\boldsymbol{\theta}}^{\mathrm{T}}(k-d)\boldsymbol{P}^{-1}(k-2d)\tilde{\boldsymbol{\theta}}(k-d)-2b(k)h(k)\\&\quad-(1+\rho)b^2(k)-2b(k)\varepsilon(k)\\&\quad-\hat{\boldsymbol{\varphi}}^{\mathrm{T}}(k-d)\boldsymbol{P}(k-d)\hat{\boldsymbol{\varphi}}(k-d)\eta^2(k)\end{aligned} \tag{3.5.120}$$

上式推导中利用了式(3.5.100)和式(3.5.101)，将上式改写，有

$$V(k)\leqslant V(k-d)-\frac{\rho b^2(k)}{r(k-d)}-\frac{2b(k)h(k)}{r(k-d)}-\frac{2b(k)\varepsilon(k)}{r(k-d)} \tag{3.5.121}$$

比较式(3.5.115)与式(3.5.121)，显见对于第一、二两种形式，Laypunov 函数具有相同表达式，故可统一讨论。

下面对统一形式的式(3.5.115)进行进一步化简。首先看右边第四项。用$\hat{\boldsymbol{\varphi}}^{\mathrm{T}}(k-d)$左乘、$\varepsilon(k)$右乘式(3.5.72)并利用式(3.5.99)可得

$$\begin{aligned}-b(k)\varepsilon(k)&=\hat{\boldsymbol{\varphi}}^{\mathrm{T}}(k-d)\hat{\boldsymbol{\theta}}(k-d)\varepsilon(k)+a(k-d)\hat{\boldsymbol{\varphi}}^{\mathrm{T}}(k-d)\boldsymbol{P}(k-d)\hat{\boldsymbol{\varphi}}(k-d)\\&\quad[e(k)-\varepsilon(k)+\varepsilon(k)]\varepsilon(k)\\&=-\hat{\boldsymbol{\varphi}}^{\mathrm{T}}(k-d)\hat{\boldsymbol{\theta}}(k-d)\varepsilon(k)+a(k-d)\hat{\boldsymbol{\varphi}}^{\mathrm{T}}(k-d)\boldsymbol{P}(k-d)\hat{\boldsymbol{\varphi}}(k-d)\\&\quad\{[\phi^*(k\mid k-d)-y^*(k)]\varepsilon(k)+\varepsilon^2(k)\}\end{aligned} \tag{3.5.122}$$

对上式取条件期望，且$[\phi^*(k|k-d)-y^*(k)]$为F_{k-d}可测，有

$$-\mathrm{E}[b(k)\varepsilon(k)\mid F_{k-d}]=a(k-d)\hat{\boldsymbol{\varphi}}^{\mathrm{T}}(k-d)\boldsymbol{P}(k-d)\hat{\boldsymbol{\varphi}}(k-d)\gamma^2,\quad \text{a. s.} \tag{3.5.123}$$

式中，$\mathrm{E}[\varepsilon^2(k)|F_{k-d}]=\gamma^2$。

将式(3.5.123)代入式(3.5.115)，并取条件期望

$$\mathrm{E}[V(k)\mid F_{k-d}]\leqslant V(k-d)-\frac{\rho}{r(k-d)}\mathrm{E}[b^2(k)\mid F_{k-d}]-\frac{2}{r(k-d)}\mathrm{E}[b(k)h(k)\mid F_{k-d}]$$
$$+\frac{2a(k-d)\hat{\boldsymbol{\varphi}}^{\mathrm{T}}(k-d)\tilde{\boldsymbol{\theta}}(k-d)\hat{\boldsymbol{\varphi}}(k-d)}{r(k-d)}\gamma^2 \tag{3.5.124}$$

如将上式右边第三项的$b(k)$看成输入，$h(k)$看成输出，根据正实引理则对任意的k可获得一正的标量函数

$$S(k)=2\sum_{j=d}^{k}b(j)h(j)+K,\quad 0<K<\infty,\quad k\geqslant d \tag{3.5.125}$$

$$S(d-1)=K \tag{3.5.126}$$

于是式(3.5.124)可写成

$$\begin{aligned}&\mathrm{E}[V(K)\mid F_{k-d}]+\mathrm{E}\left[\frac{S(k)}{r(k-d)}\mid F_{k-d}\right]\\&\leqslant V(k-d)+\mathrm{E}\left[\frac{S(k-1)}{r(k-d-1)}\mid F_{k-d}\right]-\frac{\rho}{r(k-d)}\mathrm{E}[b^2(k)\mid F_{k-d}]\\&\quad+\frac{2a(k-d)\hat{\boldsymbol{\varphi}}^{\mathrm{T}}(k-d)\boldsymbol{P}(k-d)\hat{\boldsymbol{\varphi}}(k-d)}{r(k-d)}\gamma^2,\quad \text{a. s.}\end{aligned} \tag{3.5.127}$$

对上式从d到N求和并求非条件期望后有

$$\begin{aligned}&\mathrm{E}[V(N)+\cdots+V(N-d+1)]\\&\leqslant\mathrm{E}[V(d-1)+\cdots+V(0)]+K-\mathrm{E}\left\{\sum_{k=d}^{N}\frac{\rho}{r(k-d)}\mathrm{E}[b^2(k)\mid F_{k-d}]\right\}\\&\quad+2\mathrm{E}\left[\sum_{k=d}^{N}\frac{a(k-d)\hat{\boldsymbol{\varphi}}^{\mathrm{T}}(k-d)\boldsymbol{P}(k-d)\hat{\boldsymbol{\varphi}}(k-d)}{r(k-d)}\gamma^2\right]\end{aligned} \tag{3.5.128}$$

因为$\mathrm{E}[V(N)+\cdots+V(N-d+1)]$为正数，故有

$$\begin{aligned}&\mathrm{E}\left\{\sum_{k=d}^{N}\frac{\rho}{r(k-d)}\mathrm{E}[b^2(k)\mid F_{k-d}]\right\}\\&\leqslant\mathrm{E}[V(d-1)+\cdots+V(0)]+K\\&\quad+2\mathrm{E}\left[\sum_{k=d}^{N}\frac{a(k-d)\hat{\boldsymbol{\varphi}}^{\mathrm{T}}(k-d)\boldsymbol{P}(k-d)\hat{\boldsymbol{\varphi}}(k-d)}{r(k-d)}\gamma^2\right]\end{aligned} \tag{3.5.129}$$

由式(3.5.87)知

$$\lim_{N\to\infty}\sum_{k=d}^{N}\frac{a(k-d)\hat{\boldsymbol{\varphi}}^{\mathrm{T}}(k-d)\boldsymbol{P}(k-d)\hat{\boldsymbol{\varphi}}(k-d)}{r(k-d)}\gamma^2<\infty \tag{3.5.130}$$

利用单调收敛定理

$$\begin{aligned}&\lim_{N\to\infty}\mathrm{E}\left\{\sum_{k=d}^{N}\frac{a(k-d)\hat{\boldsymbol{\varphi}}^{\mathrm{T}}(k-d)\boldsymbol{P}(k-d)\hat{\boldsymbol{\varphi}}(k-d)}{r(k-d)}\gamma^2\right\}\\&=\mathrm{E}\left\{\lim_{N\to\infty}\sum_{k=d}^{N}\frac{a(k-d)\hat{\boldsymbol{\varphi}}^{\mathrm{T}}(k-d)\boldsymbol{P}(k-d)\hat{\boldsymbol{\varphi}}(k-d)}{r(k-d)}\gamma^2\right\}<\infty\end{aligned} \tag{3.5.131}$$

所以式(3.5.129)可写成

$$\lim_{N\to\infty}\sum_{k=d}^{N}\frac{\rho}{r(k-d)}\mathrm{E}[b^2(k)\mid F_{k-d}]<\infty \tag{3.5.132}$$

$$\lim_{N\to\infty}\mathrm{E}\left[\sum_{k=d}^{N}\frac{\rho b^2(k)}{r(k-d)}\right]<\infty \tag{3.5.133}$$

利用单调收敛定理及 Kronecker 引理(见附录引理 A.1.4),且 $0<\rho<1$,故有

$$\lim_{N\to\infty}\frac{N}{r(N)}\frac{1}{N}\sum_{k=d}^{N}b^2(k)=0 \tag{3.5.134}$$

第二部分：利用式(3.5.89)和式(3.5.100)

$$e^2(k)=\frac{[z(k-d)+\varepsilon(k)]^2}{[1-a(k-d)\hat{\boldsymbol{\varphi}}^{\mathrm{T}}(k-d)\boldsymbol{P}(k-d)\hat{\boldsymbol{\varphi}}(k-d)]^2}$$
$$\leqslant 2K_4^2[z^2(k-d)+\varepsilon^2(k)] \tag{3.5.135}$$

由式(3.5.84)和式(3.5.85)有

$$\frac{1}{N}\sum_{k=1}^{N}e^2(k)\leqslant\frac{K_5}{N}\sum_{k=1}^{N}z^2(k-d)+K_6 \tag{3.5.136}$$

因$[P(z^{-1})B(z^{-1})+Q(z^{-1})A(z^{-1})]$稳定,$w(k)$、$v(k)$和 d 有界,由引理 3.5.2 和附录引理 A.1.2 可得

$$\frac{1}{N}\sum_{k=1}^{N}y^2(k)\leqslant\frac{K_7}{N}\sum_{k=1}^{N}e^2(k)+K_8\leqslant\frac{K_{15}}{N}\sum_{k=1}^{N}z^2(k)+K_9 \tag{3.5.137}$$

$$\frac{1}{N}\sum_{k=1}^{N}u^2(k)\leqslant\frac{K_{10}}{N}\sum_{k=1}^{N}e^2(k+d)+K_{11}\leqslant\frac{K_{12}}{N}\sum_{k=1}^{N}z^2(k)+K_{13} \tag{3.5.138}$$

由式(3.5.91)和式(3.5.100)知

$$[\bar{y}(k+d)]^2=[\phi(k+d)-z(k)-\varepsilon(k+d)]^2$$
$$\leqslant 3\phi^2(k+d)+3z^2(k)+3\varepsilon^2(k+d)$$

$$\frac{1}{N}\sum_{k=1}^{N}\bar{y}^2(k+d)\leqslant\frac{K_{14}}{N}\sum_{k=1}^{N}z^2(k)+K_{16} \tag{3.5.139}$$

由于$\bar{C}(z^{-1})$稳定,由式(3.5.76)、式(3.5.104)、式(3.5.137)~式(3.5.139)有

$$\frac{r(N)}{N}\leqslant\frac{C_1}{N}\sum_{k=1}^{N}b^2(k)+C_2 \tag{3.5.140}$$

因此由式(3.5.134)及$\bar{C}(z^{-1})$的稳定性可得

$$\lim_{N\to\infty}\frac{\dfrac{1}{N}\displaystyle\sum_{k=1}^{N}b^2(k)}{\dfrac{C_1}{N}\displaystyle\sum_{k=1}^{N}b^2(k)+C^2}=0,\quad \text{a. s.} \tag{3.5.141}$$

因此有

$$\lim_{N\to\infty}\frac{1}{N}\sum_{k=1}^{N}b^2(k)=0\quad 及\quad \lim_{N\to\infty}\frac{1}{N}\sum_{k=1}^{N}z^2(k)=0,\quad \text{a. s.} \tag{3.5.142}$$

由式(3.5.140)得

$$\limsup_{N\to\infty}\frac{r(N)}{N}<\infty,\quad \text{a. s.} \tag{3.5.143}$$

于是有

$$\limsup_{N\to\infty}\frac{1}{N}\sum_{k=1}^{N}y^2(k)<\infty,\quad \text{a. s.} \tag{3.5.144}$$

$$\lim_{N\to\infty}\sup\frac{1}{N}\sum_{k=1}^{N}u^2(k)<\infty,\quad \text{a. s.} \tag{3.5.145}$$

由式(3.5.89)和式(3.5.100)

$$\begin{aligned}\frac{1}{N}\sum_{k=d}^{N}[e(k)-\varepsilon(k)]^2&=\frac{1}{N}\sum_{k=d}^{N}\frac{1}{[1-O(k)]^2}[z(k-d)+O(k)\varepsilon(k)]^2\\&\leqslant\frac{2K_4^2}{N}\sum_{k=d}^{N}[z^2(k-d)+O^2(k)\varepsilon^2(k)]\end{aligned} \tag{3.5.146}$$

由于 $O(k)\leqslant 1$,可得

$$\sum_{k=d}^{N}\frac{O^2(k)}{r(k-d)}<\infty,\quad \text{a. s.}\quad 或\quad \sum_{k=d}^{N}\frac{O(k)\mathrm{E}[\varepsilon^2(k)\mid F_{k-d}]}{r(k-d)}<\infty,\quad \text{a. s.} \tag{3.5.147}$$

应用单调收敛定理及 Kronecker 引理与式(3.5.143),故有

$$\lim_{N\to\infty}\frac{1}{N}\sum_{k=d}^{N}O^2(k)\varepsilon^2(k)=0,\quad \text{a. s.} \tag{3.5.148}$$

故式(3.5.146)有

$$\lim_{N\to\infty}\frac{1}{N}\sum_{k=d}^{N}[e(k)-\varepsilon(k)]^2=0,\quad \text{a. s.} \tag{3.5.149}$$

但

$$\begin{aligned}\mathrm{E}[e^2(k)\mid F_{k-d}]&=\mathrm{E}\{[e(k)-\varepsilon(k)+\varepsilon(k)]^2\mid F_{k-d}\}\\&=[e(k)-\varepsilon(k)]^2+\mathrm{E}[\varepsilon^2(k)\mid F_{k-d}]\end{aligned} \tag{3.5.150}$$

故有

$$\lim_{N\to\infty}\frac{1}{N}\sum_{k=d}^{N}\mathrm{E}[e^2(k)\mid F_{k-d}]=\mathrm{E}[\varepsilon^2(k)\mid F_{k-d}] \tag{3.5.151}$$

从而定理得证。

■

前面介绍的自校正控制器都采用隐式方式来实现,正如 3.1 节概述中指出的那样,隐式算法因省去了求控制器参数这一步,故可避免病态方程的求解程度,使算法具有较强的鲁棒性。但如被控对象的时延 d 过大,由于控制器参数 $H(z^{-1})$ 的阶次为 n_B+d-1,而使所要辨识的参数个数大大增加。此外,从定理 3.5.2 可看出隐式算法的全局收敛性要求 $\left[\frac{1}{\bar{C}(z^{-1})}-\frac{1}{2}\right]$ 严正实,$\bar{C}(z^{-1})$ 与控制器参数 $\bar{F}(z^{-1})$ 和 $\bar{G}(z^{-1})$ 有关,而与被控对象的参数直接关系很难反映出来,从而很难判断被控对象是否符合自校正控制算法全局收敛所要求的条件。显式自校正控制算法的全局收敛性条件直接与被控对象的参数相联系,这样就促使一些学者研究基于最小方差和广义最小方差控制律的显式自校正控制器。目前基于最小方差的自校正控制器和基于广义最小方差的自校正前馈控制器均已先后提出,为了保证算法的全局收敛性,显式自校正控制算法采用了与上面介绍的自校正控制算法完全不同的 d 步超前最优预报器。

当参数未知被控对象受到可测干扰的扰动时，当可测干扰与被控对象输出之间的模型参数未知时，为了消除可测干扰对输出的影响，就需要采用自校正前馈控制器。同隐式自校正前馈控制器类似，显式自校正控制方案采用类似的前馈控制策略就可以获得显式自校正前馈控制器。

显式自校正前馈控制器的全局收敛性分析详见文献[11]，隐式自校正控制器的全局收敛性分析详见文献[12]。

3.6 零极点配置自校正控制器

前面介绍的自校正控制器是基于最优控制策略设计的，它要求被控对象的时延已知且不变化，而且性能指标中加权多项式的选择也比较费事。实际上许多被控对象往往是非最小相位，且其时延是未知、变化的，处理这类被控对象的有效控制方法是采用零极点配置策略，它是一种经典的控制系统设计综合方法，其中心思想是将闭环系统的极点配置到设计者预先规定的位置上。众所周知，对于线性定常被控对象来说，闭环系统的极点分布决定着闭环系统的稳定性，零极点的分布与闭环系统的控制性能，例如上升时间、超调量、振荡次数和建立时间等密切相关，因此进行闭环零极点配置，易于将零极点位置与闭环系统的动态响应联系起来，易于被人们掌握。此外，通过特殊的零极点配置，还可导出最小方差控制律或广义最小方差控制律；而且不管被控对象是否开环不稳，是否是非最小相位，总可以通过适当的闭环极点配置使闭环系统稳定。因此从 20 世纪 70 年代中期开始，一些学者就开始了将零极点配置控制策略应用于自适应控制中的研究。早期的工作主要集中在连续被控对象的极点配置方面，后来才注意到采用输入输出模型的离散被控对象。研究结果表明，离散被控对象的极点配置算法不仅简单，而且能方便地把被控对象的时延纳入零点多项式，因而能够控制具有未知、变化时延的被控对象。基于极点配置的自校正调节器解决了随机离散被控对象的自适应极点配置问题，但它只能进行调节而不能跟踪时变参考输入。伺服自校正控制器，将前馈与反馈结合起来实现了对随机离散被控对象的自适应极点配置，且可跟踪时变参考输入，但结构和算法都比较复杂。基于零极点配置的自校正控制器可以跟踪时变参考输入，且可对零极点进行配置，但它只适用于确定性被控对象。

零极点配置的参数可调控制器是零极点配置控制器，为此首先介绍当被控对象模型已知时的零极点配置控制器设计。

3.6.1 零极点配置控制器设计

1. 控制问题描述

设被控对象的数学模型为

$$A(z^{-1})y(k) = B(z^{-1})u(k) + C(z^{-1})\xi(k) \tag{3.6.1}$$

式中，$A(z^{-1})$和$C(z^{-1})$与式(3.4.1)相应项的定义相同，而多项式

$$B(z^{-1}) = b_1 z^{-1} + \cdots + b_i z^{-i} + \cdots + b_{n_B} z^{-n_B} \tag{3.6.2}$$

如果被控对象的时延为d时，将$b_i(i=0,1,\cdots,d_{-1})$置为零即可。同时假设$A(z^{-1})$与$B(z^{-1})$互质，即两者无公因子。

控制的目标是将闭环系统的零极点配置到理想位置，使输出$y(k)$与参考输入$w(k)$之间的闭环传递函数为$\dfrac{B_m(z^{-1})}{C(z^{-1})T(z^{-1})}$，并要求闭环传递函数的稳态增益为1，消除输出$y(k)$与参考输入$w(k)$之间的稳态误差。

$T(z^{-1})$是首1的稳定多项式，其零点是理想的闭环系统极点，$B_m(z^{-1})$代表理想的闭环系统零点，且有$B_m(z^{-1})$与$T(z^{-1})$互质。这里在闭环极点中加进$C(z^{-1})$是为了抑制随机干扰噪声。

2. 零极点配置控制器

采用下列控制器方程

$$H(z^{-1})u(k) = E(z^{-1})w(k) - G(z^{-1})y(k) \tag{3.6.3}$$

式中，$H(z^{-1})$、$G(z^{-1})$和$E(z^{-1})$为z^{-1}多项式，其阶次和系数待定。

控制器的结构图如图3.6.1所示。

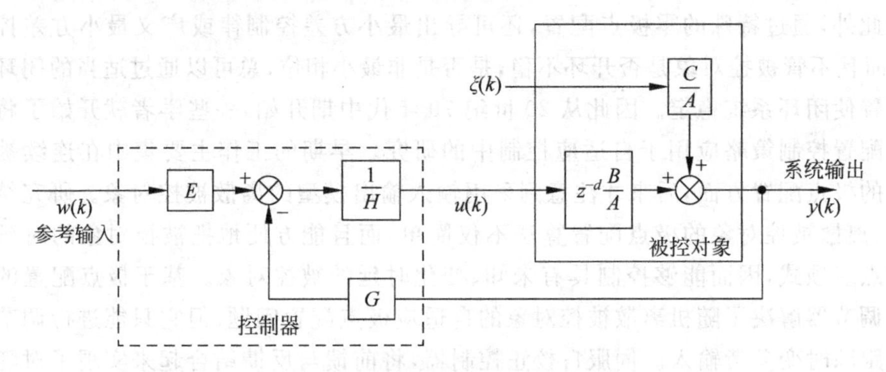

图3.6.1 零极点配置控制器结构框图

闭环系统方程可由式(3.6.3)求出$u(k)$再代入式(3.6.1)得到，即

$$[A(z^{-1})H(z^{-1}) + B(z^{-1})G(z^{-1})]y(k) = B(z^{-1})E(z^{-1})w(k) + H(z^{-1})C(z^{-1})\xi(k) \tag{3.6.4}$$

即

$$y(k) = \frac{B(z^{-1})E(z^{-1})}{A(z^{-1})H(z^{-1}) + B(z^{-1})G(z^{-1})}w(k) + \frac{H(z^{-1})C(z^{-1})}{A(z^{-1})H(z^{-1}) + B(z^{-1})G(z^{-1})}\xi(k) \tag{3.6.5}$$

从上式中可看出，$y(k)$与$w(k)$之间的传递函数为

$$\frac{B(z^{-1})E(z^{-1})}{A(z^{-1})H(z^{-1}) + B(z^{-1})G(z^{-1})} \tag{3.6.6}$$

它与理想闭环传递函数的关系为

$$\frac{B(z^{-1})E(z^{-1})}{A(z^{-1})H(z^{-1})+B(z^{-1})G(z^{-1})}=\frac{B_m(z^{-1})}{C(z^{-1})T(z^{-1})} \tag{3.6.7}$$

假设被控对象为非最小相位系统，则需将 $B(z^{-1})$ 分解

$$B(z^{-1})=B^{+}(z^{-1})B^{-}(z^{-1}) \tag{3.6.8}$$

式中，$B^{-}(z^{-1})$ 为由所有不稳定零点组成的因式，$B^{+}(z^{-1})$ 为由所有稳定零点组成的因式配以适当的比例，令

$$H(z^{-1})=H_1(z^{-1})B^{+}(z^{-1}) \tag{3.6.9}$$

则式(3.6.7)可以化简为

$$\frac{B^{-}(z^{-1})E(z^{-1})}{A(z^{-1})H_1(z^{-1})+B^{-}(z^{-1})G(z^{-1})}=\frac{B_m(z^{-1})}{C(z^{-1})T(z^{-1})} \tag{3.6.10}$$

显然闭环极点配置方程为

$$A(z^{-1})H_1(z^{-1})+B^{-}(z^{-1})G(z^{-1})=C(z^{-1})T(z^{-1}) \tag{3.6.11}$$

闭环零点配置方程为

$$B^{-}(z^{-1})E(z^{-1})=B_m(z^{-1}) \tag{3.6.12}$$

阶次限制关系为

$$n_{H_1}=n_{B^-}-1 \tag{3.6.13}$$

$$n_G=n_A-1 \tag{3.6.14}$$

$$n_T\leqslant n_A+n_{B^-}-n_C-1 \tag{3.6.15}$$

$$n_E\geqslant n_{B_m}-n_{B^-} \tag{3.6.16}$$

闭环极点配置方程式(3.6.11)相当于已知 $A(z^{-1})$、$B^{-}(z^{-1})$ 和 $C(z^{-1})T(z^{-1})$，待求 $H_1(z^{-1})$ 和 $G(z^{-1})$ 的 Diophantine 方程，在上述阶次匹配限制下存在唯一解。因此闭环系统方程式(3.6.4)可写成

$$y(k)=\frac{B^{-}(z^{-1})E(z^{-1})}{C(z^{-1})T(z^{-1})}w(k)+\frac{H(z^{-1})}{T(z^{-1})}\xi(k) \tag{3.6.17}$$

从式(3.6.17)可以看出，选择 $C(z^{-1})T(z^{-1})$ 作为闭环系统的极点可对消噪声项系数多项式 $C(z^{-1})$，从而可对随机干扰进行抑制。

这种零极点配置方案，在控制器参数 $H(z^{-1})$ 引入了被控对象的所有稳定零点，因而在闭环方程中对消掉了所有的稳定零点，保留了所有的不稳定零点。

此外，由式(3.6.17)可看出，为了消除跟踪误差必须合理地选择 $E(z^{-1})$。下面介绍两种消除跟踪误差的方法。

(1) 引入积分器：为了引入积分器，选择 $H(z^{-1})$ 使 $H(1)=0$，即取 $H(z^{-1})=(1-z^{-1})H_1(z^{-1})B^{+}(z^{-1})$，则闭环极点配置方程为

$$A(z^{-1})(1-z^{-1})H_1(z^{-1})+B^{-}(z^{-1})G(z^{-1})=C(z^{-1})T(z^{-1}) \tag{3.6.18}$$

相当于已知 $A(z^{-1})(1-z^{-1})$、$B^{-}(z^{-1})$ 和 $C(z^{-1})T(z^{-1})$，待求 $H_1(z^{-1})$ 和 $G(z^{-1})$ 的 Diophantine 方程，这时 $n_G=n_A$、$n_{H_1}=n_{B^-}-1$。由式(3.6.6)知，为了使 $y(k)$ 和 $w(k)$ 之间的传递函数稳态时为 1，$E(z^{-1})$ 必须取为

$$E(1)=G(1) \tag{3.6.19}$$

(2) 不引入积分器：如果不引入积分器，由式(3.6.17)知为使 $y(k)$和 $w(k)$之间的传递函数稳态时为 1，$E(z^{-1})$必须取为

$$E(1) = C(1)T(1)/B^-(1) \tag{3.6.20}$$

上述零极点配置控制算法可适用于开环不稳定的非最小相位的被控对象，但要求分解 $B(z^{-1})$为 $B^+(z^{-1})$和 $B^-(z^{-1})$，在自适应情况下不易在线实现。下面介绍三种不分解 $B(z^{-1})$的零极点配置算法。

1) 对消所有开环零点

当被控对象是最小相位时，即 $B(z^{-1})$的全部零点在 z 平面单位圆内，假定被控对象的时延为 d，可将 $B(z^{-1})$写为 $B(z^{-1})=z^{-d}B^+(z^{-1})$，这时对象模型变为

$$A(z^{-1})y(k) = z^{-d}B^+(z^{-1})u(k) + C(z^{-1})\xi(k) \tag{3.6.21}$$

取

$$H(z^{-1}) = H_1(z^{-1})B^+(z^{-1}) \tag{3.6.22}$$

则闭环传递函数为

$$\begin{aligned}\frac{B(z^{-1})E(z^{-1})}{A(z^{-1})H(z^{-1}) + B(z^{-1})G(z^{-1})} &= \frac{z^{-d}B^+(z^{-1})E(z^{-1})}{A(z^{-1})H_1(z^{-1})B^+(z^{-1}) + z^{-d}B^+(z^{-1})G(z^{-1})} \\ &= \frac{z^{-d}E(z^{-1})}{A(z^{-1})H_1(z^{-1}) + z^{-d}G(z^{-1})} \\ &= \frac{B_m(z^{-1})}{C(z^{-1})T(z^{-1})}\end{aligned} \tag{3.6.23}$$

于是极点配置方程式(3.6.11)变为

$$A(z^{-1})H_1(z^{-1}) + z^{-d}G(z^{-1}) = C(z^{-1})T(z^{-1}) \tag{3.6.24}$$

阶次限制为

$$n_{H_1} = d - 1, \quad n_G = n_A - 1 \tag{3.6.25}$$

$$n_T \leqslant n_A + d - n_C - 1 \tag{3.6.26}$$

因 $A(z^{-1})$与 z^{-d}互质，在上述阶次配合下，$H_1(z^{-1})$和 $G(z^{-1})$有唯一解。而闭环零点配置方程为

$$z^{-d}E(z^{-1}) = B_m(z^{-1}) \tag{3.6.27}$$

对于最小相位的被控对象，这种零极点配置方案，可导出最小方差控制律。如被控对象时延为 d，选择 $H(z^{-1})=F(z^{-1})B^+(z^{-1})$、$T(z^{-1})=1$，则式(3.6.24)和式(3.6.27)变为

$$A(z^{-1})F(z^{-1}) + z^{-d}G(z^{-1}) = C(z^{-1}) \tag{3.6.28}$$

$$B_m(z^{-1}) = z^{-d}E(z^{-1}) \tag{3.6.29}$$

如果选择 $E(z^{-1})=C(z^{-1})R(z^{-1})$，那么闭环系统方程即为

$$y(k) = R(z^{-1})w(k-d) + F(z^{-1})\xi(k) \tag{3.6.30}$$

显然式(3.6.30)与用最小方差控制律得到的闭环系统方程完全相同，这也说明对随机被控对象实现极点配置时，给定极点配置多项式为什么要选择为 $C(z^{-1})T(z^{-1})$，而不像确定性被控对象那样选为 $T(z^{-1})$的原因。

控制器参数 $E(z^{-1})$ 的选取原则与零极点配置控制器相同。

(1) 当引入积分器时

$$E(1) = G(1) \tag{3.6.31}$$

(2) 当不引入积分器时

$$E(1) = C(1)T(1) \tag{3.6.32}$$

求得 $G(z^{-1})$、$H(z^{-1})$ 和 $E(z^{-1})$ 等多项式后，即可按式(3.6.3)计算对消所有开环零点的零极点配置控制律。

2) 保留所有开环零点

当被控对象有开环零点在单位圆外，可采用保留全部开环零点的零极点配置算法，此时的极点配置式(3.6.11)应写成

$$A(z^{-1})H(z^{-1}) + B(z^{-1})G(z^{-1}) = C(z^{-1})T(z^{-1}) \tag{3.6.33}$$

阶次限制关系为

$$n_H = n_B - 1 \tag{3.6.34}$$

$$n_G = n_A - 1 \tag{3.6.35}$$

$$n_T \leqslant n_A + n_B - n_C - 1 \tag{3.6.36}$$

由于 $A(z^{-1})$ 与 $B(z^{-1})$ 互质，上式一定有解。

控制器参数 $E(z^{-1})$ 可根据下列两种情况确定：

(1) 引入积分器

$$E(1) = G(1) \tag{3.6.37}$$

此时要求

$$H(1) = 0 \tag{3.6.38}$$

将式(3.6.38)作为式(3.6.33)的约束条件，并取 $n_H = n_B$，$n_G = n_A$，再求解 $H(z^{-1})$ 和 $G(z^{-1})$。

(2) 不引入积分器

$$E(1) = \frac{C(1)T(1)}{B(1)} \tag{3.6.39}$$

求得 $G(z^{-1})$、$H(z^{-1})$ 和 $E(z^{-1})$ 等多项式后，即可按式(3.6.3)计算保留所有开环零点的零极点配置控制律，本算法可适用于非最小相位的被控对象。

3) 保留所有开环极点

当被控对象开环稳定，即 $A(z^{-1})$ 的全部零点在 z 平面的单位圆内时，则可将 $A(z^{-1})$ 的所有零点作为闭环系统的一部分极点处理。首先选择 $G(z^{-1})$ 为

$$G(z^{-1}) = A(z^{-1})G_1(z^{-1}) \tag{3.6.40}$$

极点配置方程式(3.6.11)变为

$$A(z^{-1})H(z^{-1}) + B(z^{-1})A(z^{-1})G_1(z^{-1}) = C(z^{-1})T(z^{-1}) \tag{3.6.41}$$

如选择 $T(z^{-1})$ 为 $A(z^{-1})$，则上式可改写成

$$H(z^{-1}) + B(z^{-1})G_1(z^{-1}) = C(z^{-1}) \tag{3.6.42}$$

阶次限制关系为

$$n_H = \max\{n_B - 1, n_C - 1\}, \quad n_{G_1} = 0 \tag{3.6.43}$$

$E(z^{-1})$的选择为

(1) 引入积分器

$$H(1) = 0, \quad E(1) = G(1) = G_1(1)A(1) \tag{3.6.44}$$

(2) 不引入积分器

$$E(1) = C(1)A(1)/B(1) \tag{3.6.45}$$

求得 $G(z^{-1})$、$H(z^{-1})$和 $E(z^{-1})$等多项式后，即可按式(3.6.3)计算保留所有开环极点的零极点配置控制律，本算法适用于开环稳定的非最小相位被控对象。

3.6.2 零极点配置自校正控制器设计

当被控对象的参数未知或慢时变时，就需应用递推估计算法在线辨识参数。下面分别就显式和隐式两类零极点配置自校正算法进行讨论。

1. 显式零极点配置自校正控制器

前面讨论的几种零极点配置控制器，当被控对象参数未知时，均可直接引入在线辨识原被控对象模型参数实现显式零极点配置自校正控制。下面分别给出各类显式算法的计算步骤。

1) 基本显式零极点配置自校正算法(EPSTC-1)

综上所述，基本显式零极点配置自校正算法(EPSTC-1)可以总结如下：

(1) 用增广最小二乘递推算法估计下列模型参数

$$A(z^{-1})y(k) = B(z^{-1})u(k) + C(z^{-1})\xi(k) \tag{3.6.46}$$

(2) 分解多项式 $B(z^{-1})$为 $B^+(z^{-1})$和 $B^-(z^{-1})$；

(3) 解下列极点配置方程求 $H_1(z^{-1})$和 $G(z^{-1})$

$$A(z^{-1})H_1(z^{-1}) + B^-(z^{-1})G(z^{-1}) = C(z^{-1})T(z^{-1}) \tag{3.6.47}$$

$$n_{H_1} = n_{B^-} - 1, \quad n_G = n_A - 1, \quad n_T \leqslant n_A + n_{B^-} - n_C - 1 \tag{3.6.48}$$

如用积分器，则将下列条件

$$H_1(1) = 0 \tag{3.6.49}$$

作为式(3.6.47)的约束条件来求解 $H_1(z^{-1})$和 $G(z^{-1})$，这时 $H_1(z^{-1})$的阶次应该改为

$$n_{H_1} = n_{B^-}, \quad n_G = n_A \tag{3.6.50}$$

(4) 由下式求控制输入 $u(k)$

$$H(z^{-1})u(k) = E(z^{-1})w(k) - G(z^{-1})y(k) \tag{3.6.51}$$

式中，$H(z^{-1})$和 $E(z^{-1})$分别为

$$H(z^{-1}) = H_1(z^{-1})B^+(z^{-1}) \tag{3.6.52}$$

如采用积分器，$E(1)=G(1)$；如不用积分器，$E(1)=C(1)T(1)/B^-(1)$。

2）对消所有开环零点的显式零极点配置自校正算法(EPSTC-2)

综上所述，对消所有开环零点的显式零极点配置自校正算法(EPSTC-2)可以总结如下：

(1) 采用增广最小二乘递推算法估计下列模型参数

$$A(z^{-1})y(k) = z^{-d}B(z^{-1})u(k) + C(z^{-1})\xi(k) \tag{3.6.53}$$

(2) 由下列极点配置方程求 $H_1(z^{-1})$ 和 $G(z^{-1})$

$$A(z^{-1})H_1(z^{-1}) + z^{-d}G(z^{-1}) = C(z^{-1})T(z^{-1}) \tag{3.6.54}$$

$$n_{H_1} = d-1,\quad n_G = n_A - 1,\quad n_T \leqslant n_A - n_C + d - 1 \tag{3.6.55}$$

为引入积分器，将 $H_1(1)=0$ 与式(3.6.54)联立求 $H_1(z^{-1})$ 和 $G(z^{-1})$，此时 $n_{H_1}=d, n_G=n_A$。

(3) 由下式求 $H(z^{-1})$ 和 $E(z^{-1})$

$$H(z^{-1}) = H_1(z^{-1})B(z^{-1}) \tag{3.6.56}$$

如引入积分器，$E(1)=G(1)$；如不引入积分器，$E(1)=C(1)T(1)$。

(4) 由下式求 $u(k)$

$$H(z^{-1})u(k) = E(z^{-1})w(k) - G(z^{-1})y(k) \tag{3.6.57}$$

3）保留所有开环零点的显式零极点配置自校正算法(EPSTC-3)

同样，保留所有开环零点的显式零极点配置自校正算法(EPSTC-3)可以总结如下：

(1) 采用增广最小二乘递推算法估计下列模型参数

$$A(z^{-1})y(k) = B(z^{-1})u(k) + C(z^{-1})\xi(k) \tag{3.6.58}$$

(2) 由下列极点配置方程求 $H(z^{-1})$ 和 $G(z^{-1})$

$$A(z^{-1})H(z^{-1}) + B(z^{-1})G(z^{-1}) = C(z^{-1})T(z^{-1}) \tag{3.6.59}$$

$$n_H = n_B - 1,\quad n_G = n_A - 1,\quad n_T \leqslant n_A + n_B - n_C - 1 \tag{3.6.60}$$

如引入积分器，将 $H(1)=0$ 与式(3.6.59)联立求 $H(z^{-1})$ 和 $G(z^{-1})$，此时 $n_H=n_B$，$n_G=n_A$。

(3) 由下式求 $u(k)$

$$H(z^{-1})u(k) = E(z^{-1})w(k) - G(z^{-1})y(k) \tag{3.6.61}$$

如引入积分器，$E(1)=G(1)$；如不引入积分器，$E(1)=C(1)T(1)/B(1)$。

4）保留开环极点的显式零极点配置自校正算法(EPSTC-4)

同样，保留开环极点的显式零极点配置自校正算法(EPSTC-4)可以总结如下：

(1) 采用增广最小二乘递推算法估计下列模型参数

$$A(z^{-1})y(k) = B(z^{-1})u(k) + C(z^{-1})\xi(k) \tag{3.6.62}$$

(2) 由下列极点配置方程求 $H(z^{-1})$ 和 $G(z^{-1})$

$$H(z^{-1}) + B(z^{-1})G_1(z^{-1}) = C(z^{-1}) \tag{3.6.63}$$

$$n_H = \max\{n_B - 1, n_C - 1\},\quad n_{G_1} = 0 \tag{3.6.64}$$

如引入积分器，将 $H(1)=0$ 作为式(3.6.63)的约束条件，此时 $n_H=\max\{n_B, n_C\}$。

(3) 由下列格式求 $G(z^{-1})$ 和 $E(z^{-1})$

$$G(z^{-1}) = A(z^{-1})G_1(z^{-1}) \tag{3.6.65}$$

如引入积分器，$E(1)=A(1)G_1(1)$；如不引入积分器，$E(1)=C(1)A(1)/B(1)$。

2. 隐式零极点配置自校正控制器

在下列两种情况下可以采用直接辨识控制器参数的隐式零极点配置自校正控制算法。

1) 对消所有开环零点的隐式零极点配置自校正算法(IPSTC-1)

当 $B(z^{-1})$ 的全部零点均严格位于 z 平面的单位圆内时,可采用对消全部 $B(z^{-1})$ 的零点的零极点配置策略。为了用隐式算法来实现,必须首先求控制器参数的辨识方程,用 $H_1(z^{-1})$ 乘式(3.6.53)两边并利用式(3.6.54)有

$$[C(z^{-1})T(z^{-1}) - z^{-d}G(z^{-1})]y(k) = z^{-d}H(z^{-1})u(k) + H_1(z^{-1})C(z^{-1})\xi(k) \tag{3.6.66}$$

即

$$C(z^{-1})T(z^{-1})y(k) = G(z^{-1})y(k-d) + H(z^{-1})u(k-d) + H_1(z^{-1})C(z^{-1})\xi(k) \tag{3.6.67}$$

从而有

$$T(z^{-1})y(k) = [G(z^{-1})y(k-d) + H(z^{-1})u(k-d)]/C(z^{-1}) + H_1(z^{-1})\xi(k) \tag{3.6.68}$$

如果设 $\phi(k)=T(z^{-1})y(k)$,采用与 3.4 节求最优预报类似的方法可求得 $\phi(k+d)$ 的最优预报为

$$\phi^*(k+d \mid k) = [G(z^{-1})y(k) + H(z^{-1})u(k)]/C(z^{-1}) \tag{3.6.69}$$

于是

$$T(z^{-1})y(k) = \phi^*(k \mid k-d) + H_1(z^{-1})\xi(k) \tag{3.6.70}$$

而由式(3.6.69)知

$$\phi^*(k+d \mid k) = G(z^{-1})y(k) + H(z^{-1})u(k) - C^*(z^{-1})\phi^*(k+d \mid k) \tag{3.6.71}$$

式中

$$C^*(z^{-1}) = C(z^{-1}) - C(0) = c_1 z^{-1} + c_2 z^{-2} + \cdots + c_{n_C} z^{-n_C} \tag{3.6.72}$$

这样由式(3.6.68)和式(3.6.71)可得控制器参数辨识方程为

$$\begin{aligned} T(z^{-1})y(k) =& G(z^{-1})y(k-d) + H(z^{-1})u(k-d) - C^*(z^{-1})\phi^*(k \mid k-d) \\ &+ H_1(z^{-1})\xi(k) \end{aligned} \tag{3.6.73}$$

如果定义数据向量 $\boldsymbol{\varphi}(k)$ 和参数向量 $\boldsymbol{\theta}$ 为

$$\begin{aligned} \boldsymbol{\varphi}(k) = [& y(k), \cdots, y(k-n_G), u(k), \cdots, u(k-n_H), \\ & -\phi^*(k+d-1 \mid k-1), \cdots, -\phi^*(k+d-n_C \mid k-n_C)]^{\mathrm{T}} \end{aligned} \tag{3.6.74}$$

$$\boldsymbol{\theta} = [g_0, g_1, \cdots, g_{n_G};\ h_0, h_1, \cdots, h_{n_H};\ c_1, c_2, \cdots, c_{n_C}]^{\mathrm{T}} \tag{3.6.75}$$

则式(3.6.73)可以写成

$$T(z^{-1})y(k) = \boldsymbol{\varphi}^{\mathrm{T}}(k-d)\boldsymbol{\theta} + H_1(z^{-1})\xi(k) \tag{3.6.76}$$

由于 $H_1(z^{-1})$ 是 $d-1$ 阶多项式,故上式右边第一项与第二项不相关,因此可采用最小二乘估计算法;又由于 $\boldsymbol{\varphi}(k-d)$ 中的 $\phi^*(k-1|k-d-1)$ 等均未知,所以必须采用

增广最小二乘算法。由式(3.6.71)知

$$\phi^*(k+d\mid k)=\boldsymbol{\varphi}^{\mathrm{T}}(k)\boldsymbol{\theta} \tag{3.6.77}$$

于是令

$$\hat{\phi}^*(k+d\mid k)=\hat{\boldsymbol{\varphi}}^{\mathrm{T}}(k)\hat{\boldsymbol{\theta}} \tag{3.6.78}$$

式中

$$\begin{aligned}\hat{\boldsymbol{\varphi}}(k-d)=[&y(k-d),\cdots,y(k-d-n_G),u(k-d),\cdots,u(k-d-n_H),\\&-\hat{\phi}^*(k-1\mid k-d-1),\cdots,-\hat{\phi}^*(k-n_C\mid k-d-n_C)]^{\mathrm{T}}\end{aligned} \tag{3.6.79}$$

这样就可采用下列增广最小二乘递推算法来估计控制器参数

$$\hat{\boldsymbol{\theta}}(k)=\hat{\boldsymbol{\theta}}(k-1)+\boldsymbol{K}(k)[\phi(k)-\hat{\boldsymbol{\varphi}}^{\mathrm{T}}(k-d)\hat{\boldsymbol{\theta}}(k-1)] \tag{3.6.80}$$

$$\boldsymbol{K}(k)=\frac{\boldsymbol{P}(k-1)\hat{\boldsymbol{\varphi}}(k-d)}{1+\hat{\boldsymbol{\varphi}}^{\mathrm{T}}(k-d)\boldsymbol{P}(k-1)\hat{\boldsymbol{\varphi}}(k-d)} \tag{3.6.81}$$

$$\boldsymbol{P}(k)=[\boldsymbol{I}-\boldsymbol{K}(k)\hat{\boldsymbol{\varphi}}^{\mathrm{T}}(k-d)]\boldsymbol{P}(k-1) \tag{3.6.82}$$

综上所述,对消开环零点的隐式零极点配置自校正算法(IPSTC-1)的计算步骤可以总结如下：

(1) 测取 $y(k)$和 $w(k)$；

(2) 形成数据向量$\hat{\boldsymbol{\varphi}}(k-d)$；

(3) 采用估计算法式(3.6.80)～式(3.6.82)辨识控制器参数；

(4) 由下式求控制输入 $u(k)$

$$H(z^{-1})u(k)=E(z^{-1})w(k)-G(z^{-1})y(k) \tag{3.6.83}$$

式中,$E(1)=C(1)T(1)$；

(5) 由式(3.6.78)求 $\hat{\phi}^*(k+d|k)$。

2) 保留开环极点的隐式零极点配置自校正算法(IPSTC-2)

首先用 $G_1(z^{-1})$乘式(3.6.62)两边,并使用式(3.6.63)和式(3.6.65)得

$$G(z^{-1})y(k)=[C(z^{-1})-H(z^{-1})]u(k)+G_1(z^{-1})C(z^{-1})\xi(k) \tag{3.6.84}$$

由于 $C(z^{-1})$和 $H(z^{-1})$均为首1多项式,故有

$$C^*(z^{-1})u(k)-H^*(z^{-1})u(k)-G(z^{-1})y(k)+G_1(z^{-1})C(z^{-1})\xi(k)=0 \tag{3.6.85}$$

定义数据向量$\boldsymbol{\varphi}(k)$和参数向量$\boldsymbol{\theta}$为

$$\begin{aligned}\boldsymbol{\varphi}(k)=[&u(k-1),\cdots,u(k-n_C),-u(k-1),\cdots,-u(k-n_H),\\&-y(k),\cdots,-y(k-n_G),G_1\xi(k-1),\cdots,G_1\xi(k-n_C)]^{\mathrm{T}}\end{aligned} \tag{3.6.86}$$

$$\boldsymbol{\theta}=[c_1,c_2,\cdots,c_{n_G};h_1,h_2,\cdots,h_{n_H};g_0,g_1,\cdots g_{n_G};c_1,c_2,\cdots,c_{n_C}]^{\mathrm{T}} \tag{3.6.87}$$

于是式(3.6.85)可写成

$$\boldsymbol{\varphi}^{\mathrm{T}}(k)\boldsymbol{\theta}+G_1\xi(k)=0 \tag{3.6.88}$$

由于$\boldsymbol{\varphi}(k)$中的 $G_1\xi(k-1),\cdots,G_1\xi(k-n_C)$未知,需用 $G_1\xi(k)$的估计值代替。由式(3.6.88)知

$$G_1\hat{\xi}(k)=-\hat{\boldsymbol{\varphi}}^{\mathrm{T}}(k)\hat{\boldsymbol{\theta}}(k) \tag{3.6.89}$$

式中,$\hat{\boldsymbol{\theta}}(k)$为$\boldsymbol{\theta}$在$k$时刻的估计值,$\hat{\boldsymbol{\varphi}}(k)$是$\boldsymbol{\varphi}(k)$的估计值

$$\hat{\boldsymbol{\varphi}}(k) = [u(k-1),\cdots,u(k-n_C);\ -u(k-1),\cdots,-u(k-n_H);$$
$$-y(k),\cdots,-y(k-n_G),G_1\hat{\xi}(k-1),\cdots,G_1\hat{\xi}(k-n_C)]^{\mathrm{T}} \tag{3.6.90}$$

这样就可采用增广最小二乘来估计参数

$$\hat{\boldsymbol{\theta}}(k) = \hat{\boldsymbol{\theta}}(k-1) + \boldsymbol{K}(k)[0 - \hat{\boldsymbol{\varphi}}^{\mathrm{T}}(k)\,\hat{\boldsymbol{\theta}}(k-1)] \tag{3.6.91}$$

$$\boldsymbol{K}(k) = \frac{\boldsymbol{P}(k-1)\,\hat{\boldsymbol{\varphi}}(k)}{1+\hat{\boldsymbol{\varphi}}^{\mathrm{T}}(k)\boldsymbol{P}(k-1)\,\hat{\boldsymbol{\varphi}}(k)} \tag{3.6.92}$$

$$\boldsymbol{P}(k) = [\boldsymbol{I} - \boldsymbol{K}(k)\,\hat{\boldsymbol{\varphi}}^{\mathrm{T}}(k)]\boldsymbol{P}(k-1) \tag{3.6.93}$$

不引入积分器,有

$$E(1) = C(1)G_1A(1)/G_1B(1) = C(1)G(1)/[C(1)-H(1)] \tag{3.6.94}$$

综上所述,保留开环极点的隐式零极点配置自校正算法(IPSTC-2)的计算步骤可以总结如下:

(1) 测取 $y(k)$和 $w(k)$;

(2) 形成数据向量$\hat{\boldsymbol{\varphi}}(k)$;

(3) 采用估计算法式(3.6.91)～式(3.6.93)辨识控制器参数;

(4) 由下式求控制输入 $u(k)$

$$H(z^{-1})u(k) = E(z^{-1})w(k) - G(z^{-1})y(k) \tag{3.6.95}$$

式中

$$E(1) = C(1)G(1)/[C(1)-H(1)] \tag{3.6.96}$$

上面介绍了四种显式和两种隐式零极点配置自校正控制算法,显式算法 EPSTC-1 和 EPSTC-3 不仅适用于开环稳定的最小相位的被控对象,还适用于开环不稳定的非最小相位的被控对象,且不要求被控对象时延已知和不变这一条件,但计算控制律时要求在线解极点配置方程,计算量较大;显式算法 EPSTC-2 和隐式算法 IPSTC-1 只适用于时延已知的最小相位被控对象;显式算法 EPSTC-4 和隐式算法 IPSTC-2 可适用于时延未知或变化的非最小相位被控对象,但要求开环稳定。到目前为止还没有一种理想的、计算量较少的、适用于随机被控对象且能控制开环不稳定和有不稳定零点的被控对象的隐式零极点配置自校正控制算法。

显式和隐式零极点配置自校正算法都可以通过适当选取多项式 $E(z^{-1})$来消除跟踪误差。当采用加积分器来消除跟踪误差时,在显式算法中需将 $H_1(z^{-1})=0$ 作为极点配置方程的约束条件,将 $H_1(z^{-1})$、$G(z^{-1})$的阶次升高一阶。在隐式算法中,则将 $H(z^{-1})$取为$(1-z^{-1})H_1(z^{-1})$、$E(1)$取为 $G(1)$即可。

如果将保留开环零点的显式零极点配置自校正算法 EPSTC-3 中的参考输入 $w(k)$设定为零,则 EPSTC-3 算法就变成了极点配置自校正调节器。如果假定显式算法 EPSTC-1、EPSTC-2 与 EPSTC-3、隐式算法 IPSTC-1 中的噪声项 $\xi(k)$为零,则上述这些算法就变成了确定性被控对象的零极点配置自校正控制器。

保留不稳定开环零点的极点配置控制器,当采用一步松弛算法后也可得到能控制开环不稳定和非最小相位被控对象的隐式极点配置自校正控制器,限于篇幅故从略。有兴趣的读者可以参阅文献[10]。

3.6.3 仿真实验

为了验证零极点配置控制律和零极点配置自校正控制律的有效性，我们进行下列的仿真实验。

例 3.6.1 保留所有开环零点的零极点配置自校正控制器的仿真实验

开环不稳定的非最小相位的被控对象模型为

$$(1-0.7z^{-1}-0.6z^{-2})y(k)=(1.0z^{-2}-2.0z^{-3})u(k)+(1-0.4z^{-1})\xi(k)$$

当 $k=150$ 后对象模型变为

$$(1-0.7z^{-1}-0.6z^{-2})y(k)=(1.0z^{-5}-2.0z^{-6})u(k)+(1-0.4z^{-1})\xi(k)$$

式中，$\xi(k)$为均值为0、方差为0.2的独立随机噪声，运行时间从 $k=1$ 到 $k=400$。

参考输入为

$$w(k)=5+5\mathrm{sgn}\left(\sin\frac{\pi k}{100}\right)$$

选择 $T(z^{-1})$为

$$T(z^{-1})=1-0.5z^{-1}$$

(1) 零极点配置控制器。

保留所有开环零点，求解 Diophantine 方程

$$C(z^{-1})T(z^{-1})=A(z^{-1})H(z^{-1})+B(z^{-1})G(z^{-1})$$

控制律形式为

$$H(z^{-1})u(k)=E(z^{-1})w(k)-G(z^{-1})y(k)$$

$k=150$ 之前，控制器方程为

$$(1-0.2z^{-1}+1.2z^{-2})u(k)=(0.54+0.36z^{-1})y(k)-0.3w(k)$$

$k=150$ 之后，控制器方程为

$$(1-0.2z^{-1}+0.66z^{-2}+0.342z^{-3}+0.6354z^{-4}+1.6812z^{-5})u(k)$$
$$=(1.0312+0.5044z^{-1})y(k)-0.3w(k)$$

零极点配置控制器的仿真结果如图3.6.2所示。可以看出，当被控对象模型参数已知时，采用上述的零极点配置控制器，可以使得闭环系统稳定，跟踪非零的参考输入，且能够消除稳态跟踪误差。

(2) 零极点配置自校正控制器。

当上述被控对象模型参数未知时，采用显式零极点配置自校正控制器进行仿真实验。控制器阶次不变，闭环零极点选择不变，对被控对象参数进行估计。数据向量$\boldsymbol{\varphi}(k)$和参数向量$\boldsymbol{\theta}$分别为

$$\hat{\boldsymbol{\varphi}}(k)=[-y(k),-y(k-1),u(k),u(k-1),u(k-2),$$
$$u(k-3),u(k-4),u(k-5),\hat{\xi}(k)]^{\mathrm{T}}$$
$$\boldsymbol{\theta}=[a_1,a_2,b_0,b_1,b_2,b_3,b_4,b_5,b_6,c_1]^{\mathrm{T}}$$

仿真实验结果如图3.6.3和图3.6.4所示，其中图3.6.3为采用零极点配置自校正

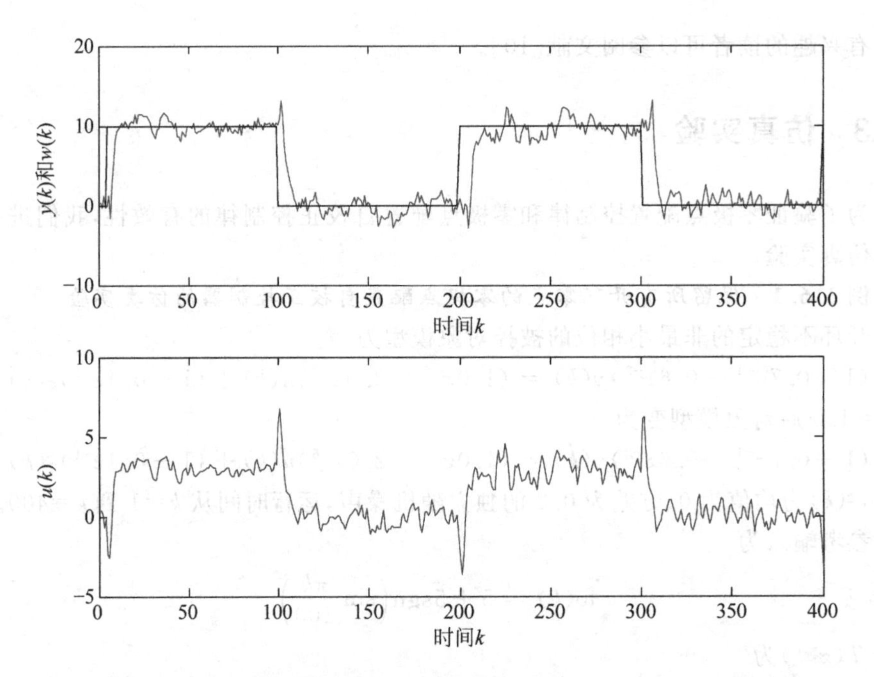

图 3.6.2　采用零极点配置控制器时的被控对象输出、参考输入和控制输入

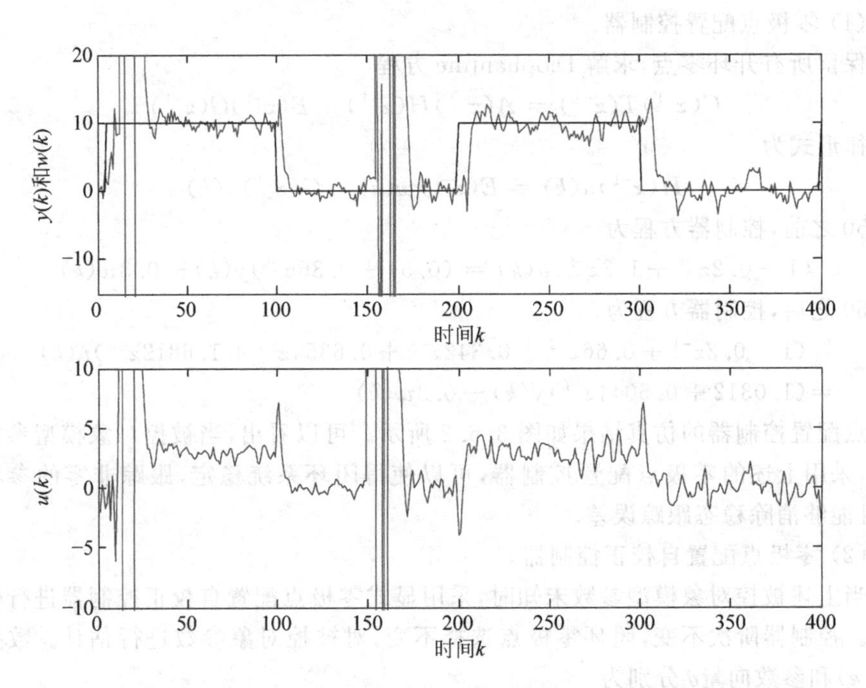

图 3.6.3　采用零极点配置自校正控制器时的被控对象输出、参考输入和控制输入

控制器时的被控对象输出 $y(k)$ 跟踪参考输入 $w(k)$ 以及对应的控制输入 $u(k)$ 的曲线，图 3.6.4 为被控对象模型参数以及时延 d 的估计曲线。从图中可以看出，尽管在 $k=150$ 后对象的时延发生变化，被控对象输出也基本能够跟踪变化的参考输入，

说明该零极点配置策略可以处理非最小相位被控对象，能够控制具有未知、变化时延的被控对象。

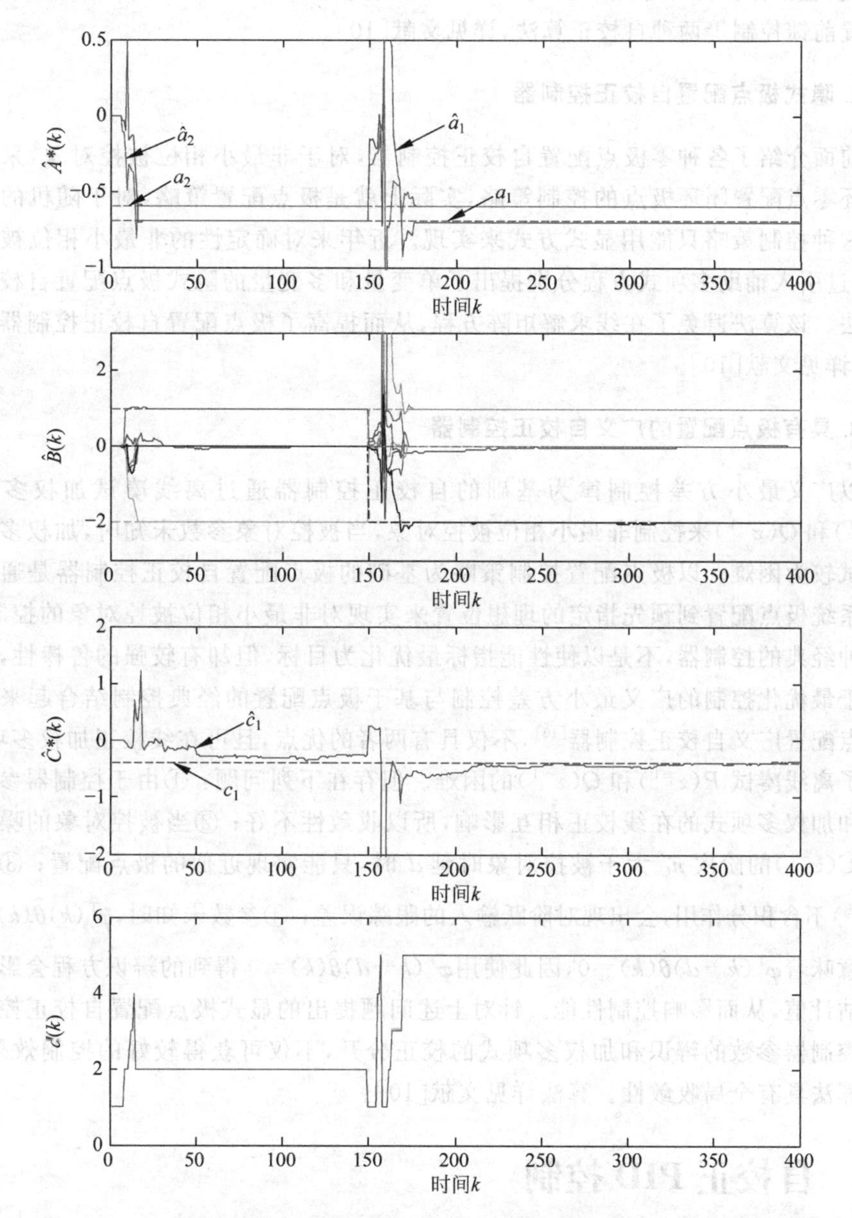

图 3.6.4 显示零极点配置自校正控制器的对象模型参数及时延 d 的估计曲线

3.6.4 其他几种零极点配置自校正控制器简介

1. 零极点配置自校正前馈控制器

在 3.6.3 节介绍的零极点配置自校正控制器的四种显式算法和两种隐式算法的

基础上，引入前馈补偿项可在零极点配置自校正控制器中实现对可测干扰的自适应补偿，它包括保留开环零点的显式零极点配置前馈控制和对消开环零点的隐式零极点配置前馈控制等两种自校正算法，详见文献[10]。

2. 隐式极点配置自校正控制器

前面介绍了各种零极点配置自校正控制器，对于非最小相位被控对象，采用保留开环零点配置闭环极点的控制策略，实际上就是极点配置策略，对于随机的被控对象这种控制策略只能用显式方式来实现。近年来对确定性的非最小相位被控对象，通过引入辅助多项式方程分别提出了单变量和多变量的隐式极点配置自校正控制算法。该算法避免了在线求解矩阵方程，从而提高了极点配置自校正控制器的鲁棒性，详见文献[10]。

3. 具有极点配置的广义自校正控制器

以广义最小方差控制律为基础的自校正控制器通过离线凑试加权多项式 $P(z^{-1})$ 和 $Q(z^{-1})$ 来控制非最小相位被控对象，当被控对象参数未知时，加权多项式的凑试较为困难。以极点配置控制策略为基础的极点配置自校正控制器是通过把闭环系统极点配置到预先指定的理想位置来实现对非最小相位被控对象的控制，它是一种经典的控制器，不是以使性能指标最优化为目标，但却有较强的鲁棒性，因此将基于最优化控制的广义最小方差控制与基于极点配置的经典控制结合起来的隐式极点配置广义自校正控制器[10]，不仅具有两者的优点，且可在线校正加权多项式，避免了离线凑试 $P(z^{-1})$ 和 $Q(z^{-1})$ 的困难。但存在下列问题：①由于控制器参数的辨识和加权多项式的在线校正相互影响，所以收敛性不好；②当被控对象的噪声项系数 $C(z^{-1})$ 的阶次 n_C 大于被控对象时延 d 时，只能实现近似的极点配置；③如果 $A(z^{-1})$ 不含积分作用，会出现对阶跃输入的跟踪误差；④参数未知时，$\boldsymbol{\varphi}^{\mathrm{T}}(k)\hat{\boldsymbol{\theta}}(k)=0$，并不意味着 $\boldsymbol{\varphi}^{\mathrm{T}}(k-d)\hat{\boldsymbol{\theta}}(k)=0$，因此使用 $\boldsymbol{\varphi}^{\mathrm{T}}(k-d)\hat{\boldsymbol{\theta}}(k)=0$ 得到的辨识方程会影响参数的估计值，从而影响控制性能。针对上述问题提出的显式极点配置自校正控制算法将控制器参数的辨识和加权多项式的校正分开，不仅可获得较好的控制效果，而且使算法具有全局收敛性。算法详见文献[10]。

3.7 自校正 PID 控制

以经典控制策略为基础的自校正控制器除了极点配置、零极点配置自校正控制器之外还有以常规 PID（比例积分微分）控制策略为基础的自校正控制器，常规的 PID 控制器具有较强的鲁棒性，广泛地应用于工业过程控制中。对于复杂的被控对象，特别是对于模型参数未知或慢变化的被控对象采用常规的 PID 控制器，不仅 P、I、D 参数难于选择，即使 P、I、D 的参数选择好了，因为被控对象的参数发生变化而不能获得满意的控制效果。自校正 PID 控制器是在自校正控制思想和常规 PID 控制策略相结合基础上提出的，它吸收了两者的优点，能够在线整定和校正PID控制器的参数，且具有较强的鲁棒性。在线校正PID控制器参数的基本方法有极点配置法和使某一性能指标优化法等。本节介绍的自校正PID控制器的PID参数选择采用极点配置法，自校正PID控制器的可调参数控制器是PID控制器，因此首先介绍被控对象模型已知时的PID控制器设计方法。

3.7.1 PID控制器设计

1. 控制问题描述

设被控对象的数学模型为确定性线性模型

$$A(z^{-1})y(k)=z^{-1}B(z^{-1})u(k) \tag{3.7.1}$$

式中

$$A(z^{-1})=1+a_1z^{-1}+a_2z^{-2} \tag{3.7.2}$$

$$B(z^{-1})=b_0+b_1z^{-1} \tag{3.7.3}$$

控制目标是针对上述被控对象，设计PID控制器

$$u(t)=K_P\left[e(t)+\frac{1}{T_I}\int_0^t e(t)\mathrm{d}t+T_D\frac{\mathrm{d}e(t)}{\mathrm{d}t}\right] \tag{3.7.4}$$

使得被控对象的输出 $y(t)$ 与参考输入 $w(t)$ 之间的误差 $e(t)$ 趋于零，其中

$$e(t)=w(t)-y(t) \tag{3.7.5}$$

$w(t)$ 为参考输入；K_P 为比例增益；T_I 为积分时间；T_D 为微分时间。

采用计算机来实现PID控制，首先需要将模拟PID控制器式(3.7.4)离散化，以便获得相应的数字化PID控制器算式，式(3.7.4)的传递函数为

$$\frac{u(s)}{e(s)}=K_P+\frac{K_P}{T_Is}+K_PT_Ds=\frac{K_P+K_PT_Is+K_PT_IT_Ds^2}{T_Is} \tag{3.7.6}$$

当采用反向差分近似对式(3.7.6)进行离散时有

$$u(k)=u(k-1)+K_P[e(k)-e(k-1)]+K_Ie(k)+K_D[e(k)-2e(k-1)+e(k-2)] \tag{3.7.7}$$

式中，$e(k)=w(k)-y(k)$；$K_I=\dfrac{K_PT_0}{T_I}$ 为积分系数；$K_D=\dfrac{K_PT_D}{T_0}$ 为微分系数；T_0 为采样周期。

2. PID控制器

由式(3.7.7)可知PID控制器设计的关键是确定控制器参数 K_P、K_I 和 K_D，控制器式(3.7.7)的离散时间传递函数为

$$\frac{u(z^{-1})}{e(z^{-1})}=K_P+\frac{K_I}{1-z^{-1}}+K_D(1-z^{-1})=\frac{g_0+g_1z^{-1}+g_2z^{-2}}{1-z^{-1}} \tag{3.7.8}$$

式中

$$g_0 = K_P + K_I + K_D \tag{3.7.9}$$

$$g_1 = -K_P - 2K_D \tag{3.7.10}$$

$$g_2 = K_D \tag{3.7.11}$$

由式(3.7.8)可以导出

$$[1 - z^{-1}]u(z^{-1}) = [g_0 + g_1 z^{-1} + g_2 z^{-2}]e(z^{-1}) \tag{3.7.12}$$

即

$$H(z^{-1})u(k) = G(z^{-1})w(k) - G(z^{-1})y(k) \tag{3.7.13}$$

式中，$H(z^{-1})$和$G(z^{-1})$是z^{-1}的多项式，其阶次分别为$n_H=1, n_G=2$，

$$H(z^{-1}) = 1 - z^{-1} \tag{3.7.14}$$

$$G(z^{-1}) = g_0 + g_1 z^{-1} + g_2 z^{-2} \tag{3.7.15}$$

将式(3.7.13)与式(3.6.3)比较，可以看出式(3.7.13)是零极点配置控制器式(3.6.3)的特殊形式，即$H(z^{-1})$按式(3.7.14)取，$G(z^{-1})$按式(3.7.15)取，$E(z^{-1})$取为$E(z^{-1})=G(z^{-1})$，则式(3.6.3)就变成了式(3.7.13)。

将式(3.7.13)代入被控对象模型式(3.7.1)，有

$$[A(z^{-1})H(z^{-1}) + z^{-1}B(z^{-1})G(z^{-1})]y(k) = G(z^{-1})B(z^{-1})w(k-1) \tag{3.7.16}$$

设闭环特征多项式为$T(z^{-1})$，即$T(z^{-1})$的零点就是理想的闭环极点，则有

$$A(z^{-1})H(z^{-1}) + z^{-1}B(z^{-1})G(z^{-1}) = T(z^{-1}) \tag{3.7.17}$$

由式(3.7.14)知$H(z^{-1})$必须满足$H(1)=0$，$G(z^{-1})$必须是二阶多项式。于是选择

$$H(z^{-1}) = (1 - z^{-1})(1 + h_1 z^{-1}) \tag{3.7.18}$$

$$G(z^{-1}) = g_0 + g_1 z^{-1} + g_2 z^{-2} \tag{3.7.19}$$

式中，$(1+h_1 z^{-1})$可以看作是滤波器，h_1是待定的滤波器系数。

由式(3.7.2)、式(3.7.3)、式(3.7.17)、式(3.7.18)和式(3.7.19)可得

$$(1 + a_1 z^{-1} + a_2 z^{-2})(1 - z^{-1})(1 + h_1 z^{-1}) + z^{-1}(b_0 + b_1 z^{-1})(g_0 + g_1 z^{-1} + g_2 z^{-2})$$
$$= t_0 + t_1 z^{-1} + \cdots + t_{n_T} z^{-n_T} \tag{3.7.20}$$

由式(3.7.20)知，未知数个数为4，$t_0=1$，这样由式(3.7.20)左边两项所确定的方程个数都为4。只有$n_T \leqslant 4$，式(3.7.20)才有唯一解。在实际中可以选择$n_T=2$，这样就可以由连续时间闭环特征多项式$(s^2 + 2\zeta\omega_n s + \omega_n^2)$的$\zeta$和$\omega_n$直接决定$T(z^{-1})$的系数，即

$$t_1 = -2\exp[-\zeta\omega_n T_0]\cos(\omega_n T_0 \sqrt{1-\zeta^2}) \tag{3.7.21}$$

$$t_2 = \exp[-2\zeta\omega_n T_0] \tag{3.7.22}$$

由设计者给定ζ和ω_n，由式(3.7.21)和式(3.7.22)确定闭环特征多项式$T(z^{-1})$，由式(3.7.20)可求解出h_1和$G(z^{-1})$，由式(3.7.13)、式(3.7.18)和式(3.7.19)可得

$$(1 - z^{-1})(1 + h_1 z^{-1})u(k) = (g_0 + g_1 z^{-1} + g_2 z^{-2})e(k)$$

即

$$\Delta u(k) = -h_1 u(k-1) + h_1 u(k-2) + (g_0 + g_1 z^{-1} + g_2 z^{-2})e(k) \tag{3.7.23}$$

3. 性能分析

由被控对象模型式(3.7.1)和控制律式(3.7.23)可得闭环系统方程为

$$[A(z^{-1})H(z^{-1}) + z^{-1}B(z^{-1})G(z^{-1})]y(k) = G(z^{-1})B(z^{-1})w(k-1) \quad (3.7.24)$$

$$[A(z^{-1})H(z^{-1}) + z^{-1}B(z^{-1})G(z^{-1})]u(k) = G(z^{-1})w(k) \quad (3.7.25)$$

可知闭环特征多项式为

$$A(z^{-1})H(z^{-1}) + z^{-1}B(z^{-1})G(z^{-1}) = T(z^{-1}) \quad (3.7.26)$$

由于 $T(z^{-1})$稳定即保证闭环系统稳定，且由于 $H(z^{-1})=(1-z^{-1})(1+h_1z^{-1})$，由式(3.7.24)可知 $k\to\infty, y(\infty)=w(\infty)$，即控制器式(3.7.23)可以消除稳态跟踪误差。

3.7.2 自校正 PID 控制器设计

1. 控制问题描述

被控对象模型为式(3.7.1)，其中多项式 $A(z^{-1})$和 $B(z^{-1})$的阶次 $n_A=2, n_B=1$，但系数未知。

控制目标是，设计自校正 PID 控制器，当被控对象的模型参数未知或缓慢变化时，消除被控对象的输出 $y(k)$与参考输入 $w(k)$之间的跟踪误差。对于上面所介绍的 PID 控制器可以采用隐式方法和显式方法来实现，下面介绍显式算法。

2. 自校正 PID 控制器

首先需要估计被控对象的参数 $A(z^{-1})$和 $B(z^{-1})$，定义数据向量和参数向量

$$\boldsymbol{\varphi}(k-1) = [-y(k-1), -y(k-2), u(k-1), u(k-2)]^{\mathrm{T}} \quad (3.7.27)$$

$$\boldsymbol{\theta} = [a_1, a_2, b_0, b_1]^{\mathrm{T}} \quad (3.7.28)$$

将式(3.7.1)改写成

$$y(k) = \boldsymbol{\varphi}(k-1)^{\mathrm{T}}\boldsymbol{\theta} \quad (3.7.29)$$

采用递推最小二乘法估计参数

$$\hat{\boldsymbol{\theta}}(k) = \hat{\boldsymbol{\theta}}(k-1) + \boldsymbol{K}(k)[y(k) - \boldsymbol{\varphi}^{\mathrm{T}}(k-1)\hat{\boldsymbol{\theta}}(k-1)] \quad (3.7.30)$$

$$\boldsymbol{K}(k) = \frac{\boldsymbol{P}(k-1)\boldsymbol{\varphi}(k-1)}{1+\boldsymbol{\varphi}^{\mathrm{T}}(k-1)\boldsymbol{P}(k-1)\boldsymbol{\varphi}(k-1)} \quad (3.7.31)$$

$$\boldsymbol{P}(k) = [\boldsymbol{I} - \boldsymbol{K}(k)\boldsymbol{\varphi}^{\mathrm{T}}(k-1)]\boldsymbol{P}(k-1) \quad (3.7.32)$$

对于参数慢时变被控对象可采用渐消记忆法，即将式(3.7.31)、式(3.7.32)改为

$$\boldsymbol{K}(k) = \frac{\boldsymbol{P}(k-1)\boldsymbol{\varphi}(k-1)}{\alpha+\boldsymbol{\varphi}^{\mathrm{T}}(k-1)\boldsymbol{P}(k-1)\boldsymbol{\varphi}(k-1)} \quad (3.7.33)$$

$$\boldsymbol{P}(k) = \frac{1}{\alpha}[\boldsymbol{I} - \boldsymbol{K}(k)\boldsymbol{\varphi}^{\mathrm{T}}(k-1)]\boldsymbol{P}(k-1) \quad (3.7.34)$$

式中，α 为遗忘因子，取值为 $0.95<\alpha<1$。

选择闭环特征多项式 $T(z^{-1})$，然后将辨识得到的$\hat{A}(z^{-1})$和$\hat{B}(z^{-1})$当成真参数，利用式(3.7.20)求 $H(z^{-1})$和 $G(z^{-1})$，最后由式(3.7.13)求 $u(k)$，就得到了控制律。

自校正 PID 控制器显式算法的计算步骤如下：

(1) 采集输出数据 $y(k)$和参考输入 $w(k)$；

(2) 按式(3.7.27)形成数据向量$\boldsymbol{\varphi}(k)$；

(3) 采用辨识算法式(3.7.30)～式(3.7.32)估计参数$\hat{A}(z^{-1})$和$\hat{B}(z^{-1})$；

(4) 用式(3.7.20)计算 $H(z^{-1})$和 $G(z^{-1})$；

(5) 用式(3.7.23)求 $u(k)$并返回步骤(1)。

自校正 PID 控制器也可以用隐式方式来实现，这里从略。

3.7.3 仿真实验

为了验证极点配置 PID 控制律和极点配置自校正 PID 控制律的有效性，我们进行下列的仿真实验。

例 3.7.1 自校正 PID 控制器的仿真实验

开环不稳定的非最小相位的被控对象模型为

$$(1-0.7z^{-1}-0.6z^{-2})y(k)=z^{-1}(1.0-2.0z^{-1})u(k)$$

参考输入为

$$w(k)=5+5\mathrm{sgn}\left(\sin\frac{\pi k}{100}\right)$$

运行时间从 $k=1$ 到 $k=400$。

(1) 极点配置 PID 控制器

闭环系统参数选取 $\zeta=0.5$，$\omega_n=0.6$，$T_0=1$，控制器多项式为

$$H(z^{-1})=(1-z^{-1})(1+h_1z^{-1})=(1-z^{-1})(1+1.9533z^{-1})$$

$$G(z^{-1})=g_0+g_1z^{-1}+g_2z^{-2}=-1.5394+0.6907z^{-1}+0.586z^{-2}$$

控制律为

$$\begin{aligned}&(1+0.9533z^{-1}-1.9533z^{-2})u(k)\\&=(-1.5394+0.6907z^{-1}+0.586z^{-2})[w(k)-y(k)]\end{aligned}$$

极点配置 PID 控制器的仿真结果如图 3.7.1 所示。

(2) 极点配置自校正 PID 控制器

当上述被控对象模型参数未知时，采用显式极点配置 PID 自校正控制器进行仿真实验，控制器阶次不变，闭环零极点选择不变，对被控对象参数进行估计。数据向量$\boldsymbol{\varphi}(k)$和参数向量$\boldsymbol{\theta}$分别为

$$\boldsymbol{\varphi}(k-1)=[-y(k-1),-y(k-2),u(k-1),u(k-2)]^{\mathrm{T}}$$

$$\boldsymbol{\theta}=[a_1,a_2,b_0,b_1]^{\mathrm{T}}$$

仿真实验结果如图 3.7.2 和图 3.7.3 所示，其中图 3.7.2 为采用极点配置 PID 自校正控制器时的被控对象输出 $y(k)$跟踪参考输入 $w(k)$以及对应的控制输入 $u(k)$的曲线，图 3.7.3 为被控对象模型参数的估计曲线。

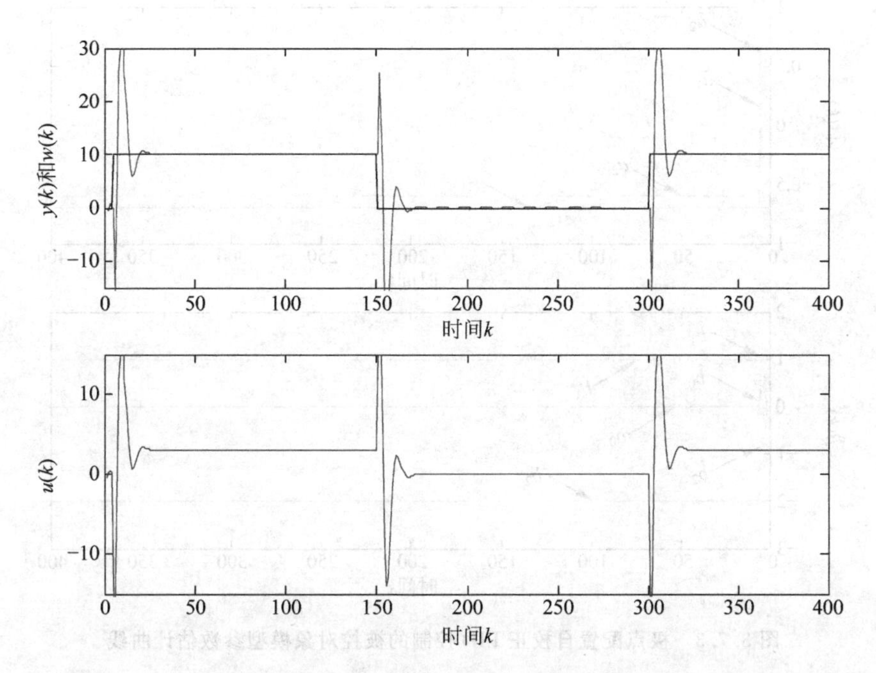

图 3.7.1　采用极点配置 PID 控制器时的被控对象输出、参考输入和控制输入

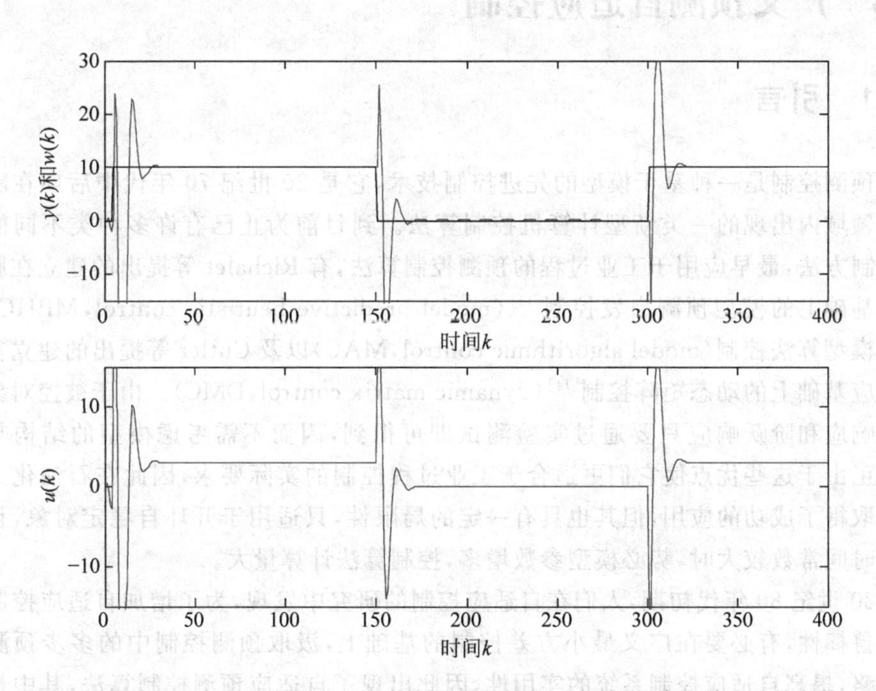

图 3.7.2　采用极点配置自校正 PID 控制器时的被控对象输出、参考输入和控制输入

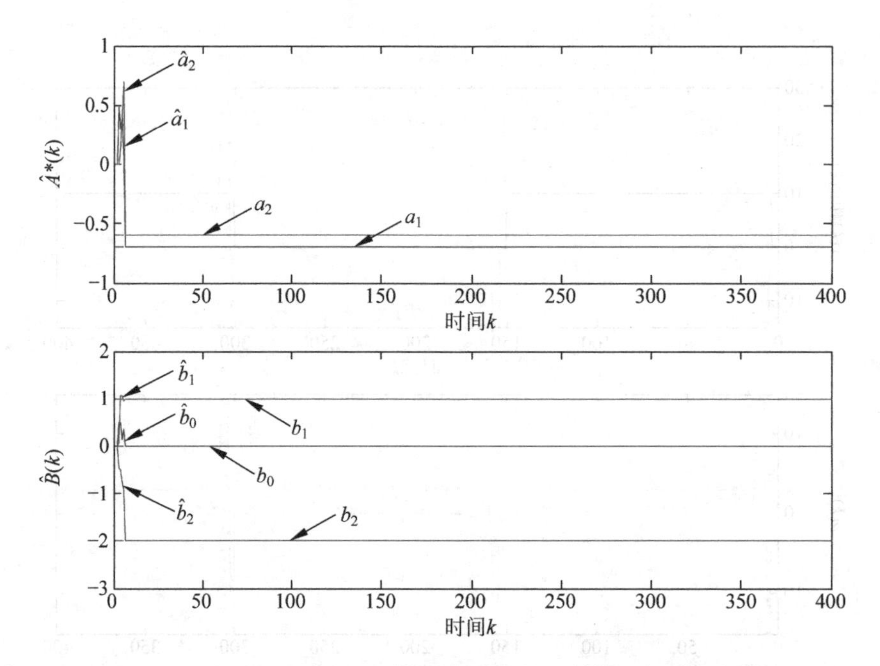

图 3.7.3 极点配置自校正 PID 控制的被控对象模型参数估计曲线

3.8 广义预测自适应控制

3.8.1 引言

预测控制是一种基于模型的先进控制技术，它是 20 世纪 70 年代中后期在欧美工业领域内出现的一类新型计算机控制算法。到目前为止已有许多种类不同的预测控制方法，最早应用于工业过程的预测控制算法，有 Richalet 等提出的建立在脉冲响应基础上的模型预测启发控制[13]（model predictive heuristic control，MPHC）或称为模型算法控制（model algorithmic control，MAC）以及 Cutler 等提出的建立在阶跃响应基础上的动态矩阵控制[14]（dynamic matrix control，DMC）。由于被控对象的脉冲响应和阶跃响应只要通过实验测试即可得到，因而不需考虑模型的结构与阶次。正由于这些优点使它们更适合于工业过程控制的实际要求，因此在石油化工等领域取得了成功的应用，但其也具有一定的局限性，只适用于开环自稳定对象，且当对象时间常数较大时，势必模型参数增多，控制算法计算量大。

20 世纪 80 年代初期，人们在自适应控制的研究中发现，为了增加自适应控制系统的鲁棒性，有必要在广义最小方差控制的基础上，汲取预测控制中的多步预测优化策略，提高自适应控制系统的实用性，因此出现了自适应预测控制算法，其中最具代表性的就是 Clarke 等人提出的基于受控自回归积分滑动平均模型（controlled auto-regressive integrated moving average，CARIMA）的广义预测控制[7,8]（generalized

predictive control,GPC)。广义预测控制是广义最小方差控制的一个推广,由于它采用了长时域的多步输出预测、滚动实现优化的控制策略来取代广义最小方差控制中的一步预测优化,从而适用于时延和非最小相位对象,并改善了控制性能和模型失配的鲁棒性。

预测控制和自适应控制结合构成一类自适应预测控制器,自适应预测控制有多种方法,如引入观测器多项式提高鲁棒性的自适应广义预测控制方法[15]、基于状态空间模型的广义预测控制[16]、加权输入预测控制策略[17]、具有输入饱和的自适应预测控制方法[18]等。

本节介绍最早的也是最基础的 Clarke 提出的基于受控自回归积分滑动平均模型的广义预测自校正控制器[7],该自校正控制器的参数可调控制器是广义预测控制器,因此,首先介绍广义预测控制器。

3.8.2 广义预测控制器设计

1. 控制问题描述

广义预测控制算法所针对的被控对象模型是 CARIMA 模型(受控自回归积分滑动平均模型),它是 CARMA 模型的一种发展,适用于存在非平稳随机扰动的情况。被控对象描述如下

$$A(z^{-1})y(k)=B(z^{-1})u(k-1)+\chi(k) \tag{3.8.1}$$

式中

$$A(z^{-1})=1+a_1z^{-1}+\cdots+a_{n_A}z^{-n_A}$$

$$B(z^{-1})=b_0+b_1z^{-1}+\cdots+b_{n_B}z^{-n_B} \tag{3.8.2}$$

这里假定被控对象的时延 $d=1$,若 $d>1$,则只须令 $B(z^{-1})$ 多项式中前 $d-1$ 项系数为零即可,$\chi(k)$ 表示扰动项。$\chi(k)$ 是非平稳的,例如在随机时刻产生的幅度大小为随机的扰动,像工业过程中物料的变化,又如基于能量平衡的运动和可用布朗运动描述的过程,它们的近似模型为

$$\chi(k)=\frac{C(z^{-1})}{\Delta(z^{-1})}\xi(k) \tag{3.8.3}$$

式中,$\Delta(z^{-1})=1-z^{-1}$ 为差分算子。

将式(3.8.3)代入式(3.8.1)即得 CARIMA 模型如下

$$A(z^{-1})y(k)=B(z^{-1})u(k-1)+\frac{C(z^{-1})}{\Delta(z^{-1})}\xi(k) \tag{3.8.4}$$

令

$$\overline{A}(z^{-1})=A(z^{-1})\Delta(z^{-1})=A(z^{-1})(1-z^{-1}) \tag{3.8.5}$$

$$\Delta u(k-1)=u(k-1)-u(k-2) \tag{3.8.6}$$

则被控对象模型为如下形式

$$\overline{A}(z^{-1})y(k)=B(z^{-1})\Delta u(k-1)+C(z^{-1})\xi(k) \tag{3.8.7}$$

为了突出方法原理和推导简单起见，通常设 $C(z^{-1})=1$，于是有

$$\overline{A}(z^{-1})y(k)=B(z^{-1})\Delta u(k-1)+\xi(k) \tag{3.8.8}$$

CARIMA 模型具有下列特点：

(1) 可描述一类非平稳扰动；

(2) 可保证被控对象输出稳态误差的均值为零。CARIMA 模型能自然地把积分作用纳入控制律中，因此设定值和阶跃负载扰动引起的偏差将自然消除。

控制目标是，针对被控对象的数学模型式(3.8.8)，设计广义预测控制器，使得被控对象$(k+j)$时刻的输出 $y(k+j)$ 与参考输入 $w(k+j)(j=1,2,\cdots,N_1)$ 的误差平方的累加以及$(k+j)$时刻的控制输入增量 $\Delta u(k+j-1)(j=1,2,\cdots,N_2)$ 的平方累加之和的期望极小，即

$$\min J$$

其中

$$J(N_1,N_2)=\mathrm{E}\left\{\sum_{j=1}^{N_1}[y(k+j)-w(k+j)]^2+\lambda\sum_{j=1}^{N_2}[\Delta u(k+j-1)]^2\right\} \tag{3.8.9}$$

式中，N_1 为预测时域长度；N_2 为控制时域长度；常数 λ 为控制加权系数，由控制器设计者确定，确定的原则是要保证闭环系统稳定，并且具有良好的性能。

2. 广义预测控制器

由于广义预测控制器的可调参数控制器是广义预测控制，所以下面首先介绍对象模型已知时的广义预测控制器，它具有预测模型、滚动优化、反馈校正三个基本特征。

1) 预测模型

广义预测控制器设计的任务是设计一个递推控制律，它在 k 时刻产生 N_2 个未来的控制序列$\{\Delta u(k+j);\ j=1,2,\cdots,N_2\}$，而这些控制序列作用于被控对象的结果是使得性能指标式(3.8.9)为极小。

为表达简洁起见，定义

$$\boldsymbol{y}(k+1)=[y(k+1),y(k+2),\cdots,y(k+N_1)]^{\mathrm{T}} \tag{3.8.10}$$

$$\boldsymbol{w}(k+1)=[w(k+1),w(k+2),\cdots,w(k+N_1)]^{\mathrm{T}} \tag{3.8.11}$$

$$\Delta\boldsymbol{u}(k)=[\Delta u(k),\Delta u(k+1),\cdots,\Delta u(k+N_2-1)]^{\mathrm{T}} \tag{3.8.12}$$

将性能指标式(3.8.9)表示成如下矩阵形式

$$J(N_1,N_2)=\mathrm{E}\{[\boldsymbol{y}(k+1)-\boldsymbol{w}(k+1)]^{\mathrm{T}}[\boldsymbol{y}(k+1)-\boldsymbol{w}(k+1)]+\lambda\Delta\boldsymbol{u}^{\mathrm{T}}(k)\Delta\boldsymbol{u}(k)\} \tag{3.8.13}$$

与最小方差控制类似，我们仍然需要在 k 时刻求取对未来的输出的最优预报。不同的是，我们需要得到未来一个时间段 N_1 里的一个多步预测，因此需要建立预测模型，然后求取最优预报序列 $y^*(k+j|k)(j=1,2,\cdots,N_1)$。

引入如下 Diophantine 方程

$$1=E_j(z^{-1})\overline{A}(z^{-1})+z^{-j}F_j(z^{-1}) \tag{3.8.14}$$

式中，$\overline{A}(z^{-1})=A(z^{-1})\Delta(z^{-1})$和$z^{-j}$为已知多项式；$E_j(z^{-1})$和$F_j(z^{-1})$由$A(z^{-1})$和预测时域$j$唯一确定；$E_j(z^{-1})$的阶次为$j-1$；$F_j(z^{-1})$的阶次为$n_A$。显然对于$F_j(z^{-1})$有

$$F_j(z^{-1}) = f_0^j + f_1^j z^{-1} + \cdots + f_{n_A}^j z^{-n_A} \tag{3.8.15}$$

而对于$E_j(z^{-1})$，我们可以得到$E_j(z^{-1})$的更简单的形式。注意到对于$(j+1)$时刻，有

$$1 = E_{j+1}(z^{-1})\overline{A}(z^{-1}) + z^{-j-1}F_{j+1}(z^{-1}) \tag{3.8.16}$$

式(3.8.16)和式(3.8.14)相减，并整理后可得

$$E_{j+1}(z^{-1}) - E_j(z^{-1}) = z^{-j}\,\frac{F_j(z^{-1}) - z^{-1}F_{j+1}(z^{-1})}{\overline{A}(z^{-1})} \tag{3.8.17}$$

可以看出，式(3.8.17)左侧从0到$(j-1)$次的所有幂次项的系数均为0，说明$E_{j+1}(z^{-1})$和$E_j(z^{-1})$的前j项的系数必然相等，因此有关系式

$$E_{j+1}(z^{-1}) = E_j(z^{-1}) + e_j z^{-j} \tag{3.8.18}$$

成立，也就说明$E_{j+1}(z^{-1})$的前$(j-1)$项和$E_j(z^{-1})$可以表示为

$$E_j(z^{-1}) = e_0 + e_1 z^{-1} + \cdots + e_{j-1}z^{-j+1} \tag{3.8.19}$$

将被控对象模型式(3.8.8)两端同乘以$E_j(z^{-1})z^j$可得

$$E_j(z^{-1})\overline{A}(z^{-1})y(k+j) = E_j(z^{-1})B(z^{-1})\Delta u(k+j-1) + E_j(z^{-1})\xi(k+j) \tag{3.8.20}$$

由式(3.8.14)代换上式中的$E_j(z^{-1})\overline{A}(z^{-1})$可得

$$[1 - z^{-j}F_j(z^{-1})]y(k+j) = E_j(z^{-1})B(z^{-1})\Delta u(k+j-1) + E_j(z^{-1})\xi(k+j) \tag{3.8.21}$$

整理得

$$y(k+j) = E_j(z^{-1})B(z^{-1})\Delta u(k+j-1) + F_j(z^{-1})y(k) + E_j(z^{-1})\xi(k+j) \tag{3.8.22}$$

我们再按照下面的方式将$(j-1+n_B)$阶多项式$E_j(z^{-1})B(z^{-1})$分解为两项之和

$$E_j(z^{-1})B(z^{-1}) = G_j(z^{-1}) + z^{-j}H_j(z^{-1}) \tag{3.8.23}$$

式中，$j-1$阶多项式$G_j(z^{-1})$为$E_j(z^{-1})B(z^{-1})$的前j个系数组成的多项式；n_B-1阶多项式$H_j(z^{-1})$为由后面剩下的n_B个系数组成的多项式。对于$H_j(z^{-1})$有

$$H_j(z^{-1}) = h_0^j + h_1^j z^{-1} + \cdots + h_{n_B-1}^j z^{-n_B+1} \tag{3.8.24}$$

而对于$G_j(z^{-1})$，我们也可以得到$G_j(z^{-1})$的更简单的形式。注意到对于$(j+1)$时刻，有

$$E_{j+1}(z^{-1})B(z^{-1}) = G_{j+1}(z^{-1}) + z^{-j-1}H_{j+1}(z^{-1}) \tag{3.8.25}$$

式(3.8.25)与式(3.8.23)相减，并整理后可得

$$G_{j+1}(z^{-1}) - G_j(z^{-1}) = g_j z^{-j} \tag{3.8.26}$$

同样可以看出，式(3.8.26)左侧从0到$(j-1)$次的所有幂次项的系数均为0，说明$G_{j+1}(z^{-1})$和$G_j(z^{-1})$的前j项的系数必然相等，也就说明$G_j(z^{-1})$的形式为

$$G_j(z^{-1}) = g_0 + g_1 z^{-1} + \cdots + g_{j-1}z^{-j+1} \tag{3.8.27}$$

这样，由式(3.8.22)可得预测模型

$$y(k+j)=G_j(z^{-1})\Delta u(k+j-1)+H_j(z^{-1})\Delta u(k-1)+F_j(z^{-1})y(k)+E_j(z^{-1})\xi(k+j),\quad j=1,2,\cdots,N_1 \tag{3.8.28}$$

注意到多项式$G_j(z^{-1})$的阶次为$(j-1)$，上式右侧第一项代表未来的控制输入$\Delta u(k+j-1)$的作用(也是我们在控制律中要求取的)，第二项代表了以前的控制输入$\Delta u(k-1)$的作用，第三项代表被控对象当前和过去的输出的作用，同时注意到$E_j(z^{-1})$的阶次也为$(j-1)$，说明第四项中的噪声项均是未来时刻的。

因此，在k时刻对未来的$(k+j)$时刻的最优预报为

$$y^*(k+j\mid k)=G_j(z^{-1})\Delta u(k+j-1)+H_j(z^{-1})\Delta u(k-1)+F_j(z^{-1})y(k) \tag{3.8.29}$$

且有下式成立

$$y(k+j)=y^*(k+j\mid k)+E_j(z^{-1})\xi(k+j) \tag{3.8.30}$$

定义

$$\boldsymbol{H}(z^{-1})=[H_1(z^{-1}),\cdots,H_{N_1}(z^{-1})]^{\mathrm{T}} \tag{3.8.31}$$

$$\boldsymbol{F}(z^{-1})=[F_1(z^{-1}),\cdots,F_{N_1}(z^{-1})]^{\mathrm{T}} \tag{3.8.32}$$

$$\boldsymbol{e}_\xi(k)=[E_1(z^{-1})\xi(k+1),\cdots,E_{N_1}(z^{-1})\xi(k+N_1)]^{\mathrm{T}} \tag{3.8.33}$$

由多项式$G_j(z^{-1})$的系数倒序排列先组成一个$N_1\times N_1$维下三角方阵，再截取前N_2列定义为矩阵

$$\boldsymbol{G}=\begin{bmatrix} g_0 & & & \\ g_1 & g_0 & & \\ \vdots & \vdots & \ddots & \\ g_{N_2-1} & g_{N_2-2} & \cdots & g_0 \\ \vdots & \vdots & & \\ g_{N_1-1} & g_{N_1-2} & \cdots & g_{N_1-N_2} \end{bmatrix}_{N_1\times N_2} \tag{3.8.34}$$

由此，预测模型式(3.8.28)可以写成如下的向量形式

$$\boldsymbol{y}(k+1)=\boldsymbol{G}\Delta\boldsymbol{u}(k)+\boldsymbol{F}(z^{-1})y(k)+\boldsymbol{H}(z^{-1})\Delta u(k-1)+\boldsymbol{e}_\xi(k) \tag{3.8.35}$$

2) 最优控制律

把式(3.8.35)代入式(3.8.13)，并对性能指标$J(N_1,N_2)$关于$\Delta\boldsymbol{u}(k)$求偏导，并由极值的必要条件$\dfrac{\partial J(N_1,N_2)}{\partial\Delta\boldsymbol{u}(k)}=0$可得

$$\frac{\partial J(N_1,N_2)}{\partial\Delta\boldsymbol{u}(k)}=2\frac{\partial[\boldsymbol{y}(k+1)-\boldsymbol{w}(k+1)]}{\partial\Delta\boldsymbol{u}(k)}[\boldsymbol{y}(k+1)-\boldsymbol{w}(k+1)]+2\lambda\Delta\boldsymbol{u}(k)=0 \tag{3.8.36}$$

又因为

$$\frac{\partial[\boldsymbol{y}(k+1)-\boldsymbol{w}(k+1)]}{\partial\Delta\boldsymbol{u}(k)}=\boldsymbol{G}^{\mathrm{T}} \tag{3.8.37}$$

所以

$$\boldsymbol{G}^{\mathrm{T}}[\boldsymbol{y}(k+1)-\boldsymbol{w}(k+1)]+\lambda\Delta\boldsymbol{u}(k)=0 \tag{3.8.38}$$

把式(3.8.35)代入式(3.8.38)可得使得性能指标式(3.8.13)取最小值的向量形式的最优控制律为

$$\Delta\boldsymbol{u}(k)=(\boldsymbol{G}^{\mathrm{T}}\boldsymbol{G}+\lambda\boldsymbol{I})^{-1}\boldsymbol{G}^{\mathrm{T}}[\boldsymbol{w}(k+1)-\boldsymbol{F}(z^{-1})y(k)-\boldsymbol{H}(z^{-1})\Delta u(k-1)] \tag{3.8.39}$$

3）滚动优化和反馈校正

式(3.8.39)的含义在于，在 k 时刻，给定未来一段时间(长度为 N_1)的参考轨迹

$$\boldsymbol{w}(k+1)=[w(k+1),w(k+2),\cdots,w(k+N_1)]^{\mathrm{T}}$$

根据当前及以前时刻的被控对象的输出 $y(k),y(k-1),\cdots$ 以及以前时刻的控制输入 $\Delta u(k-1),\Delta u(k-2),\cdots$ 可以确定未来一段时间(长度为 N_2)的控制序列

$$\Delta\boldsymbol{u}(k)=[\Delta u(k),\Delta u(k+1),\cdots,\Delta u(k+N_2-1)]^{\mathrm{T}}$$

如果将上述控制序列输入被控对象，理论上应当使得性能指标式(3.8.13)达到极小。

由于模型本身的不确定性，预测控制采用滚动优化的方式，因此，在控制器闭环运行的过程中，在每一时刻，控制器只保留该控制序列的第一项 $\Delta u(k)$ 作用到被控对象上，而将后面的控制序列 $\Delta u(k+1),\cdots,\Delta u(k+N_2-1)$ 完全丢掉。在下一时刻，即 $(k+1)$ 时刻，采用最优控制律式(3.8.39)可以求得 $(k+1)$ 时刻开始到未来一段时间(长度为 N_2)的控制序列 $\Delta u(k+1),\cdots,\Delta u(k+N_2)$，只保留控制序列的第一项 $\Delta u(k+1)$，作为控制输入加到被控对象模型式(3.8.8)，重复上述过程实现滚动优化和反馈校正。

每一个控制周期中，求控制序列需要采用式(3.8.16)和式(3.8.23)解 $(4\times N_1)$ 个多项式 $E_j(z^{-1})$ 和 $F_j(z^{-1})$、$H_j(z^{-1})$ 和 $G_j(z^{-1})$，计算量很大，为了节省计算时间，直接求 $\Delta u(k)=u(k)-u(k-1)$，令 $(\boldsymbol{G}^{\mathrm{T}}\boldsymbol{G}+\lambda\boldsymbol{I})^{-1}\boldsymbol{G}^{\mathrm{T}}$ 的第一行元素为 $\boldsymbol{P}^{\mathrm{T}}=[P_1,P_2,\cdots,P_{N_1}]$，并注意到 $\Delta\boldsymbol{u}(k)$ 的第一个元素是 $\Delta u(k)$，由式(3.8.39)可得当前的控制量 $u(k)$ 的递推求解公式为

$$u(k)=u(k-1)+\boldsymbol{P}^{\mathrm{T}}[\boldsymbol{w}(k+1)-\boldsymbol{F}(z^{-1})y(k)-\boldsymbol{H}(z^{-1})\Delta u(k-1)] \tag{3.8.40}$$

求解 $\boldsymbol{P}^{\mathrm{T}}$、$\boldsymbol{F}(z^{-1})$、$\boldsymbol{H}(z^{-1})$ 可以采用 Diophantine 方程的递推求解算法，详见文献[7]。

4）性能分析

广义预测控制器必须要保证闭环系统的稳定性，即被控对象的输入和输出是均方有界的，即

$$\lim_{N\to\infty}\frac{1}{N}\sum_{k=1}^{N}y^2(k)<\infty,\quad \lim_{N\to\infty}\frac{1}{N}\sum_{k=1}^{N}u^2(k)<\infty \tag{3.8.41}$$

并且使得性能指标式(3.8.9)达到最优，即使得被控对象 $(k+j)$ 时刻的输出 $y(k+j)$ 与参考输入 $w(k+j)(j=1,2,\cdots,N_1)$ 的误差平方的累加以及 $(k+j)$ 时刻的控制输入增量 $\Delta u(k+j-1)$ $(j=1,2,\cdots,N_2)$ 的平方累加之和的均值极小，即

$$J=\mathrm{E}\left\{\sum_{i=1}^{N_1}[p_jE_j(z^{-1})\xi(k+j)]^2\right\}=\sum_{j=1}^{N_1}\left(\sum_{i=0}^{N_1-j}p_{i+j}e_i\right)^2\sigma^2$$

闭环系统的稳定性由定理3.8.1给出。

定理 3.8.1 假定：

(1) 依概率 1 有 $\lim\limits_{N\to\infty}\dfrac{1}{N}\sum\limits_{k=1}^{N}\xi^2(k)<\infty$；

(2) 凑试选择 N_1、N_2 和加权常数 λ（N_1，N_2 与 $\boldsymbol{G}$ 相关，λ 与 $\boldsymbol{P}^{\mathrm{T}}=[p_1,p_2,\cdots,p_{N_1}]$ 相关，$\boldsymbol{P}^{\mathrm{T}}$ 与 $\alpha(z^{-1})$ 和 $\beta(z^{-1})$ 均有关）使得下式成立

$$\overline{A}(z^{-1})[1+z^{-1}\beta(z^{-1})]+z^{-1}B(z^{-1})\alpha(z^{-1})\neq 0,\quad |z|\geqslant 1 \tag{3.8.42}$$

式中

$$P(z^{-1})=p_{N_1}+p_{N_1-1}z^{-1}+\cdots+p_1z^{-N_1+1} \tag{3.8.43}$$

$$\alpha(z^{-1})=\sum_{j=1}^{N_1}p_jF_j(z^{-1})=\alpha_0+\alpha_1z^{-1}+\cdots+\alpha_{n_A}z^{-n_A} \tag{3.8.44}$$

$$\beta(z^{-1})=\sum_{j=1}^{N_1}p_jH_j(z^{-1})=\beta_0+\beta_1z^{-1}+\cdots+\beta_{n_B-1}z^{-n_B+1} \tag{3.8.45}$$

则，广义最小预测控制律式(3.8.40)能保证系统是稳定的，即依概率 1 有

$$\lim_{N\to\infty}\frac{1}{N}\sum_{k=1}^{N}y^2(k)<\infty \tag{3.8.46}$$

$$\lim_{N\to\infty}\frac{1}{N}\sum_{k=1}^{N}u^2(k)<\infty \tag{3.8.47}$$

证明 由被控对象模型式(3.8.8)和控制器方程式(3.8.40)可得闭环系统方程

$$\begin{aligned}&[\overline{A}(z^{-1})(1+z^{-1}\beta(z^{-1}))+z^{-1}B(z^{-1})\alpha(z^{-1})]y(k)\\&=z^{-1}B(z^{-1})P(z^{-1})w(k+N_1)+[1+z^{-1}\beta(z^{-1})]\xi(k)\end{aligned} \tag{3.8.48}$$

$$\begin{aligned}&[\overline{A}(z^{-1})(1+z^{-1}\beta(z^{-1}))+z^{-1}B(z^{-1})\alpha(z^{-1})]u(k)\\&=A(z^{-1})P(z^{-1})w(k+N_1)-\frac{\alpha(z^{-1})}{\Delta}\xi(k)\end{aligned} \tag{3.8.49}$$

由于 $\overline{A}(z^{-1})[1+z^{-1}\beta(z^{-1})]+z^{-1}B(z^{-1})\alpha(z^{-1})$ 是稳定的，$w(k)$ 有界，$\xi(k)$ 满足 $\lim\limits_{N\to\infty}\dfrac{1}{N}\sum\limits_{k=1}^{N}\xi^2(k)<\infty$，使用附录中的引理 A.1.2，再由式(3.8.49)和式(3.8.48)可得

$$\frac{1}{N}\sum_{k=1}^{N}u^2(k)\leqslant\frac{K_1}{N}\sum_{k=1}^{N}w^2(k+N_1)+\frac{K_2}{N}\sum_{k=1}^{N}\xi^2(k)+\frac{K_3}{N}<\infty \tag{3.8.50}$$

$$\frac{1}{N}\sum_{k=1}^{N}y^2(k)\leqslant\frac{K_4}{N}\sum_{k=1}^{N}w^2(k+N_1)+\frac{K_5}{N}\sum_{k=1}^{N}\xi^2(k)+\frac{K_6}{N}<\infty \tag{3.8.51}$$

此即式(3.8.46)和式(3.8.47)。

由广义预测控制律式(3.8.40)可得

$$P(z^{-1})w(k+N_1)=\Delta u(k)+\alpha(z^{-1})y(k)+\beta(z^{-1})\Delta u(k-1) \tag{3.8.52}$$

则广义预测控制律式(3.8.40)极小化如下目标函数

$$J_1=\mathrm{E}\{[P(z^{-1})(y(k+N_1)-w(k+N_1)+\lambda Q(z^{-1})\Delta u(k+N_2-1))]^2\} \tag{3.8.53}$$

式中，多项式 $Q(z^{-1})$ 为 $(\boldsymbol{G}^{\mathrm{T}}\boldsymbol{G}+\lambda\boldsymbol{I})^{-1}$ 的第一行元素 $\boldsymbol{q}^{\mathrm{T}}$ 组成的多项式，即

$$\boldsymbol{q}^{\mathrm{T}}=[q_1,\cdots,q_{N_2}]$$

$$Q(z^{-1})=q_{N_2}+q_{N_2-1}z^{-1}+\cdots+q_1z^{-N_2+1}$$

给式(3.8.35)左乘 $\boldsymbol{G}^{\mathrm{T}}$ 且两边相加 $\lambda\boldsymbol{I}\Delta\boldsymbol{u}(k)$ 得

$$\begin{aligned}\boldsymbol{G}^{\mathrm{T}}\boldsymbol{y}(k+1)+\lambda\boldsymbol{I}\Delta\boldsymbol{u}(k)=&\boldsymbol{G}^{\mathrm{T}}\boldsymbol{G}\Delta\boldsymbol{u}(k)+\lambda\boldsymbol{I}\Delta\boldsymbol{u}(k)+\boldsymbol{G}^{\mathrm{T}}\boldsymbol{F}(z^{-1})y(k)\\&+\boldsymbol{G}^{\mathrm{T}}\boldsymbol{H}(z^{-1})\Delta u(k-1)+\boldsymbol{G}^{\mathrm{T}}\boldsymbol{e}_{\xi}(k)\end{aligned}\tag{3.8.54}$$

上式可写成

$$\begin{aligned}\Delta\boldsymbol{u}(k)=&(\boldsymbol{G}^{\mathrm{T}}\boldsymbol{G}+\lambda\boldsymbol{I})^{-1}\{\boldsymbol{G}^{\mathrm{T}}[\boldsymbol{y}(k+1)-\boldsymbol{e}_{\xi}(k)-\boldsymbol{F}(z^{-1})y(k)\\&-\boldsymbol{H}(z^{-1})\Delta u(k-1)]+\lambda\boldsymbol{I}\Delta\boldsymbol{u}(k)\}\end{aligned}\tag{3.8.55}$$

上式的第一行可写成

$$\begin{aligned}\Delta u(k)=&P(z^{-1})y(k+N_1)+\lambda Q(z^{-1})\Delta u(k+N_2-1)-\alpha(z^{-1})y(k)\\&-\beta(z^{-1})\Delta u(k-1)-v(k+N_1)\end{aligned}\tag{3.8.56}$$

式中

$$v(k+N_1)=\sum_{j=1}^{N_1}p_jE_j(z^{-1})\xi(k+j)\tag{3.8.57}$$

定义

$$\phi(k+N_1)=P(z^{-1})y(k+N_1)+\lambda Q(z^{-1})\Delta u(k+N_2-1)\tag{3.8.58}$$

则式(3.8.56)可以写成

$$\phi(k+N_1)-v(k+N_1)=\Delta u(k)+\alpha(z^{-1})y(k)+\beta(z^{-1})\Delta u(k-1)\tag{3.8.59}$$

把式(3.8.59)代入式(3.8.53)并注意到 $v(k+N_1)$ 与 $u(k),u(k-1),\cdots$ 及 $y(k)$，$y(k-1),\cdots$ 是不相关的，则有

$$\begin{aligned}J_1=&\mathrm{E}\{[\alpha(z^{-1})y(k)+\beta(z^{-1})\Delta u(k-1)+\Delta u(k)-P(z^{-1})w(k+N_1)]^2\}\\&+\mathrm{E}\{[v(k+N_1)]^2\}\end{aligned}$$

由广义预测控制律式(3.8.52)可知，上式第一项为零，故

$$J_1=\mathrm{E}\{[v(k+N_1)]^2\}\tag{3.8.60}$$

由式(3.8.57)可知

$$\min J_1=\mathrm{E}\left\{\sum_{j=1}^{N_1}[p_jE_j(z^{-1})\xi(k+j)]^2\right\}=\sum_{j=1}^{N_1}\left(\sum_{i=0}^{N_1-j}p_{i+j}e_i\right)^2\sigma^2$$

■

5) N_1,N_2 以及 λ 的选择

广义预测控制方法由于采用了多步预测、滚动优化和反馈校正的控制策略，更多地利用了反映被控对象动态行为的有用信息，提高了对被控对象时延和阶次变化的鲁棒性，从而得到良好的控制性能。但是，由于广义预测控制采用多步预测的方式，与一般的单步预测比较，增加了预测时域长度 N_1 和控制时域长度 N_2 两个参数，而这两个参数以及加权系数对控制性能产生重要的影响。由性能分析可以看出，这两个参数以及加权系数的选择不仅关系到控制系统的稳定性，而且对控制性能产生

重要影响。下面给出选择它们的一般性原则。

(1) 预测时域长度 N_1。为了使滚动优化真正有意义，应使得 N_1 包括被控对象的真实动态部分，也就是说应把当前控制影响较多的所有响应都包括在内，一般应大于 $B(z^{-1})$ 的阶次，或近似等于过程的上升时间。在实际应用中，建议用较大的 N_1，使它超过被控对象脉冲响应的时延部分或非最小相位特性引起的反向部分，并覆盖被控对象的主要动态响应。N_1 的大小对于系统的稳定性和快速性有很大的影响，N_1 较小，虽然快速性好，但稳定性和鲁棒性较差；N_1 较大，虽然鲁棒性好，但动态响应慢，增加了计算时间，降低了系统的实时性。实际选择时，可在上述两者之间取值，使闭环系统既具有所期望的鲁棒性，又具有所要求的快速性。

(2) 控制时域 N_2。N_2 是一个很重要的设计参数，由于优化的输出预测最多只能受 N_2 个控制增量的影响，所以应有 $N_2 \leqslant N_1$。一般情况下，N_2 越小，则跟踪性能越差。为改善跟踪性能，就要求增加控制步数来提高对被控对象的控制能力，但随着 N_2 的增大，控制的灵敏度得到提高，被控对象的稳定性和鲁棒性随之降低；而且当 N_2 增大时，矩阵的维数增加，计算量增大，使系统的实时性降低。因此，N_2 的选择要兼顾快速性和稳定性，两者综合考虑。对于开环稳定但可能带有时延和非最小相位特性的被控对象，可以取 $N_2=1$；对于复杂被控对象，增大 N_2 直到控制和输出响应变化较小时，此时的 N_2 是最合适的。经过多次仿真研究表明，N_2 最少等于不稳定或阻尼极点的个数。另外，当 N_2 选取小于 N_1 时，矩阵 G 的列数将减小。当 $N_2=1$ 时，G 变为一列向量，这将大大减少控制算法的在线计算量。

(3) 控制加权常数 λ。λ 的作用是用来限制控制增量 $\Delta u(k)$ 的剧烈变化，以减少对被控对象的过大冲击。通过增大 λ 可以实现稳定控制，但同时也减弱了控制作用。一般 λ 取得较小，实际选择时，可先令 λ 为 0 或是一个较小的数值，此时若控制系统的控制量变化较大，则可适当增加 λ，直到取得满意的控制效果为止。

总的说来，广义预测控制算法中的参数选择可以从两个方面来考虑。对于一般的过程控制，取 $N_1=1$，N_2 为被控对象的上升时间，$N_2=1$，则可获得较好的控制结果；对于性能要求较高的被控对象，建议选取较大一些的 N_2。

大量的计算仿真研究表明 N_1 和 λ 是影响广义预测控制性能的两个重要参数，而且两者之间相互影响。当 N_1 增大时，λ 也相应增加，否则较小的 λ 和较大的 N_1 可能影响闭环系统的稳定性。这两个参数的增加将使被控对象的反应速度变慢；反之 N_1 小于某一值将导致被控对象的超调和振荡。

3.8.3 广义预测自适应控制器设计

1. 控制问题描述

被控对象仍然采用式(3.8.8)进行描述

$$\overline{A}(z^{-1})y(k) = B(z^{-1})\Delta u(k-1) + \xi(k) \tag{3.8.61}$$

式中，对象时延 $d=1$ 已知，$\bar{A}(z^{-1})=A(z^{-1})\Delta(z^{-1})=A(z^{-1})(1-z^{-1})$，多项式 $A(z^{-1})$ 和 $B(z^{-1})$ 的阶次 n_A 和 n_B 已知，但多项式 $A(z^{-1})$ 和 $B(z^{-1})$ 的系数未知。

控制目标是，针对被控对象的数学模型式(3.8.61)，设计广义预测自校正控制器，使得被控对象 $(k+j)$ 时刻的输出 $y(k+j)$ 与参考输入 $w(k+j)(j=1,2,\cdots,N_1)$ 的误差平方的累加以及 $(k+j)$ 时刻的控制输入增量 $\Delta u(k+j-1)(j=1,2,\cdots,N_2)$ 的平方累加之和的期望极小，即

$$\min J$$

式中

$$J(N_1,N_2)=\mathrm{E}\left\{\sum_{j=1}^{N_1}[y(k+j)-w(k+j)]^2+\lambda\sum_{j=1}^{N_2}[\Delta u(k+j-1)]^2\right\} \tag{3.8.62}$$

2. 广义预测自适应控制器

由于 $A(z^{-1})$ 和 $B(z^{-1})$ 未知，因此广义预测控制器式(3.8.40)中的多项式 $P(z^{-1})$、$F(z^{-1})$ 和 $H(z^{-1})$ 未知，本节使用显式自校正控制算法，首先在线估计出 $A(z^{-1})$ 和 $B(z^{-1})$ 的系数，然后用参数估计值通过控制器参数计算从而得到广义预测自校正控制算法。下面首先写出 $A(z^{-1})$ 和 $B(z^{-1})$ 的参数辨识方程。

1) 被控对象参数辨识方程

把被控对象模型式(3.8.61)写成如下形式

$$\begin{aligned}\Delta y(k)=&-a_1\Delta y(k-1)-\cdots-a_{n_A}\Delta y(k-n_A)\\&+b_0\Delta u(k-1)+\cdots+b_{n_B}\Delta u(k-n_B-1)+\xi(k)\end{aligned} \tag{3.8.63}$$

定义数据向量

$$\begin{aligned}\boldsymbol{\varphi}(k-1)=[&-\Delta y(k-1),-\Delta y(k-2),\cdots,-\Delta y(k-n_A),\\&\Delta u(k-1),\Delta u(k-2),\cdots,\Delta u(k-n_B-1)]^{\mathrm{T}}\end{aligned} \tag{3.8.64}$$

和参数向量

$$\boldsymbol{\theta}=[a_1,a_2,\cdots,a_{n_A},b_0,b_1,\cdots,b_{n_B}]^{\mathrm{T}} \tag{3.8.65}$$

于是式(3.8.63)可写成

$$\Delta y(k)=\boldsymbol{\varphi}^{\mathrm{T}}(k-1)\boldsymbol{\theta}+\xi(k) \tag{3.8.66}$$

2) 参数估计算法和广义预测自适应控制器

考虑到被控对象参数可能慢时变的情况，因此选择具有遗忘因子的递推最小二乘算法，即

$$\hat{\boldsymbol{\theta}}(k)=\hat{\boldsymbol{\theta}}(k-1)+\boldsymbol{K}(k)[\Delta y(k)-\boldsymbol{\varphi}^{\mathrm{T}}(k-1)\hat{\boldsymbol{\theta}}(k-1)] \tag{3.8.67}$$

$$\boldsymbol{K}(k)=\frac{\boldsymbol{P}(k-1)\boldsymbol{\varphi}(k-1)}{\alpha+\boldsymbol{\varphi}^{\mathrm{T}}(k-1)\boldsymbol{P}(k-1)\boldsymbol{\varphi}(k-1)} \tag{3.8.68}$$

$$\boldsymbol{P}(k)=\frac{1}{\alpha}[\boldsymbol{I}-\boldsymbol{K}(k)\boldsymbol{\varphi}^{\mathrm{T}}(k-1)]\boldsymbol{P}(k-1) \tag{3.8.69}$$

式中，α 为遗忘因子，取值为 $0.95<\alpha<1$，$\boldsymbol{P}(-1)$ 为任意正定矩阵。

由式(3.8.67)～式(3.8.69)可得 $\hat{A}(z^{-1})$ 和 $\hat{B}(z^{-1})$。因此，广义预测自适应控制

器方程为

$$\hat{P}(z^{-1})w(k+N_1)=\Delta u(k)+\hat{\alpha}(z^{-1})y(k)+\hat{\beta}(z^{-1})\Delta u(k-1) \quad (3.8.70)$$

式中，$\hat{P}(z^{-1})$、$\hat{\alpha}(z^{-1})$和$\hat{\beta}(z^{-1})$由被控对象的估计值$\hat{A}(z^{-1})$和$\hat{B}(z^{-1})$并利用式(3.8.14)、式(3.8.23)以及式(3.8.43)～式(3.8.45)计算获得。

综上所述，广义预测自适应控制算法的计算步骤总结如下：

(1) 给定参数估计算法中的遗忘因子α、正定矩阵$\boldsymbol{P}(-1)$和初始值$\hat{\boldsymbol{\theta}}(0)$，给定预测时域长度$N_1$、控制时域长度$N_2$和控制加权系数$\lambda$；

(2) 读取$y(k)$；

(3) 用具有遗忘因子的递推最小二乘算法式(3.8.67)～式(3.8.69)在线估计$\hat{A}(z^{-1})$和$\hat{B}(z^{-1})$；

(4) 用$\hat{A}(z^{-1})$和$\hat{B}(z^{-1})$代替$A(z^{-1})$和$B(z^{-1})$递推计算出$E_j(z^{-1})$、$F_j(z^{-1})$和$G_j(z^{-1})$；

(5) 递推估计逆矩阵$(\boldsymbol{G}^{\mathrm{T}}\boldsymbol{G}+\lambda\boldsymbol{I})^{-1}$；

(6) 计算$(\boldsymbol{G}^{\mathrm{T}}\boldsymbol{G}+\lambda\boldsymbol{I})^{-1}\boldsymbol{G}^{\mathrm{T}}$的第一行$\boldsymbol{P}^{\mathrm{T}}$；

(7) 求解控制序列$\Delta\boldsymbol{u}(k)$，保留第一项，根据$\Delta u(k)=u(k)-u(k-1)$计算控制量$u(k)$；

(8) $k=k+1$，返回计算步骤(2)。

3.8.4 仿真实验

为了验证广义预测控制律和广义预测自适应控制律的有效性，我们进行下列的仿真实验。

例 3.8.1 广义预测控制器的仿真实验

被控对象模型在下列的5个时间段中，分别由下面不同的传递函数进行描述，代表了动态特性大幅度变化的参数时变的被控对象。

当k在1～159期间，被控对象模型为$\dfrac{1}{1+10s+40s^2}$；

当k在160～319期间，被控对象模型为$\dfrac{\mathrm{e}^{-2.7s}}{1+10s+40s^2}$；

当k在320～479期间，被控对象模型为$\dfrac{\mathrm{e}^{-2.7s}}{1+10s}$；

当k在480～639期间，被控对象模型为$\dfrac{1}{1+10s}$；

当k在640～800期间，被控对象模型为$\dfrac{1}{10s(1+2.5s)}$。

设采样周期为1s，参考输入为幅值依次为20、50、20、0的周期性方波。每次仿真中共采样800点，即每隔160个采样时刻被控对象均发生变化，因此要用一种控制方法能较好地控制上述动态特性变化较大的被控对象是很不容易的。

在仿真中,控制 $u(k)$具有±100 的幅值限制。仿真中使用标准的带有遗忘因子的递推最小二乘法,取遗忘因子为 0.9;参数估计初始值为$\hat{\boldsymbol{\theta}}(0)=[1,0,0,\cdots]$。在每一次仿真中的前 20 次采样时刻,控制 $u(k)$被固定为 10,以便使参数估计算法投入。

我们分别采用广义最小方差控制、广义最小方差自校正控制、零极点配置控制、零极点配置自校正控制、广义预测控制、广义预测自适应控制对上述被控对象进行控制。

(1) 广义最小方差控制和广义最小方差自校正控制

采用本章所介绍的广义最小方差控制器,$F(z^{-1})$和 $G(z^{-1})$的阶次分别取为 2 和 5,加权多项式取为 $P(z^{-1})=1, Q(z^{-1})=\lambda=0.18$。

被控对象模型参数已知时的广义最小方差控制器的仿真结果如图 3.8.1 所示。

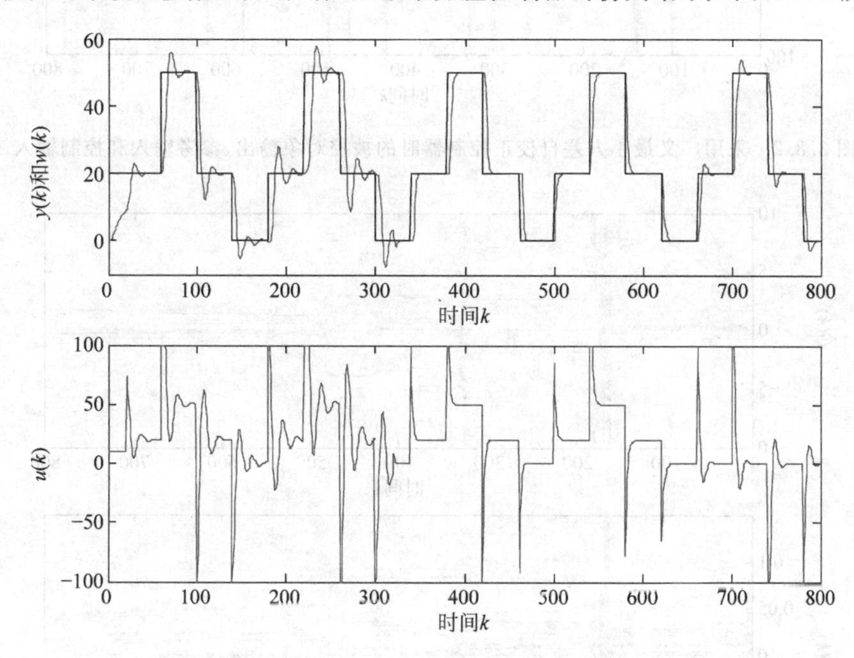

图 3.8.1 被控对象模型参数已知时的采用广义最小方差控制器的对象输出、参考输入和控制输入

当被控对象参数未知时,采用本章介绍的广义最小方差自校正控制器的仿真结果如图 3.8.2 和图 3.8.3 所示,其中图 3.8.2 为采用广义最小方差自校正控制器时的被控对象输出 $y(k)$跟踪参考输入 $w(k)$以及对应的控制输入 $u(k)$的曲线,图 3.8.3 为被控对象模型参数估计曲线。

(2) 零极点配置控制和零极点配置自校正控制

采用本章所介绍的零极点配置控制器,$A(z^{-1})$和 $B(z^{-1})$的阶次分别取为 2 和 6,闭环特征多项式设定为 $T(z^{-1})=1-0.5z^{-1}$。

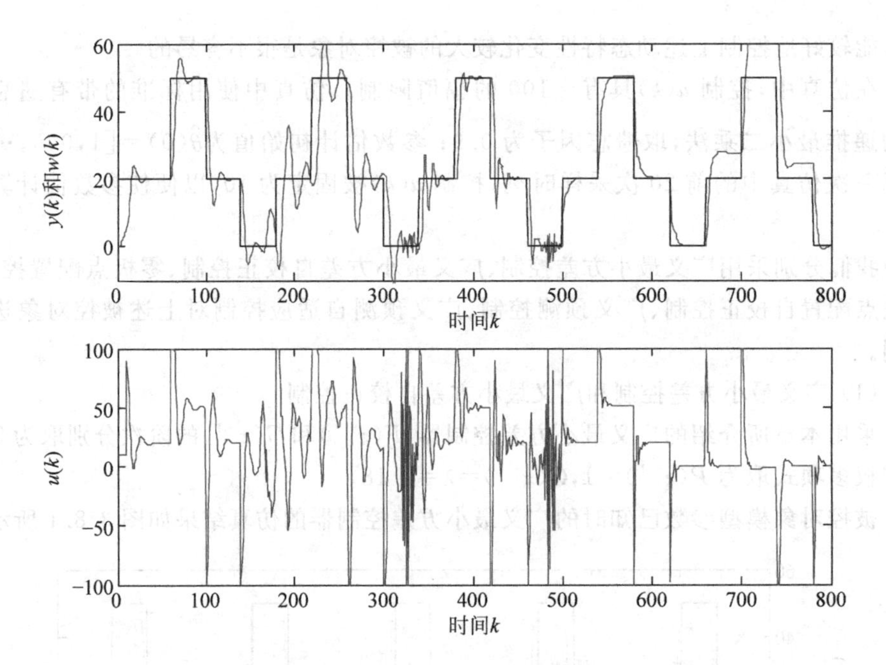

图 3.8.2 采用广义最小方差自校正控制器时的被控对象输出、参考输入和控制输入

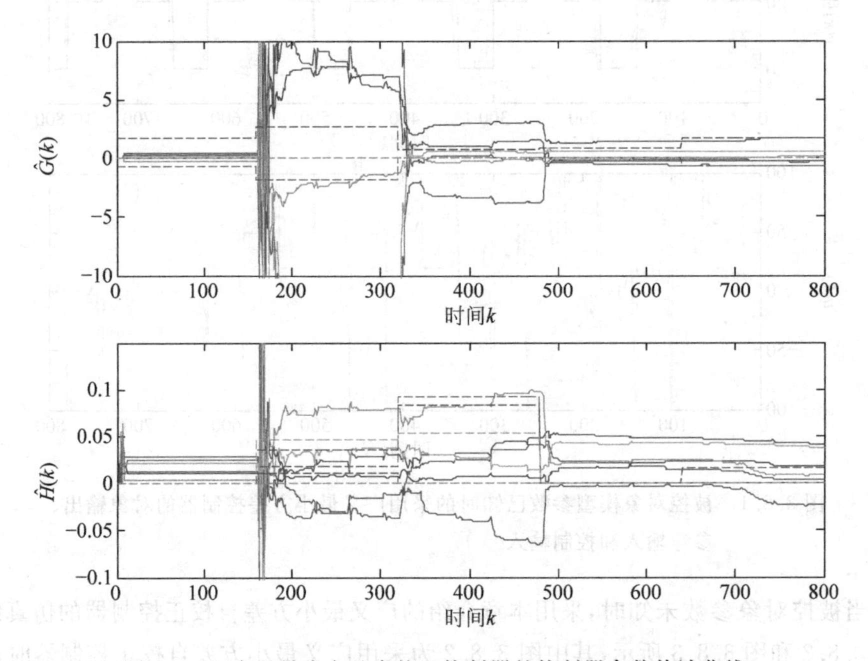

图 3.8.3 广义最小方差自校正控制器的控制器参数估计曲线

被控对象参数已知时的零极点配置控制器的仿真结果如图 3.8.4 所示。从图中可知，第 1、2、5 时间段的传递函数得到好的控制结果，但该方法对第 3、4 时间段的传递函数不起作用，这是因为第 3、4 时间段的传递函数为一阶，此时极点配置方程无法解出控制 $u(k)$。

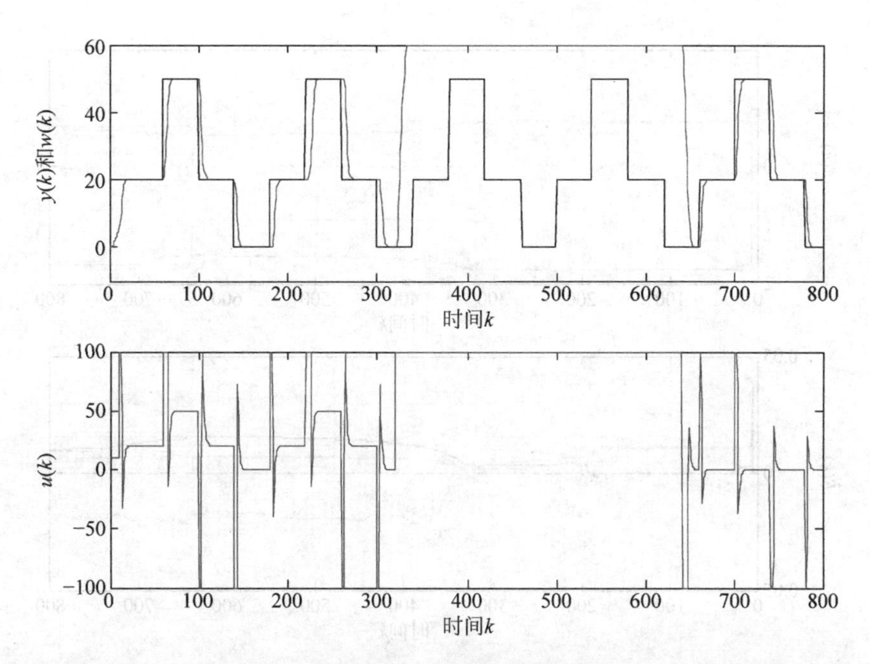

图 3.8.4　采用零极点配置控制器时的被控对象输出、参考输入和控制输入

被控对象参数未知时的零极点配置自校正控制器的仿真结果如图 3.8.5 和图 3.8.6 所示，其中图 3.8.5 为采用零极点配置自校正控制器时的被控对象输出 $y(k)$ 跟踪参考输入 $w(k)$ 以及对应的控制输入 $u(k)$ 的曲线，图 3.8.6 为零极点配置自校正控制器的对象模型参数的估计曲线。

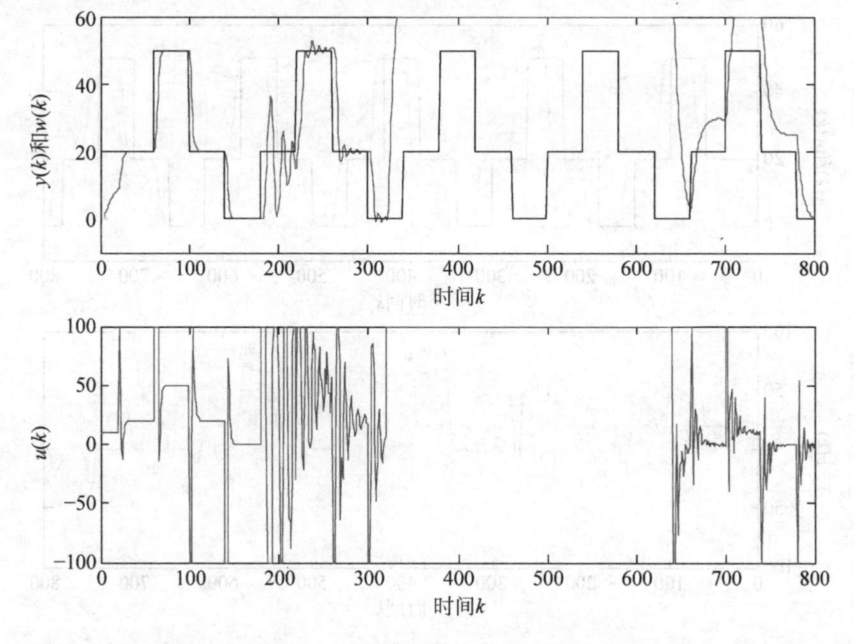

图 3.8.5　采用零极点配置自校正控制器时的被控对象输出、参考输入和控制输入

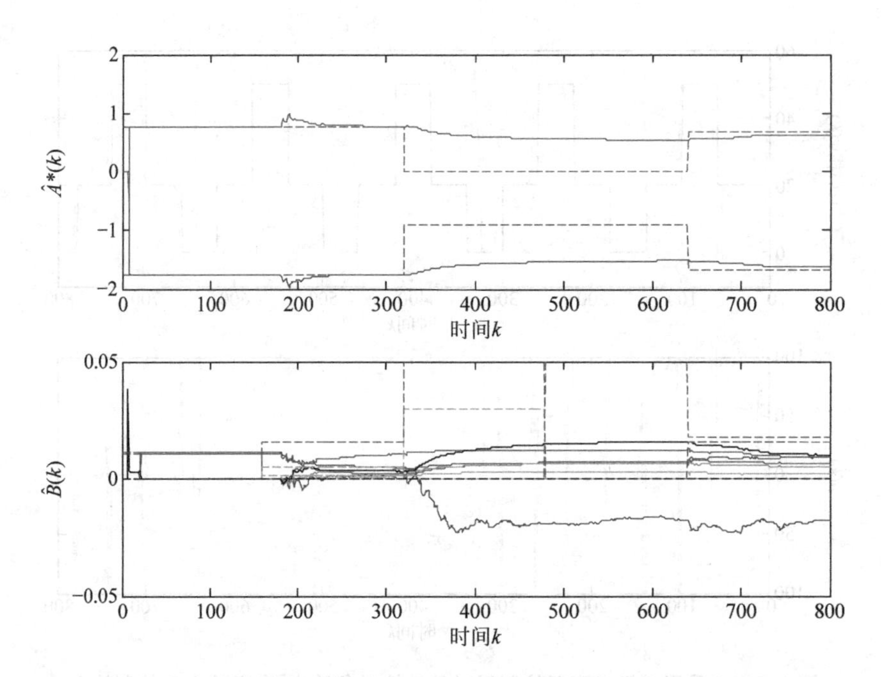

图 3.8.6 被控对象参数未知时的零极点配置自校正控制器的参数估计过程

(3) 广义预测控制和广义预测自适应控制

同极点配置方法一样，$A(z^{-1})$和$B(z^{-1})$的阶次分别取为 2 和 6；预测时域 $N_1=10$，控制时域 $N_2=1$，$\lambda=0.68$。被控对象参数已知时的广义预测控制器的仿真结果如图 3.8.7 所示。

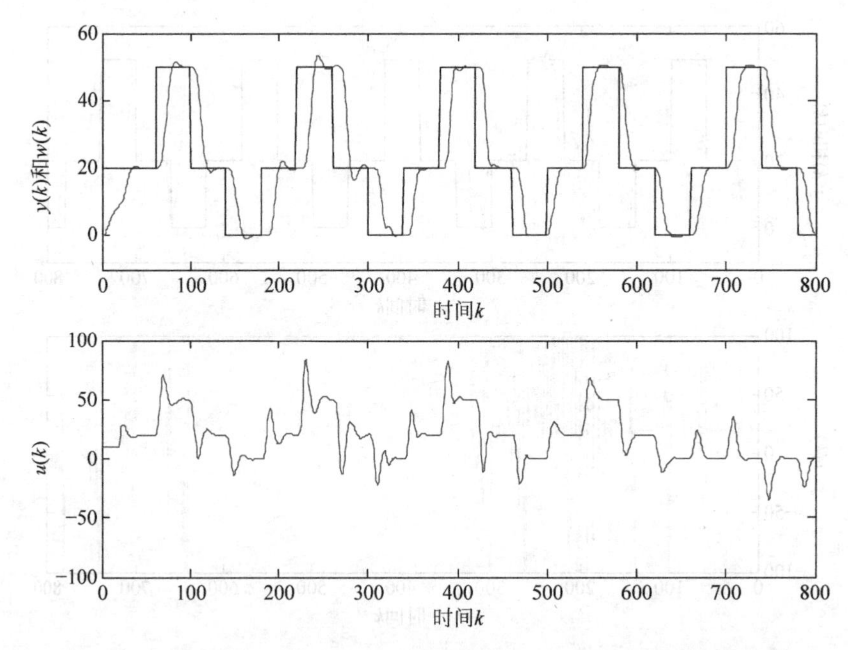

图 3.8.7 采用广义预测控制器时的被控对象输出、参考输入和控制输入

被控对象参数未知时的广义预测自适应控制器的仿真实验结果如图3.8.8和图3.8.9所示。其中图3.8.8为采用广义预测自适应控制器时的被控对象输出$y(k)$跟踪参考输入$w(k)$以及对应的控制输入$u(k)$的曲线，图3.8.9为控制器参数估计的曲线。

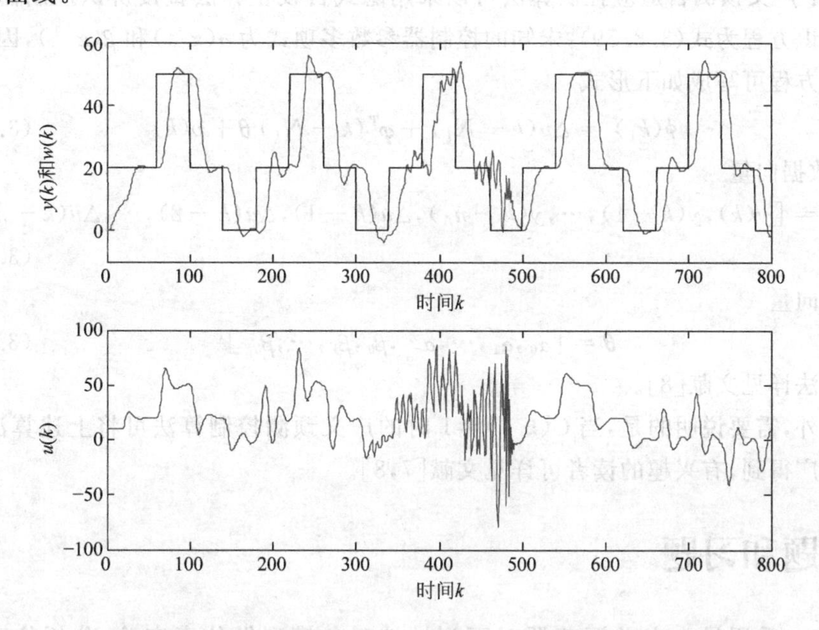

图3.8.8 被控对象参数未知时的采用广义预测自适应控制器时的被控对象输出、参考输入和控制输入

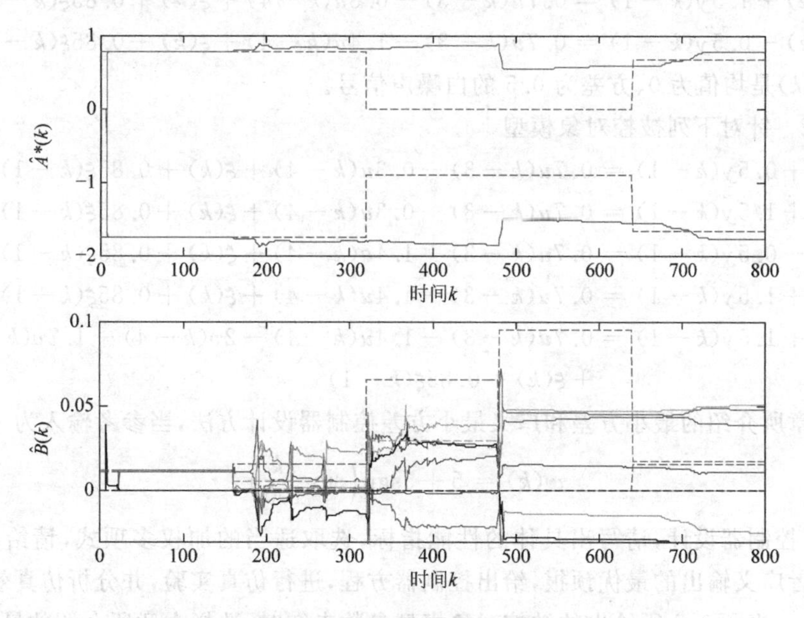

图3.8.9 广义预测自适应控制器的控制器参数估计曲线

从该仿真例可知，与广义最小方差自校正控制和极点配置自校正控制相比，广义预测自适应控制方法对被控对象的时延和阶次的变化具有更好的鲁棒性和更好的适应性。

注：广义预测自适应控制算法可以采用隐式自校正算法直接辨识控制器参数，参数辨识方程为式(3.8.59)，未知的控制器参数多项式为 $\alpha(z^{-1})$ 和 $\beta(z^{-1})$，因此，参数辨识方程可写成如下形式

$$\phi(k_1)=\Delta u(k-N_1)+\boldsymbol{\varphi}^{\mathrm{T}}(k-N_1)\boldsymbol{\theta}+v(k) \tag{3.8.71}$$

式中，数据向量

$$\boldsymbol{\varphi}(k)=[y(k),y(k-1),\cdots,y(k-n_A),\Delta u(k-1),\Delta u(k-2),\cdots,\Delta u(k-n_B)]^{\mathrm{T}} \tag{3.8.72}$$

和参数向量

$$\boldsymbol{\theta}=[\alpha_0,\alpha_1,\cdots,\alpha_{n_A},\beta_0,\beta_1,\cdots,\beta_{n_B}]^{\mathrm{T}} \tag{3.8.73}$$

具体算法详见文献[8]。

另外，需要说明的是，当 $C(z^{-1})\neq 1$ 时的广义预测控制算法可将上述算法做相应的推广得到，有兴趣的读者可详见文献[7,8]。

思考题和习题

3.1 采用最小方差调节器对下列被控对象模型做仿真实验，分析仿真控制效果。

$$y(k)+1.5y(k-1)=0.7u(k-3)-0.3u(k-4)+\xi(k)+0.85\xi(k-1)$$

$$y(k)-0.5y(k-1)=0.7u(k-3)-1.4u(k-4)+\xi(k)+0.85\xi(k-1)$$

式中，$\xi(k)$是均值为 0、方差为 0.5 的白噪声信号。

3.2 针对下列被控对象模型

$$y(k)+0.5y(k-1)=0.7u(k-3)-0.3u(k-4)+\xi(k)+0.85\xi(k-1)$$

$$y(k)+1.5y(k-1)=0.7u(k-3)-0.3u(k-4)+\xi(k)+0.85\xi(k-1)$$

$$y(k)-0.5y(k-1)=0.7u(k-3)-1.4u(k-4)+\xi(k)+0.85\xi(k-1)$$

$$y(k)+1.5y(k-1)=0.7u(k-3)-1.4u(k-4)+\xi(k)+0.85\xi(k-1)$$

$$y(k)+1.5y(k-1)=0.7u(k-3)-1.4u(k-4)-2v(k-4)-1.2v(k-5)+\xi(k)+0.85\xi(k-1)$$

选择本章所介绍的最小方差和广义最小方差控制器设计方法，当参考输入为

$$w(k)=5+5\mathrm{sgn}\left(\sin\frac{\pi k}{100}\right)$$

时，进行控制器设计，请写出具体的性能指标，选取适当的加权多项式，请给出对象输出或者广义输出的最优预报，给出控制器方程，进行仿真实验，并分析仿真效果。

3.3 当题 3.2 所给出的被控对象模型参数未知时，选择本章所介绍的最小方差和广义最小方差自校正控制器设计方法，给出控制器参数辨识方程，进行仿真实验，

并分析仿真效果。

3.4 针对下列确定性被控对象模型

$$y(k)+0.5y(k-1)=0.7u(k-3)-0.3u(k-4)$$
$$y(k)+1.5y(k-1)=0.7u(k-3)-0.3u(k-4)$$
$$y(k)-0.5y(k-1)=0.7u(k-3)-1.4u(k-4)$$
$$y(k)+1.5y(k-1)=0.7u(k-3)-1.4u(k-4)$$

将闭环极点配置为0.5,采用零极点配置控制器进行控制器设计,给出设计步骤和控制器方程,进行仿真实验,并分析仿真效果。

3.5 针对下列随机性被控对象模型

$$y(k)+0.5y(k-1)=0.7u(k-3)-0.3u(k-4)+\xi(k)+0.85\xi(k-1)$$
$$y(k)+1.5y(k-1)=0.7u(k-3)-0.3u(k-4)+\xi(k)+0.85\xi(k-1)$$
$$y(k)-0.5y(k-1)=0.7u(k-3)-1.4u(k-4)+\xi(k)+0.85\xi(k-1)$$
$$y(k)+1.5y(k-1)=0.7u(k-3)-1.4u(k-4)+\xi(k)+0.85\xi(k-1)$$

将闭环极点配置为−0.85和0.5,采用零极点配置控制器进行控制器设计,给出设计步骤和控制器方程,进行仿真实验,并分析仿真效果。

3.6 当题3.5所给出的被控对象模型参数未知时,将闭环极点配置为−0.85和0.5,设计零极点配置自校正控制器,进行仿真实验,并分析仿真效果。

3.7 针对如下被控对象模型

$$y(k)+1.5y(k-1)=0.7u(k-d)-1.4u(k-d-1)+\xi(k)+0.85\xi(k-1)$$

式中,考虑时延 d 按下列两种方式取值:

① $d=5$,且 d 已知;

② 当 $0<k=100$ 时,$d=3$,当 $k>100$ 时,$d=5$,且 d 未知。

采用广义最小方差自校正控制器和零极点配置控制器进行仿真实验,分析仿真效果。

3.8 针对下列被控对象模型

$$y(k)+0.5y(k-1)+0.3y(k-2)=0.7u(k-3)-0.3u(k-4)$$
$$y(k)+1.5y(k-1)+0.3y(k-2)=0.7u(k-3)-0.3u(k-4)$$

当模型参数已知时请设计PID控制器,当模型参数未知时设计自校正PID控制器,进行仿真实验,分析仿真效果。

3.9 针对下列被控对象模型

$$y(k)-0.5y(k-1)=2u(k-1)+0.8u(k-2)+\frac{1}{1-z^{-1}}\xi(k)$$

设计广义预测控制器,进行仿真实验,分析仿真效果。

3.10 车辆悬架系统用以缓和不平路面给车身造成的冲击载荷,缓冲和吸收来自车轮的振动。车辆悬架控制系统的目标是使路面波动对车体垂直方向速度的影响为最小,意味着乘车人员的舒适感最佳。被控对象的输出为车体垂直方向速度 $v_b(t)$

$$y(t) = v_b(t) = \dot{x}_b(t)$$

式中，变量 $x_b(t)$ 表示车体相对基准平面的位移。被控对象的控制输入为力发生器的指令信号 u。车辆悬架系统的数学模型可用下式来表示

$$y(k) = \frac{b_0 + b_1 z^{-1}}{1 + a_1 z^{-1} + a_2 z^{-2} + a_3 z^{-3}} \Delta u(k-1) + \frac{1 + c_1 z^{-1}}{1 + a_1 z^{-1} + a_2 z^{-2} + a_3 z^{-3}} \xi(k)$$

式中，假设 $\xi(k)$ 为白噪声，表示路面波动带来的干扰。假定上式参数未知，请推导最小方差自校正调节器，使得被控对象 k 时刻的输出 $y(k)$ 的方差极小，即 $\min J$，式中，$J = \mathrm{E}\{y^2(k)\}$。

要求写出车辆悬架系统自校正调节律的设计过程，包括给出调节器方程和参数辨识方程(有关车辆悬架系统的详细介绍可参见 7.2 节内容)。

参考文献

[1] Åström K J, Wittenmark B. On self-tuning regulators [J]. Automatica, 1973, 9(2): 155-199.

[2] Åström K J. Adaptive control. [M]. 2nd Edition. Mass.: Addison-Wesley, 1995.

[3] Clarke D W, Gawthrop P J. Self-tuning controller [J]. IEEE Proceedings Part D: Control Theory and Applications, 1975, 122(9): 929-934.

[4] 柴天佑，秦守敬，段晓钢. 鲁棒自适应前馈控制器及其在间歇式余热锅炉给水系统中的应用[J]. 自动化学报，1994，20(1)：106-109.

[5] Wellstead P E, Prager D L, Zanker P. Pole assignment self-tuning regulator [J]. IEEE Proceedings Part D: Control Theory and Applications, 1979, 126: 781-787.

[6] Åström K J, Wittenmark B. Self-tuning Controllers based on pole-zero placement [J]. IEEE Proceedings Part D: Control Theory and Applications, 1980, 127(3): 120-130.

[7] Clarke D W, Mohtadi C, Tuffs P S. Generalized predictive control-Par I: The basic algorithm [J]. Automatica, 1987, 23(2): 137-148.

[8] Clarke D W, Mohtadi C, Tuffs P S. Generalized predictive control-Par Ⅱ: extensions and interpretations [J]. Automatica, 1987, 23(2): 149-160.

[9] Wellstead P E, Zarrop M B. Self-tuning Systems: Control and Signal Processing [M]. Chichester: John Wiley & Sons, 1991.

[10] 舒迪前，柴天佑，饶立昌. 自适应控制[M]. 沈阳：东北大学出版社：1992.

[11] Chai T Y. An indirect stochastic adaptive scheme with online choice of weighting polynomials [J]. IEEE Trans. on Automatic Control, 1990, 35(1): 82-85.

[12] Chai T Y. Globally convergent self-tuning controllers [J]. International Journal of Control, 1988, 48(2): 417-434.

[13] Richalet J, Rault A, Testud J L, et al. Model predictive heuristic control: applications to industrial processes [J]. Automatica, 1978, 14(5): 413-428.

[14] Cutler C R, Ramaker B L. Dynamic matrix control-a computer control algorithm [C]. Proc. Joint Automatic Control Conference, 1980, San Francisco, California. wp5-b/6.

[15] Clarke D W, Mohtadi C. Properties of generalized predictive control [J]. Automatica, 1989, 25(6): 859-875.

[16] Elshafei A L, Dumont G, Elnaggar A. Stability and convergence analyses of an adaptive GPC based on state-space modeling [J]. Int J Control, 1995, 60(1): 193-210.

[17] Warwick K, Clarke D W. Weighted input predictive controller [J]. IEE Proc. D, Control Theory & Application, 1988, 135(1): 16-20.

[18] Nicolao G D, Scattolini R, Sala G. An adaptive predictive regulator with input saturations [J]. Automatica, 1996, 32(4): 597-601.

第4章 模型参考自适应控制

4.1 概述

模型参考自适应控制(MRAC)针对可以用参数未知确定性线性模型描述的被控对象,内环所采用的控制器是基于参考模型的跟踪控制器外环自适应机构采用参考模型输出与被控对象输出之间的广义误差和稳定性理论进行设计。参考模型本身是控制器的一部分,它是由控制器的设计者事先指定的,参考模型的输出代表了所期望的闭环控制系统对参考输入的理想响应,即理想输出曲线。控制器的作用是使得被控对象的输出能够尽可能好地跟踪参考模型的输出,主要适用于随动系统或伺服系统,例如飞行器控制、轮船控制、电气传动控制、机械手控制等领域。

同自校正控制类似,虽然 MRAC 的对象是模型参数未知的被控对象,但控制器设计的基础是针对参数已知的确定性线性模型描述的被控对象进行模型跟随控制器设计。为了便于读者掌握模型跟随控制器设计方法,本章将首先介绍状态空间线性模型、伪逆、Hurwitz 矩阵等知识,然后介绍基于参考模型的跟随控制器设计方法。随后,针对模型参数未知的确定性线性模型描述的被控对象,介绍两种典型的模型参考自适应控制器设计方法,即基于 Lyapunov 稳定性理论的模型参考自适应控制设计方法和基于 Popov 超稳定性理论的模型参考自适应控制设计方法。这两种方法都是基于广义跟踪误差信号来调整可调控制器的参数,在保证广义跟踪误差收敛至零的同时,还保证了模型参考自适应控制具有稳定性和收敛性。这两种 MRAC 的设计方法都是依赖于稳定性理论,因此在介绍具体的设计方法之前,我们还需要对 Lyapunov 稳定性理论、Popov 超稳定性理论等基础知识做一概要性的介绍。

4.2 线性状态空间模型、Hurwitz 矩阵及伪逆

大多数的被控对象的动态特性是随时间连续变化的,因此采用连续时间状态空间模型可以完整地描述被控对象的内部特征和外部特征,并且状态空间模型可以对单输入单输出和多输入多输出被控对象统一描述。确

定性线性被控对象可以用下列线性时不变连续线性状态空间模型来描述

$$\begin{cases} \dot{\boldsymbol{x}}(t) = \boldsymbol{A}\boldsymbol{x}(t) + \boldsymbol{B}\boldsymbol{u}(t) \\ \boldsymbol{y}(t) = \boldsymbol{C}\boldsymbol{x}(t) + \boldsymbol{D}\boldsymbol{u}(t) \end{cases} \tag{4.2.1}$$

式中，$\boldsymbol{x}(t)$为n维状态变量；$\dot{\boldsymbol{x}}(t)$为$\boldsymbol{x}(t)$对时间t的一阶导数；$\boldsymbol{y}(t)$和$\boldsymbol{u}(t)$分别为被控对象的m维输出变量和r维输入变量。另外，式(4.2.1)中$\boldsymbol{A}\in\mathbb{R}^{n\times n}$为$n\times n$的状态矩阵；$\boldsymbol{B}$为$n\times r$的输入矩阵；$\boldsymbol{C}$为$m\times n$的输出矩阵；$\boldsymbol{D}$为$m\times r$的直接传输矩阵。

在矩阵$\boldsymbol{A}$、$\boldsymbol{B}$、$\boldsymbol{C}$和$\boldsymbol{D}$中，只要有一个元素是时间变量t的函数，就称为时变被控对象，否则就称为时不变被控对象。

多数情况下，被控对象的直接传输矩阵为零，因而状态空间模型式(4.2.1)可简化为

$$\begin{cases} \dot{\boldsymbol{x}}(t) = \boldsymbol{A}\boldsymbol{x}(t) + \boldsymbol{B}\boldsymbol{u}(t) \\ \boldsymbol{y}(t) = \boldsymbol{C}\boldsymbol{x}(t) \end{cases} \tag{4.2.2}$$

可控性和可观性是采用状态空间模型描述的被控对象的基本性质，定义

$$\boldsymbol{T}_{\mathrm{C}} = [\boldsymbol{B} \vdots \boldsymbol{AB} \vdots \cdots \vdots \boldsymbol{A}^{n-1}\boldsymbol{B}]$$

为被控对象的可控矩阵，则模型式(4.2.2)描述的被控对象完全可控的充要条件是

$$\mathrm{rank}\boldsymbol{T}_{\mathrm{C}} = n \tag{4.2.3}$$

定义

$$\boldsymbol{T}_{\mathrm{O}} = \begin{bmatrix} \boldsymbol{C} \\ \boldsymbol{CA} \\ \vdots \\ \boldsymbol{CA}^{n-1} \end{bmatrix}$$

为被控对象的可观矩阵，则模型式(4.2.2)描述的被控对象完全可观的充要条件是

$$\mathrm{rank}\boldsymbol{T}_{\mathrm{O}} = n \tag{4.2.4}$$

设$(\boldsymbol{A},\boldsymbol{B})$完全能控，$(\boldsymbol{C},\boldsymbol{A})$完全能观，被控对象传递函数矩阵为

$$\boldsymbol{G}(s) = \boldsymbol{C}(s\boldsymbol{I} - \boldsymbol{A})^{-1}\boldsymbol{B} \tag{4.2.5}$$

由矩阵理论可知，对于实数方阵$\boldsymbol{A}$，令s为复变量，则$\det(s\boldsymbol{I}-\boldsymbol{A})=0$称为矩阵$\boldsymbol{A}$的特征方程，特征方程的$n$个根称为矩阵$\boldsymbol{A}$的特征值。可以证明，多输入多输出线性被控对象传递函数矩阵式(4.2.5)的极点为矩阵$\boldsymbol{A}$的特征值，换言之，线性被控对象的状态方程的矩阵$\boldsymbol{A}$，决定了其传递函数矩阵的极点位置。若传递函数矩阵式(4.2.5)的极点在左半开平面内，则被控对象式(4.2.2)是稳定的。换句话讲，我们称矩阵$\boldsymbol{A}$是稳定的。

定义矩阵$\boldsymbol{A}$的特征多项式

$$f(s) = \det(s\boldsymbol{I} - \boldsymbol{A})$$

即

$$f(s) = a_0 s^n + a_1 s^{n-1} + \cdots + a_{n-1} s^1 + a_n \tag{4.2.6}$$

若$f(s)=0$仅有负实部根，即全部根在左半复平面，则称$f(s)$为Hurwitz多项式，称

相应的矩阵 $\boldsymbol{A}$ 为 Hurwitz 矩阵。

给定实多项式式(4.2.6)，由 $f(s)$ 的系数排成下述 Hurwitz 行列式

$$\Delta=\begin{vmatrix} a_1 & a_3 & a_5 & \cdots & 0 \\ a_0 & a_2 & a_4 & \cdots & 0 \\ 0 & a_1 & a_3 & \cdots & 0 \\ 0 & a_0 & a_2 & \cdots & 0 \\ 0 & 0 & \cdots & \cdots & 0 \\ 0 & \cdots & \cdots & a_{n-1} & 0 \\ 0 & \cdots & \cdots & a_{n-2} & a_n \end{vmatrix} \tag{4.2.7}$$

Hurwitz 稳定判据：$\boldsymbol{A}$ 为 Hurwitz 矩阵或者矩阵 $\boldsymbol{A}$ 的特征方程 $f(s)=0$ 全部根都在左半复平面的充分必要条件是式(4.2.7)所示行列式 Δ 的各阶主子式均大于零，即

$$\Delta_1=a_1>0,\quad \Delta_2=\begin{vmatrix} a_1 & a_3 \\ a_0 & a_2 \end{vmatrix}>0,\quad \Delta_3=\begin{vmatrix} a_1 & a_3 & a_5 \\ a_0 & a_2 & a_4 \\ 0 & a_1 & a_3 \end{vmatrix},\cdots,\quad \Delta_n=\Delta>0$$

线性代数里，矩阵 $\boldsymbol{A}$ 的逆阵定义是：设 $\boldsymbol{A}$ 是 $n\times n$ 方阵且满秩，如果存在同阶方阵 $\boldsymbol{B}$ 使 $\boldsymbol{AB}=\boldsymbol{BA}=\boldsymbol{I}_{n\times n}$，则称 $\boldsymbol{B}$ 为 $\boldsymbol{A}$ 的逆阵，记作 $\boldsymbol{A}^{-1}=\boldsymbol{B}$，式中 $\boldsymbol{I}_{n\times n}$ 为与 $\boldsymbol{A}$、$\boldsymbol{B}$ 同阶的单位阵。

将上述定义条件放宽，可得如下左、右伪逆矩阵概念的推广定义。

定义 4.2.1(左、右伪逆矩阵) 设 $\boldsymbol{A}_{n\times m}$ 满足 $n>m$，且 $\boldsymbol{A}$ 列满秩，则矩阵 $\boldsymbol{A}^{\mathrm{T}}\boldsymbol{A}$ 是可逆的，令 $\boldsymbol{A}^{\dagger}=(\boldsymbol{A}^{\mathrm{T}}\boldsymbol{A})^{-1}\boldsymbol{A}^{\mathrm{T}}$，容易验证 $\boldsymbol{A}^{\dagger}$ 满足 $\boldsymbol{A}^{\dagger}\boldsymbol{A}=\boldsymbol{I}$，此时称 $\boldsymbol{A}^{\dagger}$ 为左伪逆矩阵，且这种左伪逆矩阵是唯一的。

类似地，设 $\boldsymbol{A}_{n\times m}$ 满足 $n<m$，且 $\boldsymbol{A}$ 行满秩，则矩阵 $\boldsymbol{AA}^{\mathrm{T}}$ 是可逆的，令 $\boldsymbol{A}^{\dagger}=\boldsymbol{A}^{\mathrm{T}}(\boldsymbol{AA}^{\mathrm{T}})^{-1}$，容易验证 $\boldsymbol{A}^{\dagger}$ 满足 $\boldsymbol{AA}^{\dagger}=\boldsymbol{I}$，此时称 $\boldsymbol{A}^{\dagger}$ 为右伪逆矩阵，同样这种右伪逆矩阵也是唯一的。

4.3 模型跟随控制器

模型参考自适应控制的可调参数控制器是模型跟随控制器，模型跟随控制器的被控对象可用确定性线性模型来描述。模型跟随控制的任务就是如何设计一个控制器使得被控对象的输出尽可能跟踪参考模型的输出，即使广义误差信号渐近收敛至零。

4.3.1 控制问题描述

被控对象可以用下列确定性线性状态空间方程来描述

$$\begin{cases}\dot{\boldsymbol{x}}_s(t)=\boldsymbol{A}_s\boldsymbol{x}_s(t)+\boldsymbol{B}_s\boldsymbol{u}(t)\\ \boldsymbol{y}_s(t)=\boldsymbol{C}_s\boldsymbol{x}_s(t)+\boldsymbol{D}_s\boldsymbol{u}(t)\end{cases}\tag{4.3.1}$$

式中，$\boldsymbol{x}_s(t)$为确定性线性模型描述的被控对象的 n 维状态变量；$\boldsymbol{y}_s(t)$和 $\boldsymbol{u}(t)$分别为被控对象的 n 维输出变量和 m 维控制信号；$\boldsymbol{A}_s$ 和 $\boldsymbol{B}_s$ 分别为 $n\times n$ 和 $n\times m$ 已知定常矩阵，矩阵对$(\boldsymbol{A}_s,\boldsymbol{B}_s)$也是能镇定的(即存在 $m\times n$ 矩阵 $\boldsymbol{K}_s$ 使得 $\boldsymbol{A}_s-\boldsymbol{B}_s\boldsymbol{K}_s$ 是个稳定矩阵)，另外，一般有 $n\geqslant m$；$\boldsymbol{C}_s$ 和 $\boldsymbol{D}_s$ 分别为 $n\times n$ 的输出矩阵和 $n\times m$ 的直接传输矩阵。

为了简单起见，假设 $\boldsymbol{C}_s=\boldsymbol{I}_{n\times n}$，$\boldsymbol{D}_s=\boldsymbol{0}_{n\times m}$，从而被控对象的确定性线性状态方程转化为如下简单形式

$$\begin{cases}\dot{\boldsymbol{x}}_s(t)=\boldsymbol{A}_s\boldsymbol{x}_s(t)+\boldsymbol{B}_s\boldsymbol{u}(t)\\ \boldsymbol{y}_s(t)=\boldsymbol{x}_s(t)\end{cases}\tag{4.3.2}$$

引入如下参考模型

$$\dot{\boldsymbol{x}}_m(t)=\boldsymbol{A}_m\boldsymbol{x}_m(t)+\boldsymbol{B}_m\boldsymbol{u}_w(t)\tag{4.3.3}$$

式中，$\boldsymbol{x}_m(t)$为 n 维的参考模型状态变量，所有分量可测；$\boldsymbol{u}_w(t)$为有界的分段连续函数类的 m 维参考输入信号；在参考模型中，$\boldsymbol{A}_m$ 和 $\boldsymbol{B}_m$ 分别为已知 $n\times n$ 和 $n\times m$ 定常矩阵，$\boldsymbol{A}_m$ 为 Hurwitz 矩阵，即参考模型是渐近稳定的。

模型跟随控制的目标就是使得广义误差信号 $\boldsymbol{e}_x(t)=\boldsymbol{x}_m(t)-\boldsymbol{x}_s(t)$趋于零，即

$$\lim_{t\to\infty}\boldsymbol{e}_x(t)=\lim_{t\to\infty}[\boldsymbol{x}_m(t)-\boldsymbol{x}_s(t)]=\boldsymbol{0}\tag{4.3.4}$$

4.3.2 模型跟随控制器设计

模型跟随控制采用的控制器结构如图 4.3.1 所示。其控制器结构为

$$\boldsymbol{u}(t)=-\boldsymbol{K}_P\boldsymbol{x}_s(t)+\boldsymbol{K}_U\boldsymbol{u}_w(t)\tag{4.3.5}$$

式中，$\boldsymbol{K}_P$ 和 $\boldsymbol{K}_U$ 是待设计的控制器增益矩阵。

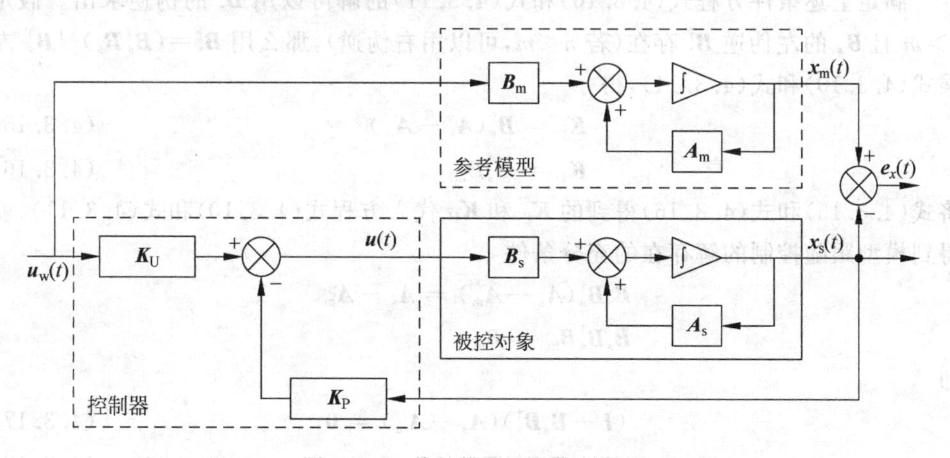

图 4.3.1　线性模型跟随控制系统

将式(4.3.5)代入式(4.3.2)，得到控制器和被控对象组成的闭环系统方程为

$$\dot{\boldsymbol{x}}_s(t) = [\boldsymbol{A}_s - \boldsymbol{B}_s\boldsymbol{K}_P]\boldsymbol{x}_s(t) + \boldsymbol{B}_s\boldsymbol{K}_U\boldsymbol{u}_w(t) \tag{4.3.6}$$

模型跟随控制问题就是通过参考模型和被控对象的参数矩阵 $\boldsymbol{A}_m$、$\boldsymbol{B}_m$、$\boldsymbol{A}_s$ 和 $\boldsymbol{B}_s$ 来设计控制器参数矩阵 $\boldsymbol{K}_P$ 和 $\boldsymbol{K}_U$，使闭环系统式(4.3.6)的状态完全跟踪参考模型式(4.3.3)的状态。

定义广义误差信号为

$$\boldsymbol{e}_x(t) = \boldsymbol{x}_m(t) - \boldsymbol{x}_s(t) \tag{4.3.7}$$

由式(4.3.3)、式(4.3.6)和式(4.3.7)可得

$$\dot{\boldsymbol{e}}_x(t) = \boldsymbol{A}_m\boldsymbol{e}_x(t) + [\boldsymbol{A}_m - \boldsymbol{A}_s + \boldsymbol{B}_s\boldsymbol{K}_P]\boldsymbol{x}_s(t) + [\boldsymbol{B}_m - \boldsymbol{B}_s\boldsymbol{K}_U]\boldsymbol{u}_w(t) \tag{4.3.8}$$

为了保证 $\lim\limits_{t\to\infty}\boldsymbol{e}_x(t)=\boldsymbol{0}$，由于 $\boldsymbol{A}_m$ 是 Hurwitz 矩阵，应使 $\dot{\boldsymbol{e}}_x(t)=\boldsymbol{A}_m\boldsymbol{e}_x(t)$，为此令

$$[\boldsymbol{A}_m - \boldsymbol{A}_s + \boldsymbol{B}_s\boldsymbol{K}_P]\boldsymbol{x}_s(t) + [\boldsymbol{B}_m - \boldsymbol{B}_s\boldsymbol{K}_U]\boldsymbol{u}_w(t) = \boldsymbol{0}, \quad \forall \boldsymbol{x}_s \in \mathrm{R}^n \tag{4.3.9}$$

为了使式(4.3.9)对任何 $\boldsymbol{x}_s(t)$ 和 $\boldsymbol{u}_w(t)$ 成立，就必须有

$$\boldsymbol{B}_s\boldsymbol{K}_P = \boldsymbol{A}_s - \boldsymbol{A}_m \tag{4.3.10}$$

$$\boldsymbol{B}_s\boldsymbol{K}_U = \boldsymbol{B}_m \tag{4.3.11}$$

现在我们来看使式(4.3.10)和式(4.3.11)成立的解 $\boldsymbol{K}_P$ 和 $\boldsymbol{K}_U$ 存在的条件。由于大多情况下 $\boldsymbol{B}_s$ 不是一个非奇异方阵，因而引用关于矩阵方程解存在的结果，知道矩阵方程

$$\boldsymbol{M}\cdot\boldsymbol{X} = \boldsymbol{N} \tag{4.3.12}$$

当且仅当

$$\mathrm{rank}\boldsymbol{M} = \mathrm{rank}[\boldsymbol{M},\boldsymbol{N}] \tag{4.3.13}$$

时有一个解 $\boldsymbol{X}$ 存在。因此，由式(4.3.10)和式(4.3.11)可以得出这样的结果，如果

$$\mathrm{rank}\boldsymbol{B}_s = \mathrm{rank}[\boldsymbol{B}_s,\boldsymbol{A}_s - \boldsymbol{A}_m] = \mathrm{rank}[\boldsymbol{B}_s,\boldsymbol{B}_m] \tag{4.3.14}$$

我们就能得到模型跟随。这事实上表明，如果矩阵($\boldsymbol{A}_s-\boldsymbol{A}_m$)和 $\boldsymbol{B}_m$ 的列向量与矩阵 $\boldsymbol{B}_s$ 的列向量线性相关，解就存在。

满足上述条件方程式(4.3.10)和式(4.3.11)的解可以用 $\boldsymbol{B}_s$ 的伪逆求出。假定 $n>m$ 且 $\boldsymbol{B}_s$ 的左伪逆 $\boldsymbol{B}_s^\dagger$ 存在(若 $n<m$，可以用右伪逆)，那么用 $\boldsymbol{B}_s^\dagger=(\boldsymbol{B}_s^{\mathrm{T}}\boldsymbol{B}_s)^{-1}\boldsymbol{B}_s^{\mathrm{T}}$ 左乘式(4.3.10)和式(4.3.11)，得

$$\boldsymbol{K}_P = \boldsymbol{B}_s^\dagger(\boldsymbol{A}_s - \boldsymbol{A}_m) \tag{4.3.15}$$

$$\boldsymbol{K}_U = \boldsymbol{B}_s^\dagger\boldsymbol{B}_m \tag{4.3.16}$$

将式(4.3.15)和式(4.3.16)得到的 $\boldsymbol{K}_P$ 和 $\boldsymbol{K}_U$ 代入方程式(4.3.10)和式(4.3.11)，就得到模型跟随控制的解存在的充分条件

$$\boldsymbol{B}_s\boldsymbol{B}_s^\dagger(\boldsymbol{A}_s - \boldsymbol{A}_m) = \boldsymbol{A}_s - \boldsymbol{A}_m$$

$$\boldsymbol{B}_s\boldsymbol{B}_s^\dagger\boldsymbol{B}_m = \boldsymbol{B}_m$$

即

$$(\boldsymbol{I} - \boldsymbol{B}_s\boldsymbol{B}_s^\dagger)(\boldsymbol{A}_s - \boldsymbol{A}_m) = \boldsymbol{0} \tag{4.3.17}$$

$$(\boldsymbol{I} - \boldsymbol{B}_s\boldsymbol{B}_s^\dagger)\boldsymbol{B}_m = \boldsymbol{0} \tag{4.3.18}$$

式(4.3.17)和式(4.3.18)称为关于模型跟随的埃尔次贝格(Erzberger)条件。如果

该条件满足，那么 $\boldsymbol{K}_{\mathrm{P}}$ 和 $\boldsymbol{K}_{\mathrm{U}}$ 就能够用式(4.3.15)和式(4.3.16)直接计算。

注释 4.3.1　如果 $\boldsymbol{B}_{\mathrm{s}}$ 是非奇异方阵，那么 $\boldsymbol{B}_{\mathrm{s}}^{\dagger}=\boldsymbol{B}_{\mathrm{s}}^{-1}$，并且条件式(4.3.17)和式(4.3.18)总是满足，但这是非常少见的情况。通常情况下 $\boldsymbol{B}_{\mathrm{s}}$ 是奇异矩阵或长方阵，此时 $\boldsymbol{B}_{\mathrm{s}}\boldsymbol{B}_{\mathrm{s}}^{\dagger}\neq\boldsymbol{I}$，因此为使条件式(4.3.17)和式(4.3.18)满足，矩阵 $(\boldsymbol{I}-\boldsymbol{B}_{\mathrm{s}}\boldsymbol{B}_{\mathrm{s}}^{\dagger})$ 必须正交于 $\boldsymbol{B}_{\mathrm{m}}$ 和 $(\boldsymbol{A}_{\mathrm{s}}-\boldsymbol{A}_{\mathrm{m}})$。

4.3.3　稳定性和收敛性分析

将式(4.3.15)和式(4.3.16)所示控制器增益矩阵解 $\boldsymbol{K}_{\mathrm{P}}$ 和 $\boldsymbol{K}_{\mathrm{U}}$ 代入式(4.3.8)，可得

$$\dot{\boldsymbol{e}}_x(t)=\boldsymbol{A}_{\mathrm{m}}\boldsymbol{e}_x(t) \tag{4.3.19}$$

由于 $\boldsymbol{A}_{\mathrm{m}}$ 是 Hurwitz 矩阵，因此 $\boldsymbol{e}_x(t)$ 有界，且 $\lim\limits_{t\to\infty}\boldsymbol{e}_x(t)=\boldsymbol{0}$。

将式(4.3.10)和式(4.3.11)代入系统闭环方程式(4.3.6)可得

$$\dot{\boldsymbol{x}}_{\mathrm{s}}(t)=\boldsymbol{A}_{\mathrm{m}}\boldsymbol{x}_{\mathrm{s}}(t)+\boldsymbol{B}_{\mathrm{m}}\boldsymbol{u}_{\mathrm{w}}(t) \tag{4.3.20}$$

因为参考输入 $\boldsymbol{u}_{\mathrm{w}}(t)$ 有界且 $\boldsymbol{A}_{\mathrm{m}}$ 是 Hurwitz 矩阵，可知 $\boldsymbol{e}_x(t)$、$\boldsymbol{x}_{\mathrm{m}}(t)$ 以及 $\boldsymbol{x}_{\mathrm{s}}(t)$ 均有界，从而由控制律方程 $\boldsymbol{u}(t)=-\boldsymbol{K}_{\mathrm{P}}\boldsymbol{x}_{\mathrm{s}}(t)+\boldsymbol{K}_{\mathrm{U}}\boldsymbol{u}_{\mathrm{w}}(t)$ 可得 $\boldsymbol{u}(t)$ 有界，因而系统稳定。

4.3.4　仿真实验

为了验证本节基于参考模型的模型跟随的控制效果，给出如下仿真实验。

例 4.3.1　模型跟随控制器仿真实验

被控对象模型为

$$\dot{\boldsymbol{x}}_{\mathrm{s}}(t)=\boldsymbol{A}_{\mathrm{s}}\boldsymbol{x}_{\mathrm{s}}(t)+\boldsymbol{B}_{\mathrm{s}}u(t)$$

式中，$\boldsymbol{A}_{\mathrm{s}}=\begin{bmatrix}2 & 0\\-6 & -7\end{bmatrix}$，$\boldsymbol{B}_{\mathrm{s}}=\begin{bmatrix}2\\4\end{bmatrix}$。

参考模型为

$$\dot{\boldsymbol{x}}_{\mathrm{m}}(t)=\boldsymbol{A}_{\mathrm{m}}\boldsymbol{x}_{\mathrm{m}}(t)+\boldsymbol{B}_{\mathrm{m}}u_{\mathrm{w}}(t)$$

式中，$\boldsymbol{A}_{\mathrm{m}}=\begin{bmatrix}0 & 1\\-10 & -5\end{bmatrix}$，$\boldsymbol{B}_{\mathrm{m}}=\begin{bmatrix}1\\2\end{bmatrix}$。

目标是设计如下控制器

$$u(t)=-\boldsymbol{K}_{\mathrm{P}}\boldsymbol{x}_{\mathrm{s}}(t)+\boldsymbol{K}_{\mathrm{U}}u_{\mathrm{w}}(t)$$

使得广义误差趋于零，即 $\lim\limits_{t\to\infty}\boldsymbol{e}_x(t)=\lim\limits_{t\to\infty}[\boldsymbol{x}_{\mathrm{s}}(t)-\boldsymbol{x}_{\mathrm{m}}(t)]=\boldsymbol{0}$。

由于 $n=2>1=m$，且 $\boldsymbol{B}_{\mathrm{s}}^{\mathrm{T}}\boldsymbol{B}_{\mathrm{s}}=[2\quad 4]\begin{bmatrix}2\\4\end{bmatrix}=20$ 非奇异，从而 $\boldsymbol{B}_{\mathrm{s}}$ 的左伪逆 $\boldsymbol{B}_{\mathrm{s}}^{\dagger}$ 存在，且 $\boldsymbol{B}_{\mathrm{s}}^{\dagger}=(\boldsymbol{B}_{\mathrm{s}}^{\mathrm{T}}\boldsymbol{B}_{\mathrm{s}})^{-1}\boldsymbol{B}_{\mathrm{s}}^{\mathrm{T}}=\dfrac{1}{20}[2\quad 4]$，又 $\boldsymbol{A}_{\mathrm{s}}-\boldsymbol{A}_{\mathrm{m}}=\begin{bmatrix}2 & -1\\4 & -2\end{bmatrix}$，且

$$\boldsymbol{I}-\boldsymbol{B}_s\boldsymbol{B}_s^{\dagger}=\begin{bmatrix}0.8 & -0.4\\ -0.4 & 0.2\end{bmatrix}$$

从而有

$$(\boldsymbol{I}-\boldsymbol{B}_s\boldsymbol{B}_s^{\dagger})(\boldsymbol{A}_s-\boldsymbol{A}_m)=\begin{bmatrix}0.8 & -0.4\\ -0.4 & 0.2\end{bmatrix}\cdot\begin{bmatrix}2 & -1\\ 4 & -2\end{bmatrix}=\begin{bmatrix}0 & 0\\ 0 & 0\end{bmatrix}$$

$$(\boldsymbol{I}-\boldsymbol{B}_s\boldsymbol{B}_s^{\dagger})\boldsymbol{B}_m=\begin{bmatrix}0.8 & -0.4\\ -0.4 & 0.2\end{bmatrix}\cdot\begin{bmatrix}1\\ 2\end{bmatrix}=\begin{bmatrix}0\\ 0\end{bmatrix}$$

即关于模型跟随的埃尔次贝格(Erzberger)条件成立。从而 $\boldsymbol{K}_P$ 和 K_U 可分别直接由式(4.3.15)和式(4.3.16)求出，即

$$\boldsymbol{K}_P=[k_{P1}\quad k_{P2}]=(\boldsymbol{B}_s^T\boldsymbol{B}_s)^{-1}\boldsymbol{B}_s^T(\boldsymbol{A}_s-\boldsymbol{A}_m)=[1\quad -0.5]$$

$$K_U=k_U=(\boldsymbol{B}_s^T\boldsymbol{B}_s)^{-1}\boldsymbol{B}_s^T\boldsymbol{B}_m=0.5$$

令参考模型的初始状态为$\begin{cases}x_{m1}(0)=1\\ x_{m2}(0)=1\end{cases}$，被控对象的初始状态为$\begin{cases}x_{s1}(0)=-1\\ x_{s2}(0)=-1\end{cases}$，分别选取幅值为1的正弦波和方波作为参考输入信号，运行时间从 $t=0$s 到 $t=6$s，采用Matlab对设计的上述MRAC系统进行仿真。参考输入为正弦波时的仿真结果如图4.3.2所示。参考输入为方波时的仿真结果如图4.3.3所示。可以看出，无论何种参考输入信号，$t=2$s 之后被控对象的实际状态就能很好地跟踪理想模型的期望状态，达到模型跟踪控制的效果。

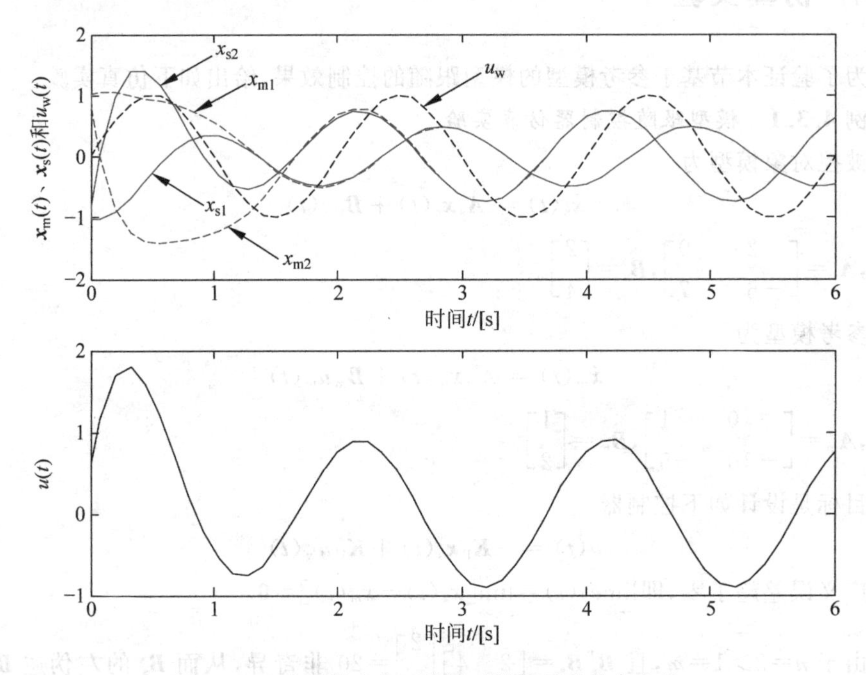

图 4.3.2 参考输入为正弦波时被控对象状态变量、参考模型状态变量和控制输入

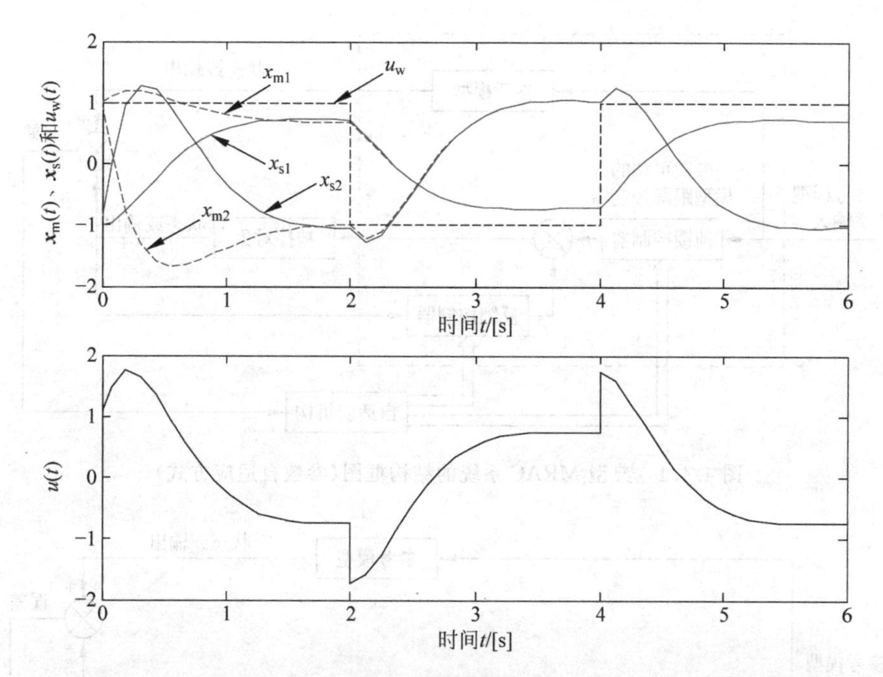

图 4.3.3　参考输入为方波时被控对象状态变量、参考模型状态变量和控制输入

注释 4.3.2　本节给出了基于参考模型的模型跟随控制器设计方法，该方法要求被控对象是已知的。后面两节将以此为基础，针对被控对象不完全已知的情况，设计一个可调参数(自适应)控制器实现模型跟随控制。

4.4　基于 Lyapunov 稳定性理论的模型参考自适应控制器

4.4.1　模型参考自适应控制概述

最典型的一类模型参考自适应控制(MRAC)系统结构，如图 4.4.1 所示。MRAC 的内环是由可调参数前馈与反馈控制器和参考模型组成的参数可调的模型跟踪控制器，参考模型体现了控制器设计者对闭环控制系统的性能要求，也就是说，这个参考模型反映了人们期望的闭环控制系统理想输出曲线。MRAC 的外环为自适应机构，根据被控对象的状态或输出与参考模型的状态或输出之间的广义误差信号，调整内环可调参数控制器中的相关参数，使被控对象的状态或输出尽可能跟踪参考模型的状态或输出，使得当时间趋向无穷大时，广义误差信号逐渐收敛于零。

图 4.4.1 表示的是 MRAC 的参数自适应方式，其自适应机构根据参考模型与被控对象之间的广义误差直接修改控制器的参数。

信号综合自适应方式的模型参考自适应控制的结构框图，如图 4.4.2 所示。其中，反馈控制器和前馈控制器的参数保持不变，而自适应机构产生一个辅助信号叠加在参数固定控制器的输出上作为总的控制输入信号。

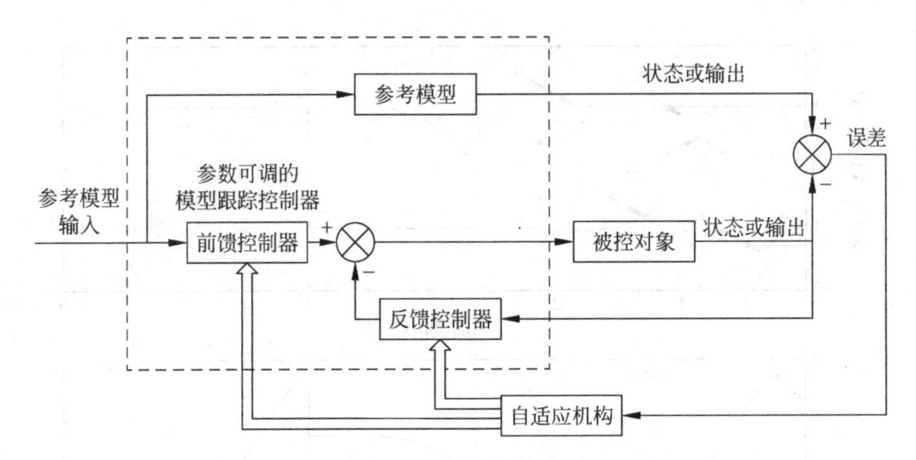

图 4.4.1 典型 MRAC 系统的结构框图(参数自适应方式)

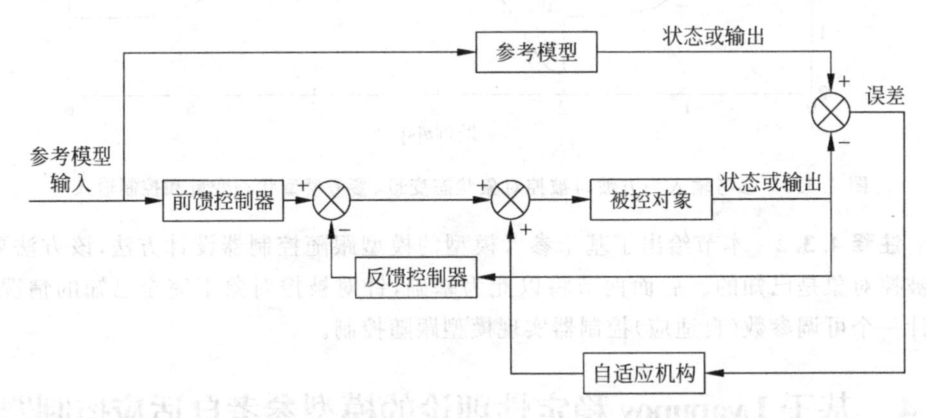

图 4.4.2 信号综合自适应方式的模型参考自适应控制的结构框图

可以证明,这两种方式本质上是等价的。本书只介绍参数自适应方式的模型参考自适应控制器设计方法,而信号综合自适应的 MRAC,请见参考文献[1]。

根据设计方法,可以将 MRAC 系统分为如下三类,即基于局部参数最优化的方法、基于 Lyapunov 稳定性理论的方法以及基于 Popov 超稳定性理论的方法。

(1) 基于局部参数最优化的方法是最早采用的 MRAC 系统设计方法,是由 Whitaker 最早提出[2],其基本思路是沿着准则函数的负梯度方向变更控制器参数,从而使得代表跟踪误差的准则函数不断下降,这个工作是在美国麻省理工学院(Massachusetts Institute of Technology,MIT)的测量设备实验室完成的,通常称为 MIT 律,该方法简单直观,但无法保证闭环控制系统的稳定性,本书对此不做介绍。

(2) 基于 Lyapunov 稳定性理论的方法是 Butcharty 及 Parks 于 20 世纪 60 年代中期相继提出的[3,4],这种方法与局部参数最优化方法相比,不仅可保证系统的稳定性,还具有自适应速度快的优点。

(3) 由法国学者 Landau 于 1969 年提出的基于 Popov 超稳定性理论的方法,主要是以 Popov 超稳定性理论为基础,由于不需要选择 Lyapunov 函数,并且能给出一族自适应律,因而该方法有利于设计者结合实际系统灵活地选择合适的自适应律[5,6]。

本节将介绍基于Lyapunov稳定性理论的模型参考自适应控制设计方法,为了便于读者理解,首先介绍Lyapunov稳定性理论的一些基本定义和定理,然后介绍具体的基于Lyapunov稳定性理论的MRAC设计方法。

4.4.2 Lyapunov稳定性理论

李雅普诺夫(A. M. Lyapunov,1857—1918)是俄国数学家、力学家,常微分方程运动稳定性理论的创始人,他于1892年完成的博士论文《运动稳定性的一般问题》是经典名著,在其中开创性地提出研究非线性常微分方程解定性性质的Lyapunov函数法,即直接法,它把解的稳定性与否同具有特殊性质的函数(现称为Lyapunov函数)的存在性联系起来,这个函数沿着轨线关于时间的导数具有某些确定的性质。由于这个方法具有明显的几何直观性和简明的分析技巧,易于为实际和理论工作者所掌握,因此在科学技术的许多领域中得到广泛的应用和发展,该方法不仅奠定了常微分方程稳定性理论的基础,也是常微分方程定性理论的重要手段。

本节介绍Lyapunov稳定性理论的一些基本定义和定理,因为篇幅限制,文中忽略相关定理及推论的证明,感兴趣的读者可以参阅文献[7]。

1. 非线性状态空间模型

连续时变非线性系统的状态空间模型的一般形式为

$$\begin{cases}\dot{\boldsymbol{x}}(t)=\boldsymbol{f}[\boldsymbol{x}(t),\boldsymbol{u}(t),t]\\ \boldsymbol{y}(t)=\boldsymbol{h}[\boldsymbol{x}(t),\boldsymbol{u}(t),t]\end{cases}\tag{4.4.1}$$

式中,$\boldsymbol{x}(t)$为n维状态变量,$\boldsymbol{u}(t)$和$\boldsymbol{y}(t)$分别为系统的输入和输出向量;t为连续时间变量;$\dot{\boldsymbol{x}}(t)$为$\boldsymbol{x}(t)$对时间t的一阶导数;$\boldsymbol{f}(\cdot)$和$\boldsymbol{h}(\cdot)$分别为关于$\boldsymbol{x}(t)$和$\boldsymbol{u}(t)$的有界、连续可微的非线性向量函数;n为系统的阶次。

研究系统稳定性问题时,一般考虑将系统输入$\boldsymbol{u}(t)$固定不变或者令系统输入$\boldsymbol{u}(t)$固定为0的情形,这时也不再关心系统的输出$\boldsymbol{y}(t)$而只关心系统的状态$\boldsymbol{x}(t)$,因而所研究的状态空间模型成为

$$\dot{\boldsymbol{x}}(t)=\boldsymbol{f}[\boldsymbol{x}(t),t]\tag{4.4.2}$$

假设函数$\boldsymbol{f}(\cdot)$使得系统式(4.4.2)对于任意初始状态$\boldsymbol{x}_0$和初始时刻t_0都存在唯一解

$$\boldsymbol{x}(t)=\boldsymbol{x}(t,\boldsymbol{x}_0,t_0)\tag{4.4.3}$$

对应于状态空间的一条曲线,通常称为状态轨线或系统轨线。

另外,在许多实际系统中,采用非线性孤立方法,常把非线性部分分离出来形成反馈系统,其正向通路中是线性定常系统

$$\begin{cases}\dot{\boldsymbol{x}}(t)=\boldsymbol{A}\boldsymbol{x}(t)+\boldsymbol{B}\boldsymbol{\omega}(t)\\ \boldsymbol{y}(t)=\boldsymbol{C}\boldsymbol{x}(t)+\boldsymbol{D}\boldsymbol{\omega}(t)\end{cases} \tag{4.4.4}$$

反馈通路是系统的非线性部分，描述为

$$\boldsymbol{\omega}(t)=-\boldsymbol{\varphi}[\boldsymbol{y}(t)] \tag{4.4.5}$$

2. 非线性动态系统的平衡点

考虑如下非线性动态系统（可以是控制量保持不变的被控对象，也可以是包括被控对象和控制器在内的闭环系统）的状态方程

$$\dot{\boldsymbol{x}}(t)=\boldsymbol{f}[\boldsymbol{x}(t),t],\quad \boldsymbol{x}(t_0)=\boldsymbol{x}_0 \tag{4.4.6}$$

式中，$\boldsymbol{x}(t)$为 n 维状态向量；$\boldsymbol{x}_0$ 为初始状态；t 为连续时间变量；t_0 为初始时刻。

如果状态空间存在某一状态 $\boldsymbol{x}_e$ 满足

$$\boldsymbol{f}(\boldsymbol{x}_e,t)=\boldsymbol{0},\quad \forall t\geqslant t_0 \tag{4.4.7}$$

则称 $\boldsymbol{x}_e$ 是系统的一个平衡状态，也称平衡点。也就是说，只要无外力作用于系统，在平衡点处系统状态的变化速度为 0，系统将永远保持在这个平衡状态上。但是，如果因为某个外力作用，系统的初始状态偏离了这个平衡状态，那么系统是能够保持在这个平衡状态附近？还是依靠自身力量逐步回到平衡状态？还是会离这个平衡状态越来越远？这就是下面要讨论的所谓平衡状态的稳定性问题。

例 4.4.1 关于摆的状态方程和平衡点

摆是一种可以围绕固定圆心转动的机械，其机械结构如图 4.4.3 所示。

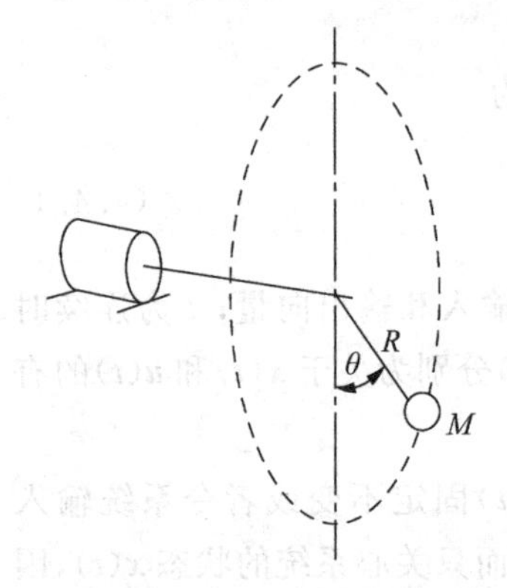

图 4.4.3 摆的机械结构

在没有控制输入的情况下，摆的动态特性可用以下的非线性微分方程来描述

$$MR^2\ddot{\theta}(t)+b\dot{\theta}(t)+MgR\sin\theta(t)=0$$

式中，R 为摆长；M 为质量；b 为铰链的摩擦系数；g 为重力加速度（常数），记 $x_1(t)=\theta(t)$，$x_2(t)=\dot{\theta}(t)$，则相应的状态方程为

$$\dot{x}_1(t)=x_2(t)$$

$$\dot{x}_2(t)=-\frac{b}{MR^2}x_2(t)-\frac{g}{R}\sin x_1(t)$$

于是，平衡点满足

$$x_2=0,\quad \sin x_1=0$$

因此，平衡点为$(2k\pi,0)$及$((2k+1)\pi,0)$，此处 k 是任意整数。从物理意义上讲，它们分别对应摆的垂直向下及垂直向上的位置。

3. Lyapunov 稳定性定义

定义 4.4.1（稳定性） 如果对于任意给定实数 $\varepsilon>0$，存在一个与 ε 和 t_0 有关的实数 $\delta(\varepsilon,t_0)>0$，只要初始状态 $\boldsymbol{x}(t_0)=\boldsymbol{x}_0$ 满足 $\|\boldsymbol{x}_0-\boldsymbol{x}_e\|<\delta(\varepsilon,t_0)$，系统状态方程

式(4.4.6)的解 $\boldsymbol{x}(t,\boldsymbol{x}_0,t_0)$满足

$$\| \boldsymbol{x}(t,\boldsymbol{x}_0,t_0)-\boldsymbol{x}_e \| < \varepsilon, \quad \forall t \geqslant t_0 \tag{4.4.8}$$

那么,称系统的平衡点 $\boldsymbol{x}_e$ 是 Lyapunov 意义下稳定的。

注释 4.4.1　定义 4.4.1 中实数 $\delta(\varepsilon,t_0)$通常有 $0<\delta(\varepsilon,t_0)<\varepsilon$,定义 4.4.1 的直观含义是,在系统受到较小的初始扰动后,系统运动的轨线不会偏离平衡点很远。在二维情况下,设 $\boldsymbol{x}(t)$的分量分别是 x_1 和 x_2,那么在 x_1 和 x_2 组成的二维状态空间平面中,状态方程式(4.4.6)的解就是起点为 $\boldsymbol{x}(t_0)=\boldsymbol{x}_0$ 的一条连续的运动轨迹。定义 4.4.1 所指的 Lyapunov 意义下稳定的含义如图 4.4.4(a)所示。

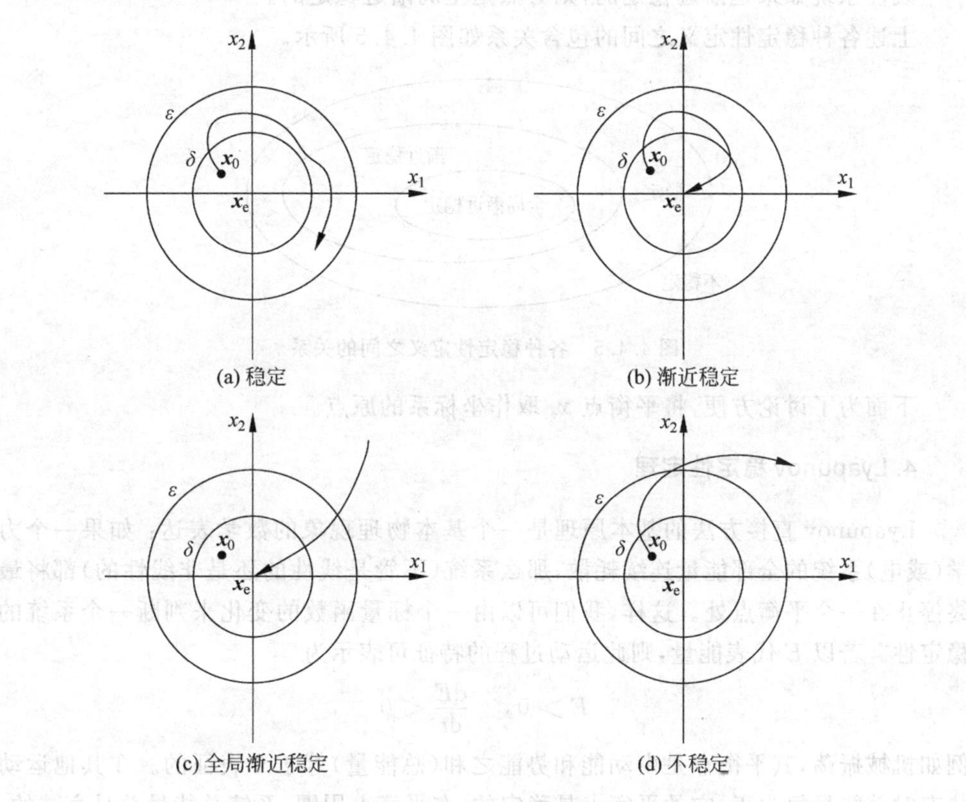

图 4.4.4　Lyapunov 意义下各种稳定性的几何解释

另外,凡是不满足稳定性定义的系统是不稳定系统,其直观意义如图 4.4.4(d)所示。

定义 4.4.2(渐近稳定性)　如果式(4.4.1)所示动态系统的一个平衡状态 $\boldsymbol{x}_e$ 满足

(1) $\boldsymbol{x}_e$ 是 Lyapunov 意义下稳定的;

(2) 存在一个实数 $\delta(t_0)>0$,使得只要初始状态满足 $\| \boldsymbol{x}_0-\boldsymbol{x}_e \| <\delta(t_0)$,就有

$$\lim_{t\to\infty} \| \boldsymbol{x}(t,\boldsymbol{x}_0,t_0)-\boldsymbol{x}_e \| = 0 \tag{4.4.9}$$

则称 $\boldsymbol{x}_e$ 是渐近稳定的。

注释 4.4.2　定义 4.4.2 的含义是一切由平衡点的一个小的邻域出发的运动轨

线，最终都将收敛到平衡点处，如图 4.4.4(b)所示。

定义 4.4.3(全局渐近稳定性) 如果式(4.4.1)所示动态系统的一个平衡状态 $\boldsymbol{x}_e$ 对所有 $\boldsymbol{x}_0 \in \mathrm{R}^n$ 有

① $\boldsymbol{x}_e$ 是稳定的；

② $\lim\limits_{t\to\infty} \| \boldsymbol{x}(t,\boldsymbol{x}_0,t_0)-\boldsymbol{x}_e \| = 0$。

则称 $\boldsymbol{x}_e$ 是全局渐近稳定的。

注释 4.4.3 定义 4.4.3 的直观解义如图 4.4.4(c)所示。对于线性系统而言，一个线性系统如果是渐近稳定的，则必然是全局渐近稳定的。

上述各种稳定性定义之间的包含关系如图 4.4.5 所示。

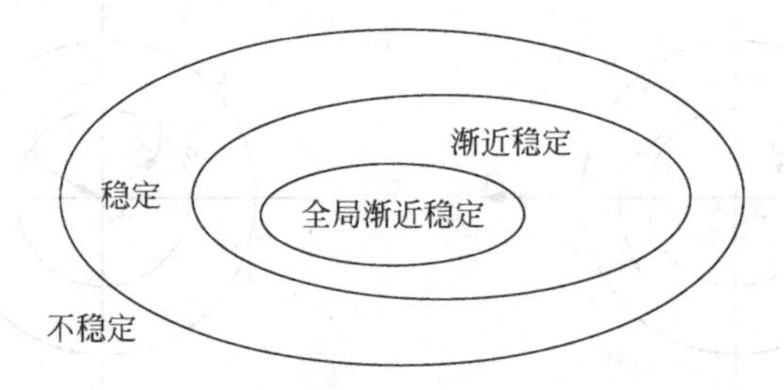

图 4.4.5 各种稳定性定义之间的关系

下面为了讨论方便，将平衡点 $\boldsymbol{x}_e$ 取作坐标系的原点。

4. Lyapunov 稳定性定理

Lyapunov 直接方法的基本原理是一个基本物理现象的数学表达：如果一个力学(或电)系统的全部能量连续耗散，那么系统(不管是线性的还是非线性的)都将最终停止在一个平衡点处。这样，我们可以由一个标量函数的变化来判断一个系统的稳定性。若以 E 代表能量，则此运动过程的特征可表示为

$$E > 0, \quad \frac{\mathrm{d}E}{\mathrm{d}t} < 0$$

例如机械振荡，其平衡点是由动能和势能之和(总能量)等于 0 表征的。在其他运动状态时总能量恒为正，它的平衡点是稳定的，在平衡点周围，系统总能量总是衰减的。

根据上述原理，Lyapunov 虚构了一个以状态变量描述的能量函数 $V[\boldsymbol{x}(t)]$，只要标量函数 $V[\boldsymbol{x}(t)]$ 正定，其对时间的导数 $\frac{\mathrm{d}}{\mathrm{d}t}V[\boldsymbol{x}(t)]$ 负定(正定和负定的含义见后面详述)，则不需要知道系统运动方程的解，就可以证明平衡点的稳定性，这种表达方式还可以推广。至于函数 $V[\boldsymbol{x}(t)]$ 本身的物理含义并不重要，只要找到一个满足上述条件的函数 $V[\boldsymbol{x}(t)]$，就可以研究其稳定性，称函数 $V[\boldsymbol{x}(t)]$ 为 Lyapunov 函数，通常要找到恰当的 $V[\boldsymbol{x}(t)]$ 并不容易。

定义 4.4.4(正定) 如果标量函数

$$V(\boldsymbol{x}) \begin{cases} > 0, & \forall \boldsymbol{x} \neq \boldsymbol{0} \\ = 0, & \boldsymbol{x} = \boldsymbol{0} \end{cases} \tag{4.4.10}$$

则称 $V(\boldsymbol{x})$ 是正定的。

定义 4.4.5(半正定)　如果标量函数

$$V(\boldsymbol{x})\begin{cases}\geqslant 0, & \forall \boldsymbol{x}\\ =0, & \boldsymbol{x}=\boldsymbol{0}\end{cases} \tag{4.4.11}$$

则称 $V(\boldsymbol{x})$ 是半正定的。

相应地也可定义负定和半负定函数。

定义 4.4.6(正定矩阵)　对于实二次型 $f(\boldsymbol{x})=\boldsymbol{x}^{\mathrm{T}}\boldsymbol{A}\boldsymbol{x}$，如果有 $f(\boldsymbol{x})>0, \forall \boldsymbol{x}\neq 0$，则称对称阵 $\boldsymbol{A}$ 为正定矩阵。

定理 4.4.1(连续时间系统的 Lyapunov 稳定性定理)　对于原点 $\boldsymbol{x}_e=\boldsymbol{0}$ 为平衡点的非线性动态系统

$$\begin{cases}\dot{\boldsymbol{x}}(t)=\boldsymbol{f}[\boldsymbol{x}(t),t]\\ \boldsymbol{f}[\boldsymbol{0},t]=\boldsymbol{0}, & \forall t\end{cases} \tag{4.4.12}$$

如果：

(1) 存在正定函数 $V[\boldsymbol{x}(t)]$；

(2) $\dot{V}[\boldsymbol{x}(t)]=\frac{\mathrm{d}}{\mathrm{d}t}V[\boldsymbol{x}(t)]$ 是半负定函数。

则平衡状态 $\boldsymbol{x}_e=\boldsymbol{0}$ 是稳定的。

推论 4.4.1　若定理 4.4.1 中的条件(2)改为 $\dot{V}[\boldsymbol{x}(t)]$ 是负定函数，或者再加上对于系统的非零解，有 $\dot{V}[\boldsymbol{x}(t)]\neq 0$，则平衡状态 $\boldsymbol{x}_e=\boldsymbol{0}$ 是渐近稳定的。

推论 4.4.2　如果 $\boldsymbol{x}_e=\boldsymbol{0}$ 是渐近稳定的，且当 $\|\boldsymbol{x}(t)\|\to\infty$ 时有，$V[\boldsymbol{x}(t),t]\to\infty$，则 $\boldsymbol{x}_e=\boldsymbol{0}$ 是全局渐近稳定的。

定理 4.4.2　对于线性定常系统

$$\dot{\boldsymbol{x}}(t)=\boldsymbol{A}x(t) \tag{4.4.13}$$

它的平衡状态 $\boldsymbol{x}_e=\boldsymbol{0}$，渐近稳定的充要条件是对任意给定的对称正定矩阵 $\boldsymbol{Q}$，存在一个对称正定矩阵 $\boldsymbol{P}$，它是矩阵方程

$$\boldsymbol{A}^{\mathrm{T}}\boldsymbol{P}+\boldsymbol{P}\boldsymbol{A}=-\boldsymbol{Q} \tag{4.4.14}$$

的唯一解。并且 $V[\boldsymbol{x}(t)]=\boldsymbol{x}^{\mathrm{T}}(t)\boldsymbol{P}\boldsymbol{x}(t)$ 就是系统式(4.4.13)的 Lyapunov 函数，方程式(4.4.14)称为 Lyapunov 方程。

注释 4.4.4　如果已知方阵 $\boldsymbol{A}$ 是稳定的，那么只要任意给定对称正定矩阵 $\boldsymbol{Q}$(可以取 $\boldsymbol{Q}=\boldsymbol{I}$)，则可以通过求解方程式(4.4.14)得到正定对称阵 $\boldsymbol{P}$，Matlab 里面有现成的 Lyapunov 矩阵方程求解函数 $\boldsymbol{P}=\mathrm{dlyap}(\boldsymbol{A},\boldsymbol{Q})$ 可以使用。

4.4.3　基于 Lyapunov 稳定性的模型参考自适应控制器设计

1. 控制问题描述

被控对象可以用连续时间多变量线性状态空间模型进行描述

$$\begin{cases}\dot{\boldsymbol{x}}_s(t)=\boldsymbol{A}_s\boldsymbol{x}_s(t)+\boldsymbol{B}_s\boldsymbol{u}(t)\\ \boldsymbol{y}_s(t)=\boldsymbol{x}_s(t)\end{cases} \tag{4.4.15}$$

式中，$\boldsymbol{x}_s(t)$为 n 维状态变量，假设所有分量可测；$\boldsymbol{A}_s$ 和 $\boldsymbol{B}_s$ 分别为 $n\times n$ 和 $n\times m$ 的参数矩阵；$\boldsymbol{u}(t)$为被控对象的 m 维控制信号。

式(4.4.15)中，为了简单起见，已假设 $n\times n$ 的输出矩阵和 $n\times m$ 的直接传输矩阵分别为$\boldsymbol{C}_s=\boldsymbol{I}_{n\times n}$，$\boldsymbol{D}_s=\boldsymbol{0}_{n\times m}$。另外，假定式(4.4.15)中 $\boldsymbol{A}_s$ 参数未知，$\boldsymbol{B}_s$ 参数已知，若 $\boldsymbol{B}_s$ 参数未知时，可采用离线辨识方法得到 $\boldsymbol{B}_s$ 的参数。

引入如下参考模型

$$\dot{\boldsymbol{x}}_m(t)=\boldsymbol{A}_m\boldsymbol{x}_m(t)+\boldsymbol{B}_m\boldsymbol{u}_w(t) \tag{4.4.16}$$

式中，$\boldsymbol{x}_m(t)$为 n 维的参考模型状态变量(与被控对象同维)，所有分量可测，$\boldsymbol{u}_w(t)$为属于分段连续函数类的 m 维参考输入信号，$\boldsymbol{A}_m$ 和 $\boldsymbol{B}_m$ 分别为 $n\times n$ 和 $n\times m$ 已知定常矩阵，一般有 $n\geqslant m$，$\boldsymbol{A}_m$ 为 Hurwitz 矩阵，即参考模型是渐近稳定的。

由于被控对象模型式(4.4.15)中 $\boldsymbol{A}_s$ 未知，由模型跟踪控制器式(4.3.15)知，$\boldsymbol{K}_p$ 未知，因此要采用 $\boldsymbol{A}_s$ 的估计值。用估计值代替真参数来确定控制律使闭环系统成为时变的非线性系统，不一定能够保证闭环系统的稳定性和收敛性，因此采用 Lyapunov 稳定性理论来设计模型跟踪控制器。基于 Lyapunov 稳定性理论的 MRAC 系统设计的主要问题，就是当 $\boldsymbol{A}_s$ 参数未知时，如何设计出可调参数控制器和自适应机构，使闭环系统稳定，并使被控对象输出和参考模型输出的跟踪误差，即广义误差趋近于零，即

$$\lim_{t\to\infty}\boldsymbol{e}_x(t)=\lim_{t\to\infty}[\boldsymbol{x}_m(t)-\boldsymbol{x}_s(t)]=0 \tag{4.4.17}$$

2. 模型参考自适应控制器

当被控对象参数即 $\boldsymbol{A}_s$ 和 $\boldsymbol{B}_s$ 已知时，由 4.3.2 节介绍的模型跟随控制器设计可知

$$\boldsymbol{u}(t)=-\boldsymbol{K}_P^*\boldsymbol{x}_s(t)+\boldsymbol{K}_U^*\boldsymbol{u}_w(t) \tag{4.4.18}$$

式中，$\boldsymbol{K}_P^*$ 和 $\boldsymbol{K}_U^*$ 表示模型匹配时的控制器参数，分别由下述两式计算

$$\boldsymbol{A}_s-\boldsymbol{B}_s\boldsymbol{K}_P^*=\boldsymbol{A}_m \tag{4.4.19}$$

$$\boldsymbol{B}_s\boldsymbol{K}_U^*=\boldsymbol{B}_m \tag{4.4.20}$$

当 $\boldsymbol{A}_s$ 参数未知时，如图 4.4.6 所示，可调参数控制器为

$$\boldsymbol{u}(t)=-\boldsymbol{K}_P[\boldsymbol{e}_x(t),t]\boldsymbol{x}_s(t)+\boldsymbol{K}_U[\boldsymbol{e}_x(t),t]\boldsymbol{u}_w(t) \tag{4.4.21}$$

式中，$\boldsymbol{K}_P[\boldsymbol{e}_x(t),t]$为 $m\times n$ 维的参数时变的增益矩阵，$\boldsymbol{K}_U[\boldsymbol{e}_x(t),t]$为 $m\times m$ 维参数时变增益矩阵。

从数学形式上来看，所谓的自适应律就是求得下列矩阵形式的线性或者非线性微分方程

$$\dot{\boldsymbol{K}}_P[\boldsymbol{e}_x(t),t]=\boldsymbol{F}_P\{\boldsymbol{K}_P[\boldsymbol{e}_x(t),t],\boldsymbol{x}_s(t)\} \tag{4.4.22}$$

$$\dot{\boldsymbol{K}}_U[\boldsymbol{e}_x(t),t]=\boldsymbol{F}_U\{\boldsymbol{K}_U[\boldsymbol{e}_x(t),t],\boldsymbol{u}_w(t)\} \tag{4.4.23}$$

式中，$\boldsymbol{F}_P\{\cdot\}$和 $\boldsymbol{F}_U\{\cdot\}$表示某种非线性映射，并且存在 $\boldsymbol{K}_P^*$ 和 $\boldsymbol{K}_U^*$ 满足

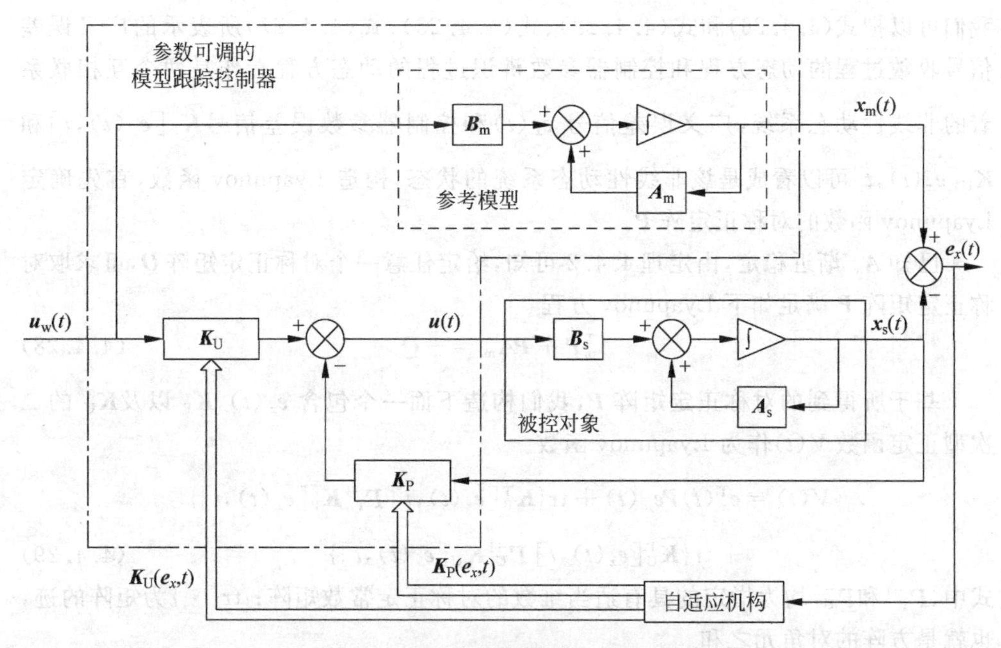

图 4.4.6　用状态方程描述的 MRAC 系统

$$\begin{cases}A_s - B_s K_P^* = A_m \\ B_s K_U^* = B_m\end{cases} \tag{4.4.24}$$

当我们明确知道线性或非线性函数矩阵 $F_P\{\cdot\}$和 $F_U\{\cdot\}$的解析表达式时,规定好初始状态后,对上述矩阵形式的微分方程的每个元进行积分,就可以确定每一时刻的控制器参数 $K_P[e_x(t),t]$和 $K_U[e_x(t),t]$。

本节利用 Lyapunov 稳定性理论来设计模型参考自适应控制器,广义误差信号为

$$e_x(t) = x_m(t) - x_s(t) \tag{4.4.25}$$

将控制器方程式(4.4.21)代入被控对象式(4.4.15),并且与参考模型式(4.4.16)相减,可得关于广义误差信号的状态方程

$$\dot{e}_x(t) = A_m e_x(t) + \{A_m - A_s + B_s K_P[e_x(t),t]\}x_s(t) + \{B_m - B_s K_U[e_x(t),t]\}u_w(t)$$

将式(4.4.24)代入上式,可得

$$\begin{aligned}\dot{e}_x(t) &= A_m e_x(t) + \{A_s - B_s K_P^* - A_s + B_s K_P[e_x(t),t]\}x_s(t) \\ &\quad + \{B_s K_U^* - B_s K_U[e_x(t),t]\}u_w(t) \\ &= A_m e_x(t) - B_s\{K_P^* - K_P[e_x(t),t]\}x_s(t) + B_s\{K_U^* - K_U[e_x(t),t]\}u_w(t) \\ &= A_m e_x(t) - B_s \widetilde{K}_P[e_x(t),t]x_s(t) + B_s \widetilde{K}_U[e_x(t),t]u_w(t)\end{aligned} \tag{4.4.26}$$

式中

$$\begin{cases}\widetilde{K}_P[e_x(t),t] = K_P^* - K_P[e_x(t),t] \\ \widetilde{K}_U[e_x(t),t] = K_U^* - K_U[e_x(t),t]\end{cases} \tag{4.4.27}$$

我们可以把式(4.4.26)和式(4.4.22)、式(4.4.23)、式(4.4.27)所表示的广义误差信号收敛过程的动态方程和控制器参数辨识过程的动态方程看作是两个互相联系着的非线性动态系统，广义误差信号 $\boldsymbol{e}_x(t)$ 和控制器参数误差信号 $\widetilde{\boldsymbol{K}}_{\mathrm{P}}[\boldsymbol{e}_x(t),t]$ 和 $\widetilde{\boldsymbol{K}}_{\mathrm{U}}[\boldsymbol{e}_x(t),t]$ 可以看成是该非线性动态系统的状态，构造 Lyapunov 函数，首先确定 Lyapunov 函数的对称正定阵 $\boldsymbol{P}$。

已知 $\boldsymbol{A}_{\mathrm{m}}$ 渐近稳定，由定理 4.4.2 可知，给定任意一个对称正定矩阵 $\boldsymbol{Q}$，可求取对称正定矩阵 $\boldsymbol{P}$ 满足如下 Lyapunov 方程

$$\boldsymbol{A}_{\mathrm{m}}^{\mathrm{T}}\boldsymbol{P}+\boldsymbol{P}\boldsymbol{A}_{\mathrm{m}}=-\boldsymbol{Q} \tag{4.4.28}$$

基于所得到的对称正定矩阵 $\boldsymbol{P}$，我们构造下面一个包含 $\boldsymbol{e}_x(t)$，$\widetilde{\boldsymbol{K}}_{\mathrm{P}}$ 以及 $\widetilde{\boldsymbol{K}}_{\mathrm{U}}$ 的二次型正定函数 $V(t)$ 作为 Lyapunov 函数

$$\begin{aligned}V(t)=&\boldsymbol{e}_x^{\mathrm{T}}(t)\boldsymbol{P}\boldsymbol{e}_x(t)+\operatorname{tr}\{\widetilde{\boldsymbol{K}}_{\mathrm{P}}^{\mathrm{T}}[\boldsymbol{e}_x(t),t]\boldsymbol{\Gamma}_{\mathrm{P}}^{-1}\widetilde{\boldsymbol{K}}_{\mathrm{P}}[\boldsymbol{e}_x(t),t]\}\\&+\operatorname{tr}\{\widetilde{\boldsymbol{K}}_{\mathrm{U}}^{\mathrm{T}}[\boldsymbol{e}_x(t),t]\boldsymbol{\Gamma}_{\mathrm{U}}^{-1}\widetilde{\boldsymbol{K}}_{\mathrm{U}}[\boldsymbol{e}_x(t),t]\}\end{aligned} \tag{4.4.29}$$

式中，$\boldsymbol{\Gamma}_{\mathrm{P}}^{-1}$ 和 $\boldsymbol{\Gamma}_{\mathrm{U}}^{-1}$ 均为指定的具有适当维数的对称正定常数矩阵；$\operatorname{tr}\{\cdot\}$ 为矩阵的迹，也就是方阵的对角元之和。

将上述 Lyapunov 函数对时间求导，得

$$\begin{aligned}\dot{V}(t)=&\boldsymbol{e}_x^{\mathrm{T}}(t)\boldsymbol{P}\dot{\boldsymbol{e}}_x(t)+\dot{\boldsymbol{e}}_x^{\mathrm{T}}(t)\boldsymbol{P}\boldsymbol{e}_x(t)\\&+\operatorname{tr}\{\widetilde{\boldsymbol{K}}_{\mathrm{P}}^{\mathrm{T}}[\boldsymbol{e}_x(t),t]\boldsymbol{\Gamma}_{\mathrm{P}}^{-1}\dot{\widetilde{\boldsymbol{K}}}_{\mathrm{P}}[\boldsymbol{e}_x(t),t]+\dot{\widetilde{\boldsymbol{K}}}_{\mathrm{P}}^{\mathrm{T}}[\boldsymbol{e}_x(t),t]\boldsymbol{\Gamma}_{\mathrm{P}}^{-1}\widetilde{\boldsymbol{K}}_{\mathrm{P}}[\boldsymbol{e}_x(t),t]\}\\&+\operatorname{tr}\{\widetilde{\boldsymbol{K}}_{\mathrm{U}}^{\mathrm{T}}[\boldsymbol{e}_x(t),t]\boldsymbol{\Gamma}_{\mathrm{U}}^{-1}\dot{\widetilde{\boldsymbol{K}}}_{\mathrm{U}}[\boldsymbol{e}_x(t),t]+\dot{\widetilde{\boldsymbol{K}}}_{\mathrm{U}}^{\mathrm{T}}[\boldsymbol{e}_x(t),t]\boldsymbol{\Gamma}_{\mathrm{U}}^{-1}\widetilde{\boldsymbol{K}}_{\mathrm{U}}[\boldsymbol{e}_x(t),t]\}\end{aligned} \tag{4.4.30}$$

将式(4.4.26)代入，得到

$$\begin{aligned}\dot{V}(t)=&\boldsymbol{e}_x^{\mathrm{T}}(t)(\boldsymbol{A}_{\mathrm{m}}^{\mathrm{T}}\boldsymbol{P}+\boldsymbol{P}\boldsymbol{A}_{\mathrm{m}})\boldsymbol{e}_x(t)\\&-2\boldsymbol{e}_x^{\mathrm{T}}(t)\boldsymbol{P}\boldsymbol{B}_{\mathrm{s}}\widetilde{\boldsymbol{K}}_{\mathrm{P}}[\boldsymbol{e}_x(t),t]\boldsymbol{x}_{\mathrm{s}}(t)+2\boldsymbol{e}_x^{\mathrm{T}}(t)\boldsymbol{P}\boldsymbol{B}_{\mathrm{s}}\widetilde{\boldsymbol{K}}_{\mathrm{U}}[\boldsymbol{e}_x(t),t]\boldsymbol{u}_{\mathrm{w}}(t)\\&+2\operatorname{tr}\{\dot{\widetilde{\boldsymbol{K}}}_{\mathrm{P}}^{\mathrm{T}}[\boldsymbol{e}_x(t),t]\boldsymbol{\Gamma}_{\mathrm{P}}^{-1}\widetilde{\boldsymbol{K}}_{\mathrm{P}}[\boldsymbol{e}_x(t),t]\}\\&+2\operatorname{tr}\{\dot{\widetilde{\boldsymbol{K}}}_{\mathrm{U}}^{\mathrm{T}}[\boldsymbol{e}_x(t),t]\boldsymbol{\Gamma}_{\mathrm{U}}^{-1}\widetilde{\boldsymbol{K}}_{\mathrm{U}}[\boldsymbol{e}_x(t),t]\}\end{aligned} \tag{4.4.31}$$

为简明起见，定义 $1\times m$ 维行向量

$$\boldsymbol{H}(t)=\boldsymbol{e}_x^{\mathrm{T}}(t)\boldsymbol{P}\boldsymbol{B}_{\mathrm{s}} \tag{4.4.32}$$

则有

$$\begin{aligned}\dot{V}(t)=&-\boldsymbol{e}_x^{\mathrm{T}}(t)\boldsymbol{Q}\boldsymbol{e}_x(t)-2\boldsymbol{H}(t)\widetilde{\boldsymbol{K}}_{\mathrm{P}}[\boldsymbol{e}_x(t),t]\boldsymbol{x}_{\mathrm{s}}(t)+2\boldsymbol{H}(t)\widetilde{\boldsymbol{K}}_{\mathrm{U}}[\boldsymbol{e}_x(t),t]\boldsymbol{u}_{\mathrm{w}}(t)\\&+2\operatorname{tr}\{\dot{\widetilde{\boldsymbol{K}}}_{\mathrm{P}}^{\mathrm{T}}[\boldsymbol{e}_x(t),t]\boldsymbol{\Gamma}_{\mathrm{P}}^{-1}\widetilde{\boldsymbol{K}}_{\mathrm{P}}[\boldsymbol{e}_x(t),t]\}\\&+2\operatorname{tr}\{\dot{\widetilde{\boldsymbol{K}}}_{\mathrm{U}}^{\mathrm{T}}[\boldsymbol{e}_x(t),t]\boldsymbol{\Gamma}_{\mathrm{U}}^{-1}\widetilde{\boldsymbol{K}}_{\mathrm{U}}[\boldsymbol{e}_x(t),t]\}\end{aligned} \tag{4.4.33}$$

注意到上式每一项都是实数，并且有

$$\boldsymbol{H}(t)\widetilde{\boldsymbol{K}}_{\mathrm{P}}[\boldsymbol{e}_x(t),t]\boldsymbol{x}_{\mathrm{s}}(t)=\operatorname{tr}\{\boldsymbol{x}_{\mathrm{s}}(t)\boldsymbol{H}(t)\widetilde{\boldsymbol{K}}_{\mathrm{P}}[\boldsymbol{e}_x(t),t]\}$$

$$\boldsymbol{H}(t)\widetilde{\boldsymbol{K}}_{\mathrm{U}}[\boldsymbol{e}_x(t),t]\boldsymbol{u}_{\mathrm{w}}(t)=\mathrm{tr}\{\boldsymbol{u}_{\mathrm{w}}(t)\boldsymbol{H}(t)\widetilde{\boldsymbol{K}}_{\mathrm{U}}[\boldsymbol{e}_x(t),t]\}$$

代入式(4.4.33),可得

$$\begin{aligned}\dot{V}(t)=&-\boldsymbol{e}_x^{\mathrm{T}}(t)\boldsymbol{Q}\boldsymbol{e}_x(t)-2\mathrm{tr}\{\boldsymbol{x}_{\mathrm{s}}(t)\boldsymbol{H}(t)\widetilde{\boldsymbol{K}}_{\mathrm{P}}[\boldsymbol{e}_x(t),t]\}\\&+2\mathrm{tr}\{\boldsymbol{u}_{\mathrm{w}}(t)\boldsymbol{H}(t)\widetilde{\boldsymbol{K}}_{\mathrm{U}}[\boldsymbol{e}_x(t),t]\}\\&+2\mathrm{tr}\{\dot{\widetilde{\boldsymbol{K}}}_{\mathrm{P}}^{\mathrm{T}}[\boldsymbol{e}_x(t),t]\boldsymbol{\Gamma}_{\mathrm{P}}^{-1}\widetilde{\boldsymbol{K}}_{\mathrm{P}}[\boldsymbol{e}_x(t),t]\}\\&+2\mathrm{tr}\{\dot{\widetilde{\boldsymbol{K}}}_{\mathrm{U}}^{\mathrm{T}}[\boldsymbol{e}_x(t),t]\boldsymbol{\Gamma}_{\mathrm{U}}^{-1}\widetilde{\boldsymbol{K}}_{\mathrm{U}}[\boldsymbol{e}_x(t),t]\}\end{aligned}\tag{4.4.34}$$

所以

$$\begin{aligned}\dot{V}(t)=&-\boldsymbol{e}_x^{\mathrm{T}}(t)\boldsymbol{Q}\boldsymbol{e}_x(t)+2\mathrm{tr}\{\dot{\widetilde{\boldsymbol{K}}}_{\mathrm{P}}^{\mathrm{T}}[\boldsymbol{e}_x(t),t]\boldsymbol{\Gamma}_{\mathrm{P}}^{-1}\widetilde{\boldsymbol{K}}_{\mathrm{P}}[\boldsymbol{e}_x(t),t]\\&-\boldsymbol{x}_{\mathrm{s}}(t)\boldsymbol{e}_x^{\mathrm{T}}(t)\boldsymbol{P}\boldsymbol{B}_{\mathrm{s}}\widetilde{\boldsymbol{K}}_{\mathrm{P}}[\boldsymbol{e}_x(t),t]\}+2\mathrm{tr}\{\dot{\widetilde{\boldsymbol{K}}}_{\mathrm{U}}^{\mathrm{T}}[\boldsymbol{e}_x(t),t]\boldsymbol{\Gamma}_{\mathrm{U}}^{-1}\widetilde{\boldsymbol{K}}_{\mathrm{U}}[\boldsymbol{e}_x(t),t]\\&+\boldsymbol{u}_{\mathrm{w}}(t)\boldsymbol{e}_x^{\mathrm{T}}(t)\boldsymbol{P}\boldsymbol{B}_{\mathrm{s}}\widetilde{\boldsymbol{K}}_{\mathrm{U}}[\boldsymbol{e}_x(t),t]\}\end{aligned}\tag{4.4.35}$$

若按照如下方式选择$\dot{\widetilde{\boldsymbol{K}}}_{\mathrm{P}}[\boldsymbol{e}_x(t),t]$和$\dot{\widetilde{\boldsymbol{K}}}_{\mathrm{U}}[\boldsymbol{e}_x(t),t]$

$$\dot{\widetilde{\boldsymbol{K}}}_{\mathrm{P}}[\boldsymbol{e}_x(t),t]=\boldsymbol{\Gamma}_{\mathrm{P}}\boldsymbol{B}_{\mathrm{s}}^{\mathrm{T}}\boldsymbol{P}\boldsymbol{e}_x(t)\boldsymbol{x}_{\mathrm{s}}^{\mathrm{T}}(t)\tag{4.4.36}$$

$$\dot{\widetilde{\boldsymbol{K}}}_{\mathrm{U}}[\boldsymbol{e}_x(t),t]=-\boldsymbol{\Gamma}_{\mathrm{U}}\boldsymbol{B}_{\mathrm{s}}^{\mathrm{T}}\boldsymbol{P}\boldsymbol{e}_x(t)\boldsymbol{u}_{\mathrm{w}}^{\mathrm{T}}(t)\tag{4.4.37}$$

则有

$$\dot{V}(t)=-\boldsymbol{e}_x^{\mathrm{T}}(t)\boldsymbol{Q}\boldsymbol{e}_x(t)\leqslant 0\tag{4.4.38}$$

又由式(4.4.27)可得

$$\dot{\widetilde{\boldsymbol{K}}}_{\mathrm{P}}[\boldsymbol{e}_x(t),t]=-\dot{\boldsymbol{K}}_{\mathrm{P}}[\boldsymbol{e}_x(t),t]=\boldsymbol{\Gamma}_{\mathrm{P}}\boldsymbol{B}_{\mathrm{s}}^{\mathrm{T}}\boldsymbol{P}\boldsymbol{e}_x(t)\boldsymbol{x}_{\mathrm{s}}^{\mathrm{T}}(t)\tag{4.4.39}$$

$$\dot{\widetilde{\boldsymbol{K}}}_{\mathrm{U}}[\boldsymbol{e}_x(t),t]=-\dot{\boldsymbol{K}}_{\mathrm{U}}[\boldsymbol{e}_x(t),t]=-\boldsymbol{\Gamma}_{\mathrm{U}}\boldsymbol{B}_{\mathrm{s}}^{\mathrm{T}}\boldsymbol{P}\boldsymbol{e}_x(t)\boldsymbol{u}_{\mathrm{w}}^{\mathrm{T}}(t)\tag{4.4.40}$$

为此,由式(4.4.39)和式(4.4.40)两边积分即可得

$$\boldsymbol{K}_{\mathrm{P}}[\boldsymbol{e}_x(t),t]=-\int_0^t\boldsymbol{\Gamma}_{\mathrm{P}}\boldsymbol{B}_{\mathrm{s}}^{\mathrm{T}}\boldsymbol{P}\boldsymbol{e}_x(\tau)\boldsymbol{x}_{\mathrm{s}}^{\mathrm{T}}(\tau)\mathrm{d}\tau+\boldsymbol{K}_{\mathrm{P}}(0)\tag{4.4.41}$$

$$\boldsymbol{K}_{\mathrm{U}}[\boldsymbol{e}_x(t),t]=\int_0^t\boldsymbol{\Gamma}_{\mathrm{U}}\boldsymbol{B}_{\mathrm{s}}^{\mathrm{T}}\boldsymbol{P}\boldsymbol{e}_x(\tau)\boldsymbol{u}_{\mathrm{w}}^{\mathrm{T}}(\tau)\mathrm{d}\tau+\boldsymbol{K}_{\mathrm{U}}(0)\tag{4.4.42}$$

最后,基于上述控制器结构的 MRAC 控制系统如图 4.4.6 所示。

3. 稳定性和收敛性分析

为了证明基于 Lyapunov 稳定性理论的 MRAC 系统的稳定性和收敛性,需要引入如下的 Barbalat 引理。

引理 4.4.1(Barbalat 引理[8]) 对于函数 $g(t):\mathrm{R}_+\to\mathrm{R}$,如果 $g(t)$ 一致连续且 $\lim\limits_{t\to\infty}\int_0^t g(\tau)\mathrm{d}\tau$ 存在且有界,那么$\lim\limits_{t\to\infty}g(t)=0$。

稳定性和收敛性分析如下:

由式(4.4.29)选择的 $V(t)>0$,且有$\dot{V}(t)\leqslant 0$,所以 $V(t)$ 是闭环系统的一个

Lyapunov 函数，根据 Lyapunov 定理，可知由式(4.4.26)、式(4.4.36)和式(4.4.37)描述的闭环系统方程稳定，$\boldsymbol{e}_x(t)$、$\widetilde{\boldsymbol{K}}_{\mathrm{P}}$ 以及 $\widetilde{\boldsymbol{K}}_{\mathrm{U}}$ 都是有界的。又因为参考模型稳定，$\boldsymbol{x}_{\mathrm{m}}(t)$ 有界，则 $\boldsymbol{x}_{\mathrm{s}}(t)=\boldsymbol{x}_{\mathrm{m}}(t)+\boldsymbol{e}_x(t)$ 有界。另外，由于 $\boldsymbol{x}_{\mathrm{s}}(t)$、$\boldsymbol{u}_{\mathrm{w}}(t)$、$\widetilde{\boldsymbol{K}}_{\mathrm{P}}$、$\widetilde{\boldsymbol{K}}_{\mathrm{U}}$ 均有界，如下两式也有界

$$\boldsymbol{K}_{\mathrm{P}}[\boldsymbol{e}_x(t),t]=\boldsymbol{K}_{\mathrm{P}}^{*}-\widetilde{\boldsymbol{K}}_{\mathrm{P}}[\boldsymbol{e}_x(t),t]$$

$$\boldsymbol{K}_{\mathrm{U}}[\boldsymbol{e}_x(t),t]=\boldsymbol{K}_{\mathrm{U}}^{*}-\widetilde{\boldsymbol{K}}_{\mathrm{U}}[\boldsymbol{e}_x(t),t]$$

因此控制信号 $\boldsymbol{u}(t)=-\boldsymbol{K}_{\mathrm{P}}[\boldsymbol{e}_x(t),t]\boldsymbol{x}_{\mathrm{s}}(t)+\boldsymbol{K}_{\mathrm{U}}[\boldsymbol{e}_x(t),t]\boldsymbol{u}_{\mathrm{w}}(t)$ 有界，因此 MRAC 系统所有信号有界，即具有稳定性。

令 $g(t)=\dot{V}(t)=-\boldsymbol{e}_x^{\mathrm{T}}(t)\boldsymbol{Q}\boldsymbol{e}_x(t)$，可得

$$\begin{aligned}\dot{g}(t)=\ddot{V}(t)&=-\dot{\boldsymbol{e}}_x^{\mathrm{T}}(t)\boldsymbol{Q}\boldsymbol{e}_x(t)-\boldsymbol{e}_x^{\mathrm{T}}(t)\boldsymbol{Q}\dot{\boldsymbol{e}}_x(t)=-2\boldsymbol{e}_x^{\mathrm{T}}(t)\boldsymbol{Q}\dot{\boldsymbol{e}}_x(t)\\&=-2\boldsymbol{e}_x^{\mathrm{T}}(t)\boldsymbol{Q}\{\boldsymbol{A}_{\mathrm{m}}\boldsymbol{e}_x(t)-\boldsymbol{B}_{\mathrm{s}}\widetilde{\boldsymbol{K}}_{\mathrm{P}}[\boldsymbol{e}_x(t),t]\boldsymbol{x}_{\mathrm{s}}(t)+\boldsymbol{B}_{\mathrm{s}}\widetilde{\boldsymbol{K}}_{\mathrm{U}}[\boldsymbol{e}_x(t),t]\boldsymbol{u}_{\mathrm{w}}(t)\}\end{aligned}$$

由于 $\boldsymbol{e}_x(t)$、$\boldsymbol{x}_{\mathrm{m}}(t)$、$\boldsymbol{x}_{\mathrm{s}}(t)$、$\boldsymbol{u}_{\mathrm{w}}(t)$、$\widetilde{\boldsymbol{K}}_{\mathrm{P}}[\boldsymbol{e}_x(t),t]$ 以及 $\widetilde{\boldsymbol{K}}_{\mathrm{U}}[\boldsymbol{e}_x(t),t]$ 都是有界的，可知 $\dot{g}(t)=\ddot{V}(t)$ 是一致有界的，即 $g(t)$ 对时间 t 是一致连续的。因为 $V(t)\geqslant 0$，且是递减的(即 $\dot{V}(t)\leqslant 0$)，所以当 t 趋于无穷时，$V(t)$ 的极限存在，记为 $V(\infty)$，并且

$$\lim_{t\to\infty}\int_0^t g(\tau)\mathrm{d}\tau=\lim_{t\to\infty}\int_0^t\dot{V}(\tau)\mathrm{d}\tau=V(\infty)-V(0)$$

有界，由 Barbalat 引理，则有

$$\lim_{t\to\infty}g(t)=\lim_{t\to\infty}\dot{V}(t)=-\lim_{t\to\infty}\boldsymbol{e}_x^{\mathrm{T}}(t)\boldsymbol{Q}\boldsymbol{e}_x(t)=0$$

由于 $\boldsymbol{Q}$ 是对称正定矩阵，可得

$$\lim_{t\to\infty}\|\boldsymbol{e}_x(t)\|=0$$

注释 4.4.5 由自适应律式(4.4.41)和式(4.4.42)可知，实际上要求被控对象的 $\boldsymbol{B}_{\mathrm{s}}$ 矩阵已知，这不能不说是算法的一个局限。但是当 $\boldsymbol{B}_{\mathrm{s}}$ 未知时，可以采用相关辨识算法获得 $\boldsymbol{B}_{\mathrm{s}}$ 的估计值，也可采用文献[9]的方法来处理 $\boldsymbol{B}_{\mathrm{s}}$ 未知的问题。

注释 4.4.6 在设计过程中，首先由控制器设计者主观给定一个对称正定矩阵 $\boldsymbol{Q}$，再求满足 Lyapunov 方程 $\boldsymbol{A}_{\mathrm{m}}^{\mathrm{T}}\boldsymbol{P}+\boldsymbol{P}\boldsymbol{A}_{\mathrm{m}}=-\boldsymbol{Q}$ 的对称正定矩阵 $\boldsymbol{P}$，进而得到参数自适应调节规律。矩阵 $\boldsymbol{Q}$ 的选择不会影响系统的稳定性，但会影响瞬态响应。

4. 参数收敛性分析

参数收敛的含义是

$$\begin{cases}\lim\limits_{t\to\infty}\{\boldsymbol{A}_{\mathrm{s}}-\boldsymbol{B}_{\mathrm{s}}\boldsymbol{K}_{\mathrm{P}}[\boldsymbol{e}_x(t),t]\}=\boldsymbol{A}_{\mathrm{m}}\\\lim\limits_{t\to\infty}\boldsymbol{B}_{\mathrm{s}}\boldsymbol{K}_{\mathrm{U}}[\boldsymbol{e}_x(t),t]=\boldsymbol{B}_{\mathrm{m}}\end{cases}$$

在 MRAC 系统稳定性和收敛性基础上分析参数收敛性问题，由广义误差信号的状态方程

$$\dot{\boldsymbol{e}}_x(t)=\boldsymbol{A}_{\mathrm{m}}\boldsymbol{e}_x(t)+\{\boldsymbol{A}_{\mathrm{m}}-\boldsymbol{A}_{\mathrm{s}}+\boldsymbol{B}_{\mathrm{s}}\boldsymbol{K}_{\mathrm{P}}[\boldsymbol{e}_x(t),t]\}\boldsymbol{x}_s(t)+\{\boldsymbol{B}_{\mathrm{m}}-\boldsymbol{B}_{\mathrm{s}}\boldsymbol{K}_{\mathrm{U}}[\boldsymbol{e}_x(t),t]\}\boldsymbol{u}_{\mathrm{w}}(t) \tag{4.4.43}$$

且因$\lim\limits_{t\to\infty}\boldsymbol{e}_x(t)=0$,可得

$$\{\boldsymbol{A}_{\mathrm{m}}-\lim_{t\to\infty}\{\boldsymbol{A}_{\mathrm{s}}-\boldsymbol{B}_{\mathrm{s}}\boldsymbol{K}_{\mathrm{P}}[\boldsymbol{e}_x(t),t]\}\}\boldsymbol{x}_{\mathrm{s}}(t)+\{\boldsymbol{B}_{\mathrm{m}}-\lim_{t\to\infty}\{\boldsymbol{B}_{\mathrm{s}}\boldsymbol{K}_{\mathrm{U}}[\boldsymbol{e}_x(t),t]\}\}\boldsymbol{u}_{\mathrm{w}}(t)=0 \tag{4.4.44}$$

可见,当参考输入$\boldsymbol{u}_{\mathrm{w}}(t)$和状态变量$\boldsymbol{x}_{\mathrm{s}}(t)$线性独立时,可以实现参数收敛。根据参数估计理论[1],保证$\boldsymbol{u}_{\mathrm{w}}(t)$和$\boldsymbol{x}_{\mathrm{s}}(t)$线性独立的充分条件是:

(1) 参考模型,即$(\boldsymbol{A}_{\mathrm{m}},\boldsymbol{B}_{\mathrm{m}})$完全能控;

(2) $\boldsymbol{u}_{\mathrm{w}}(t)$的每个分量线性独立;

(3) $\boldsymbol{u}_{\mathrm{w}}(t)$的每个分量至少含有$(n+1)/2$个不同频率信号。

因此,当上述条件(1)~条件(3)成立时,可以实现参数收敛。

4.4.4 仿真实验

为验证本节的基于Lyapunov稳定性理论的模型参考自适应控制器的控制效果,我们进行如下仿真研究。

例 4.4.2 基于Lyapunov稳定性理论的模型参考自适应控制器仿真实验

被控对象模型为

$$\dot{\boldsymbol{x}}_{\mathrm{s}}(t)=\boldsymbol{A}_{\mathrm{s}}\boldsymbol{x}_{\mathrm{s}}(t)+\boldsymbol{B}_{\mathrm{s}}u(t)$$

式中,$\boldsymbol{A}_{\mathrm{s}}=\begin{bmatrix}2 & 0\\ -6 & -7\end{bmatrix}$,$\boldsymbol{B}_{\mathrm{s}}=\begin{bmatrix}2\\4\end{bmatrix}$。

参考模型为

$$\dot{\boldsymbol{x}}_{\mathrm{m}}(t)=\boldsymbol{A}_{\mathrm{m}}\boldsymbol{x}_{\mathrm{m}}(t)+\boldsymbol{B}_{\mathrm{m}}u_{\mathrm{w}}(t)$$

式中,$\boldsymbol{A}_{\mathrm{m}}=\begin{bmatrix}0 & 1\\ -10 & -5\end{bmatrix}$,$\boldsymbol{B}_{\mathrm{m}}=\begin{bmatrix}1\\2\end{bmatrix}$。

目标是设计如下的控制器

$$u(t)=-\boldsymbol{K}_{\mathrm{P}}[\boldsymbol{e}_x(t),t]\boldsymbol{x}_{\mathrm{s}}(t)+K_{\mathrm{U}}[\boldsymbol{e}_x(t),t]u_{\mathrm{w}}(t)$$

使得广义误差矢量趋于零,即$\lim\limits_{t\to\infty}\boldsymbol{e}_x(t)=\lim\limits_{t\to\infty}[\boldsymbol{x}_{\mathrm{s}}(t)-\boldsymbol{x}_{\mathrm{m}}(t)]=0$,并达参数收敛。

当被控对象参数已知时,由式(4.3.15)和式(4.3.16)可知有

$$\boldsymbol{K}_{\mathrm{P}}^*=[k_{\mathrm{P1}}^*\quad k_{\mathrm{P2}}^*]=(\boldsymbol{B}_{\mathrm{s}}^{\mathrm{T}}\boldsymbol{B}_{\mathrm{s}})^{-1}\boldsymbol{B}_{\mathrm{s}}^{\mathrm{T}}(\boldsymbol{A}_{\mathrm{s}}-\boldsymbol{A}_{\mathrm{m}})=[1\quad -0.5]$$

$$K_{\mathrm{U}}^*=k_{\mathrm{U}}^*=(\boldsymbol{B}_{\mathrm{s}}^{\mathrm{T}}\boldsymbol{B}_{\mathrm{s}})^{-1}\boldsymbol{B}_{\mathrm{s}}^{\mathrm{T}}\boldsymbol{B}_{\mathrm{m}}=0.5$$

选取对称正定矩阵$\boldsymbol{Q}=\begin{bmatrix}1 & 0\\ 0 & 1\end{bmatrix}$,由如下的Lyapunov方程

$$\boldsymbol{P}\begin{bmatrix}0 & 1\\ -10 & -5\end{bmatrix}+\begin{bmatrix}0 & 1\\ -10 & -5\end{bmatrix}^{\mathrm{T}}\boldsymbol{P}=-\begin{bmatrix}1 & 0\\ 0 & 1\end{bmatrix}$$

得$\boldsymbol{P}=\dfrac{1}{100}\begin{bmatrix}135 & 5\\ 5 & 11\end{bmatrix}$,取$\Gamma_{\mathrm{P}}=10$,$\Gamma_{\mathrm{U}}=15$,$\boldsymbol{K}_{\mathrm{P}}(0)=[0\quad 0]$,$K_{\mathrm{U}}(0)=0$。

由式(4.4.41)和式(4.4.42)可得

$$\begin{aligned}\boldsymbol{K}_{\mathrm{P}}[\boldsymbol{e}_x(t),t] &= -\int_0^t \boldsymbol{\Gamma}_{\mathrm{P}}\boldsymbol{B}_{\mathrm{s}}^{\mathrm{T}}\boldsymbol{P}\boldsymbol{e}_x(\tau)\boldsymbol{x}_{\mathrm{s}}^{\mathrm{T}}(\tau)\mathrm{d}\tau + \boldsymbol{K}_{\mathrm{P}}(0)\\ &= -\int_0^t \boldsymbol{\Gamma}_{\mathrm{P}}\boldsymbol{B}_{\mathrm{s}}^{\mathrm{T}}\boldsymbol{P}\boldsymbol{e}_x(\tau)\boldsymbol{x}_{\mathrm{s}}^{\mathrm{T}}(\tau)\mathrm{d}\tau + [0\quad 0]\\ &= -\int_0^t 10\times[2\quad 4]\times\frac{1}{100}\begin{bmatrix}135 & 5\\ 5 & 11\end{bmatrix}\begin{bmatrix}e_{x1}(\tau)\\ e_{x2}(\tau)\end{bmatrix}[x_{\mathrm{s}1}(\tau)\quad x_{\mathrm{s}2}(\tau)]\mathrm{d}\tau\\ &\quad + [0\quad 0]\end{aligned}$$

$$\begin{aligned}K_{\mathrm{U}}[\boldsymbol{e}_x(t),t] &= \int_0^t \Gamma_{\mathrm{U}}\boldsymbol{B}_{\mathrm{s}}^{\mathrm{T}}\boldsymbol{P}\boldsymbol{e}_x(\tau)u_{\mathrm{w}}(\tau)\mathrm{d}\tau + K_{\mathrm{U}}(0)\\ &= \int_0^t \Gamma_{\mathrm{U}}\boldsymbol{B}_{\mathrm{s}}^{\mathrm{T}}\boldsymbol{P}\boldsymbol{e}_x(\tau)u_{\mathrm{w}}(\tau)\mathrm{d}\tau + 0\\ &= \int_0^t 15\times[2\quad 4]\times\frac{1}{100}\begin{bmatrix}135 & 5\\ 5 & 11\end{bmatrix}\begin{bmatrix}e_{x1}(\tau)\\ e_{x2}(\tau)\end{bmatrix}u_{\mathrm{w}}(\tau)\mathrm{d}\tau + 0\end{aligned}$$

令参考模型的初始状态为$\begin{cases}x_{\mathrm{m}1}(0)=1\\ x_{\mathrm{m}2}(0)=1\end{cases}$,被控对象的初始状态为$\begin{cases}x_{\mathrm{s}1}(0)=-1\\ x_{\mathrm{s}2}(0)=-1\end{cases}$,参考输入信号选取幅值为1、频率为0.5Hz(3.14rad/s)的正弦波信号,运行时间从$t=0$s到$t=10$s,仿真结果如图4.4.7所示。参考输入为正弦波时的控制器参数自适应调整曲线如图4.4.8所示。

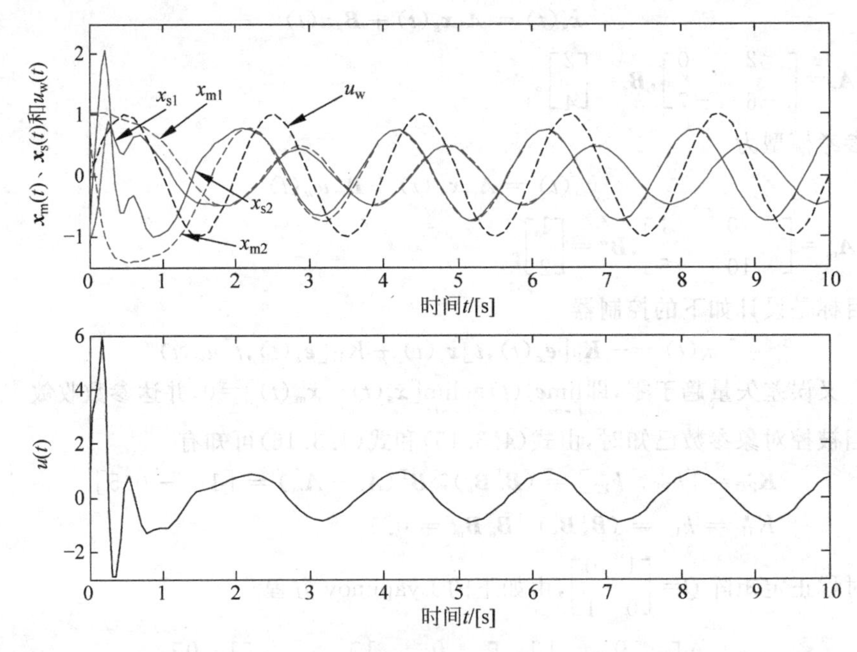

图4.4.7 参考输入为正弦波时的被控对象状态变量、参考模型状态变量以及控制输入

可以看出,采用Lyapunov稳定性理论设计的上述自适应规律,能使状态误差很快收敛到零。

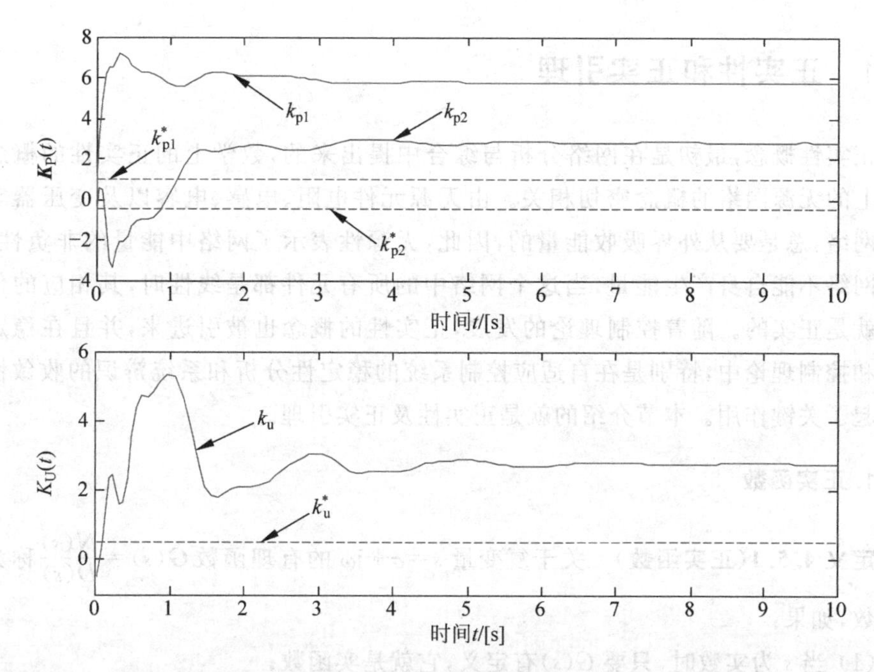

图 4.4.8 参考输入为正弦波时的控制器参数自适应调整曲线

4.5 基于 Popov 超稳定性理论的模型参考自适应控制器

Lyapunov 稳定性理论可以成功地用于设计稳定的 MRAC 系统，但是其应用总是受到某种限制，因为一般难以知道怎样扩大合适的 Lyapunov 函数类以导出较大的自适应规律族。因为在实际控制系统设计时，通常感兴趣的是得到保证 MRAC 系统稳定的最大可能的自适应规律族，然后从中选择与实际对象最合适的自适应规律。另外，采用 Lyapunov 稳定性理论进行 MRAC 系统设计时，需要选择适当的 Lyapunov 函数，如果没有一定的理论知识和实践经验，就很难对具体系统选出满意的 Lyapunov 函数，因而也就不易获得较好的自适应规律。

为了解决上述问题，可以采用基于 Popov 超稳定性理论的 MRAC 系统设计方法，它由法国学者 Landau 于 1969 年首先提出[6,7]。这是一种系统设计的方法，它不仅不需要选择 Lyapunov 函数，而且能给出一族自适应规律，从而有利于设计者结合实际被控对象比较灵活地选择合适的自适应规律。

这种模型参考自适应控制方案的基础是正实引理和 Popov 超稳定性理论，所以我们在介绍具体的基于 Popov 超稳定性理论的 MRAC 系统设计方法之前，首先介绍正实引理和 Popov 超稳定性理论的基本知识。因为篇幅限制，文中省略相关定理及推论的证明，感兴趣的读者可以参阅文献[1]。

4.5.1 正实性和正实引理

正实性概念，最初是在网络分析与综合中提出来的，数学上的正实性的概念与物理上的无源网络的概念密切相关。由无源元件电阻、电感、电容以及变压器等构成的网络，总是要从外界吸收能量的，因此，无源性表示了网络中能量的非负性，即无源网络不能自身产生能量，当这个网络中的所有元件都是线性时，其相应的传递函数就是正实的。随着控制理论的发展，正实性的概念也被引进来，并且在稳定性理论和控制理论中，特别是在自适应控制系统的稳定性分析和系统辨识的收敛性分析中起了关键作用。本节介绍的就是正实性及正实引理。

1. 正实函数

定义 4.5.1（正实函数） 关于复变量 $s=\sigma+\mathrm{j}\omega$ 的有理函数 $G(s)=\dfrac{N(s)}{D(s)}$ 称为正实函数，如果：

(1) 当 s 为实数时，只要 $G(s)$ 有定义，它就是实函数；

(2) 对于所有的 $\mathrm{Re}s\geqslant 0$ 的 s，($\mathrm{Re}s\geqslant 0$ 表示 s 位于包含虚轴在内的右半复平面，即 $\sigma\geqslant 0$)，只要 $G(s)$ 有定义，就有 $\mathrm{Re}G(s)\geqslant 0$。

定义 4.5.2（严格正实函数） 关于复变量 $s=\sigma+\mathrm{j}\omega$ 的有理函数 $G(s)=\dfrac{N(s)}{D(s)}$ 称为严格正实函数，如果有：

(1) 当 s 为实数时，只要 $G(s)$ 有定义，它就是实函数；

(2) $G(s)$ 在右半闭平面上没有极点；

(3) $\mathrm{Re}G(\mathrm{j}\omega)>0$，对于 $-\infty<\omega<\infty$。

当 $G(s)$ 表示传递函数时，正实传递函数与严格正实传递函数之间的差别是：在严格正实情况下，不允许在 $\mathrm{Re}s=0$（即虚轴上）有极点，并且对于所有的实 ω，$\mathrm{Re}G(\mathrm{j}\omega)>0$（而不是大于等于零）。

如果令正实函数 $G(s)$ 表示一个 n 阶单输入-单输出线性系统

$$G(s)=\frac{N(s)}{D(s)}=\frac{b_m s^m+b_{m-1}s^{m-1}+\cdots+b_0}{s^n+a_{n-1}s^{n-1}+\cdots+a_0}$$

那么，$G(s)$ 为严格正实的必要条件是：

(1) $G(s)$ 是严格稳定的（即它的所有极点都在左半开复平面内）；

(2) $G(\mathrm{j}\omega)$ 的 Nyquist 曲线完全在右半复平面内，也就是说，在正弦曲线输入下，系统响应的相位移总是小于 90°；

(3) $G(s)$ 的相对阶 $n-m$（也称极点盈数，即系统的极点数与零点数之差）为 0 或 1；

(4) $G(s)$ 具有严格最小相位（即它的所有零点都在左半开复平面内）。

例 4.5.1 考虑传递函数

$$G(s)=\frac{s+\beta_0}{s^2+\alpha_1 s+\alpha_0}$$

α_0、α_1、β_0 均为实数，它的极点盈数为1。

显见，使极点和零点都具有负实部(开环稳定且最小相位)的充分条件是 $\alpha_0>0$、$\alpha_1>0$、$\beta_0>0$。令 $s=\mathrm{j}\omega$，得

$$G(\mathrm{j}\omega)=\frac{\beta_0(\alpha_0-\omega^2)+\alpha_1\omega^2+\mathrm{j}\omega(\alpha_0-\omega^2-\alpha_1\beta_0)}{(\alpha_0-\omega^2)^2+\alpha_1^2\omega^2}$$

可见，为了满足 $\mathrm{Re}G(\mathrm{j}\omega)>0,\forall\omega$，必须有 $\beta_0\alpha_0-\beta_0\omega^2+\alpha_1\omega^2>0$ 成立，从而可知必有 $\alpha_1\geqslant\beta_0$。因此，$G(s)$为严格正实传递函数的条件是

$$\alpha_0>0,\quad \alpha_1>0,\quad \beta_0>0,\quad \alpha_1\geqslant\beta_0$$

2. 正实函数矩阵

复变量 $s=\sigma+\mathrm{j}\omega$ 的实有理函数矩阵 $\boldsymbol{G}(s)$ 表示多输入多输出系统的传递函数矩阵，其正实性质是单变量正实传递函数的概念的推广。为此首先介绍埃尔米特(Hermite)矩阵的定义及性质。

定义 4.5.3(Hermite 矩阵) 复变量 $s=\sigma+\mathrm{j}\omega$ 的矩阵函数 $\boldsymbol{G}(s)$ 为 Hermite 矩阵，如果

$$\boldsymbol{G}(s)=\boldsymbol{G}^{\mathrm{T}}(s^*)$$

也就是说它的共轭转置矩阵等于它本身，式中星号表示共轭，即 $s^*=\sigma-\mathrm{j}\omega$。

Hermite 矩阵具有下列性质：

(1) Hermite 矩阵是方阵，其对角元素为实；

(2) Hermite 矩阵的特征值必须为实；

(3) 设 $\boldsymbol{G}(s)$为 Hermite 矩阵，$\boldsymbol{x}$ 为具有复数分量的向量，$\boldsymbol{x}^*$ 为 $\boldsymbol{x}$ 的共轭复向量，则二次型 $x^{\mathrm{T}}\boldsymbol{G}(s)\,x^*$ 恒为实。

若对于任意一个非零的复向量 $\boldsymbol{x}$，都有 $\boldsymbol{x}^{\mathrm{T}}\boldsymbol{G}(s)\,\boldsymbol{x}^*>0$，则称 $\boldsymbol{G}(s)$为正定的 Hermitc 矩阵；若对于任意一个非零的复向量 $\boldsymbol{x}$，都有 $\boldsymbol{x}^{\mathrm{T}}\boldsymbol{G}(s)\boldsymbol{x}^*\geqslant0$，则称 $\boldsymbol{G}(s)$为半正定的 Hermite 矩阵。

定义 4.5.4(正实函数矩阵) 一个以复变量 $s=\sigma+\mathrm{j}\omega$ 的实有理函数为元素的方阵 $\boldsymbol{G}(s)$是正实函数矩阵，如果：

(1) 在右半开平面 $\mathrm{Re}s>0$ 上，$\boldsymbol{G}(s)$的每个元素都是解析的，即每个元素在 $\mathrm{Re}s>0$ 上没有极点；

(2) 对于所有的 $\mathrm{Re}s>0$ 的 s，矩阵 $\boldsymbol{G}(s)+\boldsymbol{G}^*(s)$便是半正定的 Hermite 矩阵。

定义 4.5.5(严格正实函数矩阵) 一个实有理函数方阵 $\boldsymbol{G}(s)$是严格正实函数矩阵，如果：

(1) 在右半闭平面 $\mathrm{Re}s\geqslant0$ 上，$\boldsymbol{G}(s)$的每个元素都是解析的；

(2) 对于所有的 $\mathrm{Re}s\geqslant0$ 的 s，矩阵 $\boldsymbol{G}(s)+\boldsymbol{G}^*(s)$便是半正定的 Hermite 矩阵。

3. 正实引理

考虑下述连续时间线性时不变被控对象的状态空间模型

$$\begin{cases}\dot{\boldsymbol{x}}(t)=\boldsymbol{A}\boldsymbol{x}(t)+\boldsymbol{B}\boldsymbol{u}(t)\\ \boldsymbol{y}(t)=\boldsymbol{C}\boldsymbol{x}(t)+\boldsymbol{D}\boldsymbol{u}(t)\end{cases}\tag{4.5.1}$$

式中,$\boldsymbol{x}(t)$为n维状态向量;$\boldsymbol{y}(t)$和$\boldsymbol{u}(t)$分别为被控对象的m维输出和输入向量,$\boldsymbol{A}$、$\boldsymbol{B}$、$\boldsymbol{C}$和$\boldsymbol{D}$是相应维数的常数矩阵,且$(\boldsymbol{A},\boldsymbol{B})$完全能控,$(\boldsymbol{C},\boldsymbol{A})$完全能观,其传递函数矩阵为

$$\boldsymbol{G}(s)=\boldsymbol{D}+\boldsymbol{C}(s\boldsymbol{I}-\boldsymbol{A})^{-1}\boldsymbol{B}\tag{4.5.2}$$

引理 4.5.1 式(4.5.2)表示的传递函数矩阵$\boldsymbol{G}(s)$为正实函数矩阵的充要条件是存在对称正定矩阵$\boldsymbol{P}$和实矩阵$\boldsymbol{K}$和$\boldsymbol{L}$,使得

$$\begin{cases}\boldsymbol{P}\boldsymbol{A}+\boldsymbol{A}^{\mathrm{T}}\boldsymbol{P}=-\boldsymbol{L}\boldsymbol{L}^{\mathrm{T}}\\ \boldsymbol{B}^{\mathrm{T}}\boldsymbol{P}+\boldsymbol{K}^{\mathrm{T}}\boldsymbol{L}^{\mathrm{T}}=\boldsymbol{C}\\ \boldsymbol{K}^{\mathrm{T}}\boldsymbol{K}=\boldsymbol{D}+\boldsymbol{D}^{\mathrm{T}}\end{cases}\tag{4.5.3}$$

若$(\boldsymbol{A},\boldsymbol{B},\boldsymbol{C})$是$\boldsymbol{G}(s)$的最小实现(即$(\boldsymbol{A},\boldsymbol{B})$完全能控,$(\boldsymbol{C},\boldsymbol{A})$完全能观,$\boldsymbol{D}=0$),那么式(4.5.2)为

$$\boldsymbol{G}(s)=\boldsymbol{C}(s\boldsymbol{I}-\boldsymbol{A})^{-1}\boldsymbol{B}\tag{4.5.4}$$

式(4.5.4)表示的传递函数矩阵$\boldsymbol{G}(s)$为正实函数矩阵的充要条件是存在对称正定矩阵$\boldsymbol{P}$和实数矩阵$\boldsymbol{L}$,满足

$$\begin{cases}\boldsymbol{P}\boldsymbol{A}+\boldsymbol{A}^{\mathrm{T}}\boldsymbol{P}=-\boldsymbol{L}\boldsymbol{L}^{\mathrm{T}}\\ \boldsymbol{B}^{\mathrm{T}}\boldsymbol{P}=\boldsymbol{C}\end{cases}\tag{4.5.5}$$

引理 4.5.2 式(4.5.2)所示传递函数矩阵为严格正实矩阵的充要条件是存在对称正定矩阵$\boldsymbol{P}$和实矩阵$\boldsymbol{K}$和$\boldsymbol{L}$,正实数λ,或者对称正定矩阵$\boldsymbol{Q}$,满足

$$\begin{cases}\boldsymbol{P}\boldsymbol{A}+\boldsymbol{A}^{\mathrm{T}}\boldsymbol{P}=-\boldsymbol{L}\boldsymbol{L}^{\mathrm{T}}-2\lambda\boldsymbol{P}=-\boldsymbol{Q}\\ \boldsymbol{B}^{\mathrm{T}}\boldsymbol{P}+\boldsymbol{K}^{\mathrm{T}}\boldsymbol{L}^{\mathrm{T}}=\boldsymbol{C}\\ \boldsymbol{K}^{\mathrm{T}}\boldsymbol{K}=\boldsymbol{D}+\boldsymbol{D}^{\mathrm{T}}\end{cases}\tag{4.5.6}$$

4.5.2 Popov超稳定性理论

1. 超稳定性定义

在许多实际闭环控制问题中,采用非线性孤立方法,常可把式(4.4.1)规范化为图4.5.1所示的反馈系统。位于正向通路中的是系统的线性部分,一般是定常的;位于反馈通路的是系统的非线性部分,它可以是定常的也可以是时变的,人们对其特性了解甚微。必须指出,图4.5.1所示的两部分不一定就是实际闭环系统的正向通路部分和反向通路部分。

在考察图4.5.1所示系统的全局稳定性时,不妨假设$\boldsymbol{r}(t)=\boldsymbol{0}$,从而有$\boldsymbol{u}(t)=$

$-\boldsymbol{\omega}(t)$，一般从绝对稳定性和超稳定性两方面进行研究。

绝对稳定性回答的问题是，对于满足不等式条件

$$y_i(t)\omega_i(t)\geqslant 0,\quad \forall i \tag{4.5.7}$$

的任何非线性反馈环节，应如何选择线性部分才能保证系统的全局渐近稳定性。式中，$y_i(t)$、$\omega_i(t)$分别为非线性部分的输入向量和输出向量的分量。在最简单的单输入-单输出(SISO)情况下，条件式(4.5.7)意味着非线性函数$\phi[y(t)]$的图形全部落在位于第一象限和第三象限的某个扇形区域内，如图4.5.2所示。

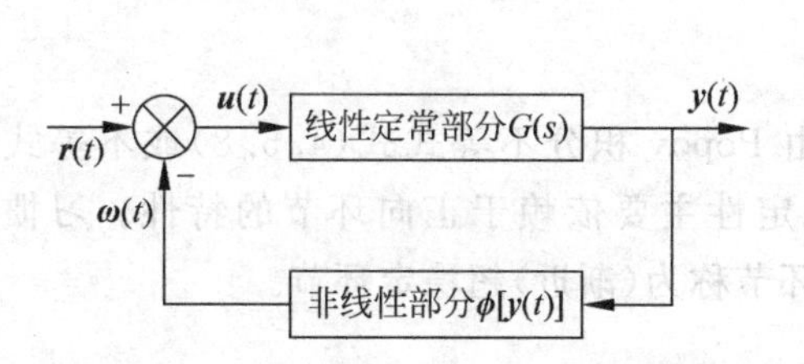

图4.5.1　非线性孤立化的反馈系统框图

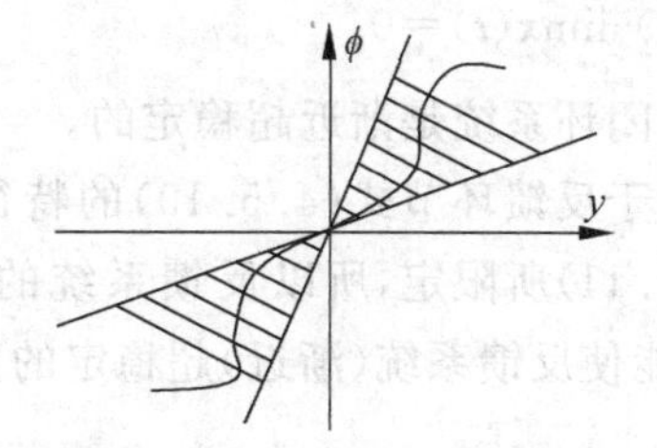

图4.5.2　SISO情况下$\phi(y)$的扇形区域

超稳定性要解决的问题是，对于满足下列积分不等式

$$\eta(t_0,t_1)=\int_{t_0}^{t_1}\boldsymbol{\omega}^{\mathrm{T}}(t)\boldsymbol{y}(t)\mathrm{d}t\geqslant-\gamma_0^2,\quad \forall t_1\geqslant t_0,\quad \gamma_0^2\geqslant 0 \tag{4.5.8}$$

的任何非线性反馈环节，线性部分应满足什么条件才能保证系统的全局稳定性或全局渐近稳定性。一般称式(4.5.8)为Popov积分不等式。

在式(4.5.8)中，η是输入输出内积的积分，它表示输入输出积的平均值大于某一负常数。式(4.5.7)意味着输入输出积在每一时刻都必须大于等于零，而式(4.5.8)允许输入输出积在某些时刻可小于零。由此可见，式(4.5.8)是式(4.5.7)的扩展，绝对稳定性可视为超稳定性的特殊情况。

对于图4.5.1所示的反馈系统，其正向线性定常环节描述为

$$\begin{cases}\dot{\boldsymbol{x}}(t)=\boldsymbol{A}\boldsymbol{x}(t)+\boldsymbol{B}\boldsymbol{u}(t)=\boldsymbol{A}\boldsymbol{x}(t)-\boldsymbol{B}\boldsymbol{\omega}(t)\\ \boldsymbol{y}(t)=\boldsymbol{C}\boldsymbol{x}(t)+\boldsymbol{D}\boldsymbol{u}(t)=\boldsymbol{C}\boldsymbol{x}(t)-\boldsymbol{D}\boldsymbol{\omega}(t)\end{cases} \tag{4.5.9}$$

非线性反馈环节描述为

$$\boldsymbol{\omega}(t)=\boldsymbol{\phi}[\boldsymbol{y}(t),t,\tau],\quad \tau\leqslant t \tag{4.5.10}$$

式中，$\boldsymbol{x}(t)$为n维状态向量；$\boldsymbol{u}(t)$、$\boldsymbol{y}(t)$分别为m维输入、输出向量；$\boldsymbol{A}$、$\boldsymbol{B}$、$\boldsymbol{C}$和$\boldsymbol{D}$为适当维数的矩阵，并且$(\boldsymbol{A},\boldsymbol{B})$完全能控，$(\boldsymbol{C},\boldsymbol{A})$完全能观；$\boldsymbol{\phi}(\cdot)$为描述非线性环节的输入输出关系的向量函数，这个非线性反馈环节满足式(4.5.8)的Popov的积分不等式，或者用如下更一般形式表示，对于任意$t_1\geqslant t_0$

$$\int_{t_0}^{t_1}\boldsymbol{\omega}^{\mathrm{T}}(t)\boldsymbol{y}(t)\mathrm{d}t\geqslant-\gamma_0^2-\gamma_0\sup_{t_0\leqslant t\leqslant t_1}\|\boldsymbol{x}(t)\|,\quad \forall t_1\geqslant t_0 \tag{4.5.11}$$

上式表明，输入输出内积的积分的下界除了与初始值有关外，还与状态范数在区间$[t_0,t_1]$上的上确界有关。

定义4.5.6(超稳定性)　对于由式(4.5.9)和式(4.5.10)组成的闭环系统，如果

对满足不等式式(4.5.8)或式(4.5.11)的任何非线性反馈环节式(4.5.10),存在常数 $\delta>0$ 和 $\gamma_0>0$,使系统式(4.5.9)的解 $\boldsymbol{x}(t)$ 满足不等式

$$\|\boldsymbol{x}(t)\|<\delta[\|\boldsymbol{x}(0)\|+\gamma_0],\quad \forall t>0 \tag{4.5.12}$$

则称此闭环系统是超稳定的。

定义 4.5.7(渐近超稳定性) 对于由式(4.5.9)和式(4.5.10)组成的闭环系统,如果:

(1) 它本身是超稳定的,且

(2) $\lim\limits_{t\to\infty}\boldsymbol{x}(t)=0$。

则称此闭环系统是渐近超稳定的。

鉴于反馈环节式(4.5.10)的特征已由 Popov 积分不等式式(4.5.8)或不等式式(4.5.11)所限定,所以反馈系统的超稳定性主要依赖于正向环节的特性。习惯上,把能使反馈系统(渐近)超稳定的正向环节称为(渐近)超稳定环节。

2. 超稳定性定理

定理 4.5.1 对于由式(4.5.9)和式(4.5.10)组成的反馈系统方程,其非线性反馈环节式(4.5.10)满足不等式式(4.5.8)或式(4.5.11),则系统超稳定的充要条件是线性环节的传递函数矩阵

$$\boldsymbol{G}(s)=\boldsymbol{D}+\boldsymbol{C}(s\boldsymbol{I}-\boldsymbol{A})^{-1}\boldsymbol{B} \tag{4.5.13}$$

为正实函数矩阵。

定理 4.5.2 对于由式(4.5.9)和式(4.5.10)组成的反馈系统方程,其非线性反馈环节式(4.5.10)满足不等式式(4.5.8)或式(4.5.11),则系统超渐近稳定的充要条件是线性环节的传递函数矩阵式(4.5.13)为严格正实传递函数矩阵。

4.5.3 基于 Popov 超稳定性理论的模型参考自适应控制器设计

1. 控制问题描述

考虑如下用连续时间多变量线性状态空间模型描述的被控对象

$$\begin{cases}\dot{\boldsymbol{x}}_{\mathrm{s}}(t)=\boldsymbol{A}_{\mathrm{s}}\boldsymbol{x}_{\mathrm{s}}(t)+\boldsymbol{B}_{\mathrm{s}}\boldsymbol{u}(t)\\ \boldsymbol{y}_{\mathrm{s}}(t)=\boldsymbol{x}_{\mathrm{s}}(t)\end{cases}$$

式中,$\boldsymbol{x}_{\mathrm{s}}(t)$ 为 n 维状态变量,假设所有分量可测;$\boldsymbol{A}_{\mathrm{s}}$ 和 $\boldsymbol{B}_{\mathrm{s}}$ 分别为 $n\times n$ 和 $n\times m$ 的参数矩阵;$\boldsymbol{u}(t)$ 为被控对象的 m 维控制信号。

为了简单起见,假设 $n\times n$ 的输出矩阵和 $n\times m$ 的直接传输矩阵分别为 $\boldsymbol{C}_{\mathrm{s}}=\boldsymbol{I}_{n\times n}$,$\boldsymbol{D}_{\mathrm{s}}=\boldsymbol{0}_{n\times m}$。另外,$\boldsymbol{A}_{\mathrm{s}}$ 参数未知,$\boldsymbol{B}_{\mathrm{s}}$ 参数已知,若 $\boldsymbol{B}_{\mathrm{s}}$ 参数未知时,可采用离线辨识方法得到 $\boldsymbol{B}_{\mathrm{s}}$ 的参数,也可采用文献[9]的方法来处理 $\boldsymbol{B}_{\mathrm{s}}$ 未知的问题。

引入如下参考模型

$$\dot{\boldsymbol{x}}_{\mathrm{m}}(t)=\boldsymbol{A}_{\mathrm{m}}\boldsymbol{x}_{\mathrm{m}}(t)+\boldsymbol{B}_{\mathrm{m}}\boldsymbol{u}_{\mathrm{w}}(t)$$

式中，$\boldsymbol{x}_{\mathrm{m}}(t)$为$n$维的参考模型状态变量(与被控对象同维)，所有分量可测；$\boldsymbol{u}_{\mathrm{w}}(t)$为属于分段连续函数类的$m$维参考输入信号；$\boldsymbol{A}_{\mathrm{m}}$和$\boldsymbol{B}_{\mathrm{m}}$分别为$n\times n$和$n\times m$已知定常矩阵，一般有$n\geqslant m$，$\boldsymbol{A}_{\mathrm{m}}$为Hurwitz矩阵，即参考模型是渐近稳定的。

就是当被控对象模型参数$\boldsymbol{A}_{\mathrm{s}}$未知时，基于Popov超稳定性理论设计MRAC系统使得被控对象输出和参考模型的输出的误差，即广义误差尽可能趋近于零，即

$$\lim_{t\to\infty}\boldsymbol{e}_x(t)=\lim_{t\to\infty}[\boldsymbol{x}_{\mathrm{m}}(t)-\boldsymbol{x}_{\mathrm{s}}(t)]=0$$

同4.4.3节一样，我们可以得到如下的关于广义误差信号的状态方程

$$\dot{\boldsymbol{e}}_x(t)=\boldsymbol{A}_{\mathrm{m}}\boldsymbol{e}_x(t)-\{[\boldsymbol{A}_{\mathrm{s}}-\boldsymbol{A}_{\mathrm{m}}-\boldsymbol{B}_{\mathrm{s}}\boldsymbol{K}_{\mathrm{P}}[\boldsymbol{e}_x(t),t]]\boldsymbol{x}_{\mathrm{s}}(t)+[\boldsymbol{B}_{\mathrm{s}}\boldsymbol{K}_{\mathrm{U}}[\boldsymbol{e}_x(t),t]-\boldsymbol{B}_{\mathrm{m}}]\boldsymbol{u}_{\mathrm{w}}(t)\}$$

上式可以理解为一个正向通路中的定常线性系统和一个反馈通道上的非线性部分的组合。如果正向的线性环节的传递函数矩阵为正实函数矩阵，且反馈通道上的非线性反馈环节满足Popov积分不等式，则整个闭环系统就具有Popov意义下的超稳定性，这样我们就可以借助超稳定性理论进行模型参考自适应控制器的设计。

2. 模型参考自适应控制器

在上节介绍的模型跟随控制器的基础上引入线性补偿器得到如图4.5.3所示的模型参考自适应控制器的可调参数控制器

$$\boldsymbol{v}(t)=\boldsymbol{D}\boldsymbol{e}_x(t) \tag{4.5.14}$$

$$\boldsymbol{u}(t)=-\boldsymbol{K}_{\mathrm{P}}[\boldsymbol{v}(t),t]\boldsymbol{x}_{\mathrm{s}}(t)+\boldsymbol{K}_{\mathrm{U}}[\boldsymbol{v}(t),t]\boldsymbol{u}_{\mathrm{w}}(t) \tag{4.5.15}$$

式中，$\boldsymbol{K}_{\mathrm{P}}[\boldsymbol{v}(t),t]$和$\boldsymbol{K}_{\mathrm{U}}[\boldsymbol{v}(t),t]$采用如下自适应律

$$\boldsymbol{K}_{\mathrm{P}}[\boldsymbol{v}(t),t]=-\int_0^t\boldsymbol{\Phi}_1[\boldsymbol{v}(\tau),\tau,t]\mathrm{d}\tau-\boldsymbol{\Phi}_2[\boldsymbol{v}(t),t]+\boldsymbol{K}_{\mathrm{P}}(0) \tag{4.5.16}$$

$$\boldsymbol{K}_{\mathrm{U}}[\boldsymbol{v}(t),t]=\int_0^t\boldsymbol{\Psi}_1[\boldsymbol{v}(\tau),\tau,t]\mathrm{d}\tau+\boldsymbol{\Psi}_2[\boldsymbol{v}(t),t]+\boldsymbol{K}_{\mathrm{U}}(0) \tag{4.5.17}$$

自适应律式(4.5.16)和式(4.5.17)不直接采用广义状态误差向量$\boldsymbol{e}_x(t)$，而是采用$\boldsymbol{v}(t)=\boldsymbol{D}\boldsymbol{e}_x(t)$。

式(4.5.16)和式(4.5.17)中等号右边的第一项代表积分环节，其中$\boldsymbol{\Phi}_1[\boldsymbol{v}(\tau),\tau,t]$和$\boldsymbol{\Psi}_1[\boldsymbol{v}(\tau),\tau,t]$分别是$m\times n$和$m\times m$矩阵，表示$\boldsymbol{K}_{\mathrm{P}}[\boldsymbol{v}(t),t]$和$\boldsymbol{K}_{\mathrm{U}}[\boldsymbol{v}(t),t]$与$\boldsymbol{v}(\tau)$在$0\leqslant\tau\leqslant t$之间的非线性时变关系；等号右边的第二项代表映射环节，其中$\boldsymbol{\Phi}_2[\boldsymbol{v}(t),t]$和$\boldsymbol{\Psi}_2[\boldsymbol{v}(t),t]$也分别是$m\times n$和$m\times m$矩阵，表示$\boldsymbol{K}_{\mathrm{P}}[\boldsymbol{v}(t),t]$和$\boldsymbol{K}_{\mathrm{U}}[\boldsymbol{v}(t),t]$与$\boldsymbol{v}(t)$之间在$t$时刻的非线性映射关系，对所有$t$满足$\boldsymbol{\Phi}_2(0,t)=0$和$\boldsymbol{\Psi}_2(0,t)=0$。

设计的任务是用超稳定性理论导出调整$\boldsymbol{K}_{\mathrm{P}}[\boldsymbol{v}(t),t]$和$\boldsymbol{K}_{\mathrm{U}}[\boldsymbol{v}(t),t]$的自适应律，以实现控制目标

$$\lim_{t\to\infty}\boldsymbol{e}_x(t)=\mathbf{0} \tag{4.5.18}$$

根据Popov超稳定性理论，图4.5.1所示的反馈系统全局渐近稳定的条件是其正向通路的传递函数严格正实，反馈通路的非线性环节满足Popov积分不等式。因此，用Popov超稳定性理论重新设计MRAC系统，包括如下四步：

① 将模型参考自适应系统变换为由两个环节组成的等价反馈系统，线性环节位于正向通路，非线性环节位于反馈通路。

② 设计反馈通路的自适应规律，使等价反馈系统的非线性反馈环节满足 Popov 积分不等式。

③ 设计正向通路的自适应规律，使正向环节的传递函数严格正实。

④ 返回到原先的 MRAC 系统，汇总自适应律。

现在按上述四个步骤解决这个设计问题。

参数未知时基于 Popov 超稳定性理论的 MRAC 设计框图，如图 4.5.3 所示。

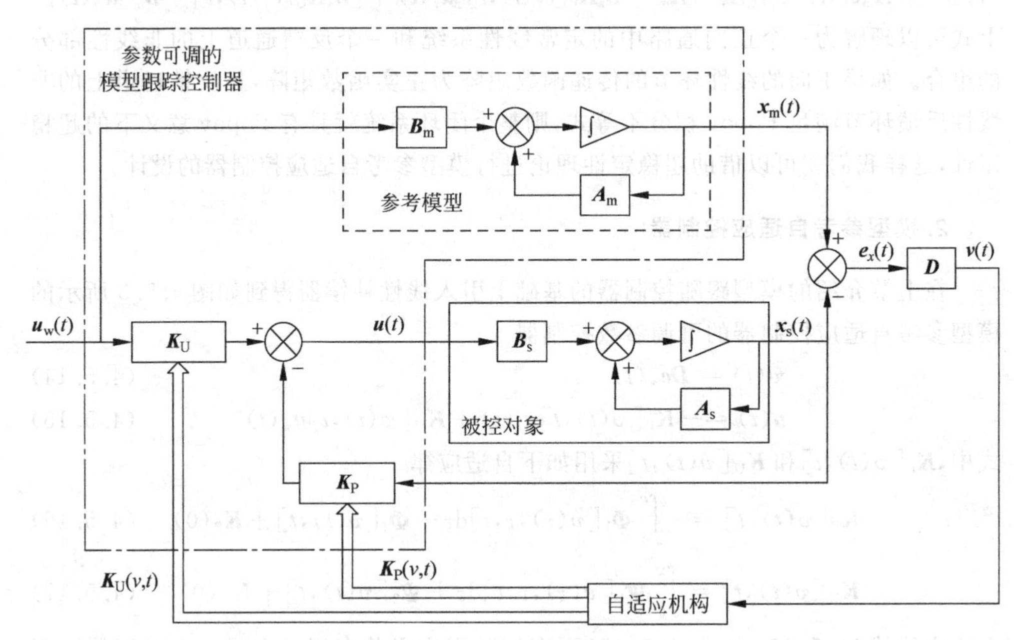

图 4.5.3 参数未知时基于 Popov 超稳定性理论的 MRAC 框图

1) 等价非线性反馈系统

由于

$$e_x(t) = x_m(t) - x_s(t) \tag{4.5.19}$$

广义状态误差向量 $e_x(t)$ 满足微分方程

$$\dot{e}_x(t) = A_m e_x(t) + \{A_m - A_s + B_s K_P[v(t),t]\} x_s(t) + \{B_m - B_s K_U[v(t),t]\} u_w(t) \tag{4.5.20}$$

假设模型跟随问题的解存在，也就是说存在 K_P^* 和 K_U^*，使得当 $K_P[v(t),t]=K_P^*$，$K_U[v(t),t]=K_U^*$ 时，有

$$A_m - A_s = -B_s K_P^* \tag{4.5.21}$$

$$B_m = B_s K_U^* \tag{4.5.22}$$

从而式(4.5.20)可进一步写为

$$\dot{e}_x(t) = A_m e_x(t) + B_s \{K_P[v(t),t] - K_P^*\} x_s(t)$$

$$+\boldsymbol{B}_{\mathrm{s}}\{\boldsymbol{K}_{\mathrm{U}}^{*}-\boldsymbol{K}_{\mathrm{U}}[\boldsymbol{v}(t),t]\}\boldsymbol{u}_{\mathrm{w}}(t) \tag{4.5.23}$$

在系统正向通路设置一个线性补偿器 $\boldsymbol{D}$,其输入输出关系为

$$\boldsymbol{v}(t)=\boldsymbol{D}\boldsymbol{e}_x(t) \tag{4.5.24}$$

矩阵 $\boldsymbol{D}$ 是按照使正向线性环节为严格正实所需满足的特殊要求选定,因此,线性补偿器 $\boldsymbol{D}$ 应是自适应机构的一部分。

式(4.5.16)和式(4.5.17)、式(4.5.23)以及式(4.5.24)一起组成一个等价反馈系统,其中正向通路上的线性定常系统为

$$\dot{\boldsymbol{e}}_x(t)=\boldsymbol{A}_{\mathrm{m}}\boldsymbol{e}_x(t)+\boldsymbol{B}_{\mathrm{s}}\boldsymbol{\omega}_1(t) \tag{4.5.25}$$

$$\boldsymbol{v}(t)=\boldsymbol{D}\boldsymbol{e}_x(t) \tag{4.5.26}$$

反馈通路上的非线性时变系统为

$$\begin{aligned}\boldsymbol{\omega}_1(t)&=-\boldsymbol{\omega}(t)\\&=-\{\boldsymbol{K}_{\mathrm{P}}^{*}-\boldsymbol{K}_{\mathrm{P}}[\boldsymbol{v}(t),t]\}\boldsymbol{x}_{\mathrm{s}}(t)-\{\boldsymbol{K}_{\mathrm{U}}[\boldsymbol{v}(t),t]-\boldsymbol{K}_{\mathrm{U}}^{*}\}\boldsymbol{u}_{\mathrm{w}}(t)\\&=-\left\{\int_0^t\boldsymbol{\Phi}_1[\boldsymbol{v}(\tau),\tau,t]\mathrm{d}\tau+\boldsymbol{\Phi}_2[\boldsymbol{v}(t),t]+\Delta\boldsymbol{K}_{\mathrm{P}}^{0}\right\}\boldsymbol{x}_{\mathrm{s}}(t)\\&\quad-\left\{\int_0^t\boldsymbol{\Psi}_1[\boldsymbol{v}(\tau),\tau,t]\mathrm{d}\tau+\boldsymbol{\Psi}_2[\boldsymbol{v}(t),t]+\Delta\boldsymbol{K}_{\mathrm{U}}^{0}\right\}\boldsymbol{u}_{\mathrm{w}}(t)\end{aligned} \tag{4.5.27}$$

式中

$$\Delta\boldsymbol{K}_{\mathrm{P}}^{0}=-\boldsymbol{K}_{\mathrm{P}}(0)+\boldsymbol{K}_{\mathrm{P}}^{*} \tag{4.5.28}$$

$$\Delta\boldsymbol{K}_{\mathrm{U}}^{0}=\boldsymbol{K}_{\mathrm{U}}(0)-\boldsymbol{K}_{\mathrm{U}}^{*} \tag{4.5.29}$$

式(4.5.25)～式(4.5.29)所描述的等价反馈系统能够分离为一个由式(4.5.25)、式(4.5.26)描述的线性定常正向环节和一个由式(4.5.27)描述的非线性时变反馈环节,等价非线性反馈环节结构框图,如图 4.5.4 所示。

2) 等价非线性时变反馈环节满足 Popov 积分不等式

寻找$\boldsymbol{\Phi}_1$、$\boldsymbol{\Phi}_2$、$\boldsymbol{\Psi}_1$ 和$\boldsymbol{\Psi}_2$ 的解,使得等价非线性反馈环节式(4.5.27)满足 Popov 积分不等式

$$\eta(0,t_1)=\int_0^{t_1}\boldsymbol{v}^{\mathrm{T}}(t)\,\boldsymbol{\omega}(t)\mathrm{d}t\geqslant-\gamma_0^2,\quad\forall\,t_1\geqslant0 \tag{4.5.30}$$

式中,γ_0^2 为一个任意的正数。

通过找到这些解,就能够把由式(4.5.25)～式(4.5.27)所描述的一个渐近稳定反馈系统的设计问题转化为一个超稳定性问题。

利用式(4.5.27)给出的$\boldsymbol{\omega}(t)$表达式,不等式(4.5.30)可以转换为

$$\begin{aligned}\eta(0,t_1)=&\int_0^{t_1}\boldsymbol{v}^{\mathrm{T}}(t)\left\{\int_0^t\boldsymbol{\Phi}_1[\boldsymbol{v}(\tau),\tau,t]\mathrm{d}\tau+\boldsymbol{\Phi}_2[\boldsymbol{v}(t),t]+\Delta\boldsymbol{K}_{\mathrm{P}}^{0}\right\}\boldsymbol{x}_{\mathrm{s}}(t)\mathrm{d}t\\&+\int_0^{t_1}\boldsymbol{v}^{\mathrm{T}}(t)\left\{\int_0^t\boldsymbol{\Psi}_1[\boldsymbol{v}(\tau),\tau,t]\mathrm{d}\tau+\boldsymbol{\Psi}_2[\boldsymbol{v}(t),t]+\Delta\boldsymbol{K}_{\mathrm{U}}^{0}\right\}\boldsymbol{u}_{\mathrm{w}}(t)\mathrm{d}t\\\geqslant&-\gamma_0^2\end{aligned} \tag{4.5.31}$$

为满足不等式(4.5.31),只要不等式左边两项的每一项都满足同一类型的不等式就足够了,为此,将式(4.5.31)转变为如下等价形式

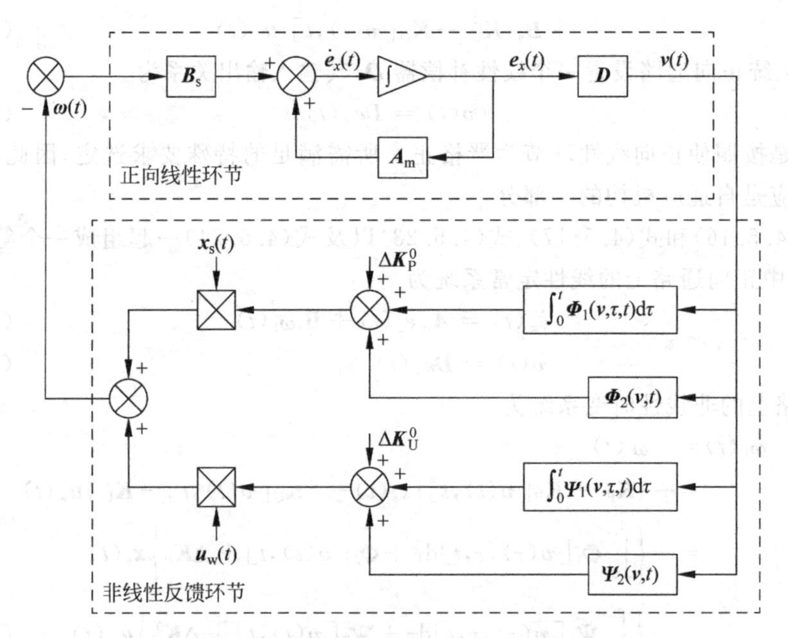

图 4.5.4 等价非线性时变反馈系统框图

$$\eta(0,t_1)=\eta_1(0,t_1)+\eta_2(0,t_1)+\eta_3(0,t_1)+\eta_4(0,t_1)\geqslant-\gamma_0^2 \tag{4.5.32}$$

式中

$$\eta_1(0,t_1)=\int_0^{t_1}\boldsymbol{v}^{\mathrm{T}}(t)\left[\int_0^t \boldsymbol{\Phi}_1[\boldsymbol{v}(\tau),\tau,t]\mathrm{d}\tau+\Delta\boldsymbol{K}_{\mathrm{P}}^0\right]\boldsymbol{x}_{\mathrm{s}}(t)\mathrm{d}t \tag{4.5.33}$$

$$\eta_2(0,t_1)=\int_0^{t_1}\boldsymbol{v}^{\mathrm{T}}(t)\boldsymbol{\Phi}_2[\boldsymbol{v}(t),t]\boldsymbol{x}_{\mathrm{s}}(t)\mathrm{d}t \tag{4.5.34}$$

$$\eta_3(0,t_1)=\int_0^{t_1}\boldsymbol{v}^{\mathrm{T}}(t)\left[\int_0^t \boldsymbol{\Psi}_1[\boldsymbol{v}(\tau),\tau,t]\mathrm{d}\tau+\Delta\boldsymbol{K}_{\mathrm{U}}^0\right]\boldsymbol{u}_{\mathrm{w}}(t)\mathrm{d}t \tag{4.5.35}$$

$$\eta_4(0,t_1)=\int_0^{t_1}\boldsymbol{v}^{\mathrm{T}}(t)\boldsymbol{\Psi}_2[\boldsymbol{v}(t),t]\boldsymbol{u}_{\mathrm{w}}(t)\mathrm{d}t \tag{4.5.36}$$

可见，不等式(4.5.32)成立的充分条件为

$$\eta_1(0,t_1)\geqslant-\gamma_1^2 \tag{4.5.37}$$

$$\eta_2(0,t_1)\geqslant-\gamma_2^2 \tag{4.5.38}$$

$$\eta_3(0,t_1)\geqslant-\gamma_3^2 \tag{4.5.39}$$

$$\eta_4(0,t_1)\geqslant-\gamma_4^2 \tag{4.5.40}$$

式中 $\gamma_i^2,i=1,\cdots,4$ 为任意正数。

鉴于不等式(4.5.37)和式(4.5.38)与不等式(4.5.39)和式(4.5.40)在形式上相同，所以求出不等式(4.5.37)和式(4.5.38)的解便可以类似地推出不等式(4.5.39)和式(4.5.40)的解。先求出不等式(4.5.37)的解。为此，将矩阵函数$\boldsymbol{\Phi}_1[\boldsymbol{v}(\tau),\tau,t]$和常数矩阵 $\Delta\boldsymbol{K}_{\mathrm{P}}^0$ 分解为列向量

$$\boldsymbol{\Phi}_1=[\boldsymbol{\phi}_{11}\cdots\boldsymbol{\phi}_{1i}\cdots\boldsymbol{\phi}_{1n}]$$

$$\Delta \boldsymbol{K}_{\mathrm{P}}^{0}=[\boldsymbol{k}_{\mathrm{P}1}\cdots\boldsymbol{k}_{\mathrm{P}i}\cdots\boldsymbol{k}_{\mathrm{P}n}]$$

利用这个分解，不等式(4.5.37)可以表示为

$$\eta_1(0,t_1)=\sum_{i=1}^{n}\int_0^{t_1}\boldsymbol{x}_{\mathrm{s}i}(t)\boldsymbol{v}^{\mathrm{T}}(t)\left[\int_0^{t}\boldsymbol{\phi}_{1i}[\boldsymbol{v}(\tau),\tau,t]\mathrm{d}\tau+\boldsymbol{k}_{\mathrm{P}i}\right]\mathrm{d}t \geqslant -\gamma_1^2,\quad \forall t_1\geqslant 0 \tag{4.5.41}$$

使不等式(4.5.41)成立的充分条件是，不等式(4.5.41)左边 n 项的每一项满足同样类型的不等式，因此上述问题又被简化为寻找满足不等式

$$\eta_{1i}(0,t_1)=\int_0^{t_1}\boldsymbol{x}_{\mathrm{s}i}(t)\boldsymbol{v}^{\mathrm{T}}(t)\left[\int_0^{t}\boldsymbol{\phi}_{1i}[\boldsymbol{v}(\tau),\tau,t]\mathrm{d}\tau+\boldsymbol{k}_{\mathrm{P}i}\right]\mathrm{d}t\geqslant-\gamma_{1i}^2,\quad \forall t_1\geqslant 0,\quad i=1,2,\cdots,n \tag{4.5.42}$$

的向量函数$\boldsymbol{\phi}_{1i}[\boldsymbol{v}(\tau),\tau,t]$(式中 γ_{1i}^2是一任意正数)，满足如下条件(该条件保障自适应机构是有记忆的)

$$\lim_{t\to\infty}\boldsymbol{v}(t)=0\Rightarrow\lim_{t\to\infty}\int_0^{t_1}\boldsymbol{\phi}_{1i}[\boldsymbol{v}(\tau),\tau,t]\mathrm{d}t=\text{常数}\neq 0 \tag{4.5.43}$$

为求不等式(4.5.43)的解，先给出如下定义和引理。

定义 4.5.8(正定积分核) 一个方阵 $\boldsymbol{K}(t,\tau)$，如果在任意时间区间$[t_0,t_1]$上，对该区间中的所有分段连续向量函数 $\boldsymbol{f}(t)$，若

$$\eta(t_0,t_1)=\int_{t_0}^{t_1}\boldsymbol{f}^{\mathrm{T}}(t)\left[\int_{t_0}^{t}\boldsymbol{K}(t,\tau)\boldsymbol{f}(t)\mathrm{d}\tau\right]\mathrm{d}t\geqslant 0 \tag{4.5.44}$$

则称 $\boldsymbol{K}(t,\tau)$为正定积分核。

若 $\boldsymbol{K}(t,\tau)$只依赖于变元$(t-\tau)$，并且 $\boldsymbol{K}(t,\tau)=\boldsymbol{K}(t-\tau)$的各元素都有界，那么$\boldsymbol{K}(t-\tau)$存在 Laplace 变换，即

$$\boldsymbol{G}(s)=\int_0^{\infty}\boldsymbol{K}(t)\mathrm{e}^{-st}\mathrm{d}t \tag{4.5.45}$$

引理 4.5.3[1] 对于存在 Laplace 变换的积分核 $\boldsymbol{K}(t-\tau)$为正定积分核的充要条件是其 Laplace 变换式 $\boldsymbol{G}(s)$为正实传递函数矩阵。

引理 4.5.4 设$\boldsymbol{\phi}_{1i}$是矩阵$\boldsymbol{\Phi}_1[\boldsymbol{v}(\tau),\tau,t]$的列向量，如果

$$\boldsymbol{\phi}_{1i}[\boldsymbol{v}(\tau),\tau,t]=\boldsymbol{K}_{\phi_i}(t-\tau)\boldsymbol{v}(\tau)\boldsymbol{x}_{\mathrm{s}i}(\tau) \tag{4.5.46}$$

式中 $\boldsymbol{K}_{\phi}(t-\tau)$为正定积分核，且它的 Laplace 变换是在 $s=0$ 处有单极点的正实传递函数矩阵，则不等式(4.5.41)和条件式(4.5.43)都成立，从而不等式(4.5.37)成立，并且满足

$$\lim_{t\to\infty}\boldsymbol{v}(t)=0\Rightarrow\lim_{t\to\infty}\int_0^{t_1}\boldsymbol{\Phi}_1[\boldsymbol{v}(\tau),\tau,t]\mathrm{d}t=\text{常数}\neq 0 \tag{4.5.47}$$

引理 4.5.5 如果

$$\boldsymbol{\Phi}_1[\boldsymbol{v}(\tau),\tau,t]=\boldsymbol{K}_{\phi}(t-\tau)\boldsymbol{v}(\tau)[\boldsymbol{G}_{\phi}\boldsymbol{x}_s(\tau)]^{\mathrm{T}} \tag{4.5.48}$$

式中 $\boldsymbol{K}_{\phi}(t-\tau)$为正定积分核，且它的 Laplace 变换是在 $s=0$ 处有单极点的正实传递函数矩阵，$\boldsymbol{G}_{\phi}$ 为正定矩阵，则不等式(4.5.37)和条件式(4.5.47)都成立。

引理 4.5.6 矩阵

$$\boldsymbol{\Phi}_2(\boldsymbol{v},\tau,t)=\boldsymbol{K}_{\phi}'(t)\boldsymbol{v}(t)[\boldsymbol{G}_{\phi}'(t)\boldsymbol{x}_s(t)]^{\mathrm{T}}$$

满足不等式(4.5.38),这里$\boldsymbol{K}'_\phi(t)$和$G'_\phi(t)$是在所有$t\geqslant 0$的正半定时变矩阵。

引理4.5.4～引理4.5.6的详细证明可参见文献[1]。

利用引理4.5.4～引理4.5.6,满足Popov积分不等式(4.5.31)的解为

$$\boldsymbol{\Phi}_1[\boldsymbol{v}(\tau),\tau,t]=\boldsymbol{K}_\phi(t-\tau)\boldsymbol{v}(\tau)[\boldsymbol{G}_\phi\boldsymbol{x}_s(\tau)]^{\mathrm{T}},\quad 0\leqslant\tau\leqslant t \tag{4.5.49}$$

$$\boldsymbol{\Phi}_2(\boldsymbol{v},\tau,t)=\boldsymbol{K}'_\phi(t)\boldsymbol{v}(t)[\boldsymbol{G}'_\phi(t)\boldsymbol{x}_s(t)]^{\mathrm{T}} \tag{4.5.50}$$

$$\boldsymbol{\Psi}_1[\boldsymbol{v}(\tau),\tau,t]=\boldsymbol{K}_\psi(t-\tau)\boldsymbol{v}(\tau)[\boldsymbol{G}_\psi\boldsymbol{u}_w(\tau)]^{\mathrm{T}},\quad 0\leqslant\tau\leqslant t \tag{4.5.51}$$

$$\boldsymbol{\Psi}_2(\boldsymbol{v},\tau,t)=\boldsymbol{K}'_\psi(t)\boldsymbol{v}(t)[\boldsymbol{G}'_\psi(t)\boldsymbol{u}_w(t)]^{\mathrm{T}} \tag{4.5.52}$$

式中$\boldsymbol{K}_\phi(t-\tau)$和$\boldsymbol{K}_\psi(t-\tau)$为正定积分核矩阵,它们的Laplace变换是在$s=0$处有单极点的正实传递函数矩阵;$\boldsymbol{G}_\phi$和$\boldsymbol{G}_\psi$为正定常数阵;$\boldsymbol{K}'_\psi(t)$及$\boldsymbol{G}'_\psi(t)$为所有$t\geqslant 0$时的正半定时变矩阵。

这里值得注意的是,$\boldsymbol{K}_\phi(t-\tau)$和$\boldsymbol{K}_\psi(t-\tau)$可看作是一个动态系统的脉冲响应,这个动态系统的输出分别是$\boldsymbol{\Phi}_1[\boldsymbol{v}(\tau),\tau,t]$和$\boldsymbol{\Psi}_1[\boldsymbol{v}(\tau),\tau,t]$的列向量,而输入分别是矩阵$\boldsymbol{v}(t)[\boldsymbol{G}_\phi\boldsymbol{x}_s(\tau)]^{\mathrm{T}}$和矩阵$\boldsymbol{v}(t)[\boldsymbol{G}_\psi\boldsymbol{u}_w(t)]^{\mathrm{T}}$的列向量。

3) 确定线性补偿器D使正向线性环节严格正实

对于一个超稳定系统,当等价反馈系统的反馈环节满足Popov积分不等式后,接下来便是确定其正向线性环节应当满足什么条件才使得该反馈系统为渐近超稳定。由前文超稳定性定理(见定理4.5.5)可知,反馈系统为渐近超稳定的充要条件是其正向线性环节的传递函数矩阵是严格正实传递阵。

由式(4.5.24)和由式(4.5.25)、式(4.5.26)组成的状态方程可知,从$\boldsymbol{\omega}_1(s)$到$\boldsymbol{v}(s)$的正向线性环节传递函数矩阵为

$$\boldsymbol{G}_v(s)=\boldsymbol{D}(s\boldsymbol{I}-\boldsymbol{A}_m)^{-1}\boldsymbol{B}_s \tag{4.5.53}$$

因此,反馈系统为渐近超稳定的充要条件是式(4.5.53)为严格正实矩阵。根据正实引理4.5.2,式(4.5.53)为严格正实矩阵的充要条件是,存在对称正定矩阵$\boldsymbol{P}$和$\boldsymbol{Q}$以及实矩阵$\boldsymbol{K}$满足

$$\begin{cases}\boldsymbol{P}\boldsymbol{A}_m+\boldsymbol{A}_m^{\mathrm{T}}\boldsymbol{P}=-\boldsymbol{Q}\\ \boldsymbol{B}_s^{\mathrm{T}}\boldsymbol{P}=\boldsymbol{D}\end{cases} \tag{4.5.54}$$

取$\boldsymbol{D}=\boldsymbol{B}_s^{\mathrm{T}}\boldsymbol{P}$时,$\boldsymbol{G}_v(s)$是严格正实的。

4) 返回到原先的MRAC系统,汇总自适应律

这一步是将前三步得到的结果反映到显式MRAC系统中,将式(4.5.49)～式(4.5.52)代入式(4.5.16)和式(4.5.17),于是

$$\begin{aligned}\boldsymbol{u}(t)&=-\boldsymbol{K}_P(v,t)\boldsymbol{x}_s(t)+\boldsymbol{K}_U(v,t)\boldsymbol{u}_w(t)\\&=\left[\int_0^t\boldsymbol{\Phi}_1[\boldsymbol{v}(\tau),\tau,t]\mathrm{d}\tau+\boldsymbol{\Phi}_2(\boldsymbol{v}(t),t)-\boldsymbol{K}_P(0)\right]\boldsymbol{x}_s(t)\\&\quad+\left[\int_0^t\boldsymbol{\Psi}_1[\boldsymbol{v}(\tau),\tau,t]\mathrm{d}\tau+\boldsymbol{\Psi}_2(\boldsymbol{v}(t),t)+\boldsymbol{K}_U(0)\right]\boldsymbol{u}_w(t)\\&=\left\{\int_0^t\boldsymbol{K}_\phi(t-\tau)\boldsymbol{v}(\tau)[\boldsymbol{G}_\phi\boldsymbol{x}_s(\tau)]^{\mathrm{T}}\mathrm{d}\tau+\boldsymbol{K}'_\phi(t)\boldsymbol{v}(t)[\boldsymbol{G}'_\phi(t)\boldsymbol{x}_s(t)]^{\mathrm{T}}-\boldsymbol{K}_P(0)\right\}\boldsymbol{x}_s(t)\end{aligned}$$

$$+\left\{\int_0^t \boldsymbol{K}_\psi(t-\tau)\boldsymbol{v}(\tau)\left[\boldsymbol{G}_\psi\boldsymbol{u}_{\mathrm{w}}(\tau)\right]^{\mathrm{T}}\mathrm{d}\tau+\boldsymbol{K}'_\psi(t)\boldsymbol{v}(t)\left[\boldsymbol{G}'_\psi(t)\boldsymbol{u}_{\mathrm{w}}(t)\right]^{\mathrm{T}}+\boldsymbol{K}_{\mathrm{U}}(0)\right\}\boldsymbol{u}_{\mathrm{w}}(t) \tag{4.5.55}$$

式(4.5.55)和式(4.5.24)即为自适应机构自适应规律，图 4.5.5 为基于 Popov 超稳定性理论的 MRAC 系统结构框图。

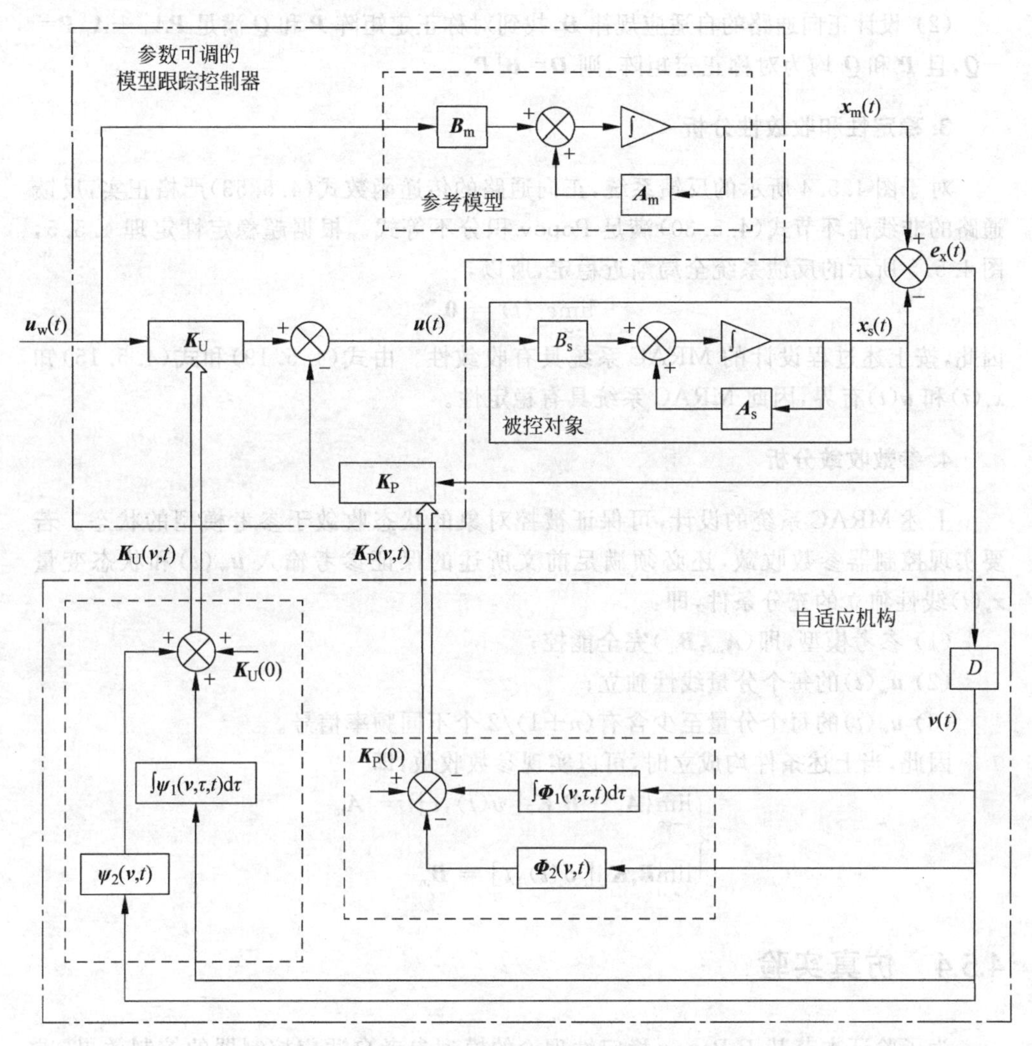

图 4.5.5　基于 Popov 超稳定性理论的 MRAC 系统结构框图

根据上述讨论，基于 Popov 超稳定性理论的模型参考自适应控制算法的计算步骤归纳如下：

(1) 设计反馈通路的自适应规律

$$\boldsymbol{u}(t)=\left\{\int_0^t \boldsymbol{K}_\phi(t-\tau)\boldsymbol{v}(\tau)\left[\boldsymbol{G}_\phi\boldsymbol{x}_{\mathrm{s}}(\tau)\right]^{\mathrm{T}}\mathrm{d}\tau+\boldsymbol{K}'_\phi(t)\boldsymbol{v}(t)\left[\boldsymbol{G}'_\phi(t)\boldsymbol{x}_{\mathrm{s}}(t)\right]^{\mathrm{T}}-\boldsymbol{K}_{\mathrm{P}}(0)\right\}\boldsymbol{x}_{\mathrm{s}}(t)$$

$$+\left\{\int_0^t \boldsymbol{K}_\psi(t-\tau)\boldsymbol{v}(\tau)[\boldsymbol{G}_\psi \boldsymbol{u}_w(\tau)]^T d\tau + \boldsymbol{K}'_\psi(t)\boldsymbol{v}(t)[\boldsymbol{G}'_\psi(t)\boldsymbol{u}_w(t)]^T + \boldsymbol{K}_U(0)\right\}\boldsymbol{u}_w(t)$$

式中，$\boldsymbol{K}_\phi(t-\tau)$和$\boldsymbol{K}_\psi(t-\tau)$为正定积分核矩阵，它们的 Laplace 变换是在 $s=0$ 处有单极点的正实传递函数矩阵；$\boldsymbol{G}_\phi$ 和 $\boldsymbol{G}_\psi$ 为正定常数阵；$\boldsymbol{K}'_\psi(t)$及 $\boldsymbol{G}'_\psi(t)$为所有 $t\geqslant 0$ 时的正半定时变矩阵。

(2) 设计正向通路的自适应规律 $\boldsymbol{D}$，找到对称正定矩阵 $\boldsymbol{P}$ 和 $\boldsymbol{Q}$ 满足 $\boldsymbol{P}\boldsymbol{A}_m+\boldsymbol{A}_m^T\boldsymbol{P}=-\boldsymbol{Q}$，且 $\boldsymbol{P}$ 和 $\boldsymbol{Q}$ 均为对称正定矩阵，则 $\boldsymbol{D}=\boldsymbol{B}_s^T\boldsymbol{P}$。

3. 稳定性和收敛性分析

对于图 4.5.4 所示的反馈系统，正向通路的传递函数式(4.5.53)严格正实，反馈通路的非线性环节式(4.5.30)满足 Popov 积分不等式。根据超稳定性定理 4.5.5，图 4.5.5 所示的反馈系统全局渐近稳定，所以，

$$\lim_{t\to\infty}\boldsymbol{e}_x(t)=\boldsymbol{0}$$

因此，按上述过程设计的 MRAC 系统具有收敛性。由式(4.5.19)和式(4.5.15)知 $\boldsymbol{x}_s(t)$和 $\boldsymbol{u}(t)$有界，因此 MRAC 系统具有稳定性。

4. 参数收敛分析

上述 MRAC 系统的设计，可保证被控对象的状态收敛于参考模型的状态。若要实现控制器参数收敛，还必须满足前文所述的保证参考输入 $\boldsymbol{u}_w(t)$和状态变量 $\boldsymbol{x}_s(t)$线性独立的充分条件，即：

(1) 参考模型，即$(\boldsymbol{A}_m,\boldsymbol{B}_m)$完全能控；

(2) $\boldsymbol{u}_w(t)$的每个分量线性独立；

(3) $\boldsymbol{u}_w(t)$的每个分量至少含有$(n+1)/2$个不同频率信号。

因此，当上述条件均成立时，可以实现参数收敛，即

$$\begin{cases}\lim\limits_{t\to\infty}\{\boldsymbol{A}_s-\boldsymbol{B}_s\boldsymbol{K}_P[\boldsymbol{v}(t),t]\}=\boldsymbol{A}_m\\[2ex] \lim\limits_{t\to\infty}\boldsymbol{B}_s\boldsymbol{K}_U[\boldsymbol{v}(t),t]=\boldsymbol{B}_m\end{cases}$$

4.5.4 仿真实验

为了验证本节基于 Popov 稳定性理论的模型参考自适应控制器的控制效果，进行如下仿真研究。

例 4.5.2 基于 Popov 稳定性理论的模型参考自适应控制器的仿真实验

被控对象模型为

$$\dot{\boldsymbol{x}}_s(t)=\boldsymbol{A}_s\boldsymbol{x}_s(t)+\boldsymbol{B}_s u(t)$$

式中，$\boldsymbol{A}_s=\begin{bmatrix}2 & 0\\ -6 & -7\end{bmatrix}$，$\boldsymbol{B}_s=\begin{bmatrix}2\\4\end{bmatrix}$。

参考模型为

$$\dot{\boldsymbol{x}}_{\mathrm{m}}(t)=\boldsymbol{A}_{\mathrm{m}}\boldsymbol{x}_{\mathrm{m}}(t)+\boldsymbol{B}_{\mathrm{m}}u_{\mathrm{w}}(t)$$

式中，$\boldsymbol{A}_{\mathrm{m}}=\begin{bmatrix}0 & 1\\ -10 & -5\end{bmatrix}$，$\boldsymbol{B}_{\mathrm{m}}=\begin{bmatrix}1\\ 2\end{bmatrix}$。

采用 Popov 超稳定性理论为上述系统设计模型参考自适应控制器

$$u(t)=-\boldsymbol{K}_{\mathrm{P}}[v(t),t]\boldsymbol{x}_{\mathrm{s}}(t)+K_{\mathrm{U}}[v(t),t]u_{\mathrm{w}}(t)$$

控制器参数为

$$\boldsymbol{K}_{\mathrm{P}}[v(t),t]=\int_0^t K_{\phi}(t-\tau)v(\tau)[G_{\phi}\boldsymbol{x}_{\mathrm{s}}(\tau)]^{\mathrm{T}}\mathrm{d}\tau+K'_{\phi}(t)v(t)[G'_{\phi}\boldsymbol{x}_{\mathrm{s}}(t)]^{\mathrm{T}}-K_{\mathrm{p}}(0)$$

$$K_{\mathrm{U}}[v(t),t]=\int_0^t K_{\psi}(t-\tau)v(\tau)[G_{\psi}u_{\mathrm{w}}(\tau)]^{\mathrm{T}}\mathrm{d}\tau+K'_{\psi}(t)v(t)[G'_{\psi}u_{\mathrm{w}}(t)]^{\mathrm{T}}+K_{\mathrm{U}}(0)$$

选取对称正定矩阵 $\boldsymbol{Q}=\begin{bmatrix}1 & 0\\ 0 & 1\end{bmatrix}$，得到如下矩阵方程

$$\begin{cases}\boldsymbol{P}\begin{bmatrix}0 & 1\\ -10 & -5\end{bmatrix}+\begin{bmatrix}0 & 1\\ -10 & -5\end{bmatrix}^{\mathrm{T}}\boldsymbol{P}=-\begin{bmatrix}1 & 0\\ 0 & 1\end{bmatrix}\\ \begin{bmatrix}2\\ 5\end{bmatrix}^{\mathrm{T}}\boldsymbol{P}=\boldsymbol{D}\end{cases}$$

解得 $\boldsymbol{P}=\begin{bmatrix}1.35 & 0.05\\ 0.05 & 0.11\end{bmatrix}$，$\boldsymbol{D}=[2.9\quad 0.54]$，显然 $\boldsymbol{P}$ 为对称正定矩阵。从而有

$$v(t)=\boldsymbol{D}\boldsymbol{e}_x(t)=\frac{1}{100}[290\quad 54]\begin{bmatrix}e_{x1}(t)\\ e_{x2}(t)\end{bmatrix}$$

由于

$$\boldsymbol{K}_{\mathrm{P}}[v(t),t]=-\int_0^t K_{\phi}(t-\tau)v(\tau)[G_{\phi}\boldsymbol{x}_{\mathrm{s}}(\tau)]^{\mathrm{T}}\mathrm{d}\tau-K'_{\phi}(t)v(t)[G'_{\phi}(t)\boldsymbol{x}_{\mathrm{s}}(t)]^{\mathrm{T}}+\boldsymbol{K}_{\mathrm{P}}(0)$$

取 $K_{\phi}(t-\tau)=5$，$G_{\phi}=1$ 以及 $K'_{\phi}(t)=5$，$G'_{\phi}(t)=1$，$K_{\mathrm{P}}(0)=[2\quad -1]$，得

$$\begin{aligned}\boldsymbol{K}_{\mathrm{P}}(\boldsymbol{v},t)&=-5\int_0^t v(\tau)\boldsymbol{x}_{\mathrm{s}}(\tau)^{\mathrm{T}}\mathrm{d}\tau-5v(t)\boldsymbol{x}_{\mathrm{s}}(t)^{\mathrm{T}}+[2\quad -1]\\ &=-5\int_0^t[2.9\quad 0.54]\boldsymbol{e}_{\mathrm{s}}(\tau)\boldsymbol{x}_{\mathrm{s}}(t)^{\mathrm{T}}\mathrm{d}\tau\\ &\quad-5\times[2.9\quad 0.54]\boldsymbol{e}_{\mathrm{s}}(t)\boldsymbol{x}_{\mathrm{s}}(t)^{\mathrm{T}}+[2\quad -1]\end{aligned}$$

同理，取 $K_{\psi}(t-\tau)=5$，$G_{\psi}=0.4$ 以及 $K'_{\psi}(t)=5$，$G'_{\psi}(t)=0.4$，$K_{\mathrm{U}}(0)=0$，得

$$\begin{aligned}K_{\mathrm{U}}[v(t),t]&=2\int_0^t v(\tau)u_{\mathrm{w}}(\tau)\mathrm{d}\tau+2v(t)u_{\mathrm{w}}(t)\\ &=2\int_0^t[2.9\quad 0.54]\boldsymbol{e}_{\mathrm{s}}(\tau)u_{\mathrm{w}}(\tau)\mathrm{d}\tau+2\times[2.9\quad 0.54]\boldsymbol{e}_{\mathrm{s}}(t)u_{\mathrm{w}}(t)\end{aligned}$$

令参考模型的初始状态为$\begin{cases}x_{\mathrm{m1}}(0)=1\\ x_{\mathrm{m2}}(0)=1\end{cases}$，被控对象的初始状态为$\begin{cases}x_{\mathrm{s1}}(0)=-1\\ x_{\mathrm{s2}}(0)=-1\end{cases}$，采用基于 Popov 的模型参考自适应设计控制器，参考输入为方波信号，运行时间从 $t=0\mathrm{s}$ 到 $t=10\mathrm{s}$，仿真实验结果如图 4.5.6 所示。图 4.5.7 给出了对应的控制器参数自适应

调整曲线。

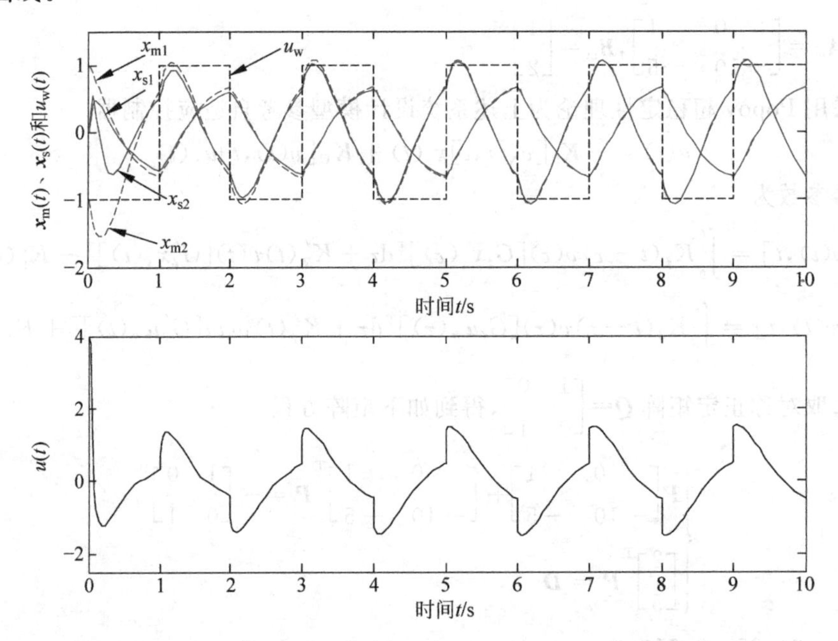

图 4.5.6 参考输入为方波时的被控对象的状态变量、参考模型的状态变量以及控制输入

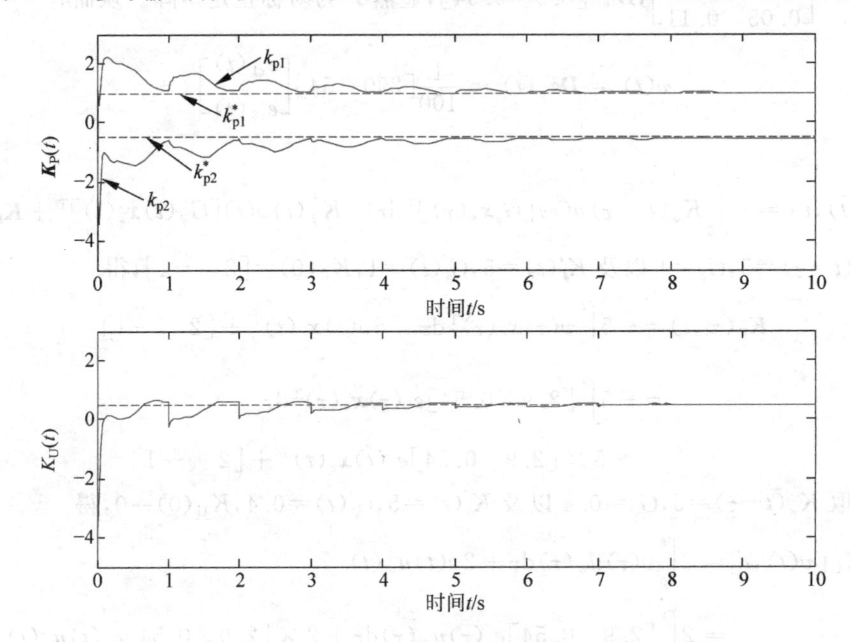

图 4.5.7 参考输入为方波时的控制器参数自适应调整曲线

图 4.5.8 给出了参考输入信号为单位阶跃信号时的被控对象的状态跟踪参考模型状态的曲线以及控制输入的曲线，图 4.5.9 给出了参考输入为单位阶跃时的控制器参数自适应调整曲线。可以看出采用 Popov 超稳定性理论设计的上述自适应规律，能使状态误差很快收敛到零。通过比较可以看出方波输入下的各控制器参数能

够很快收敛到各自的理想值,从而达到参数收敛的控制目的。而单位阶跃下的各控制器参数虽然能够很好地收敛,但收敛不到控制器参数的理想值。这也验证了可调控制器的参数收敛于被控对象模型已知时设计的控制器参数的条件不依赖于所找到的自适应规律,而是依赖于参考输入信号的特征。

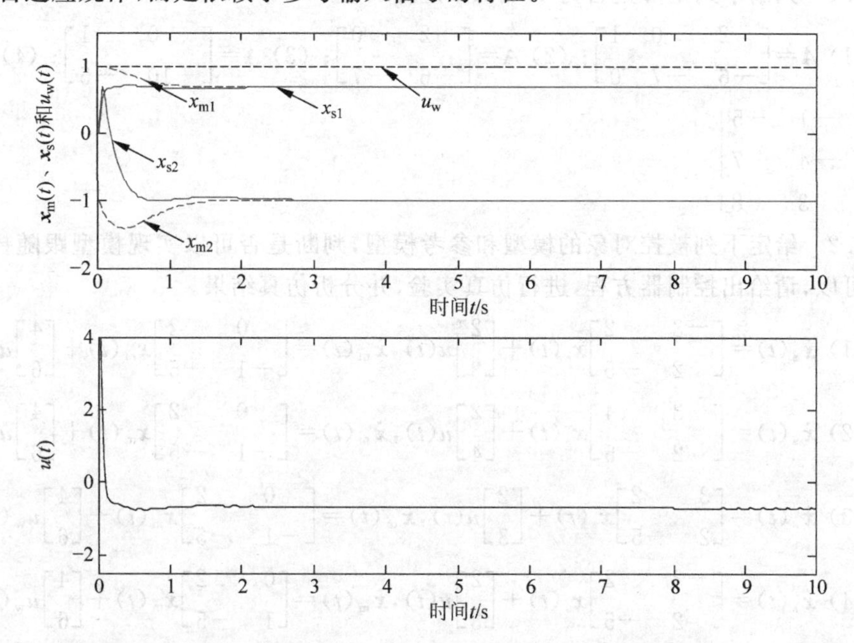

图 4.5.8 参考输入为阶跃信号时的被控对象的状态变量、参考模型的状态变量以及控制输入

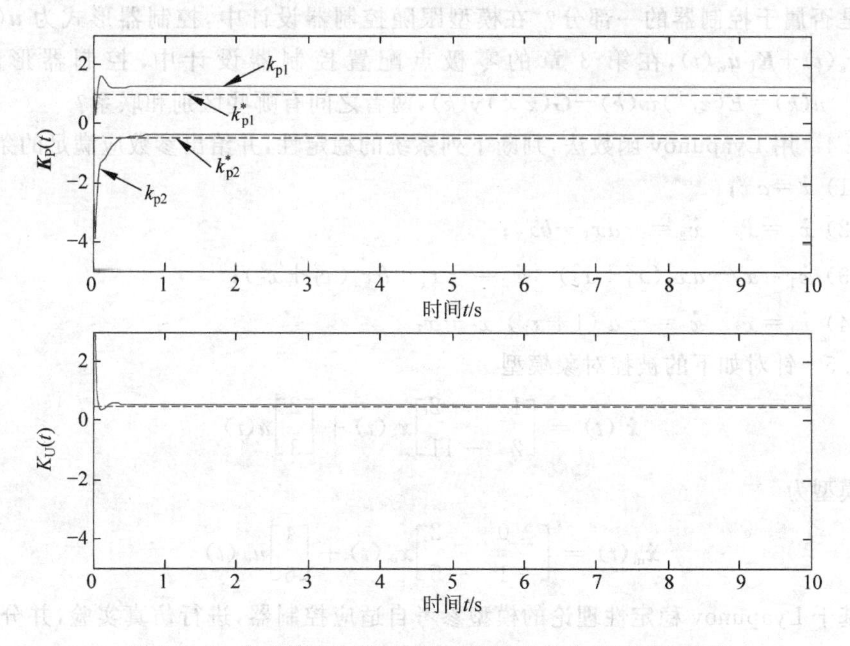

图 4.5.9 参考输入为阶跃时的控制器参数自适应调整曲线

思考题和习题

4.1 判断下列矩阵是否为 Hurwitz 矩阵

(1) $\boldsymbol{A}=\begin{bmatrix}2 & 0 & 1\\ -6 & -7 & 0\end{bmatrix}$；(2) $\boldsymbol{A}=\begin{bmatrix}2 & 0\\ -6 & -7\end{bmatrix}$；(3) $\boldsymbol{A}=\begin{bmatrix}0 & 1\\ -10 & -5\end{bmatrix}$；(4) $\boldsymbol{A}=\begin{bmatrix}-2 & -1 & -5\\ 2 & -4 & -7\\ 5 & 3 & -8\end{bmatrix}$

4.2 给定下列被控对象的模型和参考模型，判断是否可以实现模型跟随控制？如果可以，请给出控制器方程，进行仿真实验，并分析仿真结果。

(1) $\dot{\boldsymbol{x}}_s(t)=\begin{bmatrix}-3 & 2\\ 2 & -5\end{bmatrix}\boldsymbol{x}_s(t)+\begin{bmatrix}2\\ 3\end{bmatrix}u(t),\ \dot{\boldsymbol{x}}_m(t)=\begin{bmatrix}0 & 2\\ -1 & -5\end{bmatrix}\boldsymbol{x}_m(t)+\begin{bmatrix}4\\ 6\end{bmatrix}u_w(t)$

(2) $\dot{\boldsymbol{x}}_s(t)=\begin{bmatrix}-3 & 4\\ 2 & -5\end{bmatrix}\boldsymbol{x}_s(t)+\begin{bmatrix}2\\ 4\end{bmatrix}u(t),\ \dot{\boldsymbol{x}}_m(t)=\begin{bmatrix}0 & 2\\ -1 & -5\end{bmatrix}\boldsymbol{x}_m(t)+\begin{bmatrix}4\\ 6\end{bmatrix}u_w(t)$

(3) $\dot{\boldsymbol{x}}_s(t)=\begin{bmatrix}3 & 2\\ 2 & -5\end{bmatrix}\boldsymbol{x}_s(t)+\begin{bmatrix}2\\ 3\end{bmatrix}u(t),\ \dot{\boldsymbol{x}}_m(t)=\begin{bmatrix}0 & 2\\ -1 & -5\end{bmatrix}\boldsymbol{x}_m(t)+\begin{bmatrix}4\\ 6\end{bmatrix}u_w(t)$

(4) $\dot{\boldsymbol{x}}_s(t)=\begin{bmatrix}-3 & 2\\ 2 & -5\end{bmatrix}\boldsymbol{x}_s(t)+\begin{bmatrix}2\\ 3\end{bmatrix}u(t),\ \dot{\boldsymbol{x}}_m(t)=\begin{bmatrix}0 & 2\\ 1 & -5\end{bmatrix}\boldsymbol{x}_m(t)+\begin{bmatrix}4\\ 6\end{bmatrix}u_w(t)$

4.3 在 MRAC 中，为什么要引入参考模型？参考模型起到什么作用？参考模型是否属于控制器的一部分？在模型跟随控制器设计中，控制器形式为 $\boldsymbol{u}(t)=-\boldsymbol{K}_P\boldsymbol{x}_s(t)+\boldsymbol{K}_U\boldsymbol{u}_w(t)$，在第 3 章的零极点配置控制器设计中，控制器形式为 $H(z^{-1})u(k)=E(z^{-1})w(k)-G(z^{-1})y(k)$，两者之间有哪些区别和联系？

4.4 用 Lyapunov 函数法，判断下列系统的稳定性，并给出参数应满足的条件。

(1) $\dot{x}=ax$；

(2) $\dot{x}_1=x_2\quad \dot{x}_2=-ax_1-bx_2$；

(3) $\dot{x}_1=x_2-ax_1(x_1^2+x_2^2)\quad \dot{x}_2=-x_1-bx_2(x_1^2+x_2^2)$；

(4) $\dot{x}_1=x_2\quad \dot{x}_2=-a\,(1+x_2)^2x_2-x_1$

4.5 针对如下的被控对象模型

$$\dot{\boldsymbol{x}}_s(t)=\begin{bmatrix}1 & -2\\ 2 & -11\end{bmatrix}\boldsymbol{x}_s(t)+\begin{bmatrix}2\\ 3\end{bmatrix}u(t)$$

参考模型为

$$\dot{\boldsymbol{x}}_m(t)=\begin{bmatrix}0 & 2\\ -1 & -5\end{bmatrix}\boldsymbol{x}_m(t)+\begin{bmatrix}4\\ 6\end{bmatrix}u_w(t)$$

设计基于 Lyapunov 稳定性理论的模型参考自适应控制器，进行仿真实验，并分析仿真结果。

4.6 试验证下列传递函数是否为正实函数或者严格正实函数，并讨论参数对函数性质的影响。

(1) $G(s)=\dfrac{s+\beta_0}{s^2+\alpha_1 s+\alpha_0}$　　(2) $G(s)=\dfrac{\gamma(s+\beta)}{1+\alpha s}$

(3) $G(s)=\dfrac{k}{s^2+\omega^2}$　　(4) $G(s)=\dfrac{\alpha_0 s}{\alpha_2 s^2+\alpha_1 s+1}$

4.7　设被控对象模型的传递函数方程为 $G_s(s)=\dfrac{2}{s+1}$，参考模型的传递函数方程为 $G_m(s)=\dfrac{3}{s+2}$，当被控对象模型参数未知时，分别用 Lyapunov 稳定性理论和 Popov 超稳定性理论设计自适应规律，画出模型参考自适应控制系统框图，并进行仿真，分析比较仿真结果。

4.8　考虑如图 4.5.1 所示的一个非线性闭环控制系统，假设线性传递函数是正实的。若非线性部分的模型满足

$$\dot{v}(t)=y(t)$$

$$\omega(t)=v(t)+\varphi[y(t)]$$

式中，v、y、$\omega\in\mathbb{R}$，φ 满足 $\min\{k_1 y,k_2 y\}\leqslant\varphi(y)\leqslant\max\{k_1 y,k_2 y\}$ 且 $k_1>k_2>0$。

利用 Popov 超稳定性定理，证明闭环系统的稳定性。

4.9　船舶驾驶的动态模型为

$$\tau_s\ddot{\psi}_s(t)+\dot{\psi}_s(t)=K_s[\delta(t)+K_w]$$

式中，输出 $\psi_s(t)$ 为航向角；输入 $\delta(t)$ 为舵角；$\dot{\psi}_s(t)=\dfrac{d\psi_s(t)}{dt}$。$K_s$ 和 τ_s 为未知系数；K_w 为未知常量，表示风的干扰。有关 K_s、τ_s 和 K_w 以及船舶驾驶的动态模型的物理意义参见本书 7.4 节。参考模型为

$$\frac{\psi_m(s)}{\psi_r(s)}=\frac{\dfrac{K_{pm}}{\tau_m}}{s^2+\dfrac{1}{\tau_m}s+\dfrac{K_{pm}}{\tau_m}}$$

式中，ψ_m 为模型输出即希望的航向响应；ψ_r 为参考模型的输入信号；K_{pm} 和 τ_m 为已知参数。控制目标为使得参考模型的状态变量 $\boldsymbol{x}_m(t)$ 与被控对象状态 $\boldsymbol{x}_s(t)$ 广义误差趋于零，即

$$\lim_{t\to\infty}\boldsymbol{e}(t)=\lim_{t\to\infty}[\boldsymbol{x}_m(t)-\boldsymbol{x}_s(t)]=0$$

式中，$\boldsymbol{x}_s(t)$ 为被控对象的状态向量，定义为 $\boldsymbol{x}_s(t)=\begin{bmatrix}x_{s1}(t)\\x_{s2}(t)\end{bmatrix}=\begin{bmatrix}\psi_s(t)\\\dot{\psi}_s(t)\end{bmatrix}$。设计模型参考自适应控制器，给出控制器方程和参数自适应律。

参考文献

[1]　Landau I D. Adaptive Control: The Model Reference Approach [M]. New York: Marcel Dekker, 1979.（中译本：自适应控制模型参考方法[M].北京：国防工业出版社，1985.）

[2] Whitaker H P, Yamron J, Kezer A. Design of model-reference adaptive control systems for aircraft [R]. Report R-164, Instrumentation Laboratory, MIT, Cambridge, 1958.

[3] Butchart R L, Shackcloth B. Sythesis of model reference adaptive control systems by Lyapunov's second method [C]. Proceedings of IFAC Symposium on Adaptive Control, Teddington, England, 1965, 144-152.

[4] Parks P C. Liapunov redesign of model reference adaptive control systems [J]. IEEE Transactions on Automatic Control, 1966, 11(3): 362-367.

[5] Landau I D. A hyperstability criterion for model reference adaptive control systems [J]. IEEE Transactions on Automatic Control, 1969, 14(5): 552-555.

[6] Landau I D. A generalization of the hyperstability conditions for model reference adaptive systems [J]. IEEE Transactions on Automatic Control, 1972, 17(2): 246-247.

[7] Khalil H. Nonlinear Systems [M]. 3rd Edition. New Jersey: Prentice Hall, 2002.（中译本：非线性系统[M].第三版.北京：电子工业出版社，2005.）

[8] Slotine J J, Li W P. Applied nonlinear control [M]. New Jersey: Prentice Hall, 1991.（中译本：应用非线性控制[M].北京：机械工业出版社，2006.）

[9] Amerongen J. Adaptive steering of ships-a model reference approach [J]. Automatica, 1984, 20(1): 3-14.

第5章 多变量自适应控制

5.1 概述

工业生产过程中的被控对象往往是由多输入多输出模型描述的，也称为多变量模型，如冶金工业中的钢坯加热炉的多段炉温；轧机中的厚度与板形；电力工业中发电机组的蒸汽压力与温度；石化工业中的精馏塔顶部产品成分和流量、底部产品成分和流量；国防工业中的风洞稳定段总压和实验段马赫数等，都是需要控制而又是彼此关联的量。与单变量模型不同，多变量模型相对复杂，需要考虑不同回路之间的时延结构和耦合特性。

本章首先介绍多变量动态模型的描述方法以及参数辨识方法。其次介绍多变量广义最小方差自适应控制方法。多变量自适应控制的被控对象是由参数未知的多输入多输出线性随机模型描述的；多变量自适应控制器与单变量自校正控制器结构相同，由参数可调的控制器和自适应控制律组成，自适应控制律由模型参数辨识和控制器参数设计组成；多变量自适应控制需要考虑的问题是时延和耦合；多变量模型的一般时延可以用交互矩阵来描述。因此本章介绍一种具有一般交互矩阵的多变量自适应控制器[1]，该控制器即使用于非最小相位的被控对象，仍然保证全局收敛性。

本章最后介绍一种多变量自适应解耦控制方法，多变量模型的回路之间存在着耦合，即模型的某一个输入与模型的所有输出相互影响，或者模型的某一个输出受到所有输入的影响；多变量模型回路之间的强耦合往往使得控制系统的性能变坏，甚至导致控制系统不能稳定运行；常规解耦控制要求被控对象是由参数已知的线性模型描述的，因而是一种严格依赖于被控对象参数的控制方法，当被控对象的参数发生变化时，解耦效果就会变差，甚至出现由于解耦失败而导致控制系统不能稳定运行的情况。因此为了解决被控对象参数未知或慢时变的情况，一般采用多变量自适应解耦控制方法[2,3,4]。

多变量自适应解耦控制方法将被控对象的解耦、控制和辨识结合起来，可以实现参数未知或缓慢变化的被控对象的自适应解耦控制。自适应解耦一般有两种实现方式，即开环自适应解耦控制和闭环自适应解耦控制，开环自适应解耦控制首先设计前置解耦器将多变量被控对象解耦补偿成多个单输入单输出回路，然后采用常规控制方法设计多个单变量自适应控制器进行控制，而解耦补偿器和控制器的参数都是通过辨识被控对象的参数来实现自适应[2]；闭环自适应解耦控制是将解耦补偿器与自适应控制器的设计统一进行，使得闭环系统方程的传递函数矩阵等于期望的对角矩阵以实现解耦，通过在线辨识控制器的参数实现自适应解耦[3]。本章介绍的多变量自适应解耦控制方法属于闭环解耦控制范畴。

5.2 多变量离散时间随机线性模型与参数估计

5.2.1 多变量离散时间随机线性模型

与单变量模型不同，多变量模型相对复杂，不同回路之间可能具有不同的时延结构，同时各回路之间可能存在着耦合，即模型的某一个输入与其所有输出相互影响，或者模型的某一个输出受到其所有输入的影响。

1. 多变量随机线性模型

对于多变量线性模型而言，多项式矩阵是一种重要的工具。借助于多项式矩阵，可以得到与前述的单变量线性模型相似的模型形式，最常用的多变量模型为 n 输入 n 输出的随机线性模型。与单变量随机线性模型类似，多变量随机线性模型中的干扰信号由白噪声通过线性环节产生，因此，随机多输入多输出离散时间线性模型为

$$\boldsymbol{A}(z^{-1})\boldsymbol{y}(k)=\boldsymbol{B}(z^{-1})\boldsymbol{u}(k)+\boldsymbol{C}(z^{-1})\xi(k) \tag{5.2.1}$$

式中，$\boldsymbol{u}(k)$和 $\boldsymbol{y}(k)$为 n 维输入向量和 n 维输出向量，$\{\xi(k)\}$为被控对象的 n 维驱动噪声；$\boldsymbol{A}(z^{-1})$、$\boldsymbol{B}(z^{-1})$和 $\boldsymbol{C}(z^{-1})$分别为 n_A、n_B 和 n_C 阶单位后移算子 z^{-1} 的 $n\times n$ 维多项式矩阵，也就是说矩阵中的每个元素都是关于 z^{-1} 多项式，$\boldsymbol{A}(0)=\boldsymbol{I}$，$\boldsymbol{B}(0)=0$，$\det\boldsymbol{C}(z^{-1})$是稳定的，并且被控对象的驱动噪声向量$\{\xi(k)\}$满足下列假设条件

$$\mathrm{E}[\xi(k)\mid F_{k-1}]=0,\quad \text{a.s.} \tag{5.2.2}$$

$$\sup_{k>0}[\mathrm{E}\|\xi(k)\|^2\mid F_{k-1}]<\infty,\quad \text{a.s.} \tag{5.2.3}$$

$$\lim_{N\to\infty}\frac{1}{N}\sum_{k=1}^{N}\xi(k)\xi^{\mathrm{T}}(k)=\Omega>0,\quad \text{a.s.} \tag{5.2.4}$$

式中，F_k 表示非降子 σ-代数族。

不失一般性，本章假定 $\boldsymbol{C}(0)=\boldsymbol{I}$。实际上，如果 $\boldsymbol{C}(0)\neq\boldsymbol{I}$，则可以将 $\boldsymbol{C}^{-1}(0)$乘入噪声向量$\{\xi(k)\}$的协方差矩阵中将 $\boldsymbol{C}(0)$化为 $\boldsymbol{C}(0)=\boldsymbol{I}$。$\boldsymbol{C}(z^{-1})\xi(k)$表示被控对象受到的随机干扰。

与单变量类似，如果 $\det\boldsymbol{B}(z^{-1})=0$ 的全部零点都在单位圆内，则被控对象是最小相位的，反之，则称被控对象是非最小相位的；如果 $\det\boldsymbol{A}(z^{-1})=0$ 全部零点都单位圆内，则被控对象是开环稳定的，反之，则称被控对象是开环不稳定的。

2. 时延结构

多变量被控对象含有多个控制回路，每个回路可能具有不同的时延，因此与单变量不同，多变量被控对象的时延结构比较复杂。

多变量线性模型的形式实际上与单变量线性模型式(3.6.1)相对应，也就是说将时延结构隐入 $\boldsymbol{B}(z^{-1})$ 中。在自适应控制中，模型的时延结构在预测和控制中都扮演了重要角色。多变量线性模型的时延结构比单变量线性模型要复杂，通常我们可以用关联矩阵加以描述。

对于单变量线性模型式(3.6.1)来说，找到时延结构很明显，实际上只需找到形如 $T(z)=z^{d}$ 的多项式，满足 $\lim\limits_{z\to\infty}T(z)A^{-1}(z^{-1})B(z^{-1})=b_d$ 即可，其中，b_d 是一个非零常数。

对于多变量随机差分方程描述的 n 输入 n 输出的多变量线性模型，传递函数矩阵的时延结构可以用一个多项式矩阵 $\boldsymbol{T}(z)$ 来规定。

定理 5.2.1　假设模型式(5.2.1)传递函数矩阵 $\boldsymbol{A}(z^{-1})^{-1}\boldsymbol{B}(z^{-1})$ 严格真，秩为 n，则一定存在交互矩阵 $\boldsymbol{T}(z)$ 满足

$$\lim_{z\to\infty}\boldsymbol{T}(z)\boldsymbol{A}^{-1}(z^{-1})\boldsymbol{B}(z^{-1})=\boldsymbol{K},\quad \boldsymbol{K}\text{ 为非奇异常矩阵} \tag{5.2.5}$$

式中，$\boldsymbol{T}(z)$ 为 z 的下三角多项式矩阵[5]。

下面介绍另一种常用的描述和处理时延结构的方法。

假设 $\boldsymbol{A}(z^{-1})$ 是对角的(如果 $\boldsymbol{A}(z^{-1})$ 是非对角的，可以将其化成对角的，代价是升高了系统的阶次)，且 $\boldsymbol{B}(z^{-1})$ 是可逆的，即 $\det\boldsymbol{B}(z^{-1})\neq 0$。由于 $\boldsymbol{B}(z^{-1})$ 是非对角的，其形式可以表示为

$$\boldsymbol{B}(z^{-1})=\begin{bmatrix} b_{11}^{0}z^{-d_{11}}+\cdots+b_{11}^{n_B^{11}}z^{-d_{11}-n_B^{11}} & b_{12}^{0}z^{-d_{12}}+\cdots+b_{12}^{n_B^{12}}z^{-d_{12}-n_B^{12}} & \cdots & b_{1n}^{0}z^{-d_{1n}}+\cdots+b_{1n}^{n_B^{1n}}z^{-d_{1n}-n_B^{1n}} \\ b_{21}^{0}z^{-d_{21}}+\cdots+b_{21}^{n_B^{21}}z^{-d_{21}-n_B^{21}} & b_{22}^{0}z^{-d_{22}}+\cdots+b_{22}^{n_B^{22}}z^{-d_{22}-n_B^{22}} & \cdots & b_{2n}^{0}z^{-d_{2n}}+\cdots+b_{2n}^{n_B^{2n}}z^{-d_{2n}-n_B^{2n}} \\ \vdots & \vdots & & \\ b_{n1}^{0}z^{-d_{n1}}+\cdots+b_{n1}^{n_B^{n1}}z^{-d_{n1}-n_B^{n1}} & b_{n2}^{0}z^{-d_{n2}}+\cdots+b_{n2}^{n_B^{n2}}z^{-d_{n2}-n_B^{n2}} & \cdots & b_{nn}^{0}z^{-d_{nn}}+\cdots+b_{nn}^{n_B^{nn}}z^{-d_{nn}-n_B^{nn}} \end{bmatrix}$$

即

$$\boldsymbol{B}(z^{-1})=[z^{-d_{ij}}B_{ij}(z^{-1})],\quad d_{ij}\geqslant 1,\quad B_{ij}(z^{-1})\sum_{l=0}^{n_B^{ij}}b_{ij}^{l}z^{-l},\quad b_{ij}^{0}\neq 0 \tag{5.2.6}$$

并进而假设 $\boldsymbol{B}(z^{-1})$ 中的时延项 $d_{ij}(i,j=1,2,\cdots,n)$ 已知。这样，由文献[6]可知，一定可以找到对角的多项式矩阵 $\boldsymbol{D}(z^{-1})$ 和 $\boldsymbol{K}(z^{-1})$，使得

$$\lim_{z\to\infty}\boldsymbol{D}(z^{-1})^{-1}\boldsymbol{B}(z^{-1})\boldsymbol{K}(z^{-1})=\boldsymbol{K}_b,\quad \det\boldsymbol{K}_b\neq 0 \tag{5.2.7}$$

式中 $\boldsymbol{D}(z^{-1})=\mathrm{diag}(z^{-k_i})$，$k_i\geqslant 1$，$k_i=\max\limits_{1\leqslant j\leqslant n}d_{ij}$，$\boldsymbol{K}(z^{-1})=\mathrm{diag}(z^{-d_j})$，$d_j\geqslant 0$；此时，时延项 $d=\max\limits_{1\leqslant i\leqslant n}\{k_i\}$。于是将 $\boldsymbol{B}(z^{-1})$ 变换为

$$\boldsymbol{B}(z^{-1})=\boldsymbol{D}(z^{-1})\boldsymbol{B}_d(z^{-1})\boldsymbol{K}(z) \tag{5.2.8}$$

式中 $\boldsymbol{K}(z)=\boldsymbol{K}(z^{-1})^{-1}=\mathrm{diag}(z^{d_j})$，$\boldsymbol{B}_d(z^{-1})=[z^{-\bar{k}_{ij}}B_{ij}(z^{-1})]$，$\bar{k}_{ij}=k_{ij}-k_i+d_j\geqslant 0$。

由此，模型式(5.2.1)变为

$$\boldsymbol{A}(z^{-1})\boldsymbol{y}(k)=\boldsymbol{D}(z^{-1})\boldsymbol{B}_d(z^{-1})\bar{\boldsymbol{u}}(k)+\boldsymbol{C}(z^{-1})\xi(k) \tag{5.2.9}$$

式中

$$\boldsymbol{u}(k)=\boldsymbol{K}(z^{-1})\bar{\boldsymbol{u}}(k) \tag{5.2.10}$$

且有 $\boldsymbol{B}_d(0)$非奇异。这样就对应了单变量线性模型式(3.4.1)的形式，即时延结构 d 显式出现，且 $b_0\neq 0$。

3. 伪交换矩阵

将单变量自校正控制方案推广到多变量的主要困难是多项式矩阵相乘不能交换，即我们必须考虑模型中矩阵顺序。为解决这个问题，需要引入伪交换矩阵，它们具有“伪交换性”，其主要形式为

$$\bar{\boldsymbol{F}}(z^{-1})\boldsymbol{G}(z^{-1})=\bar{\boldsymbol{G}}(z^{-1})\boldsymbol{F}(z^{-1}) \tag{5.2.11}$$

式中，$\boldsymbol{F}(z^{-1})=\boldsymbol{I}+\boldsymbol{F}_1z^{-1}+\cdots+\boldsymbol{F}_{d-1}z^{-(d-1)}$，$\boldsymbol{G}(z^{-1})=\boldsymbol{G}_0+\boldsymbol{G}_1z^{-1}+\cdots+\boldsymbol{G}_{n_G}z^{-n_G}$。上式使我们能用“互换”对 $\bar{\boldsymbol{F}}(z^{-1})\boldsymbol{G}(z^{-1})$代替 $\bar{\boldsymbol{G}}(z^{-1})\boldsymbol{F}(z^{-1})$，其中 $\det\bar{\boldsymbol{F}}(z^{-1})=\det\boldsymbol{F}(z^{-1})$，$\bar{\boldsymbol{F}}(0)=I$。学者 Wolovich 首先提出这些多项式矩阵必定存在但未必唯一[7]。在适当维数下，矩阵方程式在自适应中可用来在线综合处理一个互换对。

例 5.2.1 已知 $\boldsymbol{F}(z^{-1})=\boldsymbol{I}+\boldsymbol{F}_1z^{-1}$，$\boldsymbol{G}(z^{-1})=\boldsymbol{G}_0+\boldsymbol{G}_1z^{-1}$，其中

$$\boldsymbol{F}(z^{-1})=\begin{bmatrix}1+z^{-1} & z^{-1}\\ 2z^{-1} & 1+3z^{-1}\end{bmatrix},\quad \boldsymbol{G}(z^{-1})=\begin{bmatrix}1+2z^{-1} & 2+z^{-1}\\ 1+z^{-1} & 3z^{-1}\end{bmatrix}$$

式中

$$\boldsymbol{F}_1=\begin{bmatrix}1 & 1\\ 2 & 3\end{bmatrix},\quad \boldsymbol{G}_0=\begin{bmatrix}1 & 2\\ 1 & 0\end{bmatrix},\quad \boldsymbol{G}_1=\begin{bmatrix}2 & 1\\ 1 & 3\end{bmatrix}$$

根据式(5.2.11)求出具有这种“伪交换性”关系的矩阵 $\bar{\boldsymbol{F}}(z^{-1})=\boldsymbol{I}+\bar{\boldsymbol{F}}_1z^{-1}$和 $\bar{\boldsymbol{G}}(z^{-1})=\bar{\boldsymbol{G}}_0+\bar{\boldsymbol{G}}_1z^{-1}$。

将式(5.2.11)展开，有

$$(\boldsymbol{I}+\bar{\boldsymbol{F}}_1z^{-1})(\boldsymbol{G}_0+\boldsymbol{G}_1z^{-1})=(\bar{\boldsymbol{G}}_0+\bar{\boldsymbol{G}}_1z^{-1})(\boldsymbol{I}+\boldsymbol{F}_1z^{-1})$$

$$\boldsymbol{G}_0+(\bar{\boldsymbol{F}}_1\boldsymbol{G}_0+\boldsymbol{G}_1)z^{-1}+\bar{\boldsymbol{F}}_1\boldsymbol{G}_1z^{-2}=\bar{\boldsymbol{G}}_0+(\bar{\boldsymbol{G}}_1+\bar{\boldsymbol{G}}_0\boldsymbol{F}_1)z^{-1}+\bar{\boldsymbol{G}}_1\boldsymbol{F}_1z^{-2}$$

上式两侧同幂次项系数相等，得

$$\bar{\boldsymbol{G}}_0=\boldsymbol{G}_0=\begin{bmatrix}1 & 2\\ 1 & 0\end{bmatrix}$$

$$\bar{\boldsymbol{G}}_1=(\bar{\boldsymbol{G}}_0\boldsymbol{F}_1-\boldsymbol{G}_1)(\boldsymbol{F}_1\boldsymbol{G}_1^{-1}\boldsymbol{G}_0-I)^{-1}=\begin{bmatrix}6.5 & 4\\ -2.3333 & -0.6667\end{bmatrix}$$

$$\bar{\boldsymbol{F}}_1=\bar{\boldsymbol{G}}_1\boldsymbol{F}_1\boldsymbol{G}_1^{-1}=\begin{bmatrix}5 & 4.5\\ -1.3333 & -1\end{bmatrix}$$

即求得 $\boldsymbol{F}(z^{-1})$和 $\boldsymbol{G}(z^{-1})$的伪交换矩阵 $\bar{\boldsymbol{F}}(z^{-1})$和 $\bar{\boldsymbol{G}}(z^{-1})$为

$$\bar{\boldsymbol{F}}(z^{-1})=\begin{bmatrix}1+5z^{-1} & 4.5z^{-1}\\ -1.3333z^{-1} & 1-z^{-1}\end{bmatrix},\quad \bar{\boldsymbol{G}}(z^{-1})=\begin{bmatrix}1+6.5z^{-1} & 2+4z^{-1}\\ 1-2.3333z^{-1} & -0.6667z^{-1}\end{bmatrix}$$

此时 $\bar{\boldsymbol{F}}(0)=\boldsymbol{I}$，$\det\bar{\boldsymbol{F}}(z^{-1})=1+4z^{-1}+z^{-2}$，$\det\boldsymbol{F}(z^{-1})=1+4z^{-1}+z^{-2}$，满足 $\det\bar{\boldsymbol{F}}(z^{-1})=\det\boldsymbol{F}(z^{-1})$。

此时，式(5.2.11)左边为

$$\bar{\boldsymbol{F}}(z^{-1})\boldsymbol{G}(z^{-1})=\begin{bmatrix}1+5z^{-1} & 4.5z^{-1}\\ -1.3333z^{-1} & 1-z^{-1}\end{bmatrix}\begin{bmatrix}1+2z^{-1} & 2+z^{-1}\\ 1+z^{-1} & 3z^{-1}\end{bmatrix}$$

$$=\begin{bmatrix}1+11.5z^{-1}+14.5z^{-2} & 2+11z^{-1}+18.5z^{-2}\\ 1-1.3333z^{-1}-3.6666z^{-2} & 0.3334z^{-1}-4.3333z^{-2}\end{bmatrix}$$

并且式(5.2.11)右边为

$$\bar{\boldsymbol{G}}(z^{-1})\boldsymbol{F}(z^{-1})=\begin{bmatrix}1+6.5z^{-1} & 2+4z^{-1}\\ 1-2.3333z^{-1} & -0.6667z^{-1}\end{bmatrix}\begin{bmatrix}1+z^{-1} & z^{-1}\\ 2z^{-1} & 1+3z^{-1}\end{bmatrix}$$

$$=\begin{bmatrix}1+11.5z^{-1}+14.5z^{-2} & 2+11z^{-1}+18.5z^{-2}\\ 1-1.3333z^{-1}-3.6666z^{-2} & 0.3334z^{-1}-4.3333z^{-2}\end{bmatrix}$$

即式(5.2.11)成立。

5.2.2　参数估计

多变量自适应控制算法由于采用了参数辨识算法，因而可以对结构已知而参数未知的时不变或慢时变模型进行控制，不同的控制算法与不同的辨识算法相结合可以产生不同的自适应控制算法。递推最小二乘法由于收敛速度快，受噪声的干扰小，因而在多变量自适应参数辨识算法中广为采用。

将多变量模型分解成 n 个独立的子模型，分别估计各子模型的参数，其方法与单变量问题没有本质区别。

考虑简单时延情况下的 n 输入 n 输出多变量随机差分方程

$$\boldsymbol{A}(z^{-1})\boldsymbol{y}(k)=z^{-d}\boldsymbol{B}(z^{-1})\boldsymbol{u}(k)+\boldsymbol{\xi}(k)\tag{5.2.12}$$

由于有 $\boldsymbol{A}(0)=\boldsymbol{A}_0=\boldsymbol{I}$，上式的等价表达式为

$$\begin{aligned}\boldsymbol{y}(k)=&-\boldsymbol{A}_1\boldsymbol{y}(k-1)-\cdots-\boldsymbol{A}_{n_A}\boldsymbol{y}(k-n_A)+\boldsymbol{B}_0\boldsymbol{u}(k-d)\\&+\boldsymbol{B}_1\boldsymbol{u}(k-d-1)+\cdots+\boldsymbol{B}_{n_B}\boldsymbol{u}(k-d-n_B)+\boldsymbol{\xi}(k)\end{aligned}\tag{5.2.13}$$

式中，$\boldsymbol{\xi}(k)$为噪声，$\boldsymbol{B}_0$ 非奇异，时延 d 和阶次 n_A、n_B 已知，并定义 $p=(n_A+n_B+1)\times n$。

我们的目标是根据已知的输入输出数据，对未知的模型参数即组成多项式矩阵 $\boldsymbol{A}(z^{-1})$和 $\boldsymbol{B}(z^{-1})$的各个多项式的参数矩阵进行估计。现定义 $p\times 1$ 维数据向量$\boldsymbol{\varphi}(k-1)$和 $p\times n$ 维参数矩阵 $\boldsymbol{\Theta}$ 如下

$$\begin{aligned}\boldsymbol{\varphi}(k-1)=[&-\boldsymbol{y}^{\mathrm{T}}(k-1),\cdots,-\boldsymbol{y}^{\mathrm{T}}(k-n_A),\boldsymbol{u}^{\mathrm{T}}(k-d),\boldsymbol{u}^{\mathrm{T}}(k-d-1),\cdots,\\&\boldsymbol{u}^{\mathrm{T}}(k-d-n_B)]^{\mathrm{T}}\end{aligned}\tag{5.2.14}$$

$$\boldsymbol{\Theta}=[\boldsymbol{A}_1,\cdots,\boldsymbol{A}_{n_A},\boldsymbol{B}_0,\boldsymbol{B}_1,\cdots,\boldsymbol{B}_{n_B}]^{\mathrm{T}}=[\boldsymbol{\theta}_1,\boldsymbol{\theta}_2,\cdots,\boldsymbol{\theta}_n]\tag{5.2.15}$$

则模型式(5.2.12)可以表示成如下形式

$$y(k)=\boldsymbol{\Theta}^{\mathrm{T}}\boldsymbol{\varphi}(k-1)+\boldsymbol{\xi}(k)=\begin{bmatrix}\boldsymbol{\theta}_1^{\mathrm{T}}\\ \boldsymbol{\theta}_2^{\mathrm{T}}\\ \vdots\\ \boldsymbol{\theta}_n^{\mathrm{T}}\end{bmatrix}\boldsymbol{\varphi}(k-1)+\boldsymbol{\xi}(k) \tag{5.2.16}$$

上式的每一个分量都可以视为一个单变量模型的最小二乘格式，与单变量递推最小二乘法类似，多变量递推最小二乘参数估计的递推公式为

$$\hat{\boldsymbol{\Theta}}(k)=\hat{\boldsymbol{\Theta}}(k-1)+\boldsymbol{K}(k)[\boldsymbol{y}(k)-\hat{\boldsymbol{\Theta}}^{\mathrm{T}}(k-1)\boldsymbol{\varphi}(k-1)]^{\mathrm{T}} \tag{5.2.17}$$

$$\boldsymbol{K}(k)=\frac{\boldsymbol{P}(k-1)\boldsymbol{\varphi}(k-1)}{1+\boldsymbol{\varphi}^{\mathrm{T}}(k-1)\boldsymbol{P}(k-1)\boldsymbol{\varphi}(k-1)} \tag{5.2.18}$$

$$\boldsymbol{P}(k)=[\boldsymbol{I}-\boldsymbol{K}(k)\boldsymbol{\varphi}^{\mathrm{T}}(k-1)]\boldsymbol{P}(k-1) \tag{5.2.19}$$

式中，$\boldsymbol{K}(k)$为 $p\times1$ 维向量；$\boldsymbol{P}(k)$为 $p\times p$ 维正定方阵。

当模型中存在时变参数或者有色噪声时，可以仿照单变量的做法得出相应的多变量递推公式。

5.3　多变量广义最小方差自适应控制

与单变量不同，多变量被控对象模型的传输时延与其交互矩阵密切相关，文献[5,6]的算法只适合于交互矩阵为单位阵的被控对象。文献[8]和文献[9]提出的方案只适用交互矩阵为对角阵的被控对象。文献[10]提出了可以控制具有一般交互矩阵的最小相位的随机多变量自适应控制算法。在本节，我们介绍一种具有一般交互矩阵的随机多变量自适应控制器[1]，该控制器即使用于非最小相位被控对象仍然保证了全局收敛性。本节介绍的多变量广义最小方差自适应控制器的参数可调控制器是多变量广义最小方差控制器，为此首先介绍当被控对象模型已知时的多变量广义最小方差控制器设计。

5.3.1　多变量广义最小方差控制器设计

1. 控制问题描述

设被控对象的动态模型为

$$\boldsymbol{A}(z^{-1})\boldsymbol{y}(k)=\boldsymbol{B}(z^{-1})\boldsymbol{u}(k)+\boldsymbol{C}(z^{-1})\xi(k) \tag{5.3.1}$$

式中各项定义与式(5.2.1)相同，特别地，多项式矩阵 $\boldsymbol{B}(z^{-1})$具有如下形式

$$\boldsymbol{B}(z^{-1})=[z^{-d_{ij}}B_{ij}(z^{-1})],\quad d_{ij}\geqslant1,\quad B_{ij}(z^{-1})\sum_{l=0}^{n_B^{ij}}b_{ij}^{l}z^{-l},\quad b_{ij}^{0}\neq0 \tag{5.3.2}$$

并且满足假设 5.3.1。

假设 5.3.1　传递函数矩阵 $\boldsymbol{A}(z^{-1})^{-1}\boldsymbol{B}(z^{-1})$严格真，秩为 n。

在上述假设下，由定理 5.2.1 可知，一定存在交互矩阵 $\boldsymbol{T}(z)$满足

$$\lim_{z\to\infty}\boldsymbol{T}(z)\boldsymbol{A}^{-1}(z^{-1})\boldsymbol{B}(z^{-1})=\boldsymbol{K},\quad \boldsymbol{K}\text{为非奇异常矩阵}$$

式中，$\boldsymbol{T}(z)$是 z 的下三角多项式矩阵[7]，设 d 为$\boldsymbol{T}(z)$中多项式的最高阶次。

控制目标是，针对多变量被控对象的数学模型式(5.3.1)，设计多变量广义最小方差控制器，使得广义输出误差向量 $\boldsymbol{e}(k+d)$的范数的方差极小，即

$$\min J$$

式中

$$J=\mathrm{E}[\,\|\boldsymbol{e}(k+d)\|^2\mid F_k]=\mathrm{E}[\,\|\boldsymbol{\phi}(k+d)-\boldsymbol{y}^*(k+d)\|^2\mid F_k] \tag{5.3.3}$$

其中广义输出向量$\boldsymbol{\phi}(k+d)$定义为

$$\boldsymbol{\phi}(k+d)=\boldsymbol{P}(z^{-1})\boldsymbol{T}(z)\boldsymbol{y}(k) \tag{5.3.4}$$

广义理想输出向量 $\boldsymbol{y}^*(k+d)$定义为

$$\boldsymbol{y}^*(k+d)=\boldsymbol{R}(z^{-1})\boldsymbol{w}(k)-\boldsymbol{Q}(z^{-1})\boldsymbol{u}(k) \tag{5.3.5}$$

广义输出误差向量 $\boldsymbol{e}(k+d)$定义为

$$\boldsymbol{e}(k+d)=\boldsymbol{\phi}(k+d)-\boldsymbol{y}^*(k+d)=\boldsymbol{P}(z^{-1})\boldsymbol{T}(z)\boldsymbol{y}(k)-\boldsymbol{R}(z^{-1})\boldsymbol{w}(k)+\boldsymbol{Q}(z^{-1})\boldsymbol{u}(k) \tag{5.3.6}$$

式中，$\boldsymbol{w}(k)$为 n 维参考输入向量；$\boldsymbol{P}(z^{-1})$、$\boldsymbol{Q}(z^{-1})$和 $\boldsymbol{R}(z^{-1})$为 z^{-1}算子的加权多项式矩阵；$\boldsymbol{P}(0)=\boldsymbol{I}$。

因此，性能指标式(5.3.3)可以表示为

$$J=\mathrm{E}[\,\|\boldsymbol{P}(z^{-1})\boldsymbol{T}(z)\boldsymbol{y}(k)-\boldsymbol{R}(z^{-1})\boldsymbol{w}(k)+\boldsymbol{Q}(z^{-1})\boldsymbol{u}(k)\|^2\mid F_k] \tag{5.3.7}$$

于是，求使式(5.3.3)极小的最优控制就变成了求使广义输出误差向量的方差为极小的最优控制问题，这样就可以采用求解单变量最小方差控制律的办法来求解使式(5.3.3)极小的控制律。

2. 多变量广义最小方差控制器

1) 最优预报

与单变量最小方差控制律类似，只要求得了广义输出向量的最优预报$\boldsymbol{\phi}^*(k+d|k)$，并使之与广义理想输出向量 $\boldsymbol{y}^*(k+d)$相等，即可得到最优控制律$\boldsymbol{\phi}^*(k+d|k)=\boldsymbol{y}^*(k+d)$，此时广义输出误差向量 $\boldsymbol{e}(k+d)$在均方意义下最小。

根据前面介绍的伪交换矩阵，引入多项式矩阵 $\bar{\boldsymbol{A}}(z^{-1})$和 $\bar{\boldsymbol{C}}(z^{-1})$使得下式成立

$$\boldsymbol{C}(z^{-1})\bar{\boldsymbol{A}}(z^{-1})=\boldsymbol{A}(z^{-1})\bar{\boldsymbol{C}}(z^{-1}) \tag{5.3.8}$$

并有 $\det\bar{\boldsymbol{C}}(z^{-1})=\det\boldsymbol{C}(z^{-1})$，$\bar{\boldsymbol{C}}(0)=\boldsymbol{C}(0)=\boldsymbol{I}$。采用例 5.2.1 的方法，可以求得多项式矩阵 $\bar{\boldsymbol{A}}(z^{-1})$和 $\bar{\boldsymbol{C}}(z^{-1})$。

令 $\bar{\boldsymbol{T}}(z^{-1})=z^{-d}\boldsymbol{T}(z)$，并且引入如下 Diophantine 方程

$$\boldsymbol{P}(z^{-1})\bar{\boldsymbol{T}}(z^{-1})\bar{\boldsymbol{C}}(z^{-1})=\boldsymbol{F}(z^{-1})\bar{\boldsymbol{A}}(z^{-1})+z^{-d}\boldsymbol{G}(z^{-1}) \tag{5.3.9}$$

可求解得到 $\boldsymbol{F}(z^{-1})$和 $\boldsymbol{G}(z^{-1})$，其中 $\boldsymbol{F}(z^{-1})=\boldsymbol{F}_0+\boldsymbol{F}_1z^{-1}+\cdots+\boldsymbol{F}_{d-1}z^{-d+1}$。同时，引入多项式矩阵$\widetilde{\boldsymbol{C}}(z^{-1})$和$\widetilde{\boldsymbol{F}}(z^{-1})$使得下面的伪交换关系成立

$$\widetilde{\boldsymbol{C}}(z^{-1})\boldsymbol{F}(z^{-1})=\widetilde{\boldsymbol{F}}(z^{-1})\boldsymbol{C}(z^{-1}) \tag{5.3.10}$$

式中，$\det\widetilde{\boldsymbol{C}}(z^{-1})=\det\boldsymbol{C}(z^{-1})$，$\widetilde{\boldsymbol{C}}(0)=\boldsymbol{C}(0)=\boldsymbol{I}$。求得多项式矩阵$\widetilde{\boldsymbol{C}}(z^{-1})$和$\widetilde{\boldsymbol{F}}(z^{-1})$，然后根据下式

$$\widetilde{\boldsymbol{C}}(z^{-1})\boldsymbol{G}(z^{-1})=\widetilde{\boldsymbol{G}}(z^{-1})\overline{\boldsymbol{C}}(z^{-1}) \tag{5.3.11}$$

求得多项式矩阵$\widetilde{\boldsymbol{G}}(z^{-1})$。

用$\overline{\boldsymbol{C}}^{-1}(z^{-1})$右乘式(5.3.9)两边，得

$$\boldsymbol{P}(z^{-1})\overline{\boldsymbol{T}}(z^{-1})=\boldsymbol{F}(z^{-1})\overline{\boldsymbol{A}}(z^{-1})\overline{\boldsymbol{C}}^{-1}(z^{-1})+z^{-d}\boldsymbol{G}(z^{-1})\overline{\boldsymbol{C}}^{-1}(z^{-1}) \tag{5.3.12}$$

用$\widetilde{\boldsymbol{C}}(z^{-1})$左乘上式两边，并使用式(5.3.8)、式(5.3.10)和式(5.3.11)得

$$\begin{aligned}\widetilde{\boldsymbol{C}}(z^{-1})\boldsymbol{P}(z^{-1})\overline{\boldsymbol{T}}(z^{-1})&=\widetilde{\boldsymbol{C}}(z^{-1})\boldsymbol{F}(z^{-1})\overline{\boldsymbol{A}}(z^{-1})\overline{\boldsymbol{C}}^{-1}(z^{-1})+z^{-d}\widetilde{\boldsymbol{C}}(z^{-1})\boldsymbol{G}(z^{-1})\overline{\boldsymbol{C}}^{-1}(z^{-1})\\&=\widetilde{\boldsymbol{F}}(z^{-1})\boldsymbol{C}(z^{-1})\overline{\boldsymbol{A}}(z^{-1})\overline{\boldsymbol{C}}^{-1}(z^{-1})+z^{-d}\widetilde{\boldsymbol{G}}(z^{-1})\overline{\boldsymbol{C}}(z^{-1})\overline{\boldsymbol{C}}^{-1}(z^{-1})\\&=\widetilde{\boldsymbol{F}}(z^{-1})\boldsymbol{A}(z^{-1})\overline{\boldsymbol{C}}(z^{-1})\overline{\boldsymbol{C}}^{-1}(z^{-1})+z^{-d}\widetilde{\boldsymbol{G}}(z^{-1})\overline{\boldsymbol{C}}(z^{-1})\overline{\boldsymbol{C}}^{-1}(z^{-1})\end{aligned} \tag{5.3.13}$$

于是，得

$$\widetilde{\boldsymbol{C}}(z^{-1})\boldsymbol{P}(z^{-1})\overline{\boldsymbol{T}}(z^{-1})=\widetilde{\boldsymbol{F}}(z^{-1})\boldsymbol{A}(z^{-1})+z^{-d}\widetilde{\boldsymbol{G}}(z^{-1}) \tag{5.3.14}$$

用$\widetilde{\boldsymbol{F}}(z^{-1})$左乘式(5.3.1)两边并利用式(5.3.10)，得

$$\begin{aligned}\widetilde{\boldsymbol{F}}(z^{-1})\boldsymbol{A}(z^{-1})\boldsymbol{y}(k)&=\widetilde{\boldsymbol{F}}(z^{-1})\boldsymbol{B}(z^{-1})\boldsymbol{u}(k)+\widetilde{\boldsymbol{F}}(z^{-1})\boldsymbol{C}(z^{-1})\boldsymbol{\xi}(k)\\&=\widetilde{\boldsymbol{F}}(z^{-1})\boldsymbol{B}(z^{-1})\boldsymbol{u}(k)+\widetilde{\boldsymbol{C}}(z^{-1})\boldsymbol{F}(z^{-1})\boldsymbol{\xi}(k)\end{aligned} \tag{5.3.15}$$

并将式(5.3.14)代入上式得

$$\begin{aligned}&\widetilde{\boldsymbol{C}}(z^{-1})\boldsymbol{P}(z^{-1})\overline{\boldsymbol{T}}(z^{-1})\boldsymbol{y}(k)-z^{-d}\widetilde{\boldsymbol{G}}(z^{-1})\boldsymbol{y}(k)\\&=\widetilde{\boldsymbol{F}}(z^{-1})\boldsymbol{B}(z^{-1})\boldsymbol{u}(k)+\widetilde{\boldsymbol{C}}(z^{-1})\boldsymbol{F}(z^{-1})\boldsymbol{\xi}(k)\end{aligned} \tag{5.3.16}$$

考虑到 $\overline{\boldsymbol{T}}(z^{-1})=z^{-d}\boldsymbol{T}(z)$，上式可整理为如下形式

$$\widetilde{\boldsymbol{C}}(z^{-1})[\boldsymbol{P}(z^{-1})\boldsymbol{T}(z)\boldsymbol{y}(k)-\boldsymbol{F}(z^{-1})\boldsymbol{\xi}(k+d)]=\widetilde{\boldsymbol{G}}(z^{-1})\boldsymbol{y}(k)+\widetilde{\boldsymbol{H}}(z^{-1})\boldsymbol{u}(k) \tag{5.3.17}$$

式中

$$\begin{aligned}\widetilde{\boldsymbol{H}}(z^{-1})&=z^{d}\widetilde{\boldsymbol{F}}(z^{-1})\boldsymbol{B}(z^{-1})\\&=\widetilde{\boldsymbol{H}}_{-d+1}z^{d-1}+\cdots+\widetilde{\boldsymbol{H}}_{-1}z+\widetilde{\boldsymbol{H}}_{0}+\widetilde{\boldsymbol{H}}_{1}z^{-1}+\cdots+\widetilde{\boldsymbol{H}}_{n_H}z^{-n_H}\end{aligned} \tag{5.3.18}$$

由式(5.3.17)知

$$[\widetilde{\boldsymbol{C}}(z^{-1})\boldsymbol{P}(z^{-1})\boldsymbol{T}(z)-\widetilde{\boldsymbol{G}}(z^{-1})]\boldsymbol{y}(k)=\widetilde{\boldsymbol{H}}(z^{-1})\boldsymbol{u}(k)+\widetilde{\boldsymbol{C}}(z^{-1})\boldsymbol{F}(z^{-1})\boldsymbol{\xi}(k+d) \tag{5.3.19}$$

对照式(5.3.1)可知

$$\boldsymbol{A}^{-1}(z^{-1})\boldsymbol{B}(z^{-1})=[\widetilde{\boldsymbol{C}}(z^{-1})\boldsymbol{P}(z^{-1})\boldsymbol{T}(z)-\widetilde{G}(z^{-1})]^{-1}\widetilde{\boldsymbol{H}}(z^{-1}) \tag{5.3.20}$$

再由式(5.3.3)知

$$\widetilde{\boldsymbol{H}}_i = 0 \quad (i = -1, \cdots, -d+1), \quad \widetilde{\boldsymbol{H}}_0 = \boldsymbol{K} \tag{5.3.21}$$

由式(5.3.19)知广义输出$\boldsymbol{\phi}(k+d)$为

$$\boldsymbol{\phi}(k+d) = \widetilde{\boldsymbol{C}}^{-1}(z^{-1})[\widetilde{\boldsymbol{G}}(z^{-1})\boldsymbol{y}(k) + \widetilde{\boldsymbol{H}}(z^{-1})\boldsymbol{u}(k)] + \boldsymbol{F}(z^{-1})\boldsymbol{\xi}(k+d) \tag{5.3.22}$$

最优预报应使如下性能指标取最小值

$$\begin{aligned} J_1 &= \mathrm{E}[\| \boldsymbol{\phi}(k+d) - \boldsymbol{\phi}^*(k+d \mid k) \|^2 \mid F_k] \\ &= \mathrm{E}[\| \widetilde{\boldsymbol{C}}^{-1}(z^{-1})[\widetilde{\boldsymbol{G}}(z^{-1})\boldsymbol{y}(k) + \widetilde{\boldsymbol{H}}(z^{-1})\boldsymbol{u}(k)] \\ &\quad + \boldsymbol{F}(z^{-1})\boldsymbol{\xi}(k+d) - \boldsymbol{\phi}^*(k+d \mid k) \|^2 \mid F_k] \end{aligned} \tag{5.3.23}$$

因为$\widetilde{\boldsymbol{C}}^{-1}(z^{-1})[\widetilde{\boldsymbol{G}}(z^{-1})\boldsymbol{y}(k)+\widetilde{\boldsymbol{H}}(z^{-1})\boldsymbol{u}(k)]$是$\boldsymbol{y}(k),\boldsymbol{y}(k-1),\cdots,\boldsymbol{u}(k),\boldsymbol{u}(k-1),\cdots$的线性组合,而由前面可知$\boldsymbol{F}(z^{-1})$的最高阶次为$-d+1$,$\boldsymbol{F}(z^{-1})\xi(k+d)$是$\xi(k+1),\xi(k+2),\cdots,\xi(k+d)$的线性组合,这两项互不相关,因此,只有$\boldsymbol{\phi}(k+d)=\boldsymbol{P}(z^{-1})\boldsymbol{T}(z)\boldsymbol{y}(k)$的最优预报取下式

$$\boldsymbol{\phi}^*(k+d \mid k) = \widetilde{\boldsymbol{C}}^{-1}(z^{-1})[\widetilde{\boldsymbol{G}}(z^{-1})\boldsymbol{y}(k) + \widetilde{\boldsymbol{H}}(z^{-1})\boldsymbol{u}(k)] \tag{5.3.24}$$

才能使性能指标J_1取得极小值。

2) 多变量广义最小方差控制律

与单变量广义最小方差控制律的推导过程类似,令广义输出向量的最优预报$\boldsymbol{\phi}^*(k+d|k)$等于广义理想输出向量$\boldsymbol{y}^*(k+d)$,就得到了保证广义输出误差向量$\boldsymbol{e}(k+d)$在均方意义下最小的如下形式的多变量广义最小方差控制律,即

$$\boldsymbol{\phi}^*(k+d \mid k) = \boldsymbol{R}(z^{-1})\boldsymbol{w}(k) - \boldsymbol{Q}(z^{-1})\boldsymbol{u}(k) \tag{5.3.25}$$

由式(5.3.24)和式(5.3.25),可得多变量广义最小方差控制律的另一表达形式

$$\begin{aligned} &[\widetilde{\boldsymbol{C}}(z^{-1})\boldsymbol{Q}(z^{-1}) + \widetilde{\boldsymbol{H}}(z^{-1})]\boldsymbol{u}(k) \\ &= \widetilde{\boldsymbol{C}}(z^{-1})\boldsymbol{R}(z^{-1})\boldsymbol{w}(k) - \widetilde{\boldsymbol{G}}(z^{-1})\boldsymbol{y}(k) \end{aligned} \tag{5.3.26}$$

3) 性能分析

多变量广义最小方差控制器必须要保证闭环系统的稳定性,即被控对象的输入向量和输出向量是均方有界的,即

$$\lim_{N\to\infty} \frac{1}{N}\sum_{k=1}^{N} \| \boldsymbol{y}(k) \|^2 < \infty, \quad \lim_{N\to\infty} \frac{1}{N}\sum_{k=1}^{N} \| \boldsymbol{u}(k) \|^2 < \infty \tag{5.3.27}$$

并且使得性能指标式(5.3.3)达到最优,即被控对象的广义输出向量与广义理想输出向量之间误差的范数的方差极小,即为

$$J = \mathrm{E}[\| \boldsymbol{F}(z^{-1})\xi(k+d) \|^2 \mid F_k] = \gamma^2 \tag{5.3.28}$$

定理 5.3.1 假定:①$\boldsymbol{C}(z^{-1})$是稳定的多项式矩阵;②以概率1有$\lim_{N\to\infty} \frac{1}{N}\sum_{k=1}^{N} \| \xi(k) \|^2 < \infty$;③离线选择加权多项式矩阵$\boldsymbol{P}(z^{-1})$和$\boldsymbol{Q}(z^{-1})$,使$z^{-d}\bar{\boldsymbol{Q}}(z^{-1})\boldsymbol{A}(z^{-1}) + \bar{\boldsymbol{B}}(z^{-1})\boldsymbol{P}(z^{-1})\bar{\boldsymbol{T}}(z^{-1})$是稳定的,即

$$\det\{z^{-d}\bar{\boldsymbol{Q}}(z^{-1})\boldsymbol{A}(z^{-1}) + \bar{\boldsymbol{B}}(z^{-1})\boldsymbol{P}(z^{-1})\bar{\boldsymbol{T}}(z^{-1})\} \neq 0, \quad |z| \geqslant 1 \tag{5.3.29}$$

式中,$\bar{\boldsymbol{B}}(z^{-1})\boldsymbol{Q}(z^{-1}) = \bar{\boldsymbol{Q}}(z^{-1})\boldsymbol{B}(z^{-1})$,$\det\bar{\boldsymbol{B}}(z^{-1}) = \det\boldsymbol{B}(z^{-1})$,那么多变量广义最小

方差控制律式(5.3.26)能保证闭环系统是稳定的，即以概率1有

$$\lim_{N\to\infty}\frac{1}{N}\sum_{k=1}^{N}\|\boldsymbol{y}(k)\|^2<\infty,\quad \lim_{N\to\infty}\frac{1}{N}\sum_{k=1}^{N}\|\boldsymbol{u}(k)\|^2<\infty \tag{5.3.30}$$

并且被控对象的广义输出误差的范数的方差极小，即 $J=\mathrm{E}[\|\boldsymbol{F}(z^{-1})\boldsymbol{\xi}(k+d)\|^2|F_k]=\gamma^2$。

证明 由式(5.3.22)～式(5.3.26)可知

$$\boldsymbol{P}(z^{-1})\boldsymbol{T}(z)\boldsymbol{y}(k)=\boldsymbol{R}(z^{-1})\boldsymbol{w}(k)-\boldsymbol{Q}(z^{-1})\boldsymbol{u}(k)+\boldsymbol{F}(z^{-1})\boldsymbol{\xi}(k+d) \tag{5.3.31}$$

引入矩阵多项式 $\bar{\boldsymbol{B}}(z^{-1})$、$\bar{\boldsymbol{Q}}(z^{-1})$、$\tilde{\boldsymbol{A}}(z^{-1})$和$\overline{\boldsymbol{P}\bar{\boldsymbol{T}}}(z^{-1})$满足

$$\bar{\boldsymbol{B}}(z^{-1})\boldsymbol{Q}(z^{-1})=\bar{\boldsymbol{Q}}(z^{-1})\boldsymbol{B}(z^{-1}),\quad \det\bar{\boldsymbol{B}}(z^{-1})=\det\boldsymbol{B}(z^{-1}) \tag{5.3.32}$$

$$\tilde{\boldsymbol{A}}(z^{-1})\boldsymbol{P}\bar{\boldsymbol{T}}(z^{-1})=\overline{\boldsymbol{P}\bar{\boldsymbol{T}}}(z^{-1})\boldsymbol{A}(z^{-1}),\quad \det\tilde{\boldsymbol{A}}(z^{-1})=\det\boldsymbol{A}(z^{-1}) \tag{5.3.33}$$

$$\boldsymbol{P}\bar{\boldsymbol{T}}(z^{-1})=\boldsymbol{P}(z^{-1})\bar{\boldsymbol{T}}(z^{-1}) \tag{5.3.34}$$

由式(5.3.1)、式(5.3.31)以及式(5.3.32)～式(5.3.34)可得闭环系统方程为

$$\begin{aligned}&[\bar{\boldsymbol{B}}(z^{-1})\boldsymbol{P}(z^{-1})\bar{\boldsymbol{T}}(z^{-1})+z^{-d}\bar{\boldsymbol{Q}}(z^{-1})\boldsymbol{A}(z^{-1})]\boldsymbol{y}(k)\\&=\bar{\boldsymbol{B}}(z^{-1})\boldsymbol{R}(z^{-1})\boldsymbol{w}(k-d)+[\bar{\boldsymbol{Q}}(z^{-1})\boldsymbol{C}(z^{-1})+\bar{\boldsymbol{B}}(z^{-1})\boldsymbol{F}(z^{-1})]\boldsymbol{\xi}(k)\end{aligned} \tag{5.3.35}$$

$$\begin{aligned}&[\overline{\boldsymbol{P}\bar{\boldsymbol{T}}}(z^{-1})\boldsymbol{B}(z^{-1})+z^{-d}\tilde{\boldsymbol{A}}(z^{-1})\boldsymbol{Q}(z^{-1})]\boldsymbol{u}(k)\\&=\tilde{\boldsymbol{A}}(z^{-1})\boldsymbol{R}(z^{-1})\boldsymbol{w}(k-d)+[\tilde{\boldsymbol{A}}(z^{-1})\boldsymbol{F}(z^{-1})-\overline{\boldsymbol{P}\bar{\boldsymbol{T}}}(z^{-1})\boldsymbol{C}(z^{-1})]\boldsymbol{\xi}(k)\end{aligned} \tag{5.3.36}$$

由于

$$\begin{aligned}&\det[\bar{\boldsymbol{B}}(z^{-1})\boldsymbol{P}\bar{\boldsymbol{T}}(z^{-1})+z^{-d}\bar{\boldsymbol{Q}}(z^{-1})\boldsymbol{A}(z^{-1})]\\&=\det\bar{\boldsymbol{B}}(z^{-1})\cdot\det[\boldsymbol{P}\bar{\boldsymbol{T}}(z^{-1})+z^{-d}\boldsymbol{Q}(z^{-1})\bar{\bar{\boldsymbol{A}}}(z^{-1})\bar{\bar{\boldsymbol{B}}}^{-1}(z^{-1})]\\&=\det[\boldsymbol{P}\bar{\boldsymbol{T}}(z^{-1})\bar{\bar{\boldsymbol{B}}}(z^{-1})+z^{-d}\boldsymbol{Q}(z^{-1})\bar{\bar{\boldsymbol{A}}}(z^{-1})]\\&=\det[\boldsymbol{P}\bar{\boldsymbol{T}}(z^{-1})\bar{\bar{\boldsymbol{B}}}(z^{-1})\bar{\bar{\boldsymbol{A}}}^{-1}(z^{-1})+z^{-d}\boldsymbol{Q}(z^{-1})]\det\bar{\bar{\boldsymbol{A}}}(z^{-1})\\&=\det[\boldsymbol{P}\bar{\boldsymbol{T}}(z^{-1})\boldsymbol{A}^{-1}(z^{-1})\boldsymbol{B}(z^{-1})+z^{-d}\boldsymbol{Q}(z^{-1})]\det\bar{\bar{\boldsymbol{A}}}(z^{-1})\\&=\det[\tilde{\boldsymbol{A}}^{-1}(z^{-1})\overline{\boldsymbol{P}\bar{\boldsymbol{T}}}(z^{-1})\boldsymbol{B}(z^{-1})+z^{-d}\boldsymbol{Q}(z^{-1})]\det\bar{\bar{\boldsymbol{A}}}(z^{-1})\\&=\det[\overline{\boldsymbol{P}\bar{\boldsymbol{T}}}(z^{-1})\boldsymbol{B}(z^{-1})+z^{-d}\tilde{\boldsymbol{A}}(z^{-1})\boldsymbol{Q}(z^{-1})]\end{aligned} \tag{5.3.37}$$

式中，$\bar{\bar{\boldsymbol{A}}}(z^{-1})$和$\bar{\bar{\boldsymbol{B}}}(z^{-1})$分别满足 $\boldsymbol{B}(z^{-1})\bar{\bar{\boldsymbol{A}}}(z^{-1})=\boldsymbol{A}(z^{-1})\bar{\bar{\boldsymbol{B}}}(z^{-1})$和 $\det\bar{\bar{\boldsymbol{B}}}(z^{-1})=\det\boldsymbol{B}(z^{-1})$。因此，$\overline{\boldsymbol{P}\bar{\boldsymbol{T}}}(z^{-1})\boldsymbol{B}(z^{-1})+z^{-d}\tilde{\boldsymbol{A}}(z^{-1})\boldsymbol{Q}(z^{-1})$也是稳定的。采用类似于定理3.4.1的证明方法，可知式(5.3.30)成立，同时使被控对象的广义输出向量与广义理想输出向量之间误差的范数的方差为

$$\begin{aligned}J&=\mathrm{E}[\|\boldsymbol{\phi}(k+d)-\boldsymbol{y}^*(k+d)\|^2\mid F_k]\\&=\mathrm{E}[\|\tilde{\boldsymbol{C}}^{-1}(z^{-1})[\tilde{\boldsymbol{G}}(z^{-1})\boldsymbol{y}(k)+\tilde{\boldsymbol{H}}(z^{-1})\boldsymbol{u}(k)]\\&\quad+\boldsymbol{F}(z^{-1})\boldsymbol{\xi}(k+d)-\boldsymbol{y}^*(k+d)\|^2\mid F_k]\\&=\mathrm{E}[\|\boldsymbol{F}(z^{-1})\boldsymbol{\xi}(k+d)\|^2\mid F_k]\\&=\gamma^2\end{aligned} \tag{5.3.38}$$

■

4）加权多项式矩阵选择

与单变量广义最小方差控制相同，多变量广义最小方差控制器中加权多项式矩阵 $\boldsymbol{P}(z^{-1})$、$\boldsymbol{Q}(z^{-1})$和 $\boldsymbol{R}(z^{-1})$的选择需考虑两个方面，一是保证闭环系统的稳定性；二是消除被控对象输出 $\boldsymbol{y}(k)$与参考输入 $\boldsymbol{w}(k)$之间稳态跟踪误差。

为保证闭环系统的稳定性，$\boldsymbol{P}(z^{-1})$和 $\boldsymbol{Q}(z^{-1})$的选择应使多项式矩阵 $z^{-d}\overline{\boldsymbol{Q}}(z^{-1})\boldsymbol{A}(z^{-1})+\overline{\boldsymbol{B}}(z^{-1})\boldsymbol{P}(z^{-1})\overline{\boldsymbol{T}}(z^{-1})$稳定；加权多项式矩阵的选择还关系到是否能消除跟踪误差的问题，即参考输入 $\boldsymbol{w}(k)$与被控对象输出 $\boldsymbol{y}(k)$之间的稳态增益是否为单位矩阵。选择加权多项式矩阵来消除阶跃输入跟踪误差的方法有两种，一种是引入积分器，另一种是不引入积分器而在线校正 $\boldsymbol{R}(z^{-1})$。

若引入积分器，可以选择 $\boldsymbol{P}(z^{-1})$、$\boldsymbol{Q}(z^{-1})$、$\boldsymbol{R}(z^{-1})$使得 $\boldsymbol{Q}(1)=0$，$\boldsymbol{R}(z^{-1})=\boldsymbol{P}(z^{-1})\boldsymbol{T}(1)$，则控制器可以消除稳态跟踪误差。

下面针对 $\boldsymbol{B}(z^{-1})$是稳定的，$\boldsymbol{A}(z^{-1})$是稳定的以及 $\boldsymbol{A}(z^{-1})$与 $\boldsymbol{B}(z^{-1})$都是不稳定的情况，介绍不引入积分器选择加权阵的方法。

情况 1　$\boldsymbol{B}(z^{-1})$是稳定的。由式(5.3.32)有

$$\overline{\boldsymbol{Q}}(z^{-1})=\overline{\boldsymbol{B}}(z^{-1})\boldsymbol{Q}(z^{-1})\boldsymbol{B}^{-1}(z^{-1}) \tag{5.3.39}$$

将式(5.3.39)带入闭环系统方程式(5.3.35)可知，为保证闭环系统稳定，并实现稳态跟踪，应选择 $\boldsymbol{P}(z^{-1})$、$\boldsymbol{Q}(z^{-1})$和 $\boldsymbol{R}(z^{-1})$满足

$$\det\{\boldsymbol{P}(z^{-1})\boldsymbol{T}(z^{-1})+\boldsymbol{Q}(z^{-1})\boldsymbol{B}^{-1}(z^{-1})\boldsymbol{A}(z^{-1})\}\neq 0 \quad |z|\geqslant 1 \tag{5.3.40}$$

$$\boldsymbol{R}(1)=\boldsymbol{P}(1)\boldsymbol{T}(1)+\boldsymbol{Q}(1)\boldsymbol{B}^{-1}(1)\boldsymbol{A}(1) \tag{5.3.41}$$

情况 2　$\boldsymbol{A}(z^{-1})$是稳定的。由式(5.3.33)有

$$\overline{\boldsymbol{P}\overline{\boldsymbol{T}}}(z^{-1})=\widetilde{\boldsymbol{A}}(z^{-1})\boldsymbol{P}\overline{\boldsymbol{T}}(z^{-1})\boldsymbol{A}^{-1}(z^{-1}) \tag{5.3.42}$$

因此由式(5.3.36)、式(5.3.1)可知，应选择 $\boldsymbol{P}(z^{-1})$、$\boldsymbol{Q}(z^{-1})$和 $\boldsymbol{R}(z^{-1})$满足式(5.3.40)和式(5.3.41)。

情况 3　$\boldsymbol{A}(z^{-1})$与 $\boldsymbol{B}(z^{-1})$都是不稳定的情况。应选择 $\boldsymbol{P}(z^{-1})$和 $\boldsymbol{Q}(z^{-1})$使得式(5.3.29)成立，并选择 $\boldsymbol{R}(z^{-1})$满足 $\boldsymbol{R}(1)=\overline{\boldsymbol{B}}^{-1}(1)[\overline{\boldsymbol{B}}(1)\boldsymbol{P}(1)\boldsymbol{T}(1)+\overline{\boldsymbol{Q}}(1)\boldsymbol{A}(1)]$。

5.3.2　多变量广义最小方差自适应控制器设计

1. 控制问题描述

被控对象仍采用式(5.3.1)进行描述，多项式矩阵 $\boldsymbol{A}(z^{-1})$、$\boldsymbol{B}(z^{-1})$和 $\boldsymbol{C}(z^{-1})$的阶次 n_A、n_B 和 n_C 已知，对象时延结构 $\boldsymbol{T}(z)$已知，多项式矩阵 $\boldsymbol{A}(z^{-1})$、$\boldsymbol{B}(z^{-1})$和 $\boldsymbol{C}(z^{-1})$的系数未知，且被控对象可以是非最小相位的。

控制目标是，当被控对象模型式(5.3.1)的参数矩阵未知，设计多变量广义最小方差自适应控制器，使得被控对象的广义输出向量$\boldsymbol{\phi}(k+d)$与广义理想输出向量 $\boldsymbol{y}^{*}(k+d)$之间误差的范数的方差极小，即

$$\min J=\min\mathrm{E}[\|\boldsymbol{P}(z^{-1})\boldsymbol{T}(z)\boldsymbol{y}(k)-\boldsymbol{R}(z^{-1})\boldsymbol{w}(k)+\boldsymbol{Q}(z^{-1})\boldsymbol{u}(k)\|^{2}] \tag{5.3.43}$$

2. 多变量自适应控制器

1) 控制器参数辨识方程

由于$\boldsymbol{A}(z^{-1})$、$\boldsymbol{B}(z^{-1})$和$\boldsymbol{C}(z^{-1})$未知，因此多变量广义最小方差控制器式(5.3.26)中的$\widetilde{\boldsymbol{G}}(z^{-1})$、$\widetilde{\boldsymbol{H}}(z^{-1})$和$\widetilde{\boldsymbol{C}}(z^{-1})$未知，采用隐式算法直接对控制器参数矩阵$\widetilde{\boldsymbol{G}}(z^{-1})$、$\widetilde{\boldsymbol{H}}(z^{-1})$和$\widetilde{\boldsymbol{C}}(z^{-1})$进行估计，因此首先求取控制器的参数矩阵$\widetilde{\boldsymbol{G}}(z^{-1})$、$\widetilde{\boldsymbol{H}}(z^{-1})$和$\widetilde{\boldsymbol{C}}(z^{-1})$的辨识方程。

由式(5.3.22)和式(5.3.24)，知

$$\boldsymbol{\phi}(k+d)=\boldsymbol{\phi}^*(k+d\mid k)+\boldsymbol{F}(z^{-1})\boldsymbol{\xi}(k+d) \tag{5.3.44}$$

令$\widetilde{\boldsymbol{C}}^*(z^{-1})=\widetilde{\boldsymbol{C}}(z^{-1})-\widetilde{\boldsymbol{C}}(0)$，由前面定义知$\widetilde{\boldsymbol{C}}(0)=\boldsymbol{I}$，因此可得控制器参数辨识方程为

$$\begin{aligned}\boldsymbol{\phi}(k)&=\boldsymbol{P}(z^{-1})\bar{\boldsymbol{T}}(z^{-1})\boldsymbol{y}(k)\\&=\widetilde{\boldsymbol{G}}(z^{-1})\boldsymbol{y}(k-d)+\widetilde{\boldsymbol{H}}(z^{-1})\boldsymbol{u}(k-d)-\widetilde{\boldsymbol{C}}^*(z^{-1})\boldsymbol{\phi}^*(k\mid k-d)+\boldsymbol{F}(z^{-1})\boldsymbol{\xi}(k)\end{aligned} \tag{5.3.45}$$

同样，可得控制律方程为

$$\widetilde{\boldsymbol{G}}(z^{-1})\boldsymbol{y}(k)+\widetilde{\boldsymbol{H}}(z^{-1})\boldsymbol{u}(k)-\widetilde{\boldsymbol{C}}^*(z^{-1})\boldsymbol{\phi}^*(k+d\mid k)=\boldsymbol{R}(z^{-1})\boldsymbol{w}(k)-\boldsymbol{Q}(z^{-1})\boldsymbol{u}(k) \tag{5.3.46}$$

定义数据向量

$$\begin{aligned}\boldsymbol{\varphi}(k)=[&\boldsymbol{y}^{\mathrm{T}}(k),\boldsymbol{y}^{\mathrm{T}}(k-1),\cdots;\boldsymbol{u}^{\mathrm{T}}(k),\boldsymbol{u}^{\mathrm{T}}(k-1),\cdots;-\boldsymbol{\phi}^{*\mathrm{T}}(k+d-1\mid k-1),\\&-\boldsymbol{\phi}^{*\mathrm{T}}(k+d-2\mid k-2),\cdots]^{\mathrm{T}}\end{aligned} \tag{5.3.47}$$

和参数矩阵

$$\boldsymbol{\Theta}=[\widetilde{\boldsymbol{G}}_0,\widetilde{\boldsymbol{G}}_1,\cdots;\widetilde{\boldsymbol{H}}_0,\widetilde{\boldsymbol{H}}_1,\cdots;\widetilde{\boldsymbol{C}}_1,\widetilde{\boldsymbol{C}}_2,\cdots]^{\mathrm{T}} \tag{5.3.48}$$

则控制器参数辨识方程式(5.3.45)可以表示为

$$\boldsymbol{\phi}(k)=\boldsymbol{\Theta}^{\mathrm{T}}\boldsymbol{\varphi}(k-d)+\boldsymbol{F}(z^{-1})\boldsymbol{\xi}(k) \tag{5.3.49}$$

2) 参数估计算法和多变量自适应控制器

式(5.3.49)中$\boldsymbol{\varphi}(k-d)$和$\boldsymbol{F}(z^{-1})\boldsymbol{\xi}(k)$不相关，但是由于$\boldsymbol{\varphi}(k-d)$中的$\boldsymbol{\phi}^{*\mathrm{T}}(k-1\mid k-d-1)$、$\boldsymbol{\phi}^{*\mathrm{T}}(k-2\mid k-d-2)$、…未知，需要用它的近似值来代替。为此定义新的数据向量

$$\begin{aligned}\hat{\boldsymbol{\varphi}}(k)=[&\boldsymbol{y}^{\mathrm{T}}(k),\boldsymbol{y}^{\mathrm{T}}(k-1),\cdots;\boldsymbol{u}^{\mathrm{T}}(k),\boldsymbol{u}^{\mathrm{T}}(k-1),\cdots;\\&-\bar{\boldsymbol{y}}^{\mathrm{T}}(k+d-1),-\bar{\boldsymbol{y}}^{\mathrm{T}}(k+d-2),\cdots]^{\mathrm{T}}\end{aligned} \tag{5.3.50}$$

式中

$$\bar{\boldsymbol{y}}(k+d)=\hat{\boldsymbol{\Theta}}^{\mathrm{T}}(k)\hat{\boldsymbol{\varphi}}(k) \tag{5.3.51}$$

其中$\hat{\boldsymbol{\Theta}}(k)$是参数矩阵$\boldsymbol{\Theta}$在$k$时刻的递推估计值。

参数估计算法可以采用多变量递推最小二乘算法式(5.2.17)～式(5.2.19)，为了使自适应算法具有全局收敛性，因此采用随机梯度法进行参数估计，其递推公式如下

$$\begin{aligned}\hat{\boldsymbol{\Theta}}(k) &= \hat{\boldsymbol{\Theta}}(k-d) \\ &\quad + \frac{\bar{a}}{r(k-d)}\hat{\boldsymbol{\varphi}}(k-d)[\boldsymbol{\phi}^{\mathrm{T}}(k) - \hat{\boldsymbol{\varphi}}^{\mathrm{T}}(k-d)\hat{\boldsymbol{\Theta}}(k-d)]\end{aligned} \tag{5.3.52}$$

$$r(k-d) = r(k-d-1) + \hat{\boldsymbol{\varphi}}^{\mathrm{T}}(k-d)\hat{\boldsymbol{\varphi}}(k-d), \quad r(0) = 1 \tag{5.3.53}$$

多变量广义最小方差自适应控制律可由下式求得

$$\hat{\boldsymbol{\Theta}}^{\mathrm{T}}(k)\hat{\boldsymbol{\varphi}}(k) = \boldsymbol{R}(z^{-1})\boldsymbol{w}(k) - \boldsymbol{Q}(z^{-1})\boldsymbol{u}(k) \tag{5.3.54}$$

式中，加权多项式矩阵 $\boldsymbol{P}(z^{-1})$、$\boldsymbol{Q}(z^{-1})$ 和 $\boldsymbol{R}(z^{-1})$ 可按式(5.3.39)～式(5.3.42)选择。

综上所述，将上述多变量广义最小方差自适应控制器的计算步骤总结如下：

(1) 测取新的输出 $\boldsymbol{y}(k)$ 和参考输入 $\boldsymbol{w}(k)$；

(2) 计算 $\bar{\boldsymbol{y}}(k+d-1)$；

(3) 形成数据向量 $\hat{\boldsymbol{\varphi}}(k)$ 和 $\hat{\boldsymbol{\varphi}}(k-d)$；

(4) 由式(5.3.52)和式(5.3.53)估计参数矩阵 $\hat{\boldsymbol{\Theta}}(k)$；

(5) 由式(5.3.54)计算新的控制量 $\boldsymbol{u}(k)$；

(6) 返回步骤(1)。

5.3.3 仿真实验

为了验证本节的多变量广义最小方差自适应控制器的有效性，我们进行下列的仿真实验。

例 5.3.1 多变量广义最小方差自适应控制器的仿真实验

被控对象模型为

$$\begin{bmatrix}1-0.95z^{-1} & 0 \\ 0 & 1-0.1z^{-1}\end{bmatrix}\boldsymbol{y}(k) = \begin{bmatrix}0.2+0.168z^{-1} & 0.1 \\ -z^{-1} & 10z^{-1}\end{bmatrix}\boldsymbol{u}(k-1) + \boldsymbol{\xi}(k)$$

式中，噪声向量 $\xi(k)$ 均值为零；协方差阵为 $0.1\boldsymbol{I}$；交互矩阵 $\boldsymbol{T}(z)=\mathrm{diag}(z,z^2)$。加权阵选择为 $\boldsymbol{P}(z^{-1})=\boldsymbol{R}(z^{-1})=\boldsymbol{I}$，$\boldsymbol{Q}(z^{-1})=0.1(1-z^{-1})\boldsymbol{I}$。参考输入向量 $\boldsymbol{w}(k)$ 和被控对象输出 $\boldsymbol{y}(k)$ 如图 5.3.1 和图 5.3.2 所示。

从仿真结果可以看出，本节算法可以消除跟踪误差和常值干扰。

仿真结果表明本节介绍的一般随机多变量模型的自适应控制算法具有满意的稳定性和收敛性，文献[11]提出的多变量自适应调节器、文献[12]提出的基于广义最小方差的多变量自适应控制器、文献[10]提出的控制具有一般交互矩阵的最小相位的随机多变量模型的算法等，都可以作为本节算法的特殊情况来处理，采用本节的分析方法可以证明在一定条件下这些算法是全局收敛的。

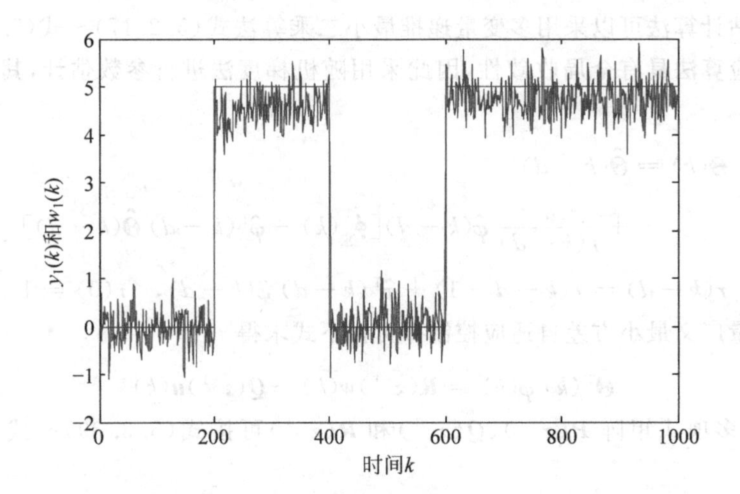

图 5.3.1 采用多变量广义最小方差自适应控制器时的被控对象输出 y_1 跟踪参考输入 w_1 的仿真曲线

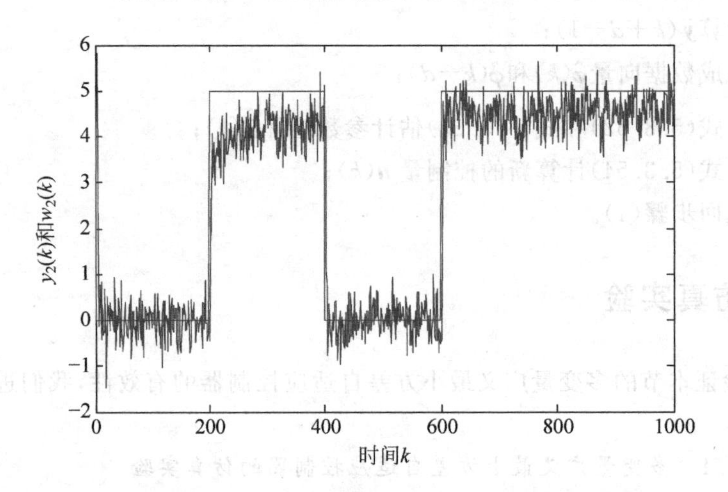

图 5.3.2 采用多变量广义最小方差自适应控制器时的被控对象输出 y_2 跟踪参考输入 w_2 的仿真曲线

5.3.4 全局收敛性分析

假设 5.3.2 (1) $\boldsymbol{T}(z)$已知；

(2) $\widetilde{\boldsymbol{G}}(z^{-1})$、$\widetilde{\boldsymbol{H}}(z^{-1})$和$\widetilde{\boldsymbol{C}}(z^{-1})$的阶次的上界已知；

(3) $\left(\widetilde{\boldsymbol{C}}(z^{-1})-\dfrac{a}{2}\boldsymbol{I}\right)$严正实；

(4) $\det[\boldsymbol{P}(z^{-1})\overline{\boldsymbol{T}}(z^{-1})\overline{\overline{\boldsymbol{B}}}(z^{-1})+z^{-d}\boldsymbol{Q}(z^{-1})\overline{\overline{\boldsymbol{A}}}(z^{-1})]\neq 0$，当$|z|\geqslant 1$。其中，$\overline{\overline{\boldsymbol{A}}}(z^{-1})$、$\overline{\overline{\boldsymbol{B}}}(z^{-1})$满足$\boldsymbol{B}(z^{-1})\overline{\overline{\boldsymbol{A}}}(z^{-1})=\boldsymbol{A}(z^{-1})\overline{\overline{\boldsymbol{B}}}(z^{-1})$，$\det\overline{\overline{\boldsymbol{B}}}(z^{-1})=\det\boldsymbol{B}(z^{-1})$。

定理 5.3.2 若假设 5.3.2 中(1)～(4)成立，则当算法式(5.3.52)～式(5.3.54)作

用于被控对象式(5.3.1)时,以概率1有下列性质:

(1) $\limsup_{N\to\infty}\frac{1}{N}\sum_{k=1}^{N}\|\boldsymbol{y}(k)\|^2<\infty$ a.s., $\limsup_{N\to\infty}\sum_{k=1}^{N}\|\boldsymbol{u}(k)\|^2<\infty$ a.s.;

(2) $\lim_{N\to\infty}\frac{1}{N}\sum_{k=0}^{N}\mathrm{E}[\|\boldsymbol{e}(k+d)\|^2\mid F_k]=\gamma^2$, a.s.

证明 定义

$$\boldsymbol{b}(k-d)=-\widetilde{\boldsymbol{\Theta}}^{\mathrm{T}}(k-d)\hat{\boldsymbol{\varphi}}(k-d),\quad \widetilde{\boldsymbol{\Theta}}(k)=\hat{\boldsymbol{\Theta}}(k)-\boldsymbol{\Theta} \tag{5.3.55}$$

$$\bar{v}(k)=\boldsymbol{F}(z^{-1})\boldsymbol{\xi}(k) \tag{5.3.56}$$

$$\boldsymbol{z}(k-d)=\boldsymbol{e}(k)-\boldsymbol{F}(z^{-1})\boldsymbol{\xi}(k)=\boldsymbol{e}(k)-\bar{v}(k) \tag{5.3.57}$$

$$\boldsymbol{h}(k-d)=\boldsymbol{b}(k-d)-\frac{\bar{a}+\rho}{2}\boldsymbol{z}(k-d),\quad \rho\text{为小正数} \tag{5.3.58}$$

由式(5.3.17)两边减去$\widetilde{\boldsymbol{C}}(z^{-1})\boldsymbol{y}^*(k-d)$并使用式(5.3.5)、式(5.3.55)和式(5.3.58)

$$\widetilde{\boldsymbol{C}}(z^{-1})\boldsymbol{z}(k)=\boldsymbol{b}(k) \tag{5.3.59}$$

$$\boldsymbol{h}(k)=\left[\widetilde{\boldsymbol{C}}(z^{-1})-\frac{\bar{a}+\rho}{2}\boldsymbol{I}\right]\boldsymbol{z}(k) \tag{5.3.60}$$

定义$V(k)=\mathrm{tr}[\widetilde{\boldsymbol{\Theta}}^{\mathrm{T}}(k)\widetilde{\boldsymbol{\Theta}}(k)]$,由式(5.3.52)、式(5.3.53)、式(5.3.59)和式(5.3.60)可得

$$\mathrm{E}[V(k)\mid F_{k-d}]\leqslant V(k-d)\ \frac{2\bar{a}}{r(k-d)}\boldsymbol{h}^{\mathrm{T}}(k-d)\boldsymbol{z}(k-d)-\frac{\bar{a}\rho}{r(k-d)}\|\boldsymbol{z}(k-d)\|^2$$
$$+\frac{\bar{a}^2}{r^2(k-d)}\hat{\boldsymbol{\varphi}}^{\mathrm{T}}(k-d)\hat{\boldsymbol{\varphi}}(k-d)\gamma^2 \tag{5.3.61}$$

由式(5.3.60)和$\left(\widetilde{\boldsymbol{C}}(z^{-1})-\frac{\bar{a}+\rho}{2}\boldsymbol{I}\right)$的严正实并利用单调收敛定理和Kronecker引理可得

$$\lim_{N\to\infty}\frac{N}{r(N)}\cdot\frac{1}{N}\sum_{t=0}^{N}\|\boldsymbol{z}(k)\|^2=0,\quad \text{a.s.} \tag{5.3.62}$$

由式(5.3.1)、式(5.3.6)中$\boldsymbol{e}(k+d)$的表达式可得

$$\begin{aligned}&[\overline{\boldsymbol{B}}(z^{-1})\boldsymbol{PT}(z^{-1})+z^{-k}\overline{\boldsymbol{Q}}(z^{-1})\boldsymbol{A}(z^{-1})]\boldsymbol{y}(k)\\&=\overline{\boldsymbol{B}}(z^{-1})\boldsymbol{e}(k)+\overline{\boldsymbol{B}}(z^{-1})\boldsymbol{R}(z^{-1})\boldsymbol{w}(k-d)+z^{-d}\overline{\boldsymbol{Q}}(z^{-1})\boldsymbol{C}(z^{-1})\boldsymbol{\xi}(k)\end{aligned} \tag{5.3.63}$$

$$\begin{aligned}&[\overline{\boldsymbol{PT}}(z^{-1})\boldsymbol{B}(z^{-1})+z^{-d}\widetilde{\boldsymbol{A}}(z^{-1})\boldsymbol{Q}(z^{-1})]\boldsymbol{u}(k)\\&=\widetilde{\boldsymbol{A}}(z^{-1})\boldsymbol{e}(k)+\widetilde{\boldsymbol{A}}(z^{-1})\boldsymbol{R}(z^{-1})\boldsymbol{w}(k-d)-\overline{\boldsymbol{PT}}(z^{-1})\boldsymbol{C}(z^{-1})\boldsymbol{\xi}(k)\end{aligned} \tag{5.3.64}$$

由假设5.3.2中的(4)、式(5.3.37)及文献[9]的引理A.1,从式(5.3.57)、式(5.3.62)~式(5.3.63)和式(5.3.17)得

$$\frac{1}{N}\sum_{k=0}^{N}\|\boldsymbol{u}(k)\|^2\leqslant\frac{K_1}{N}\sum_{k=0}^{N}\|\boldsymbol{z}(k)\|^2+K_2 \tag{5.3.65}$$

$$\frac{1}{N}\sum_{k=1}^{N}\|\boldsymbol{y}(k)\|^2\leqslant\frac{K_3}{N}\sum_{k=0}^{N}\|\boldsymbol{z}(k)\|^2+K_4 \tag{5.3.66}$$

$$\frac{1}{N}\sum_{k=0}^{N}\|\boldsymbol{y}^*(k)\|^2 \leqslant \frac{K_5}{N}\sum_{k=0}^{N}\|\boldsymbol{z}(k)\|^2 + K_6,$$
$$0 < K_i < \infty (i = 1,\cdots,6) \tag{5.3.67}$$

由 $r(N)$ 和 $\varphi(N)$ 的定义以及上面各式知

$$\frac{r(N)}{N} \leqslant \frac{C_1}{N}\sum_{k=0}^{N}\|\boldsymbol{z}(k)\|^2 + C_2,\quad 0 < C_1 < \infty, 0 < C_2 < \infty,\quad \text{a.s.} \tag{5.3.68}$$

由式(5.3.61)和式(5.3.64)得

$$\lim_{N\to\infty}\frac{1}{N}\sum_{k=0}^{N}\|\boldsymbol{z}(k)\|^2 = 0 \quad \text{a.s.} \tag{5.3.69}$$

由式(5.3.65)知 $\frac{r(N)}{N}$ 有界,从而得定理 5.3.2 中的结论(1)。由式(5.3.57)和式(5.3.65)

$$\lim_{N\to\infty}\frac{1}{N}\sum_{k=0}^{N}\mathrm{E}[\|\boldsymbol{e}(k+d)\|^2 \mid F_k]$$
$$= \lim_{N\to\infty}\frac{1}{N}\sum_{k=0}^{N}\mathrm{E}[\|\boldsymbol{z}(k) + \bar{\boldsymbol{v}}(k+d)\|^2 \mid F_k] = \gamma^2,\quad \text{a.s.}$$

从而定理得证。

■

5.4 多变量自适应解耦控制

5.3 节介绍的多变量广义最小方差自适应控制器,没有考虑回路间的耦合,当多变量被控对象各回路之间存在严重耦合时,采用不带解耦设计的控制策略难以取得满意的控制效果,因此必须进行解耦控制。文献[13,14]提出了一种闭环自适应解耦控制方法,其主要思想是,对于某一输入输出回路来说,将其他输入对于该回路输出的耦合影响视为可测干扰对此回路的影响,采用前馈控制消除其他输入的耦合影响,以达到解耦的目的。本节主要介绍由前馈控制和广义最小方差控制律相结合的隐式自适应闭环解耦控制算法[14]。由于多变量自适应解耦控制器的参数可调控制器是多变量广义最小方差解耦控制器,为此首先介绍当被控对象模型已知时的多变量广义最小方差解耦控制器设计。

5.4.1 多变量广义最小方差解耦控制器设计

1. 控制问题描述

设被控对象的动态模型为

$$\boldsymbol{A}(z^{-1})\boldsymbol{y}(k) = \boldsymbol{B}(z^{-1})\boldsymbol{u}(k) + \boldsymbol{C}(z^{-1})\boldsymbol{\xi}(k) \tag{5.4.1}$$

式中各项定义与式(5.2.1)相同,特别地,$\boldsymbol{A}(z^{-1})$ 为对角型多项式矩阵且 $\boldsymbol{A}_{n_A}$ 满秩,多

项式矩阵 $\boldsymbol{B}(z^{-1})$ 是可逆的，即 $\det\boldsymbol{B}(z^{-1})\neq 0$，具有如下形式

$$\boldsymbol{B}(z^{-1}) = [z^{-d_{ij}}B_{ij}(z^{-1})], \quad d_{ij}\geqslant 1, \quad B_{ij}(z^{-1})\sum_{l=0}^{n_B^{ij}} b_{ij}^{l} z^{-l}, \quad b_{ij}^{0}\neq 0 \tag{5.4.2}$$

并且 $\boldsymbol{B}(z^{-1})$ 中的时延项 $d_{ij}(i,j=1,2,\cdots,n)$ 已知。噪声 $\{\boldsymbol{\xi}(k)\}$ 是 σ-代数 F_k 下的一个 Martingale 差分序列，具有如下性质

$$\mathrm{E}[\boldsymbol{\xi}(k) \mid F_{k-1}] = 0 \tag{5.4.3}$$

$$\sup_{k>0}[\mathrm{E}\parallel \boldsymbol{\xi}(k)\parallel^{\beta_1^*} \mid F_{k-1}] < \infty, \quad \beta_1^* \geqslant 2 \tag{5.4.4}$$

$$\lim_{N\to\infty}\frac{1}{N}\sum_{k=1}^{N}\boldsymbol{\xi}(k)\boldsymbol{\xi}^{\mathrm{T}}(k) = \Omega > 0 \tag{5.4.5}$$

由 5.2.1 节可知，存在对角多项式矩阵 $\boldsymbol{D}(z^{-1})$ 和 $\boldsymbol{B}(z^{-1})$ 使得

$$\lim_{z\to\infty}\boldsymbol{D}(z^{-1})^{-1}\boldsymbol{B}(z^{-1})\boldsymbol{K}(z^{-1}) = \boldsymbol{K}_b, \quad \det\boldsymbol{K}_b \neq 0$$

式中，$\boldsymbol{D}(z^{-1})=\mathrm{diag}(z^{-k_i})$，$k_i=\max\limits_{1\leqslant j\leqslant n} d_{ij}\geqslant 1$，$\boldsymbol{K}(z^{-1})=\mathrm{diag}(z^{-d_j})$，$d_j\geqslant 0$；此时，时延项 $d=\max\limits_{1\leqslant i\leqslant n}\{k_i\}$。

于是被控对象模型式(5.4.1)可表示为

$$\boldsymbol{A}(z^{-1})\boldsymbol{y}(k) = \boldsymbol{D}(z^{-1})\boldsymbol{B}_d(z^{-1})\bar{\boldsymbol{u}}(k) + \boldsymbol{C}(z^{-1})\boldsymbol{\xi}(k) \tag{5.4.6}$$

式中，$\boldsymbol{B}_d(z^{-1})=[z^{-\bar{k}_{ij}}B_{ij}(z^{-1})]$，$\bar{k}_{ij}=d_{ij}-k_i+d_j\geqslant 0$，$\boldsymbol{B}_d(0)$ 非奇异。有

$$\boldsymbol{B}(z^{-1}) = \boldsymbol{D}(z^{-1})\boldsymbol{B}_d(z^{-1})\boldsymbol{K}(z) \tag{5.4.7}$$

$$\boldsymbol{u}(k) = \boldsymbol{K}(z^{-1})\bar{\boldsymbol{u}}(k) \tag{5.4.8}$$

这样就对应了单变量模型式(3.4.1)的形式，即时延结构 d 显式出现，且 $b_0\neq 0$。

如果原被控对象模型中 $\boldsymbol{A}(z^{-1})$ 不为对角型，可以将它化为对角型矩阵，只不过这样处理，会增加系统的阶次。

控制目标是，针对被控对象的数学模型式(5.4.1)，设计多变量广义最小方差解耦控制器，尽可能消除被控对象不同回路之间的耦合，并使得广义输出误差向量 $\boldsymbol{e}(k+d)$ 的范数的方差极小，即

$$\min J$$

式中

$$J = \mathrm{E}[\parallel \boldsymbol{e}(k+d)\parallel^2 \mid F_k] = \mathrm{E}[\parallel \boldsymbol{\phi}(k+d) - \boldsymbol{y}^*(k+d)\parallel^2 \mid F_k] \tag{5.4.9}$$

其中广义输出向量 $\boldsymbol{\phi}(k+d)$ 为

$$\boldsymbol{\phi}(k+d) = P(z^{-1})\boldsymbol{D}(z)\boldsymbol{y}(k) \tag{5.4.10}$$

广义理想输出向量 $\boldsymbol{y}^*(k+d)$ 定义为

$$\boldsymbol{y}^*(k+d) = \boldsymbol{R}(z^{-1})\boldsymbol{w}(k) - \boldsymbol{Q}(z^{-1})\bar{\boldsymbol{u}}(k) - \boldsymbol{S}(z^{-1})\bar{\boldsymbol{u}}(k) \tag{5.4.11}$$

广义输出误差向量 $\boldsymbol{e}(k+d)$ 定义为

$$\begin{aligned}\boldsymbol{e}(k+d) &= \boldsymbol{\phi}(k+d) - \boldsymbol{y}^*(k+d)\\ &= P(z^{-1})\boldsymbol{D}(z)\boldsymbol{y}(k) - \boldsymbol{R}(z^{-1})\boldsymbol{w}(k)\\ &\quad + \boldsymbol{Q}(z^{-1})\bar{\boldsymbol{u}}(k) + \boldsymbol{S}(z^{-1})\bar{\boldsymbol{u}}(k)\end{aligned} \tag{5.4.12}$$

式中，$\boldsymbol{w}(k)$为n维参考输入向量；$\boldsymbol{Q}(z^{-1})$、$\boldsymbol{R}(z^{-1})$和$\boldsymbol{S}(z^{-1})$为z^{-1}的加权多项式矩阵；$P(z^{-1})$为加权多项式，$P(0)=1$。

2. 多变量广义最小方差解耦控制器

1）最优预报

我们将$\boldsymbol{B}_d(z^{-1})$分成两个多项式矩阵

$$\boldsymbol{B}_d(z^{-1}) = \overline{\boldsymbol{B}}_d(z^{-1}) + \overline{\overline{\boldsymbol{B}}}_d(z^{-1}) \tag{5.4.13}$$

式中，$\overline{\boldsymbol{B}}_d(z^{-1})=\text{diag}[z^{-d_{ii}}B_{ii}(z^{-1})]$为一对角形矩阵，其主对角线上元素等于$\boldsymbol{B}_d(z^{-1})$对角线上元素，代表主通道上输入输出变量之间的关系；而$\overline{\overline{\boldsymbol{B}}}_d(z^{-1})$为一主对角线元素为零的多项式矩阵，代表不同通道间的耦合关系，其影响应予以消除。根据上述定义，式(5.4.6)可以写成

$$\begin{aligned}\boldsymbol{A}(z^{-1})\boldsymbol{y}(k) =& \boldsymbol{D}(z^{-1})\overline{\boldsymbol{B}}_d(z^{-1})\,\overline{\boldsymbol{u}}(k) + \boldsymbol{D}(z^{-1})\,\overline{\overline{\boldsymbol{B}}}_d(z^{-1})\,\overline{\boldsymbol{u}}(k)\\ &+ \boldsymbol{C}(z^{-1})\,\boldsymbol{\xi}(k)\end{aligned} \tag{5.4.14}$$

引入矩阵恒等式

$$\boldsymbol{C}(z^{-1})P(z^{-1}) = \boldsymbol{A}(z^{-1})\boldsymbol{F}(z^{-1}) + \boldsymbol{D}(z^{-1})\boldsymbol{G}(z^{-1}) \tag{5.4.15}$$

式中$\boldsymbol{F}(z^{-1})=[F_{ij}(z^{-1})]$，$F_{ij}(z^{-1})=1+f_{ij}^{1}z^{-1}+\cdots+f_{ij}^{d_i-1}z^{-d_i+1}$，$\boldsymbol{G}(z^{-1})=[G_{ij}(z^{-1})]$，$G_{ij}(z^{-1})=g_{ij}^{0}+g_{ij}^{1}z^{-1}+\cdots+g_{ij}^{n_G^{ij}}z^{-n_G^{ij}}$，$n_G^{ij}=\max[n_A-1,n_P+n_C-d]$，$i,j=1,2,\cdots,n$。

由矩阵的伪交换性，一定存在不唯一的多项式矩阵$\overline{\boldsymbol{F}}(z^{-1})$和$\overline{\boldsymbol{G}}(z^{-1})$，满足

$$\overline{\boldsymbol{F}}(z^{-1})\boldsymbol{G}(z^{-1}) = \overline{\boldsymbol{G}}(z^{-1})\boldsymbol{F}(z^{-1}) \tag{5.4.16}$$

式中，$\overline{\boldsymbol{F}}(0)=\boldsymbol{F}(0)$，$\det\overline{\boldsymbol{F}}(z^{-1})=\det\boldsymbol{F}(z^{-1})$。定义多项式矩阵$\overline{\boldsymbol{C}}(z^{-1})$满足

$$\overline{\boldsymbol{C}}(z^{-1})P(z^{-1}) = \overline{\boldsymbol{F}}(z^{-1})\boldsymbol{D}(z)\boldsymbol{A}(z^{-1})\boldsymbol{D}(z^{-1}) + \overline{\boldsymbol{G}}(z^{-1})\boldsymbol{D}(z^{-1}) \tag{5.4.17}$$

用$\overline{\boldsymbol{F}}(z^{-1})\boldsymbol{D}(z)$左乘式(5.4.15)，并由式(5.4.16)得

$$\begin{aligned}\overline{\boldsymbol{F}}(z^{-1})\boldsymbol{D}(z)\boldsymbol{C}(z^{-1})P(z^{-1}) &= \overline{\boldsymbol{F}}(z^{-1})\boldsymbol{D}(z)\boldsymbol{A}(z^{-1})\boldsymbol{F}(z^{-1}) + \overline{\boldsymbol{F}}(z^{-1})\boldsymbol{D}(z)\boldsymbol{D}(z^{-1})\boldsymbol{G}(z^{-1})\\ &= \overline{\boldsymbol{F}}(z^{-1})\boldsymbol{D}(z)\boldsymbol{A}(z^{-1})\boldsymbol{F}(z^{-1}) + \overline{\boldsymbol{F}}(z^{-1})\boldsymbol{G}(z^{-1})\\ &= \overline{\boldsymbol{F}}(z^{-1})\boldsymbol{D}(z)\boldsymbol{A}(z^{-1})\boldsymbol{F}(z^{-1}) + \overline{\boldsymbol{G}}(z^{-1})\boldsymbol{F}(z^{-1})\end{aligned} \tag{5.4.18}$$

用$\boldsymbol{D}(z)\boldsymbol{F}(z^{-1})$右乘式(5.4.17)，得

$$\begin{aligned}\overline{\boldsymbol{C}}(z^{-1})P(z^{-1})\boldsymbol{D}(z)\boldsymbol{F}(z^{-1}) &= \overline{\boldsymbol{F}}(z^{-1})\boldsymbol{D}(z)\boldsymbol{A}(z^{-1})\boldsymbol{D}(z^{-1})\boldsymbol{D}(z)\boldsymbol{F}(z^{-1})\\ &\quad + \overline{\boldsymbol{G}}(z^{-1})\boldsymbol{D}(z^{-1})\boldsymbol{D}(z)\boldsymbol{F}(z^{-1})\\ &= \overline{\boldsymbol{F}}(z^{-1})\boldsymbol{D}(z)\boldsymbol{A}(z^{-1})\boldsymbol{F}(z^{-1})\\ &\quad + \overline{\boldsymbol{G}}(z^{-1})\boldsymbol{F}(z^{-1})\end{aligned} \tag{5.4.19}$$

比较后可知式(5.4.18)和式(5.4.19)的右端相等，则

$$\overline{\boldsymbol{F}}(z^{-1})\boldsymbol{D}(z)\boldsymbol{C}(z^{-1})P(z^{-1}) = \overline{\boldsymbol{C}}(z^{-1})P(z^{-1})\boldsymbol{D}(z)\boldsymbol{F}(z^{-1}) \tag{5.4.20}$$

因为$P(z^{-1})$是多项式而不是多项式矩阵，因此左右同除以$P(z^{-1})$，得

$$\overline{\boldsymbol{F}}(z^{-1})\boldsymbol{D}(z)\boldsymbol{C}(z^{-1}) = \overline{\boldsymbol{C}}(z^{-1})\boldsymbol{D}(z)\boldsymbol{F}(z^{-1}) \tag{5.4.21}$$

将式(5.4.14)左乘$\overline{\boldsymbol{F}}(z^{-1})\boldsymbol{D}(z)$，得

$$\bar{\boldsymbol{F}}(z^{-1})\boldsymbol{D}(z)\boldsymbol{A}(z^{-1})\boldsymbol{y}(k)=\bar{\boldsymbol{F}}(z^{-1})\bar{\boldsymbol{B}}_d(z^{-1})\bar{u}(k)+\bar{\boldsymbol{F}}(z^{-1})\bar{\bar{\boldsymbol{B}}}_d(z^{-1})\bar{\boldsymbol{u}}(k)+\bar{\boldsymbol{F}}(z^{-1})\boldsymbol{D}(z)\boldsymbol{C}(z^{-1})\xi(k) \tag{5.4.22}$$

将式(5.4.17)右乘 $\boldsymbol{D}(z)\boldsymbol{y}(k)$，得

$$\bar{\boldsymbol{C}}(z^{-1})P(z^{-1})\boldsymbol{D}(z)\boldsymbol{y}(k)=\bar{\boldsymbol{F}}(z^{-1})\boldsymbol{D}(z)\boldsymbol{A}(z^{-1})\boldsymbol{y}(k)+\bar{\boldsymbol{G}}(z^{-1})\boldsymbol{y}(k) \tag{5.4.23}$$

将式(5.4.22)代入式(5.4.23)中，并利用式(5.4.21)，得

$$\begin{aligned}\bar{\boldsymbol{C}}(z^{-1})P(z^{-1})\boldsymbol{D}(z)\boldsymbol{y}(k)&=\bar{\boldsymbol{F}}(z^{-1})\boldsymbol{D}(z)\boldsymbol{A}(z^{-1})\boldsymbol{y}(k)+\bar{\boldsymbol{G}}(z^{-1})\boldsymbol{y}(k)\\&=\bar{\boldsymbol{F}}(z^{-1})\bar{\boldsymbol{B}}_d(z^{-1})\bar{\boldsymbol{u}}(k)+\bar{\boldsymbol{F}}(z^{-1})\bar{\bar{\boldsymbol{B}}}_d(z^{-1})\bar{\boldsymbol{u}}(k)\\&\quad+\bar{\boldsymbol{F}}(z^{-1})\boldsymbol{D}(z)\boldsymbol{C}(z^{-1})\boldsymbol{\xi}(k)+\bar{\boldsymbol{G}}(z^{-1})\boldsymbol{y}(k)\\&=\bar{\boldsymbol{F}}(z^{-1})\bar{\boldsymbol{B}}_d(z^{-1})\bar{\boldsymbol{u}}(k)+\bar{\boldsymbol{F}}(z^{-1})\bar{\bar{\boldsymbol{B}}}_d(z^{-1})\bar{\boldsymbol{u}}(k)\\&\quad+\bar{\boldsymbol{C}}(z^{-1})\boldsymbol{D}(z)\boldsymbol{F}(z^{-1})\xi(k)+\bar{\boldsymbol{G}}(z^{-1})\boldsymbol{y}(k)\end{aligned} \tag{5.4.24}$$

所以

$$\begin{aligned}&\bar{\boldsymbol{C}}(z^{-1})[P(z^{-1})\boldsymbol{D}(z)\boldsymbol{y}(k)-\boldsymbol{D}(z)\boldsymbol{F}(z^{-1})\xi(k)]\\&=\bar{\boldsymbol{F}}(z^{-1})\bar{\boldsymbol{B}}_d(z^{-1})\bar{\boldsymbol{u}}(k)+\bar{\boldsymbol{F}}(z^{-1})\bar{\bar{\boldsymbol{B}}}_d(z^{-1})\bar{\boldsymbol{u}}(k)+\bar{\boldsymbol{G}}(z^{-1})\boldsymbol{y}(k)\end{aligned} \tag{5.4.25}$$

定义

$$\boldsymbol{\phi}^*(k+d\mid k)=P(z^{-1})\boldsymbol{D}(z)\boldsymbol{y}(k)-\boldsymbol{D}(z)\boldsymbol{F}(z^{-1})\boldsymbol{\xi}(k) \tag{5.4.26}$$

因为$\boldsymbol{\phi}^*(k+d|k)$是 F_k 可测的，并由式(5.4.9)可知$\boldsymbol{\phi}^*(k+d|k)$是最优预报。

引入 Diophantine 方程

$$\boldsymbol{I}=\bar{\bar{\boldsymbol{F}}}(z^{-1})\bar{\boldsymbol{C}}(z^{-1})+z^{-d}\bar{\bar{\boldsymbol{G}}}(z^{-1}) \tag{5.4.27}$$

因为$\bar{\boldsymbol{C}}(z^{-1})$和 z^{-d}中不含公因子，所以$\bar{\bar{\boldsymbol{F}}}(z^{-1})$和$\bar{\bar{\boldsymbol{G}}}(z^{-1})$有唯一解存在，且其阶次分别为 $d-1$ 和 n_4。

用$\bar{\bar{\boldsymbol{F}}}(z^{-1})$左乘式(5.4.25)，并利用式(5.4.26)和式(5.4.27)，得

$$\bar{\bar{\boldsymbol{F}}}(z^{-1})\bar{\boldsymbol{C}}(z^{-1})\boldsymbol{\phi}^*(k+d\mid k)=[\boldsymbol{I}-z^{-d}\bar{\bar{\boldsymbol{G}}}(z^{-1})]\boldsymbol{\phi}^*(k+d\mid k) \tag{5.4.28}$$

所以$\boldsymbol{\phi}(k+d)$的 d 步最优预报$\boldsymbol{\phi}^*(k+d|k)$为

$$\begin{aligned}\boldsymbol{\phi}^*(k+d\mid k)&=\bar{\bar{\boldsymbol{F}}}(z^{-1})\bar{\boldsymbol{C}}(z^{-1})\boldsymbol{\phi}^*(k+d\mid k)+z^{-d}\bar{\bar{\boldsymbol{G}}}(z^{-1})\boldsymbol{\phi}^*(k+d\mid k)\\&=\bar{\bar{\boldsymbol{F}}}(z^{-1})\bar{\boldsymbol{G}}(z^{-1})\boldsymbol{y}(k)+\bar{\bar{\boldsymbol{F}}}(z^{-1})\bar{\boldsymbol{F}}(z^{-1})\bar{\boldsymbol{B}}_d(z^{-1})\bar{\boldsymbol{u}}(k)\\&\quad+\bar{\bar{\boldsymbol{F}}}(z^{-1})\bar{\boldsymbol{F}}(z^{-1})\bar{\bar{\boldsymbol{B}}}_d(z^{-1})\bar{\boldsymbol{u}}(k)+\bar{\bar{\boldsymbol{G}}}(z^{-1})\boldsymbol{\phi}^*(k\mid k-d)\\&=\boldsymbol{\alpha}(z^{-1})\boldsymbol{y}(k)+\boldsymbol{\beta}(z^{-1})\bar{\boldsymbol{u}}(k)+\boldsymbol{\beta}_2(z^{-1})\bar{\boldsymbol{u}}(k)\\&\quad+\bar{\bar{\boldsymbol{G}}}(z^{-1})\boldsymbol{\phi}^*(k\mid k-d)\end{aligned} \tag{5.4.29}$$

式中

$$\boldsymbol{\alpha}(z^{-1})=\bar{\bar{\boldsymbol{F}}}(z^{-1})\bar{\boldsymbol{G}}(z^{-1}) \tag{5.4.30}$$

$$\boldsymbol{\beta}(z^{-1})=\bar{\bar{\boldsymbol{F}}}(z^{-1})\bar{\boldsymbol{F}}(z^{-1})\bar{\boldsymbol{B}}_d(z^{-1}) \tag{5.4.31}$$

$$\boldsymbol{\beta}_2(z^{-1})=\bar{\bar{\boldsymbol{F}}}(z^{-1})\bar{\boldsymbol{F}}(z^{-1})\bar{\bar{\boldsymbol{B}}}_d(z^{-1}) \tag{5.4.32}$$

2) 多变量广义最小方差解耦控制律

与多变量广义最小方差控制器的推导过程类似，令广义输出向量的最优预报$\boldsymbol{\phi}^*(k+d|k)$等于广义理想输出向量 $\boldsymbol{y}^*(k+d)$，就得到了保证广义输出误差向量

$e(k+d)$的范数在均方意义下最小的如下形式的多变量广义最小方差解耦控制律,即

$$\boldsymbol{\phi}^*(k+d \mid k) = \boldsymbol{R}(z^{-1})\boldsymbol{w}(k) - \boldsymbol{Q}(z^{-1})\bar{\boldsymbol{u}}(k) - \boldsymbol{S}(z^{-1})\bar{\bar{\boldsymbol{u}}}(k) \quad (5.4.33)$$

利用式(5.4.25)~式(5.4.27),可得多变量广义最小方差解耦控制律的另一种形式

$$\bar{\boldsymbol{G}}(z^{-1})\boldsymbol{y}(k) + \boldsymbol{H}(z^{-1})\bar{\boldsymbol{u}}(k) + \boldsymbol{N}(z^{-1})\bar{\bar{\boldsymbol{u}}}(k) + \boldsymbol{E}(z^{-1})\boldsymbol{w}(k) = 0 \quad (5.4.34)$$

式中

$$\boldsymbol{H}(z^{-1}) = \bar{\boldsymbol{C}}(z^{-1})\boldsymbol{Q}(z^{-1}) + \bar{\boldsymbol{F}}(z^{-1})\bar{\boldsymbol{B}}_d(z^{-1}) \quad (5.4.35)$$

$$\boldsymbol{N}(z^{-1}) = \bar{\boldsymbol{C}}(z^{-1})\boldsymbol{S}(z^{-1}) + \bar{\boldsymbol{F}}(z^{-1})\bar{\bar{\boldsymbol{B}}}_d(z^{-1}) \quad (5.4.36)$$

$$\boldsymbol{E}(z^{-1}) = -\bar{\boldsymbol{C}}(z^{-1})\boldsymbol{R}(z^{-1}) \quad (5.4.37)$$

3) 性能分析

多变量广义最小方差解耦控制器必须要保证闭环系统的稳定性,即被控对象的输入向量和输出向量是均方有界的,即

$$\lim_{N\to\infty}\frac{1}{N}\sum_{k=1}^{N}\|\boldsymbol{y}(k)\|^2 < \infty, \quad \lim_{N\to\infty}\frac{1}{N}\sum_{k=1}^{N}\|\boldsymbol{u}(k)\|^2 < \infty \quad (5.4.38)$$

并且使得性能指标式(5.4.9)达到最优,即被控对象的广义输出向量与广义理想输出向量之间误差的方差极小,即为

$$J = \mathrm{E}[\|\boldsymbol{F}(z^{-1})\boldsymbol{\xi}(k+d)\|^2 \mid F_k] = \gamma^2 \quad (5.4.39)$$

定理5.4.1 假定:①$\boldsymbol{C}(z^{-1})$是稳定的多项式矩阵;②以概率1有$\lim_{N\to\infty}\frac{1}{N}\sum_{k=1}^{N}\|\boldsymbol{\xi}(k)\|^2<\infty$;③离线选择加权多项式$P(z^{-1})$和加权多项式矩阵$\boldsymbol{Q}(z^{-1})$、$\boldsymbol{S}(z^{-1})$,使得$P(z^{-1})\boldsymbol{B}_d(z^{-1})+\boldsymbol{A}(z^{-1})[\boldsymbol{Q}(z^{-1})+\boldsymbol{S}(z^{-1})]$是稳定的,即

$$\det\{P(z^{-1})\boldsymbol{B}_d(z^{-1}) + \boldsymbol{A}(z^{-1})[\boldsymbol{Q}(z^{-1}) + \boldsymbol{S}(z^{-1})]\} \neq 0, \quad |z| \geqslant 1 \quad (5.4.40)$$

式中,$\bar{\boldsymbol{B}}(z^{-1})\boldsymbol{Q}(z^{-1})=\bar{\boldsymbol{Q}}(z^{-1})\boldsymbol{B}(z^{-1})$,$\det\bar{\boldsymbol{B}}(z^{-1})=\det\boldsymbol{B}(z^{-1})$,那么多变量广义最小方差解耦控制律式(5.4.34)能保证闭环系统是稳定的,即以概率1有

$$\lim_{N\to\infty}\frac{1}{N}\sum_{k=1}^{N}\|\boldsymbol{y}(k)\|^2 < \infty, \quad \lim_{N\to\infty}\frac{1}{N}\sum_{k=1}^{N}\|\boldsymbol{u}(k)\|^2 < \infty \quad (5.4.41)$$

并且被控对象的广义输出误差的范数的方差极小,即$J=\mathrm{E}[\|\boldsymbol{F}(z^{-1})\boldsymbol{\xi}(k+d)\|^2 \mid F_k]=\gamma^2$。

证明 为求取闭环系统方程,将式(5.4.26)和式(5.4.33)联立,得

$$P(z^{-1})\boldsymbol{D}(z)\boldsymbol{y}(k) = \boldsymbol{R}(z^{-1})\boldsymbol{w}(k) - \boldsymbol{Q}(z^{-1})\bar{\boldsymbol{u}}(k) - \boldsymbol{S}(z^{-1})\bar{\bar{\boldsymbol{u}}}(k) + \boldsymbol{D}(z)\boldsymbol{F}(z^{-1})\boldsymbol{\xi}(k) \quad (5.4.42)$$

另外,式(5.4.6)可以写成

$$\boldsymbol{D}(z)\boldsymbol{A}(z^{-1})\boldsymbol{y}(k) = \boldsymbol{B}_d(z^{-1})\bar{\boldsymbol{u}}(k) + \boldsymbol{D}(z)\boldsymbol{C}(z^{-1})\boldsymbol{\xi}(k) \quad (5.4.43)$$

由于$P(z^{-1})\boldsymbol{D}(z)$和$\boldsymbol{D}(z)\boldsymbol{A}(z^{-1})$都是对角多项式矩阵,它们的乘积具有可交换性,因此

$$\begin{aligned}&\{P(z^{-1})\boldsymbol{B}_d(z^{-1}) + \boldsymbol{A}(z^{-1})[\boldsymbol{Q}(z^{-1}) + \boldsymbol{S}(z^{-1})]\}\bar{\boldsymbol{u}}(k)\\ &= \boldsymbol{A}(z^{-1})\boldsymbol{R}(z^{-1})\boldsymbol{w}(k) + [\boldsymbol{A}(z^{-1})\boldsymbol{D}(z)\boldsymbol{F}(z^{-1}) - P(z^{-1})\boldsymbol{D}(z)\boldsymbol{C}(z^{-1})]\boldsymbol{\xi}(k)\end{aligned} \quad (5.4.44)$$

引入多项式矩阵$\tilde{\boldsymbol{B}}_d(z^{-1})$和$\tilde{\boldsymbol{Q}}(z^{-1})$使得

$$\widetilde{\boldsymbol{B}}_d(z^{-1})[\boldsymbol{Q}(z^{-1})+\boldsymbol{S}(z^{-1})]=\widetilde{\boldsymbol{Q}}(z^{-1})\boldsymbol{B}_d(z^{-1})$$
$$\det\widetilde{\boldsymbol{B}}_d(z^{-1})=\det\boldsymbol{B}_d(z^{-1}) \tag{5.4.45}$$

则可以得到

$$[P(z^{-1})\widetilde{\boldsymbol{B}}_d(z^{-1})+\widetilde{\boldsymbol{Q}}(z^{-1})\boldsymbol{A}(z^{-1})]\boldsymbol{D}(z)\boldsymbol{y}(k)$$
$$=\widetilde{\boldsymbol{B}}_d(z^{-1})\boldsymbol{R}(z^{-1})\boldsymbol{w}(k)+[\widetilde{\boldsymbol{Q}}(z^{-1})\boldsymbol{D}(z)\boldsymbol{C}(z^{-1})+\boldsymbol{D}(z)\widetilde{\boldsymbol{B}}_d(z^{-1})\boldsymbol{F}(z^{-1})]\boldsymbol{\xi}(k) \tag{5.4.46}$$

由于

$$\det\{P(z^{-1})\widetilde{\boldsymbol{B}}_d(z^{-1})+\widetilde{\boldsymbol{Q}}(z^{-1})\boldsymbol{A}(z^{-1})\}$$
$$=\det\{\widetilde{\boldsymbol{B}}_d(z^{-1})[P(z^{-1})+(\boldsymbol{Q}(z^{-1})+\boldsymbol{S}(z^{-1}))\boldsymbol{B}_d^{-1}(z^{-1})\boldsymbol{A}(z^{-1})]\}$$
$$=\det\{P(z^{-1})\widetilde{\widetilde{\boldsymbol{B}}}_d(z^{-1})+[\boldsymbol{Q}(z^{-1})+\boldsymbol{S}(z^{-1})]\widetilde{\widetilde{\boldsymbol{A}}}(z^{-1})\}$$
$$=\det\{[P(z^{-1})\boldsymbol{A}^{-1}(z^{-1})\boldsymbol{B}_d(z^{-1})+(\boldsymbol{Q}(z^{-1})+\boldsymbol{S}(z^{-1}))]\widetilde{\widetilde{\boldsymbol{A}}}(z^{-1})\} \tag{5.4.47}$$

式中,引入多项式矩阵$\widetilde{\widetilde{\boldsymbol{A}}}(z^{-1})$和$\widetilde{\widetilde{\boldsymbol{B}}}_d(z^{-1})$满足$\boldsymbol{A}(z^{-1})\widetilde{\widetilde{\boldsymbol{B}}}_d(z^{-1})=\boldsymbol{B}_d(z^{-1})\widetilde{\widetilde{\boldsymbol{A}}}(z^{-1})$,$\det\widetilde{\widetilde{\boldsymbol{B}}}_d(z^{-1})=\det\boldsymbol{B}_d(z^{-1})$,因此$\widetilde{\boldsymbol{B}}_d(z^{-1})P(z^{-1})+\widetilde{\boldsymbol{Q}}(z^{-1})\boldsymbol{A}(z^{-1})$也是稳定的。采用类似于定理3.5.1的证明方法,可知式(5.4.41)成立,同时使被控对象的广义输出向量与广义理想输出向量之间误差的范数的方差为$J=\mathrm{E}[\|\boldsymbol{F}(z^{-1})\boldsymbol{\xi}(k+d)\|^2|F_k]=\gamma^2$。 ■

4) 加权多项式矩阵选择

多变量广义最小方差解耦控制器的加权多项式$P(z^{-1})$和加权多项式矩阵$\boldsymbol{Q}(z^{-1})$、$\boldsymbol{R}(z^{-1})$和$\boldsymbol{S}(z^{-1})$的选择需要考虑三个方面:①保证闭环系统的稳定性;②消除被控对象输出$\boldsymbol{y}(k)$与参考输入$\boldsymbol{w}(k)$之间稳态跟踪误差;③尽可能消除不同回路之间的耦合。可以通过在线修正加权多项式矩阵$\boldsymbol{S}(z^{-1})$的方法来消除闭环系统方程中耦合项的影响以实现解耦控制,首先将式(5.4.42)和式(5.4.14)联立,同时考虑到$\boldsymbol{D}(z^{-1})$、$\boldsymbol{D}(z)$、$\overline{\boldsymbol{B}}_d(z^{-1})$和$\boldsymbol{Q}(z^{-1})$均为对角型矩阵,在乘法中可以互相交换,且$P(z^{-1})$是一个多项式,有

$$[\overline{\boldsymbol{B}}_d(z^{-1})P(z^{-1})+\boldsymbol{Q}(z^{-1})\boldsymbol{A}(z^{-1})]\boldsymbol{y}(k)$$
$$=\boldsymbol{D}(z^{-1})\overline{\boldsymbol{B}}_d(z^{-1})\boldsymbol{R}(z^{-1})\boldsymbol{w}(k)+\boldsymbol{D}(z^{-1})[\boldsymbol{Q}(z^{-1})\overline{\overline{\boldsymbol{B}}}_d(z^{-1})$$
$$-\overline{\boldsymbol{B}}_d(z^{-1})\boldsymbol{S}(z^{-1})]\bar{\boldsymbol{u}}(k)+[\boldsymbol{B}_d(z^{-1})\boldsymbol{F}(z^{-1})+\boldsymbol{Q}(z^{-1})\boldsymbol{C}(z^{-1})]\boldsymbol{\xi}(k) \tag{5.4.48}$$

分析式(5.4.48),因为$\overline{\boldsymbol{B}}_d(z^{-1})$,$\boldsymbol{Q}(z^{-1})$,$\boldsymbol{A}(z^{-1})$,$\boldsymbol{D}(z^{-1})$,$\boldsymbol{R}(z^{-1})$为对角型矩阵,且$P(z^{-1})$为多项式,所以,$[\overline{\boldsymbol{B}}_d(z^{-1})P(z^{-1})+\boldsymbol{Q}(z^{-1})\boldsymbol{A}(z^{-1})]$和$\boldsymbol{D}(z^{-1})\overline{\boldsymbol{B}}_d(z^{-1})\boldsymbol{R}(z^{-1})$都是对角型矩阵。严格意义上讲,闭环系统中不应该含有控制输入$\bar{\boldsymbol{u}}(k)$,该项代表了系统中的耦合项,为了实现解耦,应予以消除。即要求

$$\boldsymbol{Q}(z^{-1})\overline{\overline{\boldsymbol{B}}}_d(z^{-1})-\overline{\boldsymbol{B}}_d(z^{-1})\boldsymbol{S}(z^{-1})=0 \tag{5.4.49}$$

因为$\boldsymbol{Q}(z^{-1})$、$\overline{\boldsymbol{B}}_d(z^{-1})$是对角型矩阵且$\overline{\overline{\boldsymbol{B}}}_d(z^{-1})$为一个对角线上元素均为0的矩阵,

所以 $\boldsymbol{S}(z^{-1})=\lambda\boldsymbol{S}_1(z^{-1})$ 也为一对角线上元素均为 0 的矩阵。为了采用隐式方法补偿解耦控制器，式(5.4.49)中的参数必须经过变换化成控制器参数。

令 $\boldsymbol{Q}(z^{-1})=\lambda\boldsymbol{Q}_1(z^{-1})$，则式(5.4.49)变为

$$\boldsymbol{Q}_1(z^{-1})\boldsymbol{\beta}_2(z^{-1})-\boldsymbol{\beta}(z^{-1})\boldsymbol{S}_1(z^{-1})=0 \tag{5.4.50}$$

式中，$\boldsymbol{\beta}_2(z^{-1})$，$\boldsymbol{\beta}(z^{-1})$ 可以通过 5.4.2 节的辨识算法得到，$\boldsymbol{Q}_1(z^{-1})$ 可以离线事先选定，$\boldsymbol{S}_1(z^{-1})$ 可以通过式(5.4.50)利用 z^{-1} 的同次幂系数相等得到。很显然，除非 $n_B=0$，否则无法精确求解，这时可以采用文献[2]的方法，利用最小二乘方法使 $[\boldsymbol{Q}_1(z^{-1})\boldsymbol{\beta}_2(z^{-1})-\boldsymbol{\beta}(z^{-1})\boldsymbol{S}_1(z^{-1})]$ 尽可能地接近 0，从而获得 $\boldsymbol{S}_1(z^{-1})$ 在最小二乘意义下的最优解，这样可以实现动态近似解耦。

我们知道可以通过引入积分项消除跟踪误差并实现静态解耦，即保证 $\boldsymbol{Q}(1)$、$\boldsymbol{S}(1)$ 等于 0 且 $P(z^{-1})\boldsymbol{I}=\boldsymbol{R}(z^{-1})$，但对于某些被控对象会导致被控对象的输出振荡。下面介绍一种不引入积分环节而通过在线选择加权多项式矩阵 $\boldsymbol{S}_1(z^{-1})$ 和 $\boldsymbol{R}(z^{-1})$ 来实现静态解耦的方法，同时可以消除跟踪误差。

从式(5.4.50)中可知

$$\boldsymbol{S}_1(z^{-1})=\boldsymbol{\beta}^{-1}(1)\boldsymbol{Q}_1(1)\boldsymbol{\beta}_2(1) \tag{5.4.51}$$

由式(5.4.48)可知

$$\boldsymbol{R}(z^{-1})=\boldsymbol{I}+\boldsymbol{Q}(z^{-1})\overline{\overline{\boldsymbol{B}}}_d^{-1}(z^{-1})\boldsymbol{A}(z^{-1})\big|_{z=1} \tag{5.4.52}$$

用 $\overline{\overline{\boldsymbol{F}}}(z^{-1})$ 左乘式(5.4.17)，并利用式(5.4.30)，得

$$\overline{\overline{\boldsymbol{F}}}(1)\overline{\boldsymbol{C}}(1)=\overline{\overline{\boldsymbol{F}}}(1)\overline{\boldsymbol{F}}(1)\boldsymbol{A}(1)+\alpha(1) \tag{5.4.53}$$

这里我们选择 $P(z^{-1})=1$，从式(5.4.27)可知

$$\overline{\overline{\boldsymbol{F}}}(1)\overline{\boldsymbol{C}}(1)=\boldsymbol{I}-\overline{\overline{\boldsymbol{G}}}(1) \tag{5.4.54}$$

综合上面两式，可得

$$\overline{\overline{\boldsymbol{F}}}(1)\overline{\boldsymbol{F}}(1)\boldsymbol{A}(1)=\boldsymbol{I}-\overline{\overline{\boldsymbol{G}}}(1)-\alpha(1) \tag{5.4.55}$$

再由式(5.4.31)可知

$$\begin{aligned}\boldsymbol{R}(z^{-1})&=\boldsymbol{I}+\boldsymbol{Q}(1)\beta^{-1}(1)\overline{\overline{\boldsymbol{F}}}(1)\overline{\boldsymbol{F}}(1)\boldsymbol{A}(1)\\&=\boldsymbol{I}+\boldsymbol{Q}(1)\beta^{-1}(1)[\boldsymbol{I}-\overline{\overline{\boldsymbol{G}}}(1)-\alpha(1)]\end{aligned} \tag{5.4.56}$$

我们所需要的只是离线选择 λ 和 $\boldsymbol{Q}_1(z^{-1})$ 以满足

$$\det\{\boldsymbol{B}(z^{-1})+\lambda\boldsymbol{A}(z^{-1})[\boldsymbol{Q}_1(z^{-1})+\boldsymbol{S}_1(z^{-1})]\}\neq 0,\quad |z|\geqslant 1 \tag{5.4.57}$$

5.4.2 多变量自适应解耦控制器设计

为了采用隐式自适应控制算法，我们可以应用多变量递推最小二乘算法式(5.2.17)～式(5.2.19)直接辨识控制器的参数矩阵，然后由控制器方程计算控制输入。5.3.2 节介绍的多变量广义最小方差自适应控制算法虽然具有全局收敛性，但是不能保证控制器参数收敛到真值，为了使其收敛到真值，需要在辨识算法中引入衰减激励。本节介绍参数估计中引入衰减激励的自适应控制算法，该控制算法不仅具有全局收敛性，而且能使估计的参数收敛到其真值。

1. 控制问题描述

被控对象仍采用式(5.4.1)进行描述，多项式矩阵 $\boldsymbol{A}(z^{-1})$、$\boldsymbol{B}(z^{-1})$和 $\boldsymbol{C}(z^{-1})$的阶次 n_A、n_B 和 n_C 已知，对象时延结构 $\boldsymbol{D}(z)$已知，多项式矩阵 $\boldsymbol{A}(z^{-1})$、$\boldsymbol{B}(z^{-1})$和 $\boldsymbol{C}(z^{-1})$的系数未知，且被控对象可以是非最小相位的。

控制目标是，当被控对象模型式(5.4.1)的参数矩阵未知，设计多变量自适应解耦控制器，尽可能消除被控对象不同回路之间的耦合，并使得被控对象的广义输出向量$\boldsymbol{\phi}(k+d)$与广义理想输出向量 $\boldsymbol{y}^*(k+d)$的误差向量的范数的方差最小，即

$$\min J$$

式中

$$J = \mathrm{E}\{\| P(z^{-1})\boldsymbol{D}(z)\boldsymbol{y}(k) - \boldsymbol{R}(z^{-1})\boldsymbol{w}(k) + \boldsymbol{Q}(z^{-1})\bar{\boldsymbol{u}}(k) + \boldsymbol{S}(z^{-1})\bar{\boldsymbol{u}}(k)\|^2\} \tag{5.4.58}$$

2. 多变量自适应解耦控制器

1) 控制器参数辨识方程

由于 $\boldsymbol{A}(z^{-1})$、$\boldsymbol{B}(z^{-1})$和 $\boldsymbol{C}(z^{-1})$未知，因此多变量广义最小方差解耦控制器式(5.4.34)中的$\bar{\boldsymbol{G}}(z^{-1})$、$\boldsymbol{H}(z^{-1})$、$\boldsymbol{N}(z^{-1})$和 $\boldsymbol{E}(z^{-1})$未知，采用隐式算法直接对控制器参数矩阵$\bar{\boldsymbol{G}}(z^{-1})$、$\boldsymbol{H}(z^{-1})$、$\boldsymbol{N}(z^{-1})$和 $\boldsymbol{E}(z^{-1})$进行估计，因此首先求取控制器的参数矩阵$\bar{\boldsymbol{G}}(z^{-1})$、$\boldsymbol{H}(z^{-1})$、$\boldsymbol{N}(z^{-1})$和 $\boldsymbol{E}(z^{-1})$的辨识方程。

由式(5.4.26)和式(5.4.29)得控制器参数辨识方程

$$\begin{aligned}\boldsymbol{\phi}(k) = &\boldsymbol{\alpha}(z^{-1})\boldsymbol{y}(k-d) + \boldsymbol{\beta}(z^{-1})\bar{\boldsymbol{u}}(k-d) + \boldsymbol{\beta}_2(z^{-1})\bar{\boldsymbol{u}}(k-d)\\ &+ \bar{\bar{\boldsymbol{G}}}(z^{-1})\boldsymbol{\phi}^*(k-d \mid k-2d) + \bar{\boldsymbol{v}}(k)\end{aligned} \tag{5.4.59}$$

式中

$$\boldsymbol{\phi}(k) = \boldsymbol{P}(z^{-1})\boldsymbol{D}^*(z^{-1})\boldsymbol{y}(k),\quad \boldsymbol{D}^*(z^{-1}) = z^{-d}\boldsymbol{D}(z),\quad \bar{\boldsymbol{v}}(k) = z^{-d}\boldsymbol{D}(z)\boldsymbol{F}(z^{-1})\xi(k) \tag{5.4.60}$$

由式(5.4.29)和式(5.4.33)得控制律方程

$$\boldsymbol{\alpha}(z^{-1})\boldsymbol{y}(k) + \boldsymbol{\beta}(z^{-1})\bar{\boldsymbol{u}}(k) + \boldsymbol{\beta}_2(z^{-1})\bar{\boldsymbol{u}}(k) + \bar{\bar{\boldsymbol{G}}}(z^{-1})\boldsymbol{\phi}^*(k \mid k-d) = \boldsymbol{y}^*(k+d) \tag{5.4.61}$$

式中

$$\boldsymbol{y}^*(k+d) = \boldsymbol{R}(z^{-1})\boldsymbol{w}(k) - \boldsymbol{Q}(z^{-1})\bar{\boldsymbol{u}}(k) - \boldsymbol{S}(z^{-1})\bar{\boldsymbol{u}}(k) \tag{5.4.62}$$

定义数据矩阵

$$\begin{aligned}\boldsymbol{\varphi}(k) = [&\boldsymbol{y}^{\mathrm{T}}(k), \boldsymbol{y}^{\mathrm{T}}(k-1), \cdots, \boldsymbol{y}^{\mathrm{T}}(k-n_1);\ \bar{\boldsymbol{u}}^{\mathrm{T}}(k), \bar{\boldsymbol{u}}^{\mathrm{T}}(k-1), \cdots, \bar{\boldsymbol{u}}^{\mathrm{T}}(k-n_2);\\ &\bar{\boldsymbol{u}}^{\mathrm{T}}(k), \bar{\boldsymbol{u}}^{\mathrm{T}}(k-1), \cdots, \bar{\boldsymbol{u}}^{\mathrm{T}}(k-n_3);\ \boldsymbol{\phi}^{*\mathrm{T}}(k+d-1 \mid k-1),\\ &\boldsymbol{\phi}^{*\mathrm{T}}(k+d-2 \mid k-2), \cdots, \boldsymbol{\phi}^{*\mathrm{T}}(k+d-n_4-1 \mid k-n_4-1)]^{\mathrm{T}}\end{aligned} \tag{5.4.63}$$

和参数矩阵

$$\boldsymbol{\Theta} = [\boldsymbol{\alpha}_0, \boldsymbol{\alpha}_1, \cdots, \boldsymbol{\alpha}_{n_1};\ \boldsymbol{\beta}_0, \boldsymbol{\beta}_1, \cdots, \boldsymbol{\beta}_{n_2};\ \boldsymbol{\beta}_{20}, \boldsymbol{\beta}_{21}, \cdots, \boldsymbol{\beta}_{2n_3};\ \bar{\bar{\boldsymbol{G}}}_0, \bar{\bar{\boldsymbol{G}}}_1, \cdots, \bar{\bar{\boldsymbol{G}}}_{n_4}]^{\mathrm{T}} \tag{5.4.64}$$

则控制器参数辨识方程式(5.4.59)可以表示为

$$\boldsymbol{\phi}(k)=\boldsymbol{\Theta}^{\mathrm{T}}\boldsymbol{\varphi}(k-d)+\bar{\boldsymbol{v}}(k) \tag{5.4.65}$$

2) 参数估计算法和自适应解耦控制器

式(5.4.65)中$\boldsymbol{\varphi}(k-d)$和$\bar{\boldsymbol{v}}(k)$不相关,但是由于$\boldsymbol{\varphi}(k-d)$中的$\boldsymbol{\phi}^{*\mathrm{T}}(k-1|k-d-1)$、$\boldsymbol{\phi}^{*\mathrm{T}}(k-2|k-d-2)$、…未知,需要用它的近似值来代替。为此定义新的数据向量

$$\begin{aligned}\hat{\boldsymbol{\varphi}}(k)=[&\boldsymbol{y}^{\mathrm{T}}(k),\boldsymbol{y}^{\mathrm{T}}(k-1),\cdots,\boldsymbol{y}^{\mathrm{T}}(k-n_1);\ \bar{\boldsymbol{u}}^{\mathrm{T}}(k),\bar{\boldsymbol{u}}^{\mathrm{T}}(k-1),\cdots,\bar{\boldsymbol{u}}^{\mathrm{T}}(k-n_2);\\&\bar{\boldsymbol{u}}^{\mathrm{T}}(k),\bar{\boldsymbol{u}}^{\mathrm{T}}(k-1),\cdots,\bar{\boldsymbol{u}}^{\mathrm{T}}(k-n_3);\ \bar{\boldsymbol{y}}^{\mathrm{T}}(k+d-1),\\&\bar{\boldsymbol{y}}^{\mathrm{T}}(k+d-2),\cdots,\bar{\boldsymbol{y}}^{\mathrm{T}}(k+d-n_4-1)]^{\mathrm{T}}\end{aligned} \tag{5.4.66}$$

式中

$$\bar{\boldsymbol{y}}(k)=\hat{\boldsymbol{\Theta}}^{\mathrm{T}}(k)\hat{\boldsymbol{\varphi}}(k-d)\quad 且\bar{\boldsymbol{y}}(k')=0\ 当\quad k'\leqslant d-1 \tag{5.4.67}$$

式中,$\hat{\boldsymbol{\Theta}}(k)$是参数矩阵$\boldsymbol{\Theta}$在$k$时刻的递推估计值。

参数估计算法可以采用多变量递推最小二乘算法式(5.2.17)~式(5.2.19),为了使自适应算法具有全局收敛性,因此采用修正的递推最小二乘法来辨识参数矩阵$\boldsymbol{\alpha}(z^{-1})$、$\boldsymbol{\beta}(z^{-1})$、$\boldsymbol{\beta}_2(z^{-1})$和$\bar{\bar{\boldsymbol{G}}}(z^{-1})$,辨识算法为

$$\hat{\boldsymbol{\Theta}}(k)=\hat{\boldsymbol{\Theta}}(k-d)+[\boldsymbol{\phi}(k)-\hat{\boldsymbol{\Theta}}^{\mathrm{T}}(k-d)\hat{\boldsymbol{\varphi}}(k-d)]\hat{\boldsymbol{\varphi}}^{\mathrm{T}}(k-d)\boldsymbol{P}(k-d) \tag{5.4.68}$$

其初始值为$\hat{\boldsymbol{\Theta}}(0),\cdots,\hat{\boldsymbol{\Theta}}(l-d)$。

下面我们详细讨论矩阵$\boldsymbol{P}(k-d)$:

情况1 如果

$$r(k-d)\mathrm{tr}\boldsymbol{P}(k-d)\leqslant K_1<\infty,且\hat{\boldsymbol{\varphi}}^{\mathrm{T}}(k-d)\boldsymbol{P}(k-2d)\hat{\boldsymbol{\varphi}}(k-d)\leqslant K_2<\infty \tag{5.4.69}$$

式中

$$\begin{aligned}r(k-d)&=r(k-d-1)+\hat{\boldsymbol{\varphi}}^{\mathrm{T}}(k-d)\hat{\boldsymbol{\varphi}}(k-d)\\&=1+\sum_{i=1}^{k-d}\hat{\boldsymbol{\varphi}}^{\mathrm{T}}(i)\hat{\boldsymbol{\varphi}}(i),\quad r(-d)=\cdots=r(0)=1\end{aligned} \tag{5.4.70}$$

那么

$$\begin{aligned}\boldsymbol{P}(k-d)=&\boldsymbol{P}(k-2d)\\&-\frac{[\boldsymbol{P}(k-2d)\hat{\boldsymbol{\varphi}}(k-d)\hat{\boldsymbol{\varphi}}^{\mathrm{T}}(k-d)\boldsymbol{P}(k-2d)]}{1+\hat{\boldsymbol{\varphi}}^{\mathrm{T}}(k-d)\boldsymbol{P}(k-2d)\hat{\boldsymbol{\varphi}}(k-d)}\end{aligned} \tag{5.4.71}$$

且$\boldsymbol{P}(1-2d)=\cdots=\boldsymbol{P}(-d)=\delta\boldsymbol{I}$,$\delta=n(n_1+n_2+n_3+n_4+4)$。

情况2 如果式(5.4.69)并不满足,那么

$$P(k-d)=1/r(k-d) \tag{5.4.72}$$

将辨识算法式(5.4.68)~式(5.4.71)中的输入$\boldsymbol{u}(k)$用$\boldsymbol{u}^*(k)$代替

$$\boldsymbol{u}^*(k)=\boldsymbol{u}(k)+v(k) \tag{5.4.73}$$

随机序列$\{v(k)\}$在这里作为衰减激励的输入源，在情况 1 中

$$v(k)=\frac{\bar{\boldsymbol{\alpha}}(k)}{k^{\varepsilon/2}},\quad \varepsilon\in\left[0,\frac{1}{2(nn_{\mathrm{A}}+s)}\right],\quad s=\max[n_1,n_2,n_3,n_4] \tag{5.4.74}$$

在情况 2 中

$$v(k)=\frac{\bar{\boldsymbol{\alpha}}(k)}{\log^{\varepsilon/2}k},\quad k\geqslant 2,\quad v(1)=0,\quad \varepsilon\in\left[0,\frac{1}{4(nn_{\mathrm{A}}+s+2)}\right] \tag{5.4.75}$$

$$s=\max[n_1,n_2,n_3,n_4]$$

式中，$\bar{\boldsymbol{\alpha}}(k)$是任意一个与$v(k)$无关的$n$维序列，具有如下性质

$$\mathrm{E}[\bar{\boldsymbol{\alpha}}(k)]=0,\quad \mathrm{E}[\bar{\boldsymbol{\alpha}}(k)\bar{\boldsymbol{\alpha}}^{\mathrm{T}}(k)]=\mu\boldsymbol{I},\quad \mu>0,\quad \mathrm{E}\|\bar{\boldsymbol{\alpha}}(k)\|^3<\infty \tag{5.4.76}$$

综上所述，将本节的广义最小方差直接自适应解耦控制算法步骤总结如下：

(1) 读入新的输出数据$\boldsymbol{y}(k)$和参考输入数据$\boldsymbol{w}(k)$；

(2) 由式(5.4.74)～式(5.4.76)产生衰减激励$v(k)$，并利用式(5.4.73)计算自适应控制输入$\boldsymbol{u}^*(k-i)$；

(3) 用$\boldsymbol{u}^*(k-i)$代替$\boldsymbol{u}(k-i)$构造数据向量$\hat{\boldsymbol{\varphi}}(k-d)$，由式(5.4.59)计算广义输出$\boldsymbol{\phi}(k)$；

(4) 采用修正递推最小二乘法式(5.4.68)～式(5.4.72)辨识控制器参数$\boldsymbol{\Theta}$；

(5) 利用式(5.4.50)、式(5.4.51)和式(5.4.56)在线修正$\boldsymbol{S}(z^{-1})$，$\boldsymbol{R}(z^{-1})$；

(6) 由下面方程产生控制输入$\boldsymbol{u}(k)$

$$\hat{\boldsymbol{\Theta}}^{\mathrm{T}}(k)\,\hat{\boldsymbol{\varphi}}(k)=\boldsymbol{y}^*(k+d) \tag{5.4.77}$$

选择$P(z^{-1})=1$，利用式(5.4.57)离线选择λ，$\boldsymbol{Q}(z^{-1})$，并且在$\hat{\boldsymbol{\varphi}}(k)$中用$\boldsymbol{u}(k)$代替$\boldsymbol{u}^*(k)$；

(7) 在每个采样周期中重复以上步骤(1)～步骤(6)。

如果我们选择一个高阶的多项式矩阵$\boldsymbol{S}_1(z^{-1})$，那么从仿真中可以看到，自适应控制算法具有更好的解耦效果。

5.4.3 仿真实验

为了验证本节的多变量自适应解耦控制器的有效性，我们进行下列的仿真实验。

例 5.4.1 多变量自适应解耦控制器的仿真实验

被控对象模型为

$$\boldsymbol{A}(z^{-1})\boldsymbol{y}(k)=\boldsymbol{B}(z^{-1})\boldsymbol{u}(k-1)+\boldsymbol{\xi}(k)$$

式中

$$\boldsymbol{A}(z^{-1})=\begin{bmatrix}1-1.762z^{-1}+0.771z^{-2} & 0\\ 0 & 1-1.762z^{-1}+0.771z^{-2}\end{bmatrix}$$

$$\boldsymbol{B}(z^{-1})=\begin{bmatrix}0.899-0.864z^{-1} & -0.00459-0.0042z^{-1}\\ 19.39-19.49z^{-1} & 0.881-0.876z^{-1}\end{bmatrix}$$

噪声$\boldsymbol{\xi}(k)=[\xi_1(k)\quad \xi_2(k)]^{\mathrm{T}}$是均值为 0、协方差矩阵为$0.05\boldsymbol{I}$的随机向量。

选择加权项 $P(z^{-1})=1,\boldsymbol{R}(z^{-1})=\boldsymbol{I},\boldsymbol{Q}_1(z^{-1})=(1-z^{-1})\boldsymbol{I},\lambda=0.01$。为了取得更好的解耦效果,将 $\boldsymbol{S}_1(z^{-1})$ 选为二阶多项式矩阵,并采用式(5.4.38)在线修正加权多项式矩阵 $\boldsymbol{S}_1(z^{-1})$,并保证 $\boldsymbol{S}_1(z^{-1})=0$。仿真结果如图 5.4.1 和图 5.4.2 所示,显示了采用本节的自适应解耦算法时,被控对象的输出对阶跃参考输入信号的响应。可以看出,被控对象的输出跟踪各自的参考输入信号,并且自适应解耦算法的采用减小了各个回路间的耦合。

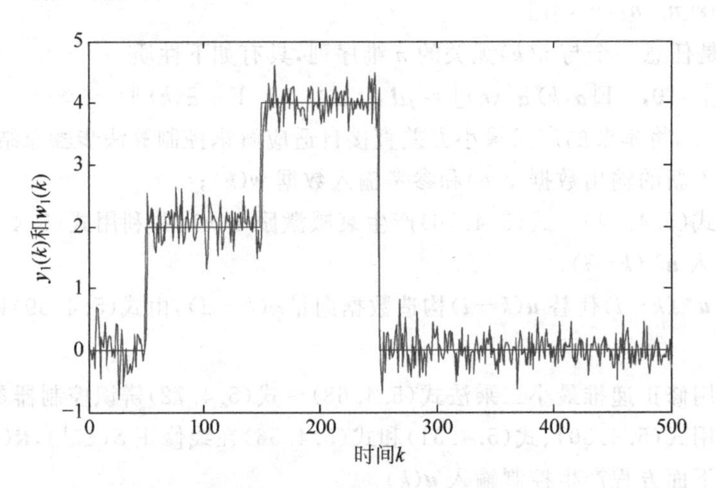

图 5.4.1 采用自适应解耦控制算法时的被控对象输出 y_1 和参考输入 w_1 的仿真曲线

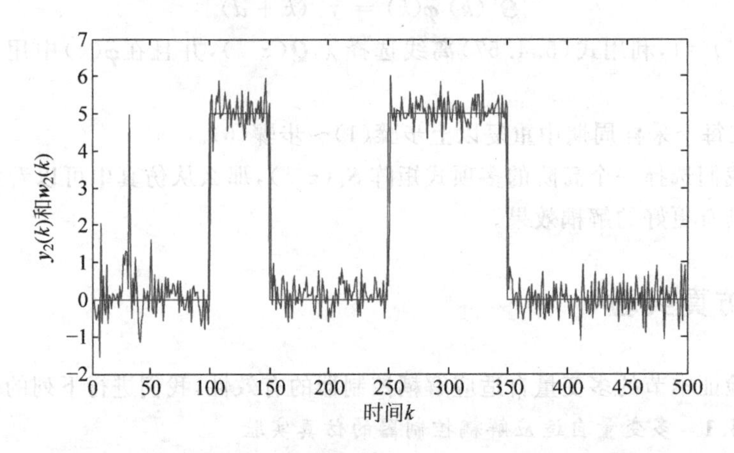

图 5.4.2 采用自适应解耦控制算法时的被控对象输出 y_2 跟踪参考输入 w_2 的仿真曲线

例 5.4.2 带有衰减激励的多变量自适应解耦控制器的仿真实验

开环不稳定的非最小相位被控对象模型为

$$\boldsymbol{A}(z^{-1})\boldsymbol{y}(k)=\boldsymbol{B}(z^{-1})\boldsymbol{u}(k-1)+\boldsymbol{\xi}(k)$$

式中

$$\boldsymbol{A}(z^{-1})=\begin{bmatrix}1-1.1z^{-1} & 0\\ 0 & 1-0.2z^{-1}\end{bmatrix}$$

$$\boldsymbol{B}(z^{-1})=\begin{bmatrix}0.2z^{-2}+z^{-3} & z^{-1}\\ 0.25z^{-2} & 0.2z^{-1}+z^{-2}\end{bmatrix}$$

噪声$\boldsymbol{\xi}(k)=[\xi_1(k)\quad \xi_2(k)]^{\mathrm{T}}$是均值为0、协方差矩阵为$0.1\boldsymbol{I}$的随机向量。

从时延$k_{11}=2$、$k_{12}=1$、$k_{21}=2$、$k_{22}=1$可知，$\boldsymbol{D}(z^{-1})=\mathrm{diag}(z^{-2},z^{-2})$，$\boldsymbol{K}(z^{-1})=\mathrm{diag}(1,z^{-1})$。除$h_{11}(0)=0.2$、$h_{22}(0)=0.2$外，其他控制器参数的初始估计值都为0。选择加权项$P(z^{-1})=1$，$\boldsymbol{Q}_1(z^{-1})=\boldsymbol{I}$，$\lambda=2$。为了取得更好的解耦效果，选择$\boldsymbol{S}_1(z^{-1})$的阶次以使$n_2=3$，并采用式(5.4.56)在线更新加权项矩阵$\boldsymbol{R}$，采用式(5.4.50)在线更新加权多项式矩阵$\boldsymbol{S}_1(z^{-1})$。图5.4.3表示采用本节自适应解耦控制算法时，被控对象输出跟踪参考输入的变化情形，图5.4.4表示了参数估计的强相容性。

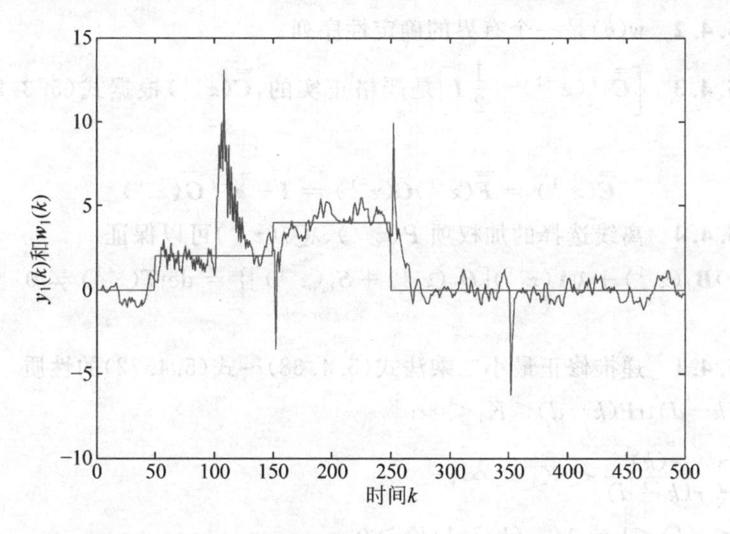

图5.4.3 带有衰减激励时的被控对象输出y_1跟踪参考输入w_1的仿真曲线

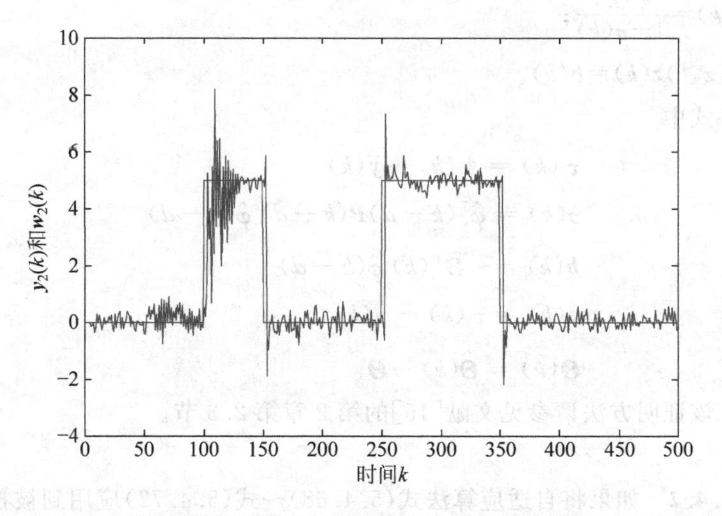

图5.4.4 带有衰减激励时的被控对象输出y_2跟踪参考输入w_2的仿真曲线

在这两个仿真中，产生衰减激励信号 $v(k)$ 的信号 $\bar{\alpha}(k)$ 是协方差为 $0.01\boldsymbol{I}$、$\mu=0.05$、$\sigma=0$ 的白噪声。

5.4.4 全局收敛性分析

下面讨论自适应解耦控制算法的全局收敛性及参数估计的强相容性。需要作如下的假设：

假设 5.4.1 $\boldsymbol{A}(z^{-1})$、$\boldsymbol{B}(z^{-1})$ 和 $\boldsymbol{C}(z^{-1})$ 中不含左公共因子，并且 $\boldsymbol{\alpha}(z^{-1})$、$\boldsymbol{\beta}(z^{-1})$、$\boldsymbol{\beta}_2(z^{-1})$ 和 $\bar{\bar{\boldsymbol{G}}}(z^{-1})$ 的阶次的上限 n_1、n_2、n_3 和 n_4 已知。

假设 5.4.2 $\boldsymbol{w}(k)$ 是一个有界的确定性序列。

假设 5.4.3 $\left[\bar{\bar{\boldsymbol{C}}}^{-1}(z^{-1})-\frac{1}{2}\boldsymbol{I}\right]$ 是严格正实的，$\bar{\bar{\boldsymbol{C}}}(z^{-1})$ 根据式(5.3.27)可以定义为

$$\bar{\bar{\boldsymbol{C}}}(z^{-1})=\bar{\bar{\boldsymbol{F}}}(z^{-1})\bar{\boldsymbol{C}}(z^{-1})=\boldsymbol{I}-z^{-d}\bar{\bar{\boldsymbol{G}}}(z^{-1}) \tag{5.4.78}$$

假设 5.4.4 离线选择的加权项 $P(z^{-1})$、$\lambda\boldsymbol{Q}_1(z^{-1})$ 可以保证

$$\det\{P(z^{-1})\boldsymbol{B}_d(z^{-1})+\lambda\boldsymbol{A}(z^{-1})[\boldsymbol{Q}_1(z^{-1})+\boldsymbol{S}_1(z^{-1})]\}=\det\boldsymbol{T}(z^{-1})\neq 0\quad |z|\geqslant 1 \tag{5.4.79}$$

引理 5.4.1 递推修正最小二乘法式(5.4.68)～式(5.4.72)的性质

(1) $r(k-d)\mathrm{tr}\boldsymbol{P}(k-d)\leqslant K_1<\infty$；

(2) $\displaystyle\sum_{k=K}^{\infty}\frac{\sigma(k)}{r(k-d)}<K_3<\infty$；

(3) $0<\sigma(k)<1$ 或 $1-\sigma(k)\geqslant 1/K_4>0$；

(4) $\boldsymbol{e}(k)=\dfrac{\boldsymbol{\tau}(k)}{1-\sigma(k)}$；

(5) $\bar{\bar{\boldsymbol{C}}}(z^{-1})\boldsymbol{z}(k)=\boldsymbol{b}(k)$。

以上各式中

$$\boldsymbol{\tau}(k)=\boldsymbol{\phi}(k)-\bar{\boldsymbol{y}}(k) \tag{5.4.80}$$

$$\sigma(k)=\hat{\boldsymbol{\varphi}}^{\mathrm{T}}(k-d)\boldsymbol{P}(k-d)\hat{\boldsymbol{\varphi}}(k-d) \tag{5.4.81}$$

$$\boldsymbol{b}(k)=-\tilde{\boldsymbol{\Theta}}^{\mathrm{T}}(k)\hat{\boldsymbol{\varphi}}(k-d) \tag{5.4.82}$$

$$\boldsymbol{z}(k)=\boldsymbol{\tau}(k)-\bar{\boldsymbol{v}}(k) \tag{5.4.83}$$

$$\tilde{\boldsymbol{\Theta}}(k)=\hat{\boldsymbol{\Theta}}(k)-\boldsymbol{\Theta} \tag{5.4.84}$$

证明 该证明方法请参见文献[15]的第 2 章第 2.3 节。

■

引理 5.4.2 如果将自适应算法式(5.4.68)～式(5.4.72)应用到被控对象模型式(5.4.1)，则闭环系统的输入输出动态方程为

$$\{P(z^{-1})\boldsymbol{B}_d(z^{-1})+\boldsymbol{A}(z^{-1})[\boldsymbol{Q}(z^{-1})+\boldsymbol{S}(z^{-1})]\}\bar{\boldsymbol{u}}(k)$$

$$= \boldsymbol{A}(z^{-1})\boldsymbol{e}(k+d) + \boldsymbol{A}(z^{-1})\boldsymbol{R}(z^{-1})\boldsymbol{w}(k)$$
$$- P(z^{-1})\boldsymbol{D}(z)\boldsymbol{B}(z^{-1})v(k) - P(z^{-1})\boldsymbol{D}(z)\boldsymbol{C}(z^{-1})\boldsymbol{\xi}(k) \qquad (5.4.85)$$

$$[\widetilde{\boldsymbol{B}}_d(z^{-1})P(z^{-1}) + \widetilde{\boldsymbol{Q}}(z^{-1})\boldsymbol{A}(z^{-1})]\boldsymbol{D}(z)y(k)$$
$$= \widetilde{\boldsymbol{B}}_d(z^{-1})\boldsymbol{e}(k+d) + \widetilde{\boldsymbol{B}}_d(z^{-1})\boldsymbol{R}(z^{-1})\boldsymbol{w}(k)$$
$$- \widetilde{\boldsymbol{Q}}(z^{-1})\boldsymbol{D}(z)\boldsymbol{B}(z^{-1})v(k) + \widetilde{\boldsymbol{Q}}(z^{-1})\boldsymbol{D}(z)\boldsymbol{B}(z^{-1})\boldsymbol{\xi}(k) \qquad (5.4.86)$$

式中，$\widetilde{\boldsymbol{B}}_d(z^{-1})$，$\widetilde{\boldsymbol{Q}}(z^{-1})$由下式确定

$$\widetilde{\boldsymbol{B}}_d(z^{-1})[\boldsymbol{Q}(z^{-1}) + \boldsymbol{S}(z^{-1})] = \widetilde{\boldsymbol{Q}}(z^{-1})\boldsymbol{B}_d(z^{-1}), \det \widetilde{\boldsymbol{B}}_d(z^{-1}) = \det\boldsymbol{B}_d(z^{-1}) \qquad (5.4.87)$$

证明　用$\boldsymbol{A}(z^{-1})$左乘式(5.4.14)，利用对角矩阵相乘的可交换性和式(5.4.6)即可得到式(5.4.85)。同理，用$\widetilde{\boldsymbol{B}}_d(z^{-1})$左乘式(5.4.12)，可得

$$\widetilde{\boldsymbol{B}}_d(z^{-1})\boldsymbol{e}(k+d) = \widetilde{\boldsymbol{B}}_d(z^{-1})\boldsymbol{P}(z^{-1})\boldsymbol{D}(z)\boldsymbol{y}(k) - \widetilde{\boldsymbol{B}}_d(z^{-1})\boldsymbol{R}(z^{-1})\boldsymbol{w}(k)$$
$$+ \boldsymbol{Q}(z^{-1})\boldsymbol{B}_d(z^{-1})\bar{\boldsymbol{u}}(k) \qquad (5.4.88)$$

将式(5.4.6)中的$\boldsymbol{B}_d(z^{-1})\bar{\boldsymbol{u}}(k)$代入上式中，并利用式(5.4.87)，即可得到式(5.4.86)。

■

引理 5.4.3　在假设 5.4.4 下，可以得到如下性质

$$\left(\frac{1}{N}\right)\sum_{k=1}^{N}\|\boldsymbol{y}(k)\|^2 \leqslant \left(\frac{K_5}{N}\right)\sum_{k=1}^{N}\|\boldsymbol{b}(k)\|^2 + \frac{K_6}{N} \qquad (5.4.89)$$

$$\left(\frac{1}{N}\right)\sum_{k=1}^{N}\|\boldsymbol{u}(k)\|^2 \leqslant \left(\frac{K_7}{N}\right)\sum_{k=1}^{N}\|\boldsymbol{b}(k)\|^2 + \frac{K_8}{N} \qquad (5.4.90)$$

$$\left(\frac{1}{N}\right)\sum_{k=1}^{N}\|\bar{\boldsymbol{y}}(k)\|^2 \leqslant \left(\frac{K_9}{N}\right)\sum_{k=1}^{N}\|\boldsymbol{b}(k)\|^2 + \frac{K_{10}}{N} \qquad (5.4.91)$$

证明　引入多项式矩阵$\widetilde{\widetilde{\boldsymbol{A}}}(z^{-1})$和$\widetilde{\widetilde{\boldsymbol{B}}}_d(z^{-1})$满足

$$\boldsymbol{A}(z^{-1})\widetilde{\widetilde{\boldsymbol{B}}}_d(z^{-1}) = \boldsymbol{B}_d(z^{-1})\widetilde{\widetilde{\boldsymbol{A}}}(z^{-1}), \quad \det\widetilde{\widetilde{\boldsymbol{B}}}_d(z^{-1}) = \det\boldsymbol{B}_d(z^{-1}) \qquad (5.4.92)$$

利用式(5.4.87)的结果，可得

$$\det\widetilde{\widetilde{\boldsymbol{B}}}_d(z^{-1}) = \det\widetilde{\boldsymbol{B}}_d(z^{-1}) = \det\boldsymbol{B}_d(z^{-1}) \qquad (5.4.93)$$

所以

$$\det\{\widetilde{\boldsymbol{B}}_d(z^{-1})P(z^{-1}) + \widetilde{\boldsymbol{Q}}(z^{-1})\boldsymbol{A}(z^{-1})\}$$
$$= \det\{\widetilde{\boldsymbol{B}}_d(z^{-1})[P(z^{-1}) + (\boldsymbol{Q}(z^{-1}) + \boldsymbol{S}(z^{-1}))\boldsymbol{B}_d^{-1}(z^{-1})\boldsymbol{A}(z^{-1})]\}$$
$$= \det\{P(z^{-1})\widetilde{\widetilde{\boldsymbol{B}}}_d(z^{-1}) + [\boldsymbol{Q}(z^{-1}) + \boldsymbol{S}(z^{-1})]\widetilde{\widetilde{\boldsymbol{A}}}(z^{-1})\}$$
$$= \det\{[P(z^{-1})\boldsymbol{A}^{-1}(z^{-1})\boldsymbol{B}_d(z^{-1}) + (\boldsymbol{Q}(z^{-1}) + \boldsymbol{S}(z^{-1}))]\widetilde{\widetilde{\boldsymbol{A}}}(z^{-1})\}$$
$$= \det\boldsymbol{T}(z^{-1}) \qquad (5.4.94)$$

由文献[16]及式(5.4.74)和式(5.4.75)可知

$$\lim_{N\to\infty}\left(\frac{1}{N}\right)\sum_{k=1}^{N}\|v\|^2=0 \tag{5.4.95}$$

由式(5.4.85)、式(5.4.86)和式(5.4.94)以及假设5.4.2,并利用文献[9]的引理A.1,可得

$$\left(\frac{1}{N}\right)\sum_{k=1}^{N}\|\boldsymbol{y}(k)\|^2\leqslant\left(\frac{K_{11}}{N}\right)\sum_{k=1}^{N}\|\boldsymbol{e}(k)\|^2+\frac{K_{12}}{N} \tag{5.4.96}$$

$$\left(\frac{1}{N}\right)\sum_{k=1}^{N}\|\boldsymbol{u}(k)\|^2\leqslant\left(\frac{K_{13}}{N}\right)\sum_{k=1}^{N}\|\boldsymbol{e}(k)\|^2+\frac{K_{14}}{N} \tag{5.4.97}$$

由引理5.4.1中的(3)、(4)和式(5.4.83)可知

$$\|\boldsymbol{e}(k)\|^2=\frac{\|\boldsymbol{\tau}(k)\|^2}{[1-\sigma(k)]^2}\leqslant K_4^2[\|\boldsymbol{z}(k)\|^2+\|\bar{\boldsymbol{v}}(k)\|^2] \tag{5.4.98}$$

所以

$$\left(\frac{1}{N}\right)\sum_{k=1}^{N}\|\boldsymbol{e}(k)\|^2\leqslant\left(\frac{K_{15}}{N}\right)\sum_{k=1}^{N}\|\boldsymbol{z}(k)\|^2+\frac{K_{16}}{N} \tag{5.4.99}$$

由式(5.4.80)、式(5.4.83)、式(5.4.96)~式(5.4.99)可知

$$\begin{aligned}\|\bar{\boldsymbol{y}}(k)\|^2&=\|\boldsymbol{\phi}(k)-\boldsymbol{\tau}(k)\|^2\\&=\|\boldsymbol{\phi}(k)-\boldsymbol{z}(k)-\bar{\boldsymbol{v}}(k)\|^2\\&\leqslant3[\|\boldsymbol{\phi}(k)\|^2\|\boldsymbol{z}(k)\|^2+\|\bar{\boldsymbol{v}}(k)\|^2]\end{aligned} \tag{5.4.100}$$

或者

$$\left(\frac{1}{N}\right)\sum_{k=1}^{N}\|\bar{\boldsymbol{y}}(k)\|^2\leqslant\left(\frac{K_{17}}{N}\right)\sum_{k=1}^{N}\|\boldsymbol{z}(k)\|^2+\frac{K_{18}}{N} \tag{5.4.101}$$

因为$\boldsymbol{C}(z^{-1})$稳定,所以综合上式及引理5.4.1中的(5)可得以上结论式(5.4.89)~式(5.4.91)。

■

引理5.4.4 在假设5.4.3下,有如下结论:

(1) 在情况1下,当$k\to\infty$时,由式(5.4.68)、式(5.4.71)、式(5.4.73)、式(5.4.74)、式(5.4.76)产生的估计误差可以表示为:如果$\beta_1^*>2$且$\log r^0(k-d)=O(\lambda_{\min}^0)$,那么

$$\|\hat{\boldsymbol{\Theta}}(k)-\boldsymbol{\Theta}\|=O[\log r^0(k-d/\lambda_{\min}^0)^{1/2}]\quad \text{a. s.} \tag{5.4.102}$$

如果$\beta_1^*=2$且$\log r^0(k-d)[\log\log r^0(k-d)]^c=O(\lambda_{\min}^0)$,那么当$c>1$时

$$\|\hat{\boldsymbol{\Theta}}(k)-\boldsymbol{\Theta}\|=O\{[\log r^0(k-d)(\log\log r^0(k-d))^c/\lambda_{\min}^0]^{1/2}\}\quad \text{a. s.} \tag{5.4.103}$$

(2) 在情况2下,由式(5.4.68)、式(5.4.72)、式(5.4.75)、式(5.4.76)产生的估计误差可以表示为:如果$\boldsymbol{\psi}^0(k+d,0)\xrightarrow[k\to\infty]{}0$,那么,对于任意的初值$\hat{\boldsymbol{\Theta}}(0)$

$$\hat{\boldsymbol{\Theta}}(k+d)\xrightarrow[k\to\infty]{}\boldsymbol{\Theta} \tag{5.4.104}$$

式中

$$\boldsymbol{\psi}^0(k+d,i)=[\boldsymbol{I}-\hat{\boldsymbol{\varphi}}^0(k)\hat{\boldsymbol{\varphi}}^{0\mathrm{T}}(k)/r^0(k)]\boldsymbol{\psi}^0(k,i),\quad \boldsymbol{\psi}^0(i,i)=\boldsymbol{I} \tag{5.4.105}$$

$$r^0(k-d) = 1 + \sum_{i=1}^{k-d} \hat{\boldsymbol{\varphi}}^{0\mathrm{T}}(i)\,\hat{\boldsymbol{\varphi}}^0(i) \tag{5.4.106}$$

$$\begin{aligned}\hat{\boldsymbol{\phi}}^{0\mathrm{T}}(k) = [&\boldsymbol{y}^\mathrm{T}(k),\cdots,\boldsymbol{y}^\mathrm{T}(k-n_1);\ \bar{\boldsymbol{u}}^\mathrm{T}(k-1),\cdots,\bar{\boldsymbol{u}}^\mathrm{T}(k-n_2);\\ &\bar{\boldsymbol{u}}^\mathrm{T}(k-1),\cdots,\bar{\boldsymbol{u}}^\mathrm{T}(k-n_3);\ \boldsymbol{y}^{*\mathrm{T}}(k),\cdots,\boldsymbol{y}^{*\mathrm{T}}(k-n_4)]\end{aligned} \tag{5.4.107}$$

$\lambda_{\min}^0$ 表示 $\sum_{i=1}^{k-d} \hat{\boldsymbol{\varphi}}^0(i)\,\hat{\boldsymbol{\varphi}}^{0\mathrm{T}}(i) + (\boldsymbol{I}/\delta)$ 中的最小特征根；$\beta_1^* \geqslant 2$ 为正整数，满足Martingale差分序列的式(5.4.2)。

证明 由式(5.4.83)、式(5.4.80)、式(5.4.46)得

$$\begin{aligned}\boldsymbol{z}(k+d) &= \boldsymbol{\phi}(k+d) - \bar{\boldsymbol{y}}(k+d) - \bar{\boldsymbol{v}}(k+d)\\ &= \boldsymbol{y}^*(k+d) - \bar{\boldsymbol{y}}(k+d)\end{aligned} \tag{5.4.108}$$

根据式(5.4.107)和$\hat{\boldsymbol{\varphi}}(k)$的定义可知

$$\hat{\boldsymbol{\varphi}}(k) = \hat{\boldsymbol{\varphi}}^2(k) + \hat{\boldsymbol{\varphi}}^0(k) \tag{5.4.109}$$

式中

$$\hat{\boldsymbol{\varphi}}^{2\mathrm{T}}(k) = [0,\cdots,0;\ 0,\cdots,0;\ -\boldsymbol{z}^\mathrm{T}(k),\cdots,-\boldsymbol{z}^\mathrm{T}(k-n_4)] \tag{5.4.110}$$

如后面所示，下式成立

$$\sum_{k=0}^{\infty} \|\,\hat{\boldsymbol{\varphi}}^2(k)\,\|^2/r(k) < \infty,\quad \text{a.s.} \tag{5.4.111}$$

那么，利用与文献[17]相同的方法即可证明式(5.4.102)和式(5.4.103)。对于情况2，由式(5.4.109)、式(5.4.111)和文献[18]中的定理2.3可得

$$\boldsymbol{\psi}^0(k+d,0) \xrightarrow[k\to\infty]{} \boldsymbol{0} \tag{5.4.112}$$

即

$$\boldsymbol{\psi}(k+d,0) \xrightarrow[k\to\infty]{} \boldsymbol{0} \tag{5.4.113}$$

式中，$\boldsymbol{\psi}(k+d,i) = [\boldsymbol{I} - \hat{\boldsymbol{\varphi}}(k)\hat{\boldsymbol{\varphi}}^\mathrm{T}(k)/r(k)]\boldsymbol{\psi}(k,i)$，$\boldsymbol{\psi}(t,i) = \boldsymbol{I}$，最后利用文献[18]中的定理2.1即可证明式(5.4.104)。

■

假设5.4.5 (1) $\left[\boldsymbol{C}^{-1}(z^{-1}) - \dfrac{1}{2}\boldsymbol{I}\right]$是严格正实的；

(2) $\boldsymbol{A}(z^{-1})$，$\boldsymbol{B}(z^{-1})$，$\boldsymbol{C}(z^{-1})$左互质；

(3) $\boldsymbol{A}(z^{-1})$满秩且$\boldsymbol{A}_0 = \boldsymbol{I}$。

令

$$\boldsymbol{u}^*(k) = \boldsymbol{u}(k) + v(k) \tag{5.4.114}$$

$$\limsup_{N\to\infty}\left(\frac{1}{N}\right)\sum_{k=1}^{N}[\,\|\,\boldsymbol{u}(k)\,\|^2 + \|\,\boldsymbol{y}(k)\,\|^2] < \infty \tag{5.4.115}$$

并且$\boldsymbol{u}(k)$是任意F_{k-1}可测的随机向量。

定理5.4.2 若被控对象满足假设5.4.5中(1)～(3)，对于情况1，$v(k)$由

式(5.4.74)和式(5.4.76)给出,则对任意

$$a \in \left[\frac{1}{2}, 1-(s+nn_A+1)\varepsilon\right] \tag{5.4.116}$$

有

$$\|\hat{\boldsymbol{\Theta}}(k)-\boldsymbol{\Theta}\| = \begin{cases} O(\log k/k^a)^{1/2}, & \text{a. s.}, \quad \beta_1^* > 2 \\ O\{[\log k(\log\log k)^c/k^a]^{1/2}\}, & \text{a. s.}, \quad \beta_1^* = 2 \end{cases} \tag{5.4.117}$$

对于情况 2,由式(5.4.75)和式(5.4.76)给出 $v(k)$,则$\hat{\boldsymbol{\Theta}}(k)$是强相容的,即

$$\hat{\boldsymbol{\Theta}}(k) \xrightarrow[k\to\infty]{} \boldsymbol{\Theta} \quad \text{a. s.} \tag{5.4.118}$$

证明 由式(5.4.6)可得到

$$\begin{aligned} \boldsymbol{y}(k-i) &= z^{-i}\boldsymbol{A}^{-1}(z^{-1})[\boldsymbol{D}(z^{-1})\boldsymbol{B}_d(z^{-1})\bar{\boldsymbol{u}}^*(k)+\boldsymbol{C}(z^{-1})\boldsymbol{\xi}(k)] \\ &= z^{-i}\boldsymbol{A}^{-1}(z^{-1})[\boldsymbol{D}(z^{-1})\boldsymbol{B}_d(z^{-1}), \boldsymbol{C}(z^{-1})]\begin{bmatrix}\bar{\boldsymbol{u}}^*(k) \\ \boldsymbol{\xi}(k)\end{bmatrix} \\ &= z^{-i}\boldsymbol{A}^{-1}(z^{-1})[\boldsymbol{D}(z^{-1})\boldsymbol{B}_d(z^{-1}), \boldsymbol{C}(z^{-1}), 0, 0]\begin{bmatrix}\bar{\boldsymbol{u}}^*(k) \\ \boldsymbol{\xi}(k) \\ \bar{\boldsymbol{u}}(k) \\ \boldsymbol{w}(k)\end{bmatrix} \end{aligned} \tag{5.4.119}$$

定义

$$\boldsymbol{X}(k) = \begin{bmatrix}\boldsymbol{F}_{1k}(z^{-1}) \\ \boldsymbol{F}_{2k}(z^{-1}) \\ \boldsymbol{F}_{3k}(z^{-1}) \\ \boldsymbol{F}_{4k}(z^{-1})\end{bmatrix}\begin{bmatrix}\bar{\boldsymbol{u}}^*(k) \\ \boldsymbol{\xi}(k) \\ \bar{\boldsymbol{u}}(k) \\ \boldsymbol{w}(k)\end{bmatrix} \tag{5.4.120}$$

式中

$$\boldsymbol{F}_{1k}(z^{-1}) = \begin{bmatrix} \boldsymbol{A}^{-1}(z^{-1})[\boldsymbol{D}(z^{-1})\boldsymbol{B}_d(z^{-1})\boldsymbol{C}(z^{-1}) \quad 0 \quad 0] \\ z^{-1}\boldsymbol{A}^{-1}(z^{-1})[\boldsymbol{D}(z^{-1})\boldsymbol{B}_d(z^{-1})\boldsymbol{C}(z^{-1}) \quad 0 \quad 0] \\ \vdots \\ z^{-n_1}\boldsymbol{A}^{-1}(z^{-1})[\boldsymbol{D}(z^{-1})\boldsymbol{B}_d(z^{-1})\boldsymbol{C}(z^{-1}) \quad 0 \quad 0] \end{bmatrix} \tag{5.4.121}$$

$$\boldsymbol{F}_{2k}(z^{-1}) = \begin{bmatrix} [\boldsymbol{I}_n \quad 0 \quad 0 \quad 0] \\ z^{-1}[\boldsymbol{I}_n \quad 0 \quad 0 \quad 0] \\ \vdots \\ z^{-n_2}[\boldsymbol{I}_n \quad 0 \quad 0 \quad 0] \end{bmatrix} \tag{5.4.122}$$

$$\boldsymbol{F}_{3k}(z^{-1}) = \begin{bmatrix} [\boldsymbol{I}_n \quad 0 \quad 0 \quad 0] \\ z^{-1}[\boldsymbol{I}_n \quad 0 \quad 0 \quad 0] \\ \vdots \\ z^{-n_3}[\boldsymbol{I}_n \quad 0 \quad 0 \quad 0] \end{bmatrix} \tag{5.4.123}$$

$$\boldsymbol{F}_{4k}(z^{-1}) = \begin{bmatrix} z^{-1}[0 \quad 0 \quad -[\boldsymbol{Q}(z^{-1})+\boldsymbol{S}(z^{-1})] \quad \boldsymbol{R}(z^{-1})] \\ z^{-2}[0 \quad 0 \quad -[\boldsymbol{Q}(z^{-1})+\boldsymbol{S}(z^{-1})] \quad \boldsymbol{R}(z^{-1})] \\ \vdots \\ z^{-n_4}[0 \quad 0 \quad -[\boldsymbol{Q}(z^{-1})+\boldsymbol{S}(z^{-1})] \quad \boldsymbol{R}(z^{-1})] \end{bmatrix} \tag{5.4.124}$$

式中，$\boldsymbol{I}_n$ 表示 n 维单位矩阵。

在情况 1 下，式(5.4.115)代替文献[17]中的定理 3 的条件

$$\left(\frac{1}{N}\right)\sum_{k=1}^{N} \| \boldsymbol{y}(k) \| = O(k) \tag{5.4.125}$$

$$\left(\frac{1}{N}\right)\sum_{k=1}^{N} \| \boldsymbol{u}(k) \|^2 = O(k) \tag{5.4.126}$$

即 $\delta=0$。再利用引理 5.4.4、式(5.4.102)、式(5.4.103)，并且采用与文献[17]同样的方法可以证明式(5.4.117)。

在情况 2 下，可以用式(5.4.115)代替文献[16]中的定理 3 的条件，即 $\boldsymbol{A}(z^{-1})$ 是稳定的，并且 $\left(\frac{1}{N}\right)\sum_{k=1}^{N} \| \boldsymbol{u}(k) \|^2 = O(\log^{\delta} N)$，所以可得 $\delta=0$。

从式(5.4.75)可知 $0<\varepsilon<\dfrac{1}{4(nn_A+s+2)}$，$s=\max[n_1,n_2,n_3,n_4]$，由此可得不等式

$$\lambda_1-(k_1+1)(\varepsilon+\delta)>0 \tag{5.4.127}$$

式中 $k_1=nn_A+s$，$\lambda_1=\dfrac{1}{4-2\delta-\varepsilon}$ 并且 $\delta=0$。

采用同文献[18]的定理 3 和文献[16]中的定理 2 一样的方法可以得到

$$\boldsymbol{\psi}^0(k+d,0) \xrightarrow[k\to\infty]{} 0 \tag{5.4.128}$$

使用引理 5.4.3 即可证得式(5.4.118)的结论。

■

定理 5.4.3 在假设 5.4.1～假设 5.4.4 下，自适应解耦控制算法以概率 1 满足以下性质：

(1) 稳定性

$$\limsup_{N\to\infty}\left(\frac{1}{N}\right)\sum_{k=1}^{N} \| \boldsymbol{y}(k) \|^2 < \infty \tag{5.4.129}$$

$$\limsup_{N\to\infty}\left(\frac{1}{N}\right)\sum_{k=1}^{N} \| \boldsymbol{u}(k) \|^2 < \infty \tag{5.4.130}$$

(2) 收敛性

$$\lim_{N\to\infty}\left(\frac{1}{N}\right)\sum_{k=1}^{N} \mathrm{E}\{ \| P(z^{-1})\boldsymbol{D}(z^{-1})\boldsymbol{y}(k)-\boldsymbol{R}(z^{-1})\boldsymbol{w}(k) + \boldsymbol{Q}(z^{-1})\bar{\boldsymbol{u}}(k)+\boldsymbol{S}(z^{-1})\bar{\boldsymbol{u}}(k) \|^2 \mid F_k\} = \gamma^2 \tag{5.4.131}$$

(3) 参数相容性在情况 1 下，对于足够大的 k，有

$$\| \hat{\boldsymbol{\Theta}}(k) - \boldsymbol{\Theta} \| = \begin{cases} O(\log k/k^{a})^{1/2}, & \text{a.s.}, \quad \beta_1^* > 2 \\ O\{[\log k(\log\log k)^{c}/k^{a}]^{1/2}\}, & \text{a.s.}, \quad \beta_1^* = 2 \end{cases} \tag{5.4.132}$$

在情况 2 下，对于足够大的 k，有

$$\hat{\boldsymbol{\Theta}}(k) \xrightarrow[k \to \infty]{} \boldsymbol{\Theta}, \quad \text{a.s.} \tag{5.4.133}$$

证明 (1) 定义$\tilde{\boldsymbol{\Theta}}(k)$的二次型函数为

$$V(k) = \mathrm{tr}[\tilde{\boldsymbol{\Theta}}(k)\boldsymbol{P}^{-1}(k-d)\tilde{\boldsymbol{\Theta}}^{\mathrm{T}}(k)]/r(k-d) \tag{5.4.134}$$

按照文献[19]的方法，利用引理 5.4.1 的结论以及$\left[\bar{\bar{\boldsymbol{C}}}^{-1}(z^{-1}) - \frac{1}{2}\boldsymbol{I}\right]$严格正实性，可得

$$\sum_{k=1}^{N} \| \boldsymbol{b}(k) \|^2 / r(k) < \infty, \quad \text{a.s.} \tag{5.4.135}$$

因为$\bar{\bar{\boldsymbol{C}}}^{-1}(z^{-1})$是严格正实的，所以一定稳定。由引理 5.4.1 中的(5)可知

$$\sum_{k=1}^{N} \| \boldsymbol{z}(k) \|^2 / r(k) < \infty, \quad \text{a.s.} \tag{5.4.136}$$

满足式(5.4.111)，由 Kronecker 引理可得

$$\lim_{N \to \infty} \left[\frac{N}{r(N)}\right] \left(\frac{1}{N}\right) \sum_{k=1}^{N} \| \boldsymbol{b}(k) \|^2 = 0, \quad \text{a.s.} \tag{5.4.137}$$

由式(5.4.70)和引理 5.4.3 知

$$\left(\frac{r(N)}{N}\right) \leqslant \left(\frac{C_1}{N}\right) \sum_{k=1}^{N} \| \boldsymbol{b}(k) \|^2 + C_2, \quad 0 < C_1 < \infty, 0 < C_2 < \infty \tag{5.4.138}$$

因此

$$\lim_{N \to \infty} \left(\frac{1}{N}\right) \sum_{k=1}^{N} \| \boldsymbol{b}(k) \|^2 \Big/ \left[\left(\frac{C_1}{N}\right) \sum_{k=1}^{N} \| \boldsymbol{b}(k) \|^2 + C_2\right] = 0, \quad \text{a.s.} \tag{5.4.139}$$

所以

$$\lim_{N \to \infty} \left(\frac{1}{N}\right) \sum_{k=1}^{N} \| \boldsymbol{b}(k) \|^2 = 0, \quad \text{a.s.} \tag{5.4.140}$$

由式(5.4.140)和引理 5.4.3 可得式(5.4.129)和式(5.4.130)。

(2) 因为$\bar{\bar{\boldsymbol{C}}}(z^{-1})$是稳定的，由引理 5.4.1 中的(5)、式(5.4.140)得

$$\lim_{N \to \infty} \left(\frac{1}{N}\right) \sum_{k=1}^{N} \| \boldsymbol{z}(k) \|^2 = 0, \quad \text{a.s.} \tag{5.4.141}$$

由式(5.4.138)、式(5.4.140)得

$$\limsup_{N \to \infty} \frac{r(N)}{N} < \infty, \quad \text{a.s.} \tag{5.4.142}$$

由引理 5.4.1 中的(2)和(3)知

$$\lim_{N \to \infty} \sum_{k=d}^{N} \frac{\sigma(k)^2}{r(k-d)} < \infty \tag{5.4.143}$$

于是

$$\lim_{N\to\infty}\sum_{k=d}^{N}[\sigma^2(k)/r(k-d)]\mathrm{E}[\|\ \bar{v}(k)\|^2\mid F_{k-d}]<\infty \tag{5.4.144}$$

由单调性收敛定理知

$$\lim_{N\to\infty}\sum_{k=d}^{N}\sigma^2(k)\|\ \bar{v}(k)\|^2/r(k-d)<\infty \tag{5.4.145}$$

再由式(5.4.140)和 Kronecker 引理得

$$\lim_{N\to\infty}\sum_{k=d}^{N}\sigma^2(k)\|\ \bar{v}(k)\|^2=0,\quad \text{a. s.} \tag{5.4.146}$$

由引理 5.4.1 中的(3)和(4)、式(5.4.83)可得

$$\left(\frac{1}{N}\right)\sum_{k=d}^{N}\|\boldsymbol{e}(k)-\bar{\boldsymbol{v}}(k)\|^2 \leqslant\left(\frac{2K_4^2}{N}\right)\sum_{k=d}^{N}[\|\boldsymbol{z}(k)\|^2+\|\boldsymbol{\sigma}(k)\bar{\boldsymbol{v}}(k)\|^2] \tag{5.4.147}$$

因此由式(5.4.141)、式(5.4.146)、式(5.4.147)可得

$$\lim_{N\to\infty}\left(\frac{1}{N}\right)\sum_{k=d}^{N}\|\boldsymbol{e}(k)-\boldsymbol{v}(k)\|^2=0 \tag{5.4.148}$$

从式(5.4.12)、式(5.4.26)、式(5.4.62)可知

$$[\boldsymbol{e}(k+d)-\bar{\boldsymbol{v}}(k+d)]=[\boldsymbol{\phi}^*(k+d\mid d)-\boldsymbol{y}^*(k+d)] \tag{5.4.149}$$

是 F_k 可测的,所以

$$\begin{aligned}\mathrm{E}[\|\boldsymbol{e}(k+d)\|^2\mid F_k]&=\mathrm{E}[\|\boldsymbol{e}(k+d)-\bar{\boldsymbol{v}}(k+d)+\bar{\boldsymbol{v}}(k+d)\|^2\mid F_k]\\&=\|\boldsymbol{e}(k+d)-\bar{\boldsymbol{v}}(k+d)\|^2\\&\quad+\mathrm{E}[\|\ \boldsymbol{v}(k+d)\|^2\mid F_k]\end{aligned} \tag{5.4.150}$$

由此可得

$$\begin{aligned}\lim_{N\to\infty}\left(\frac{1}{N}\right)\sum_{k=1}^{N}\mathrm{E}[\|\boldsymbol{e}(k+d)\|^2\mid F_k]&=\lim_{N\to\infty}\left(\frac{1}{N}\right)\sum_{k=1}^{N}\|\boldsymbol{e}(k+d)-\bar{\boldsymbol{v}}(k+d)\|^2\\&\quad+\mathrm{E}[\|\ \bar{\boldsymbol{v}}(k+d)\|^2\mid F_k]\\&=\gamma^2\end{aligned} \tag{5.4.151}$$

最后,由假设 5.4.1~假设 5.4.4、式(5.4.73)~式(5.4.76)、式(5.4.129)、式(5.4.130)及定理 5.4.2 即可证得式(5.4.132)和式(5.4.133)成立。 ■

思考题和习题

5.1 已知被控对象模型如下

$$\begin{bmatrix}1-3z^{-1} & 0\\ 0 & 1-0.1z^{-1}\end{bmatrix}\boldsymbol{y}(k)=\begin{bmatrix}2z^{-1}+0.5z^{-2} & 0.3z^{-1}\\ -z^{-2} & 6z^{-2}\end{bmatrix}\boldsymbol{u}(k)+\boldsymbol{\xi}(k)$$

写出该被控对象的时延结构,并求出 $\boldsymbol{D}(z^{-1})$、$\boldsymbol{K}(z^{-1})$,将该被控对象模型化成形如式(5.2.9)所示的形式。

5.2 假设通过输入输出配对，所得到的双输入双输出模型同题5.1所示的数学模型，采用相对增益矩阵判断其耦合度，并分析配对的合理性。

5.3 已知

$$\boldsymbol{F}(z^{-1})=\begin{bmatrix}1+4z^{-1} & z^{-1}\\ 3z^{-1} & 1+2.5z^{-1}\end{bmatrix},\quad \boldsymbol{G}(z^{-1})=\begin{bmatrix}1+0.5z^{-1} & 2+3z^{-1}\\ 1+2z^{-1} & 4+5z^{-1}\end{bmatrix}$$

求出满足 $\bar{\boldsymbol{F}}(z^{-1})\boldsymbol{G}(z^{-1})=\bar{\boldsymbol{G}}(z^{-1})\boldsymbol{F}(z^{-1})$ 的伪交换矩阵 $\bar{\boldsymbol{F}}(z^{-1})$ 和 $\bar{\boldsymbol{G}}(z^{-1})$。

5.4 电加热炉的动态模型如下

$$\boldsymbol{A}(z^{-1})\boldsymbol{y}(k)=\boldsymbol{B}(z^{-1})\boldsymbol{u}(k-2)+\boldsymbol{\xi}(k)$$

式中，$\boldsymbol{y}(k)$ 为电加热炉的温度，$\boldsymbol{u}(k)$ 为控制晶闸管功调器(SCR)的电流指令，给电热丝供电，噪声向量 $\boldsymbol{\xi}(k)$ 的均值为零，协方差为 $0.1\boldsymbol{I}$，物理意义参见本书7.5节

$$\boldsymbol{A}(z^{-1})=\begin{bmatrix}1-1.0461z^{-1}+0.587z^{-2} & 0\\ 0 & 1-1.0461z^{-1}+0.587z^{-2}\end{bmatrix}$$

$$\boldsymbol{B}(z^{-1})=\begin{bmatrix}0.0357+0.0508z^{-1} & 0.0056z^{-1}+0.0069z^{-2}\\ -0.010z^{-1}+0.0001z^{-2} & 0.0371+0.2281z^{-1}\end{bmatrix}$$

当 $\boldsymbol{A}(z^{-1})$ 和 $\boldsymbol{B}(z^{-1})$ 参数未知时，分别针对上述模型设计多变量广义最小方差控制器和多变量解耦控制器，给出控制器方程和参数辨识方程，进行仿真实验，并分析仿真效果。

参考文献

[1] 柴天佑.具有一般交互矩阵的多变量系统的随机直接自适应控制[J].自动化学报，1989，15(6)：540-545.

[2] McDermott P E, Mellichamp D A. A decoupling pole-placement self-tuning controller for a class of multivariable process [J]. Optimal Control Applications and Methods, 1986, 7(1): 55-79.

[3] Wittenmark B, Middleton R H, Goodwin G C. Adaptive decoupling of multivariable systems [J]. International Journal of Control, 1987, 46(6): 1993-2009.

[4] Lang S J, Gu X Y, Chai T Y. A multivariable generalized self-tuning controller with decoupling design [J]. IEEE Transactions on Automatic Control, 1986, 31(5): 474-477.

[5] Elliott H, Wolovich W A. A parameter adaptive control structure for linear multivariable system [J]. IEEE Transactions on Automatic Control, 1982, 27(2): 340-352.

[6] Singh P R, Narendra K S. Prior information in the design of multivariable adaptive controller, IEEE Transactions on Automatic Control, 1984, 29(12): 1108-1111.

[7] Wolovich W A. Linear Multivariable Systems [M]. New York: Springer-Verlag, 1974.

[8] 柴天佑，郎世俊，顾兴源.多变量自校正前馈控制器及其应用[J].自动化学报，1986，12(3)：229-236.

[9] Goodwin G C, Ramadge P J, Caines P E. Discrete time stochastic adaptive control [J]. SIAM Journal of Control and Optimization, 1981, 19(6): 829-853.

[10] Dugard L, Goodwin G C, Xianya X. The role of the interact matrix in multivariable stochastic adaptive control [J]. Automatica, 1984, 20(5): 701-709.

［11］ Borisson U. Self-tuning regulators for a class of multivariable systems [J]. Automatica, 1979, 15(2): 209-215.

［12］ Koivo H N. A multivariable self-tuning controller [J]. Automatica, 1980, 16(4): 351-366.

［13］ Chai T Y. Direct adaptive decoupling control for general stochastic multivariable systems [J]. International Journal of Control, 1990, 51(4): 885-909.

［14］ Chai T Y. A Self-Tuning Decoupling Controller for a Class of Multivariable Systems and Global Convergence Analysis [J]. IEEE Transactions on Automatic Control, 1988, 33(8): 767-771.

［15］ 柴天佑.多变量自适应解耦控制及应用[M].北京：科学出版社,2001.

［16］ Chen H F, Guo L. Optimal adaptive control and consistent estimates for ARMAX model with quadratic cost [J]. SIAM Journal of Control Optimization, 1987, 25(4): 845-876.

［17］ Chen H F, Guo L. Convergence rate for least squares identification and adaptive control for stochastic systems [J]. International Journal of Control, 1986, 44(5): 1459-1476.

［18］ Chen H F, Guo L. Adaptive control with recursive identification for stochastic liner systems [C]. Advances in Control and Dynamic Systems, Leondes C T, Academic Press, New York: 1987, 26(2).

［19］ Chai T Y. Globally convergent self-tuning controllers [J]. International Journal of Control, 1988, 48(2): 417-434.

第6章 非线性自适应控制

6.1 概述

实际被控对象往往具有不确定性和强非线性的动态特性，因此，非线性自适应控制成为自适应控制领域的重要研究方向。对于采用特殊非线性模型，如仿射非线性模型、Hammerstein 模型等描述的非线性被控对象的多种自适应控制方法相继提出，但对于一般非线性被控对象的非线性自适应控制方法还没有形成比较系统和完整的理论。近年来，神经网络、多模型和切换控制被广泛应用于非线性自适应控制的研究中。本章结合工业过程中存在的一类非线性被控对象，介绍采用神经网络、多模型和切换控制提出的单变量和多变量非线性自适应切换控制方法和虚拟未建模动态驱动的多变量非线性自适应控制方法，使读者掌握这一自适应控制思想，为研究其他类型的不确定非线性被控对象的自适应控制打下基础。为了使读者更好地掌握本章介绍的非线性自适应控制方法，首先介绍非线性自适应控制的被控对象的数学模型、未建模动态估计和参数估计方法等基础知识。

6.2 非线性动态模型及参数估计

本章主要针对工业过程中存在的一类强非线性、参数未知的被控对象，这类对象采用常规控制方法如 PID 难以取得满意的控制效果。对这类强非线性被控对象，控制目标往往是要求被控输出跟踪参考输入，参考输入不变或者阶跃变化，参考输入往往在工作点附近。因此，在工作点附近，可将这类对象用线性模型和高阶非线性项来描述，下面介绍这类对象的数学模型。

6.2.1 非线性动态模型

复杂工业过程中一类未知非线性被控对象可以描述为

$$y(k) = f[y(k-1),\cdots,y(k-n_A),u(k-d),\cdots,u(k-d-n_B)] \quad (6.2.1)$$

式中，d 为延时；$u(k)$ 和 $y(k)$ 分别为被控对象的输入和输出；n_A 和 n_B 为模型阶次；$f(\cdot)\in\mathbb{R}$ 是未知的非线性函数。令

$$\boldsymbol{\varphi}(k-d)=[y(k-1),\cdots,y(k-n_A),u(k-d),\cdots,u(k-d-n_B)]^{\mathrm{T}} \tag{6.2.2}$$

$\boldsymbol{\varphi}(k-d)$ 是维数为 $p=n_A+n_B+1$ 的数据向量，则式(6.2.1)可表示为

$$y(k)=f[\boldsymbol{\varphi}(k-d)] \tag{6.2.3}$$

在工作点附近，将非线性被控对象式(6.2.3)线性化就可得到由线性模型与高阶非线性组成的数学模型。假设工作点为原点(0,0)，也就是被控对象模型式(6.2.1)的平衡点(若工作点偏离原点，可用坐标变换将其移至原点)，对应于式(6.2.1)，该平衡点可表示为 $y=0,u=0$。将 $f[\boldsymbol{\varphi}(k-d)]$ 在 $y=0,u=0$ 附近 Taylor 展开，并令其在该点处的一阶 Taylor 系数分别为

$$a_i=-\left.\frac{\partial f[\boldsymbol{\varphi}(k-d)]}{\partial y(k-i)}\right|_{\substack{y=0\\u=0}},\quad i=1,2,\cdots,n_A \tag{6.2.4}$$

$$b_j=\left.\frac{\partial f[\boldsymbol{\varphi}(k-d)]}{\partial u(k-d-j)}\right|_{\substack{y=0\\u=0}},\quad j=0,1,\cdots,n_B \tag{6.2.5}$$

由式(6.2.4)和式(6.2.5)组成 z^{-1} 的多项式 $A(z^{-1})$ 和 $B(z^{-1})$ 的系数，$A(z^{-1})$ 和 $B(z^{-1})$ 分别为

$$A(z^{-1})=1+a_1z^{-1}+\cdots+a_{n_A}z^{-n_A} \tag{6.2.6}$$

$$B(z^{-1})=b_0+b_1z^{-1}+\cdots+b_{n_B}z^{-n_B} \tag{6.2.7}$$

于是得到式(6.2.1)在平衡点(0,0)附近的数学模型如下

$$A(z^{-1})y(k)=B(z^{-1})u(k-d)+v[\boldsymbol{\varphi}(k-d)] \tag{6.2.8}$$

式中，$v[\boldsymbol{\varphi}(k-d)]$ 是高阶非线性连续函数[1]，称为未建模动态。

由文献[1]中零动态的定义可知，式(6.2.8)的零动态定义为

$$B(z^{-1})u(k-d)+v[0,\cdots,0,u(k-d),\cdots,u(k-d-n_B)]=0 \tag{6.2.9}$$

由于高阶非线性函数[1] $v[\boldsymbol{\varphi}(k-d)]$ 满足 $v[0,\cdots,0]=0$，因此，$B(z^{-1})u(k-d)=0$ 含有式(6.2.9)的全部零点。若多项式 $B(z^{-1})=0$ 的所有根都在单位圆内，则式(6.2.8)的零动态渐近稳定(在线性系统中，与最小相位的概念相对应)。

为了突出方法原理和推导简单起见，设 $d=1$，于是被控对象模型式(6.2.8)为

$$A(z^{-1})y(k)=B(z^{-1})u(k-1)+v[\boldsymbol{\varphi}(k-1)] \tag{6.2.10}$$

本章将介绍当被控对象模型式(6.2.10)的 $A(z^{-1})$ 和 $B(z^{-1})$ 已知，如何设计基于未建模动态补偿的非线性控制器，该控制器的设计方法需要对 k 时刻的未建模动态 $v[\boldsymbol{\varphi}(k)]$ 进行估计。因此，首先介绍基于 BP 神经网络(Back-Propagation Neural Network)的 $v[\boldsymbol{\varphi}(k)]$ 的估计方法。

本章还介绍针对式(6.2.10)未知时，如何设计非线性自适应切换控制器，该自适应控制器需要对式(6.2.10)中的 $A(z^{-1})$、$B(z^{-1})$ 和 $v[\boldsymbol{\varphi}(k)]$ 进行辨识。因此，本章还介绍非线性模型式(6.2.10)的辨识算法。

6.2.2 非线性模型辨识算法

1. 基于 BP 神经网络的未建模动态$v[\boldsymbol{\varphi}(k)]$的估计方法

由式(6.2.10)知

$$\begin{aligned} v[\boldsymbol{\varphi}(k)] &= A(z^{-1})y(k+1) - B(z^{-1})u(k) \\ &= y(k+1) + \overline{A}(z^{-1})y(k) - B(z^{-1})u(k) \end{aligned} \tag{6.2.11}$$

式中

$$\overline{A}(z^{-1}) = z[A(z^{-1}) - 1] \tag{6.2.12}$$

$$\boldsymbol{\varphi}(k) = [y(k),\cdots,y(k-n_A+1),u(k),\cdots,u(k-n_B)]^{\mathrm{T}} \tag{6.2.13}$$

虽然$\overline{A}(z^{-1})$和$B(z^{-1})$已知，但$y(k+1)$未知，因此，$v[\boldsymbol{\varphi}(k)]$未知。由于$v[\boldsymbol{\varphi}(k)]$为高阶非线性函数，可以采用 BP 神经网络对$v[\boldsymbol{\varphi}(k)]$进行估计，得到其估计值为$\hat{v}[\boldsymbol{\varphi}(k)]$。采用$u(k)$作用于被控对象可以得到被控对象的输出$y(k+1)$，由式(6.2.11)可知神经网络的导师信号为

$$\begin{aligned} v[\boldsymbol{\varphi}(k)] &= y(k+1) + \overline{A}(z^{-1})y(k) - B(z^{-1})u(k) \\ &= A(z^{-1})y(k+1) - B(z^{-1})u(k) \end{aligned} \tag{6.2.14}$$

采用导师信号$v[\boldsymbol{\varphi}(k)]$对神经网络进行训练产生下一时刻的估计值$\hat{v}[\boldsymbol{\varphi}(k)]$。

下面介绍采用 BP 神经网络对$v[\boldsymbol{\varphi}(k)]$的估计算法。BP 神经网络是 1986 年由 D. E. Rumelhart 和 J. L. McClelland 提出的一种利用误差反向传播训练算法的神经网络，简称 BP 网络。它是一种无反馈的前向网络，网络中的神经元分层排列，由输入层、隐含层和输出层组成；隐含层一般选一层，可采用正交最小二乘法来逐个增加隐含层的节点数的方法以确定合适的隐节点数，使得神经网络的预报误差符合辨识的精度要求，具体详见文献[2]。本书对$v[\boldsymbol{\varphi}(k)]$的估计采用三层 BP 神经网络，其中，输入层的数据向量采用式(6.2.2)所示的$\boldsymbol{\varphi}(k)$，即

$$\begin{aligned} \boldsymbol{\varphi}(k) &= [\varphi_1,\cdots,\varphi_p]^{\mathrm{T}} \\ &= [y(k),\cdots,y(k-n_A+1),u(k),\cdots,u(k-n_B)]^{\mathrm{T}} \end{aligned} \tag{6.2.15}$$

式中，$p=n_A+n_B+1$为输入层神经元的个数，隐含层神经元节点数为q，可采用文献[2]的方法确定。神经网络的输出为$v[\boldsymbol{\varphi}(k)]$的估计值$\hat{v}[\boldsymbol{\varphi}(k)]$。BP 神经网络的结构如图 6.2.1 所示，其中，$\boldsymbol{W}^1$、$\boldsymbol{W}^2$ 代表网络的权向量，$\boldsymbol{W}^1$ 为输入层到隐含层的$p\times q$连接权矩阵，即

$$\boldsymbol{W}^1 = \begin{bmatrix} w_{11}^1 & \cdots & w_{1q}^1 \\ \vdots & \vdots & \vdots \\ w_{p1}^1 & \cdots & w_{pq}^1 \end{bmatrix} \tag{6.2.16}$$

式中，$w_{ij}^1\,(i=1,2,\cdots,p;\ j=1,2,\cdots,q)$表示输入层神经元$i$与隐含层神经元$j$之间的连接权；$\boldsymbol{W}^2$ 为隐含层到输出层的q维连接权向量，即

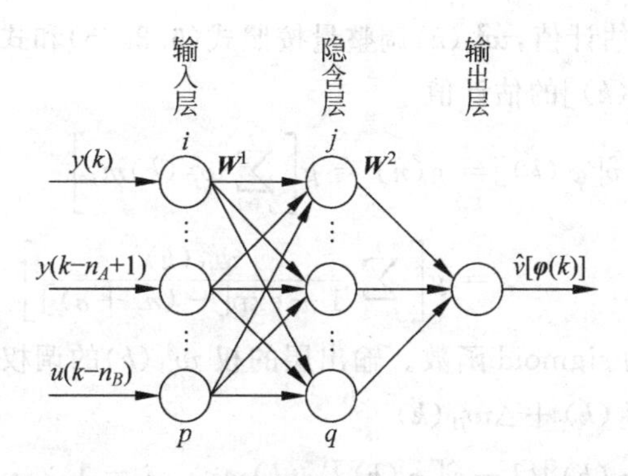

图 6.2.1　BP 神经网络估计 $v[\boldsymbol{\varphi}(k)]$的结构

$$\boldsymbol{W}^2=\begin{bmatrix} w_{11}^2 \\ \vdots \\ w_{q1}^2 \end{bmatrix} \tag{6.2.17}$$

式中，w_{j1}^2表示隐含层神经元 j 与输出层神经元之间的连接权。

因此，BP 神经网络对 $v[\boldsymbol{\varphi}(k)]$的估计可简单地表示为

$$\hat{v}[\boldsymbol{\varphi}(k)]=\mathrm{NN}[\boldsymbol{W}(k),\boldsymbol{\varphi}(k)] \tag{6.2.18}$$

式中，$\mathrm{NN}(\boldsymbol{W},\boldsymbol{\varphi})$代表结构如图 6.2.1 所示的$\boldsymbol{W}(k)$和$\boldsymbol{\varphi}(k)$的神经网络的函数，$\boldsymbol{\varphi}(k)$为神经网络的输入数据向量，$\boldsymbol{W}(k)=[\boldsymbol{W}^1(k),\boldsymbol{W}^2(k)]$为 k 时刻对权 $\boldsymbol{W}$ 的估计。

在图 6.2.1 所示的估计 $v[\boldsymbol{\varphi}(k)]$的结构中，隐含层神经元的输入 $\boldsymbol{N}$ 为

$$\boldsymbol{N}=[\boldsymbol{W}^1(k)]^{\mathrm{T}}\boldsymbol{\varphi}(k) \tag{6.2.19}$$

式中，$\boldsymbol{W}^1(k)$为 $\boldsymbol{W}^1$ 的估计值；$\boldsymbol{N}=[n_1,\cdots,n_j,\cdots,n_q]^{\mathrm{T}}$，$n_j$ 为隐含层第 j 个神经元的输入，有

$$n_j=\sum_{i=1}^{p}w_{ij}^1(k)\,\varphi_i(k),\quad j=1,2,\cdots,q \tag{6.2.20}$$

式中，$w_{ij}^1(k)$的调整量由下面的式(6.2.28)和式(6.2.29)获得。

隐含层神经元的输出为

$$\boldsymbol{M}=\boldsymbol{g}(\boldsymbol{N}) \tag{6.2.21}$$

式中，$\boldsymbol{M}=[m_1,\cdots,m_j,\cdots,m_q]^{\mathrm{T}}$，$m_j$ 为隐含层第 $j(j=1,2,\cdots,q)$个神经元的输出，$\boldsymbol{g}=[g_1,\cdots,g_j,\cdots,g_q]^{\mathrm{T}}$，$g_j$ 为 sigmoid 函数，且

$$m_j=g_j(n_j)=\frac{1}{1+\exp[-(n_j+\sigma)]} \tag{6.2.22}$$

式中，σ 为阈值或偏置值，$\sigma>0$ 则使式(6.2.22)描述的函数曲线沿横坐标左移，反之则右移。

隐含层的第 $j(j=1,2,\cdots,q)$个神经元的输出 m_j 将通过权系数向前传播到输出层神经元并作为它的输入之一，而输出层的总输入$\bar{n}$为

$$\bar{n}=(\boldsymbol{W}^2(k))^{\mathrm{T}}\boldsymbol{M}=\sum_{j=1}^{q}w_{j1}^2(k)m_j,\quad j=1,2,\cdots,q \tag{6.2.23}$$

式中，$\boldsymbol{W}^2(k)$为$\boldsymbol{W}^2$的估计值，$w_{j1}^2(k)$调整量按照式(6.2.25)和式(6.2.26)进行校正。

未建模动态$v[\boldsymbol{\varphi}(k)]$的估计值

$$\hat{v}[\boldsymbol{\varphi}(k)] = g(\bar{n}) = g\left[\sum_{j=1}^{q} w_{j1}^2(k) m_j\right]$$

$$= g\left[\sum_{j=1}^{q} \frac{w_{j1}^2(k)}{1+\exp[-(n_j+\sigma)]}\right] \tag{6.2.24}$$

式中，g为前面介绍的 sigmoid 函数。输出层的权$w_{j1}^2(k)$的调权律为

$$w_{j1}^2(k+1) = w_{j1}^2(k) + \Delta w_{j1}^2(k) \tag{6.2.25}$$

$$\Delta w_{j1}^2(k) = \eta \hat{v}[\boldsymbol{\varphi}(k)]\{1-\hat{v}[\boldsymbol{\varphi}(k)]\} e(k) m_j, \quad j=1,2,\cdots,q \tag{6.2.26}$$

式中，权的初值$w_{j1}^2(0)$选为较小的随机数；η为学习速率，$\eta>0$；m_j为隐含层第j个神经元的输出；$e(k)$为神经网络的估计误差，有

$$e(k) = v[\boldsymbol{\varphi}(k)] - \hat{v}[\boldsymbol{\varphi}(k)] \tag{6.2.27}$$

式中，$v[\boldsymbol{\varphi}(k)]$为神经网络的导师信号，按照式(6.2.14)计算。

隐含层的权$w_{ij}^1(k)$的调权律为

$$w_{ij}^1(k+1) = w_{ij}^1(k) + \Delta w_{ij}^1(k) \tag{6.2.28}$$

$$\Delta w_{ij}^1(k) = \eta m_j (1-m_j)\left(-\frac{\partial E}{\partial m_j}\right)\hat{v}[\boldsymbol{\varphi}(k)] \tag{6.2.29}$$

式中，权的初值$w_{ij}^1(0)$选为较小的随机数；η为学习速率，$\eta>0$；m_j为隐含层第j个神经元的输出；E为总误差函数

$$E = \frac{1}{2}\sum_{\tau=1}^{L} e(\tau)^2 \tag{6.2.30}$$

式中，L为样本总数，$e(\tau)$按照式(6.2.27)计算。

基于 BP 神经网络的未建模动态估计算法步骤总结如下：

(1) 对 BP 神经网络权$\boldsymbol{W}=[\boldsymbol{W}^1,\boldsymbol{W}^2]$给初值，一般选较小的随机数；

(2) 组成数据向量$\boldsymbol{\varphi}(k)$，由式(6.2.14)计算神经网络估计的导师信号$v[\boldsymbol{\varphi}(k)]$；

(3) 根据式(6.2.19)～式(6.2.24)分别计算隐含层、输出层各神经元的输出，得到$v[\boldsymbol{\varphi}(k)]$的估计值$\hat{v}[\boldsymbol{\varphi}(k)]$；

(4) 采用式(6.2.27)计算估计误差；

(5) 由式(6.2.28)和式(6.2.29)求下一时刻神经网络隐含层的权值；由式(6.2.25)和式(6.2.26)求下一时刻神经网络输出层的权值；

(6) 返回步骤(2)，估计下一时刻未建模动态的值。

2. 非线性模型的估计

非线性模型的估计包括$A(z^{-1})$、$B(z^{-1})$和$v[\boldsymbol{\varphi}(k)]$的估计方法，由于对$A(z^{-1})$和$B(z^{-1})$估计时采用了改进的投影算法(也可以采用递推最小二乘估计算法)，因此下面首先介绍改进的投影算法。为了更清楚地介绍该算法，以只考虑线性模型来进行介绍。

只考虑式(6.2.10)的线性部分时,式(6.2.10)为

$$A(z^{-1})y(k)=B(z^{-1})u(k-1) \tag{6.2.31}$$

如果$A(z^{-1})$和$B(z^{-1})$未知时,可采用改进的投影算法进行辨识。

由于改进的投影算法以投影算法为基础,因此下面首先介绍投影算法。

式(6.2.31)可表示成下面形式

$$y(k)=\boldsymbol{\varphi}^{\mathrm{T}}(k-1)\boldsymbol{\theta} \tag{6.2.32}$$

式中,$\boldsymbol{\varphi}(k-1)=[y(k-1),\cdots,y(k-n_A),u(k-1),\cdots,u(k-n_B-1)]^{\mathrm{T}}$,$\boldsymbol{\theta}=[-a_1,-a_2,\cdots,-a_{n_A},b_0,b_1,\cdots,b_{n_B}]^{\mathrm{T}}$为未知参数向量。式(6.2.32)的估计模型如下

$$\hat{y}(k)=\boldsymbol{\varphi}^{\mathrm{T}}(k-1)\hat{\boldsymbol{\theta}}(k-1) \tag{6.2.33}$$

式中,$\hat{\boldsymbol{\theta}}(k-1)=[\hat{\theta}_1(k-1),\cdots,\hat{\theta}_{n_A+n_B+1}(k-1)]^{\mathrm{T}}$,表示在$k-1$时刻对参数$\boldsymbol{\theta}$基于线性模型的估计。采用下面的投影算法进行参数辨识

$$\hat{\boldsymbol{\theta}}(k)=\hat{\boldsymbol{\theta}}(k-1)+\frac{\boldsymbol{\varphi}(k-1)e(k)}{\boldsymbol{\varphi}^{\mathrm{T}}(k-1)\boldsymbol{\varphi}(k-1)} \tag{6.2.34}$$

$$e(k)=y(k)-\boldsymbol{\varphi}^{\mathrm{T}}(k-1)\hat{\boldsymbol{\theta}}(k-1) \tag{6.2.35}$$

初值$\hat{\boldsymbol{\theta}}(0)$是给定的。

由于投影算法式(6.2.34)中存在一个潜在的问题,即式(6.2.34)中分母有着被零除的可能性,为了避免这个问题,可在算法的分母上加一个小常数。因此,改进的投影算法[3]的参数估计方程为

$$\hat{\boldsymbol{\theta}}(k)=\hat{\boldsymbol{\theta}}(k-1)+\frac{\boldsymbol{\varphi}(k-1)e(k)}{1+\boldsymbol{\varphi}^{\mathrm{T}}(k-1)\boldsymbol{\varphi}(k-1)} \tag{6.2.36}$$

3. 非线性模型辨识算法

由式(6.2.10)和式(6.2.14)可得

$$v[\boldsymbol{\varphi}(k)]=A(z^{-1})y(k+1)-B(z^{-1})u(k) \tag{6.2.37}$$

$$y(k+1)-v[\boldsymbol{\varphi}(k)]=-\overline{A}(z^{-1})y(k)+B(z^{-1})u(k) \tag{6.2.38}$$

从式(6.2.37)可以看出,由于$A(z^{-1})$和$B(z^{-1})$未知,因此$v[\boldsymbol{\varphi}(k)]$未知。故在辨识时,首先对$A(z^{-1})$和$B(z^{-1})$赋予初值,从而得到$v[\boldsymbol{\varphi}(k)]$的估计值,作为神经网络的导师信号,采用神经网络对$v[\boldsymbol{\varphi}(k)]$进行估计,得到其估计值$\hat{v}[\boldsymbol{\varphi}(k)]$,将其代入式(6.2.38)并采用改进的投影算法辨识$\overline{A}(z^{-1})$和$B(z^{-1})$,从而得到$A(z^{-1})$和$B(z^{-1})$的辨识值$\hat{A}(z^{-1})$和$\hat{B}(z^{-1})$。然后将$\hat{A}(z^{-1})$和$\hat{B}(z^{-1})$代入式(6.2.37)获得下一时刻的导师信号$\bar{v}[\boldsymbol{\varphi}(k)]$,即

$$\bar{v}[\boldsymbol{\varphi}(k)]=\hat{A}(z^{-1})y(k+1)-\hat{B}(z^{-1})u(k) \tag{6.2.39}$$

再通过下一时刻的数据向量$\boldsymbol{\varphi}(k)$,采用BP神经网络进行估计,获得下一时刻$v[\boldsymbol{\varphi}(k)]$的估计值,如此反复,即采用估计$A(z^{-1})$和$B(z^{-1})$的投影算法与$v[\boldsymbol{\varphi}(k)]$的神经网络估计算法交替辨识的方式对非线性模型式(6.2.10)辨识。

综上所述，$v[\boldsymbol{\varphi}(k)]$的神经网络估计的导师信号方程和估计$A(z^{-1})$和$B(z^{-1})$的参数辨识方程如下

$$\bar{v}[\boldsymbol{\varphi}(k)]=\hat{A}(z^{-1})y(k+1)-\hat{B}(z^{-1})u(k) \tag{6.2.40}$$

$$y(k+1)-\hat{v}[\boldsymbol{\varphi}(k)]=-\bar{A}(z^{-1})y(k)+B(z^{-1})u(k) \tag{6.2.41}$$

为了辨识$A(z^{-1})$和$B(z^{-1})$，将辨识方程式(6.2.41)写成如下形式

$$y(k)=\boldsymbol{\varphi}^{\mathrm{T}}(k-1)\hat{\boldsymbol{\theta}}(k-1)+\hat{v}[\boldsymbol{\varphi}(k-1)] \tag{6.2.42}$$

式中，$\hat{\boldsymbol{\theta}}(k-1)=[-a_1(k-1),-a_2(k-1),\cdots,-a_{n_A}(k-1),b_0(k-1),b_1(k-1),\cdots,b_{n_B}(k-1)]^{\mathrm{T}}$为$k-1$时刻对参数$\boldsymbol{\theta}=[-a_1,-a_2,\cdots,-a_{n_A},b_0,b_1,\cdots,b_{n_B}]^{\mathrm{T}}$的估计值，估计算法如下

$$\hat{\boldsymbol{\theta}}(k)=\hat{\boldsymbol{\theta}}(k-1)+\frac{\boldsymbol{\varphi}(k-1)e(k)}{1+\boldsymbol{\varphi}^{\mathrm{T}}(k-1)\boldsymbol{\varphi}(k-1)} \tag{6.2.43}$$

式中

$$e(k)=y(k)-\boldsymbol{\varphi}^{\mathrm{T}}(k-1)\hat{\boldsymbol{\theta}}(k-1)-\hat{v}[\boldsymbol{\varphi}(k-1)] \tag{6.2.44}$$

最后，把$\hat{A}(z^{-1})$和$\hat{B}(z^{-1})$的估计值代入式(6.2.40)，获得$v[\boldsymbol{\varphi}(k)]$神经网络估计算法的导师信号$\bar{v}[\boldsymbol{\varphi}(k)]$。构建下一时刻的数据向量，采用BP神经网络估计算法式(6.2.18)～式(6.2.30)对$v[\boldsymbol{\varphi}(k-1)]$进行估计，将获得的估计值$\hat{v}[\boldsymbol{\varphi}(k-1)]$代入$A(z^{-1})$和$B(z^{-1})$的参数辨识方程式(6.2.42)，采用辨识算法式(6.2.43)和式(6.2.44)对$A(z^{-1})$和$B(z^{-1})$进行辨识。

上述非线性模型辨识算法步骤如下：

(1) 对$A(z^{-1})$和$B(z^{-1})$赋予初值，即给定初值$\hat{\boldsymbol{\theta}}(0)$；

(2) 根据选定的$A(z^{-1})$和$B(z^{-1})$的初值，通过式(6.2.40)获得与$A(z^{-1})$和$B(z^{-1})$的初值相对应的导师信号$\bar{v}[\boldsymbol{\varphi}(k)]$；

(3) 测取$y(k),\cdots y(k-n_A),u(k),\cdots,u(k-n_B)$构成数据向量$\boldsymbol{\varphi}(k)$，并用导师信号$\bar{v}[\boldsymbol{\varphi}(k)]$训练神经网络，获得$v[\boldsymbol{\varphi}(k)]$的估计值$\hat{v}[\boldsymbol{\varphi}(k)]$；

(4) 将估计值$\hat{v}[\boldsymbol{\varphi}(k)]$代入$A(z^{-1})$和$B(z^{-1})$的参数辨识方程式(6.2.42)，采用辨识算法式(6.2.43)和式(6.2.44)估计$A(z^{-1})$和$B(z^{-1})$；

(5) 将$A(z^{-1})$和$B(z^{-1})$的估计值$\hat{A}(z^{-1})$和$\hat{B}(z^{-1})$代入式(6.2.40)获得下一时刻$v[\boldsymbol{\varphi}(k)]$的神经网络估计的导师信号$\bar{v}[\boldsymbol{\varphi}(k)]$；

(6) 返回步骤(3)，估计下一时刻的$A(z^{-1})$，$B(z^{-1})$和$v[\boldsymbol{\varphi}(k)]$。

6.3 基于未建模动态补偿的非线性切换控制器设计

非线性自适应切换控制的参数可调控制器的基础是基于未建模动态补偿的非线性切换控制器，为此，首先介绍模型参数已知时的基于未建模动态补偿的非线性切换控制器。

6.3.1 控制问题描述

考虑非线性被控对象的动态模型式(6.2.10),即

$$A(z^{-1})y(k)=B(z^{-1})u(k-1)+v[\boldsymbol{\varphi}(k-1)] \tag{6.3.1}$$

式中,$A(z^{-1})$和$B(z^{-1})$如式(6.2.6)和式(6.2.7)所示,并且已知;$v[\boldsymbol{\varphi}(k-1)]$为被控对象的未建模动态,并且有界。

控制目标为,针对上述非线性被控对象式(6.3.1),设计基于未建模动态补偿的非线性切换控制器,保证闭环系统的输入输出信号有界,使被控对象的输出 $y(k)$跟踪参考输入 $w(k)$,并使其稳态误差的绝对值小于预先确定的值$\varepsilon(\varepsilon>0)$,即

$$\lim_{k\to\infty}|\bar{e}(k)|=\lim_{k\to\infty}|y(k)-w(k)|<\varepsilon \tag{6.3.2}$$

6.3.2 基于未建模动态补偿的非线性切换控制器

1. 基于未建模动态补偿的非线性控制器

基于未建模动态补偿的非线性控制器采用如图 6.3.1 所示的结构。

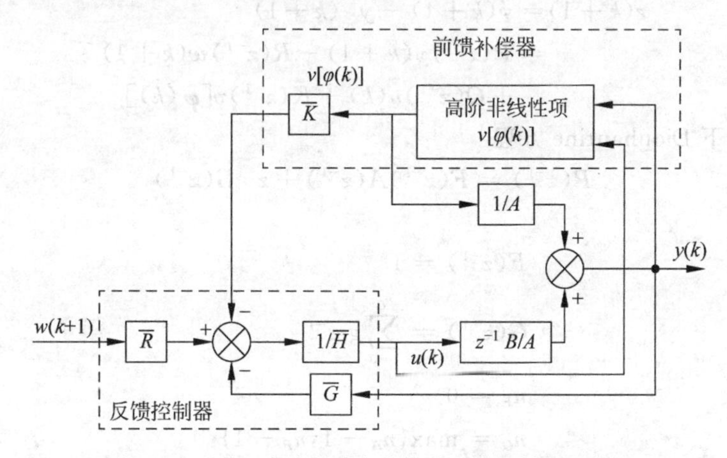

图 6.3.1 基于未建模动态补偿的非线性控制器结构

由图 6.3.1 所示的基于未建模动态补偿的非线性控制器方程为

$$\bar{H}(z^{-1})u(k)=\bar{R}(z^{-1})w(k+1)-\bar{G}(z^{-1})y(k)-\bar{K}(z^{-1})v[\varphi(k)] \tag{6.3.3}$$

式中,控制项 $\bar{R}(z^{-1})$、$\bar{H}(z^{-1})$、$\bar{G}(z^{-1})$和补偿项 $\bar{K}(z^{-1})$都是 z^{-1}的多项式,由$\bar{R}(z^{-1})$、$\bar{H}(z^{-1})$和 $\bar{G}(z^{-1})$组成的反馈控制器使被控对象的输出 $y(k)$跟踪参考输入信号 $w(k)$,未建模动态补偿项 $\bar{K}(z^{-1})$用来消除高阶非线性项 $v[\boldsymbol{\varphi}(k)]$对被控对象输出的影响。

将控制器方程式(6.3.3)代入被控对象模型式(6.3.1)可得闭环系统方程

$$[\bar{H}(z^{-1})A(z^{-1})+z^{-1}B(z^{-1})\bar{G}(z^{-1})]y(k)$$
$$=\bar{R}(z^{-1})B(z^{-1})w(k)+z^{-1}[\bar{H}(z^{-1})-B(z^{-1})\bar{K}(z^{-1})]v[\boldsymbol{\varphi}(k)] \tag{6.3.4}$$

从闭环系统方程式(6.3.4)可以看出，通过选择 $\bar{R}(z^{-1})$、$\bar{H}(z^{-1})$ 和 $\bar{G}(z^{-1})$ 可以使 $\dfrac{\bar{R}(z^{-1})B(z^{-1})}{[\bar{H}(z^{-1})A(z^{-1})+z^{-1}B(z^{-1})\bar{G}(z^{-1})]}$ 的稳态增益为 1，通过选择 $\bar{K}(z^{-1})$ 可以使得 $\bar{H}(z^{-1})$ 与 $B(z^{-1})\bar{K}(z^{-1})$ 的差尽可能的小，减小未建模动态 $v[\boldsymbol{\varphi}(k)]$ 对被控对象输出的影响，从而使被控对象的输出尽可能地跟踪理想输出。

为了选择 $\bar{H}(z^{-1})$、$\bar{R}(z^{-1})$、$\bar{G}(z^{-1})$ 和 $\bar{K}(z^{-1})$，采用下列性能指标

$$J=[P(z^{-1})y(k+1)-R(z^{-1})w(k+1)+Q(z^{-1})u(k)+K(z^{-1})v[\boldsymbol{\varphi}(k)]]^2 \tag{6.3.5}$$

式中，$P(z^{-1})$、$Q(z^{-1})$、$R(z^{-1})$ 和 $K(z^{-1})$ 均为关于 z^{-1} 的加权多项式。

求使性能指标式(6.3.5)极小的最优控制律，采用 3.5.1 节介绍的广义最小方差前馈控制器设计方法，定义广义输出 $\phi(k+1)$ 为

$$\phi(k+1)=P(z^{-1})y(k+1) \tag{6.3.6}$$

广义理想输出 $y^*(k+1)$ 定义为

$$y^*(k+1)=R(z^{-1})w(k+1)-Q(z^{-1})u(k)-K(z^{-1})v[\boldsymbol{\varphi}(k)] \tag{6.3.7}$$

广义输出误差 $e(k+1)$ 定义为

$$\begin{aligned}e(k+1)&=\phi(k+1)-y^*(k+1)\\&=P(z^{-1})y(k+1)-R(z^{-1})w(k+1)\\&\quad+Q(z^{-1})u(k)+K(z^{-1})v[\boldsymbol{\varphi}(k)]\end{aligned} \tag{6.3.8}$$

引入如下 Diophantine 方程

$$P(z^{-1})=F(z^{-1})A(z^{-1})+z^{-1}G(z^{-1}) \tag{6.3.9}$$

式中

$$F(z^{-1})=1 \tag{6.3.10}$$

$$G(z^{-1})=\sum_{i=0}^{n_G}g_iz^{-i} \tag{6.3.11}$$

$$n_F=0 \tag{6.3.12}$$

$$n_G=\max\{n_A-1,n_P-1\} \tag{6.3.13}$$

由式(6.3.1)和式(6.3.9)可得

$$P(z^{-1})y(k+1)=G(z^{-1})y(k)+H(z^{-1})u(k)+v[\boldsymbol{\varphi}(k)] \tag{6.3.14}$$

由式(6.3.6)和式(6.3.14)可得

$$\phi(k+1)=G(z^{-1})y(k)+H(z^{-1})u(k)+v[\boldsymbol{\varphi}(k)] \tag{6.3.15}$$

式中

$$H(z^{-1})=F(z^{-1})B(z^{-1})=B(z^{-1}) \tag{6.3.16}$$

将式(6.3.14)代入式(6.3.5)，使 $J=0$ 可得带有未建模动态补偿的非线性控制律为

$$[H(z^{-1})+Q(z^{-1})]u(k)=R(z^{-1})w(k+1)-G(z^{-1})y(k)-[K(z^{-1})+1]v[\boldsymbol{\varphi}(k)] \tag{6.3.17}$$

式中，$G(z^{-1})=g_0+g_1z^{-1}+\cdots+g_{n_A-1}z^{-n_A+1}$ 为关于 z^{-1} 的 n_A-1 阶多项式，由 Diophantine 方程式(6.3.9)所唯一确定。

由式(6.3.3)和式(6.3.17)可知，与图 6.3.1 中所对应的控制器参数多项式为

$$\overline{H}(z^{-1})=H(z^{-1})+Q(z^{-1}) \tag{6.3.18}$$

$$\overline{R}(z^{-1})=R(z^{-1}) \tag{6.3.19}$$

$$\overline{G}(z^{-1})=G(z^{-1}) \tag{6.3.20}$$

$$\overline{K}(z^{-1})=K(z^{-1})+1 \tag{6.3.21}$$

当采用非线性控制器式(6.3.17)时，由于未建模动态 $v[\boldsymbol{\varphi}(k)]$ 未知，故控制器式(6.3.17)无法实现。为此，采用 6.2.2 节介绍的基于 BP 神经网络的未建模动态 $v[\boldsymbol{\varphi}(k)]$ 的估计算法对 $v[\boldsymbol{\varphi}(k)]$ 进行估计，获得 $v[\boldsymbol{\varphi}(k)]$ 的估计值 $\hat{v}[\boldsymbol{\varphi}(k)]$。将得到的估计值 $\hat{v}[\boldsymbol{\varphi}(k)]$ 代入式(6.3.17)可得控制输入 $u(k)$，作用于被控对象可得输出 $y(k+1)$，从而由式(6.2.37)可获得 BP 神经网络的导师信号

$$\begin{aligned}v[\boldsymbol{\varphi}(k)]&=y(k+1)+\overline{A}(z^{-1})y(k)-B(z^{-1})u(k)\\&=A(z^{-1})y(k+1)-B(z^{-1})u(k)\end{aligned} \tag{6.3.22}$$

式中，数据向量 $\boldsymbol{\varphi}(k)$ 为

$$\boldsymbol{\varphi}(k)=[y(k),\cdots,y(k-n_A),u(k),\cdots,u(k-n_B)]^{\mathrm{T}} \tag{6.3.23}$$

采用估计算法式(6.2.18)～式(6.2.30)可获得 $v[\boldsymbol{\varphi}(k)]$ 的估计值 $\hat{v}[\boldsymbol{\varphi}(k)]$。

采用 $A(z^{-1})$ 和 $B(z^{-1})$，由式(6.3.9)～式(6.3.13)和式(6.3.16)可以确定控制项 $H(z^{-1})$、$G(z^{-1})$ 和 $F(z^{-1})$。由非线性控制器方程式(6.3.17)可得基于未建模动态补偿的非线性控制器为

$$\begin{aligned}[H(z^{-1})+Q(z^{-1})]u(k)=&R(z^{-1})w(k+1)-G(z^{-1})y(k)\\&-[K(z^{-1})+1]\hat{v}[\boldsymbol{\varphi}(k)]\end{aligned} \tag{6.3.24}$$

由式(6.3.17)可知，待求的控制器 $u(k)$ 含在未建模动态 $v[\boldsymbol{\varphi}(k)]$ 中，因此，要求出 $u(k)$ 须首先估计出 $v[\boldsymbol{\varphi}(k)]$，但估计 $v[\boldsymbol{\varphi}(k)]$ 时，由式(6.3.23)和式(6.3.24)可知，数据向量 $\boldsymbol{\varphi}(k)$ 中含有 $u(k)$，因此，只能采用 $u(k)$ 的近似值来代替，一种方法是采用文献[3]中利用神经网络迭代近似求解 $u(k)$ 的方式，也可采用文献[4,5]中直接用 $u(k-1)$ 来代替 $u(k)$ 的方式。本章采用 $u(k-1)$ 来代替 $u(k)$ 的方式构建数据向量。

2. 线性控制器

由于控制器方程式(6.3.24)采用了未建模动态 $v[\boldsymbol{\varphi}(k)]$ 的估计值 $\hat{v}[\boldsymbol{\varphi}(k)]$，因此使得闭环系统成为时变的非线性系统，难以保证闭环系统的稳定性，由控制器方程式(6.3.17)，不带未建模动态补偿项可得线性控制器

$$[H(z^{-1})+Q(z^{-1})]u(k)=R(z^{-1})w(k+1)-G(z^{-1})y(k) \tag{6.3.25}$$

将控制器方程式(6.3.25)作用于被控对象式(6.3.1)，由式(6.3.9)可得闭环系统方程为

$$\begin{aligned}&[P(z^{-1})B(z^{-1})+Q(z^{-1})A(z^{-1})]y(k)\\&=R(z^{-1})B(z^{-1})w(k)+z^{-1}[H(z^{-1})+Q(z^{-1})]v[\boldsymbol{\varphi}(k)]\end{aligned} \tag{6.3.26}$$

由闭环系统方程式(6.3.26)可以看出，$v[\boldsymbol{\varphi}(k)]$有界，只要选择 $P(z^{-1})$和 $Q(z^{-1})$使得 $P(z^{-1})B(z^{-1})+Q(z^{-1})A(z^{-1})$稳定，则可保证闭环系统的稳定性。

3. 切换机制

为了保证闭环系统的稳定性，同时使系统具有良好的性能，需要在线性自适应控制器和非线性自适应控制器之间进行切换，线性自适应控制器用来保证闭环系统的输入输出信号有界，非线性自适应控制器由于对未建模动态进行了补偿，可以减少未建模动态对闭环系统输出的影响，因此，采用切换机制，如图 6.3.2 所示，切换机制由线性模型、非线性模型和切换函数组成。

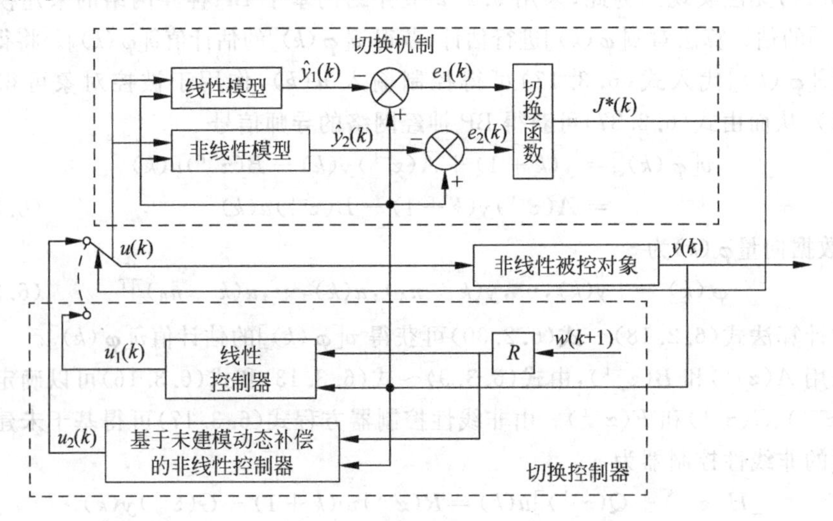

图 6.3.2 切换控制结构

切换机制中的线性模型为

$$\hat{y}_1(k+1)=-\overline{A}(z^{-1})y(k)+B(z^{-1})u(k) \tag{6.3.27}$$

非线性模型为

$$\hat{y}_2(k+1)=-\overline{A}(z^{-1})y(k)+B(z^{-1})u(k)+\hat{v}[\boldsymbol{\varphi}(k)] \tag{6.3.28}$$

采用文献[3]的切换函数

$$J_j[k,e_j(k)]=\sum_{l=1}^{k}\frac{\mu_j(l)[e_j^2(l)-M^2]}{1+\boldsymbol{\varphi}(l-1)^{\mathrm{T}}\boldsymbol{\varphi}(l-1)} +c\sum_{l=k-N+1}^{k}[1-\mu_j(l)]e_j^2(l) \tag{6.3.29}$$

$$\mu_j(k)=\begin{cases}1, & |e_j(k)|>M\\ 0, & \text{否则}\end{cases} \tag{6.3.30}$$

$$e_j(k)=y(k)-\hat{y}_j(k),\quad j=1,2 \tag{6.3.31}$$

式中，$j=1$，$u_1(k)$由线性控制器式(6.3.25)产生；$j=2$，$u_2(k)$由非线性控制器式(6.3.24)产生；M为未建模动态$v[\boldsymbol{\varphi}(k)]$的上界；$e_1(k)$为线性模型的误差；$e_2(k)$为非线性模型的误差；$N$为正整数；$c\geqslant 0$为常数。

在任意时刻 k，切换机制选择最小的切换函数所对应的控制器作用于被控对象，即

$$J^*(k) = \min\{J_1[k,e_1(k)], J_2[k,e_2(k)]\} \tag{6.3.32}$$

如果 $J^*(k)=J_1[k,e_1(k)]$，选择 $u_1(k)$ 作用于被控对象；如果 $J^*(k)=J_2[k,e_2(k)]$，选择 $u_2(k)$ 作用于被控对象。

6.3.3 性能分析

控制器的设计必须首先保证闭环系统的稳定性，即系统的输入和输出是有界的，即

$$|y(k)| < \infty, \quad |u(k)| < \infty$$

并且使得被控对象的输出 $y(k)$ 与参考输入 $w(k)$ 之间的稳态误差的绝对值小于预先确定的值 $\varepsilon(\varepsilon>0)$，即

$$\lim_{k\to\infty} |\bar{e}(k)| = \lim_{k\to\infty} |y(k)-w(k)| < \varepsilon$$

为了证明闭环系统的稳定性和收敛性，需要下述引理。

引理 6.3.1 当线性控制器式(6.3.25)和非线性控制器式(6.3.24)分别作用于被控对象式(6.3.1)时，闭环系统的输入输出方程为

$$\begin{aligned}&[P(z^{-1})B(z^{-1})+Q(z^{-1})A(z^{-1})]y(k)\\&= B(z^{-1})R(z^{-1})w(k)+[Q(z^{-1})+H(z^{-1})]e_1(k)\end{aligned} \tag{6.3.33}$$

$$\begin{aligned}&[P(z^{-1})B(z^{-1})+Q(z^{-1})A(z^{-1})]u(k-1)\\&= A(z^{-1})R(z^{-1})w(k)+[A(z^{-1})-P(z^{-1})]e_1(k)\end{aligned} \tag{6.3.34}$$

$$\begin{aligned}&[P(z^{-1})B(z^{-1})+Q(z^{-1})A(z^{-1})]y(k)\\&= B(z^{-1})R(z^{-1})w(k)-[B(z^{-1})K(z^{-1})-Q(z^{-1})]v[\boldsymbol{\varphi}(k-1)]\\&\quad+[H(z^{-1})+K(z^{-1})B(z^{-1})]e_2(k)\end{aligned} \tag{6.3.35}$$

$$\begin{aligned}&[P(z^{-1})B(z^{-1})+Q(z^{-1})A(z^{-1})]u(k-1)\\&= A(z^{-1})R(z^{-1})w(k)-[P(z^{-1})+A(z^{-1})K(z^{-1})]v[\boldsymbol{\varphi}(k-1)]\\&\quad+[A(z^{-1})+K(z^{-1})A(z^{-1})]e_2(k)\end{aligned} \tag{6.3.36}$$

证明 F 乘以式(6.3.1)两边并利用式(6.3.9)展开可得

$$P(z^{-1})y(k) = z^{-1}B(z^{-1})u(k)+z^{-1}G(z^{-1})y(k)+z^{-1}v[\boldsymbol{\varphi}(k)] \tag{6.3.37}$$

由式(6.3.16)和式(6.3.25)可得

$$P(z^{-1})y(k) = R(z^{-1})w(k)-Q(z^{-1})u(k-1)+v[\boldsymbol{\varphi}(k-1)] \tag{6.3.38}$$

又因为

$$\begin{aligned}e_1(k) &= y(k)-\hat{y}_1(k) = y(k)-[-\bar{A}(z^{-1})y(k-1)+B(z^{-1})u(k-1)]\\&= v[\boldsymbol{\varphi}(k-1)]\end{aligned} \tag{6.3.39}$$

故，以 $B(z^{-1})$ 乘式(6.3.38)两边，以 $Q(z^{-1})$ 乘式(6.3.1)两边，并利用式(6.3.39)可得

$$\begin{aligned}&[P(z^{-1})B(z^{-1})+Q(z^{-1})A(z^{-1})]y(k)\\&= B(z^{-1})R(z^{-1})w(k)+[Q(z^{-1})+H(z^{-1})]e_1(k)\end{aligned} \tag{6.3.40}$$

即式(6.3.33)成立。

以 $A(z^{-1})$ 乘式(6.3.38)两边,以 $P(z^{-1})$ 乘式(6.3.1)两边,并利用式(6.3.39)可得

$$\begin{aligned}&[P(z^{-1})B(z^{-1})+Q(z^{-1})A(z^{-1})]u(k-1)\\&=A(z^{-1})R(z^{-1})w(k)+[A(z^{-1})-P(z^{-1})]e_1(k)\end{aligned}\tag{6.3.41}$$

即式(6.3.34)成立。

对式(6.3.37)利用式(6.3.16)和式(6.3.24)可得

$$\begin{aligned}P(z^{-1})y(k)=&R(z^{-1})w(k)-Q(z^{-1})u(k-1)\\&-z^{-1}[K(z^{-1})+1]\hat{v}[\boldsymbol{\varphi}(k)]+z^{-1}v[\boldsymbol{\varphi}(k)]\end{aligned}\tag{6.3.42}$$

又因为

$$\begin{aligned}e_2(k)&=y(k)-\hat{y}_2(k)\\&=y(k)-[-\bar{A}(z^{-1})y(k-1)+B(z^{-1})u(k-1)+\hat{v}[\boldsymbol{\varphi}(k-1)]]\\&=v[\boldsymbol{\varphi}(k-1)]-\hat{v}[\boldsymbol{\varphi}(k-1)]\end{aligned}\tag{6.3.43}$$

故,以 $B(z^{-1})$ 乘式(6.3.43)两边,以 $Q(z^{-1})$ 乘式(6.3.1)两边,并利用式(6.3.43)可得

$$\begin{aligned}&[P(z^{-1})B(z^{-1})+Q(z^{-1})A(z^{-1})]y(k)\\&=B(z^{-1})R(z^{-1})w(k)+[Q(z^{-1})-B(z^{-1})K(z^{-1})]v[\boldsymbol{\varphi}(k-1)]\\&\quad+[H(z^{-1})+B(z^{-1})K(z^{-1})]e_2(k)\end{aligned}\tag{6.3.44}$$

即式(6.3.35)成立。

以 $A(z^{-1})$ 乘式(6.3.42)两边,以 $P(z^{-1})$ 乘式(6.3.1)两边,并利用式(6.3.43)可得

$$\begin{aligned}&[P(z^{-1})B(z^{-1})+Q(z^{-1})A(z^{-1})]u(k-1)\\&=A(z^{-1})R(z^{-1})w(k)-[P(z^{-1})+A(z^{-1})K(z^{-1})]v[\boldsymbol{\varphi}(k-1)]\\&\quad+[A(z^{-1})+K(z^{-1})A(z^{-1})]e_2(k)\end{aligned}\tag{6.3.45}$$

即式(6.3.36)成立。 ■

引理 6.3.2[6] 设

$$\lim_{k\to\infty}\frac{s^2(k)}{b_1(k)+b_2(k)\boldsymbol{\sigma}^{\mathrm{T}}(k)\boldsymbol{\sigma}(k)}=0\tag{6.3.46}$$

式中,$\{b_1(k)\}$,$\{b_2(k)\}$和$\{s(k)\}$为实值标量序列,$\{\boldsymbol{\sigma}(k)\}$为实值 p-向量序列,若

(1) 对任意的 $k>0$,有

$$0<b_1(k)<K<\infty,\quad 0<b_2(k)<K<\infty\tag{6.3.47}$$

式中,K 为正常数;

(2) 存在正常数 C_1、C_2,使得

$$\|\boldsymbol{\sigma}(k)\|<C_1+C_2\max_{0<\tau<k}|s(\tau)|\tag{6.3.48}$$

则

$$\lim_{k\to\infty}s(k)=0$$

并且$\{\|\sigma(k)\|\}$有界。

引理 6.3.2 的证明可参考文献[6]。

基于未建模动态补偿的非线性切换控制器的性能分析由下面定理给出。

定理 6.3.1　假定被控对象式(6.3.1)满足下列条件：

(1) 假设未建模动态 $v[\boldsymbol{\varphi}(k)]$满足[3]

$$|v[\boldsymbol{\varphi}(k)]| \leqslant M, \quad \forall k \tag{6.3.49}$$

式中，$M \geqslant 0$ 是 $v[\boldsymbol{\varphi}(k)]$的上界，当 $k \to \infty$时，$v[\boldsymbol{\varphi}(\infty)]$为常数；

(2) 凑试 $P(z^{-1})$和 $Q(z^{-1})$使其满足

$$P(z^{-1})B(z^{-1}) + Q(z^{-1})A(z^{-1}) \neq 0, \quad |z| \geqslant 1 \tag{6.3.50}$$

选择 $R(z^{-1})$使其在稳态时满足

$$P(1)B(1) + Q(1)A(1) = B(1)R(1) \tag{6.3.51}$$

选择 $K(z^{-1})$使其在最小二乘意义下满足

$$Q(z^{-1}) - B(z^{-1})K(z^{-1}) = 0 \tag{6.3.52}$$

并且在稳态时满足

$$Q(1) - B(1)K(1) = 0 \tag{6.3.53}$$

则当线性控制器式(6.3.25)和非线性控制器式(6.3.24)以及切换机制式(6.3.27)～式(6.3.32)作用于被控对象式(6.3.1)时，闭环系统的输入输出信号一致有界(BIBO稳定)，即

$$|y(k)| < \infty, \quad |u(k)| < \infty \tag{6.3.54}$$

并且，被控对象的输出 $y(k)$与参考输入 $w(k)$之间的稳态误差的绝对值小于预先确定的值 $\varepsilon(\varepsilon > 0)$，即

$$\lim_{k \to \infty} |\bar{e}(k)| = \lim_{k \to \infty} |y(k) - w(k)| < \varepsilon \tag{6.3.55}$$

证明　首先证明使用线性控制器式(6.3.25)时，闭环系统输入输出信号有界。

由 $v[\boldsymbol{\varphi}(k)]$的有界性，采用文献[6]附录 B 的引理 3 类似方法可证

$$|y(k)| \leqslant C_1 + C_2 \max_{0 \leqslant \tau \leqslant k} |e_1(\tau)| \tag{6.3.56}$$

$$|u(k-1)| \leqslant C_3 + C_4 \max_{0 \leqslant \tau \leqslant k} e_1(\tau)| \tag{6.3.57}$$

式中，C_1、C_2、C_3、C_4 为大于零的常数。

由式(6.3.39)可知，$e_1(k) = v[\boldsymbol{\varphi}(k-1)]$，因此

$$|e_1(k)| = |v[\boldsymbol{\varphi}(k-1)]| \leqslant M \tag{6.3.58}$$

故

$$|u(k)| \leqslant C_1 + C_2 M < \infty \tag{6.3.59}$$

$$|y(k)| \leqslant C_3 + C_4 M < \infty \tag{6.3.60}$$

即使用线性控制器时，闭环系统 BIBO 稳定。

其次，证明当使用线性控制器式(6.3.25)和非线性控制器式(6.3.24)及式(6.3.27)～式(6.3.32)作用于被控对象式(6.3.1)时，闭环切换系统输入输出信号一致有界。

因为线性控制器作用于被控对象式(6.3.1)时，由切换函数式(6.3.29)和式(6.3.30)以及式(6.3.58)可以推出

$$J_1(k) = c \sum_{l=k-N+1}^{k} e_1^2(l) \leqslant cNM^2 \tag{6.3.61}$$

因此，$J_1(k)$总是有界。

对于$J_2(k)$，在k时刻存在以下两种情况：

(1) $J_1(k) \leqslant J_2(k)$；根据切换机制，系统切换到线性控制器式(6.3.25)来控制系统。由前面的分析可知，闭环系统输入输出信号有界。

(2) $J_2(k) < J_1(k)$；此时，根据切换机制，系统切换到非线性控制器式(6.3.24)。

根据引理6.3.1中的式(6.3.35)，由$v[\boldsymbol{\varphi}(k)]$的有界性和式(6.3.50)，采用文献[6]附录B的引理3类似方法可证

$$\|\boldsymbol{\varphi}(k)\| \leqslant C_5 + C_6 \max_{0 \leqslant \tau \leqslant k} |e_2(\tau)| \tag{6.3.62}$$

式中，C_5、C_6是大于零的常数。

由式(6.3.29)和μ_2的定义可知，当$|e_2(k)| \leqslant M$时，由式(6.3.62)可知$\boldsymbol{\varphi}(k)$有界。

当$|e_2(k)| > M$时

$$J_2[k, e_2(k)] = \sum_{l=1}^{k} \frac{[e_2^2(l) - M^2]}{1 + \boldsymbol{\varphi}^{\mathrm{T}}(l-1)\boldsymbol{\varphi}(l-1)} \tag{6.3.63}$$

由于$\frac{[e_2^2(l) - M^2]}{1 + \boldsymbol{\varphi}^{\mathrm{T}}(l-1)\boldsymbol{\varphi}(l-1)} > 0$，因此$\sum_{l=1}^{k} \frac{[e_2^2(l) - M^2]}{1 + \boldsymbol{\varphi}^{\mathrm{T}}(l-1)\boldsymbol{\varphi}(l-1)}$单调递增。又因为$J_2(k) < J_1(k)$，因此

$$J_2(k) < cNM^2 \tag{6.3.64}$$

由式(6.3.63)和式(6.3.64)可知，$J_2[k, e_2(k)]$单调有界，故$J_2[k, e_2(k)]$必收敛。

根据单调有界收敛定理可知

$$\lim_{k \to \infty} \frac{\mu_2(k)[e_2^2(k) - M^2]}{2[1 + \boldsymbol{\varphi}^{\mathrm{T}}(k)\boldsymbol{\varphi}(k)]} = 0 \tag{6.3.65}$$

由于式(6.3.65)中的分子非负，因此，根据式(6.3.62)和式(6.3.65)，采用引理6.3.2可知，$\boldsymbol{\varphi}(k-1)$有界，即闭环系统输入输出信号有界。

综上所述，无论切换系统采用线性控制器式(6.3.25)或非线性控制器式(6.3.24)，闭环切换系统的输入输出信号总是有界，即$|y(k)| < \infty$，$|u(k)| < \infty$。

下面进行收敛性分析。

由式(6.3.39)和式(6.3.49)知

$$|e_1(k)| = |v[\boldsymbol{\varphi}(k-1)]| \leqslant M \tag{6.3.66}$$

因为$v[\boldsymbol{\varphi}(k)]$是关于$\boldsymbol{\varphi}(k)$的有界连续函数，根据神经网络的万能逼近定理，因此可以设计合适的神经网络，使得$\hat{v}[\boldsymbol{\varphi}(k)]$以任意精度逼近$v[\boldsymbol{\varphi}(k)]$，那么逼近误差可以表示为

$$|v[\boldsymbol{\varphi}(k)] - \hat{v}[\boldsymbol{\varphi}(k)]| \leqslant \xi \tag{6.3.67}$$

式中，ξ为预先指定的误差界，可以任意小。

由式(6.3.43)和式(6.3.67)可知

$$|e_2(k)| = |v[\boldsymbol{\varphi}(k-1)] - \hat{v}[\boldsymbol{\varphi}(k-1)]| \leqslant \xi \tag{6.3.68}$$

由式(6.3.66)和式(6.3.68)可知，当$k > N$时，$|e_2(k)|$可以任意小。因此，有$|e_2(k)| \leqslant$

$|e_1(k)|$，则系统切换到非线性控制器。由式(6.3.44)可知，未建模动态 $v[\boldsymbol{\varphi}(\infty)]$ 为常数，则

$$\lim_{k\to\infty}[Q(z^{-1})-B(z^{-1})K(z^{-1})]v[\boldsymbol{\varphi}(k-1)]=[B(1)K(1)-Q(1)]v[\boldsymbol{\varphi}(\infty)]=0 \tag{6.3.69}$$

故闭环系统的跟踪误差 $\bar{e}(k)$ 满足

$$\begin{aligned}\lim_{k\to\infty}|\bar{e}(k)| &= \frac{|H(1)+K(1)B(1)|}{|B(1)R(1)|}\lim_{k\to\infty}|e_2(k)| \\ &\leqslant \frac{|H(1)+K(1)B(1)|}{|B(1)R(1)|}\xi\end{aligned} \tag{6.3.70}$$

由于 ξ 为任意小的正数，因此，选择 $\xi\leqslant\frac{|B(1)R(1)|}{|H(1)+K(1)B(1)|}\varepsilon$，则由式(6.3.70)可知

$$\lim_{k\to\infty}|\bar{e}(k)|\leqslant\varepsilon$$

■

6.3.4 加权多项式选择

由式(6.3.18)～式(6.3.21)以及式(6.3.9)可知，闭环系统方程式(6.3.4)可写为

$$\begin{aligned}&[P(z^{-1})B(z^{-1})+Q(z^{-1})A(z^{-1})]y(k+1) \\ &= R(z^{-1})B(z^{-1})w(k+1)+[Q(z^{-1})-B(z^{-1})K(z^{-1})]v[\boldsymbol{\varphi}(k)]\end{aligned} \tag{6.3.71}$$

由式(6.3.71)可以看出，$P(z^{-1})$ 和 $Q(z^{-1})$ 的选择直接关系到参数已知时闭环系统的稳定性，因此，离线选择加权多项式 $P(z^{-1})$ 和 $Q(z^{-1})$，使 $P(z^{-1})B(z^{-1})+Q(z^{-1})A(z^{-1})$ 是稳定的，即

$$P(z^{-1})B(z^{-1})+Q(z^{-1})A(z^{-1})\neq 0,\quad |z|\geqslant 1 \tag{6.3.72}$$

要实现对未建模动态的动静态补偿，根据式(6.3.71)可知，选择 $K(z^{-1})$ 使得

$$Q(z^{-1})-B(z^{-1})K(z^{-1})=0 \tag{6.3.73}$$

由式(6.3.10)和式(6.3.16)得

$$Q(z^{-1})-H(z^{-1})K(z^{-1})=0 \tag{6.3.74}$$

当被控对象为最小相位系统时，可设 $Q(z^{-1})=Q_1(z^{-1})B(z^{-1})$，由式(6.3.73)可知 $K(z^{-1})=Q_1(z^{-1})$。但在一般情况下，因为 $Q(z^{-1})$ 已经选择好，$B(z^{-1})$ 已知，$K(z^{-1})$ 未知，要使式(6.3.73)有解，方程中各多项式 $Q(z^{-1})$、$B(z^{-1})$ 和 $K(z^{-1})$ 的阶次必须满足下列关系

$$n_K+1\geqslant n_B+n_K+1,\quad n_K+1\geqslant n_Q+1 \tag{6.3.75}$$

即方程中未知数的个数大于或等于方程式的个数，故要求 $n_B=0$。当 $n_B>0$ 时，式(6.3.73)只能求 $K(z^{-1})$ 的最小二乘解，可补偿未建模动态，但不能消除未建模动态。$v[\boldsymbol{\varphi}(\infty)]$ 为常数时，选择 K 满足

$$Q(1)-H(1)K=0 \tag{6.3.76}$$

当 $k\to\infty$ 时,可消除 $v[\boldsymbol{\varphi}(\infty)]$ 对被控对象输出的影响。

选择加权多项式 $P(z^{-1})$、$Q(z^{-1})$、$R(z^{-1})$ 和 $K(z^{-1})$ 的方法可归纳如下:

(1) 引入积分器:取 $P(z^{-1})=R(z^{-1})$,$Q(1)=0$,离线凑试 $P(z^{-1})$ 和 $Q(z^{-1})$ 使其满足

$$P(z^{-1})B(z^{-1})+Q(z^{-1})A(z^{-1})\neq 0,\quad |z|\geqslant 1 \tag{6.3.77}$$

选择 $K(z^{-1})$ 使其满足

$$Q(z^{-1})-H(z^{-1})K(z^{-1})=0,\quad K(1)=0 \tag{6.3.78}$$

为简便可选 $P(z^{-1})=R(z^{-1})=1$,$Q(z^{-1})=\lambda_1(1-z^{-1})$,$K(z^{-1})=\lambda_2(1-z^{-1})$。

选择 λ_1 使其满足

$$B(z^{-1})+\lambda_1(1-z^{-1})A(z^{-1})\neq 0,\quad |z|\geqslant 1 \tag{6.3.79}$$

(2) 不引入积分器:离线凑试 $P(z^{-1})$ 和 $Q(z^{-1})$ 使其满足

$$P(z^{-1})B(z^{-1})+Q(z^{-1})A(z^{-1})\neq 0,\quad |z|\geqslant 1 \tag{6.3.80}$$

选择 $R(z^{-1})$,使得 $\dfrac{R(z^{-1})B(z^{-1})}{P(z^{-1})B(z^{-1})+Q(z^{-1})A(z^{-1})}$ 的稳态增益为 1,由式(6.3.9)和式(6.3.16)可得

$$\begin{aligned} R(1) &= \frac{Q(1)A(1)}{B(1)}+P(1)=\frac{Q(1)F(1)A(1)}{F(1)B(1)}+P(1) \\ &= \frac{[P(1)-G(1)]Q(1)}{H(1)}+P(1) \end{aligned} \tag{6.3.81}$$

选择 $K(z^{-1})$ 使其满足

$$Q(z^{-1})-H(z^{-1})K(z^{-1})=0 \tag{6.3.82}$$

$$K(1)=\frac{Q(1)}{H(1)} \tag{6.3.83}$$

在上述选择加权多项式的方法中,对 $K(1)$ 提出了要求,这是因为在一般情况下,由式(6.3.78)和式(6.3.82)只能求得近似解,不能完全实现对未建模动态的动态补偿。

下面给出一种简单的加权项选择方法,即

$$P(z^{-1})=R(z^{-1})=1 \tag{6.3.84}$$

$$Q(z^{-1})=\lambda_1(1-z^{-1}) \tag{6.3.85}$$

$$K(z^{-1})=\lambda_2(1-z^{-1}) \tag{6.3.86}$$

λ_1 和 λ_2 采用离线凑试法选择,选择 λ_1 使其满足式(6.3.77)。

按照式(6.3.84)~式(6.3.86)来选择加权多项式,此时对应的控制器参数多项式 $\overline{H}(z^{-1})$ 和 $\overline{K}(z^{-1})$ 分别为

$$\overline{H}(z^{-1})=B(z^{-1})+\lambda_1(1-z^{-1}) \tag{6.3.87}$$

$$\overline{K}(z^{-1})=1+\lambda_2(1-z^{-1}) \tag{6.3.88}$$

于是,控制器方程式(6.3.17)和式(6.3.25)变为

$$\begin{aligned} [B(z^{-1})+\lambda_1(1-z^{-1})]u(k) &= w(k+1)-G(z^{-1})y(k) \\ &\quad -[1+\lambda_2(1-z^{-1})]v[\boldsymbol{\varphi}(k)] \end{aligned} \tag{6.3.89}$$

$$[B(z^{-1})+\lambda_1(1-z^{-1})]u(k)=w(k+1)-G(z^{-1})y(k) \tag{6.3.90}$$

综上所述，基于未建模动态补偿的非线性切换控制算法总结如下：

(1) 由式(6.3.77)～式(6.3.79)或者式(6.3.80)～式(6.3.83)或者式(6.3.84)～式(6.3.86)选择加权项 $P(z^{-1})$、$Q(z^{-1})$、$R(z^{-1})$和 $K(z^{-1})$；

(2) 由式(6.3.9)～式(6.3.13)和式(6.3.16)求控制器参数 $G(z^{-1})$和 $H(z^{-1})$，由线性控制器方程式(6.3.25)求得 $u(k)$，并作用于被控对象；

(3) 测取 $y(k+1)$和 $u(k)$，由式(6.3.22)求导师信号$\bar{v}[\boldsymbol{\varphi}(k)]$；

(4) 采用 $v[\boldsymbol{\varphi}(k)]$的 BP 神经网络估计算法式(6.2.18)～式(6.2.30)获得估计值$\hat{v}[\boldsymbol{\varphi}(k)]$；

(5) 由式(6.3.24)和式(6.3.25)计算 $u_j(k)$，$j=1,2$；

(6) 分别根据式(6.3.27)和式(6.3.28)计算模型的输出$\hat{y}_j(k+1)$，$j=1,2$；由式(6.3.31)分别计算 $e_j(k)$，$j=1,2$；

(7) 由式(6.3.29)～式(6.3.31)计算切换指标 $J_1[k,e_1(k)]$和 $J_2[k,e_2(k)]$，由式(6.3.32)求 $J^*(k)$；如果 $J^*(k)=J_1[k,e_1(k)]$，选择 $u(k)=u_1(k)$；如果 $J^*(k)=J_2[k,e_2(k)]$，选择 $u(k)=u_2(k)$；

(8) 将选择的 $u(k)$作用于被控对象；

(9) 返回步骤(3)，计算下一时刻的控制输入 $u(k)$。

6.4　基于未建模动态补偿的非线性自适应切换控制器设计

6.4.1　控制问题描述

被控对象的动态模型为

$$A(z^{-1})y(k)=B(z^{-1})u(k-1)+v[\boldsymbol{\varphi}(k-1)] \tag{6.4.1}$$

式中，$A(z^{-1})$和 $B(z^{-1})$如式(6.2.6)和式(6.2.7)所示，多项式 $A(z^{-1})$和 $B(z^{-1})$的阶次 n_A 和 n_B 已知，但多项式 $A(z^{-1})$和 $B(z^{-1})$的系数未知。$v[\boldsymbol{\varphi}(k-1)]$为未知的未建模动态，$\boldsymbol{\varphi}(k-1)$为

$$\boldsymbol{\varphi}(k-1)=[y(k-1),\cdots,y(k-n_A),u(k-1),\cdots,u(k-n_B-1)]^{\mathrm{T}}$$

控制目标是，针对上述未知的非线性被控对象模型式(6.4.1)，设计基于未建模动态补偿的非线性自适应切换控制器，保证闭环系统的输入输出信号有界，使被控对象的输出 $y(k)$跟踪参考输入 $w(k)$，并使其稳态误差的绝对值小于预先确定的值 ε ($\varepsilon>0$)，即

$$\lim_{k\to\infty}|\bar{e}(k)|=\lim_{k\to\infty}|y(k)-w(k)|<\varepsilon$$

6.4.2 基于未建模动态补偿的非线性自适应切换控制器

1. 辨识方程

当被控对象的 $A(z^{-1})$、$B(z^{-1})$ 及未建模动态 $v[\boldsymbol{\varphi}(k)]$ 未知时，控制器方程式(6.3.17)中的 $G(z^{-1})$、$H(z^{-1})$ 和 $v[\boldsymbol{\varphi}(k)]$ 未知，故控制器式(6.3.17)无法实现。采用隐式算法直接对控制器参数 $G(z^{-1})$ 和 $H(z^{-1})$ 进行估计，采用 BP 神经网络对 $v[\boldsymbol{\varphi}(k)]$ 进行估计，因此首先求控制器参数 $G(z^{-1})$ 和 $H(z^{-1})$ 的辨识方程以及神经网络的导师信号方程。将估计 $G(z^{-1})$ 和 $H(z^{-1})$ 的改进的投影算法和基于 BP 神经网络的 $v[\boldsymbol{\varphi}(k)]$ 估计算法交替使用，提出了对控制器参数 $G(z^{-1})$ 和 $H(z^{-1})$ 以及未建模动态 $v[\boldsymbol{\varphi}(k)]$ 的辨识算法，首先求控制器参数 $G(z^{-1})$ 和 $H(z^{-1})$ 的辨识方程以及 BP 神经网络的导师信号方程。

由式(6.4.1)、式(6.3.9)～式(6.3.13)和式(6.3.17)可得

$$\begin{aligned} v[\boldsymbol{\varphi}(k)] &= P(z^{-1})y(k+1) - G(z^{-1})y(k) - H(z^{-1})u(k) \\ &= P(z^{-1})y(k+1) - \boldsymbol{\varphi}^{\mathrm{T}}(k)\boldsymbol{\theta} \end{aligned} \tag{6.4.2}$$

$$P(z^{-1})y(k+1) - v[\boldsymbol{\varphi}(k)] = G(z^{-1})y(k) + H(z^{-1})u(k) = \boldsymbol{\varphi}^{\mathrm{T}}(k)\boldsymbol{\theta} \tag{6.4.3}$$

式中

$$G(z^{-1}) = g_0 + g_1 z^{-1} + \cdots + g_{n_A-1} z^{-n_A+1}$$

$$H(z^{-1}) = h_0 + h_1 z^{-1} + \cdots + h_{n_B} z^{-n_B}$$

$$\theta = [g_0, g_1, \cdots, g_{n_A-1}, h_0, h_1, \cdots, h_{n_B}]^{\mathrm{T}}$$

数据向量 $\boldsymbol{\varphi}(k)$ 为 $\boldsymbol{\varphi}(k) = [y(k), \cdots, y(k+1-n_A), u(k), \cdots, u(k-n_B)]^{\mathrm{T}}$。

从式(6.4.2)可以看出，由于 $\boldsymbol{\theta}$ 未知，因此，$v[\boldsymbol{\varphi}(k)]$ 未知。在辨识时，首先对 $\boldsymbol{\theta}$ 赋予初值，代入线性控制器式(6.3.25)得到 $u(k)$ 并作用于被控对象，获得 $y(k+1)$，从而由式(6.4.2)获得神经网络估计 $v[\boldsymbol{\varphi}(k)]$ 的导师信号，采用神经网络对 $v[\boldsymbol{\varphi}(k)]$ 进行估计，得到其估计值 $\hat{v}[\boldsymbol{\varphi}(k)]$，将其代入式(6.4.3)并采用改进的投影算法辨识 $\boldsymbol{\theta}$，从而得到 $\boldsymbol{\theta}$ 的辨识值 $\hat{\boldsymbol{\theta}}(k)$。然后把 $\hat{\boldsymbol{\theta}}(k)$ 和 $\hat{v}[\boldsymbol{\varphi}(k)]$ 代入非线性控制器方程式(6.3.24)获得非线性控制输入 $u(k)$，并作用于被控对象获得 $y(k+1)$，从而获得下一时刻的导师信号 $\bar{v}[\boldsymbol{\varphi}(k)]$，即

$$\bar{v}[\boldsymbol{\varphi}(k)] = P(z^{-1})y(k+1) - \boldsymbol{\varphi}^{\mathrm{T}}(k)\hat{\boldsymbol{\theta}}(k) \tag{6.4.4}$$

再通过下一时刻的数据向量 $\boldsymbol{\varphi}(k)$，采用 BP 神经网络进行估计，获得下一时刻 $v[\boldsymbol{\varphi}(k)]$ 的估计值，如此反复，即采用估计 $G(z^{-1})$ 和 $H(z^{-1})$ 的投影算法与 $v[\boldsymbol{\varphi}(k)]$ 的神经网络估计算法交替辨识的方式对非线性模型式(6.4.3)中的参数进行估计。

综上所述，$v[\boldsymbol{\varphi}(k)]$ 的神经网络估计的导师信号方程和估计 $G(z^{-1})$ 和 $H(z^{-1})$ 的参数辨识方程如下

$$\bar{v}[\boldsymbol{\varphi}(k)] = P(z^{-1})y(k+1) - \boldsymbol{\varphi}^{\mathrm{T}}(k)\hat{\boldsymbol{\theta}}(k) \tag{6.4.5}$$

$$P(z^{-1})y(k+1)-\hat{v}[\boldsymbol{\varphi}(k)]=G(z^{-1})y(k)+H(z^{-1})u(k)=\boldsymbol{\varphi}^{\mathrm{T}}(k)\boldsymbol{\theta} \tag{6.4.6}$$

2. 参数估计算法和非线性自适应控制器

采用 $v[\boldsymbol{\varphi}(k)]$ 的 BP 神经网络估计算法式(6.2.18)～式(6.2.30)对 $v[\boldsymbol{\varphi}(k)]$ 进行估计，获得 $v[\boldsymbol{\varphi}(k)]$ 的估计值 $\hat{v}[\boldsymbol{\varphi}(k)]$。将得到的估计值 $\hat{v}[\boldsymbol{\varphi}(k)]$ 代入式(6.3.17)可得控制输入向量 $u(k)$ 并作用于被控对象，得到被控对象的输出向量 $y(k+1)$，从而由式(6.4.5)可获得 BP 神经网络的导师信号

$$\bar{v}[\boldsymbol{\varphi}(k)]=P(z^{-1})y(k+1)-\boldsymbol{\varphi}^{\mathrm{T}}(k)\hat{\boldsymbol{\theta}}_2(k) \tag{6.4.7}$$

非线性控制器参数的辨识方程为

$$P(z^{-1})y(k+1)-\hat{v}[\boldsymbol{\varphi}(k)]=\boldsymbol{\varphi}^{\mathrm{T}}(k)\hat{\boldsymbol{\theta}}_2(k) \tag{6.4.8}$$

式中，$\hat{\boldsymbol{\theta}}_2(k)$ 为 k 时刻对参数 $\boldsymbol{\theta}$ 的估计值，$\hat{\boldsymbol{\theta}}_2(k)=[\hat{g}_{2,0}(k),\cdots,\hat{g}_{2,n_A-1}(k),\hat{h}_{2,0}(k),\cdots,\hat{h}_{2,n_B}(k)]^{\mathrm{T}}$。采用下面改进的带死区的投影算法[3]对 $\boldsymbol{\theta}$ 进行估计

$$\hat{\boldsymbol{\theta}}_2(k)=\hat{\boldsymbol{\theta}}_2(k-1)+\frac{a_2(k)\boldsymbol{\varphi}(k-1)e_2(k)}{1+\boldsymbol{\varphi}^{\mathrm{T}}(k-1)\boldsymbol{\varphi}(k-1)} \tag{6.4.9}$$

$$e_2(k)=P(z^{-1})y(k)-\boldsymbol{\varphi}^{\mathrm{T}}(k-1)\hat{\boldsymbol{\theta}}_2(k-1)-\hat{v}[\boldsymbol{\varphi}(k-1)] \tag{6.4.10}$$

$$a_2(k)=\begin{cases}1, & |e_2(k)|>2\xi\\ 0, & \text{否则}\end{cases} \tag{6.4.11}$$

式中，$\xi>0$ 为预先指定的估计误差的上界，满足 $|v[\boldsymbol{\varphi}(k-1)]-\hat{v}[\boldsymbol{\varphi}(k-1)]|<\xi$。

为避免辨识参数 $\hat{h}_{2,0}(k)$ 太小而导致控制输入过大，令

$$\hat{h}_{2,0}(k)=\begin{cases}\hat{h}_{2,0}(k), & \hat{h}_{2,0}(k)\geqslant h_{\min}\\ h_{\min}, & \hat{h}_{2,0}(k)<h_{\min}\end{cases},\quad h_{\min}=b_{\min} \tag{6.4.12}$$

式中，$b_{\min}$ 一般通过凑试产生。

$\hat{v}[\boldsymbol{\varphi}(k-1)]$ 为采用估计算法式(6.2.18)～式(6.2.30)对未建模动态 $v[\boldsymbol{\varphi}(k-1)]$ 的估计值。

然后，由式(6.3.24)、式(6.4.6)和式(6.4.8)可知，非线性自适应控制器方程为

$$\begin{aligned}\boldsymbol{\varphi}^{\mathrm{T}}(k)\hat{\boldsymbol{\theta}}_2(k)=&R(z^{-1})w(k+1)-Q(z^{-1})u(k)\\&-[K(z^{-1})+1]\hat{v}[\boldsymbol{\varphi}(k)]\end{aligned} \tag{6.4.13}$$

3. 参数估计算法和线性自适应控制器

由于非线性自适应控制器方程式(6.4.13)采用了未建模动态 $v[\boldsymbol{\varphi}(k)]$ 的估计值 $\hat{v}[\boldsymbol{\varphi}(k)]$，而且控制器参数 $G(z^{-1})$ 和 $H(z^{-1})$ 也采用了估计值，因此使得闭环系统成为时变的非线性系统，难以保证闭环系统的稳定性。为此，引入线性控制器式(6.3.25)，即

$$[H(z^{-1})+Q(z^{-1})]u(k)=R(z^{-1})w(k+1)-G(z^{-1})y(k) \tag{6.4.14}$$

由于线性控制器中的控制器参数$G(z^{-1})$和$H(z^{-1})$未知，由式(6.3.14)可知，不考虑$v[\boldsymbol{\varphi}(k)]$，则

$$P(z^{-1})y(k+1)=G(z^{-1})y(k)+H(z^{-1})u(k)=\boldsymbol{\varphi}^{\mathrm{T}}(k)\boldsymbol{\theta} \tag{6.4.15}$$

控制器参数辨识方程为

$$P(z^{-1})y(k+1)=\boldsymbol{\varphi}^{\mathrm{T}}(k)\hat{\boldsymbol{\theta}}_1(k) \tag{6.4.16}$$

式中，$\hat{\boldsymbol{\theta}}_1^{\mathrm{T}}(k)=[\hat{g}_{1,0}(k),\cdots,\hat{g}_{1,n_A-1}(k),\hat{h}_{1,0}(k),\cdots,\hat{h}_{1,n_B}(k)]$，表示在$k$时刻对参数$\theta$的估计，辨识算法如下

$$\hat{\boldsymbol{\theta}}_1(k)=\hat{\boldsymbol{\theta}}_1(k-1)+\frac{a_1(k)\boldsymbol{\varphi}(k-1)e_1(k)}{1+\boldsymbol{\varphi}^{\mathrm{T}}(k-1)\boldsymbol{\varphi}(k-1)} \tag{6.4.17}$$

$$e_1(k)=P(z^{-1})y(k)-\boldsymbol{\varphi}^{\mathrm{T}}(k-1)\hat{\boldsymbol{\theta}}_1(k-1) \tag{6.4.18}$$

$$a_1(k)=\begin{cases}1, & |e_1(k)|>2M\\ 0, & \text{否则}\end{cases} \tag{6.4.19}$$

为避免辨识参数$\hat{h}_{1,0}(k)$太小而导致控制输入过大，令

$$\hat{h}_{1,0}(k)=\begin{cases}\hat{h}_{1,0}(k), & \hat{h}_{1,0}(k)\geqslant h_{\min}\\ h_{\min}, & \hat{h}_{1,0}(k)<h_{\min}\end{cases},\quad h_{\min}=b_{\min} \tag{6.4.20}$$

式中，$b_{\min}$一般通过凑试产生。

由式(6.4.14)～式(6.4.16)可知，线性自适应控制器为

$$\boldsymbol{\varphi}^{\mathrm{T}}(k)\hat{\boldsymbol{\theta}}_1(k)=R(z^{-1})w(k+1)-Q(z^{-1})u(k) \tag{6.4.21}$$

4. 切换机制

为了保证闭环系统的稳定性，同时使系统具有良好的性能，需要在线性自适应控制器和非线性自适应控制器之间进行切换，线性自适应控制器用来保证闭环系统的输入输出信号有界，非线性自适应控制器由于对未建模动态进行了补偿，可以减少未建模动态对闭环系统输出的影响，因此，采用切换机制，如图6.4.1所示，它由线性模型、非线性模型以及切换函数组成。切换机制中的线性模型为

$$P(z^{-1})\hat{y}_1(k)=\boldsymbol{\varphi}^{\mathrm{T}}(k-1)\hat{\boldsymbol{\theta}}_1(k-1) \tag{6.4.22}$$

因此，由式(6.4.16)和式(6.4.22)可知

$$P(z^{-1})y(k)-P(z^{-1})\hat{y}_1(k)=P(z^{-1})y(k)-\boldsymbol{\varphi}^{\mathrm{T}}(k-1)\hat{\boldsymbol{\theta}}_1(k-1)=e_1(k)$$

非线性模型为

$$P(z^{-1})\hat{y}_2(k)=\boldsymbol{\varphi}^{\mathrm{T}}(k-1)\hat{\boldsymbol{\theta}}_2(k-1)+\hat{v}[\boldsymbol{\varphi}(k-1)] \tag{6.4.23}$$

因此，由式(6.4.8)和式(6.4.23)可知

$$\begin{aligned}P(z^{-1})y(k)-P(z^{-1})\hat{y}_2(k)&=P(z^{-1})y(k)-\boldsymbol{\varphi}^{\mathrm{T}}(k-1)\hat{\boldsymbol{\theta}}_2(k-1)-\hat{v}[\boldsymbol{\varphi}(k-1)]\\&=e_2(k)\end{aligned}$$

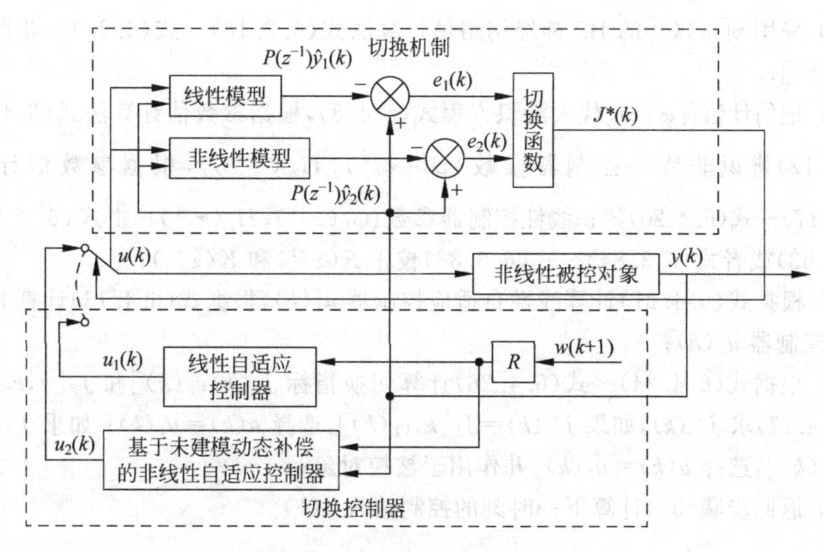

图 6.4.1 自适应切换控制结构

采用式(6.3.29)和式(6.3.30)的切换函数

$$J_j[k,e_j(k)] = \sum_{l=1}^{k} \frac{\mu_j(l)[e_j^2(l)-4M^2]}{1+\boldsymbol{\varphi}(l-1)^{\mathrm{T}}\boldsymbol{\varphi}(l-1)} + c\sum_{l=k-N+1}^{k}[1-\mu_j(l)]e_j^2(l) \tag{6.4.24}$$

$$\mu_j(k) = \begin{cases} 1, & |e_j(k)| > 2M \\ 0, & \text{否则} \end{cases} \tag{6.4.25}$$

$$e_j(k) = P(z^{-1})y(k) - P(z^{-1})\hat{y}_j(k) \quad j=1,2 \tag{6.4.26}$$

式中，$j=1$，$u_1(k)$由线性自适应控制器式(6.4.21)产生；$j=2$，$u_2(k)$由非线性自适应控制器式(6.4.13)产生。由式(6.4.18)、式(6.4.22)以及式(6.4.26)可知，$e_1(k)$为线性模型的辨识误差。由式(6.4.10)、式(6.4.23)以及式(6.4.26)可知，$e_2(k)$为非线性模型的辨识误差；N为正整数；$c \geqslant 0$为常数。

在任意时刻k，切换机制选择最小的切换函数所对应的控制器作用于被控对象，即

$$J^*(k) = \min\{J_1[k,e_1(k)], J_2[k,e_2(k)]\} \tag{6.4.27}$$

如果$J^*(k)=J_1[k,e_1(k)]$，选择$u_1(k)$作用于被控对象；如果$J^*(k)=J_2[k,e_2(k)]$，选择$u_2(k)$作用于被控对象。

综上所述，基于未建模动态补偿的非线性自适应切换控制算法总结如下：

(1) 由式(6.3.77)选择加权项$P(z^{-1})$和$Q(z^{-1})$；

(2) 对控制器参数$\{G_j(z^{-1}),H_j(z^{-1})\}(j=1,2)$赋予初值，即给定初值$\hat{\boldsymbol{\theta}}_j(0)$，并由线性自适应控制器式(6.4.21)求出$u(k)$并作用于被控对象；

(3) 测取$y(k+1)$和$u(k)$，由式(6.4.2)求导师信号$\bar{v}[\boldsymbol{\varphi}(k)]$；

(4) 采用$v[\boldsymbol{\varphi}(k)]$的 BP 神经网络估计算法式(6.2.18)～式(6.2.30)获得估计值$\hat{v}[\boldsymbol{\varphi}(k)]$；

(5) 把估计值$\hat{v}[\boldsymbol{\varphi}(k)]$代入辨识方程式(6.4.8)，根据参数估计算法式(6.4.9)～式(6.4.12)辨识非线性控制器参数$\{\hat{G}_2(z^{-1}),\hat{H}_2(z^{-1})\}$，根据参数估计算法式(6.4.17)～式(6.4.20)辨识线性控制器参数$\{\hat{G}_1(z^{-1}),\hat{H}_1(z^{-1})\}$，由式(6.3.81)～式(6.3.83)或者式(6.3.84)～式(6.3.86)校正$R(z^{-1})$和$K(z^{-1})$；

(6) 根据式(6.4.21)计算线性自适应控制器$u_1(k)$，根据式(6.4.13)计算非线性自适应控制器$u_2(k)$；

(7) 根据式(6.4.24)～式(6.4.26)计算切换指标$J_1[k,e_1(k)]$和$J_2[k,e_2(k)]$，由式(6.4.27)求$J^*(k)$，如果$J^*(k)=J_1[k,e_1(k)]$，选择$u(k)=u_1(k)$；如果$J^*(k)=J_2[k,e_2(k)]$，选择$u(k)=u_2(k)$，并作用于被控对象；

(8) 返回步骤(3)，计算下一时刻的控制输入$u(k)$。

6.4.3 全局收敛性分析

当被控对象的参数已知时，6.3 节已经证明了基于未建模动态补偿的非线性切换控制器可以使闭环系统的输入输出信号一致有界，使被控对象的输出$y(k)$与参考输入$w(k)$之间的稳态误差的绝对值小于预先给定的值$\varepsilon(\varepsilon>0)$。

由于被控对象参数未知，这时控制器的参数是用辨识算法得到的估计值代替，而估计值一般不收敛到真值，因此用估计值取代真参数来确定的控制律就不一定能保证闭环系统的输入输出信号一致有界，即稳定性，也不一定能保证使被控对象的输出$y(k)$与参考输入$w(k)$之间的稳态误差的绝对值小于预先给定的值ε，即收敛性。因此，有必要对基于未建模动态补偿的非线性自适应切换控制算法分析其稳定性和收敛性，即全局收敛性。

为了证明本章所提的基于未建模动态补偿的非线性自适应切换控制算法具有全局收敛性，首先建立以下两个引理。

引理 6.4.1 线性控制器参数辨识算法式(6.4.16)～式(6.4.20)具有下面的性质：

(1) $\|\hat{\boldsymbol{\theta}}_1(k)-\boldsymbol{\theta}\|\leqslant\|\hat{\boldsymbol{\theta}}_1(0)-\boldsymbol{\theta}\|$；

(2) $\lim\limits_{N\to\infty}\sum\limits_{k=1}^{N}\dfrac{a_1(k)[e_1(k)^2-4M^2]}{2[1+\boldsymbol{\varphi}^{\mathrm{T}}(k-1)\boldsymbol{\varphi}(k-1)]}<\infty$；

(3) $\lim\limits_{k\to\infty}\dfrac{a_1(k)[e_1(k)^2-4M^2]}{2[1+\boldsymbol{\varphi}^{\mathrm{T}}(k-1)\boldsymbol{\varphi}(k-1)]}=0$；

非线性控制器参数辨识算法式(6.4.8)～式(6.4.12)具有下面的性质：

(4) $\|\hat{\boldsymbol{\theta}}_2(k)-\boldsymbol{\theta}\|\leqslant\|\hat{\boldsymbol{\theta}}_2(0)-\boldsymbol{\theta}\|$；

(5) $\lim\limits_{k\to\infty}\dfrac{a_2(k)[e_2(k)^2-4\xi^2]}{2[1+\boldsymbol{\varphi}^{\mathrm{T}}(k-1)\boldsymbol{\varphi}(k-1)]}=0$。

证明　令

$$\tilde{\boldsymbol{\theta}}_i(k)=\hat{\boldsymbol{\theta}}_i(k)-\boldsymbol{\theta},\quad i=1,2 \tag{6.4.28}$$

首先给出当 $i=1$ 时的证明过程。将式(6.4.17)两边同时减去 θ 并利用式(6.4.28)可得

$$\tilde{\boldsymbol{\theta}}_1(k)=\tilde{\boldsymbol{\theta}}_1(k-1)+\frac{a_1(k)\boldsymbol{\varphi}(k-1)e_1(k)}{1+\boldsymbol{\varphi}^{\mathrm{T}}(k-1)\boldsymbol{\varphi}(k-1)} \tag{6.4.29}$$

由式(6.4.3)和式(6.4.18)可得

$$\begin{aligned}e_1(k)&=\boldsymbol{\varphi}^{\mathrm{T}}(k-1)\boldsymbol{\theta}-\boldsymbol{\varphi}^{\mathrm{T}}(k-1)\hat{\boldsymbol{\theta}}_1(k-1)+v[\boldsymbol{\varphi}(k-1)]\\&=-\boldsymbol{\varphi}^{\mathrm{T}}(k-1)\tilde{\boldsymbol{\theta}}_1(k-1)+v[\boldsymbol{\varphi}(k-1)]\end{aligned} \tag{6.4.30}$$

因此可得

$$\boldsymbol{\varphi}^{\mathrm{T}}(k-1)\tilde{\boldsymbol{\theta}}_1(k-1)=v[\boldsymbol{\varphi}(k-1)]-e_1(k) \tag{6.4.31}$$

由式(6.4.29)和式(6.4.31)可知

$$\begin{aligned}\|\tilde{\boldsymbol{\theta}}_1(k)\|^2=&\|\tilde{\boldsymbol{\theta}}_1(k-1)\|^2+\frac{2a_1(k)e_1(k)\boldsymbol{\varphi}^{\mathrm{T}}(k-1)\tilde{\boldsymbol{\theta}}_1(k-1)}{1+\boldsymbol{\varphi}^{\mathrm{T}}(k-1)\boldsymbol{\varphi}(k-1)}\\&+\frac{a_1^2(k)e_1^2(k)\|\boldsymbol{\varphi}(k-1)\|^2}{[1+\boldsymbol{\varphi}^{\mathrm{T}}(k-1)\boldsymbol{\varphi}(k-1)]^2}\\=&\|\tilde{\boldsymbol{\theta}}_1(k-1)\|^2+\frac{2a_1(k)e_1(k)[v[\boldsymbol{\varphi}(k-1)]-e_1(k)]}{1+\boldsymbol{\varphi}^{\mathrm{T}}(k-1)\boldsymbol{\varphi}(k-1)}\\&+\frac{a_1^2(k)e_1^2(k)\|\boldsymbol{\varphi}(k-1)\|^2}{[1+\boldsymbol{\varphi}^{\mathrm{T}}(k-1)\boldsymbol{\varphi}(k-1)]^2}\\=&\|\tilde{\boldsymbol{\theta}}_1(k-1)\|^2+\frac{2a_1(k)e_1(k)v[\boldsymbol{\varphi}(k-1)]}{1+\boldsymbol{\varphi}^{\mathrm{T}}(k-1)\boldsymbol{\varphi}(k-1)}\\&+\frac{a_1(k)e_1^2(k)}{1+\boldsymbol{\varphi}^{\mathrm{T}}(k-1)\boldsymbol{\varphi}(k-1)}\left[-2+\frac{a_1(k)\|\boldsymbol{\varphi}(k-1)\|^2}{1+\boldsymbol{\varphi}^{\mathrm{T}}(k-1)\boldsymbol{\varphi}(k-1)}\right]\end{aligned} \tag{6.4.32}$$

因为 $a_1(k)=1$ 或 $a_1(k)=0$，故

$$-2+\frac{a_1(k)\|\boldsymbol{\varphi}(k-1)\|^2}{1+\boldsymbol{\varphi}^{\mathrm{T}}(k-1)\boldsymbol{\varphi}(k-1)}\leqslant-1 \tag{6.4.33}$$

因此，式(6.4.32)变为

$$\begin{aligned}\|\tilde{\boldsymbol{\theta}}_1(k)\|^2\leqslant&\|\tilde{\boldsymbol{\theta}}_1(k-1)\|^2+\frac{2a_1(k)e_1(k)v[\boldsymbol{\varphi}(k-1)]}{1+\boldsymbol{\varphi}^{\mathrm{T}}(k-1)\boldsymbol{\varphi}(k-1)}\\&-\frac{a_1(k)e_1^2(k)}{1+\boldsymbol{\varphi}^{\mathrm{T}}(k-1)\boldsymbol{\varphi}(k-1)}\end{aligned} \tag{6.4.34}$$

又由于 $2ab\leqslant ka^2+b^2/k$ 对于任意的 k 成立，因此式(6.4.34)可以变为

$$\begin{aligned}\|\tilde{\boldsymbol{\theta}}_1(k)\|^2\leqslant&\|\tilde{\boldsymbol{\theta}}_1(k-1)\|^2+\frac{a_1(k)\left[\frac{1}{2}e_1^2(k)+2v[\boldsymbol{\varphi}(k-1)]^2\right]}{1+\boldsymbol{\varphi}^{\mathrm{T}}(k-1)\boldsymbol{\varphi}(k-1)}\\&-\frac{a_1(k)e_1^2(k)}{1+\boldsymbol{\varphi}^{\mathrm{T}}(k-1)\boldsymbol{\varphi}(k-1)}\\\leqslant&\|\tilde{\boldsymbol{\theta}}_1(k-1)\|^2-\frac{a_1(k)[e_1^2(k)-4M^2]}{2[1+\boldsymbol{\varphi}^{\mathrm{T}}(k-1)\boldsymbol{\varphi}(k-1)]}\end{aligned} \tag{6.4.35}$$

式(6.4.35)最后一个不等式成立是根据 $a_1(k)$ 的定义，当 $|e_1(k)|\leqslant 2M$ 时，$a_1(k)=0$；当 $|e_1(k)|>2M$ 时，$a_1(k)=1$。并且由 $a_1(k)$ 的定义知，不等式式(6.4.35)右边最后一项是非负的。

因此，$\{\|\tilde{\boldsymbol{\theta}}_1(k)\|^2\}$ 是一个单调非增序列，故可得

$$\|\tilde{\boldsymbol{\theta}}_1(k)\|^2\leqslant\|\tilde{\boldsymbol{\theta}}_1(k-1)\|^2\leqslant\|\tilde{\boldsymbol{\theta}}_1(0)\|^2 \tag{6.4.36}$$

结合 $\tilde{\boldsymbol{\theta}}_1$ 的定义即 $\tilde{\boldsymbol{\theta}}_1(k)=\hat{\boldsymbol{\theta}}_1(k)-\boldsymbol{\theta}$，则可证得引理 6.4.1 中的性质(1)。

由于 $\{\|\tilde{\boldsymbol{\theta}}_1(k)\|^2\}$ 是一个单调非增序列，则 $\tilde{\boldsymbol{\theta}}_1(k)$ 有界，并且有

$$\begin{aligned}&\lim_{N\to\infty}\sum_{k=1}^{N}\frac{a_1(k)[e_1^2(k)-4M^2]}{2[1+\boldsymbol{\varphi}^{\mathrm{T}}(k-1)\boldsymbol{\varphi}(k-1)]}\\&\leqslant\|\tilde{\boldsymbol{\theta}}_1(0)\|^2-\|\tilde{\boldsymbol{\theta}}_1(N)\|^2<\infty\end{aligned} \tag{6.4.37}$$

即引理 6.4.1 中的性质(2)成立。

由式(6.4.37)，根据单调有界收敛定理可知

$$\lim_{k\to\infty}\frac{a_1(k)[e_1^2(k)-4M^2]}{2[1+\boldsymbol{\varphi}^{\mathrm{T}}(k-1)\boldsymbol{\varphi}(k-1)]}=0 \tag{6.4.38}$$

即引理 6.4.1 中的性质(3)成立。

当 $i=2$ 时，则

$$\tilde{\boldsymbol{\theta}}_2(k)=\hat{\boldsymbol{\theta}}_2(k)-\boldsymbol{\theta} \tag{6.4.39}$$

则由式(6.4.3)和式(6.4.10)可知

$$\begin{aligned}e_2(k)&=\boldsymbol{\varphi}^{\mathrm{T}}(k-1)\boldsymbol{\theta}-\boldsymbol{\varphi}^{\mathrm{T}}(k-1)\hat{\boldsymbol{\theta}}_2(k-1)+v[\boldsymbol{\varphi}(k-1)]-\hat{v}[\boldsymbol{\varphi}(k-1)]\\&=-\tilde{\boldsymbol{\theta}}_2^{\mathrm{T}}(k-1)\boldsymbol{\varphi}(k-1)+v[\boldsymbol{\varphi}(k-1)]-\hat{v}[\boldsymbol{\varphi}(k-1)]\end{aligned} \tag{6.4.40}$$

因此，由式(6.4.9)、式(6.4.39)和式(6.4.40)可知

$$\begin{aligned}\|\tilde{\boldsymbol{\theta}}_2(k)\|^2\leqslant&\|\tilde{\boldsymbol{\theta}}_2(k-1)\|^2+\frac{2a_2(k)\tilde{\boldsymbol{\theta}}_2^{\mathrm{T}}(k-1)\boldsymbol{\varphi}(k-1)e_2(k)}{1+\boldsymbol{\varphi}^{\mathrm{T}}(k-1)\boldsymbol{\varphi}(k-1)}\\&+\frac{a_2^2(k)\boldsymbol{\varphi}^{\mathrm{T}}(k-1)\boldsymbol{\varphi}(k-1)e_2^2(k)}{[1+\boldsymbol{\varphi}^{\mathrm{T}}(k-1)\boldsymbol{\varphi}(k-1)]^2}\\=&\|\tilde{\boldsymbol{\theta}}_2(k-1)\|^2+\frac{2a_2(k)e_2(k)\{v[\boldsymbol{\varphi}(k-1)]-\hat{v}[\boldsymbol{\varphi}(k-1)]\}}{1+\boldsymbol{\varphi}^{\mathrm{T}}(k-1)\boldsymbol{\varphi}(k-1)}\\&-\frac{a_2(k)e_2^2(k)}{1+\boldsymbol{\varphi}^{\mathrm{T}}(k-1)\boldsymbol{\varphi}(k-1)}\left[2-\frac{a_2(k)\boldsymbol{\varphi}^{\mathrm{T}}(k-1)\boldsymbol{\varphi}(k-1)}{1+\boldsymbol{\varphi}^{\mathrm{T}}(k-1)\boldsymbol{\varphi}(k-1)}\right]\\\leqslant&\|\tilde{\boldsymbol{\theta}}_2(k-1)\|^2+\frac{2a_2(k)e_2(k)\{v[\boldsymbol{\varphi}(k-1)]-\hat{v}[\boldsymbol{\varphi}(k-1)]\}}{1+\boldsymbol{\varphi}^{\mathrm{T}}(k-1)\boldsymbol{\varphi}(k-1)}\\&-\frac{a_2(k)e_2^2(k)}{1+\boldsymbol{\varphi}^{\mathrm{T}}(k-1)\boldsymbol{\varphi}(k-1)}\\\leqslant&\|\tilde{\boldsymbol{\theta}}_2(k-1)\|^2+\frac{a_2(k)\{e_2^2(k)/2+2\{v[\boldsymbol{\varphi}(k-1)]-\hat{v}[\boldsymbol{\varphi}(k-1)]\}^2\}}{1+\boldsymbol{\varphi}^{\mathrm{T}}(k-1)\boldsymbol{\varphi}(k-1)}\\&-\frac{a_2(k)e_2^2(k)}{1+\boldsymbol{\varphi}^{\mathrm{T}}(k-1)\boldsymbol{\varphi}(k-1)}\\\leqslant&\|\tilde{\boldsymbol{\theta}}_2(k-1)\|^2-\frac{a_2(k)[e_2^2(k)-4\xi^2]}{2[1+\boldsymbol{\varphi}^{\mathrm{T}}(k-1)\boldsymbol{\varphi}(k-1)]}\end{aligned} \tag{6.4.41}$$

由于$|e_2(k)|>2\xi$时，$a_2(k)=1$，$|e_2(k)|\leqslant 2\xi$时，$a_2(k)=0$，故$\{\|\tilde{\boldsymbol{\theta}}_2(k)\|^2\}$是一个单调非增序列，故可得

$$\|\tilde{\boldsymbol{\theta}}_2(k)\|^2 \leqslant \|\tilde{\boldsymbol{\theta}}_2(k-1)\|^2 \leqslant \|\tilde{\boldsymbol{\theta}}_2(0)\|^2 \tag{6.4.42}$$

结合$\tilde{\boldsymbol{\theta}}_2$的定义即$\tilde{\boldsymbol{\theta}}_2(k)=\hat{\boldsymbol{\theta}}_2(k)-\theta$，则可证得引理6.4.1中的性质(4)。

由于$\{\|\tilde{\boldsymbol{\theta}}_2(k)\|^2\}$是一个单调非增序列，则$\tilde{\boldsymbol{\theta}}_2(k)$有界，并且有

$$\lim_{N\to\infty}\sum_{k=1}^{N}\frac{a_2(k)[e_2^2(k)-4\xi^2]}{2[1+\boldsymbol{\varphi}^{\mathrm{T}}(k-1)\boldsymbol{\varphi}(k-1)]} \leqslant \|\tilde{\boldsymbol{\theta}}_2(0)\|^2-\|\tilde{\boldsymbol{\theta}}_2(N)\|^2<\infty \tag{6.4.43}$$

由式(6.4.43)，根据单调有界收敛定理可知

$$\lim_{k\to\infty}\frac{a_2(k)[e_2^2(k)-4\xi^2]}{2[1+\boldsymbol{\varphi}^{\mathrm{T}}(k-1)\boldsymbol{\varphi}(k-1)]}=0$$

即引理6.4.1中的性质(5)成立。

■

引理6.4.2 当线性自适应控制算法式(6.4.16)～式(6.4.21)作用于被控对象式(6.4.1)时，闭环系统的输入输出方程为

$$\begin{aligned}&[P(z^{-1})B(z^{-1})+Q(z^{-1})A(z^{-1})]y(k)\\&=B(z^{-1})\hat{R}_1(z^{-1})w(k)+Q(z^{-1})v[\boldsymbol{\varphi}(k-1)]+B(z^{-1})e_1(k)\end{aligned} \tag{6.4.44}$$

$$\begin{aligned}&[P(z^{-1})B(z^{-1})+Q(z^{-1})A(z^{-1})]u(k-1)\\&=A(z^{-1})\hat{R}_1(z^{-1})w(k)-P(z^{-1})v[\boldsymbol{\varphi}(k-1)]+A(z^{-1})e_1(k)\end{aligned} \tag{6.4.45}$$

当非线性自适应控制器式(6.4.8)～式(6.4.13)作用于被控对象式(6.4.1)时，闭环系统的输入输出方程为

$$\begin{aligned}&[P(z^{-1})B(z^{-1})+Q(z^{-1})A(z^{-1})]y(k)\\&=B(z^{-1})\hat{R}_2(z^{-1})w(k)+B(z^{-1})\hat{K}(z^{-1})\{v[\boldsymbol{\varphi}(k-1)]-\hat{v}[\boldsymbol{\varphi}(k-1)]\}\\&\quad+[Q(z^{-1})-B(z^{-1})\hat{K}(z^{-1})]v[\boldsymbol{\varphi}(k-1)]+B(z^{-1})e_2(k)\end{aligned} \tag{6.4.46}$$

$$\begin{aligned}&[P(z^{-1})B(z^{-1})+Q(z^{-1})A(z^{-1})]u(k-1)\\&=A(z^{-1})\hat{R}_2(z^{-1})w(k)+A(z^{-1})\hat{K}(z^{-1})\{v[\boldsymbol{\varphi}(k-1)]-\hat{v}[\boldsymbol{\varphi}(k-1)]\}\\&\quad-[P(z^{-1})+A(z^{-1})\hat{K}(z^{-1})]v[\boldsymbol{\varphi}(k-1)]+A(z^{-1})e_2(k)\end{aligned} \tag{6.4.47}$$

证明 把式(6.4.21)代入式(6.4.18)可得

$$\begin{aligned}e_1(k)&=P(z^{-1})y(k)-\boldsymbol{\varphi}^{\mathrm{T}}(k-1)\hat{\boldsymbol{\theta}}(k-1)\\&=P(z^{-1})y(k)-\hat{R}_1(z^{-1})w(k)+Q(z^{-1})u(k-1)\end{aligned} \tag{6.4.48}$$

以$B(z^{-1})$乘式(6.4.48)两边，并利用式(6.4.1)可得

$$\begin{aligned}[P(z^{-1})B(z^{-1})+Q(z^{-1})A(z^{-1})]y(k)&=B(z^{-1})e_1(k)+B(z^{-1})\hat{R}_1(z^{-1})w(k)\\&\quad+Q(z^{-1})v[\boldsymbol{\varphi}(k-1)]\end{aligned} \tag{6.4.49}$$

即式(6.4.44)成立。

以 $A(z^{-1})$ 乘式(6.4.48)两边，并利用式(6.4.1)可得

$$[P(z^{-1})B(z^{-1})+Q(z^{-1})A(z^{-1})]u(k-1)=A(z^{-1})e_1(k)+A(z^{-1})\hat{R}_1(z^{-1})w(k)-P(z^{-1})v[\boldsymbol{\varphi}(k-1)] \quad (6.4.50)$$

即式(6.4.45)成立。

把式(6.4.13)代入式(6.4.10)可得

$$\begin{aligned}e_2(k)&=P(z^{-1})y(k)-\boldsymbol{\varphi}^{\mathrm{T}}(k-1)\hat{\boldsymbol{\theta}}_2(k-1)-\hat{v}[\boldsymbol{\varphi}(k-1)]\\&=P(z^{-1})y(k)-\hat{R}_2(z^{-1})w(k)\\&\quad+Q(z^{-1})u(k-1)+\hat{K}(z^{-1})\hat{v}[\boldsymbol{\varphi}(k-1)]\end{aligned} \quad (6.4.51)$$

以 $B(z^{-1})$ 乘式(6.4.51)两边，并利用式(6.4.1)可得

$$\begin{aligned}&[P(z^{-1})B(z^{-1})+Q(z^{-1})A(z^{-1})]y(k)\\&=B(z^{-1})e_2(k)+B(z^{-1})\hat{R}_2(z^{-1})w(k)+Q(z^{-1})v[\boldsymbol{\varphi}(k-1)]\\&\quad-B(z^{-1})\hat{K}(z^{-1})\hat{v}[\boldsymbol{\varphi}(k-1)]\end{aligned} \quad (6.4.52)$$

即式(6.4.46)成立。

以 $A(z^{-1})$ 乘式(6.4.51)两边，并利用式(6.4.1)可得

$$\begin{aligned}&[P(z^{-1})B(z^{-1})+Q(z^{-1})A(z^{-1})]u(k-1)\\&=A(z^{-1})e_2(k)+A(z^{-1})\hat{R}_2(z^{-1})w(k)-P(z^{-1})v[\boldsymbol{\varphi}(k-1)]\\&\quad-A(z^{-1})\hat{K}(z^{-1})\hat{v}[\boldsymbol{\varphi}(k-1)]\end{aligned} \quad (6.4.53)$$

即式(6.4.47)成立。

■

基于未建模动态补偿的非线性自适应切换控制器的全局收敛性由下面定理给出。

定理 6.4.1 假定被控对象式(6.4.1)满足下列条件：

(1) 模型的阶次 n_A 和 n_B 已知；

(2) 构成 $A(z^{-1})$ 和 $B(z^{-1})$ 的参数 $a_1,a_2,\cdots,a_{n_A},b_1,b_2,\cdots,b_{n_B}$ 在紧集 Ω 中变化，并且

$$b_0>b_{\min}>0$$

(3) 假设未建模动态 $v[\boldsymbol{\varphi}(k)]$ 满足[3]

$$|v[\boldsymbol{\varphi}(k)]|\leqslant M,\quad \forall k \quad (6.4.54)$$

式中，$M\geqslant 0$ 是 $v[\boldsymbol{\varphi}(k)]$ 的上界，并且当 $k\to\infty$ 时，$v[\boldsymbol{\varphi}(\infty)]$ 为常数；

(4) 凑试 $P(z^{-1})$ 和 $Q(z^{-1})$ 使其满足

$$P(z^{-1})B(z^{-1})+Q(z^{-1})A(z^{-1})\neq 0,\quad |z|\geqslant 1 \quad (6.4.55)$$

则当自适应控制算法式(6.4.16)～式(6.4.21)、式(6.4.8)～式(6.4.13)以及切换机制式(6.4.24)～式(6.4.27)作用于被控对象式(6.4.1)时，闭环系统的输入输出信号一致有界(BIBO 稳定)，即

$$|y(k)|<\infty,\quad |u(k)|<\infty \quad (6.4.56)$$

并且，被控对象的输出 $y(k)$ 与参考输入 $w(k)$ 之间的稳态误差的绝对值小于预先确定的值 $\varepsilon(\varepsilon>0)$，即

$$\lim_{k\to\infty} |\bar{e}(k)| \leqslant \varepsilon \tag{6.4.57}$$

证明　首先证明单独使用线性自适应控制算法式(6.4.16)～式(6.4.21)时，闭环系统输入输出信号有界。

由式(6.4.55)可知，闭环系统的输入输出方程式(6.4.44)和式(6.4.45)是稳定的，由 $v[\boldsymbol{\varphi}(k)]$ 的有界性，采用文献[6]附录 D.3 的引理 3 类似方法可证

$$|y(k)| \leqslant C_1 + C_2 \max_{0\leqslant\tau\leqslant k} |e_1(\tau)| \tag{6.4.58}$$

$$|u(k-1)| \leqslant C_3 + C_4 \max_{0\leqslant\tau\leqslant k} |e_1(\tau)| \tag{6.4.59}$$

式中，C_1、C_2、C_3、C_4 是大于零的常数。由于 $\boldsymbol{\varphi}(k-1)=[y(k-1),\cdots,y(k-n_A),u(k-1),\cdots,u(k-n_B-1)]^{\mathrm{T}}$，因此存在正常数 C_5、C_6 满足

$$\|\boldsymbol{\varphi}(k-1)\| \leqslant C_5 + C_6 \max_{0\leqslant\tau\leqslant k} |e_1(\tau)| \tag{6.4.60}$$

由引理 6.4.1 的(3)可知

$$\lim_{k\to\infty} \frac{a_1(k)[e_1(k)^2 - 4M^2]}{2(1+\boldsymbol{\varphi}^{\mathrm{T}}(k-1)\boldsymbol{\varphi}(k-1))} = 0 \tag{6.4.61}$$

因为 $|e_1(k)|>2M$ 时，$a_1(k)=1$；$|e_1(k)|\leqslant 2M$ 时，$a_1(k)=0$。所以式(6.4.61)中的分子是非负的。由式(6.4.60)和式(6.4.61)以及引理 6.3.2 可知，$\boldsymbol{\varphi}(k-1)$ 有界，即单独使用线性自适应控制器时，闭环系统 BIBO 稳定。

其次证明当自适应控制算法式(6.4.8)～式(6.4.13)以及切换机制式(6.4.24)～式(6.4.27)作用于被控对象式(6.4.1)时，闭环切换系统输入输出信号有界。

由式(6.4.55)可知，闭环系统的输入输出方程式(6.4.46)、式(6.4.57)是稳定的，由 $v[\boldsymbol{\varphi}(k)]$ 的有界性，采用文献[6]附录 D.3 的引理 3 类似方法可证

$$\|\boldsymbol{\varphi}(k-1)\| \leqslant C_7 + C_8 \max_{0\leqslant\tau\leqslant k} |e_2(\tau)| \tag{6.4.62}$$

式中，C_7、C_8 是大于零的常数。

由式(6.4.24)和 $\mu_1(k)$ 的定义可知，当 $|e_1(k)|\leqslant 2M$ 时

$$J_1[k,c_1(k)] = c\sum_{l=k-N+1}^{k} e_1^2(l) \leqslant 4cNM^2 \tag{6.4.63}$$

即 $J_1[k,e_1(k)]$ 有界。

当 $|e_1(k)|>2M$ 时，

$$J_1[k,e_1(k)] = \sum_{l=1}^{k} \frac{[e_1^2(l)-4M^2]}{1+\boldsymbol{\varphi}^{\mathrm{T}}(l-1)\boldsymbol{\varphi}(l-1)} \tag{6.4.64}$$

由引理 6.4.1 中的(2)可知，$J_1[k,e_1(k)]$ 有界。

因此，$J_1(k)$ 总是有界。对于 $J_2(k)$，在 k 时刻存在以下两种情况：

(1) $J_2(k)<J_1(k)$。由式(6.4.24)和 $\mu_2(k)$ 的定义可知，当 $|e_2(k)|\leqslant 2M$ 时，由式(6.4.62)可知 $\boldsymbol{\varphi}(k)$ 有界。当 $|e_2(k)|>2M$ 时

$$J_2[k,e_2(k)] = \sum_{l=1}^{k} \frac{[e_2^2(l)-4M^2]}{1+\boldsymbol{\varphi}^{\mathrm{T}}(l-1)\boldsymbol{\varphi}(l-1)} \tag{6.4.65}$$

由于$\frac{[e_2^2(l)-4M^2]}{1+\boldsymbol{\varphi}^{\mathrm{T}}(l-1)\boldsymbol{\varphi}(l-1)}\geqslant 0$,因此,$\sum_{l=1}^{k}\frac{[e_2^2(l)-4M^2]}{1+\boldsymbol{\varphi}^{\mathrm{T}}(l-1)\boldsymbol{\varphi}(l-1)}$单调递增。又因为$J_2(k)<J_1(k)$,而$J_1(k)$有界,因此$J_2(k)$有界,故$J_2[k,e_2(k)]$必收敛。根据单调有界收敛定理可知

$$\lim_{k\to\infty}\frac{\mu_2(k)[e_2(k)^2-4M^2]}{2[1+\boldsymbol{\varphi}^{\mathrm{T}}(k-1)\boldsymbol{\varphi}(k-1)]}=0 \tag{6.4.66}$$

由于式(6.4.66)中的分子非负,因此,根据式(6.4.62)和式(6.4.66),由引理6.3.2可知,$\boldsymbol{\varphi}(k-1)$亦有界,即闭环系统输入输出信号有界。

(2) $J_1(k)\leqslant J_2(k)$。根据切换机制,系统切换到线性自适应控制器式(6.4.21)来控制系统。由前面的分析可知,闭环系统输入输出信号有界。

综上所述,无论切换系统采用线性自适应控制器式(6.4.21)或非线性自适应控制器式(6.4.13),闭环切换系统的输入输出信号总是有界,即

$$|y(k)|<\infty,\quad |u(k)|<\infty$$

下面进行收敛性分析。

由式(6.4.61)和输入、输出信号有界性可知

$$\lim_{k\to\infty}[e_1(k)^2-4M^2]=0 \tag{6.4.67}$$

即,对任意小的正数ε_1,存在时刻$\overline{N}$,当$k>\overline{N}$时

$$|e_1(k)|<2M+\varepsilon_1 \tag{6.4.68}$$

式中,$\varepsilon_1\geqslant 0$为任意小的正数。

同理,由引理6.4.1中的(5)和输入、输出信号有界性可知

$$\lim_{k\to\infty}[e_2(k)^2-4\xi^2]=0 \tag{6.4.69}$$

即,对任意小的正数ε_2,存在时刻$\overline{N}$,当$k>\overline{N}$时

$$|e_2(k)|<2\xi+\varepsilon_2 \tag{6.4.70}$$

式中,$\varepsilon_2\geqslant 0$为任意小的正数。

因为$v[\varphi(k)]$是关于$\boldsymbol{\varphi}(k)$的有界连续函数,根据神经网络的万能逼近定理,因此可以设计合适的神经网络使$v[\boldsymbol{\varphi}(k)]$的估计值$\hat{v}[\boldsymbol{\varphi}(k)]$以任意精度逼近$v[\boldsymbol{\varphi}(k)]$,那么逼近误差可以表示为

$$|v[\boldsymbol{\varphi}(k)]-\hat{v}[\boldsymbol{\varphi}(k)]|\leqslant\xi \tag{6.4.71}$$

式中,ξ为预先指定的误差界,可以任意小。

由式(6.4.70)可知,当$k>\overline{N}$时,$|e_2(k)|$可以任意小。因此,有$|e_2(k)|\leqslant|e_1(k)|$,则系统切换到非线性自适应控制器。由式(6.4.52)可知,未建模动态满足$v[\boldsymbol{\varphi}(\infty)]$为常数,则

$$\lim_{k\to\infty}[Q(z^{-1})-B(z^{-1})\hat{K}(z^{-1})]v[\boldsymbol{\varphi}(k-1)]=[Q(1)-B(1)\hat{K}(1)]v[\boldsymbol{\varphi}(\infty)]=0 \tag{6.4.72}$$

因此,闭环系统的跟踪误差$\bar{e}(k)$满足

$$\lim_{k\to\infty}|\bar{e}(k)|=\frac{|B(1)|}{|B(1)\hat{R}_2(1)|}\lim_{k\to\infty}|e_2(k)|=\frac{1}{|\hat{R}_2(1)|}(2\xi+\varepsilon_2) \tag{6.4.73}$$

由于ξ和ε_2均可以任意小，因此，可以选择$(2\xi+\varepsilon_2)\leqslant|\hat{R}_2(1)|\varepsilon$，则由式(6.4.73)可知$\lim\limits_{k\to\infty}|\bar{e}(k)|\leqslant\varepsilon$。 ■

6.4.4 仿真实验

采用本节所提出的自适应切换控制算法对下列离散时间零动态不稳定的单输入单输出非线性被控对象进行仿真实验。

例 6.4.1 非线性自适应切换控制器仿真实验

非线性离散时间零动态不稳定被控对象模型为

$$\begin{aligned}y(k+1)=&2.6y(k)-1.2y(k-1)+u(k)+1.2u(k-1)\\&+\sin[u(k)+u(k-1)+y(k)+y(k-1)]\\&-\frac{u(k)+u(k-1)+y(k)+y(k-1)}{1+u(k)^2+u(k-1)^2+y(k)^2+y(k-1)^2}\end{aligned}$$

该模型的未建模动态$v[\boldsymbol{\varphi}(k)]$表示如下

$$\begin{aligned}v[\boldsymbol{\varphi}(k)]=&\sin[u(k)+u(k-1)+y(k)+y(k-1)]\\&-\frac{u(k)+u(k-1)+y(k)+y(k-1)}{1+u(k)^2+u(k-1)^2+y(k)^2+y(k-1)^2}\end{aligned}$$

$|v[\boldsymbol{\varphi}(k)]|$的上界$M=1$，$\boldsymbol{\varphi}(k)=[y(k),y(k-1),u(k),u(k-1)]^{\mathrm{T}}$，$B(z^{-1})=1+1.2z^{-1}$的零点为$z=-1.2$，上述非线性模型在原点处的零动态是不稳定的。

按照式(6.3.80)～式(6.3.83)，加权多项式选择为$P(z^{-1})=1$、$R(z^{-1})=1$、$Q(z^{-1})=0.2$和$K(z^{-1})=0.0955$，此时闭环系统的特征根分别为$-0.2833\pm \mathrm{j}0.3460$，均在单位圆内。

BP神经网络的隐含层节点数$l=18$，激活函数为“S-型”传输函数；输出层的激活函数取线性传输函数。学习率$l_r=1$，动量因子$m_c=0.95$。

选择切换函数中的参数$N=2$，$c=1$。参考输入选为$w(k)=3\mathrm{sgn}[\sin(\pi k/50)]$。稳态跟踪误差上界$\varepsilon=0.01$。

采用本节介绍的自适应切换控制算法对上述模型进行仿真实验，被控对象的初始状态为$y(0)=0$，$u(0)=0$，$\boldsymbol{\theta}_1(0)=[2.5,-1.11,1.04,1.15]$，$\boldsymbol{\theta}_2(0)=[2.5,-1.11,1.04,1.15]$，$v[\boldsymbol{\varphi}(0)]=0$。运行时间从$k=0$到$k=250$，仿真结果如图6.4.2～图6.4.5所示。其中，图6.4.2为被控对象输出$y(k)$跟踪参考输入曲线以及控制量$u(k)$曲线；图6.4.3为线性自适应控制器和非线性自适应控制器的切换序列。

图6.4.2是采用本节提出的基于未建模动态补偿的非线性自适应切换控制算法时系统跟踪阶跃信号的情况以及控制器输入，从图中可以看出，当参考输入信号阶跃变化时，被控对象的输出有小幅振荡，分析$k=50$到$k=100$的输出数据可知，当$k=75$时，$y(75)=-3.01$，当$k=76$时，$y(76)=-2.993$，因此，从$k=76$开始，$|\bar{e}(k)|=0.007<0.01$，系统已经实现了跟踪参考输入的控制目标，并且跟踪误差小于预先指

定的 ε。从控制输入曲线可知,控制器的最大值为 $|u_{\max}(k)|=9.482$,而且,控制输入幅值变化大的阶段正好是参考输入阶跃变化时引起的,因为参考输入的阶跃变化导致非线性辨识误差增大,尤其是此时未建模动态估计的方向不对,造成估计误差增大,为了保证系统稳定,系统切换到线性控制器。

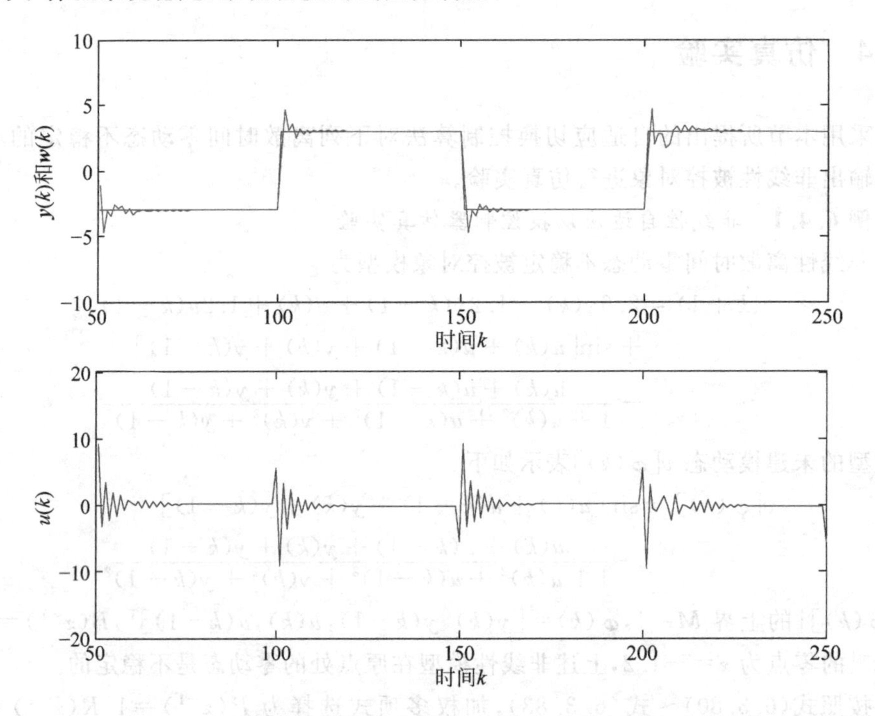

图 6.4.2 采用基于未建模动态补偿的非线性自适应切换控制算法时的被控对象输出、参考输入和控制输入

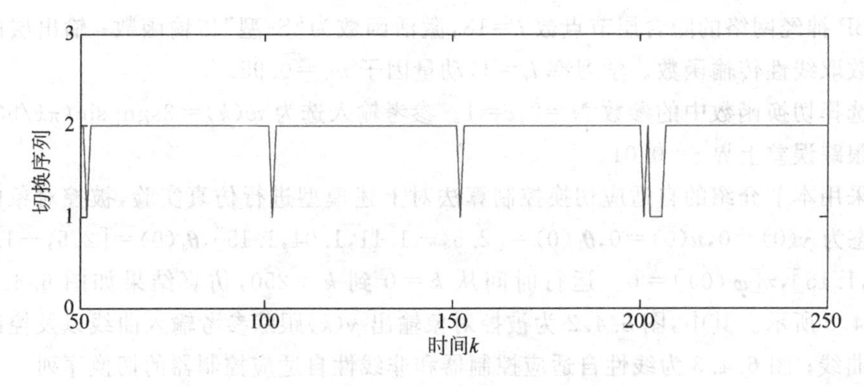

图 6.4.3 控制器切换序列(纵轴上 1 表示线性自适应控制器,2 表示非线性自适应控制器)

图 6.4.3 为控制器切换序列。从图中可以看出:控制器切换了五次,大部分时间是基于 BP 神经网络补偿的非线性自适应控制器作用于被控对象,只有当参考输入阶跃变化时,此时由于未建模动态估计方向的错误造成非线性辨识误差增大,为

保证系统稳定，系统切换到线性控制器，但随着系统进入稳态的过程中，估计方向准确，从而使得非线性辨识误差减小，系统切换到非线性控制器。

图 6.4.4 是未建模动态(实线)及其估计值(虚线)，从图中可以看出未建模动态的大小在[−2.226,1.895]之间，符合式(6.4.68)。随机抽出 10 组未建模动态及其估计值的数据表 6.4.1 所示。

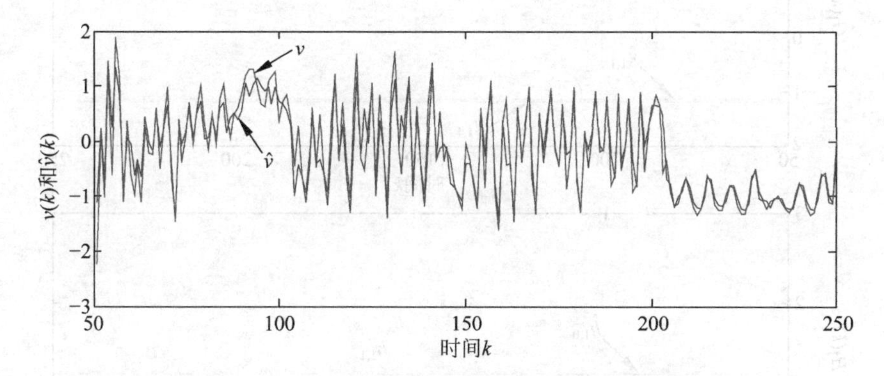

图 6.4.4 未建模动态(实线)及其估计值(虚线)

表 6.4.1 BP 神经网络逼近未建模动态的相对误差

原始数据	BPNN 估计值	相对误差
0.921	1.4049	0.525 39
0.6515	0.534 54	0.179 53
0.256 14	0.192 39	0.248 88
−0.895 18	−0.376 47	0.579 45
0.7615	0.794 23	0.042 98
−0.359 91	−0.392 31	0.090 03
0.435 89	0.4888	0.1214
−1.0124	−0.955 06	0.056 624
−0.853 09	−0.707 09	0.171 15
−0.255 01	−0.051 639	0.7975

从表 6.4.1 可以看出，基于 BP 神经网络的未建模动态估计算法能保证大部分时刻估计方向是对的，说明了估计算法的有效性。

图 6.4.5 是线性自适应控制器参数及其非线性自适应控制器参数的变化情况。从图中可以看出，估计值趋于真值，说明辨识算法是有效的。

6.4.5 非线性自适应切换控制算法改进

本章提出的非线性切换控制方法存在以下问题：

(1) 本节提出的控制方法只适合于被控对象是单个工作点的情况，对多工作点

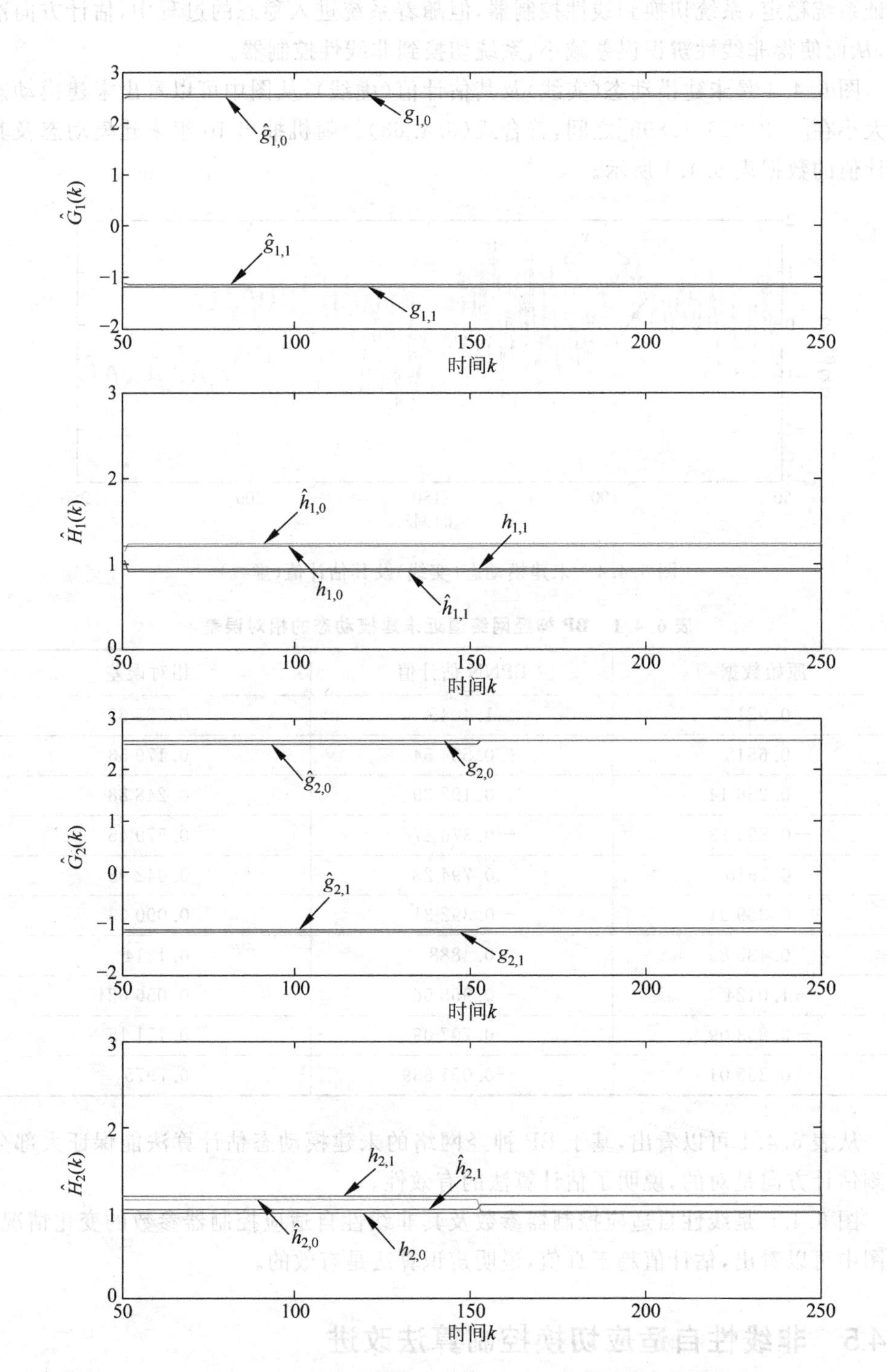

图 6.4.5 线性自适应控制器参数和非线性自适应控制器参数的估计过程

的被控对象,可将本章的方法进行推广,解决的思想是针对每个工作点设计非线性(自适应)切换控制器,从而实现多工作点的非线性切换控制,具体内容详见文献[4]。

(2) 本节的切换控制算法是建立在未建模动态全局有界的假设条件下,可将未建模动态全局有界的条件放宽为线性增长,即

$$|v[\boldsymbol{\varphi}(k)]| \leqslant \gamma(k), \quad \forall k$$

式中,$\gamma(k)$是$v[\boldsymbol{x}(k)]$的上界函数,定义为

$$\gamma(k) = \varepsilon_1 \|\boldsymbol{\varphi}(k)\| + \varepsilon_2$$

$$\|\boldsymbol{\varphi}(k)\| = \{\boldsymbol{\varphi}^{\mathrm{T}}(k)\boldsymbol{\varphi}(k)\}^{\frac{1}{2}}$$

式中,$0 \leqslant \varepsilon_1 < 1, \varepsilon_2 > 0$ 均为已知常数。

另外,本章采用 BP 神经网络来估计未建模动态,由于 BP 神经网络收敛速度慢,并且容易陷入局部极小,因此,可采用自适应神经模糊推理系统来估计未建模动态,具体内容详见文献[5]。

(3) 本节的控制算法采用一步超前控制策略设计,也可将本节介绍的控制策略改成预测控制,则性能指标式(6.3.5)相应地变为预测控制的性能指标,即

$$J = \sum_{j=1}^{N_1}[y(k+j) - r_j w(k+j) + S_j(z^{-1})v[\boldsymbol{x}(k+j-1)]]^2 + \sum_{j=1}^{N_2}\lambda_j u(k+j-1)^2$$

式中,N_1、N_2 分别为预测时域长度和控制时域长度;λ_j 为控制量的加权系数;$S_j(z^{-1})$为关于 z^{-1}的加权多项式;r_j 为加权常数。

基于非线性自适应预测控制的具体算法详见文献[7]。

(4) 针对被控对象的参数已知时,在未建模动态线性增长的条件下,可以把参数的不确定性全部归于未建模动态中,从而不需要辨识系统或者控制器的参数,采用自适应神经模糊推理系统来估计未建模动态,提出了基于未建模动态补偿的非线性切换控制算法,具体内容详见文献[8]。

(5) 从控制方程式(6.3.17)可以看出,$u(k)$的实现需要未建模动态 $v[\boldsymbol{\varphi}(k)]$的估计值$\hat{v}[\boldsymbol{\varphi}(k)]$,而 $v[\boldsymbol{\varphi}(k)]$的估计算法的数据向量$\boldsymbol{\varphi}(k)$中含有未知的 $u(k)$,因此,本节的估计算法中采用上一时刻的控制输入 $u(k-1)$代替当前未知的控制输入信号 $u(k)$,影响估计的收敛性与精度。为了提高精度,将 $u(k)$表示成 $u(k-1)$与控制输入增量 $\Delta u(k)$之和的形式,在 $u(k-1)$处将未建模动态全微分展开,使其分为两部分,并对两部分分别进行估计,从而提高了估计的精度,使得控制器的补偿性能得到提高,具体控制算法详见文献[9]。

6.5　基于未建模动态补偿的非线性多变量切换控制器设计

非线性多变量自适应切换控制的参数可调控制器的基础是基于未建模动态补偿的非线性多变量切换控制器,为此,首先介绍模型参数已知时的基于未建模动态补偿的非线性多变量切换控制器。

6.5.1 控制问题描述

复杂工业过程中非线性多变量被控对象一般可以描述为

$$\boldsymbol{y}(k+d)=\boldsymbol{f}[\boldsymbol{y}(k+d-1),\cdots,\boldsymbol{y}(k+d-n_A),\boldsymbol{u}(k),\cdots,\boldsymbol{u}(k-n_B)] \tag{6.5.1}$$

式中,$\boldsymbol{u}(k)=[u_1(k),\cdots,u_n(k)]^{\mathrm{T}}$、$\boldsymbol{y}(k)=[y_1(k),\cdots,y_n(k)]^{\mathrm{T}}$ 分别为 k 时刻被控对象的输入和输出向量;$\boldsymbol{f}[\cdot]=[f_1(\cdot),\cdots,f_n(\cdot)]^{\mathrm{T}}$ 为光滑的非线性向量函数;d 为延时;n_A、n_B 为模型的阶次。令

$$\boldsymbol{\varphi}(k-d)=[\boldsymbol{y}^{\mathrm{T}}(k-1),\cdots,\boldsymbol{y}^{\mathrm{T}}(k-n_A),\boldsymbol{u}^{\mathrm{T}}(k-d),\cdots,\boldsymbol{u}^{\mathrm{T}}(k-d-n_B)]^{\mathrm{T}} \tag{6.5.2}$$

$\boldsymbol{\varphi}(k-d)$是维数为 $p=(n_A+n_B+1)n$ 的数据向量,则式(6.5.1)可表示为

$$\boldsymbol{y}(k)=\boldsymbol{f}[\boldsymbol{\varphi}(k-d)] \tag{6.5.3}$$

与单变量被控对象式(6.2.1)类似,多变量被控对象式(6.5.1)在工作点附近可以用线性模型与高阶非线性项的线性组合来描述。假设工作点为原点$(\boldsymbol{0},\boldsymbol{0})$,并且为非线性被控对象式(6.5.1)的平衡点,将式(6.5.1)在平衡点 $\boldsymbol{y}=\boldsymbol{0}$、$\boldsymbol{u}=\boldsymbol{0}$附近 Taylor 展开,并令其在该点处的一阶 Taylor 系数矩阵分别为

$$\boldsymbol{A}_i=(-1)\boldsymbol{f}'_{y_i}\Big|_{\substack{u=0\\y=0}},\quad i=1,2,\cdots,n_A \tag{6.5.4}$$

$$\boldsymbol{B}_j=\boldsymbol{f}'_{u_j}\Big|_{\substack{u=0\\y=0}},\quad j=0,1,\cdots,n_B \tag{6.5.5}$$

式中

$$\boldsymbol{f}'_{y_i}=\frac{\partial \boldsymbol{f}}{\partial \boldsymbol{y}^{\mathrm{T}}(k+d-i)}=\begin{bmatrix}\dfrac{\partial f_1}{\partial y_1(k+d-i)} & \dfrac{\partial f_1}{\partial y_2(k+d-i)} & \cdots & \dfrac{\partial f_1}{\partial y_n(k+d-i)}\\ \dfrac{\partial f_2}{\partial y_1(k+d-i)} & \dfrac{\partial f_2}{\partial y_2(k+d-i)} & \cdots & \dfrac{\partial f_2}{\partial y_n(k+d-i)}\\ \vdots & \vdots & & \vdots\\ \dfrac{\partial f_n}{\partial y_1(k+d-i)} & \dfrac{\partial f_n}{\partial y_2(k+d-i)} & \cdots & \dfrac{\partial f_n}{\partial y_n(k+d-i)}\end{bmatrix},\quad i=1,2,\cdots,n_A \tag{6.5.6}$$

$$\boldsymbol{f}'_{u_j}=\frac{\partial \boldsymbol{f}}{\partial \boldsymbol{u}^{\mathrm{T}}(k-j)}=\begin{bmatrix}\dfrac{\partial f_1}{\partial u_1(k-j)} & \dfrac{\partial f_1}{\partial u_2(k-j)} & \cdots & \dfrac{\partial f_1}{\partial u_n(k-j)}\\ \dfrac{\partial f_2}{\partial u_1(k-j)} & \dfrac{\partial f_2}{\partial u_2(k-j)} & \cdots & \dfrac{\partial f_2}{\partial u_n(k-j)}\\ \vdots & \vdots & & \vdots\\ \dfrac{\partial f_n}{\partial u_1(k-j)} & \dfrac{\partial f_n}{\partial u_2(k-j)} & \cdots & \dfrac{\partial f_n}{\partial u_n(k-j)}\end{bmatrix},\quad j=0,1,\cdots,n_B \tag{6.5.7}$$

记

$$\boldsymbol{A}(z^{-1}) = \boldsymbol{I} + \boldsymbol{A}_1 z^{-1} + \cdots + \boldsymbol{A}_{n_A} z^{-n_A} \tag{6.5.8}$$

$$\boldsymbol{B}(z^{-1}) = \boldsymbol{B}_0 + \boldsymbol{B}_1 z^{-1} + \cdots + \boldsymbol{B}_{n_B} z^{-n_B} \tag{6.5.9}$$

于是得到式(6.5.1)在平衡点$(\boldsymbol{0},\boldsymbol{0})$附近的模型如下

$$\boldsymbol{A}(z^{-1})\boldsymbol{y}(k) = \boldsymbol{B}(z^{-1})\boldsymbol{u}(k-d) + \boldsymbol{v}[\boldsymbol{\varphi}(k-d)] \tag{6.5.10}$$

式中，$\boldsymbol{v}[\boldsymbol{\varphi}(k-d)]$是高阶非线性向量函数[1]，称为未建模动态。在 6.3 节和 6.4 节我们假设未建模动态是有界的，如果未建模动态无界，对于工业过程，未建模动态的延时差分项 $\Delta\boldsymbol{v}[\boldsymbol{\varphi}(k)] := \boldsymbol{v}[\boldsymbol{\varphi}(k)] - \boldsymbol{v}[\boldsymbol{\varphi}(k-d)]$是有界的。因此我们假定$\Delta\boldsymbol{v}[\boldsymbol{\varphi}(k)]$是有界的，并且假设被控对象是最小相位的，即$\boldsymbol{B}(z^{-1})$为稳定的多项式矩阵。

控制目标是，针对上述非线性多变量被控对象式(6.5.10)，设计基于未建模动态补偿的非线性多变量切换控制器，保证闭环系统的输入、输出信号有界，使被控对象的输出 $\boldsymbol{y}(k)$跟踪参考输入 $\boldsymbol{w}(k)$，并使稳态跟踪误差的范数小于预先确定的值 $\varepsilon(\varepsilon>0)$，即

$$\lim_{k\to\infty} \| \bar{\boldsymbol{e}}(k) \| = \lim_{k\to\infty} \| \boldsymbol{y}(k) - \boldsymbol{w}(k) \| < \varepsilon$$

6.5.2 基于未建模动态补偿的非线性多变量切换控制器

1. 基于未建模动态补偿的非线性多变量控制器

基于未建模动态补偿的非线性多变量控制器采用如图 6.5.1 所示的结构。由图 6.5.1 可知，基于未建模动态补偿的非线性多变量控制器方程为

$$(1-z^{-d})\overline{\boldsymbol{H}}(z^{-1})\boldsymbol{u}(k) = \overline{\boldsymbol{R}}(z^{-1})\boldsymbol{w}(k+d) - \overline{\boldsymbol{G}}(z^{-1})\boldsymbol{y}(k) - (1-z^{-d})\overline{\boldsymbol{K}}(z^{-1})\boldsymbol{v}[\boldsymbol{\varphi}(k)] \tag{6.5.11}$$

式中，控制项$\overline{\boldsymbol{R}}(z^{-1})$、$\overline{\boldsymbol{H}}(z^{-1})$、$\overline{\boldsymbol{G}}(z^{-1})$和补偿项$\overline{\boldsymbol{K}}(z^{-1})$都是 z^{-1} 的多项式矩阵；$1-z^{-d} := \Delta$ 为差分算子。由$\overline{\boldsymbol{R}}(z^{-1})$、$\Delta\overline{\boldsymbol{H}}(z^{-1})$和 $\overline{\boldsymbol{G}}(z^{-1})$组成的反馈控制器使被控对象的输出 $\boldsymbol{y}(k)$跟踪参考输入信号 $\boldsymbol{w}(k)$；未建模动态补偿项$\overline{\boldsymbol{K}}(z^{-1})$和差分算子 Δ 用来消除高阶非线性项$\boldsymbol{v}[\boldsymbol{\varphi}(k)]$对被控对象输出的影响。

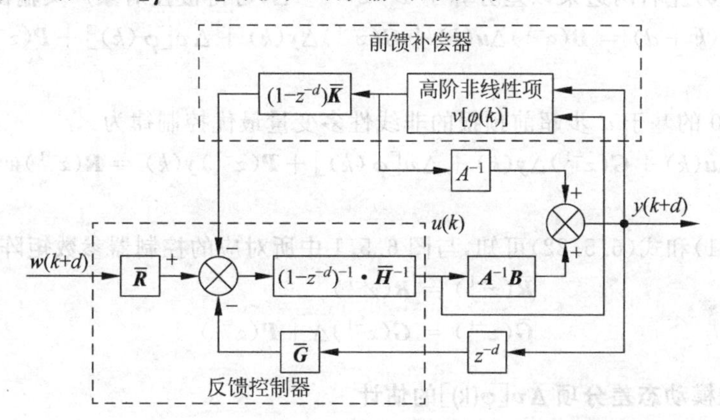

图 6.5.1　基于未建模动态补偿的非线性多变量控制器结构

由于被控对象式(6.5.10)是最小相位的，因此选择

$$\bar{\boldsymbol{H}}(z^{-1})=\boldsymbol{B}(z^{-1}) \tag{6.5.12}$$

将控制器方程式(6.5.11)代入被控对象模型式(6.5.10)得到闭环系统方程

$$\begin{aligned}&[\Delta\bar{\boldsymbol{H}}(z^{-1})\boldsymbol{A}(z^{-1})+z^{-d}\boldsymbol{B}(z^{-1})\bar{\boldsymbol{G}}(z^{-1})]\boldsymbol{y}(k)\\&=\boldsymbol{B}(z^{-1})\bar{\boldsymbol{R}}(z^{-1})\boldsymbol{w}(k)+[\bar{\boldsymbol{H}}(z^{-1})-\boldsymbol{B}(z^{-1})\bar{\boldsymbol{K}}(z^{-1})]\Delta\boldsymbol{v}[\boldsymbol{\varphi}(k-d)]\end{aligned} \tag{6.5.13}$$

从式(6.5.13)可以看出，选择

$$\bar{\boldsymbol{K}}(z^{-1})=\boldsymbol{I} \tag{6.5.14}$$

可以消除未建模动态的差分项 $\Delta\boldsymbol{v}[\boldsymbol{\varphi}(k)]$ 对被控对象输出的影响。如果选择

$$\bar{\boldsymbol{R}}(z^{-1})=\Delta\boldsymbol{A}(z^{-1})+z^{-d}\bar{\boldsymbol{G}}(z^{-1})$$

可以消除被控对象的输出 $\boldsymbol{y}(k)$ 与参考输入 $\boldsymbol{w}(k)$ 之间动态误差。

为了选择控制器参数矩阵 $\bar{\boldsymbol{R}}(z^{-1})$、$\bar{\boldsymbol{G}}(z^{-1})$，引入如下性能指标

$$J=\|\boldsymbol{P}(z^{-1})\boldsymbol{y}(k+d)-\boldsymbol{R}(z^{-1})\boldsymbol{w}(k+d)\|^2 \tag{6.5.15}$$

式中，$\boldsymbol{P}(z^{-1})$ 和 $\boldsymbol{R}(z^{-1})$ 为关于 z^{-1} 的加权多项式矩阵。

求使性能指标式(6.5.15)极小的最优控制律，采用类似于3.2.1节介绍的最小方差控制器的设计方法，定义广义输出向量为

$$\boldsymbol{\phi}(k+d)=\boldsymbol{P}(z^{-1})\boldsymbol{y}(k+d) \tag{6.5.16}$$

广义理想输出向量定义为

$$\boldsymbol{y}^*(k+d)=\boldsymbol{R}(z^{-1})\boldsymbol{w}(k+d) \tag{6.5.17}$$

广义输出误差定义为

$$\begin{aligned}\boldsymbol{e}(k+d)&=\boldsymbol{\phi}(k+d)-\boldsymbol{y}^*(k+d)\\&=\boldsymbol{P}(z^{-1})\boldsymbol{y}(k+d)-\boldsymbol{R}(z^{-1})\boldsymbol{w}(k+d)\end{aligned} \tag{6.5.18}$$

引入如下方程

$$\boldsymbol{P}(z^{-1})=\boldsymbol{A}(z^{-1})+z^{-d}\boldsymbol{G}(z^{-1}) \tag{6.5.19}$$

将式(6.5.19)代入被控对象方程式(6.5.10)，可得

$$\boldsymbol{P}(z^{-1})\boldsymbol{y}(k+d)=\boldsymbol{B}(z^{-1})\boldsymbol{u}(k)+\boldsymbol{G}(z^{-1})\boldsymbol{y}(k)+\boldsymbol{v}[\boldsymbol{\varphi}(k)] \tag{6.5.20}$$

将式(6.5.20)左右两边乘以差分算子 $1-z^{-d}:=\Delta$，可得被控对象广义输出向量为

$$\boldsymbol{P}(z^{-1})\boldsymbol{y}(k+d)=\boldsymbol{B}(z^{-1})\Delta\boldsymbol{u}(k)+\boldsymbol{G}(z^{-1})\Delta\boldsymbol{y}(k)+\Delta\boldsymbol{v}[\boldsymbol{\varphi}(k)]+\boldsymbol{P}(z^{-1})\boldsymbol{y}(k) \tag{6.5.21}$$

因此使 $J=0$ 的基于 d 步超前预报的非线性多变量最优控制律为

$$\boldsymbol{B}(z^{-1})\Delta\boldsymbol{u}(k)+\boldsymbol{G}(z^{-1})\Delta\boldsymbol{y}(k)+\Delta\boldsymbol{v}[\boldsymbol{\varphi}(k)]+\boldsymbol{P}(z^{-1})\boldsymbol{y}(k)=\boldsymbol{R}(z^{-1})\boldsymbol{w}(k+d) \tag{6.5.22}$$

由式(6.5.11)和式(6.5.22)可知，与图6.5.1中所对应的控制器参数矩阵为

$$\bar{\boldsymbol{R}}(z^{-1})=\boldsymbol{R}(z^{-1}) \tag{6.5.23}$$

$$\bar{\boldsymbol{G}}(z^{-1})=\boldsymbol{G}(z^{-1})\Delta+\boldsymbol{P}(z^{-1}) \tag{6.5.24}$$

2. 未建模动态差分项 $\Delta\boldsymbol{v}[\boldsymbol{\varphi}(k)]$ 的估计

当采用非线性多变量控制器式(6.5.22)时，由于未建模动态的差分项 $\Delta\boldsymbol{v}[\boldsymbol{\varphi}(k)]$

未知，故控制器式(6.5.22)无法实现。为此，采用 6.2.2 节介绍的基于 BP 神经网络的未建模动态的估计算法对 $\Delta \boldsymbol{v}[\boldsymbol{\varphi}(k)]$ 进行估计，获得 $\Delta \boldsymbol{v}[\boldsymbol{\varphi}(k)]$ 的估计值 $\Delta \hat{\boldsymbol{v}}[\boldsymbol{\varphi}(k)]$。将得到的估计值 $\Delta \hat{\boldsymbol{v}}[\boldsymbol{\varphi}(k)]$ 代入式(6.5.22)可得控制输入向量 $\boldsymbol{u}(k)$，得到被控对象的输出向量 $\boldsymbol{y}(k+d)$，从而由式(6.5.10)可获得 BP 神经网络的导师信号

$$\Delta \bar{\boldsymbol{v}}[\boldsymbol{\varphi}(k)] = \boldsymbol{A}(z^{-1})\Delta \boldsymbol{y}(k+d) - \boldsymbol{B}(z^{-1})\Delta \boldsymbol{u}(k) \tag{6.5.25}$$

式中，数据向量 $\boldsymbol{\varphi}(k)$ 为

$$\boldsymbol{\varphi}(k) = [\boldsymbol{y}^{\mathrm{T}}(k+d-1),\cdots,\boldsymbol{y}^{\mathrm{T}}(k+d-n_{\mathrm{A}}),\boldsymbol{u}^{\mathrm{T}}(k),\cdots,\boldsymbol{u}^{\mathrm{T}}(k-n_{\mathrm{B}})]^{\mathrm{T}} \tag{6.5.26}$$

由非线性控制器方程式(6.5.22)可得基于未建模动态补偿的非线性多变量控制器为

$$\boldsymbol{B}(z^{-1})\Delta \boldsymbol{u}(k) + [\boldsymbol{G}(z^{-1})\Delta + \boldsymbol{P}(z^{-1})]\boldsymbol{y}(k) + \Delta \hat{\boldsymbol{v}}[\boldsymbol{\varphi}(k)] = \boldsymbol{R}(z^{-1})\boldsymbol{w}(k+d) \tag{6.5.27}$$

由式(6.5.27)可知，待求的控制器 $\boldsymbol{u}(k)$ 含在未建模动态差分项 $\Delta \boldsymbol{v}[\boldsymbol{\varphi}(k)]$ 中，因此，要求出 $\boldsymbol{u}(k)$ 须首先估计出 $\Delta \boldsymbol{v}[\boldsymbol{\varphi}(k)]$，但估计 $\Delta \boldsymbol{v}[\boldsymbol{\varphi}(k)]$ 时，由式(6.5.26)和式(6.5.27)可知，数据向量 $\boldsymbol{\varphi}(k)$ 中含有 $\boldsymbol{u}(k)$，因此，只能采用 $\boldsymbol{u}(k)$ 的近似值来代替，一种方法是采用文献[3]中利用神经网络迭代近似求解 $\boldsymbol{u}(k)$ 的方式，也可采用文献[4,5]中直接用 $\boldsymbol{u}(k-1)$ 来代替 $\boldsymbol{u}(k)$ 的方式。本章采用 $\boldsymbol{u}(k-1)$ 来代替 $\boldsymbol{u}(k)$ 的方式构建数据向量。

3. 线性多变量控制器

由于控制器方程式(6.5.27)采用了未建模动态差分项 $\Delta \boldsymbol{v}[\boldsymbol{\varphi}(k)]$ 的估计值 $\Delta \hat{\boldsymbol{v}}[\boldsymbol{\varphi}(k)]$，因此使得闭环系统成为时变的非线性多变量系统，难以保证闭环系统的稳定性。为此，引入线性控制器

$$\boldsymbol{B}(z^{-1})\Delta \boldsymbol{u}(k) + [\boldsymbol{G}(z^{-1})\Delta + \boldsymbol{P}(z^{-1})]\boldsymbol{y}(k) = \boldsymbol{R}(z^{-1})\boldsymbol{w}(k+d) \tag{6.5.28}$$

并作用于被控对象式(6.5.10)可得闭环系统方程为

$$\boldsymbol{B}(z^{-1})\boldsymbol{P}(z^{-1})\boldsymbol{y}(k) = \boldsymbol{B}(z^{-1})\boldsymbol{R}(z^{-1})\boldsymbol{w}(k) + \boldsymbol{B}(z^{-1})\Delta \boldsymbol{v}[\boldsymbol{\varphi}(k-d)] \tag{6.5.29}$$

由式(6.5.29)可以看出，由于 $\Delta \boldsymbol{v}[\boldsymbol{\varphi}(k)]$ 有界，$\boldsymbol{w}(k)$ 有界，$\boldsymbol{B}(z^{-1})$ 稳定，因此，只要选择 $\boldsymbol{P}(z^{-1})$ 为稳定的多项式矩阵，则可保证闭环系统的稳定性。

4. 切换机制

为了保证闭环系统的稳定性，同时使系统具有良好的性能，需要在线性多变量控制器和非线性多变量控制器之间进行切换，线性多变量控制器用来保证闭环系统的输入输出信号有界，非线性多变量控制器由于对未建模动态的差分项进行了补偿，在系统稳定的前提下，切换到该控制器用来克服未建模动态对闭环系统的影响。因此，需要采用切换机制。切换机制如图 6.5.2 所示，它由线性模型、非线性模型以及切换函数组成。线性模型为

$$\boldsymbol{P}(z^{-1})\hat{\boldsymbol{y}}_1(k+d) = \boldsymbol{B}(z^{-1})\Delta \boldsymbol{u}(k) + \boldsymbol{G}(z^{-1})\Delta \boldsymbol{y}(k) + \boldsymbol{P}(z^{-1})\boldsymbol{y}(k) \tag{6.5.30}$$

非线性模型为

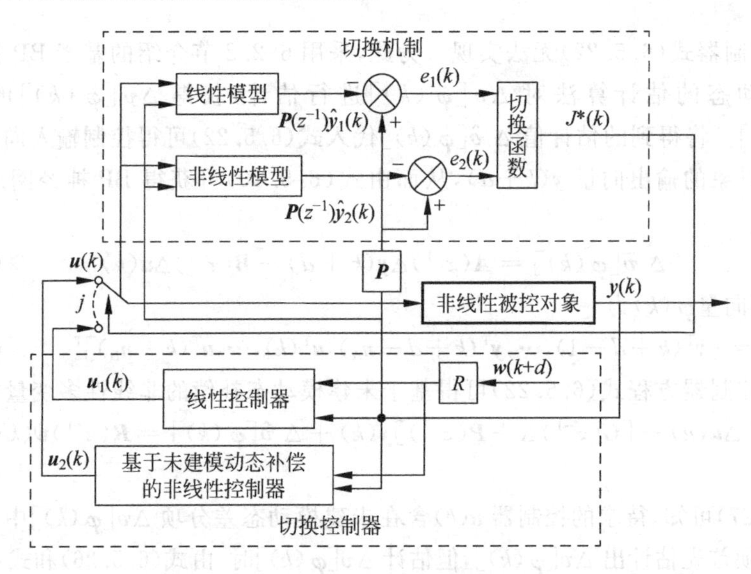

图 6.5.2 切换控制结构

$$\boldsymbol{P}(z^{-1})\,\hat{\boldsymbol{y}}_2(k+d)=\boldsymbol{B}(z^{-1})\Delta\boldsymbol{u}(k)+\boldsymbol{G}(z^{-1})\Delta\boldsymbol{y}(k)+\Delta\,\hat{\boldsymbol{v}}[\boldsymbol{\varphi}(k)]+\boldsymbol{P}(z^{-1})\boldsymbol{y}(k) \tag{6.5.31}$$

将文献[3]的切换函数推广到多变量，采用如下切换函数

$$J_j[k,\boldsymbol{e}_j(k)]=\sum_{l=d}^{k}\frac{\mu_j(l)[\,\|\boldsymbol{e}_j(l)\|^2-M^2]}{1+\boldsymbol{\varphi}(l-d)^{\mathrm{T}}\boldsymbol{\varphi}(l-d)}+c\sum_{l=k-N+1}^{k}[1-\mu_j(l)]\,\|\boldsymbol{e}_j(l)\|^2 \tag{6.5.32}$$

$$\mu_j(k)=\begin{cases}1, & \|\boldsymbol{e}_j(k)\|>M\\ 0, & \text{否则}\end{cases} \tag{6.5.33}$$

$$\boldsymbol{e}_j(k)=\boldsymbol{P}(z^{-1})\boldsymbol{y}(k)-\boldsymbol{P}(z^{-1})\,\hat{\boldsymbol{y}}_j(k),\quad j=1,2 \tag{6.5.34}$$

式中，$j=1$ 代表线性控制器，由式(6.5.28)产生，$\boldsymbol{e}_1(k)$表示采用线性模型时的误差；$j=2$ 代表非线性控制器，由式(6.5.27)产生，$\boldsymbol{e}_2(k)$表示采用非线性模型时的误差；N 是正整数；$c\geqslant 0$ 是一个常数。

在任意时刻 k，切换机制选择最小的切换函数所对应的控制器作用于被控对象，即

$$J^*(k)=\min\{J_1[k,\boldsymbol{e}_1(k)],J_2[k,\boldsymbol{e}_2(k)]\} \tag{6.5.35}$$

如果 $J^*(k)=J_1[k,\boldsymbol{e}_1(k)]$，选择 $\boldsymbol{u}_1(k)$作用于被控对象；如果 $J^*(k)=J_2[k,\boldsymbol{e}_2(k)]$，选择 $\boldsymbol{u}_2(k)$作用于被控对象。

6.5.3 性能分析

控制器的设计必须首先保证闭环系统的稳定性，即被控对象的输入和输出信号是有界的，即

$$\|\boldsymbol{y}(k)\|<\infty,\quad \|\boldsymbol{u}(k)\|<\infty \tag{6.5.36}$$

并且使得被控对象的输出 $\boldsymbol{y}(k)$ 与参考输入 $\boldsymbol{w}(k)$ 之间的稳态误差的范数小于预先确定的值 $\varepsilon(\varepsilon>0)$，即

$$\lim_{k\to\infty}\|\bar{\boldsymbol{e}}(k)\|=\lim_{k\to\infty}\|\boldsymbol{y}(k)-\boldsymbol{w}(k)\|<\varepsilon \tag{6.5.37}$$

定理 6.5.1　假定被控对象模型式(6.5.10)满足如下假设条件：

(1) 假设未建模动态的差分项 $\Delta\boldsymbol{v}[\boldsymbol{\varphi}(k)]$ 满足

$$\|\Delta\boldsymbol{v}[\boldsymbol{\varphi}(k)]\|\leqslant M,\quad \forall k \tag{6.5.38}$$

式中，$M\geqslant 0$ 是 $\Delta\boldsymbol{v}[\boldsymbol{\varphi}(k)]$ 的上界，并且当 $k\to\infty$ 时，$\Delta\boldsymbol{v}[\boldsymbol{\varphi}(\infty)]$ 为常数；

(2) 选择稳定的加权多项式矩阵 $\boldsymbol{P}(z^{-1})$ 使 $\boldsymbol{P}(z^{-1})=\boldsymbol{R}(z^{-1})$ 或 $\boldsymbol{P}(1)=\boldsymbol{R}(1)$。

则当线性多变量控制器式(6.5.28)和非线性多变量控制器式(6.5.27)以及切换机制式(6.5.32)～式(6.5.35)作用于被控对象式(6.5.10)时，闭环系统的输入输出信号有界(BIBO 稳定)，即

$$\|\boldsymbol{y}(k)\|<\infty,\quad \|\boldsymbol{u}(k)\|<\infty \tag{6.5.39}$$

并且被控对象的输出 $\boldsymbol{y}(k)$ 与参考输入 $\boldsymbol{w}(k)$ 之间的稳态误差的范数小于预先确定的值$\varepsilon(\varepsilon>0)$，即

$$\lim_{k\to\infty}\|\bar{\boldsymbol{e}}(k)\|<\varepsilon \tag{6.5.40}$$

证明　首先证明使用线性多变量控制器式(6.5.28)时，闭环系统输入输出信号一致有界。

由式(6.5.21)、式(6.5.30)和式(6.5.34)可知

$$\boldsymbol{e}_1(k)=\Delta\boldsymbol{v}[\boldsymbol{\varphi}(k-d)] \tag{6.5.41}$$

由式(6.5.29)及 $\boldsymbol{P}(z^{-1})$ 和 $\boldsymbol{B}(z^{-1})$ 的稳定性、$\boldsymbol{w}(k)$ 和 $\Delta\boldsymbol{v}[\boldsymbol{\varphi}(k)]$ 的有界性，采用与文献[6]中附录 B 的引理 3 类似的证明方法，可知存在正常数 C_1、C_2、C_3、C_4 满足

$$|y_i(k)|\leqslant C_1+C_2\max_{\substack{0\leqslant\tau\leqslant k\\1\leqslant i\leqslant n}}|e_{1i}(\tau)|\quad i=1,2,\cdots,n \tag{6.5.42}$$

$$|u_i(k-d)|\leqslant C_3+C_4\max_{\substack{0\leqslant\tau\leqslant k\\1\leqslant i\leqslant n}}|y_i(\tau)|\quad i=1,2,\cdots,n \tag{6.5.43}$$

由 $\Delta\boldsymbol{v}[\boldsymbol{\varphi}(k)]$ 的有界性，可知

$$\|\boldsymbol{y}(k)\|\leqslant C_1+C_2M<\infty \tag{6.5.44}$$

$$\|\boldsymbol{u}(k)\|\leqslant C_3+C_4M<\infty \tag{6.5.45}$$

即使用线性多变量控制器时，闭环系统 BIBO 稳定。

其次，证明当使用线性多变量控制器式(6.5.28)和非线性多变量控制器式(6.5.27)及切换机制式(6.5.30)～式(6.5.35)作用于被控对象式(6.5.10)时，闭环切换系统输入输出信号有界。

当线性多变量控制器作用于被控对象式(6.5.10)时，由切换函数式(6.5.32)和式(6.5.33)可知

$$J_1(k)=c\sum_{l=k-N+1}^{k}\|\boldsymbol{e}_1(l)\|^2\leqslant cNM^2 \tag{6.5.46}$$

即线性多变量控制器对应的性能指标 $J_1(k)$ 是有界的。因此，对切换系统，切换函数在 k 时刻存在以下两种情况：

(1) $J_1(k) \leqslant J_2(k)$。根据切换机制，当切换到线性多变量控制器式(6.5.28)时，由前面的分析可知，闭环系统输入输出信号有界。

(2) $J_2(k) < J_1(k)$。根据切换机制，此时切换到非线性多变量控制器式(6.5.27)。当非线性多变量控制器作用于被控对象式(6.5.10)时，得到如下闭环系统方程

$$\boldsymbol{B}(z^{-1})\boldsymbol{P}(z^{-1})\boldsymbol{y}(k) = \boldsymbol{B}(z^{-1})\boldsymbol{R}(z^{-1})\boldsymbol{w}(k) + \boldsymbol{B}(z^{-1})\{\Delta \boldsymbol{v}[\boldsymbol{\varphi}(k-d)] - \Delta \hat{\boldsymbol{v}}[\boldsymbol{\varphi}(k-d)]\} \tag{6.5.47}$$

由式(6.5.21)、式(6.5.31)和式(6.5.34)可知

$$\boldsymbol{e}_2(k) = \Delta \boldsymbol{v}[\boldsymbol{\varphi}(k-d)] - \Delta \hat{\boldsymbol{v}}[\boldsymbol{\varphi}(k-d)] \tag{6.5.48}$$

采用与文献[6]中附录B的引理类似的证明方法可知，存在正常数 C_5、C_6 使得

$$\| \boldsymbol{\varphi}(k) \| \leqslant C_5 + C_6 \max_{0 \leqslant \tau \leqslant k} \| \boldsymbol{e}_2(\tau) \| \tag{6.5.49}$$

由(6.5.49)可知，当 $\| \boldsymbol{e}_2(k) \| \leqslant M$ 时，$\boldsymbol{\varphi}(k)$有界。当 $\| \boldsymbol{e}_2(k) \| > M$ 时，由式(6.5.32)和式(6.5.33)可知

$$J_2[k, \boldsymbol{e}_2(k)] = \sum_{l=d}^{k} \frac{\| \boldsymbol{e}_2(l) \|^2 - M^2}{1 + \boldsymbol{\varphi}(l-d)^{\mathrm{T}} \boldsymbol{\varphi}(l-d)} \tag{6.5.50}$$

由于$\dfrac{\| \boldsymbol{e}_2(l) \|^2 - M^2}{1 + \boldsymbol{\varphi}(l-d)^{\mathrm{T}} \boldsymbol{\varphi}(l-d)} > 0$，因此，$\sum\limits_{l=d}^{k} \dfrac{\| \boldsymbol{e}_2(l) \|^2 - M^2}{1 + \boldsymbol{\varphi}(l-d)^{\mathrm{T}} \boldsymbol{\varphi}(l-d)}$ 单调递增。又因为 $J_2(k) < J_1(k)$，因此

$$J_2(k) < cNM^2 \tag{6.5.51}$$

因此 $J_2[k, \boldsymbol{e}_2(k)]$单调有界，故 $J_2[k, \boldsymbol{e}_2(k)]$必收敛，从而

$$\lim_{l \to \infty} \frac{\| \boldsymbol{e}_2(l) \|^2 - M^2}{1 + \boldsymbol{\varphi}(l-d)^{\mathrm{T}} \boldsymbol{\varphi}(l-d)} = 0 \tag{6.5.52}$$

由式(6.5.49)和式(6.5.52)，采用引理6.3.2可知，$\boldsymbol{\varphi}(k)$亦有界，即闭环系统输入输出信号有界。

综上所述，无论采用线性多变量控制器式(6.5.28)还是非线性多变量控制器式(6.5.27)，闭环切换系统的输入输出信号总是有界的，即 $\| \boldsymbol{y}(k) \| < \infty$，$\| \boldsymbol{u}(k) \| < \infty$。

下面进行收敛性分析。

因为 $\Delta \boldsymbol{v}[\boldsymbol{\varphi}(k)]$是关于$\boldsymbol{\varphi}(k)$的连续非线性向量函数，并且有界，因此根据神经网络的万能逼近特性，如果设计合适的神经网络，使得 $\Delta \hat{\boldsymbol{v}}[\boldsymbol{\varphi}(k)]$以任意精度逼近 $\Delta \boldsymbol{v}[\boldsymbol{\varphi}(k)]$，那么逼近误差可以表示为

$$\| \Delta \boldsymbol{v}[\boldsymbol{\varphi}(k)] - \Delta \hat{\boldsymbol{v}}[\boldsymbol{\varphi}(k)] \| \leqslant \xi \tag{6.5.53}$$

式中，$\xi(\xi \geqslant 0)$是预先指定的 $\Delta \boldsymbol{v}[\boldsymbol{\varphi}(k)]$的估计误差的上限，$\xi$ 可以任意小。由式(6.5.48)可知，$\| \boldsymbol{e}_2(k) \|$ 可以任意小，因此，存在 $\bar{N}>0$，当 $k>\bar{N}$ 时，有 $\| \boldsymbol{e}_2(k) \| \leqslant \| \boldsymbol{e}_1(k) \|$，系统切换到非线性多变量控制器。

由式(6.5.48)和闭环系统方程式(6.5.47)可知，闭环系统的跟踪误差$\bar{e}(k)$满足

$$\lim_{k \to \infty} \| \bar{\boldsymbol{e}}(k) \| = \lim_{k \to \infty} \| \boldsymbol{e}_2(k) \| \leqslant \xi \tag{6.5.54}$$

由于 ξ 为任意小的正数，因此，可以选择 $\xi \leqslant \varepsilon$，则由式(6.5.54)可知，$\lim\limits_{k \to \infty} \| \bar{\boldsymbol{e}}(k) \| \leqslant \varepsilon$。■

6.5.4 加权多项式矩阵选择

由闭环系统方程式(6.5.13)和式(6.5.29)可知，为实现稳态跟踪，应选择加权多项式矩阵

$$\boldsymbol{R}(z^{-1}) = \boldsymbol{P}(z^{-1}) \tag{6.5.55}$$

式中，$\boldsymbol{P}(z^{-1})$的零点是闭环系统期望极点，或选择

$$\boldsymbol{R}(z^{-1}) = \boldsymbol{P}(z^{-1}) = \boldsymbol{I} \tag{6.5.56}$$

综上所述，基于未建模动态补偿的非线性多变量切换控制算法总结如下：

(1) 根据式(6.5.55)或式(6.5.56)选择 $\boldsymbol{P}(z^{-1})$ 和 $\boldsymbol{R}(z^{-1})$，由式(6.5.13)和式(6.5.14)及式(6.5.23)和式(6.5.24)求控制器参数阵 $\overline{\boldsymbol{H}}(z^{-1})$、$\overline{\boldsymbol{K}}(z^{-1})$、$\overline{\boldsymbol{R}}(z^{-1})$和$\overline{\boldsymbol{G}}(z^{-1})$；

(2) 由线性多变量控制器方程式(6.5.28)求得 $\boldsymbol{u}(k)$，并作用于被控对象；

(3) 测取 $\boldsymbol{y}(k+d)$和 $\boldsymbol{u}(k)$，由式(6.5.25)求导师信号 $\Delta\,\overline{\boldsymbol{v}}[\boldsymbol{\varphi}(k)]$；

(4) 采用$\Delta\boldsymbol{v}[\boldsymbol{\varphi}(k)]$的 BP 神经网络估计算法式(6.2.19)～式(6.2.30)获得估计值 $\Delta\,\hat{\boldsymbol{v}}[\boldsymbol{\varphi}(k)]$；

(5) 由式(6.5.27)和式(6.5.28)计算 $\boldsymbol{u}_j(k)$，$j=1,2$；

(6) 分别根据式(6.5.30)和式(6.5.31)计算模型的输出$\hat{\boldsymbol{y}}_j(k+d)$，$j=1,2$；由式(6.5.34)分别计算 $\boldsymbol{e}_j(k)j=1,2$；

(7) 由式(6.5.32)～式(6.5.34)计算切换指标 $J_1[k,\boldsymbol{e}_1(k)]$和 $J_2[k,\boldsymbol{e}_2(k)]$，由式(6.5.35)求 $J^*(k)$，如果 $J^*(k)=J_1[k,\boldsymbol{e}_1(k)]$，选择 $\boldsymbol{u}(k)=\boldsymbol{u}_1(k)$；如果 $J^*(k)=J_2[k,\boldsymbol{e}_2(k)]$，选择 $\boldsymbol{u}(k)=\boldsymbol{u}_2(k)$，并作用于被控对象；

(8) 将选择的 $\boldsymbol{u}(k)$作用于被控对象；

(9) 返回步骤(3)，计算下一时刻的控制输入 $\boldsymbol{u}(k)$。

6.6 基于未建模动态补偿的非线性多变量自适应切换控制器设计

6.6.1 控制问题描述

被控对象的动态模型为

$$\boldsymbol{A}(z^{-1})\boldsymbol{y}(k) = \boldsymbol{B}(z^{-1})\boldsymbol{u}(k-d) + \boldsymbol{v}[\boldsymbol{\varphi}(k-d)] \tag{6.6.1}$$

式中，$\boldsymbol{A}(z^{-1})$、$\boldsymbol{B}(z^{-1})$如式(6.5.8)和式(6.5.9)所示，为多项式矩阵，其阶次分别为 n_A 和 n_B，并且已知，其系数矩阵未知；$\boldsymbol{\varphi}(k-d)=[\boldsymbol{y}^{\mathrm{T}}(k-1),\cdots,\boldsymbol{y}^{\mathrm{T}}(k-n_A),\boldsymbol{u}^{\mathrm{T}}(k-d),\cdots,\boldsymbol{u}^{\mathrm{T}}(k-d-n_B)]^{\mathrm{T}}$；$\boldsymbol{v}[\boldsymbol{\varphi}(k-d)]$为未知的未建模动态。在 6.3 节和 6.4 节我们假设未建模动态是有界的，如果未建模动态无界，对于工业过程，未建模动态的延时差分项 $\Delta\boldsymbol{v}[\boldsymbol{\varphi}(k)]:=\boldsymbol{v}[\boldsymbol{\varphi}(k)]-\boldsymbol{v}[\boldsymbol{\varphi}(k-d)]$是有界的。因此我们假定 $\Delta\boldsymbol{v}[\boldsymbol{\varphi}(k)]$是

有界的，并且假设被控对象是最小相位的，即 $\boldsymbol{B}(z^{-1})$为稳定的多项式矩阵。

控制目标为，针对上述未知的非线性被控对象模型式(6.6.1)，设计基于未建模动态补偿的非线性多变量自适应切换控制器，保证闭环系统的输入输出信号有界，使被控对象的输出 $\boldsymbol{y}(k)$跟踪参考输入 $\boldsymbol{w}(k)$，并使稳态跟踪误差的范数小于预先给定的值 $\varepsilon(\varepsilon>0)$，即

$$\lim_{k\to\infty}\|\bar{\boldsymbol{e}}(k)\|=\lim_{k\to\infty}\|\boldsymbol{y}(k)-\boldsymbol{w}(k)\|<\varepsilon$$

6.6.2 多变量自适应切换控制器

当被控对象中的 $\boldsymbol{A}(z^{-1})$、$\boldsymbol{B}(z^{-1})$及未建模动态 $\boldsymbol{v}[\boldsymbol{\varphi}(k)]$未知时，控制器方程式(6.5.22)中的 $\boldsymbol{G}(z^{-1})$、$\boldsymbol{B}(z^{-1})$和 $\Delta\boldsymbol{v}[\boldsymbol{\varphi}(k)]$未知，故控制器式(6.5.22)无法实现。采用隐式算法直接对控制器参数矩阵 $\boldsymbol{G}(z^{-1})$和 $\boldsymbol{B}(z^{-1})$进行估计，采用 BP 神经网络对 $\Delta\boldsymbol{v}[\boldsymbol{\varphi}(k)]$进行估计。将估计 $\boldsymbol{G}(z^{-1})$和 $\boldsymbol{B}(z^{-1})$的改进的投影算法和基于 BP 神经网络的 $\Delta\boldsymbol{v}[\boldsymbol{\varphi}(k)]$估计算法交替使用，提出了对控制器参数 $\boldsymbol{G}(z^{-1})$和 $\boldsymbol{B}(z^{-1})$和未建模动态差分项 $\Delta\boldsymbol{v}[\boldsymbol{\varphi}(k)]$的辨识算法，首先求取控制器参数 $\boldsymbol{G}(z^{-1})$和 $\boldsymbol{B}(z^{-1})$的辨识方程以及神经网络的导师信号方程。

1. 辨识方程

由式(6.5.20)可知

$$\begin{aligned}\Delta\boldsymbol{v}[\boldsymbol{\varphi}(k)]&=\boldsymbol{P}(z^{-1})\Delta\boldsymbol{y}(k+d)-\boldsymbol{G}(z^{-1})\Delta\boldsymbol{y}(k)-\boldsymbol{B}(z^{-1})\Delta\boldsymbol{u}(k)\\&=\boldsymbol{P}(z^{-1})\Delta\boldsymbol{y}(k+d)-\boldsymbol{\Psi}^{\mathrm{T}}(k)\boldsymbol{\Theta}\end{aligned}\tag{6.6.2}$$

$$\begin{aligned}\boldsymbol{P}(z^{-1})\Delta\boldsymbol{y}(k+d)-\Delta\boldsymbol{v}[\boldsymbol{\varphi}(k)]&=\boldsymbol{G}(z^{-1})\Delta\boldsymbol{y}(k)+\boldsymbol{B}(z^{-1})\Delta\boldsymbol{u}(k)\\&=\boldsymbol{\Psi}^{\mathrm{T}}(k)\boldsymbol{\Theta}\end{aligned}\tag{6.6.3}$$

式中

$$\boldsymbol{G}(z^{-1}):=\boldsymbol{G}_0+\boldsymbol{G}_1z^{-1}+\cdots+\boldsymbol{G}_{n_G}z^{-n_G}$$

$$\boldsymbol{\Theta}=[\boldsymbol{G}_0,\cdots,\boldsymbol{G}_{n_G},\boldsymbol{B}_0,\cdots,\boldsymbol{B}_{n_B}]^{\mathrm{T}}$$

$$\boldsymbol{\Psi}(k)=\Delta\bar{\boldsymbol{\varphi}}(k)$$

$$\bar{\boldsymbol{\varphi}}(k)=[\boldsymbol{y}^{\mathrm{T}}(k),\cdots,\boldsymbol{y}^{\mathrm{T}}(k-n_G),\boldsymbol{u}^{\mathrm{T}}(k),\cdots,\boldsymbol{u}^{\mathrm{T}}(k-n_B)]^{\mathrm{T}}$$

从式(6.6.2)可以看出，由于$\boldsymbol{\Theta}$未知，因此，$\Delta\boldsymbol{v}[\boldsymbol{\varphi}(k)]$未知。在辨识时，首先对$\boldsymbol{\Theta}$赋予初值，代入线性控制器式(6.5.28)得到 $\boldsymbol{u}(k)$并作用于被控对象，获得 $\boldsymbol{y}(k+d)$，从而由式(6.6.2)获得神经网络估计 $\Delta\boldsymbol{v}[\boldsymbol{\varphi}(k)]$的导师信号，采用神经网络对 $\Delta\boldsymbol{v}[\boldsymbol{\varphi}(k)]$进行估计，得到其估计值 $\Delta\hat{\boldsymbol{v}}[\boldsymbol{\varphi}(k)]$，将其代入式(6.6.3)并采用改进的投影算法辨识$\boldsymbol{\Theta}$，从而得到$\boldsymbol{\Theta}$的辨识值$\hat{\boldsymbol{\Theta}}(k)$。然后把$\hat{\boldsymbol{\Theta}}(k)$和 $\Delta\hat{\boldsymbol{v}}[\boldsymbol{\varphi}(k)]$代入非线性控制器方程式(6.5.27)获得非线性控制输入 $\boldsymbol{u}(k)$，并作用于被控对象获得 $\boldsymbol{y}(k+d)$，从而获得下一时刻的导师信号 $\Delta\bar{\boldsymbol{v}}[\boldsymbol{\varphi}(k)]$，即

$$\Delta\bar{\boldsymbol{v}}[\boldsymbol{\varphi}(k)]=\boldsymbol{P}(z^{-1})\Delta\boldsymbol{y}(k+d)-\boldsymbol{\Psi}^{\mathrm{T}}(k)\hat{\boldsymbol{\Theta}}(k)\tag{6.6.4}$$

再通过下一时刻的数据向量$\boldsymbol{\Psi}(k)$，采用BP神经网络进行估计，获得下一时刻$\Delta \boldsymbol{v}[\boldsymbol{\varphi}(k)]$的估计值，如此反复，即采用估计$\{\boldsymbol{G}(z^{-1}),\boldsymbol{B}(z^{-1})\}$的投影算法与$\Delta \boldsymbol{v}[\boldsymbol{\varphi}(k)]$的神经网络估计算法交替辨识的方式对非线性模型式(6.6.3)辨识。

综上所述，$\Delta \boldsymbol{v}[\boldsymbol{\varphi}(k)]$的神经网络估计的导师信号方程和估计$\{\boldsymbol{G}(z^{-1}),\boldsymbol{B}(z^{-1})\}$的参数辨识方程如下

$$\Delta \bar{\boldsymbol{v}}[\boldsymbol{\varphi}(k)] = \boldsymbol{P}(z^{-1})\Delta \boldsymbol{y}(k+d) - \boldsymbol{\Psi}^{\mathrm{T}}(k)\hat{\boldsymbol{\Theta}}(k) \tag{6.6.5}$$

$$\boldsymbol{P}(z^{-1})\Delta \boldsymbol{y}(k+d) - \Delta \hat{\boldsymbol{v}}[\boldsymbol{\varphi}(k)] = \boldsymbol{\Psi}^{\mathrm{T}}(k)\boldsymbol{\Theta} \tag{6.6.6}$$

2. 参数估计算法和非线性自校正控制器

采用基于BP神经网络的$\Delta \boldsymbol{v}[\boldsymbol{\varphi}(k)]$的估计算法式(6.2.18)～式(6.2.30)获得估计值$\Delta \hat{\boldsymbol{v}}[\boldsymbol{\varphi}(k)]$，其中，导师信号为

$$\Delta \bar{\boldsymbol{v}}[\boldsymbol{\varphi}(k)] = \boldsymbol{P}(z^{-1})\Delta \boldsymbol{y}(k+d) - \boldsymbol{\Psi}^{\mathrm{T}}(k)\hat{\boldsymbol{\Theta}}_2(k) \tag{6.6.7}$$

非线性控制器参数辨识方程为

$$\boldsymbol{P}(z^{-1})\Delta \boldsymbol{y}(k+d) - \Delta \hat{\boldsymbol{v}}[\boldsymbol{\varphi}(k)] = \boldsymbol{\Psi}^{\mathrm{T}}(k)\hat{\boldsymbol{\Theta}}_2(k) \tag{6.6.8}$$

式中，$\hat{\boldsymbol{\Theta}}_2(k)$为$k$时刻对参数$\boldsymbol{\Theta}$的估计值。

为避免由于$\det \hat{\boldsymbol{B}}_0$太小，导致控制输入太大，同时为了确保自适应算法的稳定性和收敛性，下面采用改进的带死区的投影算法[3]

$$\hat{\boldsymbol{\Theta}}_2(k) = \hat{\boldsymbol{\Theta}}_2(k-d) + \frac{a_2(k)\boldsymbol{\Psi}(k-d)\boldsymbol{e}_2^{\mathrm{T}}(k)}{1+\boldsymbol{\Psi}^{\mathrm{T}}(k-d)\boldsymbol{\Psi}(k-d)} \tag{6.6.9}$$

$$a_2(k) = \begin{cases} 1, & \|\boldsymbol{e}_2(k)\| > 2\xi \\ 0, & \text{否则} \end{cases} \tag{6.6.10}$$

$$\boldsymbol{e}_2(k) = \boldsymbol{P}(z^{-1})\Delta \boldsymbol{y}(k) - \boldsymbol{\Psi}^{\mathrm{T}}(k-d)\hat{\boldsymbol{\Theta}}_2(k-d) - \Delta \hat{\boldsymbol{v}}[\boldsymbol{\varphi}(k-d)] \tag{6.6.11}$$

式中，$\xi>0$为预先指定的估计误差的上界，满足$\|\Delta \boldsymbol{v}[\boldsymbol{\varphi}(k-d)] - \Delta \hat{\boldsymbol{v}}[\boldsymbol{\varphi}(k-d)]\| < \xi$。

$$\boldsymbol{B}_{2,0}(k) = \begin{cases} \hat{\boldsymbol{B}}_{2,0}(k), & \|\hat{\boldsymbol{B}}_{2,0}(k)\| \geqslant \|\boldsymbol{B}_{\min}\| \\ \boldsymbol{B}_{\min}, & \text{否则} \end{cases} \tag{6.6.12}$$

式中，$\boldsymbol{B}_{\min}$为已知的正定矩阵；$\Delta \hat{\boldsymbol{v}}[\boldsymbol{\varphi}(k)]$为采用估计算法式(6.2.18)～式(6.2.30)对未建模动态$\Delta \boldsymbol{v}[\boldsymbol{\varphi}(k)]$的估计值。

然后，由式(6.6.8)、式(6.6.3)和式(6.5.27)可知，非线性多变量自适应控制器方程为

$$\boldsymbol{\Psi}^{\mathrm{T}}(k)\hat{\boldsymbol{\Theta}}_2(k) = \boldsymbol{R}(z^{-1})\boldsymbol{w}(k+d) - \boldsymbol{P}(z^{-1})\boldsymbol{y}(k) - \Delta \hat{\boldsymbol{v}}[\boldsymbol{\varphi}(k)] \tag{6.6.13}$$

式中，$\hat{\boldsymbol{\Theta}}_2(k) = [\hat{\boldsymbol{G}}_{2,0}(k),\cdots,\hat{\boldsymbol{G}}_{2,n_G}(k),\hat{\boldsymbol{B}}_{2,0}(k),\cdots,\hat{\boldsymbol{B}}_{2,n_B}(k)]^{\mathrm{T}}$。

3. 参数估计算法和线性自校正控制器

由于非线性多变量自适应控制器方程式(6.6.13)采用了未建模动态$\Delta \boldsymbol{v}[\boldsymbol{\varphi}(k)]$

的估计值 $\Delta\hat{v}[\boldsymbol{\varphi}(k)]$，而且控制器参数 $\{\boldsymbol{G}(z^{-1}),\boldsymbol{B}(z^{-1})\}$ 也采用了估计值，因此使得闭环系统成为时变的非线性系统，难以保证闭环系统的稳定性。为此，引入线性控制器

$$\boldsymbol{B}(z^{-1})\Delta\boldsymbol{u}(k)+\boldsymbol{G}(z^{-1})\Delta\boldsymbol{y}(k)=\boldsymbol{R}(z^{-1})\boldsymbol{w}(k+d)-\boldsymbol{P}(z^{-1})\boldsymbol{y}(k) \tag{6.6.14}$$

由于线性控制器中的控制器参数 $\{\boldsymbol{G}(z^{-1}),\boldsymbol{B}(z^{-1})\}$ 未知，由式(6.6.3)可知，不考虑 $\Delta\boldsymbol{v}[\boldsymbol{\varphi}(k)]$，有

$$\boldsymbol{P}(z^{-1})\Delta\boldsymbol{y}(k+d)=\boldsymbol{G}(z^{-1})\Delta\boldsymbol{y}(k)+\boldsymbol{B}(z^{-1})\Delta\boldsymbol{u}(k)=\boldsymbol{\Psi}^{\mathrm{T}}(k)\boldsymbol{\Theta} \tag{6.6.15}$$

采用下面的控制器参数辨识方程辨识式(6.6.15)中的参数阵 $\boldsymbol{\Theta}$

$$\boldsymbol{P}(z^{-1})\Delta\boldsymbol{y}(k+d)=\boldsymbol{\Psi}^{\mathrm{T}}(k)\hat{\boldsymbol{\Theta}}_1(k) \tag{6.6.16}$$

式中，$\hat{\boldsymbol{\Theta}}_1(k)=[\hat{\boldsymbol{G}}_{1,0}(k),\cdots,\hat{\boldsymbol{G}}_{1},n_G(k),\hat{\boldsymbol{B}}_{1,0}(k),\cdots,\hat{\boldsymbol{B}}_{1,n_B}(k)]^{\mathrm{T}}$，表示在 k 时刻对参数阵 $\boldsymbol{\Theta}$ 基于线性模型的估计，为避免由于 $\det\hat{\boldsymbol{B}}_0$ 太小，导致控制输入太大，采用如下辨识算法

$$\hat{\boldsymbol{\Theta}}_1(k)=\hat{\boldsymbol{\Theta}}_1(k-d)+\frac{a_1(k)\boldsymbol{\Psi}(k-d)\boldsymbol{e}_1^{\mathrm{T}}(k)}{1+\boldsymbol{\Psi}^{\mathrm{T}}(k-d)\boldsymbol{\Psi}(k-d)} \tag{6.6.17}$$

$$a_1(k)=\begin{cases}1, & \|\boldsymbol{e}_1(k)\|>2M\\ 0, & \text{否则}\end{cases} \tag{6.6.18}$$

$$\boldsymbol{e}_1(k)=\boldsymbol{P}(z^{-1})\Delta\boldsymbol{y}(k)-\boldsymbol{\Psi}^{\mathrm{T}}(k-d)\hat{\boldsymbol{\Theta}}_1(k-d) \tag{6.6.19}$$

$$\boldsymbol{B}_{1,0}(k)=\begin{cases}\hat{\boldsymbol{B}}_{1,0}(k), & \|\hat{\boldsymbol{B}}_{1,0}(k)\|\geqslant\|\boldsymbol{B}_{\min}\|\\ \boldsymbol{B}_{\min}, & \text{否则}\end{cases} \tag{6.6.20}$$

由式(6.6.14)和式(6.6.16)可知，线性多变量自适应控制器为

$$\boldsymbol{\Psi}^{\mathrm{T}}(k)\hat{\boldsymbol{\Theta}}_1(k)=\boldsymbol{R}(z^{-1})\boldsymbol{w}(k+d)-\boldsymbol{P}(z^{-1})\boldsymbol{y}(k) \tag{6.6.21}$$

4. 切换机制

为了保证闭环系统的稳定性，同时使系统具有良好的性能，需要在线性多变量自适应控制器和非线性多变量自适应控制器之间进行切换，线性多变量自适应控制器用来保证闭环系统的输入输出信号有界，非线性多变量自适应控制器由于对未建模动态的差分项进行了补偿，在闭环系统稳定的前提下，切换到该控制器用来克服未建模动态对闭环系统的影响。因此，需要采用切换机制，如图 6.6.1 所示，它由线性模型、非线性模型以及切换函数组成。线性模型为

$$\boldsymbol{P}(z^{-1})\hat{\boldsymbol{y}}_1(k+d)=\boldsymbol{\Psi}^{\mathrm{T}}(k)\hat{\boldsymbol{\Theta}}_1(k)+\boldsymbol{P}(z^{-1})\boldsymbol{y}(k) \tag{6.6.22}$$

因此，由式(6.6.19)和式(6.6.22)可知

$$\begin{aligned}\boldsymbol{P}(z^{-1})\boldsymbol{y}(k)-\boldsymbol{P}(z^{-1})\hat{\boldsymbol{y}}_1(k)&=\boldsymbol{P}(z^{-1})\boldsymbol{y}(k)-\boldsymbol{\Psi}^{\mathrm{T}}(k-d)\hat{\boldsymbol{\Theta}}_1(k-d)\\&\quad-\boldsymbol{P}(z^{-1})\boldsymbol{y}(k-d)\\&=\boldsymbol{e}_1(k)\end{aligned} \tag{6.6.23}$$

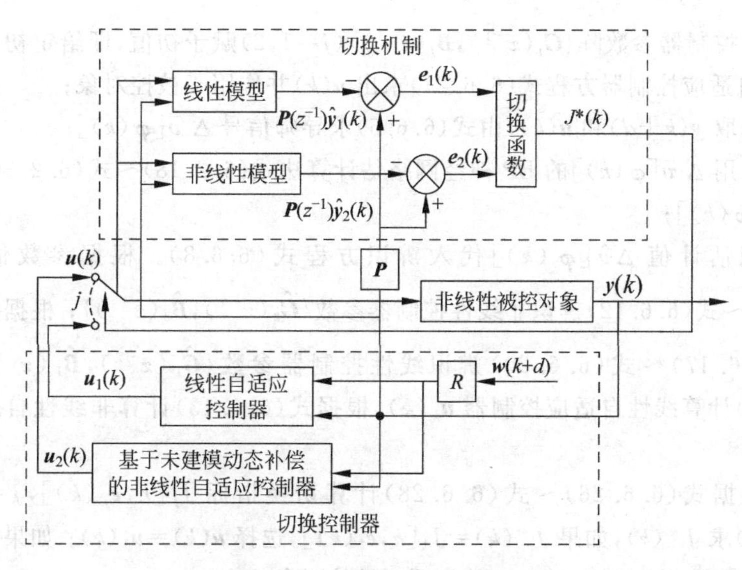

图 6.6.1　自适应切换控制结构

非线性模型为

$$\boldsymbol{P}(z^{-1})\,\hat{\boldsymbol{y}}_2(k+d)-\Delta\,\hat{\boldsymbol{v}}[\boldsymbol{\varphi}(k)]=\boldsymbol{\Psi}^{\mathrm{T}}(k)\,\hat{\boldsymbol{\Theta}}_2(k)+\boldsymbol{P}(z^{-1})\boldsymbol{y}(k) \tag{6.6.24}$$

因此，由式(6.6.11)和式(6.6.24)可知

$$\begin{aligned}\boldsymbol{P}(z^{-1})\boldsymbol{y}(k)-\boldsymbol{P}(z^{-1})\,\hat{\boldsymbol{y}}_2(k)&=\boldsymbol{P}(z^{-1})\boldsymbol{y}(k)-\boldsymbol{\Psi}^{\mathrm{T}}(k-d)\,\hat{\boldsymbol{\Theta}}_2(k-d)\\&\quad-\Delta\,\hat{\boldsymbol{v}}[\boldsymbol{\varphi}(k-d)]-\boldsymbol{P}(z^{-1})\boldsymbol{y}(k-d)\\&=\boldsymbol{e}_2(k)\end{aligned} \tag{6.6.25}$$

采用式(6.5.32)～式(6.5.34)的切换函数

$$J_j[k,\boldsymbol{e}_j(k)]=\sum_{l=d}^{k}\frac{\mu_j(l)[\,\|\boldsymbol{e}_j(l)\|^2-4M^2]}{1+\boldsymbol{\varphi}(l-d)^{\mathrm{T}}\boldsymbol{\varphi}(l-d)}+c\sum_{l=k-N+1}^{k}[1-\mu_j(l)]\,\|\boldsymbol{e}_j(l)\|^2 \tag{6.6.26}$$

$$\mu_j(k)=\begin{cases}1, & \|\boldsymbol{e}_j(k)\|>2M\\0, & \text{否则}\end{cases} \tag{6.6.27}$$

$$\boldsymbol{e}_j(k)=\boldsymbol{P}(z^{-1})\boldsymbol{y}(k)-\boldsymbol{P}(z^{-1})\,\hat{\boldsymbol{y}}_j(k),\quad j=1,2 \tag{6.6.28}$$

式中，$j=1$ 代表线性控制器，由式(6.6.21)产生，$e_1(k)$表示采用线性模型时的误差；$j=2$ 代表非线性控制器，由式(6.6.13)产生，$\boldsymbol{e}_2(k)$表示采用非线性模型时的误差；N 是正整数；$c\geqslant 0$ 是一个常数。而

$$J^*(k)=\min\{J_1[k,\boldsymbol{e}_1(k)],J_2[k,\boldsymbol{e}_2(k)]\} \tag{6.6.29}$$

如果 $J^*(k)=J_1[k,\boldsymbol{e}_1(k)]$，选择 $\boldsymbol{u}_1(k)$作用于被控对象；如果 $J^*(k)=J_2[k,\boldsymbol{e}_2(k)]$，选择 $\boldsymbol{u}_2(k)$作用于被控对象。

综上所述，基于未建模动态补偿的非线性多变量自适应切换控制算法总结如下：

(1) 选择稳定的加权多项式矩阵 $\boldsymbol{P}(z^{-1})$；

(2) 对控制器参数阵$\{\boldsymbol{G}_j(z^{-1}),\boldsymbol{B}_j(z^{-1})\}(j=1,2)$赋予初值，即给定初值$\hat{\boldsymbol{\Theta}}_j(0)$，并由线性自适应控制器方程式(6.6.21)求出$\boldsymbol{u}(k)$并作用于被控对象；

(3) 测取$\boldsymbol{y}(k+d)$和$\boldsymbol{u}(k)$，由式(6.6.5)求导师信号$\Delta\bar{\boldsymbol{v}}[\boldsymbol{\varphi}(k)]$；

(4) 采用$\Delta\bar{\boldsymbol{v}}[\boldsymbol{\varphi}(k)]$的BP神经网络估计算法式(6.2.18)～式(6.2.30)获得估计值$\Delta\hat{\boldsymbol{v}}[\boldsymbol{\varphi}(k)]$；

(5) 把估计值$\Delta\hat{\boldsymbol{v}}[\boldsymbol{\varphi}(k)]$代入辨识方程式(6.6.8)。根据参数估计算法式(6.6.9)～式(6.6.12)辨识非线性控制器参数$\{\hat{\boldsymbol{G}}_2(z^{-1}),\hat{\boldsymbol{B}}_2(z^{-1})\}$；根据参数估计算法式(6.6.17)～式(6.6.20)辨识线性控制器参数$\{\hat{\boldsymbol{G}}_1(z^{-1}),\hat{\boldsymbol{B}}_1(z^{-1})\}$，根据式(6.6.21)计算线性自适应控制器$\boldsymbol{u}_1(k)$，根据式(6.6.13)计算非线性自适应控制器$\boldsymbol{u}_2(k)$；

(6) 根据式(6.6.26)～式(6.6.28)计算切换指标$J_j[k,\boldsymbol{e}_j(k)]$，$j=1,2$，由式(6.6.29)求$J^*(k)$，如果$J^*(k)=J_1[k,\boldsymbol{e}_1(k)]$，选择$\boldsymbol{u}(k)=\boldsymbol{u}_1(k)$；如果$J^*(k)=J_2[k,\boldsymbol{e}_2(k)]$，选择$\boldsymbol{u}(k)=\boldsymbol{u}_2(k)$，并作用于被控对象；

(7) 返回步骤(3)，计算下一时刻的控制输入$\boldsymbol{u}(k)$。

6.6.3 全局收敛性分析

当被控对象模型的参数矩阵已知时，6.5节已经证明了基于未建模动态补偿的非线性多变量切换控制器可以使闭环系统的输入输出信号一致有界，使被控对象的输出$\boldsymbol{y}(k)$与参考输入$\boldsymbol{w}(k)$之间的稳态误差的范数小于预先给定的值$\varepsilon(\varepsilon>0)$。

由于被控对象模型参数阵未知，这时控制器的参数阵是用辨识算法得到的估计值代替，而估计值一般不收敛到真值，因此用估计值取代真参数来确定的控制律就不一定能保证闭环系统的输入输出信号一致有界，即稳定性；也不一定能保证使被控对象的输出$\boldsymbol{y}(k)$与参考输入$\boldsymbol{w}(k)$之间的稳态误差的范数小于预先给定的值$\varepsilon(\varepsilon>0)$，即收敛性。因此，有必要对基于未建模动态补偿的非线性多变量自适应切换控制算法分析其稳定性和收敛性，即全局收敛性。

定理6.6.1 假定被控对象模型式(6.6.1)满足如下假设条件：

(1) 假设未建模动态的差分项$\Delta\boldsymbol{v}[\boldsymbol{\varphi}(k)]$满足

$$\|\Delta\boldsymbol{v}[\boldsymbol{\varphi}(k)]\|\leqslant M,\quad \forall k \tag{6.6.30}$$

式中，$M\geqslant 0$是$\Delta\boldsymbol{v}[\boldsymbol{\varphi}(k)]$的上界，并且当$k\to\infty$时，$\Delta\boldsymbol{v}[\boldsymbol{\varphi}(\infty)]$为常数；

(2) 选择稳定的加权多项式矩阵$\boldsymbol{P}(z^{-1})$使$\boldsymbol{P}(z^{-1})=\boldsymbol{R}(z^{-1})$或$\boldsymbol{P}(1)=\boldsymbol{R}(1)$。

则当多变量自适应控制算法式(6.6.16)～式(6.6.21)、式(6.6.8)～式(6.6.13)以及切换机制式(6.6.26)～式(6.6.29)作用于被控对象模型式(6.6.1)时，闭环系统的输入输出信号有界(BIBO稳定)，即

$$\|\boldsymbol{y}(k)\|<\infty,\quad \|\boldsymbol{u}(k)\|<\infty \tag{6.6.31}$$

并且被控对象的输出$\boldsymbol{y}(k)$与参考输入$\boldsymbol{w}(k)$之间的稳态误差的范数小于预先确定的

值ε(ε>0),即

$$\lim_{k\to\infty}\|\bar{e}(k)\|\leqslant\varepsilon \tag{6.6.32}$$

证明 首先证明单独使用线性多变量自适应控制算法式(6.6.16)~式(6.6.21)时,闭环系统输入输出信号有界。

令$\widetilde{\boldsymbol{\Theta}}_1(k)=\hat{\boldsymbol{\Theta}}_1(k)-\boldsymbol{\Theta}$,则由式(6.6.3)和式(6.6.19)可知

$$\begin{aligned}\boldsymbol{e}_1(k)&=[\boldsymbol{\Theta}-\hat{\boldsymbol{\Theta}}_1(k-d)]^{\mathrm{T}}\boldsymbol{\Psi}(k-d)+\Delta\boldsymbol{v}[\boldsymbol{\varphi}(k-d)]\\&=-\widetilde{\boldsymbol{\Theta}}_1^{\mathrm{T}}(k-d)\boldsymbol{\Psi}(k-d)+\Delta\boldsymbol{v}[\boldsymbol{\varphi}(k-d)]\end{aligned} \tag{6.6.33}$$

由式(6.6.17)可知

$$\widetilde{\boldsymbol{\Theta}}_1(k)=\widetilde{\boldsymbol{\Theta}}_1(k-d)+\frac{a_1(k)\boldsymbol{\Psi}^{\mathrm{T}}(k-d)\boldsymbol{e}_1(k)}{1+\boldsymbol{\Psi}^{\mathrm{T}}(k-d)\boldsymbol{\Psi}(k-d)} \tag{6.6.34}$$

因此

$$\begin{aligned}\|\widetilde{\boldsymbol{\Theta}}_1(k)\|^2&=\|\widetilde{\boldsymbol{\Theta}}_1(k-d)\|^2+\frac{2a_1(k)\boldsymbol{\Psi}^{\mathrm{T}}(k-d)\widetilde{\boldsymbol{\Theta}}_1(k-d)\boldsymbol{e}_1(k)}{1+\boldsymbol{\Psi}^{\mathrm{T}}(k-d)\boldsymbol{\Psi}(k-d)}\\&\quad+\frac{a_1(k)^2\boldsymbol{\Psi}^{\mathrm{T}}(k-d)\boldsymbol{\Psi}(k-d)\|\boldsymbol{e}_1(k)\|^2}{[1+\boldsymbol{\Psi}^{\mathrm{T}}(k-d)\boldsymbol{\Psi}(k-d)]^2}\\&=\|\widetilde{\boldsymbol{\Theta}}_1(k-d)\|^2+\frac{2a_1(k)\Delta\boldsymbol{v}^{\mathrm{T}}[\boldsymbol{\varphi}(k-d)]\boldsymbol{e}_1(k)}{1+\boldsymbol{\Psi}^{\mathrm{T}}(k-d)\boldsymbol{\Psi}(k-d)}\\&\quad-\frac{a_1(k)\|\boldsymbol{e}_1(k)\|^2}{1+\boldsymbol{\Psi}^{\mathrm{T}}(k-d)\boldsymbol{\Psi}(k-d)}\left(2-\frac{a_1(k)\boldsymbol{\Psi}^{\mathrm{T}}(k-d)\boldsymbol{\Psi}(k-d)}{1+\boldsymbol{\Psi}^{\mathrm{T}}(k-d)\boldsymbol{\Psi}(k-d)}\right)\\&\leqslant\|\widetilde{\boldsymbol{\Theta}}_1(k-d)\|^2+\frac{2a_1(k)\Delta\boldsymbol{v}^{\mathrm{T}}[\boldsymbol{\varphi}(k-d)]\boldsymbol{e}_1(k)}{1+\boldsymbol{\Psi}^{\mathrm{T}}(k-d)\boldsymbol{\Psi}(k-d)}-\frac{a_1(k)\|\boldsymbol{e}_1(k)\|^2}{1+\boldsymbol{\Psi}^{\mathrm{T}}(k-d)\boldsymbol{\Psi}(k-d)}\\&\leqslant\|\widetilde{\boldsymbol{\Theta}}_1(k-d)\|^2+\frac{a_1(k)(\|\boldsymbol{e}_1(k)\|^2/2+2\|\Delta\boldsymbol{v}[\boldsymbol{\varphi}(k-d)]\|^2)}{1+\boldsymbol{\Psi}^{\mathrm{T}}(k-d)\boldsymbol{\Psi}(k-d)}\\&\quad-\frac{a_1(k)\|\boldsymbol{e}_1(k)\|^2}{1+\boldsymbol{\Psi}^{\mathrm{T}}(k-d)\boldsymbol{\Psi}(k-d)}\\&\leqslant\|\widetilde{\boldsymbol{\Theta}}_1(k-d)\|^2-\frac{a_1(k)[\|\boldsymbol{e}_1(k)\|^2-4M^2]}{2(1+\boldsymbol{\Psi}^{\mathrm{T}}(k-d)\boldsymbol{\Psi}(k-d))}\end{aligned} \tag{6.6.35}$$

由于$\|\boldsymbol{e}_1(k)\|>2M$时$a_1(k)=1$,$\|\boldsymbol{e}_1(k)\|\leqslant 2M$时$a_1(k)=0$,故$\{\|\widetilde{\boldsymbol{\Theta}}_1(i+dk)\|^2\}$,$i=0,\cdots,d-1$是$d$个单调非增序列,因此$\hat{\boldsymbol{\Theta}}_1(k)$有界,并且

$$\lim_{N\to\infty}\sum_{k=d}^{N}\frac{a_1(k)(\|\boldsymbol{e}_1(k)\|^2-4M^2)}{2(1+\boldsymbol{\Psi}^{\mathrm{T}}(k-d)\boldsymbol{\Psi}(k-d))}<\infty \tag{6.6.36}$$

$$\lim_{k\to\infty}\frac{a_1(k)(\|\boldsymbol{e}_1(k)\|^2-4M^2)}{2(1+\boldsymbol{\Psi}^{\mathrm{T}}(k-d)\boldsymbol{\Psi}(k-d))}=0 \tag{6.6.37}$$

由式(6.6.19)可知,当单独采用线性自适应控制器式(6.6.21)时,有

$$\begin{aligned}\boldsymbol{e}_1(k)&=\boldsymbol{P}(z^{-1})\Delta\boldsymbol{y}(k)-\boldsymbol{\Psi}^{\mathrm{T}}(k-d)\hat{\boldsymbol{\Theta}}_1(k-d)\\&=\boldsymbol{P}(z^{-1})\boldsymbol{y}(k)-\boldsymbol{P}(z^{-1})\boldsymbol{y}(k-d)+\boldsymbol{P}(z^{-1})\boldsymbol{y}(k-d)-\boldsymbol{R}(z^{-1})\boldsymbol{w}(k)\\&=\boldsymbol{P}(z^{-1})\boldsymbol{y}(k)-\boldsymbol{R}(z^{-1})\boldsymbol{w}(k):=\bar{\boldsymbol{e}}(k)\end{aligned} \tag{6.6.38}$$

由式(6.6.38)、假设(2)可知,存在正常数 c_1、c_2、c_3 和 c_4 满足

$$|y_i(k)| \leqslant c_1 + c_2 \max_{\substack{0\leqslant\tau\leqslant k\\1\leqslant i\leqslant n}} |e_{1i}(\tau)|,\quad i=1,2,\cdots,n \tag{6.6.39}$$

$$|u_i(k-d)| \leqslant c_3 + c_4 \max_{\substack{0\leqslant\tau\leqslant k\\1\leqslant i\leqslant n}} |e_{1i}(\tau)|,\quad i=1,2,\cdots,n \tag{6.6.40}$$

由于 $\bar{\boldsymbol{\varphi}}(k)=[\boldsymbol{y}^{\mathrm{T}}(k),\cdots,\boldsymbol{y}^{\mathrm{T}}(k-n_G),\boldsymbol{u}^{\mathrm{T}}(k),\cdots,\boldsymbol{u}^{\mathrm{T}}(k-n_B)]^{\mathrm{T}}$,因此存在正常数 c_5 和 c_6 满足

$$\|\boldsymbol{\varphi}(k-d)\| \leqslant c_5 + c_6 \max_{0\leqslant\tau\leqslant k} \|\boldsymbol{e}_1(\tau)\| \tag{6.6.41}$$

由式(6.6.41)可知,单独使用线性多变量自适应控制器式(6.6.21)时,被控对象输入、输出信号的有界性由 $\|\boldsymbol{e}_1(k)\|$ 的有界性决定。

下面假设 $\|\boldsymbol{e}_1(k)\|$ 无界。由式(6.6.18)可知,存在时刻 $K_0>0$,当 $k>K_0$ 时,$\|\boldsymbol{e}_1(k)\|>2M$ 并且 $a_1(k)=1$,即式(6.6.37)的分子是一个正实序列。于是存在一单调递增序列 $\{\|\boldsymbol{e}_1(k_n)\|\}$,使得 $\lim\limits_{k_n\to\infty}\|\boldsymbol{e}_1(k_n)\|=\infty$。由于

$$\begin{aligned}
\frac{a_1(k_n)(\|\boldsymbol{e}_1(k_n)\|^2-4M^2)}{2(1+\boldsymbol{\Psi}^{\mathrm{T}}(k_n-d)\boldsymbol{\Psi}(k_n-d))} &= \frac{a_1(k_n)(\|\boldsymbol{e}_1(k_n)\|^2-4M^2)}{2(1+\|\boldsymbol{\Psi}(k_n-d)\|^2)}\\
&\geqslant \frac{a_1(k_n)(\|\boldsymbol{e}_1(k_n)\|^2-4M^2)}{2(1+(\|\boldsymbol{\varphi}(k_n-d)\|+\|\boldsymbol{\varphi}(k_n-2d)\|)^2)}\\
&\geqslant \frac{a_1(k_n)(\|\boldsymbol{e}_1(k_n)\|^2-4M^2)}{2(1+(2C_5+2C_6\max\limits_{0\leqslant\tau\leqslant k_n}\|\boldsymbol{e}_1(\tau)\|)^2)}\\
&= \frac{a_1(k_n)(\|\boldsymbol{e}_1(k_n)\|^2-4M^2)}{2(1+(2C_5+2C_6\|\boldsymbol{e}_1(k_n)\|)^2)}
\end{aligned} \tag{6.6.42}$$

因此

$$\lim_{k_n\to\infty}\frac{a_1(k_n)(\|\boldsymbol{e}_1(k_n)\|^2-4M^2)}{2(1+\boldsymbol{\Psi}^{\mathrm{T}}(k_n-d)\boldsymbol{\Psi}(k_n-d))} \geqslant \frac{1}{8C_6^2}>0 \tag{6.6.43}$$

这与式(6.6.37)矛盾。故假设不成立,$\|\boldsymbol{e}_1(k)\|$ 有界,从而单独使用线性多变量自适应控制器式(6.6.21)时,被控对象输入输出信号有界。

其次,证明当多变量自适应控制算法式(6.6.16)~式(6.6.21)、式(6.6.8)~式(6.6.13)以及切换机制式(6.6.26)~式(6.6.29)作用于被控对象模型式(6.6.1)时,闭环切换系统输入输出信号有界。

由式(6.6.11)可知,采用非线性多变量自适应控制器式(6.6.13)时,有

$$\begin{aligned}
\boldsymbol{e}_2(k) &= \boldsymbol{P}(z^{-1})\Delta\boldsymbol{y}(k)-\boldsymbol{\Psi}^{\mathrm{T}}(k-d)\hat{\boldsymbol{\Theta}}_2(k-d)-\Delta\hat{\boldsymbol{v}}[\boldsymbol{\varphi}(k-d)]\\
&= \boldsymbol{P}(z^{-1})\boldsymbol{y}(k)-\boldsymbol{P}(z^{-1})\boldsymbol{y}(k-d)+\boldsymbol{P}(z^{-1})\boldsymbol{y}(k-d)-\boldsymbol{R}(z^{-1})\boldsymbol{w}(k)\\
&= \boldsymbol{P}(z^{-1})\boldsymbol{y}(k)-\boldsymbol{R}(z^{-1})\boldsymbol{w}(k) := \bar{\boldsymbol{e}}(k)
\end{aligned} \tag{6.6.44}$$

由式(6.6.44)、$\boldsymbol{P}(z^{-1})$ 稳定、假设(2)可知,存在正常数 d_1、d_2、d_3 和 d_4 满足

$$|y_i(k)| \leqslant d_1 + d_2 \max_{\substack{0\leqslant\tau\leqslant k\\1\leqslant i\leqslant n}} |e_{2i}(\tau)|,\quad i=1,2,\cdots,n \tag{6.6.45}$$

$$|u_i(k-d)| \leqslant d_3 + d_4 \max_{\substack{0\leqslant\tau\leqslant k\\1\leqslant i\leqslant n}} |y_i(\tau)|,\quad i=1,2,\cdots,n \tag{6.6.46}$$

由于$\bar{\boldsymbol{\varphi}}(k)=[\boldsymbol{y}^{\mathrm{T}}(k),\cdots,\boldsymbol{y}^{\mathrm{T}}(k-n_G),\boldsymbol{u}^{\mathrm{T}}(k),\cdots,\boldsymbol{u}^{\mathrm{T}}(k-n_B)]^{\mathrm{T}}$,因此存在正常数 d_5 和 d_6 满足

$$\|\boldsymbol{\varphi}(k-d)\| \leqslant d_5 + d_6 \max_{0\leqslant\tau\leqslant k} \|\boldsymbol{e}_2(\tau)\| \tag{6.6.47}$$

由式(6.6.26)和 μ_1 的定义可知,当 $\|e_1(k)\|\leqslant 2M$

$$J_1[k,\boldsymbol{e}_1(k)] = c\sum_{l=k-N+1}^{k}\|\boldsymbol{e}_1(l)\|^2 \leqslant 4cNM^2 \tag{6.6.48}$$

即 $J_1[k,\boldsymbol{e}_1(k)]$有界。

当 $\|\boldsymbol{e}_1(k)\|>2M$ 时

$$J_1[k,\boldsymbol{e}_1(k)] = \sum_{l=d}^{k}\frac{[\|\boldsymbol{e}_1(l)\|^2-4M^2]}{1+\boldsymbol{\varphi}(l-d)^{\mathrm{T}}\boldsymbol{\varphi}(l-d)} \tag{6.6.49}$$

由式(6.6.36)可知,$J_1[k,\boldsymbol{e}_1(k)]$有界。因此,$J_1(k)$总是有界。对于 $J_2(k)$,在 k 时刻存在以下两种情况:

(1) $J_2(k)<J_1(k)$。当 $\|\boldsymbol{e}_2(k)\|\leqslant 2M$ 时,由式(6.6.47)可知$\boldsymbol{\varphi}(k)$有界。当 $\|\boldsymbol{e}_2(k)\|>2M$ 时,由式(6.6.26)可知

$$J_2[k,\boldsymbol{e}_2(k)] = \sum_{l=d}^{k}\frac{\|\boldsymbol{e}_2(l)\|^2-4M^2}{1+\boldsymbol{\varphi}(l-d)^{\mathrm{T}}\boldsymbol{\varphi}(l-d)} \tag{6.6.50}$$

由于$\dfrac{\|\boldsymbol{e}_2(l)\|^2-4M^2}{1+\boldsymbol{\varphi}(l-d)^{\mathrm{T}}\boldsymbol{\varphi}(l-d)}>0$,因此,$\displaystyle\sum_{l=d}^{k}\frac{\|\boldsymbol{e}_2(l)\|^2-4M^2}{1+\boldsymbol{\varphi}(l-d)^{\mathrm{T}}\boldsymbol{\varphi}(l-d)}$单调递增。又因为 $J_2(k)<J_1(k)$,而 $J_1(k)$ 有界,因此 $J_2(k)$ 有界。故 $J_2[k,\boldsymbol{e}_2(k)]$ 必收敛。根据单调有界收敛定理可知

$$\lim_{k\to\infty}\frac{[\|\boldsymbol{e}_2(k)\|^2-4M^2]}{2[1+\boldsymbol{\varphi}^{\mathrm{T}}(k-d)\boldsymbol{\varphi}(k-d)]}=0 \tag{6.6.51}$$

由于式(6.6.51)中的分子非负,因此,根据式(6.6.47),采用引理 6.3.2 可知,$\boldsymbol{\varphi}(k)$亦有界,即闭环系统输入输出信号有界。

(2) $J_1(k)\leqslant J_2(k)$。根据切换机制,系统切换到线性多变量自适应控制器式(6.6.21)来控制被控对象。由前面的分析可知,闭环系统输入输出信号有界。

综上所述,无论切换系统采用线性多变量自适应控制器式(6.6.21)或非线性多变量自适应控制器式(6.6.13),闭环切换系统的输入输出信号总是有界,即 $\|\boldsymbol{y}(k)\|<\infty$,$\|\boldsymbol{u}(k)\|<\infty$。

下面进行收敛性分析。

由式(6.6.37)和输入、输出信号有界性可知

$$\lim_{k\to\infty}a_1(k)[\|\boldsymbol{e}_1(k)\|^2-4M^2]=0 \tag{6.6.52}$$

即,对任意小的正数 $\varepsilon_1>0$,存在时刻 $\bar{N}_1$,当 $k>\bar{N}_1$ 时

$$\|\boldsymbol{e}_1(k)\| < 2M+\varepsilon_1 \tag{6.6.53}$$

类似地，可以得到

$$\lim_{k\to\infty} a_2(k)[\|\boldsymbol{e}_2(k)\|^2 - 4\xi^2] = 0 \tag{6.6.54}$$

即，对任意小的正数 $\varepsilon_2>0$，存在时刻 $\overline{N}_2$，当 $k>\overline{N}_2$ 时，

$$\|\boldsymbol{e}_2(k)\| < 2\xi + \varepsilon_2 \tag{6.6.55}$$

因为 $\Delta\boldsymbol{v}[\boldsymbol{\varphi}(k)]$ 是关于 $\boldsymbol{\varphi}(k)$ 的有界连续非线性函数，由于神经网络具有万能逼近特性，因此可以设计合适的神经网络，使得 $\Delta\hat{\boldsymbol{v}}[\boldsymbol{\varphi}(k)]$ 以任意精度逼近 $\Delta\boldsymbol{v}[\boldsymbol{\varphi}(k)]$，那么逼近误差可以表示为

$$\|\Delta\boldsymbol{v}[\boldsymbol{\varphi}(k)] - \Delta\hat{\boldsymbol{v}}[\boldsymbol{\varphi}(k)]\| \leqslant \xi \tag{6.6.56}$$

式中，ξ 为预先指定的估计误差的上界，可以任意小。

由式(6.6.55)可知，当 $k>\overline{N}=\max\{\overline{N}_1,\overline{N}_2\}$ 时，$\|\boldsymbol{e}_2(k)\|$ 可以任意小，因此 $\|\boldsymbol{e}_2(k)\| \leqslant \|\boldsymbol{e}_1(k)\|$，系统切换到非线性多变量自适应控制器。

由式(6.6.44)可知，闭环系统的跟踪误差 $\bar{e}(k)$ 满足

$$\lim_{k\to\infty}\|\bar{\boldsymbol{e}}(k)\| = \lim_{k\to\infty}\|\boldsymbol{e}_2(k)\| \leqslant 2\xi + \varepsilon_2 \tag{6.6.57}$$

由于 ξ 和 ε_2 为任意小的正数，因此可以选择 $2\xi+\varepsilon_2\leqslant\varepsilon$，则由式(6.6.57)可知，$\lim\limits_{k\to\infty}\|\bar{\boldsymbol{e}}(k)\|\leqslant\varepsilon$。

■

6.6.4 仿真实验

采用本节所提出的基于未建模动态补偿的非线性多变量自适应切换控制算法对下列离散时间双输入、双输出非线性被控对象进行仿真实验。

例 6.6.1 基于未建模动态补偿的非线性多变量自适应切换控制器的仿真实验

双输入、双输出被控对象模型如下

$$\begin{aligned}
y_1(k+1) = {} & 0.6y_1(k) + 1.2y_2(k) + 1.5y_1(k-1) \\
& + 0.3y_2(k-1) + 1.1u_1(k) + 0.8u_2(k) \\
& + \ln[1 + u_1^2(k-1) + u_2^2(k) + y_1^2(k-1) + y_2^2(k)] \\
& - \frac{u_1(k-1) + u_2(k) + y_1(k-1) + y_2(k)}{1 + u_1^2(k-1) + u_2^2(k) + y_1^2(k-1) + y_2^2(k)} \\
y_2(k+1) = {} & 2.4y_1(k) + 0.1y_2(k) - 0.2y_1(k-1) \\
& + 1.8y_2(k-1) + 1.25u_2(k) + 0.32u_1(k-1) \\
& + 0.1u_2(k-1) + \ln[1 + u_1^2(k) + u_2^2(k-1) + y_1^2(k) + y_2^2(k-1)] \\
& - \frac{u_1(k) + u_2(k-1) + y_1(k) + y_2(k-1)}{1 + u_1^2(k) + u_2^2(k-1) + y_1^2(k) + y_2^2(k-1)}
\end{aligned}$$

式中，原点为平衡点，$d=1$，$n_A=2$，$n_B=1$。未建模动态 $\boldsymbol{v}[\boldsymbol{\varphi}(k)]=[v_1[\boldsymbol{\varphi}(k)], v_2[\boldsymbol{\varphi}(k)]]^{\mathrm{T}}$ 表示如下

$$v_1[\boldsymbol{\varphi}(k)] = \ln[1+u_1^2(k-1)+u_2^2(k)+y_1^2(k-1)+y_2^2(k)] - \frac{u_1(k-1)+u_2(k)+y_1(k-1)+y_2(k)}{1+u_1^2(k-1)+u_2^2(k)+y_1^2(k-1)+y_2^2(k)}$$

$$v_2[\boldsymbol{\varphi}(k)] = \ln[1+u_1^2(k)+u_2^2(k-1)+y_1^2(k)+y_2^2(k-1)] - \frac{u_1(k)+u_2(k-1)+y_1(k)+y_2(k-1)}{1+u_1^2(k)+u_2^2(k-1)+y_1^2(k)+y_2^2(k-1)}$$

选择 $\|\Delta\boldsymbol{v}[\boldsymbol{\varphi}(k)]\|$ 的上界 $M=1$。由于

$$\boldsymbol{B}(z^{-1}) = \begin{bmatrix} 1.1 & 0.8 \\ 0.32z^{-1} & 1.25+0.1z^{-1} \end{bmatrix}$$

$\det\boldsymbol{B}(z^{-1})=1.375-0.146z^{-1}$的零点为 0.1062，上述非线性被控对象在原点处的零动态是稳定的。选择切换函数中的参数 $c=1, N=2$，加权项

$$\boldsymbol{P}(z^{-1}) = \begin{bmatrix} 1-0.1z^{-1} & 0 \\ 0 & 1-0.1z^{-1} \end{bmatrix},\quad \boldsymbol{R}(z^{-1}) = \begin{bmatrix} 0.9 & 0 \\ 0 & 0.9 \end{bmatrix}$$

参考输入 $w_1=1.5(\sin2\pi k/10+\sin2\pi k/25)$，$w_2=1.5(\cos2\pi k/10+\cos2\pi k/25)$。

采用单隐层线性输出的静态 BP 网对 $\Delta\boldsymbol{v}[\boldsymbol{\varphi}(k)]$进行估计，其隐元数为 20，隐层神经元为 Sigmoid 函数。采用本节介绍的多变量自适应切换控制方法对上述被控对象进行仿真实验，初始状态为 $y_1(0)=0, y_2(0)=0, u_1(0)=0$ 和 $u_2(0)=0$。运行时间从 $k=0$ 到 $k=100$，仿真结果如图 6.6.2～图 6.6.5 所示，其中图 6.6.2 和图 6.6.3 分别为仅用线性多变量自适应控制时，参考输入 $\boldsymbol{w}(k)$、被控对象输出 $\boldsymbol{y}(k)$和控制输入 $\boldsymbol{u}(k)$。从图中可以看出，被控对象的输入和输出信号有界，但跟踪性能较差。图 6.6.4 和图 6.6.5 分别为采用本节提出的算法时，参考输入 $\boldsymbol{w}(k)$、被控对象输出 $\boldsymbol{y}(k)$和控制输入 $\boldsymbol{u}(k)$。从图中可以看出，输出 $\boldsymbol{y}(k)$能跟踪参考输入 $\boldsymbol{w}(k)$的变化。

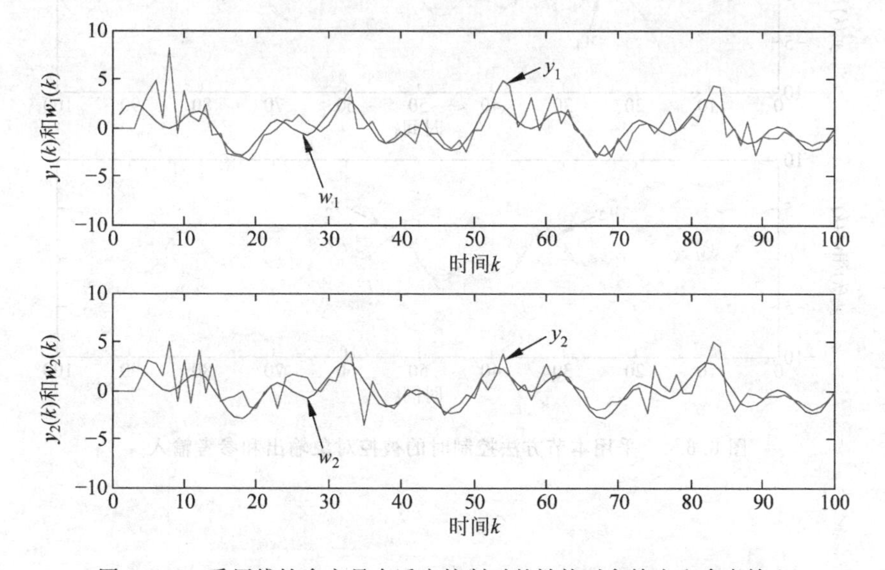

图 6.6.2　采用线性多变量自适应控制时的被控对象输出和参考输入

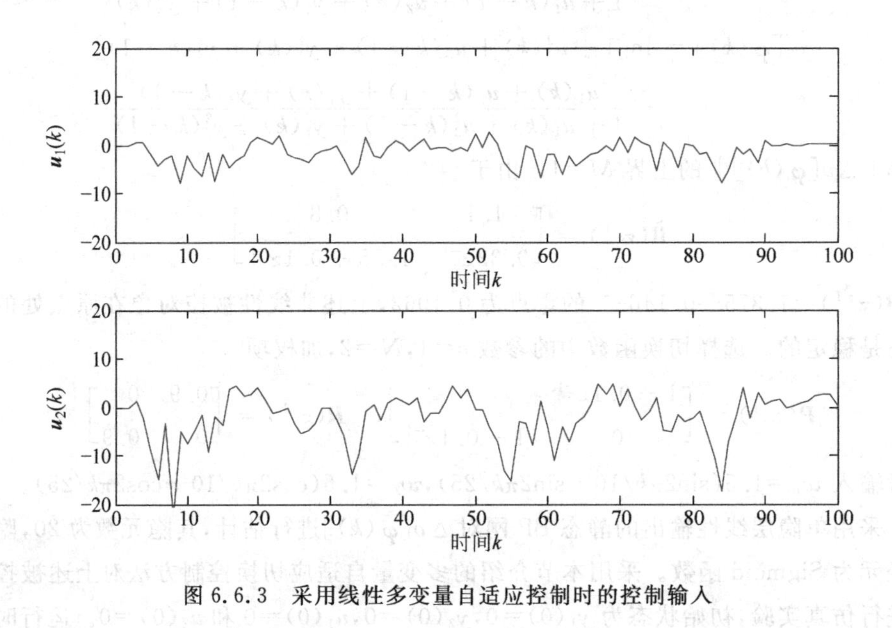

图 6.6.3　采用线性多变量自适应控制时的控制输入

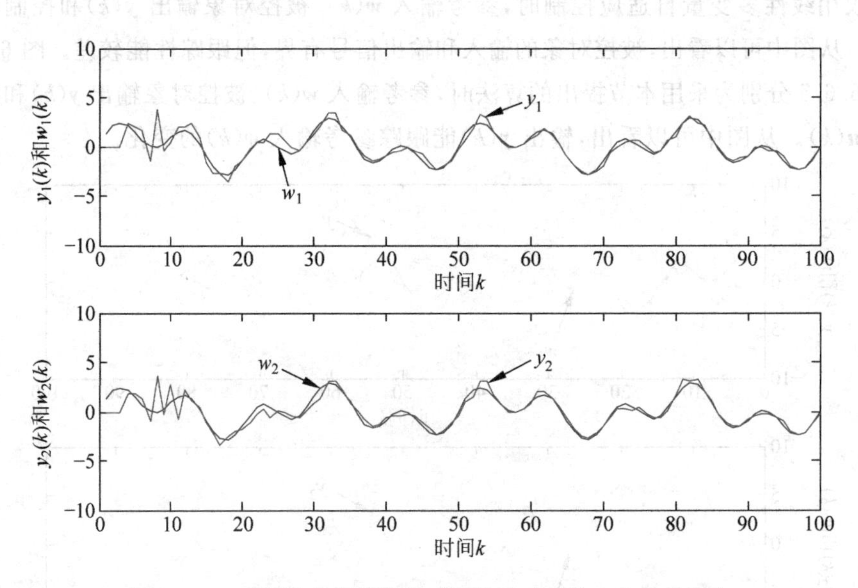

图 6.6.4　采用本节方法控制时的被控对象输出和参考输入

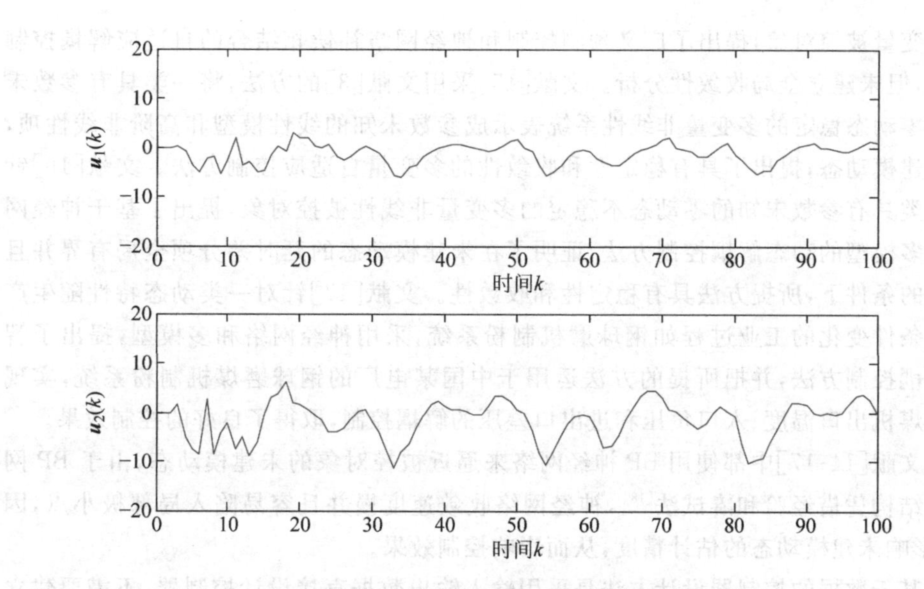

图 6.6.5　采用本节方法控制时的控制输入

图 6.6.6 为线性多变量自适应控制器与非线性多变量自适应控制器之间的切换序列。

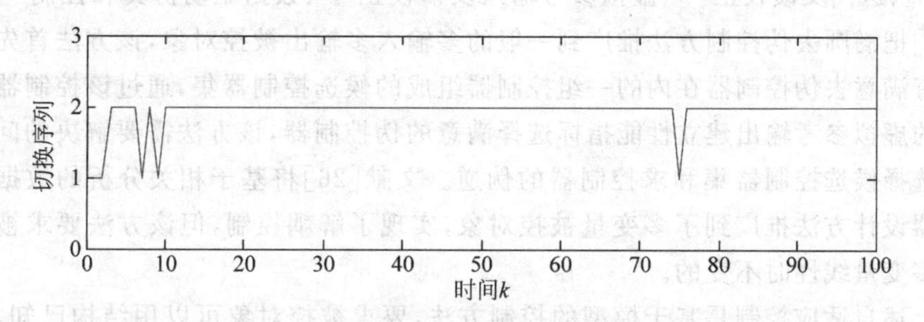

图 6.6.6　采用本节方法控制时的切换序列(纵轴上 1 表示线性多变量自适应控制器，2 表示非线性多变量自适应控制器)

6.7　基于虚拟未建模动态驱动的多变量非线性自适应切换控制

6.7.1　引言

由于工业过程的复杂性和建模的高成本，因此，难以获得工业过程的精确数学模型。目前，处理难以建立精确数学模型的工业过程的控制器的设计方法主要有自适应控制方法和基于数据驱动的控制方法。

对具有参数未知的线性多变量被控对象，文献[10-13]将解耦设计和自适应控制相结合，提出了多变量自适应解耦控制算法。文献[14]针对一类参数未知的非线性多变量被控对象，提出了广义预测控制和神经网络补偿相结合的自适应解耦控制算法，但未建立全局收敛性分析。文献[15]采用文献[3]的方法，将一类具有参数未知的零动态稳定的多变量非线性系统表示成参数未知的线性模型和高阶非线性项，即未建模动态，提出了具有稳定性和收敛性的多变量自适应控制方法。文献[16]针对一类具有参数未知的零动态不稳定的多变量非线性被控对象，提出了基于神经网络与多模型的动态解耦控制方法，证明了在未建模动态的延时差分项全局有界并且已知的条件下，所提方法具有稳定性和收敛性。文献[17]针对一类动态特性随生产边界条件变化的工业过程如钢球磨机制粉系统，采用神经网络和多模型，提出了智能解耦控制方法，并把所提的方法运用于中国某电厂的钢球磨煤机制粉系统，实现了磨煤机出口温度、入口负压和进出口差压的解耦控制，取得了良好的控制效果。

文献[14-17]中都使用 BP 神经网络来逼近被控对象的未建模动态，由于 BP 网络的结构凭借经验和凑试法[18]，神经网络收敛速度慢并且容易陷入局部极小点，因此，影响未建模动态的估计精度，从而影响控制效果。

基于数据的控制器设计方法是采用输入输出数据直接设计控制器，不需要建立被控对象的数学模型。最近提出的数据驱动的控制器设计方法主要有去伪控制[19-20]、基于 SPSA(simultaneous perturbation stochastic approximation control)的控制[21]、迭代反馈校正[22]、虚拟参考输入反馈校正[23]、数据驱动仿真和控制[24]。文献[25]把椭圆去伪控制方法推广到一般的多输入多输出被控对象，该方法首先建立由含有满意去伪控制器在内的一组控制器组成的候选控制器集，通过该控制器伪逆组成的虚拟参考输出建立性能指标选择满意的伪控制器，该方法需要解决的问题是如何选择候选控制器集和求控制器的伪逆。文献[26]将基于相关分析的数据驱动控制器设计方法推广到了多变量被控对象，实现了解耦控制，但该方法要求被控对象是多变量线性时不变的。

上述自适应控制是基于模型的控制方法，要求被控对象可以用结构已知、参数未知的数学模型来描述，以该模型为控制器设计模型，设计出参数未知的控制器，采用输入输出数据在线校正控制器参数。基于数据驱动的控制器设计方法根据被控对象的动态特性确定控制器结构，利用输入输出数据来校正控制器参数，从而不需要建立被控对象的数学模型。但是，这两种控制方法所涉及的被控对象都是结构已知、参数未知的被控对象。虽然有的基于数据驱动的控制方法没有明显提出要求被控对象的结构已知的条件，但如果被控对象的结构特性未知，就难以选择合适的控制器结构。在这种情况下，通过输入输出数据来校正控制器的参数，难以保证产生合适的控制输入，造成控制输入的波动，当控制器作用于被控对象时，难以取得良好的控制效果，甚至造成系统不稳定。

复杂工业过程不仅机理不清，难以建立数学模型，而且具有强非线性、多变量强耦合、结构未知、不确定性干扰的综合复杂特性，其动态特性超出上述两种控制方法所要求的被控对象的特性，因此难以采用自适应控制和数据驱动控制方法。如何充分利用输入输出数据和被控对象的知识，提出新的控制器结构和设计方法对于解决复杂工业过程的控制具有重要实际意义。

本节引入控制器驱动模型与虚拟未建模动态的概念[27]，根据工业装置运行在工作点附近的特点，选择低阶线性模型作为控制器设计模型，采用输入输出数据设计线性控制器，从而获得控制器驱动模型。利用被控对象输出与控制器驱动模型输出之间的动态误差—虚拟未建模动态，设计具有虚拟未建模动态补偿的非线性控制器。采用切换机制和参数估计提出实现线性自适应控制器和非线性自适应控制器切换的控制方法，分析了保证该方法全局收敛性的条件，给出了自适应切换控制方法的仿真实验。为了使读者掌握本节介绍的基于虚拟未建模动态驱动的多变量非线性自适应切换控制方法，首先介绍控制器驱动模型与虚拟未建模动态的概念。

6.7.2　控制器驱动模型与虚拟未建模动态的概念

1. 单变量控制器驱动模型与虚拟未建模动态的概念

为了清楚简洁地说明控制器驱动模型和虚拟未建模动态的概念，以线性单变量时不变被控对象为例，该被控对象可以描述为

$$A(z^{-1})y(k+1)=B(z^{-1})u(k) \tag{6.7.1}$$

式中，$u(k)$ 和 $y(k)$ 分别为 k 时刻的输入和输出；延时 $d=1$；$A(z^{-1})$ 和 $B(z^{-1})$ 分别是 z^{-1} 的多项式，其阶次为 n_A 和 n_B，b_0 非零；$A(z^{-1})$ 和 $B(z^{-1})$ 分别为

$$A(z^{-1})=1+a_1z^{-1}+\cdots+a_{n_A}z^{-n_A}$$

$$B(z^{-1})=b_0+b_1z^{-1}+\cdots+b_{n_B}z^{-n_B}$$

无论采用何种方法设计控制器，都可以统一表示为如下的控制器方程

$$H(z^{-1})u(k)+G(z^{-1})y(k)=w(k+1) \tag{6.7.2}$$

式中，$w(k+1)$ 是参考输入；$H(z^{-1})$ 和 $G(z^{-1})$ 是 z^{-1} 的多项式。

为了设计 $H(z^{-1})$ 和 $G(z^{-1})$，将控制器式(6.7.2)作用于被控对象式(6.7.1)可得闭环系统方程为

$$[H(z^{-1})A(z^{-1})+z^{-1}B(z^{-1})G(z^{-1})]y(k+1)=B(z^{-1})w(k+1) \tag{6.7.3}$$

选择 $H(z^{-1})$ 和 $G(z^{-1})$ 的原则是在保证闭环系统稳定的前提下，使闭环系统的输出 $y(k+1)$ 能够很好地跟踪 $w(k+1)$，并消除稳态跟踪误差，即

$$\lim_{k\to\infty}e(k+1)=\lim_{k\to\infty}[y(k+1)-w(k+1)]=0 \tag{6.7.4}$$

由控制器方程式(6.7.2)可以看出，控制器方程由两部分组成，控制器左边的部分是由输入输出数据 $u(k),\cdots,u(k-n_H),y(k),\cdots,y(k-n_G)$ 和表示控制器结构和参数的多项式 $H(z^{-1})$ 和 $G(z^{-1})$ 组成，其结构和参数是由设计者采用控制器设计方法来确定。我们定义

$$y^*(k+1)=H(z^{-1})u(k)+G(z^{-1})y(k) \tag{6.7.5}$$

为控制器驱动模型，控制器与控制器驱动模型如图 6.7.1 所示。

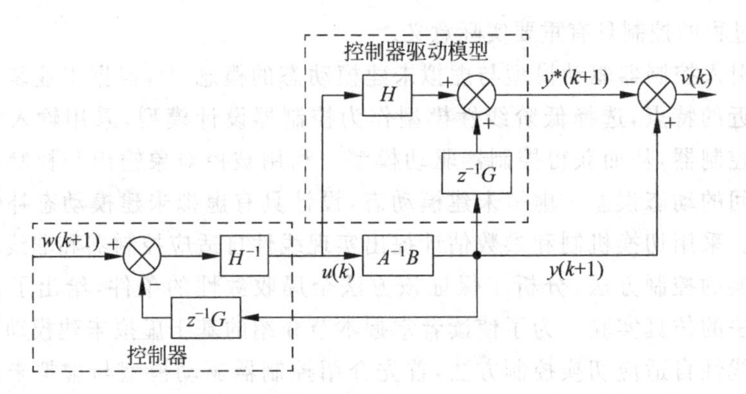

图 6.7.1　控制器与控制器驱动模型结构

控制器方程式(6.7.2)的右边部分是预先设定的理想输出。任何一个控制器都可以表示为控制器驱动模型和理想输出两部分。控制器驱动模型的输出 $y^*(k+1)$等于理想输出,即 $y^*(k+1)=w(k+1)$,可获得控制器方程。从上面的分析我们可以看到,设计控制项 $H(z^{-1})$和 $G(z^{-1})$的目的就是当控制器作用于被控对象式(6.7.1)时,在闭环系统稳定的条件下,使 $y(k+1)$尽可能地跟踪控制器驱动模型输出 $y^*(k+1)$。如果控制器设计模型与被控对象的动态特性不相匹配,设计出的控制器结构和参数与被控对象也不匹配,必然造成闭环系统输出与理想输出的跟踪误差

$$v(k)=y(k+1)-y^*(k+1) \tag{6.7.6}$$

式中,$v(k)$表示闭环系统输出和控制器驱动模型输出之间的动态跟踪误差,称为虚拟未建模动态。

2. 多变量控制器驱动模型与虚拟未建模动态

难以用精确数学模型描述的复杂工业过程可以用下列多变量非线性模型来描述

$$\begin{aligned}\boldsymbol{y}(k+1)=\boldsymbol{f}[&\boldsymbol{y}(k),\cdots,\boldsymbol{y}(k-n_A+1),\\&\boldsymbol{u}(k),\boldsymbol{u}(k-1),\cdots,\boldsymbol{u}(k-n_B)]\end{aligned} \tag{6.7.7}$$

式中,$\boldsymbol{u}(k)=[u_1(k),\cdots,u_n(k)]^{\mathrm{T}}$,$\boldsymbol{y}(k)=[y_1(k),\cdots,y_n(k)]^{\mathrm{T}}$ 分别为被控对象在 k 时刻的 n 维输入和输出向量;模型阶次 n_A 和 n_B 未知;$\boldsymbol{f}(\cdot)$是 n 维未知非线性向量函数。

由于工业装置往往运行在工作点附近,因此,采用在工作点附近的低阶线性模型作为控制器设计模型

$$\begin{aligned}\bar{\boldsymbol{y}}^*(k+1)&=-\boldsymbol{A}_1\boldsymbol{y}(k)-\cdots-\boldsymbol{A}_{n_A}\boldsymbol{y}(k-n_A+1)+\boldsymbol{B}_0\boldsymbol{u}(k)+\cdots+\boldsymbol{B}_{n_B}\boldsymbol{u}(k-n_B)\\&=z[\boldsymbol{I}-\boldsymbol{A}(z^{-1})]\boldsymbol{y}(k)+\boldsymbol{B}(z^{-1})\boldsymbol{u}(k)\end{aligned} \tag{6.7.8}$$

式中,$\bar{\boldsymbol{y}}^*(k+1)=[\bar{y}_1^*(k+1),\bar{y}_2^*(k+1),\cdots,\bar{y}_n^*(k+1)]^{\mathrm{T}}$ 表示该模型的 n 维输出向量;$\boldsymbol{A}(z^{-1})$是阶次为 n_A 的 z^{-1}的多项式矩阵;$\boldsymbol{B}(z^{-1})$是阶次为 n_B 的 z^{-1}的多项式矩阵,$\boldsymbol{A}(z^{-1})$和 $\boldsymbol{B}(z^{-1})$分别为

$$\boldsymbol{A}(z^{-1}) = \boldsymbol{I} + \boldsymbol{A}_1 z^{-1} + \cdots + \boldsymbol{A}_{n_A} z^{-n_A} \tag{6.7.9}$$

$$\boldsymbol{B}(z^{-1}) = \boldsymbol{B}_0 + \boldsymbol{B}_1 z^{-1} + \cdots + \boldsymbol{B}_{n_B} z^{-n_B} \tag{6.7.10}$$

式中，$\boldsymbol{B}_0$ 是非奇异的。

于是，控制器设计模型的输出与被控对象输出之间的未建模动态为

$$\tilde{\boldsymbol{v}}(k) = \boldsymbol{f}(\cdot) - \bar{\boldsymbol{y}}^*(k+1) \tag{6.7.11}$$

式中，$\tilde{\boldsymbol{v}}(k) = [v_1(k), \cdots, v_n(k)]^{\mathrm{T}}$ 为 n 维未知的非线性连续向量函数，它表示控制器设计模型与被控对象之间的未建模动态。

由式(6.7.7)、式(6.7.8)和式(6.7.11)可得

$$\begin{aligned}\boldsymbol{y}(k+1) &= \bar{\boldsymbol{y}}^*(k+1) + \boldsymbol{v}(k) \\ &= -\boldsymbol{A}_1 \boldsymbol{y}(k) - \cdots - \boldsymbol{A}_{n_A} \boldsymbol{y}(k - n_A + 1) \\ &\quad + \boldsymbol{B}_0 \boldsymbol{u}(k) + \cdots + \boldsymbol{B}_{n_B} \boldsymbol{u}(k - n_B) + \boldsymbol{v}(k)\end{aligned}$$

即

$$\boldsymbol{A}(z^{-1})\boldsymbol{y}(k+1) = \boldsymbol{B}(z^{-1})\boldsymbol{u}(k) + \boldsymbol{v}(k) \tag{6.7.12}$$

采用控制器设计模型式(6.7.8)来设计控制器，引入如下的性能指标

$$J = \| \bar{\boldsymbol{y}}^*(k+1) - [\boldsymbol{w}(k+1) - \boldsymbol{Q}(z^{-1})\boldsymbol{u}(k)] \|^2 \tag{6.7.13}$$

式中，$\boldsymbol{Q}(z^{-1})$为 $n \times n$ 加权多项式矩阵。

定义广义理想输出向量$\boldsymbol{\phi}^*(k+1)$为

$$\boldsymbol{\phi}^*(k+1) = \boldsymbol{w}(k+1) - \boldsymbol{Q}(z^{-1})\boldsymbol{u}(k) \tag{6.7.14}$$

引入 $\boldsymbol{G}(z^{-1})$使得如下 Diophantine 方程成立

$$\boldsymbol{I} = \boldsymbol{A}(z^{-1}) + z^{-1}\boldsymbol{G}(z^{-1}) \tag{6.7.15}$$

式中，$\boldsymbol{G}(z^{-1})$的阶次 $n_G = n_A - 1$。

由式(6.7.8)、式(6.7.12)和式(6.7.15)可得

$$\begin{aligned}\bar{\boldsymbol{y}}^*(k+1) &= -[\boldsymbol{A}(z^{-1})\boldsymbol{y}(k+1) - \boldsymbol{y}(k+1)] + \boldsymbol{B}(z^{-1})\boldsymbol{u}(k) \\ &= -\{[\boldsymbol{I} - z^{-1}\boldsymbol{G}(z^{-1})]\boldsymbol{y}(k+1) - \boldsymbol{y}(k+1)\} + \boldsymbol{B}(z^{-1})\boldsymbol{u}(k) \\ &= \boldsymbol{G}(z^{-1})\boldsymbol{y}(k) + \boldsymbol{B}(z^{-1})\boldsymbol{u}(k)\end{aligned} \tag{6.7.16}$$

使 $J=0$ 的最优控制律为

$$\boldsymbol{G}(z^{-1})\boldsymbol{y}(k) + \boldsymbol{B}(z^{-1})\boldsymbol{u}(k) = \boldsymbol{w}(k+1) - \boldsymbol{Q}(z^{-1})\boldsymbol{u}(k) \tag{6.7.17}$$

那么，线性多变量控制器驱动模型为

$$\boldsymbol{y}^*(k+1) = \boldsymbol{G}(z^{-1})\boldsymbol{y}(k) + \boldsymbol{B}(z^{-1})\boldsymbol{u}(k) \tag{6.7.18}$$

由式(6.7.18)和式(6.7.12)可得虚拟未建模动态

$$\begin{aligned}\boldsymbol{v}(k) &= \boldsymbol{y}(k+1) - \boldsymbol{y}^*(k+1) \\ &= \boldsymbol{y}(k+1) - [\boldsymbol{G}(z^{-1})\boldsymbol{y}(k) + \boldsymbol{B}(z^{-1})\boldsymbol{u}(k)] \\ &= \boldsymbol{v}(k)\end{aligned} \tag{6.7.19}$$

由式(6.7.19)可知，虚拟未建模动态 $\boldsymbol{v}(k)$与未建模动态 $\tilde{\boldsymbol{v}}(k)$相等。

6.8 虚拟未建模动态驱动的非线性自适应控制器设计

6.8.1 控制问题描述

被控对象的动态模型为

$$\boldsymbol{A}(z^{-1})\boldsymbol{y}(k+1)=\boldsymbol{B}(z^{-1})\boldsymbol{u}(k)+\boldsymbol{v}(k) \tag{6.8.1}$$

式中，$\boldsymbol{A}(z^{-1})$和$\boldsymbol{B}(z^{-1})$如式(6.7.9)～式(6.7.10)所示，多项式矩阵$\boldsymbol{A}(z^{-1})$和$\boldsymbol{B}(z^{-1})$的阶次n_A和n_B已知，但多项式矩阵$\boldsymbol{A}(z^{-1})$和$\boldsymbol{B}(z^{-1})$的系数未知，$\boldsymbol{v}(k)$为未知的虚拟未建模动态。

控制目标是，针对上述未知的非线性被控对象模型式(6.8.1)，设计基于虚拟未建模动态补偿的非线性自适应切换控制器，保证闭环系统的输入输出信号有界，使被控对象的输出$\boldsymbol{y}(k)$跟踪参考输入$\boldsymbol{w}(k)$，并使其稳态误差的范数小于预先确定的值$\varepsilon(\varepsilon>0)$，即

$$\lim_{k\to\infty}\|\bar{\boldsymbol{e}}(k)\|=\lim_{k\to\infty}\|\boldsymbol{y}(k)-\boldsymbol{w}(k)\|<\varepsilon$$

6.8.2 基于虚拟未建模动态驱动的多变量非线性控制器

采用低阶线性模型设计控制器造成控制器结构和参数与被控对象的动态特性不相匹配，从而使闭环系统的输出与控制器驱动模型输出之间产生动态跟踪误差—虚拟未建模动态。引入虚拟未建模动态补偿器，设计带有补偿器的非线性控制器，下面介绍具有虚拟未建模动态补偿的非线性控制器设计方法。

1. 基于虚拟未建模动态补偿的非线性控制器

基于虚拟未建模动态补偿的非线性控制器采用如图6.8.1所示的结构。由图6.8.1所示的基于虚拟未建模动态补偿的非线性控制器方程为

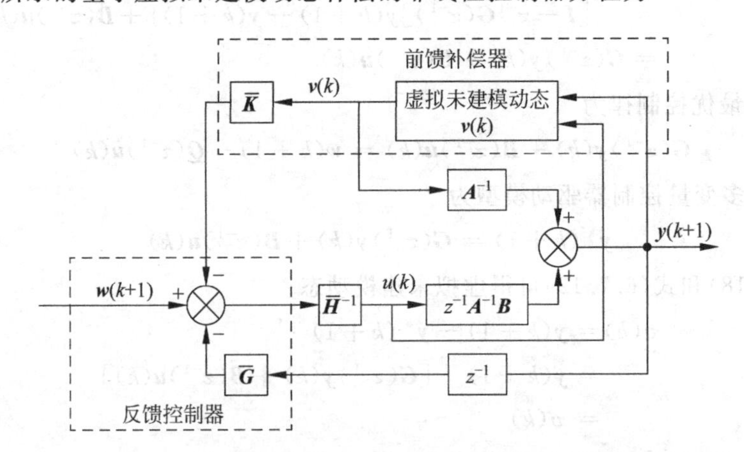

图6.8.1 基于虚拟未建模动态补偿的非线性控制器结构

$$\bar{\boldsymbol{H}}(z^{-1})\boldsymbol{u}(k)=\boldsymbol{w}(k+1)-\bar{\boldsymbol{G}}(z^{-1})\boldsymbol{y}(k)-\bar{\boldsymbol{K}}(z^{-1})\boldsymbol{v}(k) \tag{6.8.2}$$

式中，由 $\bar{\boldsymbol{H}}(z^{-1})$ 和 $\bar{\boldsymbol{G}}(z^{-1})$ 组成的反馈控制器使被控对象的输出 $\boldsymbol{y}(k)$ 跟踪参考输入信号 $\boldsymbol{w}(k)$，虚拟未建模动态补偿项 $\bar{\boldsymbol{K}}(z^{-1})$ 用来消除 $\boldsymbol{v}(k)$ 对被控对象输出的影响。

为了选择 $\bar{\boldsymbol{H}}(z^{-1})$、$\bar{\boldsymbol{G}}(z^{-1})$ 和 $\bar{\boldsymbol{K}}(z^{-1})$，采用下列性能指标

$$J=\|\boldsymbol{y}(k+1)-[\boldsymbol{w}(k+1)-\boldsymbol{Q}(z^{-1})\boldsymbol{u}(k)-\boldsymbol{K}(z^{-1})\boldsymbol{v}(k)]\|^2 \tag{6.8.3}$$

选择 $\boldsymbol{Q}(z^{-1})$ 和 $\boldsymbol{K}(z^{-1})$ 为带有积分器的多项式矩阵，即

$$\boldsymbol{Q}(z^{-1})=\boldsymbol{Q}^*(1-z^{-1}) \tag{6.8.4}$$

$$\boldsymbol{Q}^*=\begin{bmatrix} q_{11} & q_{12} & \cdots & q_{1(n-1)} & q_{1n} \\ q_{21} & q_{22} & \cdots & q_{2(n-1)} & q_{2n} \\ \vdots & \vdots & \ddots & \vdots & \vdots \\ q_{(n-1)1} & q_{(n-1)2} & \cdots & q_{(n-1)(n-1)} & q_{(n-1)n} \\ q_{n1} & q_{n2} & \cdots & q_{n(n-1)} & q_{nn} \end{bmatrix} \tag{6.8.5}$$

式中，$q_{il}(i,l=1,2,\cdots,n)$ 为凑试确定的常数。

$$\boldsymbol{K}(z^{-1})=\boldsymbol{K}^*(1-z^{-1}),\quad \boldsymbol{K}^*=\mathrm{diag}\{k_1,k_2,\cdots,k_n\} \tag{6.8.6}$$

$k_l(l=1,2,\cdots,n)$ 为待定的常数。

广义理想输出为

$$\boldsymbol{\phi}^*(k+1)=\boldsymbol{w}(k+1)-\boldsymbol{Q}^*(1-z^{-1})\boldsymbol{u}(k)-\boldsymbol{K}^*(1-z^{-1})\boldsymbol{v}(k) \tag{6.8.7}$$

引入 Diophantine 式(6.7.15)，并由式(6.7.15)和式(6.8.1)可得输出向量 $\boldsymbol{y}(k+1)$ 为

$$\boldsymbol{y}(k+1)=\boldsymbol{G}(z^{-1})\boldsymbol{y}(k)+\boldsymbol{B}(z^{-1})\boldsymbol{u}(k)+\boldsymbol{v}(k) \tag{6.8.8}$$

将式(6.8.8)代入式(6.8.3)，使 $J=0$ 可得带有虚拟未建模动态补偿的多变量非线性控制律为

$$\begin{aligned}&\boldsymbol{G}(z^{-1})\boldsymbol{y}(k)+\boldsymbol{B}(z^{-1})\boldsymbol{u}(k)+\boldsymbol{v}(k)\\&=\boldsymbol{w}(k+1)-[\boldsymbol{Q}^*(1-z^{-1})\boldsymbol{u}(k)+\boldsymbol{K}^*(1-z^{-1})\boldsymbol{v}(k)]\end{aligned} \tag{6.8.9}$$

式中，$\boldsymbol{G}(z^{-1})$ 由 Diophantine 方程式(6.7.15)所唯一确定。

由式(6.8.2)和式(6.8.9)可知，与图 6.8.1 中所对应的控制器参数多项式矩阵为

$$\bar{\boldsymbol{H}}(z^{-1})=\boldsymbol{B}(z^{-1})+\boldsymbol{Q}^*(1-z^{-1}) \tag{6.8.10}$$

$$\bar{\boldsymbol{G}}(z^{-1})=\boldsymbol{G}(z^{-1}) \tag{6.8.11}$$

$$\bar{\boldsymbol{K}}(z^{-1})=\boldsymbol{K}^*(1-z^{-1})+\boldsymbol{I} \tag{6.8.12}$$

引入多项式矩阵 $\widetilde{\boldsymbol{B}}(z^{-1})$ 和 $\widetilde{\boldsymbol{Q}}^*(1-z^{-1})$ 使得下式成立

$$\widetilde{\boldsymbol{B}}(z^{-1})\boldsymbol{Q}^*(1-z^{-1})=\widetilde{\boldsymbol{Q}}^*(1-z^{-1})\boldsymbol{B}(z^{-1}) \tag{6.8.13}$$

$$\det\widetilde{\boldsymbol{B}}(z^{-1})=\det\boldsymbol{B}(z^{-1}) \tag{6.8.14}$$

将控制器方程式(6.8.9)代入被控对象模型式(6.8.1)，由式(6.7.15)、式(6.8.13)和式(6.8.14)得闭环系统方程为

$$\begin{aligned}&[\widetilde{\boldsymbol{B}}(z^{-1})+\widetilde{\boldsymbol{Q}}^*(1-z^{-1})\boldsymbol{A}(z^{-1})]\boldsymbol{y}(k+1)\\&=\widetilde{\boldsymbol{B}}(z^{-1})\boldsymbol{w}(k+1)+[\widetilde{\boldsymbol{Q}}^*(1-z^{-1})-\widetilde{\boldsymbol{B}}(z^{-1})\boldsymbol{K}^*(1-z^{-1})]\boldsymbol{v}(k)\end{aligned} \tag{6.8.15}$$

从闭环系统方程式(6.8.15)可以看出，由于引入了积分器，可使得$[\widetilde{\boldsymbol{B}}(z^{-1})+\widetilde{\boldsymbol{Q}}^*(1-z^{-1})\boldsymbol{A}(z^{-1})]^{-1}\widetilde{\boldsymbol{B}}(z^{-1})$的稳态增益为单位阵。通过选择$\boldsymbol{K}^*(1-z^{-1})$使得

$$\widetilde{\boldsymbol{Q}}^*(1-z^{-1})-\widetilde{\boldsymbol{B}}(z^{-1})\boldsymbol{K}^*(1-z^{-1})=0$$

可尽可能地补偿虚拟未建模动态$\boldsymbol{v}(k)$。由于$\widetilde{\boldsymbol{Q}}(z^{-1})$和$\boldsymbol{K}(z^{-1})$含有积分器，如果$\boldsymbol{v}(\infty)$为常数向量，则当$k\to\infty$时，可消除$\boldsymbol{v}(\infty)$对被控对象输出的影响。

2. 线性控制器

由于控制器方程式(6.8.9)中的控制器参数矩阵$\boldsymbol{G}(z^{-1})$和$\boldsymbol{B}(z^{-1})$以及虚拟未建模动态$\boldsymbol{v}(k)$均未知，需要采用估计值来代替，因此使得闭环系统成为时变的非线性系统，难以保证闭环系统的稳定性，由控制器方程式(6.8.9)，不带虚拟未建模动态补偿项可得线性控制器

$$\boldsymbol{G}(z^{-1})\boldsymbol{y}(k)+\boldsymbol{B}(z^{-1})\boldsymbol{u}(k)=\boldsymbol{w}(k+1)-\boldsymbol{Q}^*(1-z^{-1})\boldsymbol{u}(k) \tag{6.8.16}$$

将控制器方程式(6.8.16)代入被控对象模型式(6.8.1)，由式(6.8.13)～式(6.8.15)可得闭环系统方程为

$$\begin{aligned}&[\widetilde{\boldsymbol{B}}(z^{-1})+\widetilde{\boldsymbol{Q}}^*(1-z^{-1})\boldsymbol{A}(z^{-1})]\boldsymbol{y}(k+1)\\&=\widetilde{\boldsymbol{B}}(z^{-1})\boldsymbol{w}(k+1)+[\widetilde{\boldsymbol{Q}}^*(1-z^{-1})+\widetilde{\boldsymbol{B}}(z^{-1})]\boldsymbol{v}(k)\end{aligned}$$

由闭环系统方程可以看出，如果$\boldsymbol{v}(k)$有界，只要选择$\widetilde{\boldsymbol{Q}}^*(1-z^{-1})$使得$\widetilde{\boldsymbol{B}}(z^{-1})+\widetilde{\boldsymbol{Q}}^*(1-z^{-1})\boldsymbol{A}(z^{-1})$稳定，则可保证闭环系统的稳定性。

3. 自适应切换控制器

1) 辨识方程

当被控对象的$\boldsymbol{A}(z^{-1})$、$\boldsymbol{B}(z^{-1})$及虚拟未建模动态$\boldsymbol{v}(k)$未知时，控制器方程式(6.8.9)中的$\boldsymbol{G}(z^{-1})$,$\boldsymbol{B}(z^{-1})$和$\boldsymbol{v}(k)$未知，故控制器式(6.8.9)无法实现。采用隐式算法直接对控制器参数$\boldsymbol{G}(z^{-1})$和$\boldsymbol{B}(z^{-1})$进行估计。采用ANFIS(自适应神经模糊推理系统)[28]提出基于ANFIS的虚拟未建模动态估计算法，将估计$\boldsymbol{G}(z^{-1})$和$\boldsymbol{B}(z^{-1})$的改进的投影算法和基于ANFIS的$\boldsymbol{v}(k)$估计算法交替使用，提出了对控制器参数$\boldsymbol{G}(z^{-1})$和$\boldsymbol{B}(z^{-1})$以及虚拟未建模动态$\boldsymbol{v}(k)$的辨识算法。首先求控制器参数$\boldsymbol{G}(z^{-1})$和$\boldsymbol{B}(z^{-1})$的辨识方程以及ANFIS的导师信号方程。

由式(6.7.19)可得

$$\begin{aligned}\boldsymbol{v}(k)&=\boldsymbol{y}(k+1)-\boldsymbol{G}(z^{-1})\boldsymbol{y}(k)-\boldsymbol{B}(z^{-1})\boldsymbol{u}(k)\\&=\boldsymbol{y}(k+1)-\boldsymbol{\varphi}^{\mathrm{T}}(k)\boldsymbol{\Theta}\end{aligned} \tag{6.8.17}$$

$$\begin{aligned}\boldsymbol{y}(k+1)-\boldsymbol{v}(k)&=\boldsymbol{G}(z^{-1})\boldsymbol{y}(k)+\boldsymbol{B}(z^{-1})\boldsymbol{u}(k)\\&=\boldsymbol{\varphi}^{\mathrm{T}}(k)\boldsymbol{\Theta}\end{aligned} \tag{6.8.18}$$

式中

$$\boldsymbol{G}(z^{-1}):=\boldsymbol{G}_0+\boldsymbol{G}_1z^{-1}+\cdots+\boldsymbol{G}_{n_A-1}z^{-n_A+1}$$

$$\boldsymbol{B}(z^{-1}) = \boldsymbol{B}_0 + \boldsymbol{B}_1 z^{-1} + \cdots + \boldsymbol{B}_{n_B} z^{-n_B}$$

$$\boldsymbol{\Theta} = [\boldsymbol{G}_0, \cdots, \boldsymbol{G}_{n_A-1}, \boldsymbol{B}_0, \cdots, \boldsymbol{B}_{n_B}]^{\mathrm{T}}$$

数据向量$\boldsymbol{\varphi}(k)$为

$$\boldsymbol{\varphi}(k) = [\boldsymbol{y}^{\mathrm{T}}(k), \cdots, \boldsymbol{y}^{\mathrm{T}}(k+1-n_A), \boldsymbol{u}^{\mathrm{T}}(k), \cdots, \boldsymbol{u}^{\mathrm{T}}(k-n_B)]^{\mathrm{T}} \quad (6.8.19)$$

从式(6.8.17)可以看出，由于$\boldsymbol{\Theta}$未知，因此，$\boldsymbol{v}(k)$未知。在辨识时，首先对$\boldsymbol{\Theta}$赋予初值，代入线性控制器式(6.8.16)得到$\boldsymbol{u}(k)$并作用于被控对象，获得$\boldsymbol{y}(k+1)$，从而由式(6.8.17)获得 ANFIS 估计$\boldsymbol{v}(k)$的导师信号，采用 ANFIS 对$\boldsymbol{v}(k)$进行估计，得到其估计值$\hat{\boldsymbol{v}}(k)$，将其代入式(6.8.18)并采用改进的投影算法辨识$\boldsymbol{\Theta}$，从而得到$\boldsymbol{\Theta}$的辨识值$\hat{\boldsymbol{\Theta}}(k)$。然后把$\hat{\boldsymbol{\Theta}}(k)$和$\hat{\boldsymbol{v}}(k)$代入非线性控制器方程式(6.8.9)获得非线性控制输入$\boldsymbol{u}(k)$，并作用于被控对象获得$\boldsymbol{y}(k+1)$，从而获得下一时刻的导师信号$\bar{\boldsymbol{v}}(k)$，即

$$\bar{\boldsymbol{v}}(k) = \boldsymbol{y}(k+1) - \boldsymbol{\varphi}^{\mathrm{T}}(k)\hat{\boldsymbol{\Theta}}(k) \quad (6.8.20)$$

再通过下一时刻的数据向量$\boldsymbol{\varphi}(k)$，采用 ANFIS 进行估计，获得下一时刻$\boldsymbol{v}(k)$的估计值，如此反复，即采用估计$\{\boldsymbol{G}(z^{-1})、\boldsymbol{B}(z^{-1})\}$的投影算法与$\boldsymbol{v}(k)$的 ANFIS 估计算法交替辨识的方式对辨识方程式(6.8.18)中的参数矩阵进行估计。

综上所述，$\boldsymbol{v}(k)$的 ANFIS 估计的导师信号方程和估计$\{\boldsymbol{G}(z^{-1})、\boldsymbol{B}(z^{-1})\}$的参数辨识方程如下

$$\bar{\boldsymbol{v}}(k) = \boldsymbol{y}(k+1) - \boldsymbol{\varphi}^{\mathrm{T}}(k)\hat{\boldsymbol{\Theta}}(k) \quad (6.8.21)$$

$$\boldsymbol{y}(k+1) - \hat{\boldsymbol{v}}(k) = \boldsymbol{G}(z^{-1})\boldsymbol{y}(k) + \boldsymbol{B}(z^{-1})\boldsymbol{u}(k) = \boldsymbol{\varphi}^{\mathrm{T}}(k)\boldsymbol{\Theta} \quad (6.8.22)$$

2) 基于 ANFIS 的虚拟未建模动态$\boldsymbol{v}(k)$的估计方法

采用基于 ANFIS 的虚拟未建模动态估计算法对$\boldsymbol{v}(k)$进行估计，获得$\boldsymbol{v}(k)$的估计值$\hat{\boldsymbol{v}}(k)$。将得到的估计值$\hat{\boldsymbol{v}}(k)$代入式(6.8.9)可得控制输入向量$\boldsymbol{u}(k)$并作用于被控对象，得到被控对象的输出向量$\boldsymbol{y}(k+1)$，从而由式(6.8.21)可获得 ANFIS 的导师信号

$$\bar{\boldsymbol{v}}(k) = \boldsymbol{y}(k+1) - \boldsymbol{\varphi}^{\mathrm{T}}(k)\hat{\boldsymbol{\Theta}}_1(k) \quad (6.8.23)$$

式中，ANFIS 的输入数据向量$\boldsymbol{\varphi}(k)$为

$$\begin{aligned}\boldsymbol{\varphi}(k) &= [\boldsymbol{y}^{\mathrm{T}}(k), \cdots, \boldsymbol{y}^{\mathrm{T}}(k+1-n_A), \boldsymbol{u}^{\mathrm{T}}(k), \cdots, \boldsymbol{u}^{\mathrm{T}}(k-n_B)]^{\mathrm{T}} \\ &= [\varphi_1, \varphi_2, \cdots, \varphi_i, \cdots, \varphi_{n\times(n_A+n_B+1)}]\end{aligned} \quad (6.8.24)$$

如图 6.8.2 所示的基于 ANFIS 的虚拟未建模动态估计算法由基于 ANFIS 估计器和误差校正器所组成。

(1) 基于 ANFIS 估计器。首先对$\boldsymbol{\varphi}(k)$的每个分量$\varphi_i(k)(i=1,2,\cdots,n\times(n_A+n_B+1))$进行模糊分割，分割数为$m_1$，$\varphi_i(k)$的第$j$个模糊集合用$A_{ij}(j=1,2,\cdots,m_1)$来表示，其隶属度函数为

$$\rho_{ij}[\varphi_i(k)] = \exp\left\{-\frac{[\varphi_i(k) - c_{ij}]^2}{2(\sigma_{ij})^2}\right\} \quad (6.8.25)$$

式中，c_{ij}和σ_{ij}是隶属度函数的中心和宽度，由估计误差校正算法进行校正。

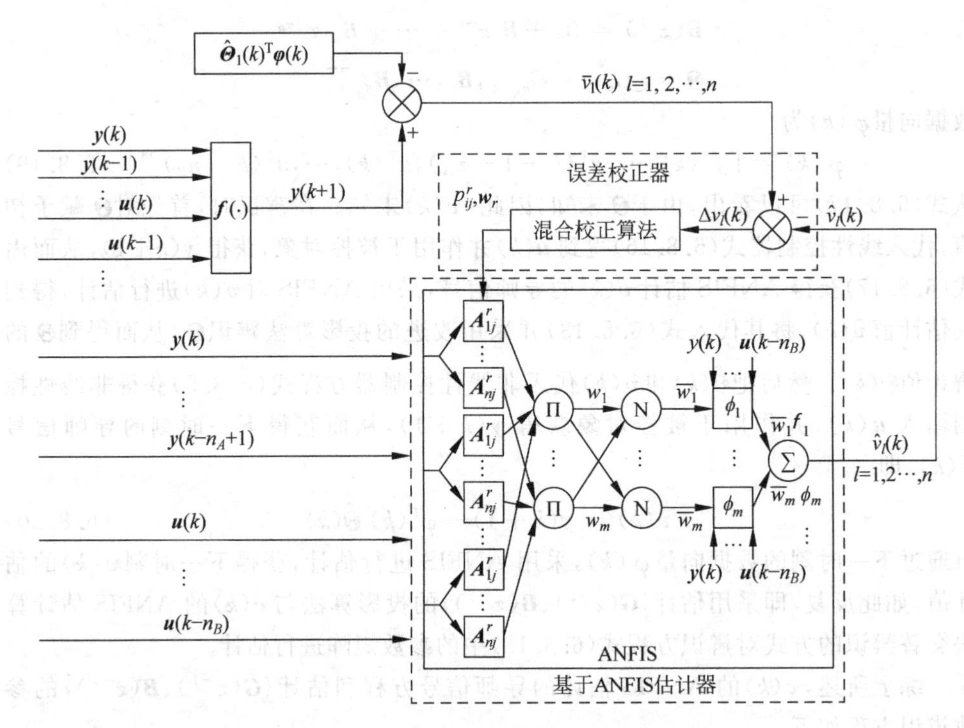

图 6.8.2 虚拟未建模动态$v(k)$的估计算法结构

组成$m=m_1\times n\times(n_A+n_B+1)$条模糊规则，设其中的任意一条规则$R^r(r=1,2,\cdots,m)$可表示为[29]

R^r：If $\varphi_1(k)$ is A^r_{1j}，$\varphi_2(k)$ is A^r_{2j}，⋯，$\varphi_{n\times(n_A+n_B+1)}(k)$ is $A^r_{n\times(n_A+n_B+1),j}$，

then

$$\phi_r(k)=\sum_{i=0}^{n\times(n_A+n_B+1)}p^r_{ij}\varphi_i(k) \tag{6.8.26}$$

其中，第r条规则中的$\varphi_i(k)$划分的第j个模糊集用A^r_{ij}表示，它的隶属度用$\rho^r_{ij}[\varphi_i(k)]$表示，$p^r_{ij}$为连接权。当$i=0$时，$p^r_{ij}=p^r_{0j}$，$\varphi_0(k)=1$。$p^r_{ij}$由估计误差校正算法校正。于是，$v_l(k)$的估计值为

$$\hat{v}_l(k)=\sum_{r=1}^{m}\bar{w}_r(k)\phi_r(k),\quad l=1,2,\cdots,n \tag{6.8.27}$$

式中，$\bar{w}_r(k)=\dfrac{w_r(k)}{\sum_{r=1}^{m}w_r(k)}$，$w_r(k)=\prod_{i=1}^{n\times(n_A+n_B+1)}\rho^r_{ij}[\varphi_i(k)]$，$\rho^r_{ij}[\varphi_i(k)]=\exp\left\{-\dfrac{[\varphi_i(k)-c^r_{ij}]^2}{2(\sigma^r_{ij})^2}\right\}$，参数$c^r_{ij}$和$\sigma^r_{ij}$由估计误差校正算法校正。

(2) 估计误差校正器。估计误差为

$$\Delta v_l(k)=\bar{v}_l(k)-\hat{v}_l(k)$$

p^r_{ij}的校正方程为

$$\Delta v_l(k)=\bar{v}_l(k)-\sum_{r=1}^{m}\left[\bar{w}_r\sum_{i=0}^{n\times(n_A+n_B+1)}p_{ij}^r\varphi_i(k)\right],\quad l=1,2,\cdots,n \tag{6.8.28}$$

对$\bar{w}_r$固定，采用文献[28]的递推最小二乘估计可得p_{ij}^r的校正值$p_{ij}^r(k)$。利用校正值$p_{ij}^r(k)$，对c_{ij}^r和σ_{ij}^r进行校正。为此，引入如下性能指标

$$E_l=\frac{1}{2}\Delta v_l^2(k)$$

$$=\frac{1}{2}\left|\bar{v}_l(k)-\sum_{r=1}^{m}\frac{w_r(k)\sum\limits_{i=0}^{n\times(n_A+n_B+1)}p_{ij}^r(k)\varphi_i(k)}{\sum\limits_{r}^{m}\prod\limits_{i=1}^{n\times(n_A+n_B+1)}\exp\left\{-\dfrac{[\varphi_i(k)-c_{ij}^r]^2}{2(\sigma_{ij}^r)^2}\right\}}\right|^2,\quad l=1,2,\cdots,n \tag{6.8.29}$$

采用梯度下降法使上面的性能指标极小可得参数c_{ij}^r的校正值$c_{ij}^r(k)$。利用校正值$p_{ij}^r(k)$和$c_{ij}^r(k)$，采用梯度下降法使下面性能指标极小可得参数σ_{ij}^r的校正值$\sigma_{ij}^r(k)$，即

$$E_l=\frac{1}{2}\left|\bar{v}_l(k)-\sum_{r=1}^{m}\frac{w_r(k)\sum\limits_{i=0}^{n\times(n_A+n_B+1)}p_{ij}^r(k)\varphi_i(k)}{\sum\limits_{r}^{m}\prod\limits_{i=1}^{n\times(n_A+n_B+1)}\exp\left\{-\dfrac{[\varphi_i(k)-c_{ij}(k)]^2}{2(\sigma_{ij}^r)^2}\right\}}\right|^2,\quad l=1,2,\cdots,n \tag{6.8.30}$$

由于$\boldsymbol{v}(k)$是关于$\boldsymbol{\varphi}(k)$的有界连续函数，根据 ANFIS 的万能逼近定理[28]，采用本文所提的虚拟未建模动态估计算法时，选择合适的 ANFIS，可使$\boldsymbol{v}(k)$与$\hat{\boldsymbol{v}}(k)$的差的绝对值小于预先指定的估计误差界$\xi(\xi>0)$，即

$$\|\boldsymbol{v}(k)-\hat{\boldsymbol{v}}(k)\|<\xi \tag{6.8.31}$$

3) 参数估计算法和非线性自适应控制器

采用基于 ANFIS 的$\boldsymbol{v}(k)$估计算法式(6.8.23)～式(6.8.30)获得估计值$\hat{\boldsymbol{v}}(k)$。其中，导师信号为

$$\bar{\boldsymbol{v}}(k)=\boldsymbol{y}(k+1)-\boldsymbol{\varphi}^{\mathrm{T}}(k)\hat{\boldsymbol{\Theta}}_2(k) \tag{6.8.32}$$

非线性控制器参数的辨识方程为

$$\boldsymbol{y}(k+1)-\hat{\boldsymbol{v}}(k)=\boldsymbol{\varphi}^{\mathrm{T}}(k)\hat{\boldsymbol{\Theta}}_2(k) \tag{6.8.33}$$

式中，$\hat{\boldsymbol{\Theta}}_2(k)$为$k$时刻对参数$\boldsymbol{\Theta}$的估计值，$\hat{\boldsymbol{\Theta}}_2^{\mathrm{T}}(k)=[\hat{\boldsymbol{G}}_{2,0}(k),\cdots,\hat{\boldsymbol{G}}_{2,n_A-1}(k),\hat{\boldsymbol{B}}_{2,0}(k),\cdots,\hat{\boldsymbol{B}}_{2,n_B}(k)]^{\mathrm{T}}$。

采用下面的参数估计算法对$\boldsymbol{\Theta}$进行估计

$$\hat{\boldsymbol{\Theta}}_2(k)=\hat{\boldsymbol{\Theta}}_2(k-1)+\boldsymbol{h}_2(k)\boldsymbol{e}_2^{\mathrm{T}}(k) \tag{6.8.34}$$

式中，$\boldsymbol{h}_2(k)$采用最小二乘参数估计法或者投影参数估计法等来实现。估计误差$\boldsymbol{e}_2(k)$

$$\boldsymbol{e}_2(k)=\boldsymbol{y}(k)-\hat{\boldsymbol{v}}(k-1)-\boldsymbol{\varphi}^{\mathrm{T}}(k-1)\hat{\boldsymbol{\Theta}}_2(k-1) \tag{6.8.35}$$

为避免辨识参数$\det[\hat{\boldsymbol{B}}_{2,0}(k)]$太小而导致控制输入过大，令

$$\hat{\boldsymbol{B}}_{2,0}(k)=\begin{cases}\hat{\boldsymbol{B}}_{2,0}(k), & \|\hat{\boldsymbol{B}}_{2,0}(k)\|\geqslant\|\boldsymbol{B}_{\min}\| \\ \boldsymbol{B}_{\min}, & \|\hat{\boldsymbol{B}}_{2,0}(k)\|<\|\boldsymbol{B}_{\min}\|\end{cases} \tag{6.8.36}$$

式中，$\boldsymbol{B}_{\min}$一般通过凑试产生。

然后，由控制器方程式(6.8.9)和式(6.8.33)可知，非线性自适应控制器方程为

$$\boldsymbol{\varphi}^{\mathrm{T}}(k)\hat{\boldsymbol{\Theta}}_2(k)=\boldsymbol{w}(k+1)-\boldsymbol{Q}^*(1-z^{-1})\boldsymbol{u}(k)-[\boldsymbol{K}^*(1-z^{-1})+\boldsymbol{I}]\hat{\boldsymbol{v}}(k) \tag{6.8.37}$$

4) 参数估计算法和线性自适应控制器

由于非线性自适应控制器方程式(6.8.37)采用了虚拟未建模动态 $\boldsymbol{v}(k)$的估计值$\hat{\boldsymbol{v}}(k)$，而且控制器参数$\boldsymbol{G}(z^{-1})$和$\boldsymbol{B}(z^{-1})$也采用了估计值，因此使得闭环系统成为时变的非线性系统，难以保证闭环系统的稳定性。为此，引入线性控制器式(6.8.16)，即

$$\boldsymbol{G}(z^{-1})\boldsymbol{y}(k)+\boldsymbol{B}(z^{-1})\boldsymbol{u}(k)=\boldsymbol{w}(k+1)-\boldsymbol{Q}^*(1-z^{-1})\boldsymbol{u}(k) \tag{6.8.38}$$

由于线性控制器中的控制器参数$\boldsymbol{G}(z^{-1})$和$\boldsymbol{B}(z^{-1})$未知，因此采用如下控制器参数辨识方程

$$\begin{aligned}\boldsymbol{y}(k+1)&=\boldsymbol{G}(z^{-1})\boldsymbol{y}(k)+\boldsymbol{B}(z^{-1})\boldsymbol{u}(k)\\&=\boldsymbol{\varphi}^{\mathrm{T}}(k)\boldsymbol{\Theta}_1\end{aligned} \tag{6.8.39}$$

式中，$\boldsymbol{\Theta}_1$的估计值为$\hat{\boldsymbol{\Theta}}_1(k)$

$$\hat{\boldsymbol{\Theta}}_1(k)=\hat{\boldsymbol{\Theta}}_1(k-1)+\boldsymbol{h}_1(k)\boldsymbol{e}_1^{\mathrm{T}}(k) \tag{6.8.40}$$

式中，$\hat{\boldsymbol{\Theta}}_1^{\mathrm{T}}(k)=[\hat{\boldsymbol{G}}_{1,0}(k),\cdots,\hat{\boldsymbol{G}}_{1,n_A-1}(k),\hat{\boldsymbol{B}}_{1,0}(k),\cdots,\hat{\boldsymbol{B}}_{1,n_B}(k)]^{\mathrm{T}}$ 表示在 k 时刻对参数$\boldsymbol{\Theta}_1$ 的估计值。$\boldsymbol{h}_1(k)$可采用最小二乘参数估计法或者投影参数估计法等来实现。估计误差$\boldsymbol{e}_1(k)$为

$$\boldsymbol{e}_1(k)=\boldsymbol{y}(k)-\boldsymbol{\varphi}^{\mathrm{T}}(k-1)\hat{\boldsymbol{\Theta}}_1(k-1) \tag{6.8.41}$$

为避免辨识参数 $\det[\hat{\boldsymbol{B}}_{1,0}(k)]$太小而导致控制输入过大，令

$$\hat{\boldsymbol{B}}_{1,0}(k)=\begin{cases}\hat{\boldsymbol{B}}_{1,0}(k), & \|\hat{\boldsymbol{B}}_{1,0}(k)\|\geqslant\|\boldsymbol{B}_{\min}\| \\ \boldsymbol{B}_{\min}, & \|\hat{\boldsymbol{B}}_{1,0}(k)\|<\|\boldsymbol{B}_{\min}\|\end{cases} \tag{6.8.42}$$

式中，$\boldsymbol{B}_{\min}$一般通过凑试产生。

由式(6.8.38)～式(6.8.40)可知，线性自适应控制器为

$$\boldsymbol{\varphi}^{\mathrm{T}}(k)\hat{\boldsymbol{\Theta}}_1(k)=\boldsymbol{w}(k+1)-\boldsymbol{Q}^*(1-z^{-1})\boldsymbol{u}(k) \tag{6.8.43}$$

4. 切换机制

为了保证闭环系统的稳定性，同时使系统具有良好的性能，需要在线性自适应控制器和非线性自适应控制器之间进行切换，线性自适应控制器用来保证闭环系统的输入输出信号有界，非线性自适应控制器由于对虚拟未建模动态进行了补偿，可以减少虚拟未建模动态对闭环系统输出的影响，因此，采用切换机制，如图 6.8.3 所

示。切换机制由线性模型、非线性模型和切换函数组成。切换机制中的线性模型为

$$\hat{\boldsymbol{y}}_1(k)=\boldsymbol{\varphi}^{\mathrm{T}}(k-1)\hat{\boldsymbol{\Theta}}_1(k-1) \tag{6.8.44}$$

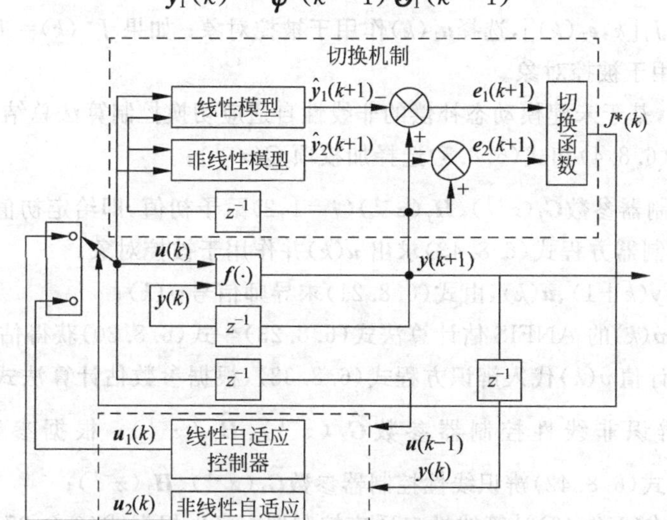

图 6.8.3　自适应切换控制结构

因此，由式(6.8.41)和式(6.8.44)可知

$$\begin{aligned}\boldsymbol{y}(k)-\hat{\boldsymbol{y}}_1(k)&=\boldsymbol{y}(k)-\boldsymbol{\varphi}^{\mathrm{T}}(k-1)\hat{\boldsymbol{\Theta}}_1(k-1)\\&=\boldsymbol{e}_1(k)\end{aligned} \tag{6.8.45}$$

非线性模型为

$$\hat{\boldsymbol{y}}_2(k)=\boldsymbol{\varphi}^{\mathrm{T}}(k-1)\hat{\boldsymbol{\Theta}}_2(k-1)+\hat{\boldsymbol{v}}(k-1) \tag{6.8.46}$$

因此，由式(6.8.35)和式(6.8.46)可知

$$\begin{aligned}\boldsymbol{y}(k)-\hat{\boldsymbol{y}}_2(k)&=\boldsymbol{y}(k)-\boldsymbol{\varphi}^{\mathrm{T}}(k-1)\hat{\boldsymbol{\Theta}}_2(k-1)-\hat{\boldsymbol{v}}(k-1)\\&=\boldsymbol{e}_2(k)\end{aligned} \tag{6.8.47}$$

将 6.3 节的切换函数推广到多变量形式

$$J_j(k)=\sum_{l=1}^{k}\frac{\mu_j(l)[\|\boldsymbol{e}_j(l)\|^2-4M^2]}{2[1+\boldsymbol{\varphi}^{\mathrm{T}}(l-1)\boldsymbol{\varphi}(l-1)]}+c\sum_{l=k-N+1}^{k}[1-\mu_j(l)]\|\boldsymbol{e}_j(l)\|^2 \tag{6.8.48}$$

$$\mu_j(k)=\begin{cases}1, & \|\boldsymbol{e}_j(k)\|>2M\\0, & \text{否则}\end{cases},\quad j=1,2 \tag{6.8.49}$$

$$\boldsymbol{e}_j(k)=\boldsymbol{y}(k)-\hat{\boldsymbol{y}}_j(k)\quad j=1,2 \tag{6.8.50}$$

式中，$j=1$，$\boldsymbol{u}_1(k)$由线性自适应控制器式(6.8.43)产生；$j=2$，$\boldsymbol{u}_2(k)$由非线性自适应控制器式(6.8.37)产生；M 为虚拟未建模动态 $\boldsymbol{v}(k)$的上界。由式(6.8.45)、式(6.8.47)以及式(6.8.50)可知，$\boldsymbol{e}_1(k)$为线性控制器参数的辨识误差，$\boldsymbol{e}_2(k)$为非线性控制器参数的辨识误差；N 为正整数；$c\geqslant 0$ 为常数。

在任意时刻 k，切换机制选择最小的切换函数所对应的控制器作用于被控对

象，即

$$J^*(k)=\min\{J_1[k,\boldsymbol{e}_1(k)],J_2[k,\boldsymbol{e}_2(k)]\} \tag{6.8.51}$$

如果 $J^*(k)=J_1[k,\boldsymbol{e}_1(k)]$，选择$\boldsymbol{u}_1(k)$作用于被控对象；如果 $J^*(k)=J_2[k,\boldsymbol{e}_2(k)]$，选择 $\boldsymbol{u}_2(k)$作用于被控对象。

综上所述，基于未建模动态补偿的非线性自适应切换控制算法总结如下：

(1) 由式(6.8.4)和式(6.8.5)选择加权项 $Q(z^{-1})$；

(2) 对控制器参数$\boldsymbol{G}_j(z^{-1})$、$\boldsymbol{H}_j(z^{-1})(j=1,2)$赋予初值，即给定初值$\hat{\boldsymbol{\Theta}}_j(0)$，并由线性自适应控制器方程式(6.8.43)求出 $u(k)$并作用于被控对象；

(3) 测取 $\boldsymbol{y}(k+1)$、$\boldsymbol{u}(k)$，由式(6.8.21)求导师信号$\bar{v}(k)$；

(4) 采用$\boldsymbol{v}(k)$的 ANFIS 估计算法式(6.8.23)～式(6.8.30)获得估计值$\hat{\boldsymbol{v}}(k)$；

(5) 把估计值$\hat{\boldsymbol{v}}(k)$代入辨识方程式(6.8.33)，根据参数估计算法式(6.8.34)～式(6.8.36)辨识非线性控制器参数$\hat{\boldsymbol{G}}_2(z^{-1})$、$\hat{\boldsymbol{H}}_2(z^{-1})$；根据参数估计算法式(6.8.40)～式(6.8.42)辨识线性控制器参数$\hat{\boldsymbol{G}}_1(z^{-1})$、$\hat{\boldsymbol{H}}_1(z^{-1})$；

(6) 根据式(6.8.43)计算线性自适应控制器$\boldsymbol{u}_1(k)$，根据式(6.8.37)计算非线性自适应控制器$\boldsymbol{u}_2(k)$；

(7) 根据式(6.8.48)和式(6.8.49)计算切换指标 $J_1[k,\boldsymbol{e}_1(k)]$和 $J_2[k,\boldsymbol{e}_2(k)]$，由式(6.8.51)求 $J^*(k)$，如果 $J^*(k)=J_1[k,\boldsymbol{e}_1(k)]$，选择 $\boldsymbol{u}(k)=\boldsymbol{u}_1(k)$；如果 $J^*(k)=J_2[k,\boldsymbol{e}_2(k)]$，选择 $\boldsymbol{u}(k)=\boldsymbol{u}_2(k)$，并作用于被控对象；

(8) 返回步骤(3)，计算下一时刻的控制输入 $\boldsymbol{u}(k)$。

6.8.3 全局收敛性分析

由于被控对象参数未知，这时控制器的参数是用辨识算法得到的估计值代替，而估计值一般不收敛到真值，因此用估计值取代真参数来确定的控制律就不一定能保证闭环系统的全局收敛性。因此，有必要对基于虚拟未建模动态驱动的非线性自适应切换控制算法分析其全局收敛性。非线性自适应切换控制算法中的线性控制器参数估计算法和非线性控制器参数估计算法采用改进的投影算法。

线性控制器参数辨识算法式(6.8.40)～式(6.8.42)中的 $\boldsymbol{h}_1(k)$为

$$\boldsymbol{h}_1(k)=\frac{a_1(k)\,\boldsymbol{\varphi}(k-1)}{1+\boldsymbol{\varphi}^{\mathrm{T}}(k-1)\,\boldsymbol{\varphi}(k-1)} \tag{6.8.52}$$

$$a_1(k)=\begin{cases}1, & \|\boldsymbol{e}_1(k)\|>2M\\ 0, & 否则\end{cases} \tag{6.8.53}$$

式中，M 为虚拟未建模动态$\boldsymbol{v}(k)$的上界，即

$$\|\boldsymbol{v}(k)\|\leqslant M \tag{6.8.54}$$

由式(6.8.41)可知$\boldsymbol{e}_1(k)$为

$$\boldsymbol{e}_1(k)=\boldsymbol{y}(k)-\boldsymbol{\varphi}^{\mathrm{T}}(k-1)\,\hat{\boldsymbol{\Theta}}_1(k-1) \tag{6.8.55}$$

非线性控制器参数辨识算法式(6.8.34)~式(6.8.36)中的$\boldsymbol{h}_2(k)$为

$$\boldsymbol{h}_2(k)=\frac{a_2(k)\boldsymbol{\varphi}(k-1)}{1+\boldsymbol{\varphi}^{\mathrm{T}}(k-1)\boldsymbol{\varphi}(k-1)} \tag{6.8.56}$$

$$a_2(k)=\begin{cases}1, & \|\boldsymbol{e}_2(k)\|>2\xi\\ 0, & \text{否则}\end{cases} \tag{6.8.57}$$

式中,$\xi(\xi>0)$为预先选定的虚拟未建模动态估计的误差上界。由式(6.8.35)可知,$\boldsymbol{e}_2(k)$为

$$\boldsymbol{e}_2(k)=\boldsymbol{y}(k)-\hat{\boldsymbol{v}}(k-1)-\boldsymbol{\varphi}^{\mathrm{T}}(k-1)\hat{\boldsymbol{\Theta}}_2(k-1) \tag{6.8.58}$$

自适应切换控制算法的全局收敛性分析需要建立以下两个引理。

引理 6.8.1 线性控制器参数辨识算法式(6.8.40)~式(6.8.42)和式(6.8.52)~式(6.8.55)具有下面的性质:

(1) $\|\hat{\boldsymbol{\Theta}}_1(k)-\boldsymbol{\Theta}\|\leqslant\|\hat{\boldsymbol{\Theta}}_1(0)-\boldsymbol{\Theta}\|$;

(2) $\lim\limits_{k\to\infty}\sum\limits_{k=1}^{N}\dfrac{a_1(k)[\|\boldsymbol{e}_1(k)\|^2-4M^2]}{2[1+\boldsymbol{\varphi}^{\mathrm{T}}(k-1)\boldsymbol{\varphi}(k-1)]}<\infty$;

(3) $\lim\limits_{k\to\infty}\dfrac{a_1(k)[\|\boldsymbol{e}_1(k)\|^2-4M^2]}{2[1+\boldsymbol{\varphi}^{\mathrm{T}}(k-1)\boldsymbol{\varphi}(k-1)]}=0$。

非线性控制器参数辨识算法式(6.8.34)~式(6.8.36)和式(6.8.56)~式(6.8.58)具有下面的性质:

(4) $\|\hat{\boldsymbol{\Theta}}_2(k)-\boldsymbol{\Theta}\|\leqslant\|\hat{\boldsymbol{\Theta}}_2(0)-\boldsymbol{\Theta}\|$;

(5) $\lim\limits_{k\to\infty}\dfrac{a_2(k)[\|\boldsymbol{e}_2(k)\|^2-4\xi^2]}{2[1+\boldsymbol{\varphi}^{\mathrm{T}}(k-1)\boldsymbol{\varphi}(k-1)]}=0$。

证明 令

$$\widetilde{\boldsymbol{\Theta}}_i(k)=\hat{\boldsymbol{\Theta}}_i(k)-\boldsymbol{\Theta}_i,\quad i=1,2 \tag{6.8.59}$$

选择 Lyapunov 函数

$$V_i(k)-\widetilde{\boldsymbol{\Theta}}_i(k)^{\mathrm{T}}\widetilde{\boldsymbol{\Theta}}_i(k),\quad i=1,2 \tag{6.8.60}$$

将引理6.4.1中的单变量线性控制器参数辨识算法和非线性控制器参数辨识算法的性质的证明推广到多变量形式可证(1)~(5)成立。

引理 6.8.2 当线性自适应控制器方程式(6.8.43)用于被控对象式(6.8.1)时,闭环系统的输入输出方程为

$$[\widetilde{\boldsymbol{B}}(z^{-1})+\widetilde{\boldsymbol{Q}}^*(1-z^{-1})\boldsymbol{A}(z^{-1})]\boldsymbol{y}(k+1)=\widetilde{\boldsymbol{B}}(z^{-1})\boldsymbol{e}_1(k+1)+\widetilde{\boldsymbol{B}}(z^{-1})\boldsymbol{w}(k+1)+\widetilde{\boldsymbol{Q}}^*(1-z^{-1})\boldsymbol{v}(k) \tag{6.8.61}$$

$$\{\boldsymbol{B}(z^{-1})+\boldsymbol{A}(z^{-1})\boldsymbol{Q}^*(1-z^{-1})\}\boldsymbol{u}(k)=\boldsymbol{A}(z^{-1})\boldsymbol{w}(k+1)+\boldsymbol{A}(z^{-1})\boldsymbol{e}_1(k+1)-\boldsymbol{v}(k) \tag{6.8.62}$$

当非线性自适应控制器方程式(6.8.37)作用于被控对象式(6.8.1)时,闭环系统的输入输出方程为

$$[\widetilde{B}(z^{-1})+\widetilde{Q}^*(1-z^{-1})A(z^{-1})]y(k+1)=\widetilde{B}(z^{-1})e_2(k+1)+\widetilde{B}(z^{-1})w(k+1)+[\widetilde{Q}^*-\widetilde{B}(z^{-1})K^*](1-z^{-1})v(k)+\widetilde{B}(z^{-1})K^*(1-z^{-1})[v(k)-\hat{v}(k)] \tag{6.8.63}$$

$$[B(z^{-1})+A(z^{-1})Q^*(1-z^{-1})]u(k)=A(z^{-1})w(k+1)+A(z^{-1})e_2(k+1)-[I+A(z^{-1})K^*(1-z^{-1})]v(k)+A(z^{-1})K^*(1-z^{-1})[v(k)-\hat{v}(k)] \tag{6.8.64}$$

式中,$\widetilde{B}(z^{-1})$和$\widetilde{Q}^*(1-z^{-1})$由式(6.8.13)和式(6.8.14)确定。

证明 由式(6.8.43)和式(6.8.55)可得

$$\begin{aligned}e_1(k+1)&=y(k+1)-\varphi^{T}(k)\hat{\Theta}_1(k)\\&=y(k+1)-w(k+1)+Q^*(1-z^{-1})u(k)\end{aligned} \tag{6.8.65}$$

由式(6.8.65)可知

$$Q^*(1-z^{-1})u(k)=e_1(k+1)-y(k+1)+w(k+1) \tag{6.8.66}$$

$\widetilde{Q}^*(1-z^{-1})$左乘式(6.8.1)两边可得

$$\widetilde{Q}^*(1-z^{-1})A(z^{-1})y(k+1)=\widetilde{Q}^*(1-z^{-1})B(z^{-1})u(k)+\widetilde{Q}^*(1-z^{-1})v(k)$$

由式(6.8.13)可得

$$\widetilde{Q}^*(1-z^{-1})A(z^{-1})y(k+1)=\widetilde{B}(z^{-1})Q^*(1-z^{-1})u(k)+\widetilde{Q}^*(1-z^{-1})v(k) \tag{6.8.67}$$

将式(6.8.66)代入上式可得式(6.8.61)。

$A(z^{-1})$左乘式(6.8.65)两边可得

$$A(z^{-1})e_1(k+1)=A(z^{-1})y(k+1)-A(z^{-1})w(k+1)+A(z^{-1})Q^*(1-z^{-1})u(k) \tag{6.8.68}$$

将式(6.8.1)代入上式可得式(6.8.62)。

由式(6.8.37)和式(6.8.58)可得

$$\begin{aligned}e_2(k+1)&=y(k+1)-\varphi^{T}(k)\hat{\Theta}_2(k)-\hat{v}(k)\\&=y(k+1)-w(k+1)+Q^*(1-z^{-1})u(k)\\&\quad+K^*(1-z^{-1})\hat{v}(k)\end{aligned} \tag{6.8.69}$$

由式(6.8.69)可知

$$Q^*(1-z^{-1})u(k)=e_2(k+1)-y(k+1)+w(k+1)-K^*(1-z^{-1})\hat{v}(k) \tag{6.8.70}$$

$\widetilde{Q}^*(1-z^{-1})$左乘式(6.8.1)两边可得

$$\widetilde{Q}^*(1-z^{-1})A(z^{-1})y(k+1)=\widetilde{Q}^*(1-z^{-1})B(z^{-1})u(k)+\widetilde{Q}^*(1-z^{-1})v(k)$$

由式(6.8.13)可得

$$\tilde{\boldsymbol{Q}}^*(1-z^{-1})\boldsymbol{A}(z^{-1})\boldsymbol{y}(k+1)=\tilde{\boldsymbol{B}}(z^{-1})\boldsymbol{Q}^*(1-z^{-1})\boldsymbol{u}(k)+\tilde{\boldsymbol{Q}}^*(1-z^{-1})\boldsymbol{v}(k)$$

将式(6.8.70)代入上式可得式(6.8.63)。

$\boldsymbol{A}(z^{-1})$左乘式(6.8.69)两边可得

$$\begin{aligned}\boldsymbol{A}(z^{-1})\boldsymbol{e}_2(k+1)=&\boldsymbol{A}(z^{-1})\boldsymbol{y}(k+1)-\boldsymbol{A}(z^{-1})\boldsymbol{w}(k+1)\\&+\boldsymbol{A}(z^{-1})\boldsymbol{Q}^*(1-z^{-1})\boldsymbol{u}(k)+\boldsymbol{A}(z^{-1})\boldsymbol{K}^*(1-z^{-1})\hat{\boldsymbol{v}}(k)\end{aligned}$$

将式(6.8.1)代入上式可得式(6.8.64)。 ■

基于虚拟未建模动态补偿的多变量非线性自适应切换控制器的全局收敛性由下面定理给出。

定理 6.8.1　假定被控对象式(6.8.1)满足下列条件：

(1) 组成$\boldsymbol{A}(z^{-1})$、$\boldsymbol{B}(z^{-1})$的参数阵在紧集 Ω 中变化；

(2) 虚拟未建模动态$\boldsymbol{v}(k)$满足如下条件

$$\|\boldsymbol{v}(k)\|\leqslant M,\quad \forall k \tag{6.8.71}$$

当 $k\to\infty$ 时，$\boldsymbol{v}(\infty)$为常数向量；

(3) 凑试$\boldsymbol{Q}^*$使其

$$\det[\boldsymbol{B}(z^{-1})+\boldsymbol{A}(z^{-1})\boldsymbol{Q}^*(1-z^{-1})]\neq 0,\quad |z|\geqslant 1 \tag{6.8.72}$$

则当自适应控制算法式(6.8.40)～式(6.8.43)和式(6.8.52)～式(6.8.55)、式(6.8.34)～式(6.8.37)和式(6.8.56)～式(6.8.58)以及切换机制式(6.8.48)～式(6.8.51)作用于被控对象式(6.8.1)时，闭环系统的输入输出信号一致有界(BIBO 稳定)，即

$$\|\boldsymbol{y}(k)\|<\infty,\quad \|\boldsymbol{u}(k)\|<\infty$$

并且，被控对象的输出 $\boldsymbol{y}(k)$与参考输入 $\boldsymbol{w}(k)$之间的稳态误差的范数小于预先确定的值 ε(ε>0)，即

$$\lim_{k\to\infty}\|\bar{\boldsymbol{e}}(k)\|=\lim_{k\to\infty}\|\boldsymbol{y}(k)-\boldsymbol{w}(k)\|<\varepsilon$$

证明　首先证明单独使用线性自适应控制算法式(6.8.40)～式(6.8.43)和式(6.8.52)～式(6.8.55)时，闭环系统输入输出信号有界。

引入多项式矩阵$\tilde{\tilde{\boldsymbol{A}}}(z^{-1})$，$\tilde{\tilde{\boldsymbol{B}}}(z^{-1})$使其满足

$$\boldsymbol{A}(z^{-1})\tilde{\tilde{\boldsymbol{B}}}(z^{-1})=\boldsymbol{B}(z^{-1})\tilde{\tilde{\boldsymbol{A}}}(z^{-1}) \tag{6.8.73}$$

$$\det\tilde{\tilde{\boldsymbol{B}}}(z^{-1})=\det\boldsymbol{B}(z^{-1}) \tag{6.8.74}$$

由式(6.8.14)和式(6.8.74)可知

$$\det\tilde{\tilde{\boldsymbol{B}}}(z^{-1})=\det\tilde{\boldsymbol{B}}(z^{-1})=\det\boldsymbol{B}(z^{-1}) \tag{6.8.75}$$

由式(6.8.13)和式(6.8.73)可得

$$\begin{aligned}&\det[\tilde{\boldsymbol{B}}(z^{-1})+\tilde{\boldsymbol{Q}}^*(1-z^{-1})\boldsymbol{A}(z^{-1})]\\&=\det\{\tilde{\boldsymbol{B}}(z^{-1})[\boldsymbol{I}+\tilde{\boldsymbol{B}}^{-1}(z^{-1})\tilde{\boldsymbol{Q}}^*(1-z^{-1})\boldsymbol{A}(z^{-1})]\}\\&=\det\{\tilde{\boldsymbol{B}}(z^{-1})[\boldsymbol{I}+\boldsymbol{Q}^*(1-z^{-1})\boldsymbol{B}^{-1}(z^{-1})\boldsymbol{A}(z^{-1})]\}\\&=\det\{\tilde{\boldsymbol{B}}(z^{-1})[\boldsymbol{I}+\boldsymbol{Q}^*(1-z^{-1})\tilde{\tilde{\boldsymbol{A}}}(z^{-1})\tilde{\tilde{\boldsymbol{B}}}^{-1}(z^{-1})]\}\end{aligned}$$

$$
\begin{aligned}
&= \det\{\widetilde{\boldsymbol{B}}(z^{-1})[\widetilde{\widetilde{\boldsymbol{B}}}(z^{-1})+\boldsymbol{Q}^*(1-z^{-1})\widetilde{\widetilde{\boldsymbol{A}}}(z^{-1})]\widetilde{\widetilde{\boldsymbol{B}}}^{-1}(z^{-1})\} \\
&= \det[\widetilde{\widetilde{\boldsymbol{B}}}(z^{-1})+\boldsymbol{Q}^*(1-z^{-1})\widetilde{\widetilde{\boldsymbol{A}}}(z^{-1})] \\
&= \det\{[\boldsymbol{A}^{-1}(z^{-1})\boldsymbol{B}(z^{-1})+\boldsymbol{Q}^*(1-z^{-1})]\widetilde{\widetilde{\boldsymbol{A}}}(z^{-1})\} \\
&= \det\{\boldsymbol{A}^{-1}(z^{-1})[\boldsymbol{B}(z^{-1})+\boldsymbol{A}(z^{-1})\boldsymbol{Q}^*(1-z^{-1})]\widetilde{\widetilde{\boldsymbol{A}}}(z^{-1})\} \\
&= \det\{\boldsymbol{B}(z^{-1})+\boldsymbol{A}(z^{-1})\boldsymbol{Q}^*(1-z^{-1})\}
\end{aligned} \tag{6.8.76}
$$

由式(6.8.76)和式(6.8.72)可知,闭环系统输入输出方程式(6.8.61)和式(6.8.62)的$\widetilde{\boldsymbol{B}}(z^{-1})+\widetilde{\boldsymbol{Q}}^*(1-z^{-1})\boldsymbol{A}(z^{-1})$是稳定的。

由$\boldsymbol{v}(k)$的有界性,采用文献[6]附录B的引理3类似方法可证

$$\|\boldsymbol{y}(k)\| \leqslant C_1 + C_2 \max_{0\leqslant\tau\leqslant k}\|\boldsymbol{e}_1(\tau)\|$$

$$\|\boldsymbol{u}(k-1)\| \leqslant C_3 + C_4 \max_{0\leqslant\tau\leqslant k}\|\boldsymbol{e}_1(\tau)\|$$

式中,C_1、C_2、C_3 和 C_4 为大于零的常数。

由于$\boldsymbol{\varphi}(k-1)=[\boldsymbol{y}(k-1),\cdots,\boldsymbol{y}(k-n_A),\boldsymbol{u}(k-1),\cdots,\boldsymbol{u}(k-n_B-1)]^{\mathrm{T}}$,因此存在正常数 C_5、C_6 满足

$$\|\boldsymbol{\varphi}(k-1)\| \leqslant C_5 + C_6 \max_{0\leqslant\tau\leqslant k}\|\boldsymbol{e}_1(\tau)\| \tag{6.8.77}$$

由引理6.8.1的(3)可知

$$\lim_{k\to\infty}\frac{a_1(k)[\|\boldsymbol{e}_1(k)\|^2-4M^2]}{2[1+\boldsymbol{\varphi}^{\mathrm{T}}(k-1)\boldsymbol{\varphi}(k-1)]}=0 \tag{6.8.78}$$

当$\|\boldsymbol{e}_1(k)\|>2M$时,$a_1(k)=1$;$\|\boldsymbol{e}_1(k)\|\leqslant 2M$时,$a_1(k)=0$。所以式(6.8.78)中的分子是非负的。由式(6.8.77)和式(6.8.78)以及引理6.3.2可知,$\boldsymbol{\varphi}(k-1)$有界,即单独使用线性自适应控制器时,闭环系统BIBO稳定。

其次,证明当自适应控制算法式(6.8.34)～式(6.8.37)和式(6.8.56)～式(6.8.58)以及切换机制式(6.8.48)～式(6.8.51)作用于被控对象式(6.8.1)时,闭环切换系统输入输出信号有界。

由式(6.8.76)和式(6.8.72)可知,闭环系统输入输出方程式(6.8.63)和式(6.8.64)的$\widetilde{\boldsymbol{B}}(z^{-1})+\widetilde{\boldsymbol{Q}}^*(1-z^{-1})\boldsymbol{A}(z^{-1})$是稳定的。由$\boldsymbol{v}(k)$的有界性和式(6.8.31),采用文献[6]附录B的引理3类似方法可证

$$\|\boldsymbol{\varphi}(k-1)\| \leqslant C_7 + C_8 \max_{0\leqslant\tau\leqslant k}\|\boldsymbol{e}_2(\tau)\| \tag{6.8.79}$$

式中,C_7 和 C_8 是大于零的常数。

由式(6.8.48)、式(6.8.49)和$a_1(k)$的定义可知,当$\|\boldsymbol{e}_1(k)\|\leqslant 2M$时

$$J_1[k,\boldsymbol{e}_1(k)] = c\sum_{l=k-N+1}^{k}\|\boldsymbol{e}_1(l)\|^2 \leqslant 4cNM^2 \tag{6.8.80}$$

即$J_1[k,\boldsymbol{e}_1(k)]$有界。当$\|\boldsymbol{e}_1(k)\|>2M$时

$$J_1[k,\boldsymbol{e}_1(k)] = \sum_{l=1}^{k}\frac{[\|\boldsymbol{e}_1(l)\|^2-4M^2]}{1+\boldsymbol{\varphi}^{\mathrm{T}}(l-1)\boldsymbol{\varphi}(l-1)} \tag{6.8.81}$$

由引理6.8.1中的(2)可知,$J_1[k,\boldsymbol{e}_1(k)]$有界。

因此，$J_1(k)$总是有界。对于$J_2(k)$，在k时刻存在以下两种情况：

(1) $J_2(k)<J_1(k)$。式(6.8.48)和式(6.8.49)$\mu_2(k)$的定义可知，当$\|\boldsymbol{e}_2(k)\|\leqslant 2M$时，由式(6.8.79)可知$\boldsymbol{\varphi}(k-1)$有界。当$\|\boldsymbol{e}_2(k)\|>2M$时

$$J_2[k,\boldsymbol{e}_2(k)]=\sum_{l=1}^{k}\frac{[\|\boldsymbol{e}_2(l)\|^2-4M^2]}{1+\boldsymbol{\varphi}^{\mathrm{T}}(l-1)\boldsymbol{\varphi}(l-1)} \tag{6.8.82}$$

由于$\dfrac{[\|\boldsymbol{e}_2(l)\|^2-4M^2]}{1+\boldsymbol{\varphi}^{\mathrm{T}}(l-1)\boldsymbol{\varphi}(l-1)}\geqslant 0$，因此，$\sum\limits_{l=1}^{k}\dfrac{[\|\boldsymbol{e}_2(l)\|^2-4M^2]}{1+\boldsymbol{\varphi}^{\mathrm{T}}(l-1)\boldsymbol{\varphi}(l-1)}$单调递增。

又因为$J_2(k)<J_1(k)$，而$J_1(k)$有界，因此$J_2(k)$有界。故，$J_2(k)$必收敛。根据单调有界收敛定理可知

$$\lim_{k\to\infty}\frac{\mu_2(k)[\|\boldsymbol{e}_2(k)\|^2-4M^2]}{2[1+\boldsymbol{\varphi}^{\mathrm{T}}(k-1)\boldsymbol{\varphi}(k-1)]}=0 \tag{6.8.83}$$

由于式(6.8.83)中的分子非负，因此，根据式(6.8.79)和式(6.8.83)，由引理6.3.2可知，$\boldsymbol{\varphi}(k)$有界，即闭环系统输入输出信号有界。

(2) $J_1(k)\leqslant J_2(k)$。根据切换机制，系统切换到线性自适应控制器式(6.8.43)来控制系统。由前面的分析可知，闭环系统输入输出信号有界。

综上所述，无论切换系统采用线性自适应控制器式(6.8.43)或非线性自适应控制器式(6.8.37)，闭环切换系统的输入输出信号总是有界，即

$$\|\boldsymbol{y}(k)\|<\infty,\quad \|\boldsymbol{u}(k)\|<\infty$$

下面进行收敛性分析。

由式(6.8.78)和输入输出信号有界性可知

$$\lim_{k\to\infty}[\|\boldsymbol{e}_1(k)\|^2-4M^2]=0 \tag{6.8.84}$$

即对任意小的正数$\varepsilon_1>0$，存在时刻$\overline{N}_1$，当$k>\overline{N}_1$时

$$\|\boldsymbol{e}_1(k)\|<2M+\varepsilon_1 \tag{6.8.85}$$

同理，由引理6.8.1中的(5)和输入、输出信号有界性可知

$$\lim_{k\to\infty}[\|\boldsymbol{e}_2(k)\|^2-4\xi^2]=0 \tag{6.8.86}$$

即对任意小的正数$\varepsilon_2>0$，存在时刻$\overline{N}_2$，当$k>\overline{N}_2$时，

$$\|\boldsymbol{e}_2(k)\|<2\xi+\varepsilon_2 \tag{6.8.87}$$

因为$\boldsymbol{v}(k)$是关于$\boldsymbol{\varphi}(k)$的有界连续非线性函数，由于ANFIS具有万能逼近特性，因此可以设计合适的ANFIS使$\boldsymbol{v}(k)$的估计值$\hat{\boldsymbol{v}}(k)$以任意精度逼近$\boldsymbol{v}(k)$，那么逼近误差可以表示为

$$\|\boldsymbol{v}(k)-\hat{\boldsymbol{v}}(k)\|\leqslant\xi \tag{6.8.88}$$

式中，ξ为预先指定的误差界，可以任意小。

由式(6.8.87)可知，当$k>\overline{N}=\max\{\overline{N}_1,\overline{N}_2\}$时，$\|\boldsymbol{e}_2(k)\|$可以任意小。因此，有$\|\boldsymbol{e}_2(k)\|\leqslant\|\boldsymbol{e}_1(k)\|$，则系统切换到非线性多变量自适应控制器。由式(6.8.63)可知，虚拟未建模动态$\boldsymbol{v}(\infty)$为常数向量，则

$$\lim_{k\to\infty}\| \boldsymbol{y}(k+1)-\boldsymbol{w}(k+1)\| = \lim_{k\to\infty}\| \bar{\boldsymbol{e}}(k+1)\|$$
$$= \lim_{k\to\infty}\| \boldsymbol{e}_2(k+1)\| < 2\xi+\varepsilon_2 \quad (6.8.89)$$

由于ξ和ε_2为任意小的整数，因此，选择$2\xi+\varepsilon_2\leqslant\varepsilon$，则由式(6.8.89)可知$\lim\limits_{k\to\infty}\|\bar{\boldsymbol{e}}(k)\|\leqslant\varepsilon$。

■

6.8.4 仿真实验

采用本节所提出的自适应切换控制算法对下列三类离散时间零动态不稳定的双输入双输出非线性被控对象进行仿真实验。

例 6.8.1 非线性多变量自适应切换控制器仿真实验

阶次已知、参数未知的非线性被控对象模型Σ1为

$$\begin{aligned} y_1(k+1) =& 0.3y_1(k)+0.7u_1(k)+0.6u_1(k-1)+0.5u_2(k) \\ &+0.3u_2(k-1)+0.2y_2(k-1)y_1(k)/[1+y_2^2(k-1) \\ &+y_1^2(k)]+0.3u_1(k)\sin[u_1(k-1)u_2(k)] \\ y_2(k+1) =& -0.1y_2(k)+0.7u_1(k)+0.4u_1(k-1)+0.8u_2(k) \\ &+u_2(k-1)+0.2y_2(k)u_1(k)/[1+u_1^2(k)+y_2^2(k)] \\ &+0.1u_2(k)\sin(u_2^2(k-1))-0.1\sin[0.5y_2^2(k-1)] \end{aligned}$$

该模型的$\boldsymbol{v}(k)=[v_1(k),v_2(k)]$表示如下

$$\begin{aligned} v_1(k) =& 0.2y_2(k-1)y_1(k)/[1+y_2^2(k-1)+y_1^2(k)] \\ &+0.3u_1(k)\sin[u_1(k-1)u_2(k)] \\ v_2(k) =& 0.2y_2(k)u_1(k)/[1+u_1^2(k)+y_2^2(k)]+0.1u_2(k)\sin(u_2^2(k-1)) \\ &-0.1\sin[0.5y_2^2(k-1)] \end{aligned}$$

$\|\boldsymbol{v}(k)\|$的上界$M=0.9$。其中

$$B(z^{-1})=\begin{bmatrix} 0.7+0.6z^{-1} & 0.5+0.3z^{-1} \\ 0.7+0.4z^{-1} & 0.8+z^{-1} \end{bmatrix}$$

$\det B(z^{-1})=0.21+0.77z^{-1}+0.48z^{-2}$的根为$-2.8703$和$-0.7963$，上述非线性模型在原点处的零动态是不稳定的。

选择控制器设计模型的阶次与被控对象模型的阶次相同，即$n_G=n_A-1=1$，$n_H=n_B=1$。于是，线性自适应控制器的参数矩阵为

$$\boldsymbol{G}(z^{-1})=\begin{bmatrix} g_{11}^0 & g_{12}^0 \\ g_{21}^0 & g_{22}^0 \end{bmatrix}$$

$$\boldsymbol{B}(z^{-1})=\begin{bmatrix} b_{11}^0+b_{11}^1z^{-1} & b_{12}^0+b_{12}^1z^{-1} \\ b_{21}^0+b_{21}^1z^{-1} & b_{22}^0+b_{22}^1z^{-1} \end{bmatrix}$$

数据向量为$\boldsymbol{\varphi}^{\mathrm{T}}(k)=[y_1(k),y_2(k),u_1(k),u_2(k),u_1(k-1),u_2(k-1)]$。

辨识算法式(6.8.40)～式(6.8.42)的$\boldsymbol{h}_1(k)$采用式(6.8.52)和式(6.8.53)，加权矩阵$\boldsymbol{Q}^*(1-z^{-1})$和$\boldsymbol{K}^*(1-z^{-1})$中的$\boldsymbol{Q}^*$和$\boldsymbol{K}^*$选择为

$$\boldsymbol{Q}^* = \begin{bmatrix} 1.5 & 0 \\ 0 & 3 \end{bmatrix}, \quad \boldsymbol{K}^* = \mathrm{diag}\{0.3, 0.5\}$$

此时闭环系统的特征根分别为 0.7372、−0.1362 和 0.2788±0.3003j 均在单位圆内。

ANFIS 的隶属度函数选为高斯型，对每个输入量划分为两个模糊子集，辨识算法中的$\xi=10^{-3}$。

选择切换函数中的参数 $N=2,c=1$；参考输入选为 $w_1(k)=1.1,w_2(k)=0.3\mathrm{sgn}[\sin(\pi k/100)]$；稳态跟踪误差上界 $\varepsilon=0.01$。

采用本节介绍的自适应切换控制方法对模型 Σ1 进行仿真实验，被控对象的初始状态为 $y_1(0)=0,y_2(0)=0,u_1(0)=0$ 和 $u_2(0)=0$。运行时间从 $k=0$ 到 $k=300$，仿真结果如图 6.8.4～图 6.8.7 所示。其中，图 6.8.4 为被控对象输出 $\boldsymbol{y}(k)$跟踪参考输入曲线；图 6.8.5 为控制量 $u_1(k)$和 $u_2(k)$的曲线；图 6.8.6 为自适应线性控制器和自适应非线性控制器的切换序列。

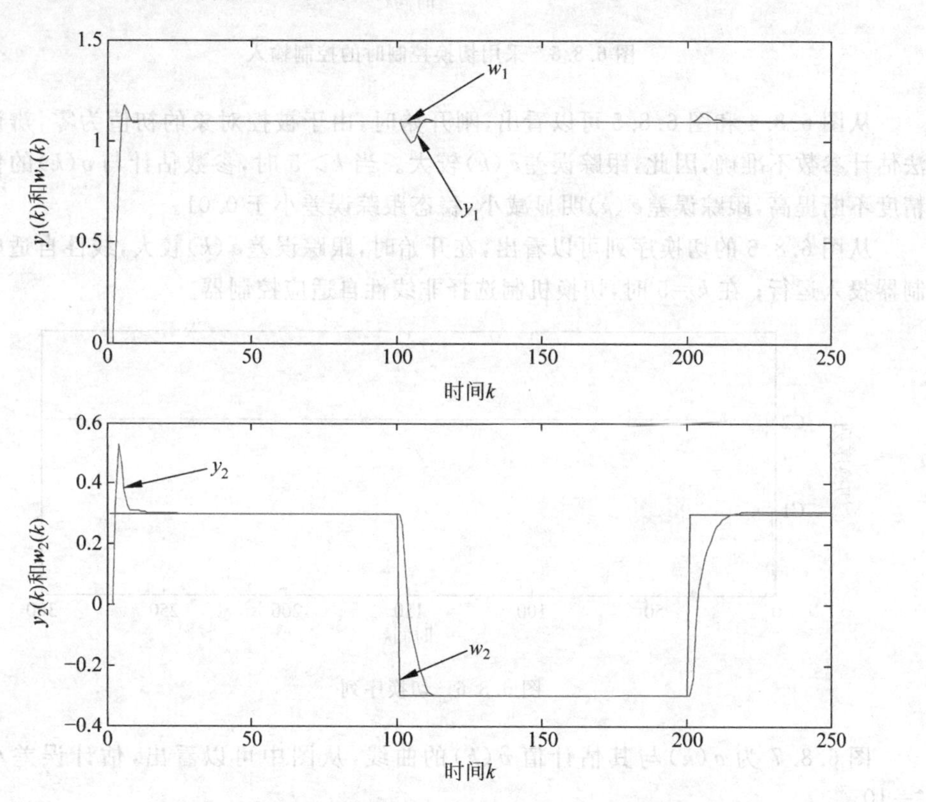

图 6.8.4　采用切换控制时的被控对象输出和理想输出

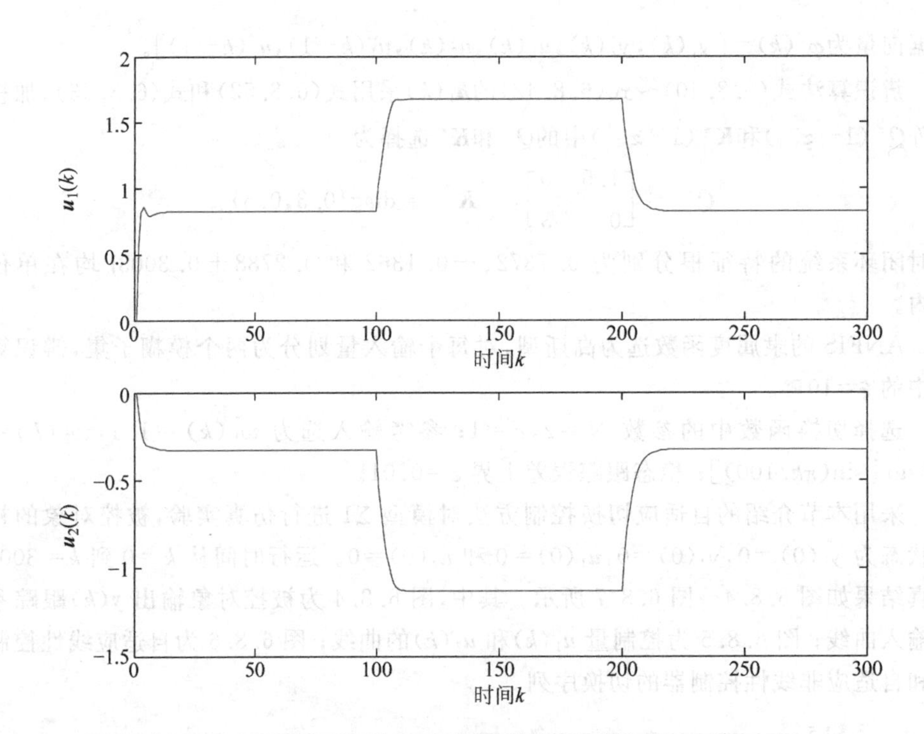

图 6.8.5　采用切换控制时的控制输入

从图 6.8.4 和图 6.8.5 可以看出，刚开始时，由于被控对象的初值为零，辨识算法估计参数不准确，因此，跟踪误差$\bar{e}(k)$较大。当 $k>5$ 时，参数估计与$v(k)$的估计精度不断提高，跟踪误差$\bar{e}(k)$明显减小，稳态跟踪误差小于 0.01。

从图 6.8.6 的切换序列可以看出，在开始时，跟踪误差$\bar{e}(k)$较大，线性自适应控制器投入运行；在 $k=5$ 时，切换机制选择非线性自适应控制器。

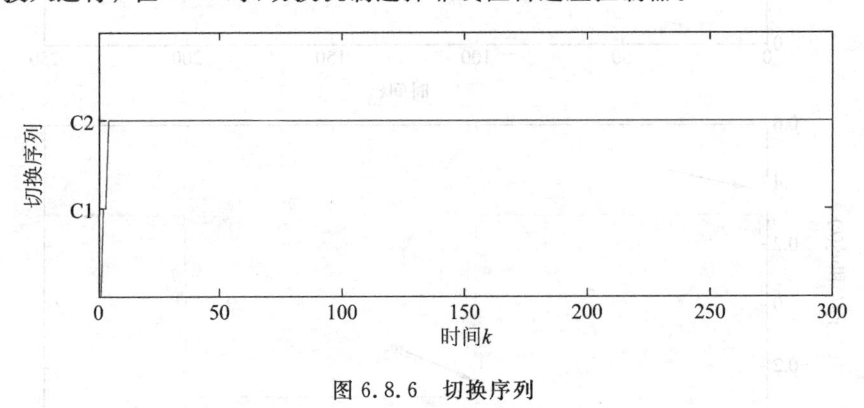

图 6.8.6　切换序列

图 6.8.7 为$v(k)$与其估计值$\hat{v}(k)$的曲线，从图中可以看出，估计误差小于$\xi=10^{-3}$。

例 6.8.2　非线性多变量自适应切换控制器仿真实验

阶次已知、参数未知并带有未知随机有界干扰的非线性被控对象模型 Σ2 为

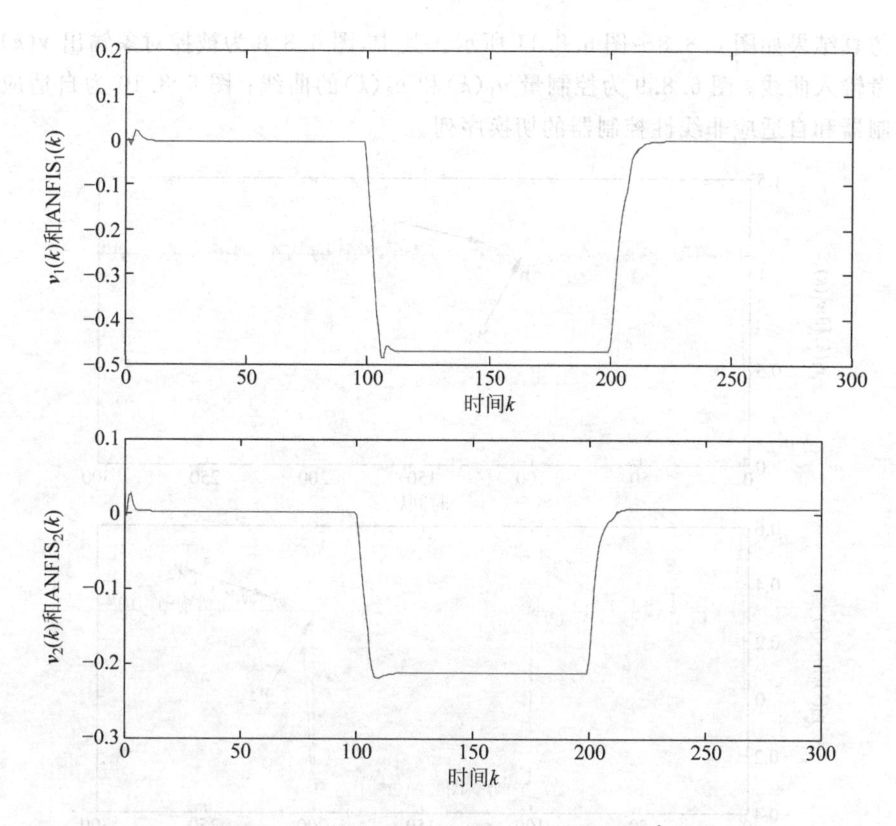

图 6.8.7　虚拟未建模动态$\boldsymbol{v}(k)$与其估计值$\hat{\boldsymbol{v}}(k)$

$$
\begin{aligned}
y_1(k+1) = & \ 0.3y_1(k)+0.7u_1(k)+0.6u_1(k-1) \\
& +0.5u_2(k)+0.3u_2(k-1)+0.2y_2(k-1)y_1(k)/[1+y_2^2(k-1) \\
& +y_1^2(k)]+0.3u_1(k)\sin[u_1(k-1)u_2(k)]+d_1(k) \\
y_2(k+1) = & -0.1y_2(k)+0.7u_1(k)+0.4u_1(k-1) \\
& +0.8u_2(k)+u_2(k-1)+0.2y_2(k)u_1(k)/[1 \\
& +u_1^2(k)+y_2^2(k)]+0.1u_2(k)\sin[u_2^2(k-1)] \\
& -0.1\sin[0.5y_2^2(k-1)]+d_2(k)
\end{aligned}
$$

式中，未知的有界随机干扰$\boldsymbol{d}(k)=[d_1(k),d_2(k)]$，其上界为$|d_1(k)|<0.1$和$|d_2(k)|<0.1$。

该模型的$\boldsymbol{v}(k)$为模型Σ1中的未建模动态与$\boldsymbol{d}(k)$之和。$\|\boldsymbol{v}(k)\|$的上界$M=1$。$B(z^{-1})$的零点与模型Σ1中的相同，上述模型在原点处的零动态不稳定。选择控制器设计模型的阶次n_G和n_H、数据向量$\boldsymbol{\varphi}(k)$、辨识算法式(6.8.40)～式(6.8.42)的$\boldsymbol{h}_1(k)$、加权矩阵$\boldsymbol{Q}^*(1-z^{-1})$和$\boldsymbol{K}^*(1-z^{-1})$中的$\boldsymbol{Q}^*$和$\boldsymbol{K}^*$，ANFIS的隶属度函数以及对每个输入量划分的模糊子集数、切换函数中的参数N和c、参考输入$w_1(k)$和$w_2(k)$、稳态跟踪误差上界ε、被控对象的初始状态、仿真时间均与例6.8.1相同，辨识算法中的估计误差上界$\xi=10^{-2}$。

仿真结果如图 6.8.8～图 6.8.11 所示。其中，图 6.8.8 为被控对象输出 $\boldsymbol{y}(k)$跟踪参考输入曲线；图 6.8.9 为控制量 $u_1(k)$和 $u_2(k)$的曲线；图 6.8.10 为自适应线性控制器和自适应非线性控制器的切换序列。

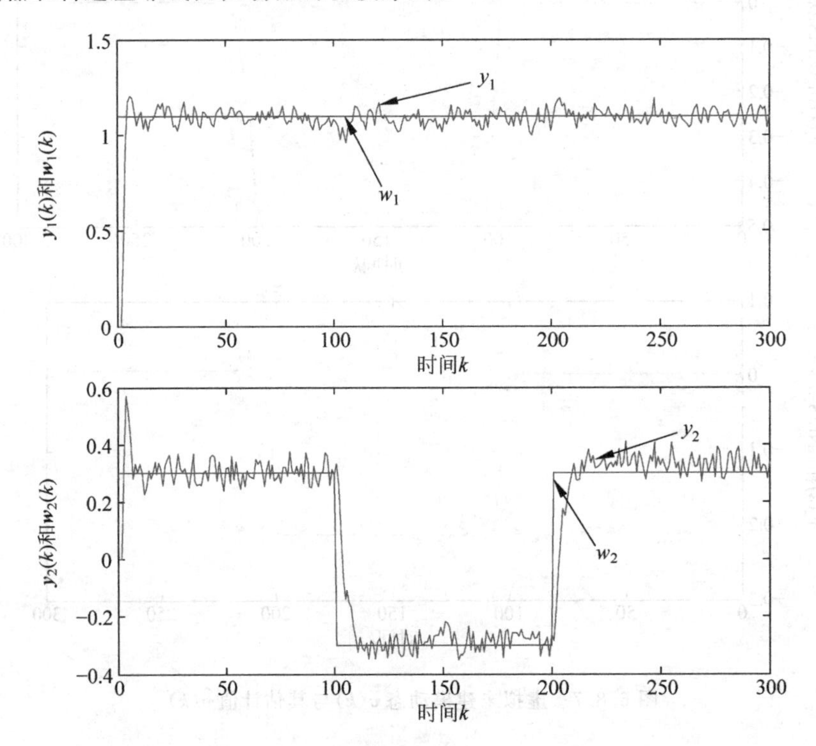

图 6.8.8 采用切换控制时的被控对象输出和理想输出

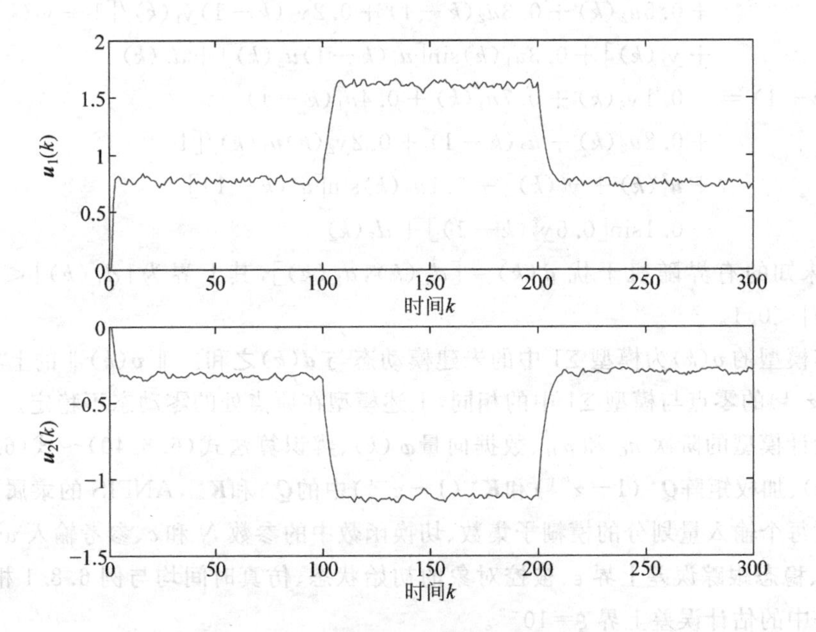

图 6.8.9 采用切换控制时的控制输入

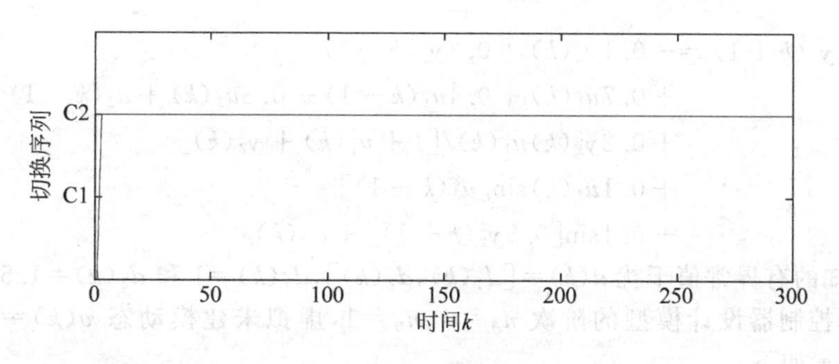

图 6.8.10　切换序列

从图 6.8.8 和图 6.8.9 可以看出，虽然被控对象受到未知有界的随机干扰，采用本节介绍的自适应切换控制算法，被控对象的输出 $\boldsymbol{y}(k)$ 很好地跟踪参考输入 $\boldsymbol{w}(k)$。

从图 6.8.11 可以看出，由于被控对象受到随机干扰的影响，使未建模动态 $\boldsymbol{v}(k)$ 的估计精度下降，因此，本例选择估计误差的上界大于例 6.8.1 的估计误差的上界。

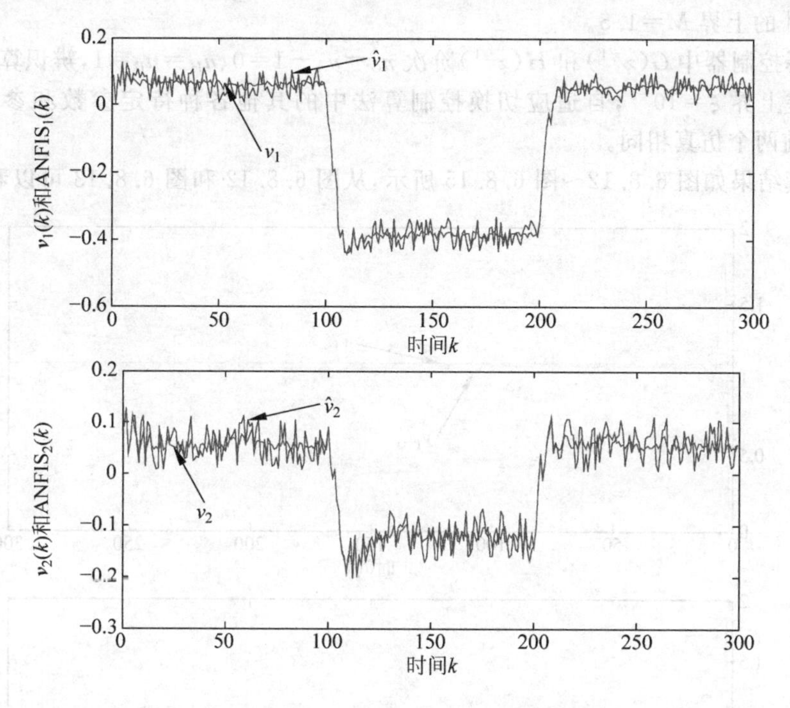

图 6.8.11　虚拟未建模动态 $\boldsymbol{v}(k)$ 与其估计值 $\hat{\boldsymbol{v}}(k)$

例 6.8.3　非线性多变量自适应切换控制器仿真实验

阶次未知、参数未知并带有未知有界干扰的非线性被控对象模型 Σ3 为

$$\begin{aligned} y_1(k+1) =& 0.3y_1(k) + 0.2y_1(k-1) \\ & + 0.7u_1(k) + 0.6u_1(k-1) + 0.5u_2(k) + 0.3u_2(k-1) \\ & + 0.2y_2(k-1)y_1(k)/[1 + y_2^2(k-1) + y_1^2(k)] \\ & + 0.3u_1(k)\sin[u_1(k-1)u_2(k)] + d_1(k) \end{aligned}$$

$$
\begin{aligned}
y_2(k+1) = & -0.1y_2(k) + 0.3y_2(k-1) \\
& + 0.7u_1(k) + 0.4u_1(k-1) + 0.8u_2(k) + u_2(k-1) \\
& + 0.2y_2(k)u_1(k)/[1 + u_1^2(k) + y_2^2(k)] \\
& + 0.1u_2(k)\sin[u_2^2(k-1)] \\
& - 0.1\sin[0.5y_2^2(k-1)] + d_2(k)
\end{aligned}
$$

式中，未知的有界常值干扰 $\boldsymbol{d}(k)=[d_1(k),d_2(k)]$，$d_1(k)=1$ 和 $d_2(k)=1.5$。

选择控制器设计模型的阶次 $n_A=1$、$n_B=1$，虚拟未建模动态 $v(k)=[v_1(k), v_2(k)]$表示如下

$$
\begin{aligned}
v_1(k) = & 0.2y_1(k-1) + 0.2y_2(k-1)y_1(k)/[1 \\
& + y_2^2(k-1) + y_1^2(k)] + 0.3u_1(k)\sin[u_1(k-1)u_2(k)] + d_1(k) \\
v_2(k) = & 0.3y_2(k-1) + 0.2y_2(k)u_1(k)/[1 \\
& + u_1^2(k) + y_2^2(k)] + 0.1u_2(k)\sin[u_2^2(k-1)] \\
& - 0.1\sin[0.5y_2^2(k-1)] + d_2(k)
\end{aligned}
$$

$\|\boldsymbol{v}(k)\|$ 的上界 $M=1.5$。

选择控制器中 $G(z^{-1})$ 和 $H(z^{-1})$ 阶次 $n_G=n_A-1=0$、$n_H=n_B=1$，辨识算法中的估计误差上界 $\xi=10^{-2}$，自适应切换控制算法中的其他各种待定参数和参考输入 $\boldsymbol{w}(k)$ 与前两个仿真相同。

仿真结果如图 6.8.12～图 6.8.15 所示，从图 6.8.12 和图 6.8.13 可以看出，由

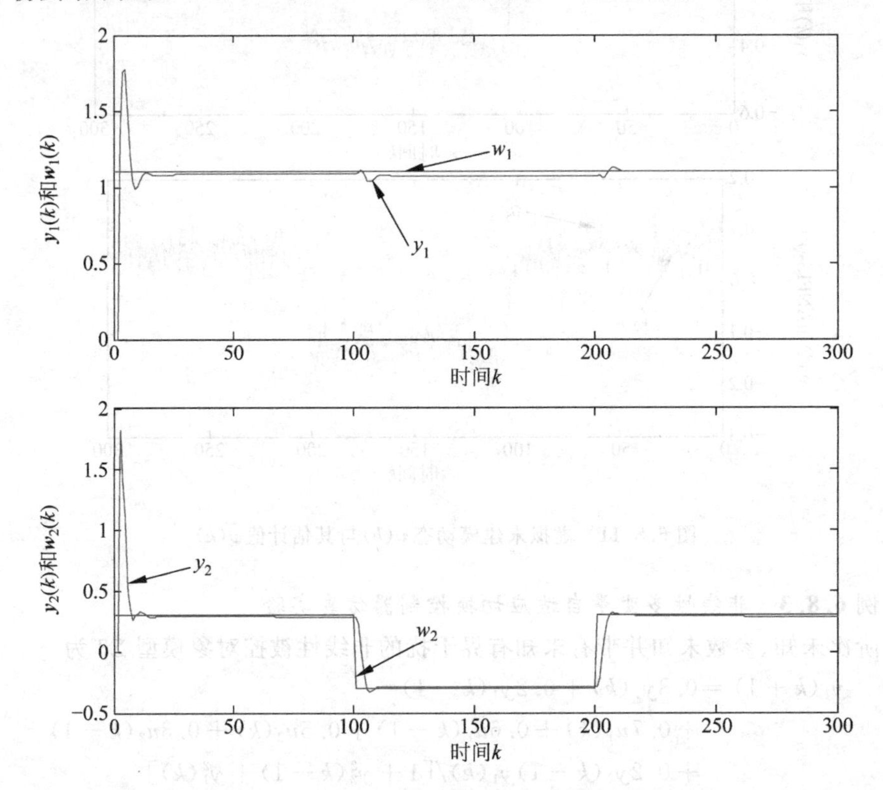

图 6.8.12 采用切换控制时的被控对象输出和理想输出

于控制器设计模型的阶次低于被控对象的阶次，加之被控对象受到未知有界干扰的影响，在开始时，由于线性自适应控制器没有对虚拟未建模动态进行补偿，使跟踪误差$\bar{e}(k)$较大。在 $k=6$ 时切换到非线性控制器，由于对虚拟未建模动态的补偿，被控对象的输出 $\boldsymbol{y}(k)$很好地跟踪参考输入 $\boldsymbol{w}(k)$。

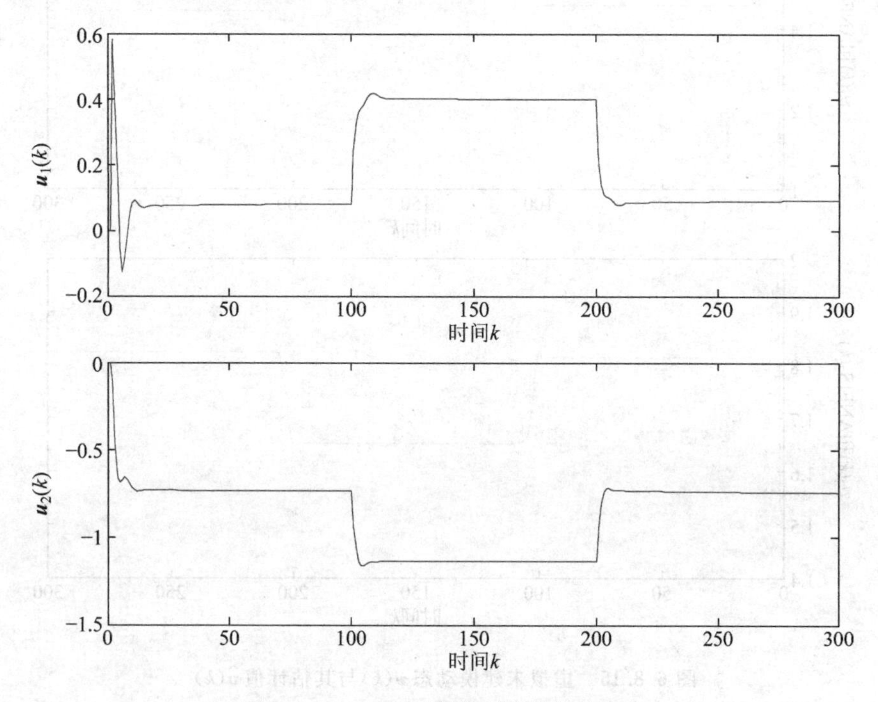

图 6.8.13　采用切换控制时的控制输入

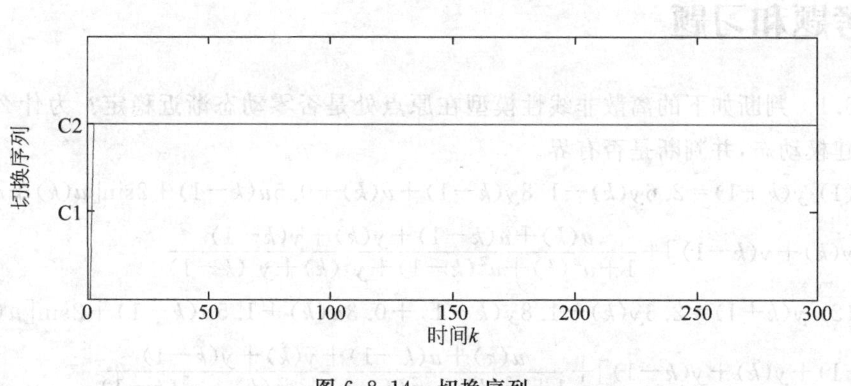

图 6.8.14　切换序列

由图 6.8.15 可以看出，本节介绍的虚拟未建模动态估计算法能较好地估计虚拟未建模动态。

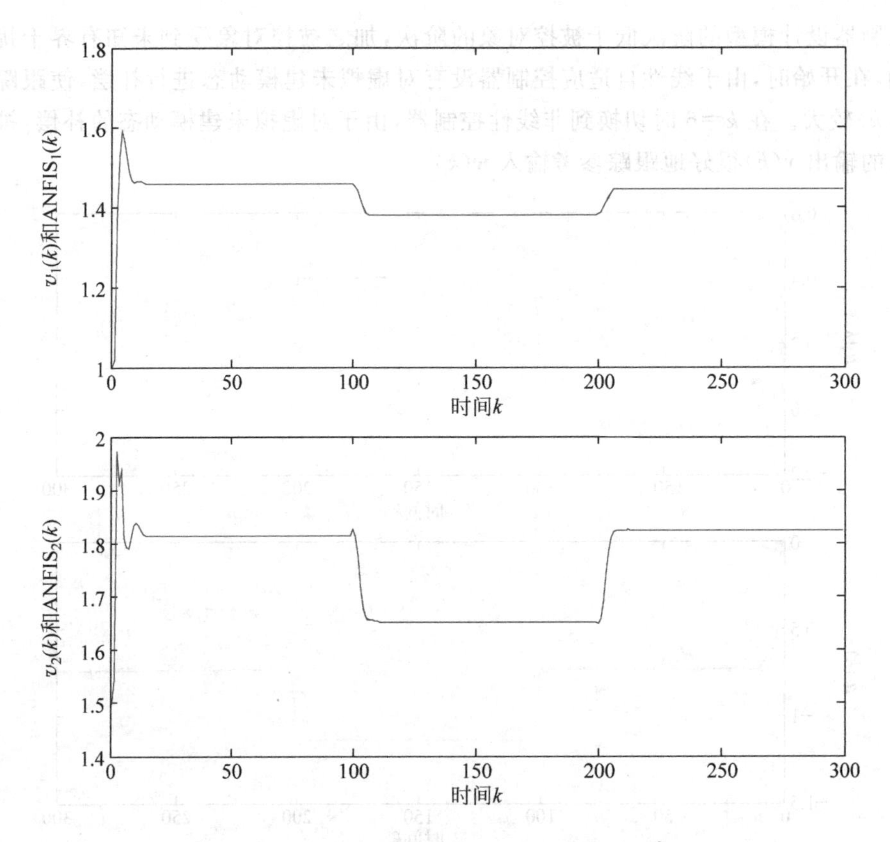

图 6.8.15 虚拟未建模动态 $v(k)$ 与其估计值 $\hat{v}(k)$

思考题和习题

6.1 判断如下的离散非线性模型在原点处是否零动态渐近稳定？为什么？求取未建模动态，并判断是否有界。

(1) $y(k+1)=2.6y(k)-1.8y(k-1)+u(k)+0.5u(k-1)+2\sin[u(k)+u(k-1)+y(k)+y(k-1)]+\dfrac{u(k)+u(k-1)+y(k)+y(k-1)}{1+u^2(k)+u^2(k-1)+y^2(k)+y^2(k-1)}$

(2) $y(k+1)=2.6y(k)-1.8y(k-1)+0.3u(k)+1.5u(k-1)+2\sin[u(k)+u(k-1)+y(k)+y(k-1)]+\dfrac{u(k)+u(k-1)+y(k)+y(k-1)}{1+u^2(k)+u^2(k-1)+y^2(k)+y^2(k-1)}$

6.2 对题 6.1 中的被控对象模型(1)和(2)，采用性能指标 $J=[y(k+1)-w(k+1)]^2$，设计控制器，其中参考输入 $w(k)=0.5\mathrm{sgn}[\sin(\pi k/100)]$，给出控制器方程和闭环系统方程，进行仿真实验，并分析仿真效果。

6.3 单容水箱数学模型如下

$$A(z^{-1})y(k)=z^{-1}B(z^{-1})u(k)+v(k)$$

式中，y 表示水箱的液位（0～25cm），u 表示水泵的电压的 PWM 占空比（0～100）。$A(z^{-1})=1-0.9998z^{-1}$；$B(z^{-1})=0.1033$；$v(k)=\sin[u(k)+y(k)]+\dfrac{u(k)}{1+u^2(k)}$。有关单容水箱数学模型的物理意义参见本书 7.6 节。分别设计模型参数已知和模型参数未知时的切换控制器和自适应切换控制器，给出控制器方程和参数辨识方程，进行仿真实验，并分析仿真效果。

6.4　判断如下的离散时间双输入双输出非线性被控对象在原点处是否零动态渐近稳定？并判断其未建模动态是否有界？未建模动态的时滞差分项是否有界？

$$\begin{aligned}
y_1(k+1) =\ & 0.6y_1(k)+1.2y_2(k)+1.5y_1(k-1)+0.3y_2(k-1)+1.1u_1(k)\\
& +0.8u_2(k)+\ln[1+u_1^2(k-1)+u_2^2(k)+y_1^2(k-1)+y_2^2(k)]\\
& -\frac{u_1(k-1)+u_2(k)+y_1(k-1)+y_2(k)}{1+u_1^2(k-1)+u_2^2(k)+y_1^2(k-1)+y_2^2(k)}\\
y_2(k+1) =\ & 2.4y_1(k)+0.1y_2(k)-0.2y_1(k-1)+1.8y_2(k-1)\\
& +1.25u_2(k)+0.32u_1(k-1)\\
& +0.1u_2(k-1)+\ln[1+u_1^2(k)+u_2^2(k-1)+y_1^2(k)+y_2^2(k-1)]\\
& -\frac{u_1(k)+u_2(k-1)+y_1(k)+y_2(k-1)}{1+u_1^2(k)+u_2^2(k-1)+y_1^2(k)+y_2^2(k-1)}
\end{aligned}$$

6.5　双容水箱控制过程原理图如图 P6.1 所示，双容水箱由 1 号和 2 号水箱组成，执行机构为水泵与电磁阀，检测装置由流量计和液位计组成。

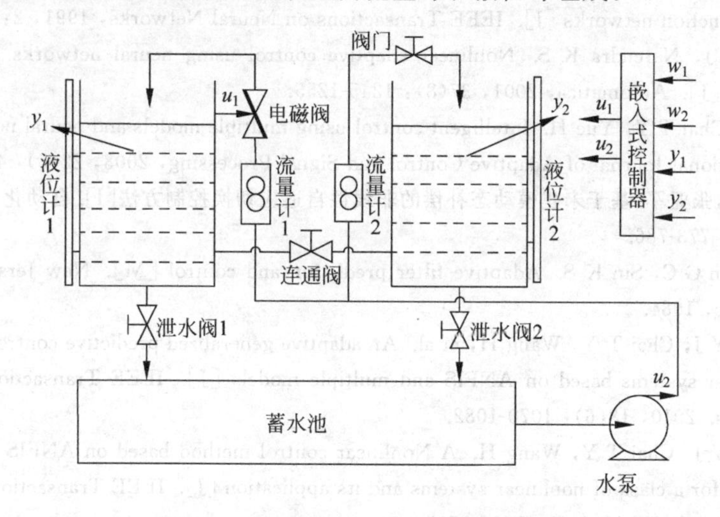

图 P6.1　双容水箱液位控制过程流程图

双容水箱数学模型如下

$$A(z^{-1})y(k)=z^{-1}B(z^{-1})u(k)+v(k)$$

式中，双容水箱的控制输入为电磁阀开度 $u_1(k)$ 和水泵的 PWM 占空比 $u_2(k)$，输出为水箱 1 的液位 $y_1(k)$ 和水箱 2 的液位 $y_2(k)$。控制信号 $u_1(k)$ 作用于水泵从蓄水池中抽水到 1 号水箱，再流入 2 号水箱，改变 2 号水箱液位 $y_2(k)$。控制输入 $u_1(k)$ 作用于电磁阀，调节进入1号水箱的流量从而改变1号水箱的液位。水箱系统中泄水阀1、2和2号水箱的进水阀始终保持全开状态。

$$A(z^{-1})=\begin{bmatrix}1-1.982z^{-1}+0.982\,080\,99z^{-2} & 0\\ 0 & 1-1.9888z^{-1}+0.988\,821\,75z^{-2}\end{bmatrix}$$

$$B(z^{-1})=\begin{bmatrix}0.000\,646\,9-0.000\,641\,142\,59z^{-1} & 0.002\,636-0.002\,612\,012\,4z^{-1}\\ -0.000\,647\,1+0.000\,645\,482\,25z^{-1} & 0.001\,373-0.001\,361\,054\,9z^{-1}\end{bmatrix}$$

$$v(k)=\begin{bmatrix}\sin[y_1(k)]-\dfrac{u_1(k)}{1+u_1^2(k)}\\ \sin[y_2(k)+y_1(k)]-\dfrac{u_2(k)}{1+u_2^2(k)}\end{bmatrix}$$

分别设计模型参数已知和模型参数未知时的多变量切换控制器和多变量自适应切换控制器，使双容水箱的液位分别保持在8cm和10cm处。给出控制器方程和参数辨识方程，进行仿真实验，并分析仿真效果。

参考文献

[1] Cabrera B D, Narendra K S. Issues in the application of neural networks for tracking based on inverse control [J]. IEEE Transactions on Automatic Control, 1999, 44(11): 2007-2027.

[2] Chen S, Cowan C F N, Grant P M. Orthogonal least squares learning algorithm for radial basis function networks [J]. IEEE Transactions on Neural Networks, 1991, 2: 302-309.

[3] Chen L J, Narendra K S. Nonlinear adaptive control using neural networks and multiple models [J]. Automatica, 2001, 37(8): 1245-1255.

[4] Fu Y, Chai T Y, Yue H. Intelligent control using multiple models and neural networks [J]. International Journal of Adaptive Control and Signal Processing, 2008, 22(5): 495-509.

[5] 柴天佑，张亚军. 基于未建模动态补偿的非线性自适应切换控制方法[J]. 自动化学报，2011，37 (7): 773-786.

[6] Goodwin G C, Sin K S. Adaptive filter prediction and control [M]. New Jersey: Prentice Hall Inc, 1984.

[7] Zhang Y J, Chai T Y, Wang H, et al. An adaptive generalized predictive control method for nonlinear systems based on ANFIS and multiple models [J]. IEEE Transactions on Fuzzy Systems. 2010, 18(6): 1070-1082.

[8] Zhang Y J, Chai T Y, Wang H. A Nonlinear control method based on ANFIS and multiple models for a class of nonlinear systems and its application [J]. IEEE Transactions on Neural Networks. 2011, 22(11): 1783-1795.

[9] Zhang Y J, Chai T Y, Wang H, et al. An improved estimation method for unmodeled dynamics based on ANFIS and its application to controller design [J]. IEEE Transactions on Fuzzy Systems. 2013, 21(6): 989-1005

[10] McDermott P E, Mellichamp D A. A decoupling pole-placement self-tuning controller for a class of multivariable process [J]. Optimal Control Applications and Methods, 1986, 7(1): 55-79.

[11] Lang S J, Gu X Y, Chai T Y. A multivariable generalized self-tuning controller with

decoupling design [J]. IEEE Transactions on Automatic Control, 1986, 31(5): 474-477.

[12] Wittenmark B, Middleton R, Goodwin G. Adaptive decoupling of multivariable systems [J]. International Journal of Control, 1987, 46(6): 1993-2009.

[13] Chai T Y. Direct adaptive decoupling control for general stochastic multivariable systems [J]. International Journal of Control, 1990, 51(4): 885-909.

[14] Zhu K Y, Qin X F, Chai T Y. A new decoupling design of self-tuning multivariable generalized predictive control [J]. International Journal of Adaptive Control and Signal Processing, 1999, 13(3): 183-196.

[15] Fu Y, Chai T Y. Nonlinear multivariable adaptive control using multiple models and neural networks [J]. Automatica, 2007, 43(8): 1101-1110.

[16] Fu Y, Chai T Y. Neural-network-based nonlinear adaptive dynamical decoupling control [J]. IEEE Transactions on Neural Networks, 2007, 18(3): 921-925.

[17] Chai T Y, Zhai L F, Yue H. Multiple models and neural networks based decoupling control of ball mill coal-pulverizing systems [J]. Journal of Process Control, 2011, 21 (3): 351-366.

[18] Sanner R M, Slotine J J E. Gaussian networks for direct adaptive control [J]. IEEE Transactions on Neural Networks, 1992, 3(6): 837-863.

[19] Agnoloni T, Mosca E. Controller falsification based on multiple models [J]. International Journal of Adaptive Control and Signal Processing, 2003, 17, 163-177.

[20] Safonov M G, Tsao T C. The unfalsified control concept and learning [J]. IEEE Transactions on Automatic Control, 1997, 42(6), 843-847.

[21] Spall J C, Cristion J A. Model-free control of nonlinear stochastic systems with discrete-time measurements [J]. IEEE Transactions on Automatic Control, 1998, 43 (9), 1198-1210.

[22] Hjalmarsson H, Gevers M, Gunnarsson S, et al. Iterative feedback tuning: Theory and application [J]. IEEE Control Systems Magazine, 1998. 26-41.

[23] Campi M C, Lecchini A, Savaresi S M. Virtual reference feedback tuning: A direct method for the design of feedback controllers [J]. Automatica, 2002. 38(8), 1337-1346.

[24] Markovsky I, Rapisarda P. Data-driven simulation and control [J]. International journal of control, 2008, 81(12): 1946-1959.

[25] Van Helvoort J, De Jager B, Steinbuch M. Data-driven multivariable controller design using ellipsoidal unfalsified control [J]. Systems & Control Letters, 2008, 57(9): 759-762.

[26] Miskovic L, Karimi A, Bonwin D, et al. Correlation-based tuning of decoupling multivariable controllers [J]. IEEE Trans on Automatica, 2007, 43: 1481-1494.

[27] Chai T Y, Zhang Y J, Wang H, et al. Data based Virtual Un-modeled Dynamics Driven Multivariable Nonlinear Adaptive Switching Control [J]. IEEE Transactions on Neural Networks, 2011, 22(12): 2154-2171.

[28] Jang J S R. ANFIS: Adaptive-network—based fuzzy inference system. IEEE Trans on System, Man, Cybernetics, 1993, 23(3): 665-685.

[29] Wang L X. A Course in Fuzzy Systems and Control [M]. British: Pearson Education, 2003.

第7章 自适应控制应用

7.1 概述

目前,自适应控制系统或自适应控制的思想已经得到广泛的应用,为使读者对前面所介绍的自适应控制方法有更深入的了解,对自适应控制思想有更深层次的领悟,本章选取了自校正调节器、广义预测自适应控制器、模型参考自适应控制器、多变量自适应解耦控制器以及单变量非线性自适应切换控制器在实际过程中的应用案例,以说明如何结合具体的被控对象进行自适应控制器设计,并验证自适应控制器的有效性。本章分别介绍了自校正调节器在车辆悬架系统中的应用、广义预测自适应控制在太阳能集热器中的应用、模型参考自适应控制在轮船自动驾驶中的应用、多变量自适应解耦控制在工业加热炉的应用及单容水箱的非线性自适应切换控制实验,本章最后一节介绍了针对难以采用已有自适应控制方法的钢球磨煤机制粉系统,采用自适应控制思想,通过对未建模动态补偿实现了动态特性变化的钢球磨煤机制粉系统的智能解耦控制,通过本应用案例介绍有助于读者采用自适应控制思想创造出具有自适应控制功能的先进控制算法。

7.2 自校正调节器在车辆悬架系统的应用

本节以参考文献[1]中的车辆悬架系统为例,介绍自校正调节器在车辆悬架系统中的应用。

7.2.1 车辆悬架系统简介

车辆悬架系统是现代机动车辆的重要组成部分,是指车身与车轮之间的一切传力连接装置的总称,用以缓和不平路面给车身造成的冲击载荷,缓冲和吸收来自车轮的振动,还要在汽车行驶过程中传递车轮与路面之间的驱动力和制动力,以保证车辆的行驶平顺性和操纵稳定性,从而提高汽车行驶过程的舒适性、稳定性和安全性。悬架系统的机械结构如图 7.2.1

所示，主要包括三部分，即弹性元件、减振器（阻尼）和导向机构。弹性元件主要指螺旋弹簧，其作用是承受垂直载荷，缓和不平路面对车体的冲击，有一定的吸振能力；减振器的作用是快速减小车身的振动；导向机构用来控制车轮的定位和车身的姿态，以保证汽车的正常行驶。

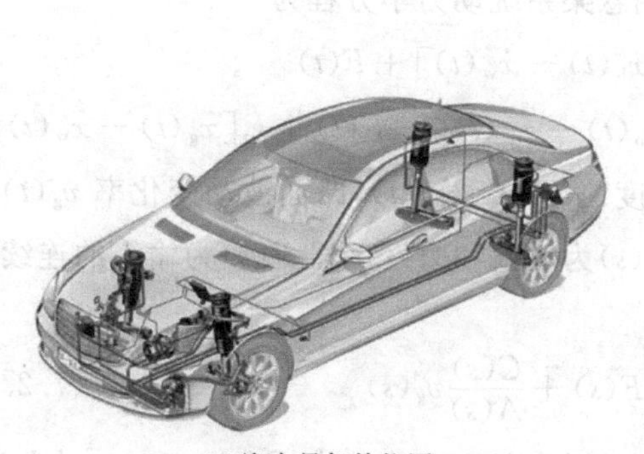

(a) 汽车悬架的位置

(b) 汽车悬架系统的组成

图 7.2.1　汽车悬架系统机械结构图

汽车悬架系统按照控制方式划分，通常可分为被动控制、半主动控制和主动控制三种基本类型。被动控制的悬架系统是传统的机械结构，由弹性元件和参数不可变的减振器组成，不需输入能量控制。半主动控制的悬架系统由可变阻尼的减振器和弹簧组成，仅需输入少量能量控制用于调节阻尼系数。主动控制的悬架系统由控制机构对悬架系统施加一定控制力以实现控制。

只考虑垂直方向上的动态，主动控制的悬架系统简化模型如图 7.2.2 所示，其中悬架单元由弹性元件、液压减振器和一个力发生器组成。力发生器的作用在于改进系统中能源的消耗和供给系统能量，该装置的控制目标是要实现一个优质的隔振系统，而又不需对系统做出较大的变化。

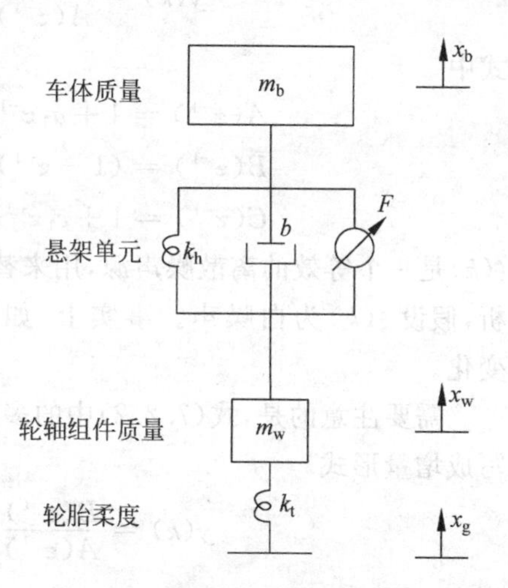

图 7.2.2　简化的主动控制的车辆悬架系统结构

在图 7.2.2 中，变量 $x_b(t)$、$x_w(t)$、$x_g(t)$ 分别表示车体相对基准平面的位移、轮轴组件相对基准平面的位移和路面相对基准平面的高度。m_b 为车体质量（簧载），m_w 为车轮和车轴组件的有效质量（非簧载）。弹性元件的刚度为 k_h，产生的弹力为 $F_h(t)=k_h[x_b(t)-x_w(t)]$；液压减振器的阻尼系数为 b，产生的阻尼力为 $F_b(t)=b[\dot{x}_b(t)-\dot{x}_w(t)]$；力发生器的作用力为 $F(t)$；轮胎等效刚度 k_t 表示轮胎的柔度，产生的弹力 $F_t(t)=k_t[x_g(t)-x_w(t)]$。

7.2.2 控制问题描述

1. 车辆悬架系统动态模型

根据牛顿第二定律,图 7.2.2 的车辆悬架系统动力学方程为

$$\begin{cases} m_b\ddot{x}_b(t) = -k_h[x_b(t)-x_w(t)] - b[\dot{x}_b(t)-\dot{x}_w(t)] + F(t) \\ m_w\ddot{x}_w(t) = k_h[x_b(t)-x_w(t)] + b[\dot{x}_b(t)-\dot{x}_w(t)] - F(t) + k_t[x_g(t)-x_w(t)] \end{cases}$$

车体垂直方向速度(下文简称为"车体速度")$v_b(t)=\dot{x}_b(t)$,路面波动变化率 $v_g(t)=\dot{x}_g(t)$。经过整理,可以得到车体速度 $v_b(s)$为输出和力发生器 $F(s)$为输入的连续时间传递函数模型如下

$$v_b(s) = \frac{B(s)}{A(s)}F(s) + \frac{C(s)}{A(s)}v_g(s) \tag{7.2.1}$$

式中,$A(s)=(m_b s^2+bs+k_h)(m_w s^2+bs+k_t+k_h)-(bs+k_h)^2$,$B(s)=(m_w s^2+k_t)s$,$C(s)=(bs+k_h)k_t$。

假设力发生器 $F(s)$通过一个具有一阶动态特性的液压执行机构作用于被控对象,且其输入为 $u(s)$,即 $F(s)=\dfrac{K}{Ts+1}u(s)$,T 和 K 分别为液压执行机构的时间常数和增益。令被控对象输出 $y(s)$为车体速度 $v_b(s)$,结合式(7.2.1),得到离散时间模型

$$y(k) = \frac{\bar{B}(z^{-1})}{A(z^{-1})}u(k-1) + \frac{C(z^{-1})}{A(z^{-1})}\xi(k) \tag{7.2.2}$$

式中

$$\begin{aligned} A(z^{-1}) &= 1 + a_1 z^{-1} + \cdots + a_5 z^{-5} \\ \bar{B}(z^{-1}) &= (1-z^{-1})(b_0 + b_1 z^{-1} + b_2 z^{-2} + b_3 z^{-3}) \\ C(z^{-1}) &= 1 + c_1 z^{-1} + c_2 z^{-2} + c_3 z^{-3} \end{aligned}$$

$\xi(k)$是一个等效的离散噪声源,用来替代连续时间路面波动变化律 $v_g(s)$。为简化分析,假设 $\xi(k)$为白噪声。事实上,如前所述,路面噪声的频谱将随着路况变化而变化。

需要注意的是,式(7.2.2)中的多项式 $\bar{B}(z^{-1})$包含因子$(1-z^{-1})$,离散模型可以写成增量形式

$$y(k) = \frac{B(z^{-1})}{A(z^{-1})}\Delta u(k-1) + \frac{C(z^{-1})}{A(z^{-1})}\xi(k) \tag{7.2.3}$$

式中

$$B(z^{-1}) = b_0 + b_1 z^{-1} + b_2 z^{-2} + b_3 z^{-3}$$

式(7.2.3)中有 12 个参数需要估计。对于较小的采样周期,这将是一个很大的运算量,有必要对模型式(7.2.3)降阶。假设轮胎等效刚度 k_t 足够大,那么轮轴组件相对基准平面位移 $x_w(t)$可以忽略不计,即 $x_w(t)=0$,因此可以得到悬架系统的降阶模型

$$v_b(s)=\frac{s}{m_b s^2+bs+k_h}F(s)+\frac{bs+k_h}{m_b s^2+bs+k_h}v_g(s)$$

相应的离散模型(包括一阶液压驱动装置)阶次为 $n_a=3, n_b=2, n_c=1$。

选择采样周期为0.1s,三阶模型和五阶模型的零极点均位于单位圆内。因此,可以采用最小方差控制。采用增量式(7.2.3)的降阶模型

$$y(k)=\frac{b_0+b_1 z^{-1}}{1+a_1 z^{-1}+a_2 z^{-2}+a_3 z^{-3}}\Delta u(k-1)+\frac{1+c_1 z^{-1}}{1+a_1 z^{-1}+a_2 z^{-2}+a_3 z^{-3}}\xi(k) \tag{7.2.4}$$

2. 控制目标

车辆悬架系统的控制要求有两部分,首先,必须保证车辆在路面上的一个给定高度;其次,减少路面波动对车体的影响。高度控制将使得车体位移高度 $x_b(t)$ 为一个固定值;悬架减振控制将使路面波动对车体垂直方向速度 $y(t)=v_b(t)=\dot{x}_b(t)$ 的影响为最小。在此,我们只考虑减振问题。因为路面波动干扰 $v_g(t)$ 可以近似用有色噪声来表示,因此车辆悬架系统的减振控制是一个随机调节问题。

车辆悬架系统减振控制的目标是,当被控对象的数学模型式(7.2.4)的参数未知时,设计自校正调节律,使得被控对象 k 时刻的输出 $y(k)$ 的方差极小,即

$$\min J$$

式中

$$J=\mathrm{E}[y^2(k)] \tag{7.2.5}$$

7.2.3 车辆悬架系统的最小方差自校正调节器

车辆悬架系统的最小方差自校正调节器中的参数可调调节器是最小方差调节器,为此首先介绍当被控对象模型已知时的最小方差调节器设计。

1. 最小方差调节器

采用3.2.1节的最小方差调节器设计过程,设计车辆悬架系统的最小方差调节器 $\Delta u(k)$ 为

$$G(z^{-1})y(k)+H(z^{-1})\Delta u(k)=0 \tag{7.2.6}$$

式中,$G(z^{-1})=g_0+g_1 z^{-1}+g_2 z^{-2}$,$H(z^{-1})=F(z^{-1})B(z^{-1})=h_0+h_1 z^{-1}$,$F(z^{-1})$ 和 $G(z^{-1})$ 为 Diophantine 方程 $C(z^{-1})=A(z^{-1})F(z^{-1})+z^{-d}G(z^{-1})$ 的解,$A(z^{-1})=1+a_1 z^{-1}+a_2 z^{-2}+a_3 z^{-3}$,$B(z^{-1})=b_0+b_1 z^{-1}$。

于是,式(7.2.6)可以表示为 $\Delta u(k)=\dfrac{-(g_0+g_1 z^{-1}+g_2 z^{-2})}{h_0+h_1 z^{-1}}y(k)$。

2. 最小方差自校正调节器

当被控对象式(7.2.4)的参数未知时,最小方差调节器式(7.2.6)中的 $G(z^{-1})$ 和

$H(z^{-1})$未知，采用隐式自校正算法，因此需要辨识 $G(z^{-1})$和 $H(z^{-1})$。车辆悬架系统的参数辨识方程为

$$y(k)=(h_0+h_1z^{-1})\Delta u(k-1)-(g_0+g_1z^{-1}+g_2z^{-2})y(k-1)+F(z^{-1})\xi(k) \tag{7.2.7}$$

定义五维数据向量$\boldsymbol{\varphi}(k)$和参数向量$\boldsymbol{\theta}$为

$$\boldsymbol{\varphi}(k)=[-y(k),\cdots,-y(k-2),\Delta u(k),\Delta u(k-1)]^{\mathrm{T}} \tag{7.2.8}$$

$$\boldsymbol{\theta}=[g_0,g_1,g_2,h_0,h_1]^{\mathrm{T}} \tag{7.2.9}$$

由于估计模型式(7.2.7)中 $F(z^{-1})\xi(k)$与$\boldsymbol{\varphi}^{\mathrm{T}}(k-1)\boldsymbol{\theta}$不相关，采用如下最小二乘估计法来辨识参数$\boldsymbol{\theta}$

$$\hat{\boldsymbol{\theta}}(k)=\hat{\boldsymbol{\theta}}(k-1)+\boldsymbol{K}(k)[y(k)-\boldsymbol{\varphi}^{\mathrm{T}}(k-1)\hat{\boldsymbol{\theta}}(k-1)] \tag{7.2.10}$$

$$\boldsymbol{K}(k)=\frac{\boldsymbol{P}(k-1)\boldsymbol{\varphi}(k-1)}{1+\boldsymbol{\varphi}^{\mathrm{T}}(k-1)\boldsymbol{P}(k-1)\boldsymbol{\varphi}(k-1)} \tag{7.2.11}$$

$$\boldsymbol{P}(k)=[\boldsymbol{I}-\boldsymbol{K}(k)\boldsymbol{\varphi}^{\mathrm{T}}(k-1)]\boldsymbol{P}(k-1) \tag{7.2.12}$$

并用下式来求最小方差自校正调节器 $u(k)$

$$\Delta u(k)=\frac{-(\hat{g}_0+\hat{g}_1z^{-1}+\hat{g}_2z^{-2})}{\hat{h}_0+\hat{h}_1z^{-1}}y(k) \tag{7.2.13}$$

7.2.4 应用结果分析

在系统运行的前 50s，悬架系统处于开环状态。在此期间，给执行器施加小的抖动为递推估计器提供激励。运行 50s 后采用最小方差调节器，图 7.2.3 显示了前 300s 的运行结果。

图 7.2.3(c)给出了输出变量车体垂直方向速度的曲线，可以看出，当在 50s 后采用最小方差调节器时，速度的变化量显著下降。图 7.2.3(a)和图 7.2.3(b)分别显示了对应的车体相对基准平面的位移和路面高度的变化。当采用最小方差调节律时，车体位移的减小不是很显著，但是仍可看出它有所减小。车体垂直方向速度变化减小是以悬架支柱的位移大幅变化为代价的，如图 7.2.3(d)所示。悬架支柱的位移 $x_{\mathrm{s}}(k)$定义如下

$$x_{\mathrm{s}}(k)=x_{\mathrm{b}}(k)-x_{\mathrm{w}}(k) \tag{7.2.14}$$

自校正调节器的参数估计曲线如图 7.2.4(c)和图 7.2.4(d)所示。图 7.2.4(a)显示了作用于控制阀的增量控制信号 $\Delta u(k)$的变化曲线，7.2.4(b)给出了控制系数因子的变化曲线。

需要说明的是，引入控制系数因子是一个常用的方法，它将自校正调节器的反馈动作适度地引入。特别地，最小方差调节律产生的控制信号 $\Delta u(k)$乘以控制系数因子 $\lambda_{\mathrm{ccf}}(k)$，而后施加于执行器。因此

$$u(k)=\lambda_{\mathrm{ccf}}(k)\left\{\frac{1}{1-z^{-1}}\right\}\Delta u(k) \tag{7.2.15}$$

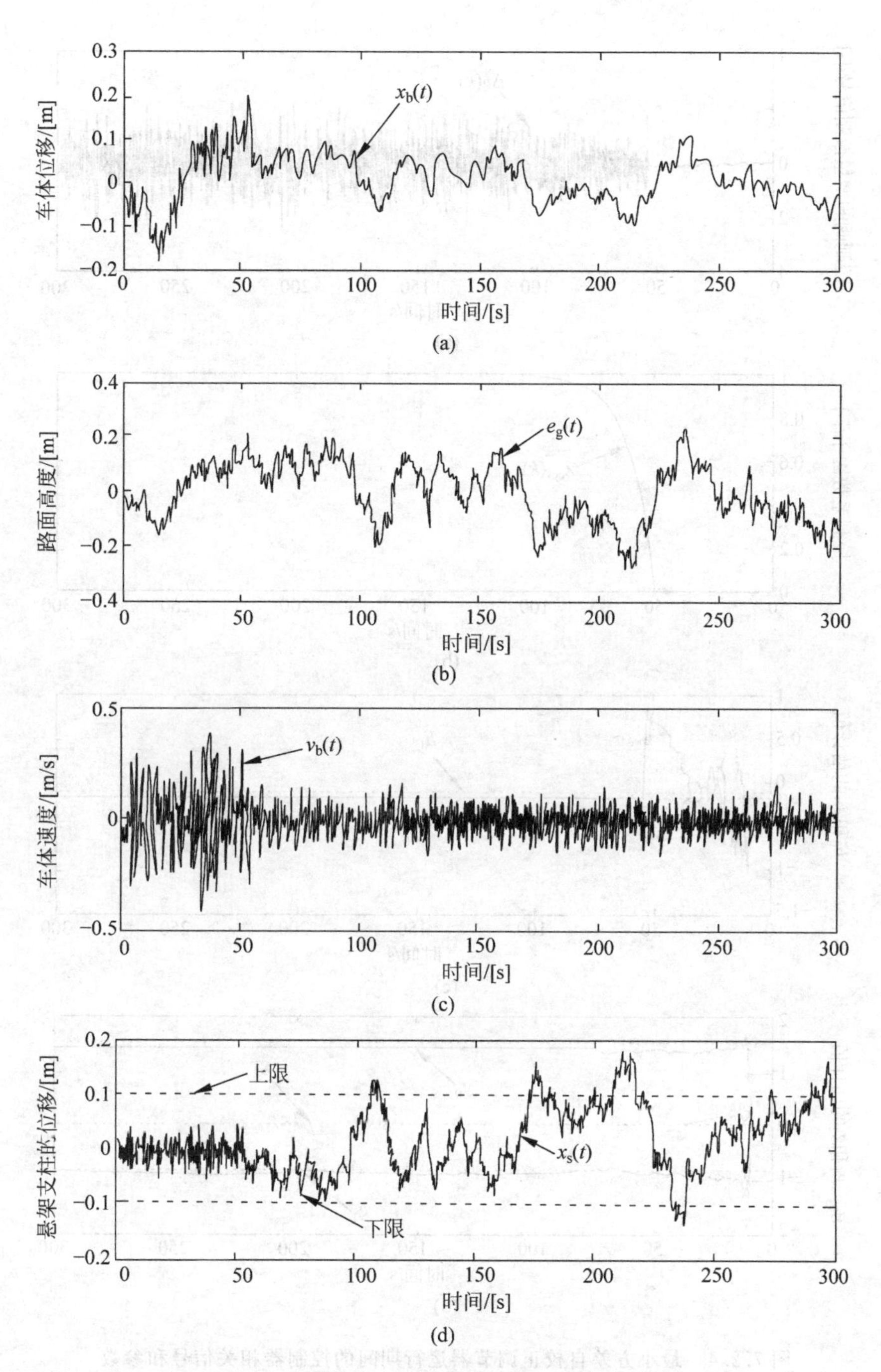

图 7.2.3　最小方差自校正调节器的运行结果

控制系数因子定义为

$$\lambda_{ccf} = \begin{cases} 1-\exp[(k-50)/10], & k \geqslant 50 \\ 0, & k < 50 \end{cases}$$

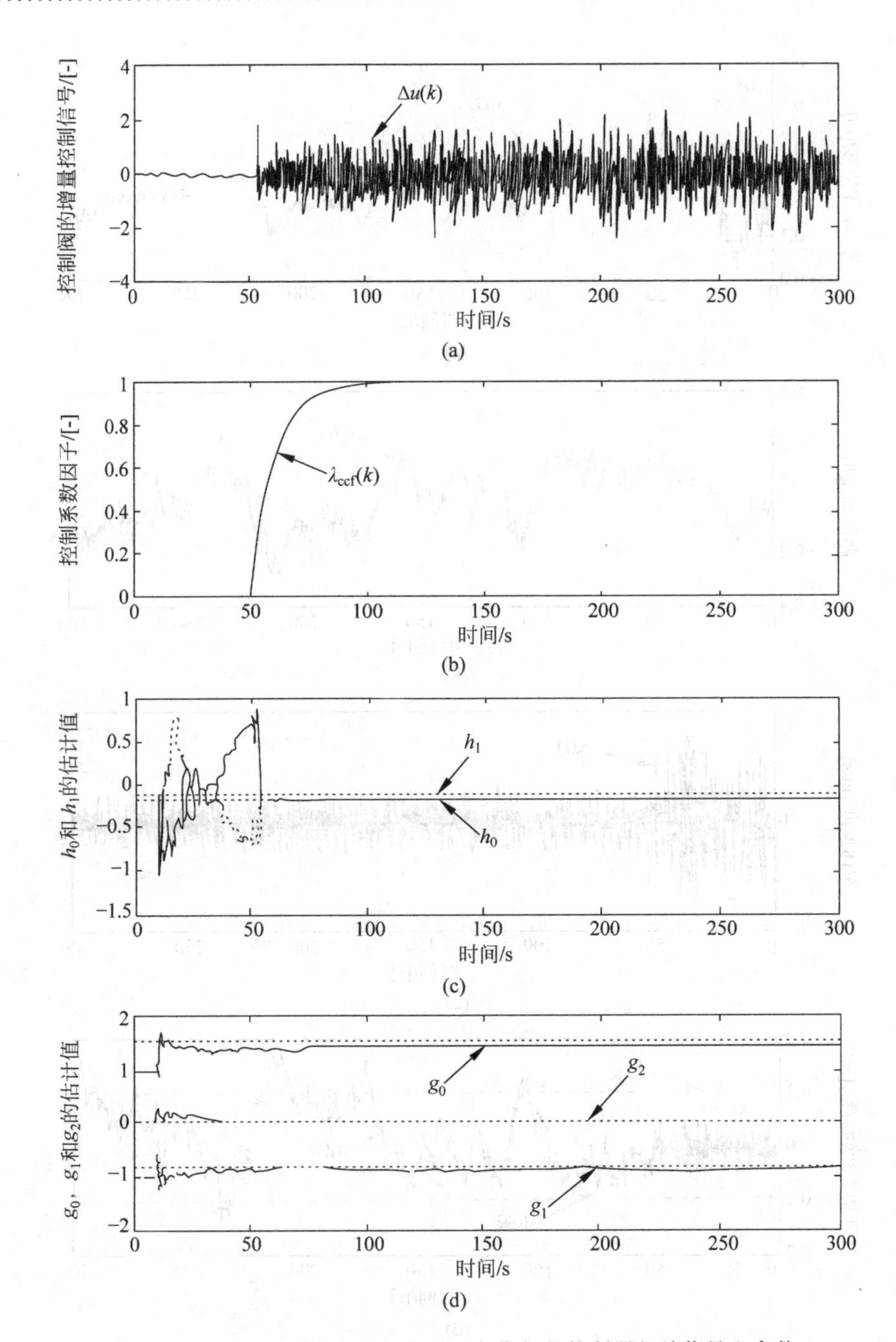

图 7.2.4 最小方差自校正调节器运行期间的控制器相关信号和参数

它的作用是逐渐引入控制信号，避免控制信号和输出信号的大幅值暂态波动。

图 7.2.5 给出了常用的最小方差自校正调节器的诊断信息。

协方差矩阵 $\boldsymbol{P}(k)$ 的轨迹能够很好地显示迭代性能。从图中可以看出，在开环运行期间(0～50s)，它缓慢下降；当自校正调节器发生作用时，它迅速下降。当不带遗

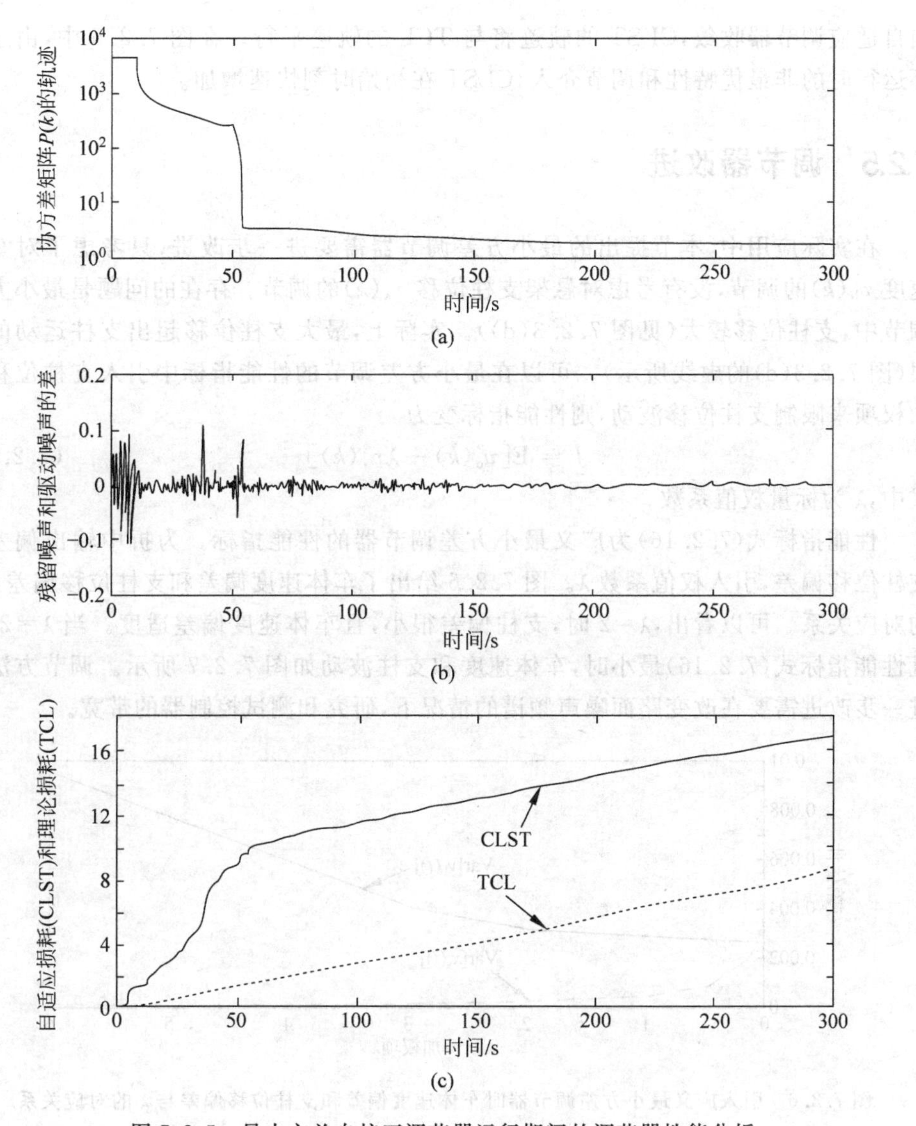

图 7.2.5　最小方差自校正调节器运行期间的调节器性能分析

忘因子或没有采取其他协方差措施时，RLS 算法的特性如此。

图 7.2.5(b)显示了最小方差调节器中的残留噪声和驱动噪声的差 $\xi(k)$。对于收敛的算法，两个噪声信号将会相等。另外一个验证最小方差自适应调节器的方法是比较自适应损耗和理论损耗。

自适应损耗(Cumulative loss under self-tuning，CLST)为

$$\mathrm{CLST} = \sum_{i=0}^{k} y^2(i)$$

理论损耗(Theoretical cumulative loss，TCL)为

$$\mathrm{TCL} = \sum_{i=0}^{k} \xi^2(i)$$

当自适应调节器收敛，CLST 的轨迹将与 TCL 的轨迹平行。在图 7.2.5 中，由于开环运行时的非最优特性和调节介入，CLST 在初始时刻快速增加。

7.2.5 调节器改进

在实际应用中，本节提出的最小方差调节器需要进一步改进，只考虑了对车体速度 $v_b(k)$ 的调节，没有考虑对悬架支柱位移 $x_s(k)$ 的调节。存在的问题是最小方差调节中，支柱位移较大(见图 7.2.3(d))。实际上，最大支柱位移超出支柱运动的界限(图 7.2.3(d)的虚线所示)。可以在最小方差调节的性能指标中引入支柱位移的加权项来限制支柱位移波动，则性能指标变为

$$J = \mathrm{E}[v_b^2(k) + \lambda x_s^2(k)] \tag{7.2.16}$$

式中，λ 为标量权值系数。

性能指标式(7.2.16)为广义最小方差调节器的性能指标。为折中输出偏差和支柱位移偏差，引入权值系数 λ。图 7.2.6 给出了车体速度偏差和支柱位移偏差与 λ 的对应关系。可以看出，$\lambda=2$ 时，支柱偏差很小，且车体速度偏差适度。当 $\lambda=2$，并且性能指标式(7.2.16)最小时，车体速度和支柱波动如图 7.2.7 所示。调节方法的进一步改进需要在改变路面噪声频谱的情况下，研究和测试控制器的带宽。

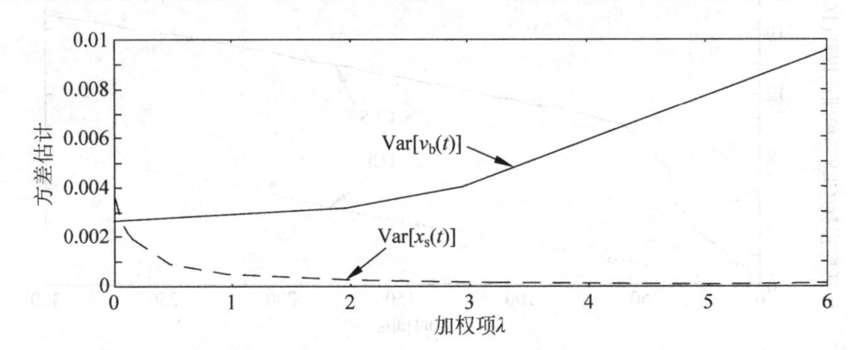

图 7.2.6 引入广义最小方差调节器时车体速度偏差和支柱位移偏差与 λ 的对应关系

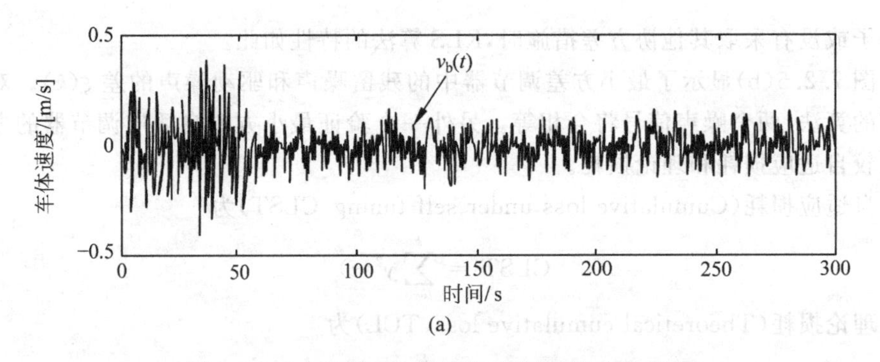

图 7.2.7 广义最小方差自校正调节器的运行结果

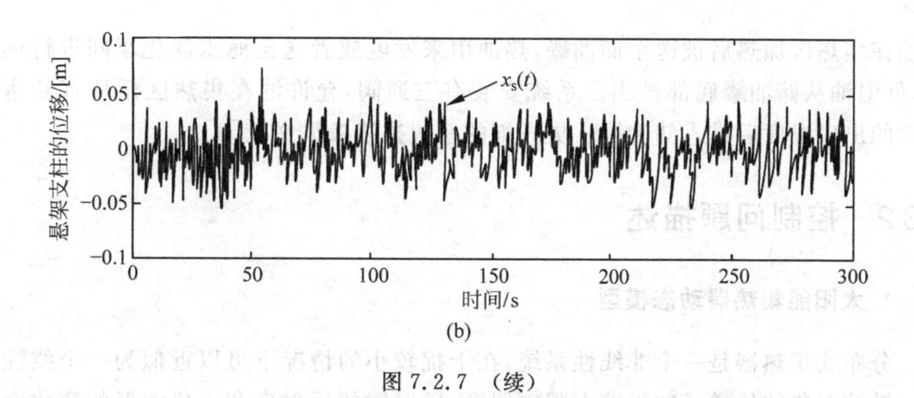

图 7.2.7　(续)

7.3　广义预测自适应控制在太阳能集热器的应用

本节以参考文献[2]中的太阳能集热器为例，介绍广义预测自适应控制在太阳能集热器的应用。

7.3.1　太阳能集热器简介

分布式太阳能集热器是太阳能制冷系统的关键设备，用以将太阳能转化成热能。西班牙的某分布式太阳能集热器如图 7.3.1 所示。

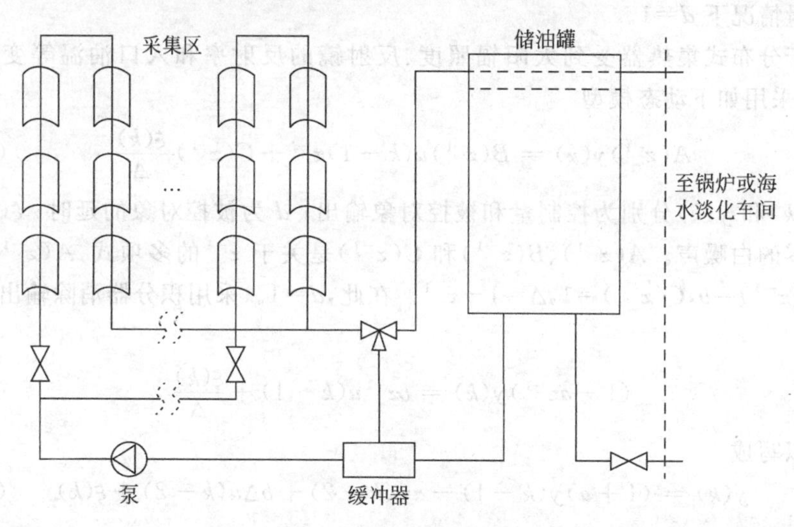

图 7.3.1　太阳能集热器

分布式集热区主要由一个管道组成，管内有油流动，通过管道上安装的反射镜聚集太阳光加热管内的油。它包括 480 个模块，排列为 20 行，形成 10 个并联回路。回路由 4～12 个集热模块串联在一起，回路长 172m，有效长度 142m。同时，集热区也安装有一个太阳跟踪装置，使得反射镜的轴线随着太阳位置的变化而旋转。管内的油在集热区加热后被送至储油罐，热油用来发电或者送至海水淡化车间进行热交换，低温油从储油罐底部排出。系统安装有三通阀，允许油在集热区循环直到达到理想的出口温度后进入储油罐。更详细的系统描述参见文献[3]。

7.3.2 控制问题描述

1. 太阳能集热器动态模型

分布式集热器是一个非线性系统，在干扰较小的情况下可以近似为一个线性系统。被控对象的传递函数随着太阳辐照度、反射镜的反射率和入口油温的变化而变化。随着一天内日光条件的变化，要维持出口油温为常值，需要大范围调节液体流量。这必然导致总的动态性能发生变化，特别是引起被控对象时滞发生变化。

考察被控对象在连续时域内的阶跃响应，以液体流量为输入变量 u，出口油温为输出变量 y，被控对象的动态特性可以用带有延时环节的一阶传递函数表示

$$G(s) = \mathrm{e}^{-s\tau_d} \frac{K}{1+\tau s}$$

与时间常数 τ 相比，时滞 τ_d 较小。选择采样周期 T 等于最小时滞 τ_d，得到被控对象的离散时间模型

$$G(z^{-1}) = z^{-d} \frac{bz^{-1}}{1-az^{-1}}$$

在大流量情况下 $d=1$。

由于分布式集热器受到太阳辐照度、反射镜的反射率和入口油温等变化的干扰，因此采用如下动态模型

$$A(z^{-1})y(k) = B(z^{-1})u(k-1)z^{-d} + C(z^{-1})\frac{\xi(k)}{\Delta} \tag{7.3.1}$$

式中，$u(k)$和 $y(k)$分别为控制量和被控对象输出；d 为被控对象的延时；$\xi(k)$表示均值为零的白噪声。$A(z^{-1})$、$B(z^{-1})$和 $C(z^{-1})$是关于 z^{-1} 的多项式，$A(z^{-1})=1-az^{-1}$，$B(z^{-1})=b$，$C(z^{-1})=1$，$\Delta=1-z^{-1}$。在此，$d=1$。采用积分器消除输出信号的偏差

$$(1-az^{-1})y(k) = bz^{-1}u(k-1) + \frac{\xi(k)}{\Delta} \tag{7.3.2}$$

上式可以写成

$$y(k) = (1+a)y(k-1) - ay(k-2) + b\Delta u(k-2) + \xi(k) \tag{7.3.3}$$

2. 控制目标

太阳能系统的一个基本特征是原始能源无法控制，并且是变化的。太阳辐照度的强度呈现季节性和日常性循环，且依赖于大气情况，如云层厚度、湿度和空气通明度等。当日光条件发生变化时，只能通过调节液体流量 $u(k)$控制其出口油温 $y(k)$跟踪参考输入 $w(k)$。

太阳能集热器控制的目标是针对受到干扰的参数未知的被控对象式(7.3.3)，设计广义预测自适应控制器，使得被控对象$(k+j)$时刻的最优预报$y^*(k+j|k)$与参考输入$w(k+j)(j=P_0,2,\cdots,P)$的误差平方的累加与$(k+j)$时刻的控制输入增量$\Delta u(k+j-1)$ $(j=1,2,\cdots,L)$的平方累加之和的期望极小，即

$$\min J_{\mathrm{p}}$$

式中，性能指标J_{p}定义为

$$J_{\mathrm{p}}=\mathrm{E}\left\{\sum_{j=P_0}^{P}q_j\left[y^*(k+j\mid k)-w(k+j)\right]^2+\sum_{j=1}^{L}\lambda_j\left[\Delta u(k+j-1)\right]^2\right\}\tag{7.3.4}$$

式中，$\mathrm{E}\{\cdot\}$为期望值；P_0和P分别表示最小和最大的预测时域长度；L为控制时域长度；q_j和λ_j为权值序列。

7.3.3 太阳能集热器的广义预测自适应控制

本节主要介绍太阳能集热器的广义预测自适应控制器设计[4]，由于广义预测自适应控制器的参数可调控制器是广义预测控制器，为此首先介绍当被控对象模型已知时的太阳能集热器广义预测控制器。

1. 太阳能集热器的广义预测控制器

简化起见，性能指标式(7.3.4)中的权值序列选择常值$\lambda_j=\lambda,j=1,\cdots,L$和$q_j=1,j=P_0,\cdots,P$。由于被控对象式(7.3.3)具有1拍延时，控制量$u(k)$将在2拍后影响被控对象的输出。考虑到基本时间常数和采样周期的大小，取控制时域长度为$L=15$。$P_0=2,P=16$。通过仿真得到λ的大致范围$(3\leqslant\lambda\leqslant 7)$。

由于性能指标式(7.3.4)中的最优预报$y^*(k+j+1|k)$未知，首先求最优预报$y^*(k+j+1|k)$。最优预报为

$$\begin{aligned}y^*(k+j+1\mid k)=&(1+a)y^*(k+j\mid k)-ay^*(k+j-1\mid k)\\&+b\Delta u(k+j-1),\quad j>0\end{aligned}\tag{7.3.5}$$

$$y^*(k+1\mid k)=(1+a)y(k)-ay(k-1)+b\Delta u(k-1)\tag{7.3.6}$$

下面将给出最优预报式(7.3.5)和式(7.3.6)的证明，首先定义预报性能指标

$$J_1=\mathrm{E}\{[y(k+j+1)-y^*(k+j+1\mid k)]^2\}\tag{7.3.7}$$

由被控对象模型式(7.3.3)，可以得到

$$\begin{aligned}y(k+j+1)=&(1+a)y(k+j)-ay(k+j-1)\\&+b\Delta u(k+j-1)+\xi(k+j+1)\end{aligned}$$

将$y(k+j+1)$和$y^*(k+j+1|k)$的表达式代入预报性能指标式(7.3.7)，可以得到

$$\begin{aligned}J_1=&\mathrm{E}\{[(1+a)[y(k+j)-y^*(k+j\mid k)]-a[y(k+j-1)\\&-y^*(k+j-1\mid k)]+\xi(k+j+1)]^2\}\end{aligned}\tag{7.3.8}$$

继续将$y(k+j)$和$y^*(k+j|k)$的表达式代入式(7.3.8)，可得

$$
\begin{aligned}
J_1 = & \mathrm{E}\{[(1+a)[[(1+a)[y(k+j-1)-y^*(k+j-1\mid k)] \\
& -a[y(k+j-2)-y^*(k+j-2\mid k)]]-a[y(k+j-1) \\
& -y^*(k+j-1\mid k)]+\xi(k+j)+\xi(k+j+1)]^2\} \\
= & \mathrm{E}\{[((1+a)^2-a)(y(k+j-1)-y^*(k+j-1\mid k)) \\
& -(1+a)a(y(k+j-2)-y^*(k+j-2\mid k)) \\
& +(1+a)\xi(k+j)+\xi(k+j+1)]^2\}
\end{aligned}
$$

以此类推，最后可以得到

$$
\begin{aligned}
J_1 = & \mathrm{E}\{[f^0(a)(y(k+1)-y^*(k+1\mid k)) \\
& +f^1(z^{-1})\xi(k+j+1)]^2\}
\end{aligned}
\tag{7.3.9}
$$

式中，$f^0(a)$为关于a的函数，$f^1(z^{-1})$的阶次为$j-1$。

利用被控对象模型式(7.3.3)，可以得到

$$
\begin{aligned}
y(k+1) = & (1+a)y(k)-ay(k-1) \\
& +b\Delta u(k-1)+\xi(k+1)
\end{aligned}
\tag{7.3.10}
$$

将式(7.3.10)代入式(7.3.9)，可得

$$
\begin{aligned}
J_1 = & \mathrm{E}\{[f^0(a)((1+a)y(k)-ay(k-1)+b\Delta u(k-1) \\
& -y^*(k+1\mid k))+f^0(a)\xi(k+1)+f^1(z^{-1})\xi(k+j+1)]^2\} \\
= & \mathrm{E}\{[f^0(a)((1+a)y(k)-ay(k-1)+b\Delta u(k-1) \\
& -y^*(k+1\mid k))]^2\}+\mathrm{E}\{[f^0(a)\xi(k+1)+f^1(z^{-1})\xi(k+j+1)]^2\} \\
\geqslant & \mathrm{E}\{[f^0(a)\xi(k+1)+f^1(z^{-1})\xi(k+j+1)]^2\}
\end{aligned}
\tag{7.3.11}
$$

显然，只有当预报值取

$$
y^*(k+1\mid k)=(1+a)y(k)-ay(k-1)+b\Delta u(k-1) \tag{7.3.12}
$$

时，性能指标式(7.3.11)为最小，即

$$
J_1=\mathrm{E}\{[f^0(a)\xi(k+1)+f^1(z^{-1})\xi(k+j+1)]^2\} \tag{7.3.13}
$$

因此，最优预报式(7.3.5)和式(7.3.6)使性能指标J_1为最小。

下面求广义预测控制器方程，对于$j=1,2,\cdots,i$，递推应用式(7.3.5)，得到

$$
y^*(k+i+1\mid k)=g_i^0(a)y(k)+g_i^1(a)y^*(k+1\mid k)+D_i(z^{-1})\Delta u(k+i-1) \tag{7.3.14}
$$

式中，$g_i^0(a)$和$g_i^1(a)$为关于a的函数，$D_i(z^{-1})$的阶次为$i-1$。

将式(7.3.14)中的$y^*(k+i+1|k)$代入式(7.3.4)，可以得到J_{p}是关于$y^*(k+1|k)$，$y(k)$，$\Delta u(k+14)$，$\Delta u(k+13)$，$\cdots$，$\Delta u(k)$和参考输入的函数。关于$\Delta u(k)$，$\Delta u(k+1)$，$\cdots$，$\Delta u(k+14)$最小化J_{p}，得到

$$
\boldsymbol{M}\begin{bmatrix}\Delta u(k)\\ \Delta u(k+1)\\ \vdots \\ \Delta u(k+14)\end{bmatrix}=\boldsymbol{N}\begin{bmatrix}y^*(k+1\mid k)\\ y(k)\end{bmatrix}+\boldsymbol{R}\begin{bmatrix}w(k+2)\\ w(k+3)\\ \vdots \\ w(k+16)\end{bmatrix} \tag{7.3.15}
$$

式中，$\boldsymbol{M}$和$\boldsymbol{R}$分别为15×15的矩阵；$\boldsymbol{N}$为15×2的矩阵。

令η为矩阵$\boldsymbol{M}^{-1}$的第一行，$\Delta u(k)$为

$$\Delta u(k)=\eta\boldsymbol{N}\begin{bmatrix}y^*(k+1\mid k)\\ y(k)\end{bmatrix}+\eta\boldsymbol{R}\begin{bmatrix}w(k+2)\\ w(k+3)\\ \vdots\\ w(k+16)\end{bmatrix}\tag{7.3.16}$$

如果未来参考输入 $w(k+j)$ 等于当前时刻的参考输入 $w(k)$，控制增量 $\Delta u(k)$ 可以写成

$$\Delta u(k)=l_1y^*(k+1\mid k)+l_2y(k)+l_3w(k)\tag{7.3.17}$$

式中，$[l_1\ l_2]=\eta\boldsymbol{N}$，$l_3=\sum_{i=1}^{15}\eta_j\sum_{j=1}^{15}r_{ij}$。系数 l_1、l_2、l_3 为 a、b、q_i 和 λ_i 的函数。

2. 太阳能集热器的广义预测自适应控制器

如式(7.3.17)所示，控制器的参数 l_1、l_2、l_3 可由矩阵 $\boldsymbol{M}$、$\boldsymbol{N}$ 和 $\boldsymbol{R}$ 计算得到。但是，求解过程需要进行高阶矩阵的三角化运算，很难在实际应用实现。因此，在这里介绍一种控制器参数 l_1、l_2、l_3 的近似计算方法。

在上面提到，针对被控对象式(7.3.3)设计控制器式(7.3.17)，控制器系数 l_1、l_2 为 a、q_i 和 λ_i 的函数，l_3 为 a、b、q_i 和 λ_i 的函数。如果被控对象式(7.3.3)的稳态增益为 1，那么控制器系数 l_3 可以只用被控对象的极点 a、q_i 以及 λ_i 来表示。为得到单位稳态增益的被控对象，还需在控制增量式(7.3.17)的基础上除以被控对象式(7.3.2)的稳态增益 $\frac{b}{1-a}$，即乘以增益调节系数 $k_{\mathrm{est}}=\frac{1-a}{b}$，于是式(7.3.17)可以写为

$$\Delta u(k)=k_{\mathrm{est}}[l_1y^*(k+1\mid k)+l_2y(k)+l_3w(k)]\tag{7.3.18}$$

将式(7.3.18)代入被控对象模型式(7.3.3)，可得

$$\begin{aligned}y(k+2)=&(1+a)y(k+1)-ay(k)+(1-a)[l_1y^*(k+1\mid k)\\&+l_2y(k)+l_3w(k)]+\xi(k+2)\end{aligned}\tag{7.3.19}$$

由式(7.3.19)可以看到，被控对象中已经不含有参数 b，说明在单位稳态增益的系统中，控制器参数 l_3 和参数无关。如果系统进入稳态时 $\Delta u(k)=0$，$y^*(k+1\mid k)=w(k)\approx y(k)$，由式(7.3.18)可以近似得到 $l_3=-l_1-l_2$。

下面通过实验确定 l_1、l_2 和 a 的关系。太阳能集热器受到太阳辐照度、反射镜的反射率和入口油温变化的影响，被控对象参数 a 发生变化，从 0.85 变化到 0.95，设定步长为 0.0005。设定性能指标式(7.3.4)中的参数 $q_i=1$，$\lambda_i=5$，$L=15$。得到 l_1、l_2、l_3 与 a 的变化曲线，如图 7.3.2 所示。

从图 7.3.2 可以看出，控制器参数与 a 之间的函数关系可以近似为

$$l_i=k_{1i}+k_{2i}\frac{a}{(k_{3i}-a)},\quad i=1,2\tag{7.3.20}$$

根据一组 l_i 和 a 的已知数据 l_i^j 和 a^j，$j=1,2,\cdots,N_P$，采用最小二乘算法求解系数 k_{ji}，$j=1,2,3$；$i=1,2$。方程式(7.3.20)可以写成

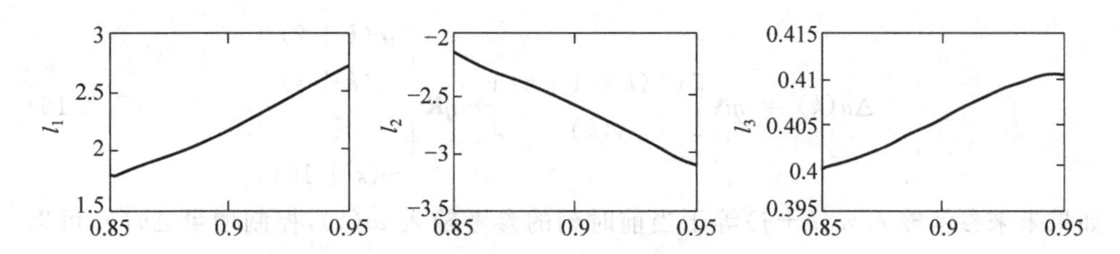

图 7.3.2　控制器参数 l_1、l_2、l_3 随参数 a 的变化曲线

$$\begin{bmatrix} a^1 l_i^1 \\ a^2 l_i^2 \\ \vdots \\ a^{N_p} l_i^{N_p} \end{bmatrix} = \begin{bmatrix} l_i^1 & 1 & a^1 \\ l_i^2 & 1 & a^2 \\ \vdots & \vdots & \vdots \\ l_i^{N_p} & 1 & a^{N_p} \end{bmatrix} \begin{bmatrix} x_1 \\ x_2 \\ x_3 \end{bmatrix} + \begin{bmatrix} e^1 \\ e^2 \\ \vdots \\ e^{N_p} \end{bmatrix} \tag{7.3.21}$$

式中，e^j 为模型误差，$x_1 = k_{3i}$，$x_2 = -k_{1i}k_{3i}$，$x_3 = k_{1i} - k_{2i}$。

方程式(7.3.21)可以写成如下矩阵形式

$$\boldsymbol{Y} = \boldsymbol{MX} + \boldsymbol{E} \tag{7.3.22}$$

$\boldsymbol{X}$ 的最优值为

$$\boldsymbol{X} = (\boldsymbol{M}^{\mathrm{T}}\boldsymbol{M})^{-1}\boldsymbol{M}^{\mathrm{T}}\boldsymbol{Y} \tag{7.3.23}$$

式(7.3.20)中的系数为

$$k_{3i} = x_1,\quad k_{1i} = -x_2/k_{3i},\quad k_{2i} = k_{1i} - x_3 \tag{7.3.24}$$

因此，可以得到控制器参数的计算公式

$$\begin{cases} l_1 = 0.4338 - 0.6041a/(1.11 - a) \\ l_2 = -0.4063 + 0.4386a/(1.082 - a) \\ l_3 = -l_1 - l_2 \end{cases} \tag{7.3.25}$$

采用带有遗忘因子的递推最小二乘算法在线估计控制器中的被控对象模型参数 a 和 b。通过自适应机构式(7.3.25)，用估计值 $\hat{a}$ 和 $\hat{b}$ 计算控制器系数 l_1、l_2、l_3 和稳态增益 $k_{\mathrm{est}} = \dfrac{1-\hat{a}}{\hat{b}}$。本节提出的广义预测自适应控制策略如图 7.3.3 所示。

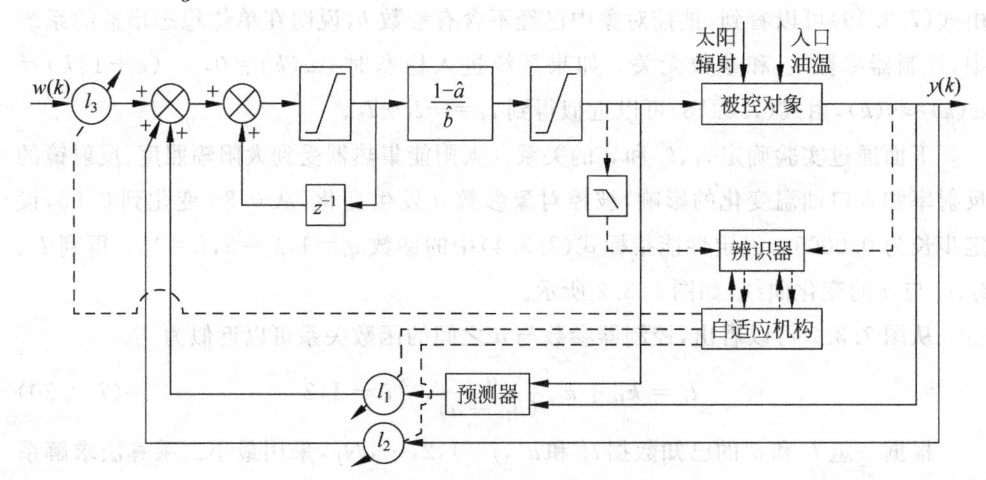

图 7.3.3　太阳能集热器自适应控制系统

辨识器运行过程中还要进一步验证如下条件

$$
\begin{aligned}
&|\Delta u(k)| \geqslant A \\
&\sum_{k=-N}^{k=0} |\Delta u(k)| \geqslant B
\end{aligned} \tag{7.3.26}
$$

如果上述条件有一个成立，辨识器工作，否则采用上一组估计得到的参数。通过仿真得到 A 和 B 的值 $A=9$，$7\leqslant B\leqslant 9$。检验协方差矩阵 $P(k)$ 对角线元素的值保证其在界限内，否则对其重新赋值。

自适应机构的有效范围是估计参数在一定的界限内（$0.85\leqslant\hat{a}\leqslant 0.95$，$0.9\leqslant\hat{k}_{\mathrm{est}}\leqslant 1.2$，$\hat{k}_{\mathrm{est}}$ 是对象 $\hat{b}/(1-\hat{a})$ 的静态增益估计值），以避免估计器不稳定或者发散。

在每个采样周期，控制算法可以总结为如下步骤：

(1) 采集被控对象的输入输出数据，估计线性模型式(7.3.3)的参数 $\hat{a}$ 和 $\hat{b}$；

(2) 计算式(7.3.25)中的 l_i；

(3) 由式(7.3.6)的输出求最优预报 $y^*(k+1|k)$；

(4) 利用式(7.3.13)计算控制量 $\Delta u(k)$；

(5) 利用式(7.3.26)，检验是否需要更新参数。

7.3.4 应用结果分析

本节的广义预测自适应控制方法已成功应用于西班牙某太阳能发电厂的太阳能集热器，输出油温及其参考输入曲线如图 7.3.4 所示。控制加权值 $\lambda=5$，系统响应速度较快，上升时间大约为 7min。增大加权因子，系统超调量减小。

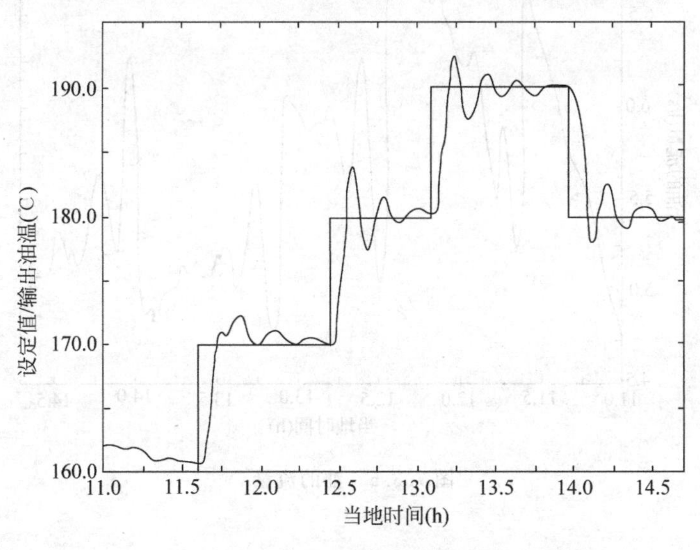

图 7.3.4 被控对象输出油温

太阳辐射强度的变化如图 7.3.5 所示。图 7.3.6 显示了油的流量变化为 4.5～7l/s。尽管油的流量变化引起被控对象的性能变化，控制器仍然保持良好的性能。图 7.3.7 给出控制器参数 l_1 和 l_2 的变化，l_3 是 l_1 和 l_2 的线性函数。可以看出，控制器参数随流量的变化而变化。

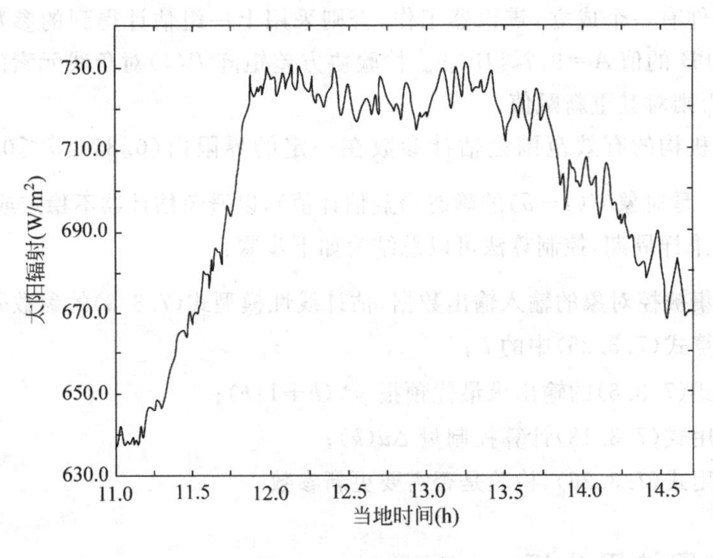

图 7.3.5　太阳辐射

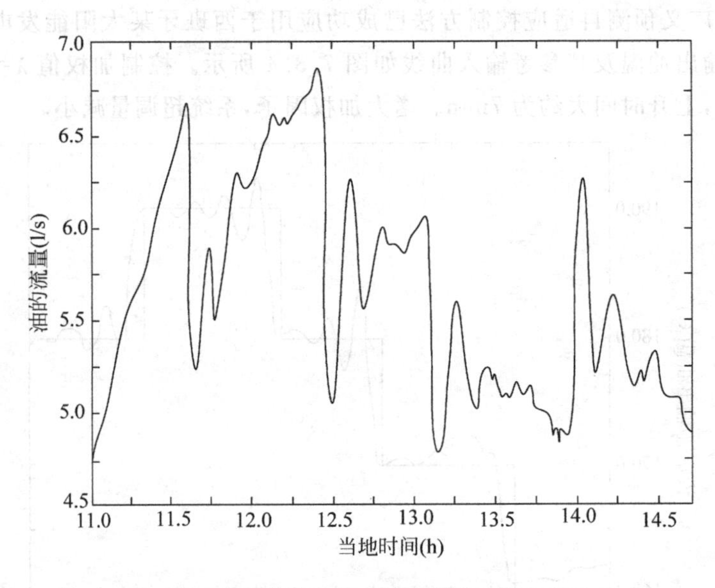

图 7.3.6　油的流量

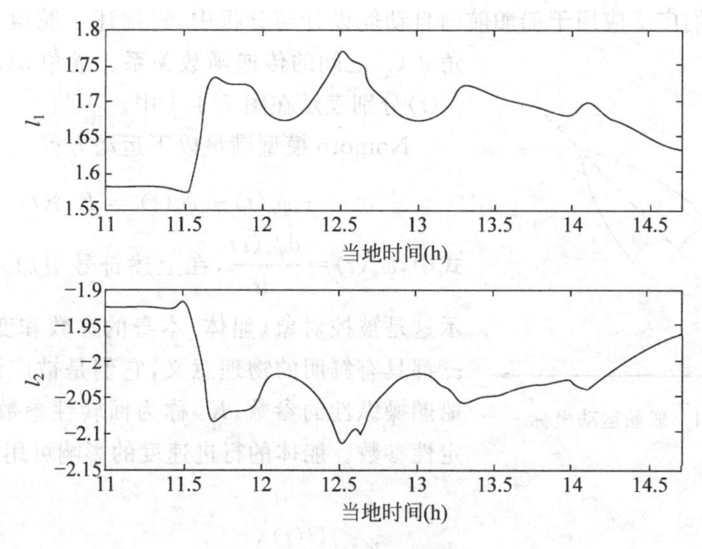

图 7.3.7 控制器系数

7.4 模型参考自适应控制在船舶自动驾驶仪的应用

本节主要介绍文献[5]中的模型参考自适应方法在船舶自动驾驶仪中的应用，船舶驾驶是自适应控制较早取得成功应用的领域之一。船舶特别是海船，在航行中所处的环境比较复杂，受到各因素的干扰，例如船速、吃水深度、潮流、海浪和阵风等都会使实际的航向偏离原定的方向。较大的航向偏差不仅会延长航行时间，增加燃耗，而且会带来安全问题。因此，从安全和经济上考虑，自 20 世纪 70 年代起，在船舶的自动驾驶仪中已开始用自适应控制方案来代替常规控制方案，实践证明了自适应控制的优越性[6,7]。

7.4.1 船舶驾驶仪简介

在海洋中航行的船舶有着六个自由度的运动，包括前进、横漂、起伏三种平移运动以及转首、横摇、纵摇三种旋转运动。船舶运动控制主要包括航向控制、航迹控制和减摇控制，从控制的角度看，被控变量为船舶实际航向 $\psi_s(t)$，控制量为控制器的指令输出，即舵角 $\delta(t)$，作用到舵机使操舵装置动作，改变偏舵角，从而达到控制航向的作用。

7.4.2 控制问题描述

1. 船舶驾驶动态模型

描述船舶驾驶最简单的动态模型是著名的 Nomoto 一阶模型，Nomoto 模型被控制工程师们广泛应用于船舶航向自动舵设计与分析中，它描述了舵角 $\delta(t)$ 与转向角 $\psi_s(t)$ 之间的传递函数关系。舵角 $\delta(t)$ 与航向角 $\psi_s(t)$ 分别表示在图 7.4.1 中。

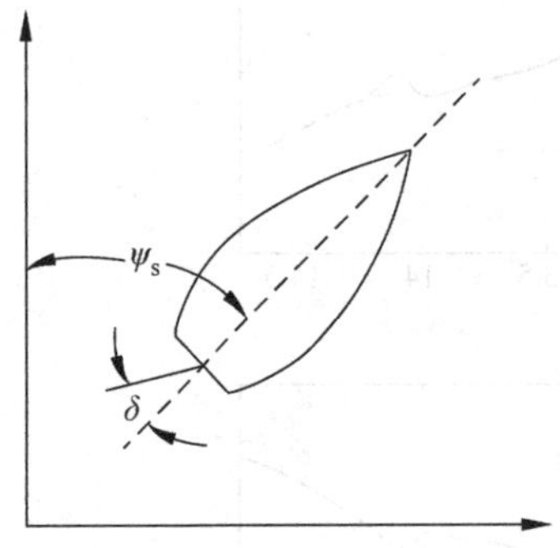

图 7.4.1 船舶运动坐标

Nomoto 模型满足以下运动方程

$$\tau_s \ddot{\psi}_s(t) + \dot{\psi}_s(t) = K_s \delta(t) \tag{7.4.1}$$

式中，$\dot{\psi}_s(t) = \frac{\mathrm{d}\psi_s(t)}{\mathrm{d}t}$，在上述符号中加入下标 s，表示这是被控对象（船体）本身的参数和变量。K_s 和 τ_s 都具有鲜明的物理意义，它们是被广泛用来评定船舶操纵性的参数，K_s 称为回转性参数，τ_s 称为稳定性参数。船体的行进速度的影响可用下列关系式表示

$$K_s = K_s^* \left(\frac{U(t)}{L}\right) \tag{7.4.2}$$

$$\tau_s = \tau_s^* \left(\frac{L}{U(t)}\right) \tag{7.4.3}$$

式中，K^* 和 τ^* 为无量纲的常数，其大小为 0.5～2；$U(t)$ 为船速；L 为船的长度。

由式(7.4.2)和式(7.4.3)知，船的动态模型的时间常数和增益都随船速的改变而变化。式(7.4.1)描述的动态模型是非常简化的模型，它不能用来描述 δ 与 $\dot{\psi}_s$ 之间的非线性静态关系。但是若用来设计自适应控制器，可以采用这个模型。用 Nomoto 模型进行船舶运动控制器设计有两个好处，一是在低频范围，其频谱与高阶模型的频谱非常相近；二是设计出的控制器阶次低，易于实现。

舵由液压驱动，舵角和舵速都受到限幅，通常取最大舵角和舵速为

$$\delta_{\max} = 35°$$

$$\dot{\delta}_{\max} = 2 \sim 7°/\mathrm{s}$$

与受限的舵速相比较，驾驶机械的其他时间常数在设计控制器时可以不考虑。

船舶驾驶时的主要扰动为风、浪和海流，当仅作航向保持控制时，平稳海流可以忽略。风会产生非零均值的随机干扰作用于船壳。对于航向控制来说，风产生的转矩将起较大作用，考虑风产生转矩对航向的影响，式(7.4.1)的右端应增加一项，即

$$\tau_s \ddot{\psi}_s(t) + \dot{\psi}_s(t) = K_s[\delta(t) + K_w] \tag{7.4.4}$$

式中，K_w 代表风的影响。在不同的风速 V_w 下浪所产生的转矩具有图 7.4.2 所示的频谱。

由图 7.4.2 可见，典型的峰值频率在 0.05～0.2Hz 的范围内，在以下的推导中把由浪产生的转矩看成是高频噪声，叠加在由舵产生的转矩上。

2. 控制目标

船舶的驾驶控制有两点，其一是航向改变控制(course changing control)；其二

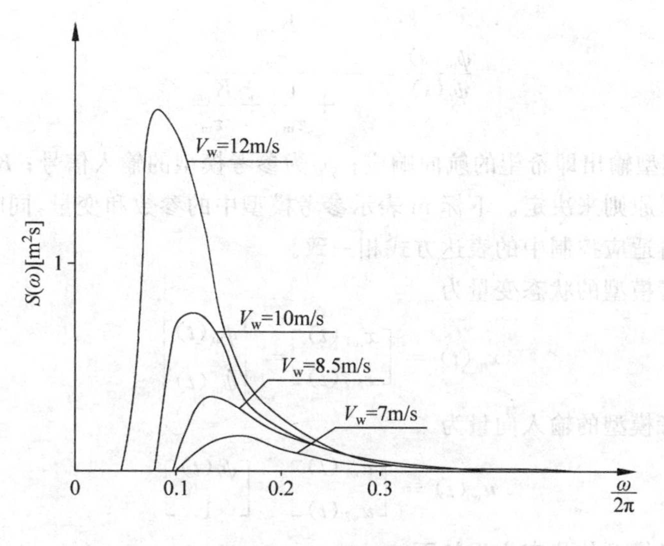

图 7.4.2　浪的频谱

是航向保持控制(course keeping control)。航向改变控制的目的是安全快速准确地把航向调整到新的方向,而航向保持控制则是在存在各种外部扰动的条件下,使航向偏差尽可能小。在本节中主要研究航向改变控制问题,航向改变是一个随动系统。航向改变的最优性能要求可以用图 7.4.3 的时间响应来表达。

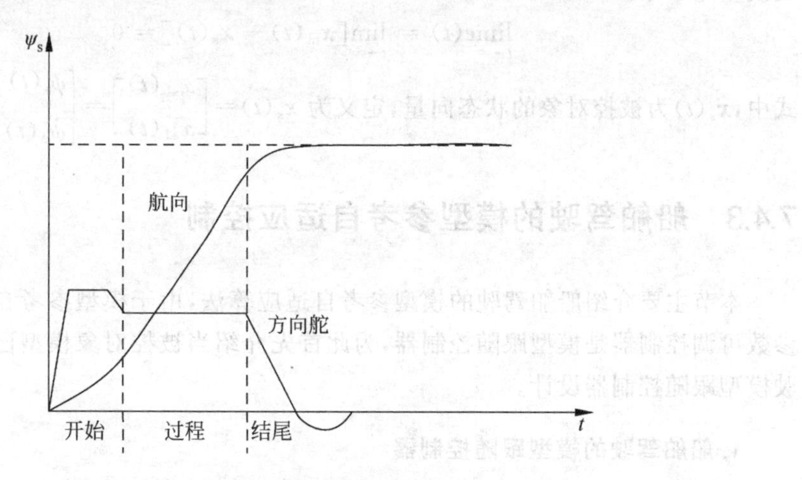

图 7.4.3　航向改变的控制要求

图 7.4.3 表明航向改变过程可分三个阶段,即转向开始起动、平稳转向、转向结束。在开始转向期间,舵角 δ 呈线性增长,直到达到最大舵角 $\delta_{\max}$,或者达到预定的转向速度或转向半径为止。在进入稳态转向阶段后,δ 固定在某个值上,船舶以恒定转向速度转向,转向速度可根据需要设置。结束转向的任务是保证航向角 ψ_s 无超调地达到新的设定值。

被控对象的参考模型可选为

$$\frac{\psi_{\mathrm{m}}(s)}{\psi_{\mathrm{r}}(s)}=\frac{\dfrac{K_{\mathrm{pm}}}{\tau_{\mathrm{m}}}}{s^{2}+\dfrac{1}{\tau_{\mathrm{m}}}s+\dfrac{K_{\mathrm{pm}}}{\tau_{\mathrm{m}}}} \tag{7.4.5}$$

式中，ψ_{m} 为模型输出即希望的航向响应；ψ_{r} 为参考模型的输入信号；K_{pm}，τ_{m} 按串联模型参数选择原则来决定。下标 m 表示参考模型中的参数和变量，同时也与第 4 章的模型参考自适应控制中的表达方式相一致。

定义参考模型的状态变量为

$$\boldsymbol{x}_{\mathrm{m}}(t)=\begin{bmatrix}x_{\mathrm{m1}}(t)\\x_{\mathrm{m2}}(t)\end{bmatrix}=\begin{bmatrix}\psi_{\mathrm{m}}(t)\\\dot{\psi}_{\mathrm{m}}(t)\end{bmatrix}$$

同时拓展参考模型的输入向量为

$$\boldsymbol{u}_{\mathrm{w}}(t)=\begin{bmatrix}u_{\mathrm{w1}}(t)\\u_{\mathrm{w2}}(t)\end{bmatrix}=\begin{bmatrix}\psi_{\mathrm{r}}(t)\\1\end{bmatrix}$$

于是得到参考模型的状态方程如下

$$\begin{bmatrix}\dot{x}_{\mathrm{m1}}(t)\\\dot{x}_{\mathrm{m2}}(t)\end{bmatrix}=\begin{bmatrix}0 & 1\\-\dfrac{K_{\mathrm{pm}}}{\tau_{\mathrm{m}}} & -\dfrac{1}{\tau_{\mathrm{m}}}\end{bmatrix}\begin{bmatrix}x_{\mathrm{m1}}(t)\\x_{\mathrm{m2}}(t)\end{bmatrix}+\begin{bmatrix}0 & 0\\\dfrac{K_{\mathrm{pm}}}{\tau_{\mathrm{m}}} & 0\end{bmatrix}\begin{bmatrix}\psi_{\mathrm{r}}(t)\\1\end{bmatrix}$$

模型跟随控制的目标就是使得参考模型的状态变量 $\boldsymbol{x}_{\mathrm{m}}(t)$ 与被控对象状态 $\boldsymbol{x}_{\mathrm{s}}(t)$ 广义误差趋于零，即

$$\lim_{t\to\infty}\boldsymbol{e}(t)=\lim_{t\to\infty}[\boldsymbol{x}_{\mathrm{m}}(t)-\boldsymbol{x}_{\mathrm{s}}(t)]=0$$

式中，$\boldsymbol{x}_{\mathrm{s}}(t)$ 为被控对象的状态向量，定义为 $\boldsymbol{x}_{\mathrm{s}}(t)=\begin{bmatrix}x_{\mathrm{s1}}(t)\\x_{\mathrm{s2}}(t)\end{bmatrix}=\begin{bmatrix}\psi_{\mathrm{s}}(t)\\\dot{\psi}_{\mathrm{s}}(t)\end{bmatrix}$。

7.4.3 船舶驾驶的模型参考自适应控制

本节主要介绍船舶驾驶的模型参考自适应算法，由于模型参考自适应控制器的参数可调控制器是模型跟随控制器，为此首先介绍当被控对象模型已知时的船舶驾驶模型跟随控制器设计。

1. 船舶驾驶的模型跟随控制器

如图 7.4.4 所示，船舶驾驶的模型跟随控制器方程为

$$\delta_{\mathrm{s}}(t)=K_{\mathrm{p}}\varepsilon_{\mathrm{s}}(t)-K_{\mathrm{d}}\dot{\psi}_{\mathrm{s}}(t)+K_{\mathrm{i}} \tag{7.4.6}$$

式中，$\varepsilon_{\mathrm{s}}(t)=\psi_{\mathrm{r}}(t)-\psi_{\mathrm{s}}(t)$，$K_{\mathrm{p}}$、$K_{\mathrm{d}}$ 和 K_{i} 为控制器的参数，K_{i} 用来补偿由慢变化的风所产生的扰动转矩 K_{w}。

将控制器方程式(7.4.6)代入被控对象方程式(7.4.4)，得到

$$\tau_{\mathrm{s}}\ddot{\psi}_{\mathrm{s}}(t)=-\dot{\psi}_{\mathrm{s}}(t)+K_{\mathrm{s}}\{K_{\mathrm{p}}(t)[\psi_{\mathrm{r}}(t)-\psi_{\mathrm{s}}(t)]-K_{\mathrm{d}}(t)\dot{\psi}_{\mathrm{s}}(t)+K_{\mathrm{i}}(t)+K_{\mathrm{w}}\}$$

整理后，可得

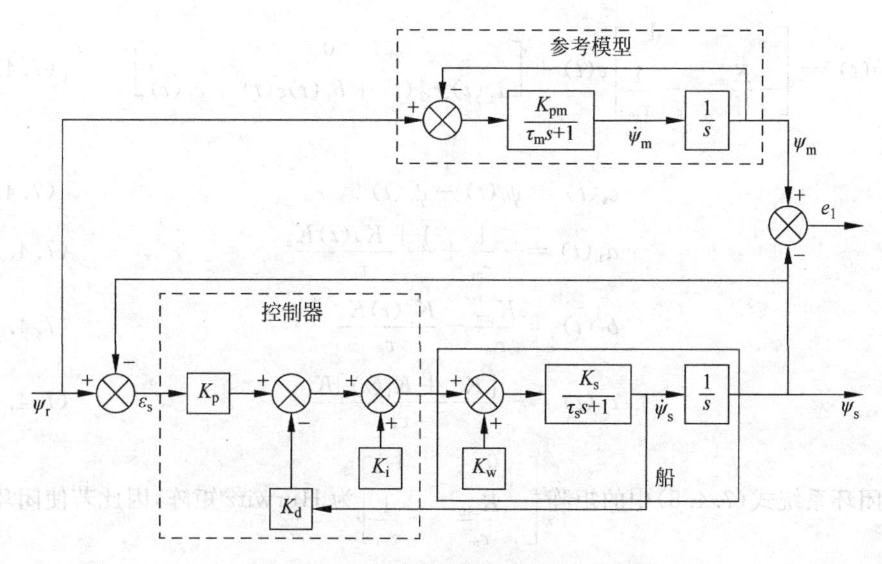

图 7.4.4　船舶驾驶模型跟随控制系统

$$\ddot{\psi}_s(t)=-\frac{K_sK_p(t)}{\tau_s}\psi_s(t)-\frac{[1+K_sK_d(t)]}{\tau_s}\dot{\psi}_s(t)+\frac{K_sK_p(t)}{\tau_s}\psi_r(t)+\frac{K_s[K_w+K_i(t)]}{\tau_s}$$

于是由控制器式(7.4.6)和被控对象式(7.4.2)组成的闭环系统的状态方程为

$$\begin{bmatrix}\dot{x}_{m1}(t)\\ \dot{x}_{m2}(t)\end{bmatrix}=\begin{bmatrix}0 & 1\\ -\frac{K_{pm}}{\tau_m} & -\frac{1}{\tau_m}\end{bmatrix}\begin{bmatrix}x_{m1}(t)\\ x_{m2}(t)\end{bmatrix}+\begin{bmatrix}0 & 0\\ \frac{K_{pm}}{\tau_m} & 0\end{bmatrix}\begin{bmatrix}\psi_r(t)\\ 1\end{bmatrix}$$

$$\begin{bmatrix}\dot{x}_{s1}(t)\\ \dot{x}_{s2}(t)\end{bmatrix}=\begin{bmatrix}0 & 1\\ -\frac{K_p(t)K_s}{\tau_s} & -\frac{1+K_d(t)K_s}{\tau_s}\end{bmatrix}\begin{bmatrix}x_{s1}(t)\\ x_{s2}(t)\end{bmatrix}+\begin{bmatrix}0 & 0\\ \frac{K_p(t)K_s}{\tau_s} & \frac{K_s[K_w+K_i(t)]}{\tau_s}\end{bmatrix}\begin{bmatrix}\psi_r(t)\\ 1\end{bmatrix}$$

定义误差向量

$$\boldsymbol{e}(t)=\boldsymbol{x}_m(t)-\boldsymbol{x}_s(t)=\begin{bmatrix}e_1(t)\\ e_2(t)\end{bmatrix}=\begin{bmatrix}\psi_m(t)-\psi_s(t)\\ \dot{\psi}_m(t)-\dot{\psi}_s(t)\end{bmatrix}$$

于是有

$$\begin{cases}\dot{e}_1(t)=e_2(t)\\ \dot{e}_2(t)=-\frac{K_{pm}}{\tau_m}e_1(t)-\frac{1}{\tau_m}e_2(t)+a_1(t)x_{s2}(t)+b_1(t)\varepsilon(t)+c_1(t)\end{cases}\tag{7.4.7}$$

即

$$\dot{\boldsymbol{e}}(t)=\begin{bmatrix}0 & 1\\ -\frac{K_{\mathrm{pm}}}{\tau_{\mathrm{m}}} & -\frac{1}{\tau_{\mathrm{m}}}\end{bmatrix}\boldsymbol{e}(t)+\begin{bmatrix}0\\ a_1(t)x_{s2}(t)+b_1(t)\varepsilon(t)+c_1(t)\end{bmatrix} \tag{7.4.8}$$

式中

$$\varepsilon_{\mathrm{s}}(t)=\psi_{\mathrm{r}}(t)-\psi_{\mathrm{s}}(t) \tag{7.4.9}$$

$$a_1(t)=-\frac{1}{\tau_{\mathrm{m}}}+\frac{1+K_{\mathrm{d}}(t)K_{\mathrm{s}}}{\tau_{\mathrm{s}}} \tag{7.4.10}$$

$$b_1(t)=\frac{K_{\mathrm{pm}}}{\tau_{\mathrm{m}}}-\frac{K_{\mathrm{p}}(t)K_{\mathrm{s}}}{\tau_{\mathrm{s}}} \tag{7.4.11}$$

$$c_1(t)=-\frac{[K_{\mathrm{w}}+K_{\mathrm{i}}(t)]K_{\mathrm{s}}}{\tau_{\mathrm{s}}} \tag{7.4.12}$$

由于闭环系统式(7.4.8)中的矩阵$\begin{bmatrix}0 & 1\\ -\frac{K_{\mathrm{pm}}}{\tau_{\mathrm{m}}} & -\frac{1}{\tau_{\mathrm{m}}}\end{bmatrix}$为 Hurwitz 矩阵，因此若使闭环系统式(7.4.8)稳定，可令 $a_1(t)=-\frac{1}{\tau_{\mathrm{m}}}+\frac{1+K_{\mathrm{d}}(t)K_{\mathrm{s}}}{\tau_{\mathrm{s}}}=0$，$b_1(t)=\frac{K_{\mathrm{pm}}}{\tau_{\mathrm{m}}}-\frac{K_{\mathrm{p}}(t)K_{\mathrm{s}}}{\tau_{\mathrm{s}}}=0$，$c_1(t)=-\frac{[K_{\mathrm{w}}+K_{\mathrm{i}}(t)]K_{\mathrm{s}}}{\tau_{\mathrm{s}}}=0$。

因此，可求得控制器式(7.4.6)的参数为

$$K_{\mathrm{p}}(t)=\frac{K_{\mathrm{pm}}\tau_{\mathrm{s}}}{\tau_{\mathrm{m}}K_{\mathrm{s}}}$$

$$K_{\mathrm{d}}(t)=\frac{\tau_{\mathrm{s}}-\tau_{\mathrm{m}}}{\tau_{\mathrm{m}}K_{\mathrm{s}}}$$

$$K_{\mathrm{i}}(t)=\frac{\tau_{\mathrm{s}}}{K_{\mathrm{s}}}-K_{\mathrm{w}}$$

2. 船舶驾驶的模型参考自适应控制器

有了船舶的数学模型和驾驶的性能要求以后，就可以着手设计控制器。当运行条件改变时，过程参数发生变化，需要重新调整控制器的参数。如果外部环境变化对过程参数的影响已知，可以应用增益调度表的方式来调整控制器的增益，例如可用式(7.4.2)和式(7.4.3)来补偿船速改变的影响，但这种方式只对较少的参数，且它们对控制器增益的影响的定量关系已完全建立时才有效，其他参数变化的影响，只能用自适应控制的方法来解决。本节采用本书 4.4 节提出的模型参考自适应控制系统来实现，系统结构如图 7.4.5 所示。

下面将给出船舶驾驶的模型参考自适应控制方法的设计过程，首先选择 Lyapunov 函数为

$$V(t)=\boldsymbol{e}^{\mathrm{T}}(t)\boldsymbol{P}\boldsymbol{e}(t)+\alpha^{-1}a_1^2(t)+\beta^{-1}b_1^2(t)+\gamma^{-1}c_1^2(t) \tag{7.4.13}$$

式中，α、β 和 γ 为任意正常数，$\boldsymbol{P}=\begin{bmatrix}P_{11} & P_{12}\\ P_{12} & P_{22}\end{bmatrix}$为正定对称矩阵，且满足

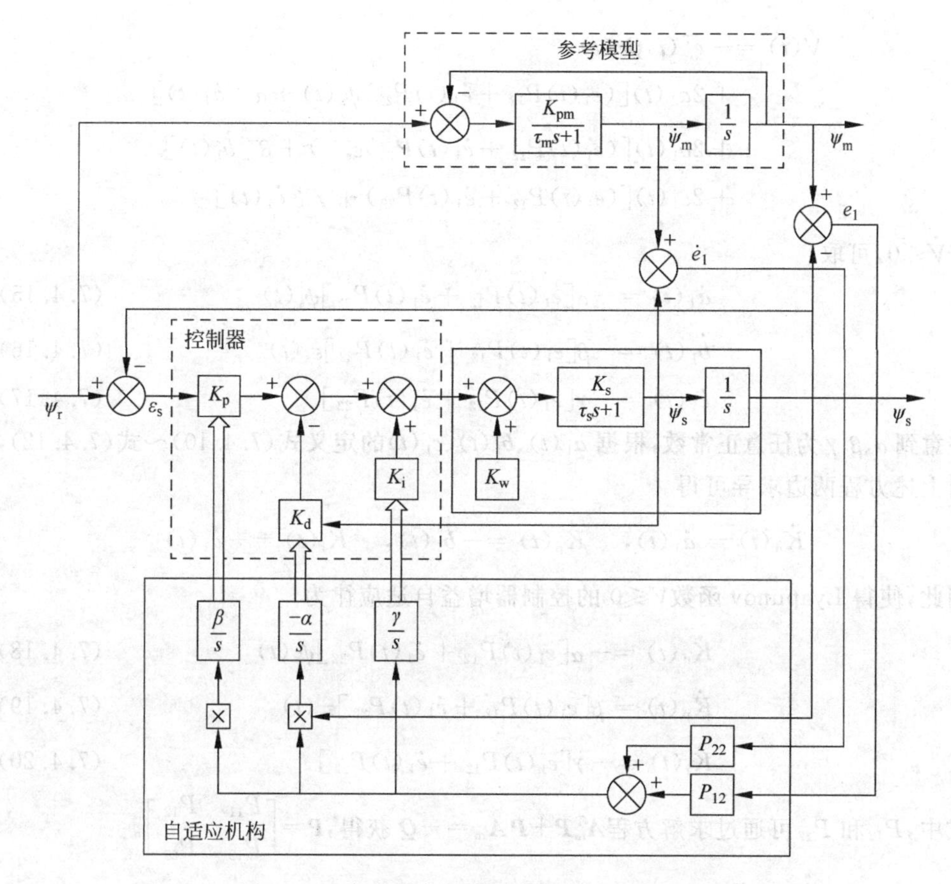

图 7.4.5　航向改变的模型参考自适应控制系统

$$A_m^T P + P A_m = -Q$$

式中，$A_m = \begin{bmatrix} 0 & 1 \\ -\frac{K_{pm}}{\tau_m} & -\frac{1}{\tau_m} \end{bmatrix}$，$Q$ 为任意正定对称矩阵。

Lyapunov 函数的一阶导数为

$$\dot{V}(t) = e^T(t)P\dot{e}(t) + \dot{e}^T(t)Pe(t) + 2\alpha^{-1}a_1(t)\dot{a}_1(t) + 2\beta^{-1}b_1(t)\dot{b}_1(t) + 2\gamma^{-1}c_1(t)\dot{c}_1(t) \tag{7.4.14}$$

注意到

$$\begin{aligned} e^T(t)P\dot{e}(t) + \dot{e}^T(t)Pe(t) &= e^T(t)(A_m^T P + PA_m)e(t) + 2[e_1(t)P_{12} + \dot{e}_1(t)P_{22}] \\ &\quad \cdot [a_1(t)x_{s2}(t) + b_1(t)\varepsilon_s(t) + c_1(t)] \\ &= -e^T(t)Qe(t) + 2[e_1(t)P_{12} + \dot{e}_1(t)P_{22}] \\ &\quad \cdot [a_1(t)x_{s2}(t) + b_1(t)\varepsilon_s(t) + c_1(t)] \end{aligned}$$

因此有

$$\dot{V}(t) = -\boldsymbol{e}^{\mathrm{T}}(t)\boldsymbol{Q}\boldsymbol{e}(t) + 2a_1(t)[(e_1(t)P_{12} + \dot{e}_1(t)P_{22})\psi_s(t) + \alpha^{-1}\dot{a}_1(t)] + 2b_1(t)[(e_1(t)P_{12} + \dot{e}_1(t)P_{22})\varepsilon_s(t) + \beta^{-1}\dot{b}_1(t)] + 2c_1(t)[(e_1(t)P_{12} + \dot{e}_1(t)P_{22}) + \gamma^{-1}\dot{c}_1(t)]$$

若$\dot{V}\leqslant 0$,可取

$$\dot{a}_1(t) = -\alpha[e_1(t)P_{12} + \dot{e}_1(t)P_{22}]\psi_s(t) \tag{7.4.15}$$

$$\dot{b}_1(t) = -\beta[e_1(t)P_{12} + \dot{e}_1(t)P_{22}]\varepsilon_s(t) \tag{7.4.16}$$

$$\dot{c}_1(t) = -\gamma[e_1(t)P_{12} + \dot{e}_1(t)P_{22}] \tag{7.4.17}$$

注意到α、β、γ为任意正常数,根据$a_1(t)$、$b_1(t)$、$c_1(t)$的定义式(7.4.10)~式(7.4.12),对上述方程两边求导可得

$$\dot{K}_d(t) = \dot{a}_1(t), \quad \dot{K}_p(t) = -\dot{b}_1(t), \quad \dot{K}_i(t) = -\dot{c}_1(t)$$

因此,使得 Lyapunov 函数$\dot{V}\leqslant 0$的控制器增益自适应律为

$$\dot{K}_d(t) = -\alpha[e_1(t)P_{12} + \dot{e}_1(t)P_{22}]\psi_s(t) \tag{7.4.18}$$

$$\dot{K}_p(t) = \beta[e_1(t)P_{12} + \dot{e}_1(t)P_{22}]\varepsilon_s(t) \tag{7.4.19}$$

$$\dot{K}_i(t) = -\gamma[e_1(t)P_{12} + \dot{e}_1(t)P_{22}] \tag{7.4.20}$$

式中,P_{12}和P_{22}可通过求解方程$\boldsymbol{A}_m^{\mathrm{T}}\boldsymbol{P}+\boldsymbol{P}\boldsymbol{A}_m=-\boldsymbol{Q}$获得,$\boldsymbol{P}=\begin{bmatrix} P_{11} & P_{12} \\ P_{12} & P_{22} \end{bmatrix}$。

7.4.4 应用结果分析

实验对象是荷兰皇家海军海洋事业考察船 H. NI. M. S. Tydeman,船长约 100m。将上述控制算法在型号为 DECLAB11/03 的数字计算机上实现,该型号的计算机有 28K 存储器,双软盘以及相应的控制和数据记录接口。利用图形显示器可以监测 16 个变量,并可存入软盘供今后分析使用。选择采样周期为 0.25s,与被控对象的带宽相比较,上述的连续控制算法可以直接在数字计算机中应用而不做修改。

在不同的条件下,进行了一系列的航向改变试验,以测试航向改变系统的性能。在不同的航行速度下先后改变航向+30°、−60°、+20°、−5°、+15°的试验,每次改变航向之后,在新航向下保持运行 120s,结果如图 7.4.6 所示。图中,ε_s为航向偏差,$\dot{\psi}_s$为角速度(航向的导数),$\hat{\dot{\psi}}_s$为角速度的估计值,δ为舵角。前 1000s 为第一组试验的结果,后 1000s 为第二组试验的结果。第一组航向改变的试验中,最大角速度为 0.5°/s,第二组试验的最大角速度为 1.0°/s。从图 7.4.6 可以看出,当航向改变时,被控对象输出能快速地响应,很快消除航向偏差。

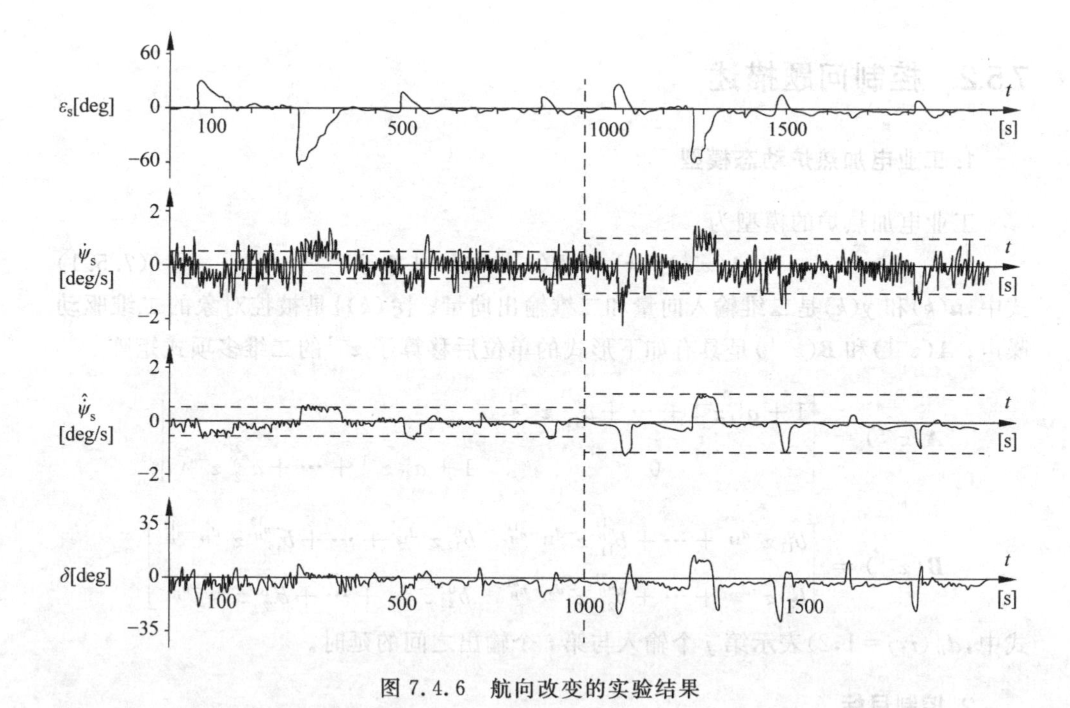

图 7.4.6　航向改变的实验结果

7.5　多变量自适应解耦控制在工业电加热炉的应用

工业电加热炉广泛应用于冶金工厂、实验室等，用来对金属材料进行热处理。我们采用 5.4 节的基于前馈控制的隐式自适应解耦控制算法，成功实现了工业电加热炉的自适应解耦控制[8]。

7.5.1　工业电加热炉简介

根据工艺要求，材料不同则加热温度也不同，一般在 200～980℃范围内，要求被测材料的温度尽快地从室温升至设定温度，且要求长期(数十小时至数百小时)稳定在设定值±4℃之内。

工业电加热炉是一个双输入双输出被控对象，其上部和下部各有一组电热丝和测温电偶，炉温通过改变上下段炉丝供热功率来调节，因此炉温不仅与时间有关，而且与空间三维坐标有关。严格地说，工业电加热炉是一个分布参数系统，由于电网电压波动等原因，工业电加热炉的模型参数是时变的。由于两组电热丝靠得很近，因而存在严重的耦合，当某一段炉温因设定值改变或者受到干扰发生变化时，立刻影响另一段炉温的变化。采用固定参数的常规 PID 调节控温时，温度波动较大，有时达到±5℃，显然采用多变量自适应解耦算法来控制加热炉是合适的。

7.5.2 控制问题描述

1. 工业电加热炉动态模型

工业电加热炉的模型为

$$\boldsymbol{A}(z^{-1})\boldsymbol{y}(k)=\boldsymbol{B}(z^{-1})\boldsymbol{u}(k)+\boldsymbol{\xi}(k) \tag{7.5.1}$$

式中，$\boldsymbol{u}(k)$和$\boldsymbol{y}(k)$是二维输入向量和二维输出向量；$\{\boldsymbol{\xi}(k)\}$是被控对象的二维驱动噪声；$\boldsymbol{A}(z^{-1})$和$\boldsymbol{B}(z^{-1})$是具有如下形式的单位后移算子z^{-1}的二维多项式矩阵

$$\boldsymbol{A}(z^{-1})=\begin{bmatrix}1+a_{11}^{1}z^{-1}+\cdots+a_{11}^{n_A^{11}}z^{-n_A^{11}} & 0\\ 0 & 1+a_{22}^{1}z^{-1}+\cdots+a_{22}^{n_A^{22}}z^{-n_A^{22}}\end{bmatrix}$$

$$\boldsymbol{B}(z^{-1})=\begin{bmatrix}b_{11}^{0}z^{-d_{11}}+\cdots+b_{11}^{n_B^{11}}z^{-d_{11}-n_B^{11}} & b_{12}^{0}z^{-d_{12}}+\cdots+b_{12}^{-n_B^{12}}z^{-d_{12}-n_B^{12}}\\ b_{21}^{0}z^{-d_{21}}+\cdots+b_{21}^{n_B^{21}}z^{-d_{21}-n_B^{21}} & b_{22}^{0}z^{-d_{22}}+\cdots+b_{22}^{n_B^{22}}z^{-d_{22}-n_B^{22}}\end{bmatrix}$$

式中，$d_{ij}(i,j=1,2)$表示第j个输入与第i个输出之间的延时。

2. 控制目标

针对被控对象式(7.5.1)，设计一个控制器$\boldsymbol{u}(k)$，使得多输入多输出被控对象的输出向量$\boldsymbol{y}(k)$能够尽可能好地跟踪参考输入向量$\boldsymbol{w}(k)$，在保证闭环系统稳定的同时，消除被控对象中的耦合影响，消除稳态跟踪误差。

7.5.3 工业电加热炉的多变量自适应解耦控制

本节主要介绍工业电加热炉自适应解耦控制算法，由于多变量自适应解耦控制器的参数可调控制器是多变量解耦控制器，为此首先介绍当被控对象模型已知时的电工业加热炉多变量解耦控制器设计。

1. 工业电加热炉的多变量解耦控制器

被控对象模型式(7.5.1)可以转化为

$$\boldsymbol{A}(z^{-1})\boldsymbol{y}(k)=\boldsymbol{D}(z^{-1})\boldsymbol{B}_{\mathrm{d}}(z^{-1})\overline{\boldsymbol{u}}(k)+\boldsymbol{\xi}(k) \tag{7.5.2}$$

式中

$$\boldsymbol{D}(z^{-1})=\mathrm{diag}(z^{-d_i}),\quad d_i\geqslant 1$$

$$\boldsymbol{B}_{\mathrm{d}}(z^{-1})=[z^{-d_{ij}}B_{ij}(z^{-1})]=\boldsymbol{D}^{-1}(z^{-1})\boldsymbol{B}(z^{-1})\boldsymbol{K}(z^{-1})$$

$$\boldsymbol{K}(z^{-1})=\mathrm{diag}(z^{-l_j})$$

$$\boldsymbol{u}(k)=\boldsymbol{K}(z^{-1})\overline{\boldsymbol{u}}(k) \tag{7.5.3}$$

我们将$\boldsymbol{B}_{\mathrm{d}}(z^{-1})$分成两个多项式矩阵

$$\boldsymbol{B}_{\mathrm{d}}(z^{-1})=\overline{\boldsymbol{B}}_{\mathrm{d}}(z^{-1})+\overline{\overline{\boldsymbol{B}}}_{\mathrm{d}}(z^{-1}) \tag{7.5.4}$$

式中，$\bar{\boldsymbol{B}}_{\mathrm{d}}(z^{-1})=\mathrm{diag}\ [z^{-d_{ii}}B_{ii}(z^{-1})]$为一对角形矩阵，其主对角线上元素等于$\boldsymbol{B}_{\mathrm{d}}(z^{-1})$对角线上元素，代表主通道上输入输出变量之间的关系；而$\bar{\bar{\boldsymbol{B}}}_{\mathrm{d}}(z^{-1})$为一主对角线元素为零的多项式矩阵，代表不同通道间的耦合关系，其影响应予以消除。根据上述定义，式(7.5.2)可以写成

$$\boldsymbol{A}(z^{-1})\boldsymbol{y}(k)=\boldsymbol{D}(z^{-1})\bar{\boldsymbol{B}}_{\mathrm{d}}(z^{-1})\,\bar{\boldsymbol{u}}(k)+\boldsymbol{D}(z^{-1})\bar{\bar{\boldsymbol{B}}}_{\mathrm{d}}(z^{-1})\,\bar{\boldsymbol{u}}(k)+\boldsymbol{\xi}(k)$$

工业电加热炉的控制算法选用 5.4 节所述的基于前馈控制的自适应解耦控制算法。控制器的形式为

$$\bar{\boldsymbol{G}}(z^{-1})\boldsymbol{y}(k)+\boldsymbol{H}(z^{-1})\,\bar{\boldsymbol{u}}(k)+\boldsymbol{N}(z^{-1})\,\bar{\boldsymbol{u}}(k)+\boldsymbol{E}(z^{-1})\boldsymbol{w}(k)=0 \tag{7.5.5}$$

式中

$$\begin{aligned}
&\boldsymbol{H}(z^{-1})=\bar{\boldsymbol{C}}(z^{-1})\boldsymbol{Q}(z^{-1})+\bar{\boldsymbol{F}}(z^{-1})\bar{\boldsymbol{B}}_{\mathrm{d}}(z^{-1})\\
&\boldsymbol{N}(z^{-1})=\bar{\boldsymbol{C}}(z^{-1})\boldsymbol{S}(z^{-1})+\bar{\boldsymbol{F}}(z^{-1})\bar{\bar{\boldsymbol{B}}}_{\mathrm{d}}(z^{-1})\\
&\boldsymbol{E}(z^{-1})=-\bar{\boldsymbol{C}}(z^{-1})\boldsymbol{R}(z^{-1})\\
&\bar{\boldsymbol{F}}(z^{-1})\boldsymbol{G}(z^{-1})=\bar{\boldsymbol{G}}(z^{-1})\boldsymbol{F}(z^{-1})\\
&\bar{\boldsymbol{F}}(0)=\boldsymbol{F}(0)\\
&\det\bar{\boldsymbol{F}}(z^{-1})=\det\boldsymbol{F}(z^{-1})
\end{aligned} \tag{7.5.6}$$

$$\bar{\boldsymbol{C}}(z^{-1})\boldsymbol{P}(z^{-1})=\bar{\boldsymbol{F}}(z^{-1})\boldsymbol{D}(z)\boldsymbol{A}(z^{-1})\boldsymbol{D}(z^{-1})+\bar{\boldsymbol{G}}(z^{-1})\boldsymbol{D}(z^{-1}) \tag{7.5.7}$$

2. 工业加热炉的多变量自适应解耦控制器

当被控对象模型参数未知时，本节采用自适应控制算法，我们利用递推公式直接辨识控制器的参数矩阵从而产生控制输入来实现控制，下面介绍具体的自适应控制算法。

控制器参数辨识方程为

$$\begin{aligned}
\boldsymbol{\phi}(k)=&\boldsymbol{\alpha}(z^{-1})\boldsymbol{y}(k-d)+\boldsymbol{\beta}(z^{-1})\,\bar{\boldsymbol{u}}(k-d)+\boldsymbol{\beta}_2(z^{-1})\,\bar{\boldsymbol{u}}(k-d)\\
&+\bar{\bar{\boldsymbol{G}}}(z^{-1})\,\boldsymbol{\phi}^*(k-d\mid k-2d)+\bar{\boldsymbol{v}}(k)
\end{aligned} \tag{7.5.8}$$

式中

$$\boldsymbol{\phi}(k)=\boldsymbol{P}(z^{-1})\,\boldsymbol{D}^*(z^{-1})\boldsymbol{y}(k),\quad \boldsymbol{D}^*(z^{-1})=z^{-d}\boldsymbol{D}(z) \tag{7.5.9}$$

$$\begin{aligned}
&\boldsymbol{\alpha}(z^{-1})=\bar{\bar{\boldsymbol{F}}}(z^{-1})\bar{\boldsymbol{G}}(z^{-1})\\
&\boldsymbol{\beta}(z^{-1})=\bar{\bar{\boldsymbol{F}}}(z^{-1})\bar{\boldsymbol{F}}(z^{-1})\bar{\boldsymbol{B}}_{\mathrm{d}}(z^{-1})\\
&\boldsymbol{\beta}_2(z^{-1})=\bar{\bar{\boldsymbol{F}}}(z^{-1})\bar{\boldsymbol{F}}(z^{-1})\bar{\bar{\boldsymbol{B}}}_{\mathrm{d}}(z^{-1})\\
&\boldsymbol{I}=\bar{\bar{\boldsymbol{F}}}(z^{-1})\bar{\boldsymbol{C}}(z^{-1})+z^{-d}\bar{\bar{\boldsymbol{G}}}(z^{-1})
\end{aligned}$$

控制律方程为

$$\boldsymbol{\alpha}(z^{-1})\boldsymbol{y}(k)+\boldsymbol{\beta}(z^{-1})\,\bar{\boldsymbol{u}}(k)+\boldsymbol{\beta}_2(z^{-1})\,\bar{\boldsymbol{u}}(k)+\bar{\bar{\boldsymbol{G}}}(z^{-1})\,\boldsymbol{\phi}^*(k\mid k-d)=\boldsymbol{y}^*(k+d) \tag{7.5.10}$$

式中

$$\boldsymbol{y}^*(k+d)=\boldsymbol{R}(z^{-1})\boldsymbol{w}(k)-\boldsymbol{Q}(z^{-1})\,\bar{\boldsymbol{u}}(k)-\boldsymbol{S}(z^{-1})\,\bar{\boldsymbol{u}}(k) \tag{7.5.11}$$

我们采用修正的递推最小二乘法来辨识参数矩阵$\boldsymbol{\alpha}(z^{-1})$、$\boldsymbol{\beta}(z^{-1})$、$\boldsymbol{\beta}_2(z^{-1})$和

$\overline{\overline{G}}(z^{-1})$，在数据向量中用下面式(7.5.14)定义的后验预报$\bar{y}(k-d)$代替式(7.5.8)中的最优预报$\boldsymbol{\phi}^*(k-d|k-2d)$，辨识算法为

$$\hat{\boldsymbol{\Theta}}(k)=\hat{\boldsymbol{\Theta}}(k-d)+[\boldsymbol{\phi}(k)-\hat{\boldsymbol{\Theta}}^{\mathrm{T}}(k-d)\hat{\boldsymbol{\varphi}}(k-d)]\hat{\boldsymbol{\varphi}}^{\mathrm{T}}(k-d)\boldsymbol{P}(k-d) \quad (7.5.12)$$

式中，$\hat{\boldsymbol{\Theta}}(k)$是在$k$时刻对参数矩阵真值$\boldsymbol{\Theta}$的估计，其初始值为$\hat{\boldsymbol{\Theta}}(0),\cdots,\hat{\boldsymbol{\Theta}}(l-d)$，参数矩阵$\boldsymbol{\Theta}$的表达式为

$$\boldsymbol{\Theta}=[\boldsymbol{\alpha}_0,\boldsymbol{\alpha}_1,\cdots;\boldsymbol{\beta}_0,\boldsymbol{\beta}_1,\cdots;\boldsymbol{\beta}_{20},\boldsymbol{\beta}_{21},\cdots;\boldsymbol{G}_0,\boldsymbol{G}_1,\cdots]^{\mathrm{T}} \quad (7.5.13)$$

数据向量$\hat{\boldsymbol{\varphi}}(k)$为

$$\hat{\boldsymbol{\varphi}}(k)=[\boldsymbol{y}^{\mathrm{T}}(k),\boldsymbol{y}^{\mathrm{T}}(k-1),\cdots;\bar{\boldsymbol{u}}^{\mathrm{T}}(k),\bar{\boldsymbol{u}}^{\mathrm{T}}(k-1),\cdots;$$
$$\bar{\boldsymbol{u}}^{\mathrm{T}}(k),\bar{\boldsymbol{u}}^{\mathrm{T}}(k-1),\cdots;\bar{\boldsymbol{y}}^{\mathrm{T}}(k),\bar{\boldsymbol{y}}^{\mathrm{T}}(k-1),\cdots]^{\mathrm{T}}$$

式中

$$\bar{\boldsymbol{y}}(k)=\hat{\boldsymbol{\Theta}}^{\mathrm{T}}(k)\hat{\boldsymbol{\varphi}}(k'-d) \quad 且\ \bar{\boldsymbol{y}}(k')=0\ 当\quad k'\leqslant d-1 \quad (7.5.14)$$

下面我们详细讨论矩阵$\boldsymbol{P}(k-d)$：

情况1 如果

$$r(k-d)\mathrm{tr}\boldsymbol{P}(k-d)\leqslant K_1<\infty,且\hat{\boldsymbol{\varphi}}^{\mathrm{T}}(k-d)\boldsymbol{P}(k-2d)\hat{\boldsymbol{\varphi}}(k-d)\leqslant K_2<\infty \quad (7.5.15)$$

式中

$$r(k-d)=r(k-d-1)+\hat{\boldsymbol{\varphi}}^{\mathrm{T}}(k-d)\hat{\boldsymbol{\varphi}}(k-d)$$
$$=1+\sum_{i=1}^{k-d}\hat{\boldsymbol{\varphi}}^{\mathrm{T}}(i)\hat{\boldsymbol{\varphi}}(i) \quad (7.5.16)$$
$$r(-d)=\cdots=r(0)=1$$

那么

$$\boldsymbol{P}(k-d)=\boldsymbol{P}(k-2d)-\frac{[\boldsymbol{P}(k-2d)\hat{\boldsymbol{\varphi}}(k-d)\hat{\boldsymbol{\varphi}}^{\mathrm{T}}(k-d)\boldsymbol{P}(k-2d)]}{1+\hat{\boldsymbol{\varphi}}^{\mathrm{T}}(k-d)\boldsymbol{P}(k-2d)\hat{\boldsymbol{\varphi}}(k-d)} \quad (7.5.17)$$

且$\boldsymbol{P}(1-2d)=\cdots=\boldsymbol{P}(-d)=\delta\boldsymbol{I},\delta=n(n_1+n_2+n_3+n_4+4)$。

情况2 如果式(7.5.15)并不满足，那么

$$P(k-d)=1/r(k-d) \quad (7.5.18)$$

将辨识算法式(7.5.12)～式(7.5.17)中的输入$\boldsymbol{u}(k)$用$\boldsymbol{u}^*(k)$代替

$$\boldsymbol{u}^*(k)=\boldsymbol{u}(k)+v(k) \quad (7.5.19)$$

随机序列$\{v(k)\}$在这里作为衰减激励的输入源，在情况1中

$$v(k)=\frac{\bar{\boldsymbol{\alpha}}(k)}{k^{\varepsilon/2}},\quad \varepsilon\in\left[0,\frac{1}{2(mn_{\mathrm{A}}+s)}\right],\quad s=\max[n_1,n_2,n_3,n_4] \quad (7.5.20)$$

在情况2中

$$v(k)=\frac{\bar{\boldsymbol{\alpha}}(k)}{\log^{\varepsilon/2}k},\quad k\geqslant 2,\quad v(1)=0,\quad \varepsilon\in\left[0,\frac{1}{4(nn_{\mathrm{A}}+s+2)}\right] \quad (7.5.21)$$

$$s=\max[\boldsymbol{n}_1,\boldsymbol{n}_2,\boldsymbol{n}_3,\boldsymbol{n}_4]$$

式中，$\bar{\boldsymbol{\alpha}}(k)$是任意一个与$v(k)$无关的$n$维序列，具有如下性质

$$E[\bar{\boldsymbol{\alpha}}(k)] = 0,\quad E[\bar{\boldsymbol{\alpha}}(k)\bar{\boldsymbol{\alpha}}^{\mathrm{T}}(k)] = \mu \boldsymbol{I},\quad \mu > 0,\quad E\|\bar{\boldsymbol{\alpha}}(k)\|^3 < \infty \tag{7.5.22}$$

7.5.4 应用结果分析

自适应控温系统由 IBM-PC 个人计算机与工业电加热炉组成，其结构示意图如图 7.5.1 所示。

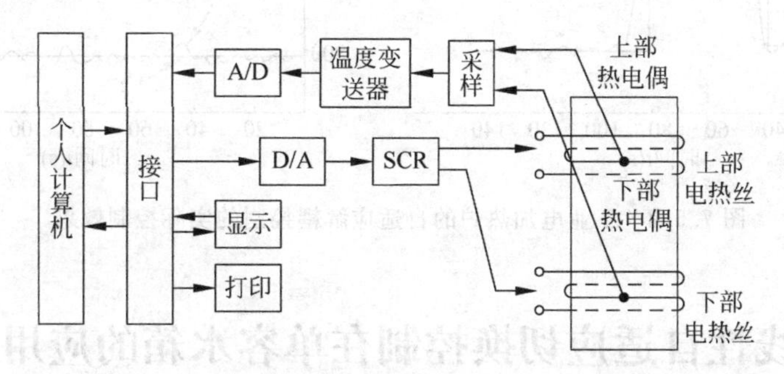

图 7.5.1　工业电加热炉多变量自适应解耦炉温控制系统

控制系统的输入模拟量是电热偶测得的温度，并经温度变送器转换成 0～5V 的电压信号，计算机输出控制信号的数字量经过模出通道 D/A 转换成 0～10mA 的电流信号，以控制给电热丝供电的晶闸管功调器(SCR)。

采样周期选为 $T=15\mathrm{s}$，通过离线辨识得到在某一工作状态下的工业电加热炉的模型为

$$\boldsymbol{A}(z^{-1})\boldsymbol{y}(k) = \boldsymbol{B}(z^{-1})\boldsymbol{u}(k-2) + \boldsymbol{\xi}(k)$$

式中

$$\boldsymbol{A}(z^{-1}) = \begin{bmatrix} 1-1.0461z^{-1}+0.587z^{-2} & 0 \\ 0 & 1-1.0461z^{-1}+0.587z^{-2} \end{bmatrix}$$

$$\boldsymbol{B}(z^{-1}) = \begin{bmatrix} 0.0357+0.0508z^{-1} & 0.0056z^{-1}+0.0069z^{-2} \\ -0.010z^{-1}+0.0001z^{-2} & 0.0371+0.2281z^{-1} \end{bmatrix}$$

加权阵的选择如下

$$\boldsymbol{P}(z^{-1}) = \boldsymbol{I},\quad \boldsymbol{R}(z^{-1}) = \boldsymbol{I},\quad \boldsymbol{Q}(z^{-1}) = \lambda \boldsymbol{Q}_1(z^{-1}),\quad \lambda = 0.6,\quad \boldsymbol{Q}_1(z^{-1}) = (1-z^{-1})$$

图 7.5.2 表示采用 5.4 节提出的多变量自适应解耦控制算法控制炉温时，工业电加热炉两段温度的设定值和实际温度值的变化曲线。

实验结果表明，采用该解耦控制算法控制炉温，可以使控温精度大大提高；当一段炉温发生变化时对另一段炉温几乎没有影响，使被控变量之间的耦合作用大大减小。

工业生产中(如热处理等)，广泛采用炉膛较长的电加热炉，为了提高控温精度，往往将炉温分成几段分别加以控制，如果采用的控制方法不考虑各段炉温的相互作用，就势必影响控温效果。显然，本文提出的自校正控制算法完全可以用来控制这类对象，该算法可以消除各段炉温之间的相互耦合作用，获得良好的控温效果。

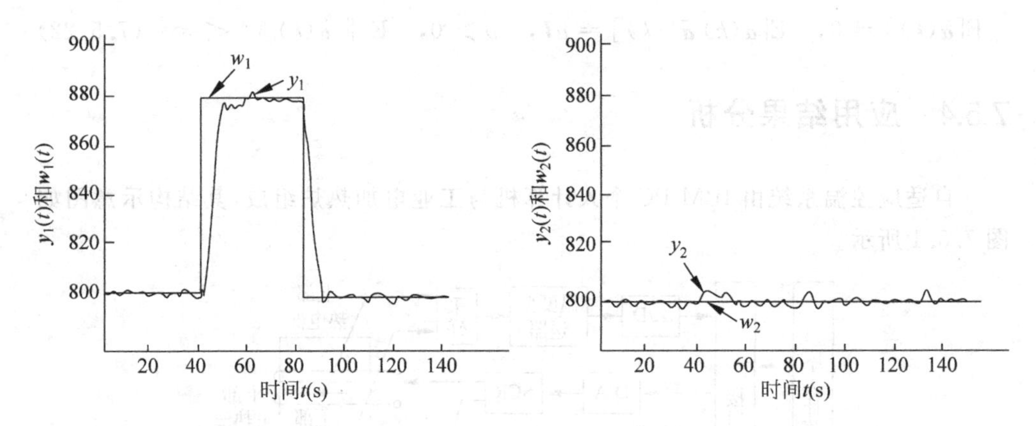

图 7.5.2　工业电加热炉的自适应解耦控制的实际控制效果

7.6　非线性自适应切换控制在单容水箱的应用

本节以参考文献[9]中的单容水箱为例，介绍 6.3 节非线性自适应切换控制算法的应用。

7.6.1　单容水箱简介

单容水箱工艺过程原理如图 7.6.1 所示，液位系统由水泵、流量传感器、液位传感器、泄水阀、水箱和控制器组成。

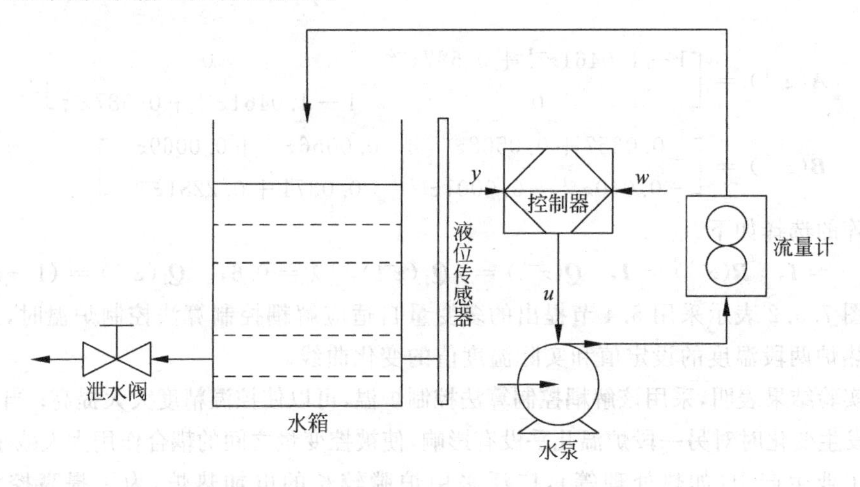

图 7.6.1　水箱液位控制工艺过程原理图

图 7.6.1 中所涉及的符号含义为：w 表示水箱的设定值液位；y 表示水箱的液位(0～25cm)；u 表示水泵电压的 PWM 占空比(0～100)。

本实验中泄水阀保持全开状态，水泵从蓄水池抽水，水流经过流量传感器进入水箱，最后由泄水阀门排入蓄水池，形成水流回路。

7.6.2 控制问题描述

1. 单容水箱动态模型

水箱液位的控制过程具有非线性，并存在滞后的特性，可用如下的以水泵的脉宽调制(Pulse Width Modulation，PWM)占空比为输入 u，以液位的高度为输出 y 的输入输出模型描述，即

$$A(z^{-1})y(k+1)=B(z^{-1})u(k)+v[\boldsymbol{\varphi}(k)] \tag{7.6.1}$$

式中，$A(z^{-1})=1+a_1z^{-1}$，$B(z^{-1})=b_0$；$v[\boldsymbol{\varphi}(k)]$为水箱系统的未建模动态；$\boldsymbol{\varphi}(k)$为未建模动态输入，与被控对象的输入输出有关。

2. 控制目标

控制目标是，针对上述未知的非线性被控对象式(7.6.1)，设计基于未建模动态补偿的非线性切换控制器，保证闭环系统的输入输出信号有界，同时使得水箱的液位 $y(k)$与参考输入 $w(k)$之间的稳态误差小于预先确定的值 $\varepsilon(\varepsilon>0)$，即

$$\lim_{k\to\infty}|\bar{e}(k)|=\lim_{k\to\infty}|y(k)-w(k)|<\varepsilon$$

7.6.3 单容水箱的非线性自适应切换控制器

本节主要介绍单容水箱的非线性自适应切换控制算法。

1. 辨识方程

当被控对象的 $A(z^{-1})$、$B(z^{-1})$及未建模动态 $v[\boldsymbol{\varphi}(k)]$未知时，控制器方程中的 $G(z^{-1})$、$H(z^{-1})$和 $v[\boldsymbol{\varphi}(k)]$未知，采用隐式算法直接对控制器参数 $G(z^{-1})$和 $H(z^{-1})$进行估计，辨识方程为

$$\begin{aligned}v[\boldsymbol{\varphi}(k)]&=P(z^{-1})y(k+1)-G(z^{-1})y(k)-H(z^{-1})u(k)\\&=P(z^{-1})y(k+1)-\boldsymbol{\varphi}^{\mathrm{T}}(k)\boldsymbol{\theta}\end{aligned} \tag{7.6.2}$$

$$\begin{aligned}P(z^{-1})y(k+1)-v[\boldsymbol{\varphi}(k)]&=G(z^{-1})y(k)+H(z^{-1})u(k)\\&=\boldsymbol{\varphi}^{\mathrm{T}}(k)\boldsymbol{\theta}\end{aligned} \tag{7.6.3}$$

式中，$P(z^{-1})$为加权项，$\boldsymbol{\theta}=[g_0,h_0]^{\mathrm{T}}$。

从式(7.6.2)可以看出，由于$\boldsymbol{\theta}$未知，因此 $v[\boldsymbol{\varphi}(k)]$未知。可以借鉴 6.3 节中的方法，采用神经网络对 $v[\boldsymbol{\varphi}(k)]$进行估计，得到其估计值$\hat{v}[\boldsymbol{\varphi}(k)]$。而对于实际的物理系统，也可以采用 $v[\boldsymbol{\varphi}(k)]$前一时刻值 $v[\boldsymbol{\varphi}(k-1)]$作为估计值$\hat{v}[\boldsymbol{\varphi}(k)]$。因此，估计$\{G(z^{-1}),H(z^{-1})\}$的参数辨识方程如下

$$\begin{aligned}P(z^{-1})y(k+1)-\hat{v}[\boldsymbol{\varphi}(k)]&=G(z^{-1})y(k)+H(z^{-1})u(k)\\&=\boldsymbol{\varphi}^{\mathrm{T}}(k)\boldsymbol{\theta}\end{aligned} \tag{7.6.4}$$

2. 非线性自适应控制器

采用下面的非线性估计模型估计方程式(7.6.4)中的参数$\boldsymbol{\theta}$

$$P(z^{-1})y(k+1)-\hat{v}[\boldsymbol{\varphi}(k)]=\boldsymbol{\varphi}^{\mathrm{T}}(k)\hat{\boldsymbol{\theta}}_2(k) \tag{7.6.5}$$

式中，$\hat{\boldsymbol{\theta}}_2(k)$为$k$时刻对参数$\boldsymbol{\theta}$的基于辨识方程式(7.6.5)的估计值。

为避免辨识参数b_0太小而导致控制器的奇异性，同时为了确保自适应算法的稳定性和收敛性，下面采用改进的带死区的投影算法

$$\hat{\boldsymbol{\theta}}_2(k)=\hat{\boldsymbol{\theta}}_2(k-1)+\frac{a(k)\boldsymbol{\varphi}(k-1)e_2(k)}{1+\boldsymbol{\varphi}^{\mathrm{T}}(k-1)\boldsymbol{\varphi}(k-1)} \tag{7.6.6}$$

$$e_2(k)=P(z^{-1})y(k)-\boldsymbol{\varphi}^{\mathrm{T}}(k-1)\hat{\boldsymbol{\theta}}_2(k-1)-\hat{v}[\boldsymbol{\varphi}(k-1)] \tag{7.6.7}$$

$$a(k)=\begin{cases}1, & |e_2(k)|>2\xi\\ 0, & \text{否则}\end{cases} \tag{7.6.8}$$

式中，$\xi>0$为预先指定的紧集上的误差界，满足$|v[\boldsymbol{\varphi}(k-1)]-\hat{v}[\boldsymbol{\varphi}(k-1)]|<\xi$。

$$h_{2,0}(k)=\begin{cases}\hat{h}_{2,0}(k), & \hat{h}_{2,0}(k)\geqslant h_{\min}\\ h_{\min}, & \hat{h}_{2,0}(k)<h_{\min}\end{cases},\quad h_{\min}=b_{\min} \tag{7.6.9}$$

式中，$b_{\min}$一般通过凑试产生。

因此，非线性自适应控制器方程为

$$\begin{aligned}\boldsymbol{\varphi}^{\mathrm{T}}(k)\hat{\boldsymbol{\theta}}_2(k)=&R(z^{-1})w(k+1)-Q(z^{-1})u(k)\\&-[K(z^{-1})+1]\hat{v}[\boldsymbol{\varphi}(k)]\end{aligned} \tag{7.6.10}$$

式中，$\hat{\boldsymbol{\theta}}_2^{\mathrm{T}}(k)=[\hat{g}_{2,0}(k),\hat{h}_{2,0}(k)]$。

3. 线性自适应控制器

引入线性控制器

$$[H(z^{-1})+Q(z^{-1})]u(k)=R(z^{-1})w(k+1)-G(z^{-1})y(k) \tag{7.6.11}$$

由于线性控制器中的控制器参数$\{G(z^{-1}),H(z^{-1})\}$未知，控制器参数辨识方程为

$$\begin{aligned}P(z^{-1})y(k+1)&=G(z^{-1})y(k)+H(z^{-1})u(k)\\&=\boldsymbol{\varphi}^{\mathrm{T}}(k)\boldsymbol{\theta}\end{aligned} \tag{7.6.12}$$

采用下面的线性模型估计辨识方程式(7.6.12)中的参数$\boldsymbol{\theta}$

$$P(z^{-1})y(k+1)=\boldsymbol{\varphi}^{\mathrm{T}}(k)\hat{\boldsymbol{\theta}}_1(k) \tag{7.6.13}$$

式中，$\hat{\boldsymbol{\theta}}_1^{\mathrm{T}}(k)=[\hat{g}_{1,0}(k),\hat{h}_{1,0}(k)]$，表示在$k$时刻对参数$\boldsymbol{\theta}$基于线性模型的估计，辨识算法如下：

$$\hat{\boldsymbol{\theta}}_1(k)=\hat{\boldsymbol{\theta}}_1(k-1)+\frac{\mu_1(k)\boldsymbol{\varphi}(k-1)e_1(k)}{1+\boldsymbol{\varphi}^{\mathrm{T}}(k-1)\boldsymbol{\varphi}(k-1)} \tag{7.6.14}$$

$$e_1(k)=P(z^{-1})y(k)-\boldsymbol{\varphi}^{\mathrm{T}}(k-1)\hat{\boldsymbol{\theta}}_1(k-1) \tag{7.6.15}$$

$$\mu_1(k)=\begin{cases}1, & |e_1(k)|>2M\\0, & \text{否则}\end{cases}\tag{7.6.16}$$

$$h_{1,0}(k)=\begin{cases}\hat{h}_{1,0}(k), & \hat{h}_{1,0}(k)\geqslant h_{\min}\\h_{\min}, & \hat{h}_{1,0}(k)<h_{\min}\end{cases},\quad h_{\min}=b_{\min}\tag{7.6.17}$$

因此,基于线性估计模型的自校正控制器为

$$\boldsymbol{\varphi}^{\mathrm{T}}(k)\hat{\boldsymbol{\theta}}_1(k)=R(k)w(k+1)-Q(z^{-1})u(k)\tag{7.6.18}$$

4. 切换机制

切换机制由线性自适应模型、非线性自适应模型以及切换函数组成。线性模型为

$$P(z^{-1})\hat{y}_1(k)=\boldsymbol{\varphi}^{\mathrm{T}}(k-1)\hat{\boldsymbol{\theta}}_1(k-1)\tag{7.6.19}$$

因此,由式(7.6.13)和式(7.6.19)可知

$$\begin{aligned}P(z^{-1})y(k)-P(z^{-1})\hat{y}_1(k)&=P(z^{-1})y(k)-\boldsymbol{\varphi}^{\mathrm{T}}(k-1)\hat{\boldsymbol{\theta}}_1(k-1)\\&=e_1(k)\end{aligned}$$

非线性模型为

$$P(z^{-1})\hat{y}_2(k)=\boldsymbol{\varphi}^{\mathrm{T}}(k-1)\hat{\boldsymbol{\theta}}_2(k-1)+\hat{v}[\boldsymbol{\varphi}(k-1)]\tag{7.6.20}$$

因此,由式(7.6.5)和式(7.6.20)可知

$$\begin{aligned}P(z^{-1})y(k)-P(z^{-1})\hat{y}_2(k)&=P(z^{-1})y(k)-\boldsymbol{\varphi}^{\mathrm{T}}(k-1)\hat{\boldsymbol{\theta}}_2(k-1)+\hat{v}[\boldsymbol{\varphi}(k-1)]\\&=e_2(k)\end{aligned}$$

切换函数为

$$J_j[k,e_j(k)]=\sum_{l=1}^{k}\frac{\mu_j(l)[e_j^2(l)-4M^2]}{1+\boldsymbol{\varphi}(l-1)^{\mathrm{T}}\boldsymbol{\varphi}(l-1)}+c\sum_{l=k-N+1}^{k}[1-\mu_j(l)]e_j^2(l)\tag{7.6.21}$$

$$\mu_j(k)=\begin{cases}1, & |e_j(k)|>2M\\0, & \text{否则}\end{cases}\tag{7.6.22}$$

$$e_j(k)=P(z^{-1})y(k)-P(z^{-1})\hat{y}_j(k)\quad j=1,2\tag{7.6.23}$$

式中,$j=1$,$u_1(k)$由线性自适应控制器式(7.6.18)产生;$j=2$,$u_2(k)$由非线性自适应控制器式(7.6.10)产生。由式(7.6.15)、式(7.6.19)以及式(7.6.23)可知,$e_1(k)$为线性模型的辨识误差;由式(7.6.7)、式(7.6.20)以及式(7.6.23)可知,$e_2(k)$为非线性模型时的辨识误差;N为正整数,$c\geqslant 0$为常数。

在任意时刻k,切换机制选择最小的切换函数所对应的控制器作用于被控对象,即

$$J^*(k)=\min\{J_1[k,e_1(k)],J_2[k,e_2(k)]\}\tag{7.6.24}$$

如果$J^*(k)=J_1[k,e_1(k)]$,选择$u_1(k)$作用于被控对象;如果$J^*(k)=J_2[k,e_2(k)]$,选择$u_2(k)$作用于被控对象。

7.6.4 实验结果分析

本节所采用的多功能过程控制实验平台主要由复杂控制算法软件包，嵌入式控制器和水箱三个部分组成。其中，单容水箱实验装置如图 7.6.2 所示。

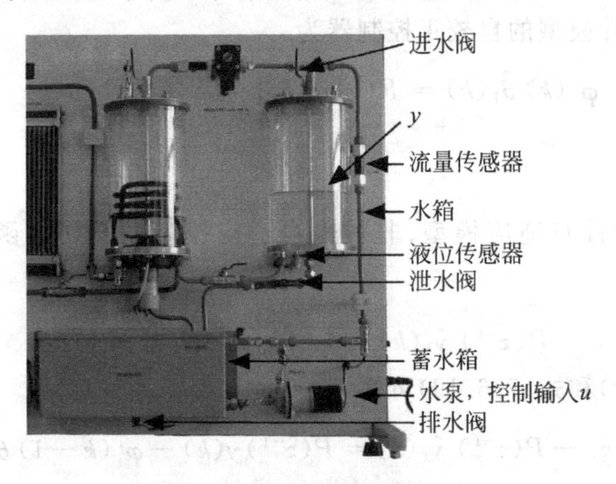

图 7.6.2　单容水箱实验装置

复杂控制算法软件包安装在 PC 中，可以用 MATLAB 工具对自适应控制算法编程，然后下载到嵌入式控制器对水箱进行实时控制。

实验中，加权项选择为 $P(z^{-1})=R(z^{-1})=1$、$Q(z^{-1})=\lambda_1(1-z^{-1})$、$K(z^{-1})=\lambda_2(1-z^{-1})$，加权因子选为 $\lambda_1=0.003$、$\lambda_2=0.01$，液位的设定值 $w=8\text{cm}$，ε_1 和 ε_2 分别选为 0.001、0.1，采样周期为 0.1s，选择切换函数中的参数 $N=2$、$c=1$，实验结果如图 7.6.3 和图 7.6.4 所示。

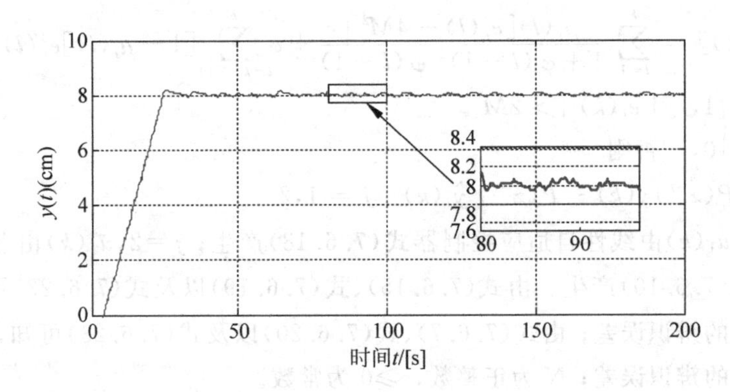

图 7.6.3　采用非线性自适应控制方法时水箱液位的实际响应曲线（输出 y）

图 7.6.3 为采用非线性自适应切换控制方法时水箱液位的实际响应曲线，从图中可以看出，由于对被控对象的未建模动态进行了动态补偿，被控对象输出跟踪设定值很好，响应速度很快。图 7.6.4 为控制器的切换序列。从切换序列可以看出，只有在开始时，为了稳定闭环系统，线性控制器在起作用；为提高闭环系统的性能，大

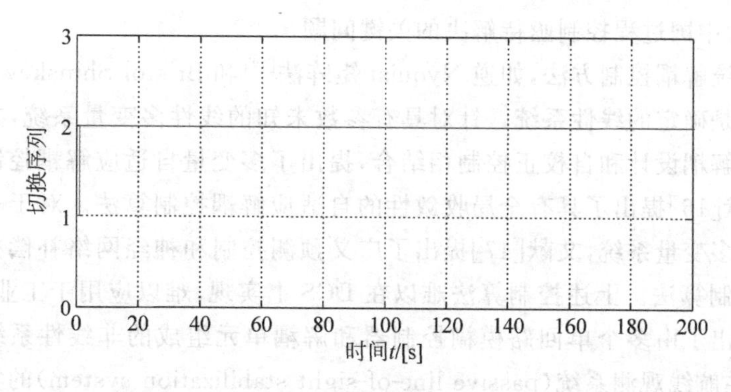

图 7.6.4　切换序列

部分时间是非线性控制器在工作。

7.7　多变量智能解耦控制在钢球磨煤机制粉系统的应用

本节将以难以采用已有自适应控制方法的钢球磨煤机制粉系统为例,介绍一种多变量智能解耦控制方法[10]。首先将一类具有多变量强耦合强非线性且动态特性随不同运行条件而变化的复杂工业过程,在不同的运行点用不同的线性模型和非线性项组成的 NARMA 模型来描述。在此基础上,提出了由反馈控制器、解耦补偿器和非线性项补偿器组成的非线性解耦控制策略。将该解耦控制策略与非线性项的神经网络估计和多模型切换相结合,提出了由非线性解耦控制器、线性解耦控制器和多模型切换机制组成的智能解耦控制方法,分析了所提出方法的稳定性和收敛性,将智能解耦控制方法应用于中国某电厂的钢球磨煤机制粉系统,实现了磨煤机出口温度、入口负压和进出口差压的解耦控制,将其控制在生产工艺规定的目标值范围内,解决了分散控制设计的单回路控制器长期不能投入自动运行的问题,提高了磨煤机出力,并显著降低了磨制单位煤粉的能耗。

7.7.1　引言

对于多数多输入多输出的工业过程,采用分散控制将其化成单回路系统,用多个单回路控制器进行控制可以取得满意的控制效果[11]。但是对于一类具有多变量强耦合、强非线性和动态特性随运行条件不同而变化的复杂工业过程,即使采用分散控制进行合理的变量配对,将其化成单回路系统,采用单回路控制器,也难以取得令人满意的控制效果。例如,在中国火力发电厂中广泛采用的将原煤研磨成煤粉的钢球磨煤机制粉系统,磨煤机出口温度、入口负压和进出口差压相互耦合,其动态特性随原煤水分的变化而变化。长期以来,采用分散控制设计的单回路控制器组成的控制系统不能投入自动运行,只能靠人工控制,造成超温、堵磨和喷粉事故的发生。对于这类强耦合强非线性和动态特性随运行条件不同而变化的复杂工业过程的解耦控制,成为中国过程控制亟待解决的关键问题。

线性系统解耦控制方法,如逆 Nyquist 矩阵法[12]和 Bristol-Shinskey 方法[13],要求被控对象是确定的线性系统。针对具有参数未知的线性多变量系统,文献[14]和文献[15]将解耦设计和自校正控制相结合,提出了多变量自适应解耦控制算法。文献[8]和文献[16]提出了具有全局收敛性的自适应解耦控制算法。对于一类参数未知的非线性多变量系统,文献[17]提出了广义预测控制和神经网络补偿相结合的自适应解耦控制算法。上述控制算法难以在 DCS 上实现,难以应用于工业过程控制。文献[18]提出了由多个单回路模糊控制器和解耦单元组成的非线性系统模糊解耦控制器,并在航线观测系统(passive line-of-sight stabilization system)的实验系统上进行了实时实验。文献[19]针对一类单输入多输出的非线性被控对象,设计了分级的模糊滑模解耦控制器,并将其在双倒立摆系统上进行了仿真验证。但上述控制方法要求被控对象为仿射非线性系统。

对于动态特性随运行条件不同而变化的被控对象,多模型切换控制是一种有效的控制方法。文献[20]针对一类参数未知的单变量非线性系统提出了由线性鲁棒自适应控制器、非线性神经网络控制器和切换机制组成的自适应控制方法。文献[21]将多模型自适应控制应用于电力系统中主基面振荡的鲁棒阻尼(robust damping of interarea oscillations),在不同运行条件下建立五个线性模型来描述被控对象,针对不同的线性模型分别设计自适应 PID 控制器,根据母线故障等干扰的变化,在不同的控制器之间切换。文献[22]针对动态特征随不同的负载状态变化的柔性传送系统,将负载状态划分为满载、半载和空载三个运行点,分别在运行点上建立三个线性模型,并分别设计基于极点配置的自适应控制器,通过不同控制器切换来提高系统的控制性能。上述多模型切换控制方法要求被控对象为单输入单输出系统,至今未见多变量的多模型切换控制方法及其应用的相关文献。

本节以钢球磨煤机制粉系统为例,将一类具有多变量强耦合、强非线性且动态特性随不同运行条件而变化的复杂工业过程,在不同的运行点建立不同的线性模型和非线性项组成的 NARMA 模型。提出了基于上述模型的由反馈控制器、解耦补偿器和非线性项的神经网络补偿器组成的非线性解耦控制器,基于线性模型的线性解耦控制器和多模型切换机制组成的智能解耦控制方法。证明了该方法不仅保证了尽可能地消除耦合项和非线性项的影响,使跟踪误差尽可能小,而且保证系统的输入输出有界。将所提出的智能解耦控制方法成功地应用于中国某电厂的 6 台 200MW 燃煤发电机组的 24 台 DTM350/600 钢球磨煤机制粉系统,解决了分散控制设计的单回路控制器长期不能投入自动运行的问题,使得磨制单位煤粉的能耗降低了 10.3%,磨煤机出力提高 8%。

7.7.2 钢球磨煤机制粉系统简介

钢球磨煤机制粉系统是燃煤火力发电厂中用于将原煤研磨成温度和细度合格

的煤粉的重要设备。虽然中国煤矿资源丰富，但煤种变化频繁，因此普遍采用如图 7.7.1 所示的适合多种煤质的钢球磨煤机制粉系统。

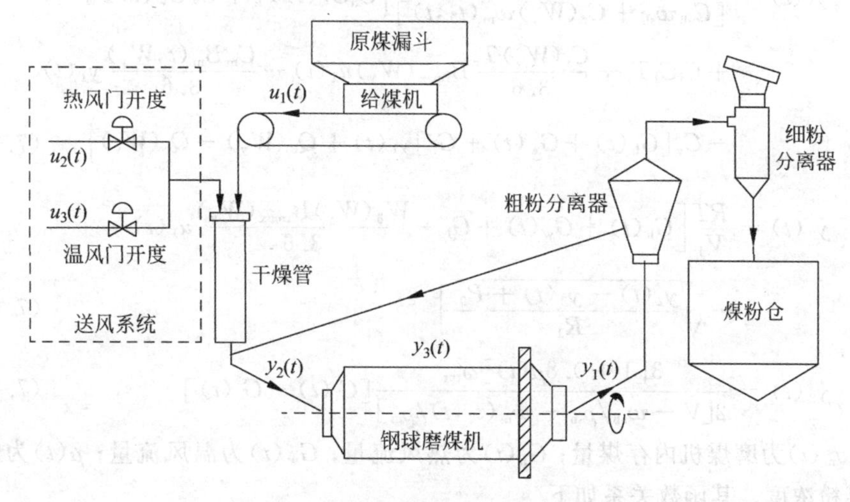

图 7.7.1　钢球磨煤机制粉系统流程图

该系统由原煤漏斗、给煤机、皮带运输机、磨煤机、粗粉分离器、细粉分离器、热风与温风送风系统组成。破碎的原煤从原煤漏斗漏下，进入给煤机，经皮带运输系统送入下降干燥管，并与干燥剂混合。通过调节送风系统的热风流量和温风流量，改变干燥剂的数量及其所携带的热量。原煤和干燥剂的混合物经干燥管一同进入磨煤机，通过钢球的挤压作用而被磨制成细度与温度合格的煤粉，然后在排粉机的抽吸作用下随气流进入粗粉分离器进行分选。细度不合格的煤粉经过回粉管返回磨煤机继续磨制，细度与温度合格的煤粉随气流进入细粉分离器，分离下来的煤粉存入煤粉仓内，经由排粉机送至锅炉燃烧。

磨煤机出口温度 $y_1(t)$与制粉系统的磨煤质量相关。温度 $y_1(t)$过高，易使煤粉燃烧、爆炸，损坏设备；温度 $y_1(t)$过低则干燥不充分，煤粉容易在粉仓中压实、结饼，失去流动性，而且影响煤粉在炉膛内的燃烧。根据工艺要求，磨煤机出口温度 $y_1(t)$应控制在 60～80℃之间。磨煤机入口负压 $y_2(t)$与制粉系统的安全运行相关，入口负压 $y_2(t)$过低，煤粉不能被及时带走；入口负压 $y_2(t)$过高，会出现喷粉，造成人身伤害和环境污染。入口负压 $y_2(t)$保持在－0.2～－0.6KPa 之间。磨煤机进出口差压 $y_3(t)$与制粉系统的出力相关，进出口差压 $y_3(t)$越高表示制粉系统的出力越大，过高会引起堵磨，造成事故。进出口差压 $y_3(t)$保持在 0.5～2.0KPa 之间。控制上述被控变量 $y_1(t)$、$y_2(t)$和 $y_3(t)$的控制输入为给煤机转速 $u_1(t)$、热风门开度 $u_2(t)$和温风门开度 $u_3(t)$。

7.7.3　钢球磨煤机制粉系统动态模型

根据钢球磨煤机的进出口能量和质量平衡、送风管道内流体的质量平衡，建立

制粉系统的输入输出动态方程为

$$
\begin{aligned}
\dot{y}_1(t) = & \frac{1}{[C_{sb}w_{sb} + C_r(W_y)w_m(t_0,t)]}\Big\{C_h G_h(t) T_h + C_w G_w(t) T_w \\
& + C_l G_l T_l + \frac{C_r(W_y)T_r}{3.6}B_{rmax}(W_y)u_1(t) - \frac{C_m B_m(t,W_y)}{3.6}y_1(t) \\
& - C_v[G_h(t) + G_w(t) + G_l]y_1(t) + Q_0(W_y) - Q_c(W_y)\Big\}
\end{aligned} \tag{7.7.1}
$$

$$
\begin{aligned}
\dot{y}_2(t) = & \frac{RT}{V_1}\Big[G_h(t) + G_w(t) + G_l + \frac{W_\delta(W_y)B_{rmax}(W_y)}{3.6}u_1(t) \\
& - \sqrt{\frac{y_2(t) - y_3(t) + P_0}{R_1}}\Big]
\end{aligned} \tag{7.7.2}
$$

$$
\dot{y}_3(t) = \frac{3[1 + 0.8\mu(t)]\omega_{thr}^2}{2[V - w_{sb}/\rho_{sb} - w_m(t_0,t)/\rho_m]}[G_i(t) - G_o(t)] \tag{7.7.3}
$$

式中，$w_m(t)$为磨煤机内存煤量；$G_h(t)$为热风流量；$G_w(t)$为温风流量；$\mu(t)$为磨煤机内煤粉浓度。其函数关系如下

$$
\dot{w}_m(t) = \frac{B_{rmax}(W_y)u_1(t) - B_m(t,W_y)}{3.6} \tag{7.7.4}
$$

$$
G_h(t) = \sqrt{\frac{P_{\delta h}u_2^2(t)}{f_h(273 + T_h)}} \tag{7.7.5}
$$

$$
G_w(t) = \sqrt{\frac{P_{\delta w}u_3^2(t)}{f_w(273 + T_w)}} \tag{7.7.6}
$$

$$
\mu(t) = \frac{k_\mu B_m(t,W_y)}{3.6(1 + k_1)(G_h(t) + G_w(t)) + B_{rmax}(W_y)W_\delta(W_y)} \tag{7.7.7}
$$

W_y为原煤水分；$B_m(t,W_y)$为磨煤机出力；$C_r(W_y)$为原煤比热；$W_\delta(W_y)$为单位水分蒸发量；$B_{rmax}(W_y)$为磨煤机最大出力；$Q_0(W_y)$为煤粉水分蒸发吸收的热量；$Q_c(W_y)$为研磨过程中产生的热量，它们均为原煤水分W_y的非线性函数。磨煤机入口气体质量流量$G_i(t)$和出口质量流量$G_o(t)$为连续可微的复杂非线性函数，其他变量及模型参数的含义见表7.7.1。

表7.7.1 制粉系统模型中各变量描述

变量名	描述
$C_{sb},C_m,C_h,C_w,C_l,C_v$	钢球、煤粉、热风、温风、冷风和磨机通风的比热
T_r,T_d,T_l	原煤、干燥剂和冷风的温度
G_h,G_w,G_d,G_l	热风、温风、干燥剂和漏风的质量流量
w_{sb}	磨煤机内钢球的质量
R_1	制粉系统总的阻力
V	磨煤机容积
R	理想气体常数
T	磨煤机筒体内的热力学温度
V_1	磨煤机内的气体体积

续表

变 量 名	描 述
ω_{thr}	磨煤机喉口处的气流速度
f_h, f_w	热风门和温风门的阻力系数
P_o	排粉机出口压力和零位压力的和
$P_{\delta h}, P_{\delta w}$	热风门和温风门的进出口压差
ρ_{sb}, ρ_m	钢球和煤粉的密度
k_1	漏风系数
k_μ	磨煤机筒体内煤粉密度系数

由式(7.7.1)～式(7.7.7)知，钢球磨煤机制粉系统是一个强耦合的非线性对象，$y_1(t)$、$y_2(t)$和$y_3(t)$的动态方程中均分别包含$u_1(t)$、$u_2(t)$和$u_3(t)$，即任何一个控制量的改变将会对所有输出变量产生影响。钢球磨煤机制粉系统的动态特性随原煤水分W_y的变化而变化，例如，原煤水分W_y增大，将引起磨煤机出力$B_m(t,W_y)$大幅度减小，同时会引起原煤比热$C_r(W_y)$增大，单位水分蒸发量$W_\delta(W_y)$增大，研磨过程中产生的热量$Q_c(W_y)$减小，磨煤机最大出力$B_{rmax}(W_y)$减小。在中国，由于煤种变化频繁以及空气湿度变化范围较大，原煤水分W_y的变化甚大，一般在5～25之间，W_y小于15的原煤称为干煤，大于15的原煤称为湿煤。根据实际的运行经验，制粉系统的动态模型可以用干煤和湿煤两种运行条件下的模型描述。将制粉系统磨制干煤的运行条件称为第一个运行点($i=1$，即运行条件1)，将磨制湿煤的运行条件称为第二个运行点($i=2$，即运行条件2)。

针对两个运行点建立制粉系统的动态模型，选择采样周期为T，采用Euler法将连续的制粉系统模型式(7.7.1)～式(7.7.7)离散化，并采用文[23]的方法，可以将其化成下列由低阶近似线性模型和非线性项组成的NARMA形式

$$
\begin{aligned}
\begin{bmatrix} y_1(k+1) \\ y_2(k+1) \\ y_3(k+1) \end{bmatrix} =& -\begin{bmatrix} a_{11}^i(z^{-1}) & 0 & 0 \\ 0 & a_{22}^i(z^{-1}) & 0 \\ 0 & 0 & a_{33}^i(z^{-1}) \end{bmatrix} \begin{bmatrix} y_1(k) \\ y_2(k) \\ y_3(k) \end{bmatrix} \\
&+ \begin{bmatrix} b_{11}^i(z^{-1}) & 0 & 0 \\ 0 & b_{22}^i(z^{-1}) & 0 \\ 0 & 0 & b_{33}^i(z^{-1}) \end{bmatrix} \begin{bmatrix} u_1(k) \\ u_2(k) \\ u_3(k) \end{bmatrix} \\
&+ \begin{bmatrix} 0 & b_{23}^i(z^{-1}) & b_{13}^i(z^{-1}) \\ b_{21}^i(z^{-1}) & 0 & b_{23}^i(z^{-1}) \\ b_{31}^i(z^{-1}) & b_{32}^i(z^{-1}) & 0 \end{bmatrix} \begin{bmatrix} u_1(k) \\ u_2(k) \\ u_3(k) \end{bmatrix} \\
&+ \begin{bmatrix} v_{i1}(\cdot) \\ v_{i2}(\cdot) \\ v_{i3}(\cdot) \end{bmatrix}, \quad i=1,2
\end{aligned}
\tag{7.7.8}
$$

式中，$a_{jk}^i(z^{-1})$和$b_{jk}^i(z^{-1})$($j=1,\cdots,3$；$k=1,\cdots,3$)是阶次分别为2和1的z^{-1}多项式。$v_i(\cdot)=[v_{i1}(\cdot),v_{i2}(\cdot),v_{i3}(\cdot)]^T \in R^3$为非线性项。

对于实际的钢球磨煤机系统，被控对象的输入输出变量的变化范围受到约束，如给煤机转速、热风门和温风门的开度、磨煤机出口温度等，被控对象运行在受限的范围内。由于式(7.7.1)～式(7.7.7)中的非线性函数均连续可微，因此所得到的输入输出形式的非线性方程也连续可微。由于连续可微的非线性函数在紧集内有界，因此式(7.7.8)中的 $v_i(\cdot)$ 有界。

进行钢球磨煤机制粉系统的动态特性实验，被控对象的相对增益矩阵 Λ 为

$$\Lambda = \begin{array}{c} \\ y_1 \\ y_2 \\ y_3 \end{array}\begin{array}{c} \begin{array}{ccc} u_1 & u_2 & u_3 \end{array} \\ \begin{bmatrix} 1.840 & -0.578 & -0.262 \\ 0.148 & 2.138 & -1.286 \\ -0.988 & -0.560 & 2.548 \end{bmatrix} \end{array} \tag{7.7.9}$$

由式(7.7.9)可以看到，选择给煤机转速 $u_1(k)$ 控制磨煤机出口温度 $y_1(k)$，热风门开度 $u_2(k)$ 控制磨煤机入口负压 $y_2(k)$，温风门开度 $u_3(k)$ 控制磨煤机进出口差压 $y_3(k)$，三个通道的相对增益分别为 1.840、2.138 和 2.548，均大于零。按照 Bristol-Shinskey 方法表明通道选择合理，但三个相对增益均大于 1.5，表明存在严重耦合。实际上，因钢球磨煤机制粉系统具有多变量强耦合、强非线性、动态特性随原煤水分变化而变化等综合复杂性，采用分散控制设计的由三个单回路 PID 控制器组成的控制系统长期不能投入自动运行，靠人工操作，常常造成超温、堵磨和喷粉事故的发生。为避免上述事故的发生，操作人员常常使钢球磨煤机制粉系统处于欠负荷工作状况，造成磨煤效率下降和单位煤粉能耗增加。

模型式(7.7.8)可归结为下列一般形式

$$\begin{aligned} \boldsymbol{y}(k+d) = & -\bar{\boldsymbol{A}}_i(z^{-1})\boldsymbol{y}(k) + \bar{\boldsymbol{B}}_i(z^{-1})\boldsymbol{u}(k) + \bar{\bar{\boldsymbol{B}}}_i(z^{-1})\boldsymbol{u}(k) \\ & + \boldsymbol{v}_i[\boldsymbol{x}(k)] + \bar{\boldsymbol{d}}_i(k), \quad i = 1,2,\cdots,m \end{aligned} \tag{7.7.10}$$

式中，$\boldsymbol{u}(k)=[u_1(k),\cdots,u_n(k)]^{\mathrm{T}}\in \mathrm{R}^n$ 和 $\boldsymbol{y}(k)=[y_1(k),\cdots,y_n(k)]^{\mathrm{T}}\in \mathrm{R}^n$ 分别为被控对象的输入输出向量；d 为被控对象的已知延时；m 表示不同运行条件下的模型个数。$\bar{\boldsymbol{d}}_i(k)$ 表示有界干扰，包括测量噪声和其他不可测干扰，且与输入无关[24]，即 $\|\bar{\boldsymbol{d}}_i(k)\|\leqslant d_0$，$d_0>0$ 为已知常数。$\bar{\boldsymbol{A}}_i(z^{-1})$ 和 $\bar{\boldsymbol{B}}_i(z^{-1})$ 为 z^{-1} 的对角多项式矩阵，$\bar{\bar{\boldsymbol{B}}}_i(z^{-1})$ 是 z^{-1} 的对角元素为零的多项式矩阵。$\boldsymbol{A}_i(z^{-1})=\boldsymbol{I}+z^{-k}\bar{\boldsymbol{A}}_i(z^{-1})$ 和 $\boldsymbol{B}_i(z^{-1})=\bar{\boldsymbol{B}}_i(z^{-1})+\bar{\bar{\boldsymbol{B}}}_i(z^{-1})$，$\boldsymbol{A}_i(z^{-1})$ 和 $\boldsymbol{B}_i(z^{-1})$ 的形式如下

$$\boldsymbol{A}_i(z^{-1}) = \boldsymbol{I} + \boldsymbol{A}_{i1}z^{-1} + \cdots + \boldsymbol{A}_{ij}z^{-j} + \cdots + \boldsymbol{A}_{in_A}z^{-n_A}$$

$$\boldsymbol{B}_i(z^{-1}) = \boldsymbol{B}_{i0} + \boldsymbol{B}_{i1}z^{-1} + \cdots + \boldsymbol{B}_{ij}z^{-j} + \cdots + \boldsymbol{B}_{in_B}z^{-n_B}$$

式中，$\boldsymbol{I}$ 为单位矩阵；n_A 和 n_B 分别为 $\boldsymbol{A}_i(z^{-1})$ 和 $\boldsymbol{B}_i(z^{-1})$ 的阶次；$\boldsymbol{A}_{ij}$ 和 $\boldsymbol{B}_{ij}$ 为系数矩阵；非线性项 $\boldsymbol{v}_i[\boldsymbol{x}(k)]=[v_{i1}[\boldsymbol{x}(k)],v_{i2}[\boldsymbol{x}(k)],\cdots,v_{in}[\boldsymbol{x}(k)]]^{\mathrm{T}}\in \mathrm{R}^n$ 为向量非线性函数，且 $\|v_i[\boldsymbol{x}(k)]\|\leqslant V$，则

$$\boldsymbol{v}_i[\boldsymbol{x}(k)] = \boldsymbol{A}_i(z^{-1})\boldsymbol{y}(k+d) - \bar{\boldsymbol{B}}_i(z^{-1})\boldsymbol{u}(k) - \bar{\bar{\boldsymbol{B}}}_i(z^{-1})\boldsymbol{u}(k) - \bar{\boldsymbol{d}}_i(k) \tag{7.7.11}$$

式中，$\boldsymbol{x}(k)=[\boldsymbol{y}^{\mathrm{T}}(k),\cdots,\boldsymbol{y}^{\mathrm{T}}(k-n_s+1),\boldsymbol{u}^{\mathrm{T}}(k),\cdots,\boldsymbol{u}^{\mathrm{T}}(k-n_s+1)]^{\mathrm{T}}\in \mathrm{R}^{2n\cdot n_s}$ 表示输入输出数据向量；n_s 为被控对象阶次。式(7.7.10)与式(7.7.11)表示类似于钢球磨煤

机制粉系统的一类复杂工业过程。$\bar{\boldsymbol{d}}_i(k)=0$ 时,式(7.7.10)的单变量系统的描述形式就是文献[20]的NARMA模型。

针对被控对象式(7.7.10)设计解耦控制器,尽可能消除被控对象中耦合项和非线性项的影响,使得被控对象输出 $y(k)$ 跟踪参考输入 $\boldsymbol{w}(k)$,跟踪误差尽可能小,并保证闭环系统输入输出有界。

7.7.4　智能解耦控制

1. 解耦控制策略

将反馈控制、解耦补偿和非线性项的补偿相结合,提出了如图7.7.2所示的非线性解耦控制策略,其中反馈控制器 $\bar{\boldsymbol{H}}_i(z^{-1})$、$\bar{\boldsymbol{R}}_i(z^{-1})$ 和 $\bar{\boldsymbol{G}}_i(z^{-1})$ 均为关于 z^{-1} 的对角多项式矩阵,用以控制系统输出 $\boldsymbol{y}(k)$ 跟踪参考输入 $\boldsymbol{w}(k)$; 解耦补偿器 $\bar{\bar{\boldsymbol{H}}}_i(z^{-1})$ 为 z^{-1} 的对角元素为零的多项式矩阵,用以消除线性模型中耦合项的影响; 非线性补偿器 $\bar{\boldsymbol{K}}_i(z^{-1})$ 为 z^{-1} 的对角多项式矩阵,用以消除非线性项 $\boldsymbol{v}_i[x(k)]$ 对闭环系统的影响。

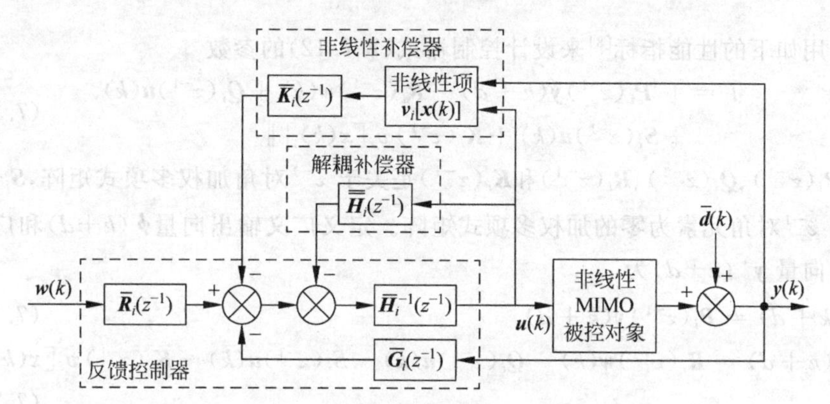

图7.7.2　非线性解耦控制策略

由图7.7.2知,控制输入 $\boldsymbol{u}(k)$ 的方程为

$$\boldsymbol{u}(k)=\bar{\boldsymbol{H}}^{-1}_i(z^{-1})\{\bar{\boldsymbol{R}}_i(z^{-1})\boldsymbol{w}(k)-\bar{\boldsymbol{G}}_i(z^{-1})\boldsymbol{y}(k) -\bar{\bar{\boldsymbol{H}}}_i(z^{-1})\boldsymbol{u}(k)-\bar{\boldsymbol{K}}_i(z^{-1})\boldsymbol{v}_i[\boldsymbol{x}(k)]\} \tag{7.7.12}$$

将式(7.7.12)代入式(7.7.10)得到闭环系统方程

$$\begin{aligned}&[\bar{\boldsymbol{H}}_i(z^{-1})\boldsymbol{A}_i(z^{-1})+z^{-d}\bar{\boldsymbol{B}}_i(z^{-1})\bar{\boldsymbol{G}}_i(z^{-1})]\boldsymbol{y}(k+d)\\&=\bar{\boldsymbol{B}}_i(z^{-1})\bar{\boldsymbol{R}}_i(z^{-1})\boldsymbol{w}(k)+[\bar{\boldsymbol{H}}_i(z^{-1})\bar{\bar{\boldsymbol{B}}}_i(z^{-1})-\bar{\boldsymbol{B}}_i(z^{-1})\bar{\bar{\boldsymbol{H}}}_i(z^{-1})]\boldsymbol{u}(k)\\&\quad+[\bar{\boldsymbol{H}}_i(z^{-1})-\bar{\boldsymbol{B}}_i(z^{-1})\bar{\boldsymbol{K}}_i(z^{-1})]\boldsymbol{v}_i[\boldsymbol{x}(k)]+\bar{\boldsymbol{H}}_i(z^{-1})\bar{\boldsymbol{d}}_i(k)\end{aligned} \tag{7.7.13}$$

式中,$[\bar{\boldsymbol{H}}_i(z^{-1})\boldsymbol{A}_i(z^{-1})+z^{-k}\bar{\boldsymbol{B}}_i(z^{-1})\bar{\boldsymbol{G}}_i(z^{-1})]$、$\bar{\boldsymbol{B}}_i(z^{-1})\bar{\boldsymbol{R}}_i(z^{-1})$ 和 $[\bar{\boldsymbol{H}}_i(z^{-1})-\bar{\boldsymbol{B}}_i(z^{-1})\bar{\boldsymbol{K}}_i(z^{-1})]$ 均为对角多项式矩阵,$[\bar{\boldsymbol{H}}_i(z^{-1})\bar{\bar{\boldsymbol{B}}}_i(z^{-1})-\bar{\boldsymbol{B}}_i(z^{-1})\bar{\bar{\boldsymbol{H}}}_i(z^{-1})]$ 为对角元素为零的多项式矩阵。适当选择 $\bar{\boldsymbol{H}}_i(z^{-1})$、$\bar{\boldsymbol{G}}_i(z^{-1})$ 和 $\bar{\boldsymbol{R}}_i(z^{-1})$ 可以实现输出 $\boldsymbol{y}(k)$

对参考输入 $\boldsymbol{w}(k)$ 的跟踪；适当选择 $\overline{\overline{\boldsymbol{H}}}_i(z^{-1})$ 可以尽可能消除 $[\overline{\boldsymbol{H}}_i(z^{-1})\overline{\overline{\boldsymbol{B}}}_i(z^{-1})-\overline{\boldsymbol{B}}_i(z^{-1})\overline{\overline{\boldsymbol{H}}}_i(z^{-1})]\boldsymbol{u}(k)$ 的影响，即尽可能消除耦合项 $\overline{\overline{\boldsymbol{B}}}_i(z^{-1})$ 的影响；适当选择 $\overline{\boldsymbol{K}}_i(z^{-1})$ 可以尽可能消除 $[\overline{\boldsymbol{H}}_i(z^{-1})-\overline{\boldsymbol{B}}_i(z^{-1})\overline{\boldsymbol{K}}_i(z^{-1})]\boldsymbol{v}_i[\boldsymbol{x}(k)]$ 的影响，即消除非线性项 $\boldsymbol{v}_i[\boldsymbol{x}(k)]$ 的影响。

控制输入式(7.7.12)可以写成如下形式

$$\begin{aligned} u_l(k) = \frac{1}{h_{ll}(z^{-1})}\{ & r_{il}(z^{-1})w_l(k) - g_{il}(z^{-1})y_l(k) - [h_{l1}^i(z^{-1})u_l(k) + \cdots \\ & + h_{l(l-1)}^i(z^{-1})u_{(l-1)}(k) + h_{l(l+1)}^i(z^{-1})u_{(l+1)}(k) + \cdots \\ & + h_{ln}^i(z^{-1})u_n(k)] - k_{il}(z^{-1})v_{il}[x(k)]\}, \quad l = 1,2,\cdots,n \end{aligned} \tag{7.7.14}$$

式中，$r_{il}(z^{-1})$、$g_{il}(z^{-1})$ 和 $k_{lj}^i(z^{-1})$ 分别是对角矩阵 $\overline{\boldsymbol{R}}_i(z^{-1})$、$\overline{\boldsymbol{G}}_i(z^{-1})$ 和 $\overline{\boldsymbol{K}}_i(z^{-1})$ 的第 l 个对角线元素，$h_{lj}^i(z^{-1})$ 是 $\boldsymbol{H}_i(z^{-1})$ 的第 l 行 j 列元素，$\boldsymbol{H}_i(z^{-1})=\overline{\boldsymbol{H}}_i(z^{-1})+\overline{\overline{\boldsymbol{H}}}_i(z^{-1})$。由式(7.7.14)知，第 l 个控制回路的控制量 $u_l(k)$ 只与第 l 个控制回路的输出 $y_l(k)$、参考输入 $w_l(k)$、非线性项 $v_{il}[\boldsymbol{x}(k)]$ 和其他回路的控制量 $u_1(k),\cdots,u_{l-1}(k),u_{l+1}(k),\cdots,u_n(k)$ 有关。因此，容易以单回路控制的形式在 DCS 上实现。

2. 非线性解耦控制器

采用如下的性能指标[8]来设计控制器式(7.7.12)的参数

$$\begin{aligned} J = \| & \boldsymbol{P}_i(z^{-1})\boldsymbol{y}(k+d) - \boldsymbol{R}_i(z^{-1})\boldsymbol{w}(k) + \boldsymbol{Q}_i(z^{-1})\boldsymbol{u}(k) \\ & + \boldsymbol{S}_i(z^{-1})\boldsymbol{u}(k) + \boldsymbol{K}_i(z^{-1})\boldsymbol{v}_i[\boldsymbol{x}(k)] \|^2 \end{aligned} \tag{7.7.15}$$

式中，$\boldsymbol{P}_i(z^{-1})$、$\boldsymbol{Q}_i(z^{-1})$、$\boldsymbol{R}_i(z^{-1})$ 和 $\boldsymbol{K}_i(z^{-1})$ 是关于 z^{-1} 对角加权多项式矩阵，$\boldsymbol{S}_i(z^{-1})$ 为关于 z^{-1} 对角元素为零的加权多项式矩阵。定义广义输出向量 $\boldsymbol{\phi}(k+d)$ 和广义理想输出向量 $\boldsymbol{y}^*(k+d)$ 为

$$\boldsymbol{\phi}(k+d) = \boldsymbol{P}_i(z^{-1})\boldsymbol{y}(k+d) \tag{7.7.16}$$

$$\boldsymbol{y}^*(k+d) = \boldsymbol{R}_i(z^{-1})\boldsymbol{w}(k) - \boldsymbol{Q}_i(z^{-1})\boldsymbol{u}(k) - \boldsymbol{S}_i(z^{-1})\boldsymbol{u}(k) - \boldsymbol{K}_i(z^{-1})\boldsymbol{v}_i[\boldsymbol{x}(k)] \tag{7.7.17}$$

引入多项式矩阵 $\boldsymbol{F}_i(z^{-1})$ 和 $\boldsymbol{G}_i(z^{-1})$ 使得如下 Diophantine 方程成立

$$\boldsymbol{P}_i(z^{-1}) = \boldsymbol{F}_i(z^{-1})\boldsymbol{A}_i(z^{-1}) + z^{-k}\boldsymbol{G}_i(z^{-1}) \tag{7.7.18}$$

式中，$\boldsymbol{F}_i(z^{-1})$ 和 $\boldsymbol{G}_i(z^{-1})$ 的阶次分别为 $n_F=k-1$ 和 $n_G=\max\{n_A-1,n_P-d\}$。广义输出向量 $\boldsymbol{\phi}(k+d)$ 的最优预报值 $\boldsymbol{\phi}^*(k+d|k)$ 为

$$\begin{aligned} \boldsymbol{\phi}^*(k+d \mid k) = & \boldsymbol{G}_i(z^{-1})\boldsymbol{y}(k) + \boldsymbol{F}_i(z^{-1})\overline{\boldsymbol{B}}_i(z^{-1})\boldsymbol{u}(k) \\ & + \boldsymbol{F}_i(z^{-1})\overline{\overline{\boldsymbol{B}}}_i(z^{-1})\boldsymbol{u}(k) + \boldsymbol{F}_i(z^{-1})\boldsymbol{v}_i[\boldsymbol{x}(k)] \end{aligned} \tag{7.7.19}$$

令 $\boldsymbol{\phi}^*(k+d|k)=\boldsymbol{y}^*(k+d)$，使性能指标式(7.7.15)最小的最优控制律

$$\begin{aligned} & [\boldsymbol{F}_i(z^{-1})\overline{\boldsymbol{B}}_i(z^{-1}) + \boldsymbol{Q}_i(z^{-1})]\boldsymbol{u}(k) \\ & = \boldsymbol{R}_i(z^{-1})\boldsymbol{w}(k) - \boldsymbol{G}_i(z^{-1})\boldsymbol{y}(k) - [\boldsymbol{F}_i(z^{-1})\overline{\overline{\boldsymbol{B}}}_i(z^{-1}) \\ & \quad + \boldsymbol{S}_i(z^{-1})]\boldsymbol{u}(k) - [\boldsymbol{F}_i(z^{-1}) + \boldsymbol{K}_i(z^{-1})]\boldsymbol{v}_i[\boldsymbol{x}(k)] \end{aligned} \tag{7.7.20}$$

将式(7.7.20)代入式(7.7.10)得到闭环系统方程

$$[\boldsymbol{P}_i(z^{-1})\bar{\boldsymbol{B}}_i(z^{-1})+\boldsymbol{Q}_i(z^{-1})\boldsymbol{A}_i(z^{-1})]\boldsymbol{y}(k+d)$$
$$=\bar{\boldsymbol{B}}_i(z^{-1})\boldsymbol{R}_i(z^{-1})\boldsymbol{w}(k)+[\boldsymbol{Q}_i(z^{-1})\bar{\bar{\boldsymbol{B}}}_i(z^{-1})-\bar{\boldsymbol{B}}_i(z^{-1})\boldsymbol{S}_i(z^{-1})]\boldsymbol{u}(k)$$
$$+[\boldsymbol{Q}_i(z^{-1})-\bar{\boldsymbol{B}}_i(z^{-1})\boldsymbol{K}_i(z^{-1})]\boldsymbol{v}_i[\boldsymbol{x}(k)]+[\boldsymbol{F}_i(z^{-1})\bar{\boldsymbol{B}}_i(z^{-1})+\boldsymbol{Q}_i(z^{-1})]\bar{\boldsymbol{d}}_i(k) \quad (7.7.21)$$

选择加权矩阵$\boldsymbol{P}_i(z^{-1})$、$\boldsymbol{Q}_i(z^{-1})$、$\boldsymbol{R}_i(z^{-1})$、$\boldsymbol{K}_i(z^{-1})$和$\boldsymbol{S}_i(z^{-1})$满足

$$\boldsymbol{P}_i(z^{-1})\bar{\boldsymbol{B}}_i(z^{-1})+\boldsymbol{Q}_i(z^{-1})\boldsymbol{A}_i(z^{-1})=\bar{\boldsymbol{B}}_i(z^{-1})\boldsymbol{R}_i(z^{-1}) \quad (7.7.22)$$
$$\boldsymbol{Q}_i(z^{-1})\bar{\bar{\boldsymbol{B}}}_i(z^{-1})=\bar{\boldsymbol{B}}_i(z^{-1})\boldsymbol{S}_i(z^{-1}) \quad (7.7.23)$$
$$\boldsymbol{Q}_i(z^{-1})=\bar{\boldsymbol{B}}_i(z^{-1})\boldsymbol{K}_i(z^{-1}) \quad (7.7.24)$$
$$|\boldsymbol{P}_i(z^{-1})\boldsymbol{B}_i(z^{-1})+\boldsymbol{A}_i(z^{-1})[\boldsymbol{Q}_i(z^{-1})+\boldsymbol{S}_i(z^{-1})]|\neq 0,\quad |z|\geqslant 1 \quad (7.7.25)$$

可使闭环系统稳定，消除非线性项和耦合项影响，使输出$\boldsymbol{y}(k)$跟踪参考输入$\boldsymbol{w}(k)$。

3. 非线性项的神经网络估计

由于式(7.7.20)中的非线性项$\boldsymbol{v}_i[\boldsymbol{x}(k)]$未知，采用其估计值$\hat{\boldsymbol{v}}_i(k)$代替。由于$\boldsymbol{v}_i[\boldsymbol{x}(k)]$是与$\boldsymbol{u}$和$\boldsymbol{y}$相关的非线性项，因此消除非线性项和耦合项的影响直接与$\boldsymbol{v}_i[\boldsymbol{x}(k)]$的估计误差相关。为了使估计值$\hat{\boldsymbol{v}}_i(k)$收敛于真值$\boldsymbol{v}_i[\boldsymbol{x}(k)]$，避免参数漂移和Bursting现象，将高阶神经网络[26]与加入投影[27]和死区[28]的权值修正方法相结合，提出$\boldsymbol{v}_i[\boldsymbol{x}(k)]$的神经网络估计器

$$\hat{\boldsymbol{v}}_i(k)=\hat{\boldsymbol{W}}_i^{\mathrm{T}}(k)\underline{\boldsymbol{S}}_i[\boldsymbol{Z}(k)],\quad \hat{\boldsymbol{W}}_i(k)\in\mathrm{R}^{l\times n}\text{ 和 }\underline{\boldsymbol{S}}_i[\boldsymbol{Z}(k)]\in\mathrm{R}^{l} \quad (7.7.26)$$

式中，$\underline{\boldsymbol{S}}_i[\boldsymbol{Z}(k)]$为激活函数向量

$$\underline{\boldsymbol{S}}_i(\boldsymbol{Z}(k))=[\underline{s}_1[\boldsymbol{Z}(k)],\cdots,\underline{s}_\zeta[\boldsymbol{Z}(k)],\cdots,\underline{s}_1[\boldsymbol{Z}(k)]]^{\mathrm{T}}$$
$$\underline{s}_\xi(\boldsymbol{Z}(k))=\prod_{\rho\in I_\zeta}[(\mathrm{e}^{z_\rho(k)}-\mathrm{e}^{-z_\rho(k)})/(\mathrm{e}^{z_\rho(k)}+\mathrm{e}^{-z_\rho(k)})]^{d_\rho(\zeta)}$$
$$\boldsymbol{Z}(k)=[\boldsymbol{y}^{\mathrm{T}}(k),\cdots\boldsymbol{y}^{\mathrm{T}}(k-n_s+1),\boldsymbol{u}^{\mathrm{T}}(k-1),\cdots,\boldsymbol{u}^{\mathrm{T}}(k-n_s+1)]^{\mathrm{T}}$$
$$:=[z_1(k),z_2(k),\cdots,z_\rho(k),\cdots,z_{n_s\cdot(n-1)}(k)]^{\mathrm{T}}$$

式中，l为隐节点数，I_ζ，$(\zeta=1,2,\cdots,l)$为$\{1,2,\cdots,n_s(n-1)\}$的非有序子集，$d_\rho(\zeta)$为非负整数。$\hat{\boldsymbol{W}}_i(k)$为理想权值矩阵$\boldsymbol{W}_i^*$的估计，$\boldsymbol{W}_i^*$在紧集$\Omega_z\subset\mathrm{R}^n$内使得

$$\boldsymbol{v}_i[\boldsymbol{x}(k)]=\boldsymbol{W}_i^{*\mathrm{T}}\underline{\boldsymbol{S}}_i[\boldsymbol{Z}(k)]+\xi_{zi} \quad (7.7.27)$$

式中，ξ_{zi}为神经网络的估计误差，且$\|\xi_{zi}\|\leqslant\xi_{0i}$。权值修正函数为

$$\hat{\boldsymbol{W}}_i(k+d)=\hat{\boldsymbol{W}}_i(k)-\mathbf{Proj}_{\hat{W}}(\eta_i(k)),\quad \eta_i(k)\in\mathrm{R}^{l_i\times n} \quad (7.7.28)$$
$$\eta_i(k)=\gamma_i\alpha_i(k)\underline{\boldsymbol{S}}_i(\boldsymbol{Z}(k))\boldsymbol{e}_{i2}^{\mathrm{T}}(k) \quad (7.7.29)$$
$$\boldsymbol{e}_{i2}(k)=\hat{\boldsymbol{v}}_i(k-d)-\boldsymbol{v}_i[\boldsymbol{x}(k-d)]-\bar{\boldsymbol{d}}_i(k-d)$$
$$=-\boldsymbol{A}_i(z^{-1})\boldsymbol{y}(k)+\boldsymbol{B}_i(z^{-1})\boldsymbol{u}(k-d) \quad (7.7.30)$$
$$\alpha_i(k)=\begin{cases}1, & \|\boldsymbol{e}_{i2}(k)\|>g_{0i}\\ 0, & \text{否则}\end{cases} \quad (7.7.31)$$

式中，γ_i为权值修正率，且$0<\gamma_i<1/l_i$，死区宽度$g_{0i}=\xi_{0i}+d_0$。投影矩阵$\mathbf{Proj}_{\hat{W}}[\eta_i(k)]$

定义为 $\mathbf{Proj}_{\hat{W}}[\eta_i(k)]=\{\mathrm{Proj}_{\hat{W}}[\eta^i_{\xi\rho}(k)]\}$，其 ζ 行 ρ 列元素为

$$\mathrm{Proj}_{\hat{W}}[\eta^i_{\zeta\rho}(k)]=\begin{cases}-\eta^i_{\zeta\rho}(k), & \begin{cases}\hat{W}^i_{\zeta\rho}(k)=\hat{\rho}^i_{\max}\text{and}\eta^i_{\zeta\rho}(k)<0\\ \hat{W}^i_{\zeta\rho}(k)=\hat{\rho}^i_{\min}\text{and }\eta^i_{\zeta\rho}(k)>0\end{cases}\\ \eta^i_{\zeta\rho}(k), & \text{否则}\end{cases}\tag{7.7.32}$$

式中，$\hat{W}^i_{\zeta\rho}(k)$是$\hat{W}_i(k)$的 ζ 行 ρ 列元素；$\hat{\rho}^i_{\min}$和 $\hat{\rho}^i_{\max}$为权值$W^i_{\rho\zeta}$的上下限。

引理 7.7.1 采用神经网络估计算法式(7.7.28)～式(7.7.32)具有下列性质：

(1) 神经网络的权值 $\|\hat{W}(k)\|$ 总是有界；

(2) 神经网络的估计误差为$\limsup\limits_{k\to\infty\ \tau\geqslant k}\|e_{i2}(\tau)\|\leqslant g_{0i}=\xi_{0i}+d_0$，适当选择神经网络的节点数 l，ξ_{0i}可以小于任意给定的正数。

证明 根据投影算法式(7.7.32)和权值修正公式(7.7.28)，性质(1)显然成立。定义$\widetilde{W}_i(k)=\hat{W}_i(k)-W_i^*(k)$，由式(7.7.30)和式(7.7.27)知

$$\widetilde{W}_i^{\mathrm{T}}(k-d)\,S_i[Z(k-d)]=e_{i2}(k)+\xi_{zi}+\bar{d}_i(k-d)\tag{7.7.33}$$

选择 Lyapunov 函数 $V(k)=\gamma_i^{-1}\sum\limits_{\bar{\rho}=0}^{k-1}\mathrm{tr}\{\widetilde{W}_i^{\mathrm{T}}(k-d+\bar{\rho})\,\widetilde{W}_i(k-d+\bar{\rho})\}$，其一阶差分为

$$\begin{aligned}\Delta V(k)&=V(k)-V(k-1)\\&=\gamma_i^{-1}\mathrm{tr}\{\widetilde{W}_i^{\mathrm{T}}(k-d)\mathbf{Proj}_{\hat{W}}[\gamma_i\eta_i(k)]-\mathbf{Proj}^{\mathrm{T}}_{\hat{W}}[\gamma_i\eta_i(k)]\,\widetilde{W}_i(k-d)\\&\quad+\mathbf{Proj}^{\mathrm{T}}_{\hat{W}}[\gamma_i\eta_i(k)]\mathbf{Proj}_{\hat{W}}[\gamma_i\eta_i(k)]\}\end{aligned}\tag{7.7.34}$$

由于采用了投影算法，存在以下两种情况：

情况 1 权值矩阵$\hat{W}_i(k-d)$的所有元素都在假定的界限以内。方程式(7.7.34)为

$$\begin{aligned}\Delta V(k)=&-2\alpha_i(k)\,e^{\mathrm{T}}_{i2}(k)\,\widetilde{W}_i^{\mathrm{T}}(k-d)\,\underline{S}_i[Z(k-d)]\\&+\alpha_i(k)\gamma_i\,\underline{S}^{\mathrm{T}}_i[Z(k-d)]\,\underline{S}_i[Z(k-d)]\,e^{\mathrm{T}}_{i2}(k)\,e_{i2}(k)\end{aligned}\tag{7.7.35}$$

将式(7.7.33)代入式(7.7.35)，并由$-2\alpha_i(k)e^{\mathrm{T}}_{i2}(k)[\xi_{zi}+\bar{d}_i(k-d)]\leqslant\alpha_i(k)e^{\mathrm{T}}_{i2}(k)e_{i2}(k)+\alpha_i(k)(\xi_{0i}+d_0)^2$ 和 $\underline{S}^{\mathrm{T}}_i[Z(k-d)]\underline{S}_i[Z(k-d)]\leqslant l$ 知

$$\Delta V(k)\leqslant-\alpha_i(k)(1-\gamma_i l)\,e^{\mathrm{T}}_{i2}(k)\,e_{i2}(k)-\alpha_i(k)[e^{\mathrm{T}}_{i2}(k)\,e_{i2}(k)-(\xi_{0i}+d_0)^2]\tag{7.7.36}$$

由于$0<\gamma_i l<1$，式(7.7.36)的第一项总为负。如果$\|e_{i2}(k)\|>g_{0i}$，即$e^{\mathrm{T}}_{i2}(k)e_{i2}(k)>(\xi_{0i}+d_0)^2$，则 $\Delta V(k)<0$。表明 $V(k)$和$\widetilde{W}_i(k)$减小，即$e_{i2}(k)$减小，直到$\|e_{i2}(k)\|\leqslant g_{0i}$。因此，$\limsup\limits_{k\to\infty\ \tau\geqslant k}\|e_{i2}(\tau)\|\leqslant g_{0i}=(\xi_{0i}+d_0)$。适当选择神经网络的节点数 l，ξ_{0i}可以小于任意给定的正数[26]。

情况 2 权值矩阵$\hat{W}_i(k)$中的部分元素达到假定的界限，应用了投影算法式(7.7.32)。采用文献[29]的方法，可以得到与情况 1 相同的结论。■

4. 基于多模型切换的智能解耦控制方法

将估计值$\hat{\boldsymbol{v}}_i(k)$代入模型式(7.7.10)和控制器式(7.7.20)得神经网络估计模型M_{i2}和非线性解耦控制器C_{i2}为

$$M_{i2}:\hat{\boldsymbol{y}}_{i2}(k+d)=-\bar{\boldsymbol{A}}_i(z^{-1})\boldsymbol{y}(k)+\bar{\boldsymbol{B}}_i(z^{-1})\boldsymbol{u}(k)+\bar{\bar{\boldsymbol{B}}}_i(z^{-1})\boldsymbol{u}(k)+\hat{\boldsymbol{v}}_i(k) \tag{7.7.37}$$

$$C_{i2}:[\boldsymbol{F}_i(z^{-1})\boldsymbol{B}_i(z^{-1})+\boldsymbol{Q}_i(z^{-1})+\boldsymbol{S}_i(z^{-1})]\boldsymbol{u}(k)=\boldsymbol{R}_i(z^{-1})\boldsymbol{w}(k)-\boldsymbol{G}_i(z^{-1})\boldsymbol{y}(k)-[\boldsymbol{F}_i(z^{-1})+\boldsymbol{K}_i(z^{-1})]\hat{\boldsymbol{v}}_i(k),\quad i=1,2,\cdots,m \tag{7.7.38}$$

不考虑非线性项的线性模型M_{i1}和线性解耦控制器C_{i1}为

$$M_{i1}:\hat{\boldsymbol{y}}_{i1}(k+d)=-\bar{\boldsymbol{A}}_i(z^{-1})\boldsymbol{y}(k)+\bar{\boldsymbol{B}}_i(z^{-1})\boldsymbol{u}(k)+\bar{\bar{\boldsymbol{B}}}_i(z^{-1})\boldsymbol{u}(k) \tag{7.7.39}$$

$$C_{i1}:[\boldsymbol{F}_i(z^{-1})\boldsymbol{B}_i(z^{-1})+\boldsymbol{Q}_i(z^{-1})+\boldsymbol{S}_i(z^{-1})]\boldsymbol{u}(k)=\boldsymbol{R}_i(z^{-1})\boldsymbol{w}(k)-\boldsymbol{G}_i(z^{-1})\boldsymbol{y}(k),\quad i=1,2,\cdots,m \tag{7.7.40}$$

选择加权矩阵$\boldsymbol{P}_i(z^{-1})$、$\boldsymbol{Q}_i(z^{-1})$、$\boldsymbol{R}_i(z^{-1})$和$\boldsymbol{S}_i(z^{-1})$为

$$\boldsymbol{P}_i(z^{-1})=I,\quad \boldsymbol{R}_i(z^{-1})=\boldsymbol{I},$$

$$\boldsymbol{Q}_i(z^{-1})=\boldsymbol{Q}_i^*(1-z^{-1}),\quad \boldsymbol{Q}_i^*=\mathrm{diag}\{q_{i1},q_{i2},\cdots,q_{in}\},$$

$$\boldsymbol{S}_i(z^{-1})=\boldsymbol{S}_i^*(1-z^{-1}),\quad \boldsymbol{S}_i^*=\begin{bmatrix}0 & s_{12}^i & \cdots & s_{1(n-1)}^i & s_{1n}^i\\ s_{n2}^i & 0 & \cdots & s_{2(n-1)}^i & s_{2n}^i\\ \vdots & \vdots & \ddots & \vdots & \vdots\\ s_{(n-1)1}^i & s_{(n-1)2}^i & \cdots & 0 & s_{(n-1)n}^i\\ s_{n1}^i & s_{n2}^i & \cdots & s_{n(n-1)}^i & 0\end{bmatrix} \tag{7.7.41}$$

$$\boldsymbol{K}_i(z^{-1})=\boldsymbol{K}_i^*(1-z^{-1}),\quad \boldsymbol{K}_i^*=\mathrm{diag}\{k_{i1},k_{i2},\cdots,k_{in}\}$$

式中，$\boldsymbol{Q}_i^*$，$\boldsymbol{S}_i^*$和$\boldsymbol{K}_i^*$满足

$$|\boldsymbol{B}_i(z^{-1})+(1-z^{-1})\boldsymbol{A}_i(z^{-1})(\boldsymbol{Q}_i^*+\boldsymbol{S}_i^*)|\neq 0,\quad |z|\geqslant 1 \tag{7.7.42}$$

$$\boldsymbol{Q}_i^*=\bar{\boldsymbol{B}}_i(1)\boldsymbol{K}_i^* \tag{7.7.43}$$

采用线性解耦控制器虽然可以保证闭环系统的稳定性，但是不能减小非线性项$\boldsymbol{v}_i[\boldsymbol{x}(k)]$对被控对象输出的影响，其跟踪误差与$\boldsymbol{v}_i[\boldsymbol{x}(k)]$的上界$V$成正比，当$V$较大时，控制系统的性能不能满足工业过程的要求，采用非线性控制器可以减小$\boldsymbol{v}_i[\boldsymbol{x}(k)]$对被控对象输出的影响，但因在控制器中使用$\boldsymbol{v}_i[\boldsymbol{x}(k)]$的估计值$\hat{\boldsymbol{v}}_i(k)$，因此不能保证闭环系统的稳定性。为了减小对被控对象输出的影响，并保证闭环系统的稳定性，提出如图7.7.3所示的由线性解耦控制器式(7.7.40)、非线性解耦控制器式(7.7.38)和切换机制组成的智能解耦控制方法。

采用类似文献[20]的切换指标函数$J_{ij}(k)$

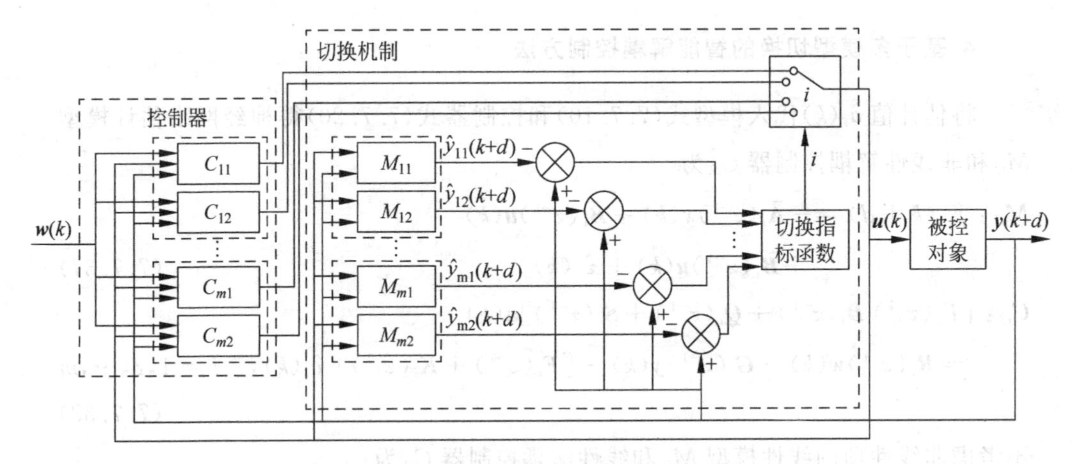

图 7.7.3 基于多模型切换的智能解耦控制

$$J_{ij}(k)=\sum_{l=1}^{t}\frac{\sigma_{ij}(k)[\|\boldsymbol{e}_{ij}(l)\|^2-\Delta^2]}{1+\|\boldsymbol{x}(l-1)\|}$$

$$+c\sum_{l=k-N+1}^{k}[1-\sigma_{ij}(l)]\|\boldsymbol{e}_{ij}(l)\|^2,\quad i=1,2,\cdots,m;\ j=1,2 \tag{7.7.44}$$

$$\boldsymbol{e}_{ij}(k)=\hat{\boldsymbol{y}}_{ij}(k)-\boldsymbol{y}(k) \tag{7.7.45}$$

$$\sigma_{ij}(k)=\begin{cases}1, & \|\boldsymbol{e}_{ij}(k)\|>\Delta\\ 0, & \text{否则}\end{cases} \tag{7.7.46}$$

$$J^*(k)=\min_{1\leqslant i\leqslant m,j=1,2}\{J_{ij}(k)\} \tag{7.7.47}$$

式中，$\Delta=V+d_0$，N 为正数，$c\geqslant 0$ 是预先给定的常数。选择 $J^*(k)$所对应的控制器 C^* 输出$\boldsymbol{u}^*(k)$为控制量，即 $\boldsymbol{u}(k)=\boldsymbol{u}^*(k)$，作用于被控对象式(7.7.10)。

下面定理说明，所提出的智能解耦控制方法能够尽可能地减小耦合与非线性项对闭环系统的影响，使得跟踪误差 $\varepsilon(k)=\boldsymbol{y}(k)-\boldsymbol{w}(k)$尽可能小，跟踪误差与死区宽度有关，即与不可测有界干扰的上界 d_0 相关，当$\boldsymbol{d}_i(k)=0$ 时，跟踪误差可以小于任意给定的小正数，同时保证闭环系统的输入输出有界，即 $\|\boldsymbol{y}(k)\|<\infty$和$\|\boldsymbol{u}(k)\|<\infty$。

定理 7.7.1 对于被控对象式(7.7.10)，采用控制器式(7.7.38)和式(7.7.40)，神经网络估计器式(7.7.26)～式(7.7.32)，以及切换指标式(7.7.44)～式(7.7.47)，当选择加权矩阵$\boldsymbol{P}_i(z^{-1})$、$\boldsymbol{Q}_i(z^{-1})$、$\boldsymbol{R}_i(z^{-1})$和$\boldsymbol{S}_i(z^{-1})$满足式(7.7.41)和式(7.7.42)时：

(1) 系统的输入输出有界，即

$$\|\boldsymbol{y}(k)\|<\infty,\quad \|\boldsymbol{u}(k)\|<\infty \tag{7.7.48}$$

(2) 跟踪误差 $\varepsilon(k)$为

$$\lim_{k\to\infty}\|\varepsilon(k)\|=\lim_{k\to\infty}\|\boldsymbol{y}(k)-\boldsymbol{w}(k)\|\leqslant|\boldsymbol{F}_i(1)|(\xi_{0i}+d_0) \tag{7.7.49}$$

当$\bar{\boldsymbol{d}}(k)=0$ 时，$\lim\limits_{k\to\infty}\|\varepsilon(k)\|\leqslant|\boldsymbol{F}_i(1)|\xi_{0i}$，适当选择神经网络的节点数 l，跟踪误差可以小于任意给定的正数。

证明　由线性解耦控制器式(7.7.40)、非线性解耦控制器式(7.7.38)和被控对象式(7.7.10)，采用类似文献[16]的方法可得闭环系统的输入输出动态方程分别为

$$[\boldsymbol{B}_i(z^{-1})+(1-z^{-1})\boldsymbol{A}_i(z^{-1})(\boldsymbol{Q}_i^*+\boldsymbol{S}_i^*)]\boldsymbol{u}(k)=\boldsymbol{A}_i(z^{-1})\boldsymbol{w}(k)+\boldsymbol{G}_i(z^{-1})\boldsymbol{e}_{i1}(k) \tag{7.7.50}$$

$$[\widetilde{\boldsymbol{H}}_i(z^{-1})\boldsymbol{A}_i(z^{-1})+z^{-k}\widetilde{\boldsymbol{B}}_i(z^{-1})\boldsymbol{G}_i(z^{-1})]\boldsymbol{y}(k+d)=\widetilde{\boldsymbol{B}}_i(z^{-1})\boldsymbol{w}(k)+\widetilde{\boldsymbol{H}}_i(z^{-1})\boldsymbol{e}_{i1}(k+d) \tag{7.7.51}$$

和

$$\begin{aligned}&[\boldsymbol{B}_i(z^{-1})+(1-z^{-1})\boldsymbol{A}_i(z^{-1})(\boldsymbol{Q}_i^*+\boldsymbol{S}_i^*)]\boldsymbol{u}(k)\\&=\boldsymbol{A}_i(z^{-1})\boldsymbol{w}(k)-[\boldsymbol{I}+(1-z^{-1})\boldsymbol{A}_i(z^{-1})\boldsymbol{K}_i^*][\boldsymbol{v}_i[\boldsymbol{x}(k)]+\bar{\boldsymbol{d}}_i(k)]\\&\quad+\boldsymbol{A}_i(z^{-1})[\boldsymbol{F}_i(z^{-1})+(1-z^{-1})\boldsymbol{K}_i^*\boldsymbol{G}_i(z^{-1})]\boldsymbol{e}_{i2}(k)\end{aligned} \tag{7.7.52}$$

$$\begin{aligned}&[\widetilde{\boldsymbol{H}}_i(z^{-1})\boldsymbol{A}_i(z^{-1})+z^{-k}\widetilde{\boldsymbol{B}}_i(z^{-1})\boldsymbol{G}_i(z^{-1})]\boldsymbol{y}(k+k)\\&=\widetilde{\boldsymbol{B}}_i(z^{-1})\boldsymbol{w}(k)-\{\widetilde{\boldsymbol{B}}_i(z^{-1})[\boldsymbol{F}_i(z^{-1})\\&\quad+(1-z^{-1})\boldsymbol{K}_i^*-\widetilde{\boldsymbol{H}}_i(z^{-1})]\}[\boldsymbol{v}_i[\boldsymbol{x}(k)]+\bar{\boldsymbol{d}}_i(k)]\\&\quad+\widetilde{\boldsymbol{B}}_i(z^{-1})[\boldsymbol{F}_i(z^{-1})+(1-z^{-1})\boldsymbol{K}_i^*]\boldsymbol{e}_{i2}(k+d)\end{aligned} \tag{7.7.53}$$

式中

$$\boldsymbol{e}_{i1}(k+d)=-\boldsymbol{v}_i[\boldsymbol{x}(k)]-\bar{\boldsymbol{d}}_i(k) \tag{7.7.54}$$

$$\boldsymbol{e}_{i2}(k+d)=\hat{\boldsymbol{v}}_i(k)-\boldsymbol{v}_i[\boldsymbol{x}(k)]-\bar{\boldsymbol{d}}_i(k)$$

且

$$\begin{aligned}&\det\{\boldsymbol{B}_i(z^{-1})+(1-z^{-1})\boldsymbol{A}_i(z^{-1})(\boldsymbol{Q}_i^*+\boldsymbol{S}_i^*)\}\\&=\det\{\widetilde{\boldsymbol{H}}_i(z^{-1})\boldsymbol{A}_i(z^{-1})+z^{-k}\widetilde{\boldsymbol{B}}_i(z^{-1})\boldsymbol{G}_i(z^{-1})\}\end{aligned} \tag{7.7.55}$$

矩阵$\widetilde{\boldsymbol{B}}_i(z^{-1})$和$\widetilde{\boldsymbol{H}}_i(z^{-1})$满足

$$\begin{aligned}&\widetilde{\boldsymbol{B}}_i(z^{-1})[\boldsymbol{F}_i(z^{-1})\boldsymbol{B}_i(z^{-1})+(1-z^{-1})(\boldsymbol{Q}_i^*+\boldsymbol{S}_i^*)]\\&=\widetilde{\boldsymbol{H}}_i(z^{-1})\boldsymbol{B}_i(z^{-1}),\det\{\boldsymbol{B}_i(z^{-1})\}=\det\{\widetilde{\boldsymbol{B}}_i(z^{-1})\}\end{aligned}$$

由式(7.7.50)、式(7.7.51)、式(7.7.52)、式(7.7.53)、式(7.7.55)和式(7.7.46)，应用文献[29]的引理3.2，存在常数c_1、c_2、c_3和c_4使得

$$\|\boldsymbol{x}(k)\|\leqslant c_1+c_2\max_{0\leqslant\tau<k}\|\boldsymbol{e}_{i1}(\tau)\|\leqslant c_1+c_2\Delta \tag{7.7.56}$$

$$\|\boldsymbol{x}(k)\|\leqslant c_3+c_4\max_{0\leqslant\tau<k}\|\boldsymbol{e}_{i2}(\tau)\| \tag{7.7.57}$$

由式(7.7.54)，式(7.7.56)和性能指标式(7.7.44)知

$$J_{i1}(k)=c\sum_{l=k-N+1}^{k}\|\boldsymbol{e}_{ij}(l)\|^2\leqslant cN\Delta^2 \tag{7.7.58}$$

即线性解耦控制器C_{i1}对应的性能指标$J_{i1}(k)$总是有界。此时存在两种情况：

(1) $J_{i2}(k)$无界。存在一个时刻$k\geqslant k_0$使得$J_{i2}(k)>J_{i1}(k)$。根据切换指标，切换系统将采用相应的线性解耦控制器C_{i1}，此时式(7.7.56)成立。

(2) $J_{i2}(k)$有界。若$J_{i2}(k)>J_{i1}(k)$，切换系统将采用相应的线性解耦控制器

C_{i1}，此时式(7.7.56)成立。若 $J_{i2}(k)<J_{i1}(k)$，采用相应的非线性解耦控制器 C_{i2}。由于 $J_{i2}(k)$ 有界，可知

$$\lim_{t\to\infty}\frac{\sigma_{i2}(k)[\|\boldsymbol{e}_{i2}(k)\|^2-\Delta^2]}{1+\|\boldsymbol{x}(k-1)\|^2}=0 \tag{7.7.59}$$

由式(7.7.57)和文献[29]的引理3.1得 $\lim\limits_{t\to\infty}\sigma_{i2}(k)[\|\boldsymbol{e}_{i2}(k)\|^2-\Delta^2]=0$，即 $\lim\limits_{t\to\infty}\|\boldsymbol{e}_{i2}(k)\|\leqslant\Delta$。此时，式(7.7.57)为 $\|\boldsymbol{x}(k)\|\leqslant c_3+c_4\Delta$。因此，切换系统采用 C_{i1} 或 C_{i2}，输入输出有界，即

$$\|\boldsymbol{y}(k)\|<\infty \text{ 和 } \|\boldsymbol{u}(k)\|<\infty$$

采用线性解耦控制器 C_{i1} 时，由式(7.7.40)和式(7.7.10)知

$$\begin{aligned}&[\overline{\boldsymbol{B}}_i(z^{-1})+(1-z^{-1})\boldsymbol{Q}_i^*\boldsymbol{A}_i(z^{-1})]\boldsymbol{y}(k+d)\\&=\overline{\boldsymbol{B}}_i(z^{-1})\boldsymbol{w}(k)+(1-z^{-1})[\boldsymbol{Q}_i^*\overline{\overline{\boldsymbol{B}}}_i(z^{-1})-\overline{\boldsymbol{B}}_i(z^{-1})\boldsymbol{S}_i^*]\boldsymbol{u}(k)\\&\quad-[\boldsymbol{F}_i(z^{-1})\overline{\boldsymbol{B}}_i(z^{-1})+(1-z^{-1})\boldsymbol{Q}_i^*]\boldsymbol{e}_{i1}(k+d)\end{aligned} \tag{7.7.60}$$

由式(7.7.41)和式(7.7.42)，跟踪误差 $\varepsilon_{i1}(k)$ 为

$$\lim_{t\to\infty}\|\varepsilon_{i1}(k)\|=\lim_{t\to\infty}\|\boldsymbol{y}(k+d)-\boldsymbol{w}(k)\|=\lim_{t\to\infty}\|\boldsymbol{F}_i(1)\boldsymbol{e}_{i1}(k)\|\leqslant|\boldsymbol{F}_i(1)|\Delta \tag{7.7.61}$$

采用非线性解耦控制器 C_{i2} 时，由式(7.7.42)和式(7.7.10)知

$$\begin{aligned}&[\overline{\boldsymbol{B}}_i(z^{-1})+(1-z^{-1})\boldsymbol{Q}_i^*\boldsymbol{A}_i(z^{-1})]\boldsymbol{y}(k+d)\\&=\overline{\boldsymbol{B}}_i(z^{-1})\boldsymbol{w}(k)+(1-z^{-1})[\boldsymbol{Q}_i^*\overline{\overline{\boldsymbol{B}}}_i(z^{-1})-\overline{\boldsymbol{B}}_i(z^{-1})\boldsymbol{S}_i^*]\boldsymbol{u}(k)\\&\quad+(1-z^{-1})[\boldsymbol{Q}_i^*-\overline{\boldsymbol{B}}_i(z^{-1})\boldsymbol{K}_i^*][\boldsymbol{v}_i[\boldsymbol{x}(k)]+\overline{\boldsymbol{d}}_i(k)]\\&\quad-\overline{\boldsymbol{B}}_i(z^{-1})[\boldsymbol{F}_i(z^{-1})+(1-z^{-1})\boldsymbol{K}_i^*]\boldsymbol{e}_{i2}(k+d)\end{aligned} \tag{7.7.62}$$

由式(7.7.41)和式(7.7.42)，跟踪误差 $\varepsilon_{i2}(k)$ 为

$$\begin{aligned}\lim_{k\to\infty}\|\varepsilon_{i2}(k)\|&=\lim_{k\to\infty}\|\boldsymbol{y}(k-d)-\boldsymbol{w}(k)\|\\&=\lim_{k\to\infty}\|\boldsymbol{F}_i(1)\boldsymbol{e}_{i2}(k+d)\|\\&=|\boldsymbol{F}_i(1)|\lim_{k\to\infty}\|\boldsymbol{e}_{i2}(k+d)\|\\&\leqslant|\boldsymbol{F}_i(1)|g_{0i}=|\boldsymbol{F}_i(1)|(\xi_{0i}+d_0)\end{aligned} \tag{7.7.63}$$

根据不等式式(7.7.61)和切换指标式(7.7.44)，切换系统的跟踪误差为

$$\lim_{t\to\infty}\|\varepsilon(k)\|\leqslant|\boldsymbol{F}_i(1)|(\xi_{0i}+d_0)$$

适当选择神经网络的节点数 l，ξ_{0i} 可以任意小[25]，当被控对象不存在有界干扰 $\boldsymbol{d}_i(k)$ 时，切换系统的跟踪误差可以小于任意给定的正数。

■

7.7.5 工业应用

将上述智能解耦控制方法应用于如图7.7.4所示的中国某电力有限公司的6台200MW燃煤型发电机组的24台DTM350/600钢球磨煤机制粉系统。

图 7.7.4　钢球磨煤机制粉系统

1. 控制器设计

首先结合上述钢球磨煤机制粉系统设计控制器，选择式(7.7.8)中的$\boldsymbol{A}_i(z^{-1})$和$\boldsymbol{B}_i(z^{-1})$的阶次分别为$n_A=2$和$n_B=1$，采用最小二乘辨识算法估计$\boldsymbol{A}_i(z^{-1})$和$\boldsymbol{B}_i(z^{-1})$。运行条件1的模型参数为

$$\boldsymbol{A}_1(z^{-1})=\begin{bmatrix}1-1.1344z^{-1}+0.14z^{-2} & 0 & 0\\ 0 & 1-1.0754z^{-1}-0.3181z^{-2} & 0\\ 0 & 0 & 1-1.5642z^{-1}+0.7639z^{-2}\end{bmatrix}\tag{7.7.64}$$

$$\boldsymbol{B}_1(z^{-1})=\begin{bmatrix}-0.0357-0.0023z^{-1} & 0.1222+0.1076z^{-1} & 0.2294+0.1018z^{-1}\\ 0.0017 & 0.1665+0.0357z^{-1} & 0.2161-0.1151z^{-1}\\ 0.0021 & 0.1283+0.0971z^{-1} & 0.1785+0.1338z^{-1}\end{bmatrix}\tag{7.7.65}$$

选择加权矩阵$\boldsymbol{P}_1(z^{-1})$、$\boldsymbol{Q}_1(z^{-1})$、$\boldsymbol{R}_1(z^{-1})$和$\boldsymbol{S}_1(z^{-1})$为

$$\begin{gathered}\boldsymbol{P}_1(z^{-1})=\boldsymbol{I},\quad \boldsymbol{R}_1(z^{-1})=\boldsymbol{I},\\ \boldsymbol{Q}_1(z^{-1})=(1-z^{-1})\operatorname{diag}[-0.5377,0.2137,0.2076],\\ \boldsymbol{S}_1(z^{-1})=(1-z^{-1})\begin{bmatrix}0 & 0.1201 & 0.0804\\ 0.1124 & 0 & 0.0527\\ 0.0426 & 0.1083 & 0\end{bmatrix}\end{gathered}\tag{7.7.66}$$

由式(7.7.18)和式(7.7.24)得

$$\boldsymbol{K}_1(z^{-1})=(1-z^{-1})\operatorname{diag}[1.4150,1.0569,0.6647],\quad \boldsymbol{F}_1(z^{-1})=\boldsymbol{I}\tag{7.7.67}$$

$$\boldsymbol{G}_1(z^{-1})=\operatorname{diag}[1.1344-0.14z^{-1},1.0754+0.3181z^{-1},1.5642-0.7639z^{-1}]\tag{7.7.68}$$

采用式(7.7.38)和式(7.7.40)可求得线性解耦控制器C_{11}和非线性解耦控制器C_{12}。

运行条件2的模型参数为

$$\boldsymbol{A}_2(z^{-1})=\begin{bmatrix}1-1.6481z^{-1}+0.6512z^{-2} & 0 & 0\\ 0 & 1-1.5804z^{-1}-0.3381z^{-2} & 0\\ 0 & 0 & 1-1.7701z^{-1}+0.9612z^{-2}\end{bmatrix}$$

$$B_2(z^{-1})=\begin{bmatrix}-0.0523-0.0112z^{-1} & 0.3181-0.2236z^{-1} & 0.2762-0.0335z^{-1}\\ 0.0023 & 0.2376+0.2065z^{-1} & 0.2472-0.0564z^{-1}\\ 0.0046 & 0.1963-0.0104z^{-1} & 0.3642-0.0219z^{-1}\end{bmatrix} \tag{7.7.69}$$

选择加权矩阵$\boldsymbol{P}_2(z^{-1})$、$\boldsymbol{Q}_2(z^{-1})$、$\boldsymbol{R}_2(z^{-1})$和$\boldsymbol{S}_2(z^{-1})$为

$$\begin{aligned}&\boldsymbol{P}_2(z^{-1})=\boldsymbol{I},\quad \boldsymbol{R}_2(z^{-1})=\boldsymbol{I},\\&\boldsymbol{Q}_2(z^{-1})=(1-z^{-1})\mathrm{diag}\{-0.0069,0.2898,0.3205\},\\&\boldsymbol{S}_2(z^{-1})=(1-z^{-1})\begin{bmatrix}0 & 0.0722 & 0.1121\\ 0.0110 & 0 & 0.0167\\ 0.1239 & 0.0243 & 0\end{bmatrix}\end{aligned} \tag{7.7.70}$$

由式(7.7.18)和式(7.7.24)得

$$\boldsymbol{K}_2(z^{-1})=(1-z^{-1})\mathrm{diag}\{0.108[7,0.6526,0.9363],\quad \boldsymbol{F}_2(z^{-1})=\boldsymbol{I} \tag{7.7.71}$$

$$\boldsymbol{G}_2(z^{-1})=\mathrm{diag}[1.6481-0.6512z^{-1},1.5804+0.3381z^{-1},1.7701-0.9612z^{-1}] \tag{7.7.72}$$

采用式(7.7.38)和式(7.7.40)可求得线性解耦控制器C_{21}和非线性解耦控制器C_{22}。

神经网络估计器$\hat{v}_i(k)$的输入信号$\boldsymbol{Z}(k)$为

$$\begin{aligned}\boldsymbol{Z}(k)=[&y_1(k),y_1(k-1),y_2(k),y_2(k-1),y_3(k),y_3(k-1),u_1(k-1),\\&u_1(k-2),u_2(k-1),u_2(k-2),u_3(k-1),u_3(k-2)]\end{aligned}$$

隐层节点数$l=25$，权值修正增益$\gamma_i=0.013$。

神经网络权值$\boldsymbol{W}^i_{\rho\xi}$的上下限$\hat{\rho}^i_{\min}$和$\hat{\rho}^i_{\max}$的确定方法如下：首先将神经网络的权值设置得足够大，使得理想权值包括在内，然后根据离线神经网络学习得到的最大权值进行修正。

死区宽度g_{0i}的确定方法如下：根据生产工艺所确定的上述输出y_1、y_2和y_3的目标值范围和跟踪误差的最大允许范围，采用实际输入输出数据进行实验，通过凑试确定死区宽度$g_{0i}=0.002$。

非线性项和有界干扰上界Δ的确定方法如下：结合钢球磨煤机制粉系统的运行经验，确定制粉系统的最大工作范围为磨煤机出口温度y_1在60～80℃之间，入口负压y_2在-0.2～-0.6KPa之间，进出口差压y_3在0.5～2.0KPa之间。采用实际输入输出数据进行实验，由式(7.7.8)得到模型的线性部分的输出与实际输出的最大偏差。参考神经网络离线估计的非线性项的最大值，凑试确定$\Delta=7.7$。

选择切换指标式(7.7.40)中的参数$c=1$，$N=10$。

2. 仿真实验

为了将上述智能解耦控制系统应用于工业实际，进行所设计的控制器的控制性能仿真实验。采用钢球磨煤机制粉系统模型式(7.7.1)～式(7.7.7)为仿真对象模型，由实际制粉系统的具体参数，如钢球磨煤机筒体直径$D=3.5$m、长度$L=6$m、转速$n=17.57$rad/min、系统的漏风系数$k_{lf}=0.33$等参数确定钢球磨煤机体积V、磨煤机出力函数$B_m(t,W_y)$等，进而确定模型式(7.7.1)～式(7.7.7)中的所有参数。

磨煤机进出口温度的设定值 w_1 为73℃，磨煤机入口负压的设定值 w_2 为 -0.465KPa，进出口压差的设定值 w_3 为1.48KPa。在 $k=1000$ 时刻，将磨煤机出口温度的设定值 w_1 由73℃降至71℃。在 $k=0$ 时，原煤水分为 $W_y=10$，当 $k=600$ 时，原煤水分由 $W_y=10$ 变为 $W_y=20$。

运行条件1的线性解耦控制器 C_{11} 控制钢球磨煤机制粉系统模型的仿真结果如图7.7.5所示。

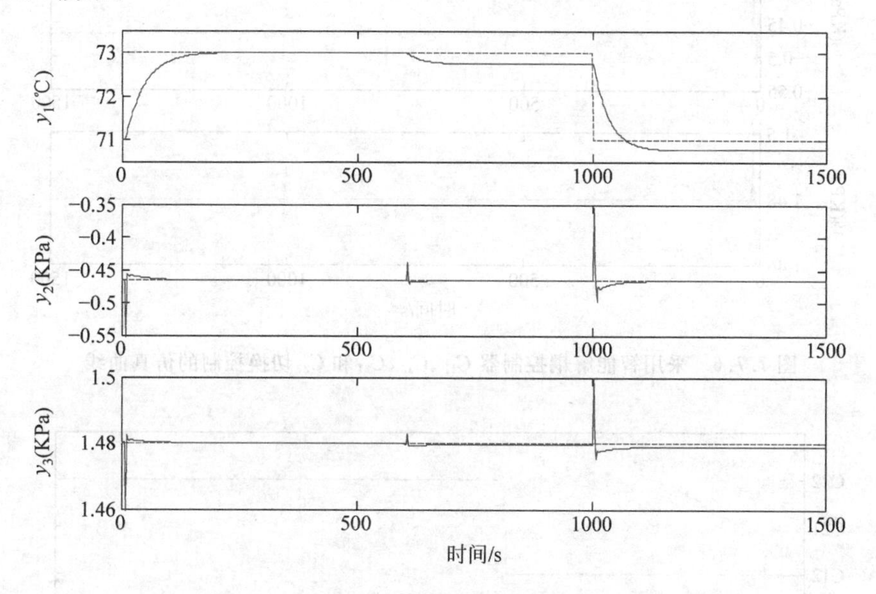

图7.7.5 采用线性解耦控制器 C_{11} 的仿真曲线

运行条件1和运行条件2的智能解耦控制器 C_{11}、C_{12}、C_{21} 和 C_{22} 切换控制钢球磨煤机制粉系统模型的仿真结果如图7.7.6所示。

从图7.7.5和7.7.6可以看出，当原煤水分 W_y 为10时，在仿真的起始阶段，采用控制器 C_{11} 控制，磨煤机出口温度 y_1 缓慢跟踪其参考输入 w_1，经过132s进入±0.1℃的目标值范围；采用控制器 C_{11}、C_{12}、C_{21} 和 C_{22} 切换控制时，磨煤机出口温度 y_1 能快速跟踪参考输入 w_1，由于神经网络的补偿作用，磨煤机出口温度 y_1 虽然存在超调±0.31℃，但经过68s进入±0.1℃的目标值范围。当 $k=600$ 原煤水分 W_y 由10变为20时，采用单个线性解耦控制器 C_{11} 时，磨煤机出口温度 y_1 不能进入±0.1℃的目标值范围，存在−0.25℃的偏差。采用 C_{11}、C_{12}、C_{21} 和 C_{22} 切换控制时，磨煤机出口温度 y_1 开始在−0.22℃的范围内波动，但53s后进入±0.1℃的目标值范围。

从切换序列图7.7.7可知，当原煤水分 W_y 由10增至20时，采用 C_{11}、C_{12}、C_{21} 和 C_{22} 切换控制时，由非线性解耦控制器 C_{12} 切换至非线性解耦控制器 C_{22}。

仿真实验结果表明，当原煤水分 W_y 变化引起被控对象动态特性变化时，采用多模型切换的智能解耦控制方法比采用线性解耦控制器能取得更好的控制效果。

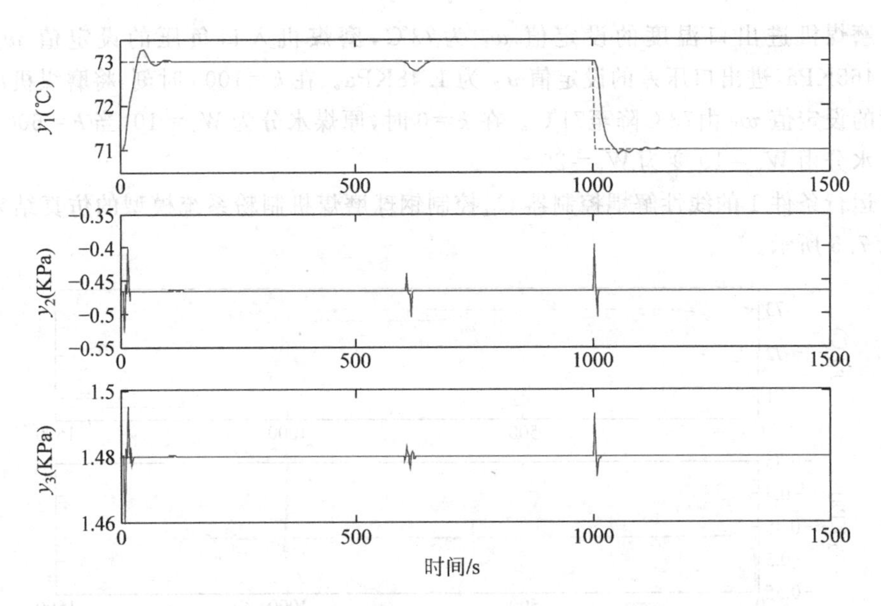

图 7.7.6 采用智能解耦控制器 C_{11}、C_{12}、C_{21} 和 C_{22} 切换控制的仿真曲线

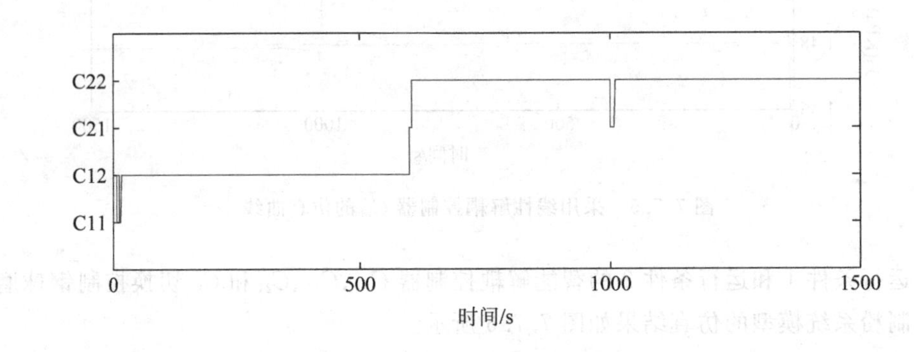

图 7.7.7 切换序列图

3. 工业实验

采用美国 Foxboro 公司的 I/A 系列 DCS 和所提出的智能解耦控制方法研制了智能解耦控制系统，将其应用于实际的钢球磨煤机制粉系统，进行带补偿的解耦控制器和不带补偿的解耦控制器的控制效果对比实验。

磨煤机出口温度 y_1 的设定值为 $w_1=72$℃，磨煤机入口负压 y_2 的设定值为 $w_2=-0.3$KPa。当 $t=18:01$ 时，将已投入运行的智能解耦控制系统的非线性补偿器断掉，此时 y_1 和 y_2 能够较好地跟踪各自的参考输入 w_1 和 w_2。当 $t=18:08$ 时，人为地将温风门的开度增加 10%，引入温风扰动，实验结果如图 7.7.8 所示。当 $t=18:53$ 时，将非线性补偿器并入系统，在 $t=19:04$ 时刻，人为地将温风门的开度增加 10%，引入温风扰动，实验结果如图 7.7.9 所示。在图 7.7.8 和图 7.7.9 中，横坐标为实验时间，标度为 3min/格；纵坐标标度：y_1，2℃/格；y_2，0.1kPa/格；u_1，10%/格；

u_2,10%/格。

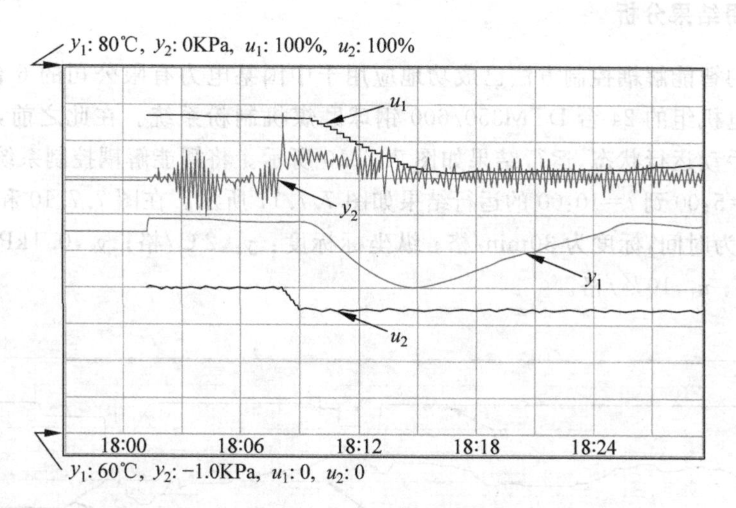

图 7.7.8 不带非线性补偿的解耦控制实验结果

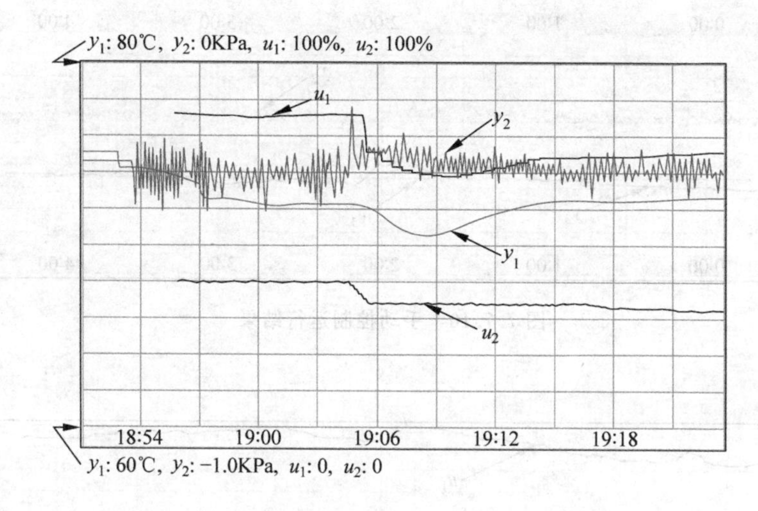

图 7.7.9 带非线性补偿的解耦控制实验结果

从图 7.7.8 和图 7.7.9 可以看出,引入温风扰动后,磨煤机出口温度 y_1 和入口负压 y_2 经过一段时间的波动后均能跟踪其设定值。当采用不带非线性补偿的解耦控制器(图 7.7.8)时,磨煤机出口温度 y_1 的波动范围为 4℃,暂态响应时间超过 15min。当采用带有非线性补偿的解耦控制器(图 7.7.9)时,磨煤机出口温度 y_1 的波动范围为 2℃,暂态响应时间为 6min。比较图 7.7.8 和图 7.7.9 中的给煤机转速曲线 u_1,可以看出,当引入温风扰动时,带有非线性补偿的智能解耦控制器使得给煤机转速 u_1(图 7.7.9)迅速减小,阻止磨煤机出口温度 y_1 下降。而不带非线性补偿的解耦控制器使得给煤机转速 u_1(图 7.7.8)缓慢减小。实验结果表明,引入非线性补偿后,可以有效地减小非线性项对被控对象输出的影响。

4. 应用结果分析

本节的智能解耦控制方法已成功地应用于中国某电力有限公司的 6 台 200MW 燃煤型发电机组的 24 台 DTM350/600 钢球磨煤机制粉系统。在此之前，制粉系统一直处于手动运行状态，运行结果如图 7.7.10 所示。将智能解耦控制系统投入自动运行，在 $t=5:00$ 到 $t=10:00$ 的运行结果如图 7.7.11 所示。在图 7.7.10 和图 7.7.11 中，横坐标为时间，标度为 30min/格；纵坐标标度：y_1，2℃/格；y_2，0.1kPa/格；y_3，0.1kPa/格；u_1，10%/格。

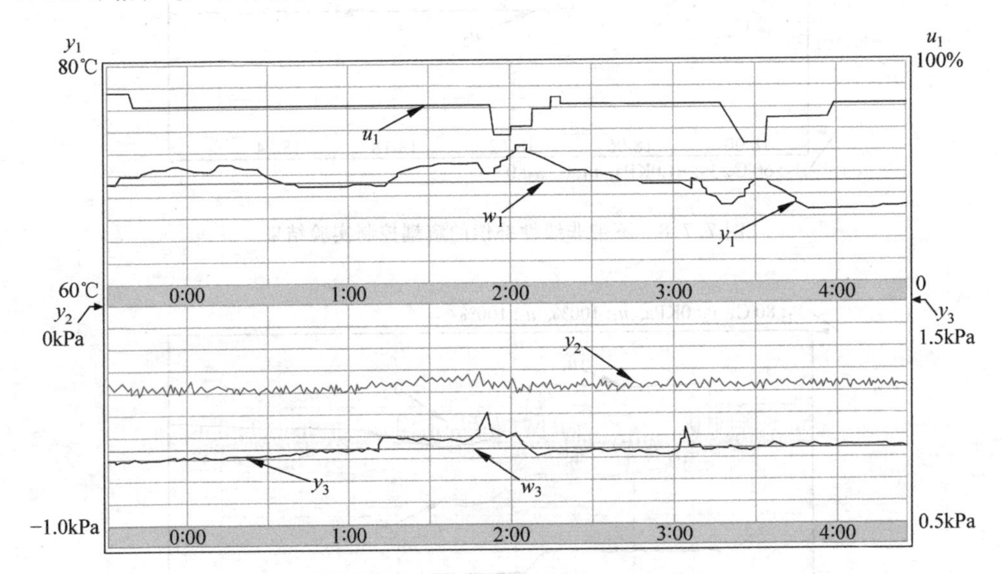

图 7.7.10 手动控制运行结果

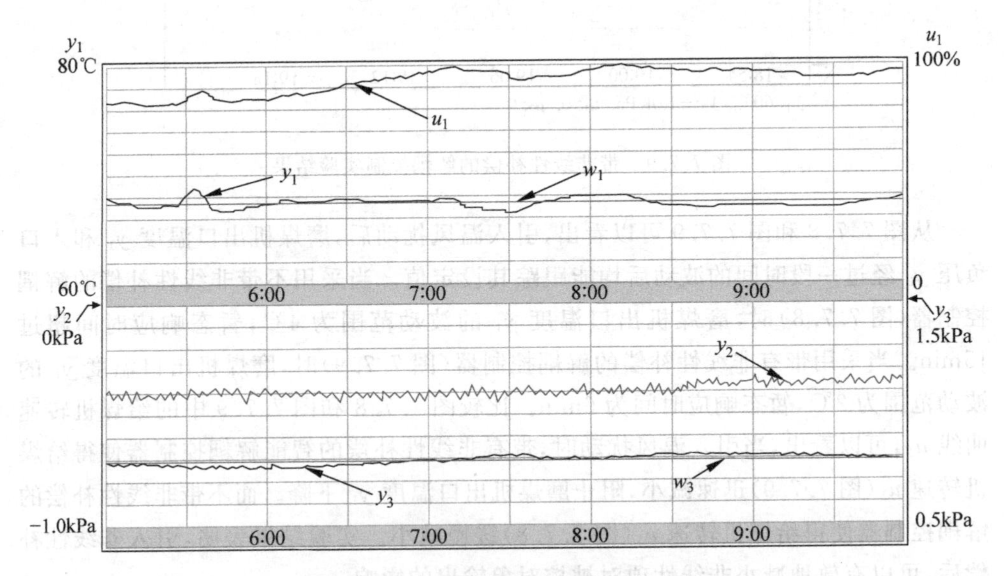

图 7.7.11 智能解耦控制系统运行结果

从图7.7.10可以看出，当被控对象处于手动运行时，磨煤机出口温度 y_1 和进出口差压 y_3 的运行曲线波动较大，磨煤机出口温度 y_1 只能保持在设定值的±7℃范围内波动，磨煤机进出口差压 y_3 在其设定值的±0.3kPa范围内波动。为避免堵磨等事故的发生，使给煤机转速 u_1 在较低的范围内运行，给煤机转速 u_1 的平均值为81.2%。从图7.7.11可以看出，当采用本节提出的智能解耦控制系统时，磨煤机出口温度 y_1 和进出口差压 y_3 的运行曲线比较平滑，磨煤机出口温度 y_1 保持在设定值的±3℃范围内波动，磨煤机进出口差压 y_3 在其设定值的±0.1kPa范围内波动，给煤机转速 u_1 的平均值高达90.5%，从而提高了磨煤机出力。

长期运行结果表明，采用本节提出的智能解耦控制系统，磨制单位煤粉的能量消耗降低了10.3%左右，磨煤机出力提高8%。同时能够有效地避免堵磨、喷粉等事故的发生，减少了环境污染。

7.7.6 小结

针对以钢球磨煤机制粉系统为例的一类多变量强耦合强非线性和动态特性随不同运行条件变化的复杂工业过程，提出的由反馈控制器、解耦补偿器和非线性项的神经网络非线性补偿器组成的非线性解耦控制器，基于线性模型设计的由反馈控制器和解耦补偿器组成的线性解耦控制器和多模型切换机制组成的智能解耦控制方法不仅可以尽可能消除非线性项和耦合项的影响，使跟踪误差尽可能小，而且能够保证系统的输入输出有界。该控制方法成功应用于中国某发电厂的200MW机组的24台钢球磨煤机制粉系统，解决了基于分散控制设计的单回路控制器不能投入自动运行的问题，使得磨制单位煤粉的能耗降低了10.3%，磨煤机出力提高8%，有效地避免了堵磨、喷粉等事故的发生，减少了环境污染。智能解耦控制的成功应用表明所提出的控制方法在复杂工业过程的控制中有着广阔的应用前景。

参考文献

[1] Wellstead P E, Zarrop M B. Self-tuning Systems: Control and Signal Processing [M]. Chichester: John Wiley & Sons, 1991.

[2] Camacho E F, Berenguel M, Bordons C. Adaptive generalized predictive control of a distributed collector field [J]. IEEE Transactions on Control Systems Technology, 1994, 2(4): 462-467.

[3] Kalt A. Distributed collector system plant construction report [R], IEA/SSPS Operating Agent DFVLR, Cologne, Germany: 1982.

[4] Camacho E F, Bordons C. Simple implementation of generalized predictive self-tuning controllers for industrial processes [J]. International Journal of Adaptive Control and Signal Processing, 1993, 7(1): 63-73.

[5] Amerongen J. Adaptive steering of ships— a model reference approach [J]. Automatica, 1984, 20(1): 3-14.

[6] Kallstrom C G, Astrom K J, Thorell N E, et al. Adaptive autopilots for tankers [J]. Automatica, 1979, 15(3): 241-254.

[7] Amergongen J V, Undik A J. Model reference adaptive autopilots for ships [J]. Automatica, 1975, 11(8): 441-449.

[8] Chai T Y. Direct adaptive decoupling control for general stochastic multivariable systems [J]. International Journal of Control, 1990, 51(4): 885-909.

[9] 柴天佑,张亚军.基于未建模动态补偿的非线性自适应切换控制方法[J].自动化学报,2011,37(7):773-786.

[10] Chai T Y, Zhai L F, Yue H. Multiple models and neural networks based decoupling control of ball mill coal-pulverizing systems [J]. Journal of Process Control, 2011, 21(3): 351-366.

[11] Skogestad S, Postlethwaite I. Multivariable Feedback Control: Analysis and Design, 2nd Edition [M]. Chichester, West Sussex: John Wiley, 2005.

[12] Rosenbrock H. Design of multivariable control systems using inverse Nyquist array [J]. IEE Proceedings: Control Theory and Applications, 1969, 116: 1929-1936.

[13] Shinskey F G. Process Control Systems [M]. 2nd Edition. London: McGraw-Hill Book Company, 1979.

[14] McDermott P E, Mellichamp D A. A decoupling pole-placement self-tuning controller for a class of multivariable process [J]. Optimal Control Applications and Methods, 1986, 7(1): 55-79.

[15] Lang S J, Gu X Y, Chai T Y. A multivariable generalized self-tuning controller with decoupling design [J]. IEEE Transactions on Automatic Control, 1986, 31(5): 474-477.

[16] Wittenmark B, Middleton R, Goodwin G. Adaptive decoupling of multivariable systems [J]. International Journal of Control, 1987, 46(6): 1993-2009.

[17] Zhu K Y, Qin X F, Chai T Y. A new decoupling design of self-tuning multivariable generalized predictive control [J]. International Journal of Adaptive Control and Signal Processing, 1999, 13(3): 183-196.

[18] Lee T H, Nie J H, Lee M W. A fuzzy controller with decoupling for multivariable nonlinear servo-mechanisms, with application to real-time control of a passive line-of-sight stabilization system [J]. Mechatronics, 1997, 7(1): 83-104.

[19] Lin C M, Mon Y J. Decoupling control by hierarchical fuzzy sliding-mode controller [J]. IEEE Transactions on Control Systems Technology, 2005, 13(4): 593-598.

[20] Chen L J, Narendra K S. Nonlinear adaptive control using neural networks and multiple models [J]. Automatica, 2001, 37(8): 1245-1255.

[21] Chaudhuri B, Majumder R, Pal B C. Application of multiple-model adaptive control strategy for robust damping of interarea oscillations in power system [J]. IEEE Transactions on Control Systems Technology, 2004, 12(5): 727-736.

[22] Karimi A, Landau I D. Robust adaptive control of a flexible transmission system using multiple models [J]. IEEE Transactions on Control Systems Technology, 2000, 8(2): 321-331.

[23] Leontaritis I J, Billings S A. Input-output parametric models for nonlinear systems Part I: Deterministic nonlinear systems [J]. International Journal of Control, 1985, 41: 303-328.

[24] Lin H, Zhai G S, Antsaklis P J. Set-valued observer design for a class of uncertain linear

systems with persistent disturbance and measurement noise [J]. International Journal of Control，2003，76(16)：1644-1653.

[25] Kosmatopoulos E B，Polycarpou M M，Christodoulou M A，Ioannou P A. High-order neural network structures for identification of dynamical systems [J]. IEEE Transactions on Neural Networks，1995，6(2)：422-431.

[26] Ge S S，Hang C C，Lee T H，et al. Stable Adaptive Neural Network Control [M]. Boston，MA：Kluwer Academic，2001.

[27] Ge S S，Zhang J，Lee T H. Adaptive MNN control for a class of non-affine NARMAX systems with disturbances [J]. Systems & Control Letters，2004，53(1)：1-12.

[28] Ioannou P A，Sun J. Robust Adaptive Control [M]. Englewood Cliffs，NJ：Prentice-Hall，1996.

[29] Goodwin G C，Ramadge P J，Caines P E. Discrete-time multivariable adaptive control [J]. IEEE Transactions on Automatic Control，1980，AC-25(3)：449-456.

附 录 A

本附录给出本书中用到的几个重要引理和定理。

A.1 几个重要引理

引理 A.1.1 考虑下列 n 阶渐近稳定的时不变线性系统

$$\begin{aligned} \boldsymbol{x}(k+1) &= \boldsymbol{A}\boldsymbol{x}(k) + \boldsymbol{B}\boldsymbol{u}(k) \\ \boldsymbol{y}(k) &= \boldsymbol{C}\boldsymbol{x}(k) + \boldsymbol{D}\boldsymbol{u}(k) \end{aligned}$$

式中 $\boldsymbol{y}(k)$和 $\boldsymbol{u}(k)$分别为 $p\times 1$ 维输出和 $m\times 1$ 维输入向量；$\boldsymbol{x}(k)$为 $n\times 1$ 维状态向量,存在与 N 无关的常数 C_1 和 C_2 使得

$$\sum_{k=1}^{N} \|\boldsymbol{y}(k)\|^2 \leqslant C_1 \sum_{k=0}^{N} \|\boldsymbol{u}(k)\|^2 + C_2, \text{对所有的 } N \in \mathrm{N}, 0 < C_1 < \infty, 0 \leqslant C_2 < \infty$$

证明 由状态方程

$$\begin{aligned} \boldsymbol{x}(k+1) &= \boldsymbol{A}\boldsymbol{x}(k) + \boldsymbol{B}\boldsymbol{u}(k), \quad \boldsymbol{x}(0) = \boldsymbol{x}_0 \\ \boldsymbol{y}(k) &= \boldsymbol{C}\boldsymbol{x}(k) + \boldsymbol{D}\boldsymbol{u}(k) \end{aligned}$$

有

$$\boldsymbol{y}(k) = \boldsymbol{C}\boldsymbol{A}^k x_0 + \boldsymbol{D}\boldsymbol{u}(k) + \sum_{j=1}^{k} \boldsymbol{C}\boldsymbol{A}^{j-1}\boldsymbol{B}\boldsymbol{u}(k-j)$$

所以

$$\begin{aligned} \|\boldsymbol{y}(k)\|^2 &\leqslant 3\Big\{ \|\boldsymbol{C}\|^2 \cdot \|\boldsymbol{A}^k\|^2 \cdot \|\boldsymbol{x}_0\|^2 + \|\boldsymbol{D}\|^2 \cdot \|\boldsymbol{u}(k)\|^2 \\ &\quad + \Big[\sum_{j=1}^{k} \|\boldsymbol{C}\| \cdot \|\boldsymbol{A}^{j-1}\| \cdot \|\boldsymbol{B}\| \cdot \|\boldsymbol{u}(k-j)\|\Big]^2 \Big\} \\ &\leqslant K_1\lambda^{2k} + K_2 \|\boldsymbol{u}(k)\|^2 + K_3 \Big[\sum_{j=1}^{k} \lambda^{j-1} \|u(k-j)\|\Big]^2 \end{aligned}$$

这里因 $\boldsymbol{A}$ 是渐近稳定的,故有 $\|\boldsymbol{A}^j\| \leqslant k\lambda^j, 0 \leqslant \lambda < 1$ 及 $0 \leqslant k < \infty$,于是有

$$\begin{aligned} \|\boldsymbol{y}(k)\|^2 &\leqslant K_1\lambda^{2k} + K_2 \|\boldsymbol{u}(k)\|^2 + K_3 \Big[\sum_{j=1}^{k} \lambda^{\frac{j-1}{2}} \cdot \lambda^{\frac{j-1}{2}} \|\boldsymbol{u}(k-j)\|\Big]^2 \\ &\leqslant K_1\lambda^{2k} + K_2 \|\boldsymbol{u}(k)\|^2 + K_3 \Big[\sum_{j=1}^{k} \lambda^{j-1}\Big]\Big[\sum_{j=1}^{k} \lambda^{j-1} \|\boldsymbol{u}(k-j)\|\Big]^2 \end{aligned}$$

所以有

$$\sum_{k=1}^{N} \|\boldsymbol{y}(k)\|^2 \leqslant K_4 + K_2 \sum_{k=1}^{N} \|\boldsymbol{u}(k)\|^2 + K_5 \sum_{k=1}^{N}\sum_{j=1}^{k} \lambda^{j-1} \|\boldsymbol{u}(k-j)\|^2$$

引入 $\tau = k-j$ 后有

$$\begin{aligned}\sum_{k=1}^{N} \| \boldsymbol{y}(k) \|^2 &\leqslant K_4 + K_2 \sum_{k=1}^{N} \| \boldsymbol{u}(k) \|^2 + K_5 \sum_{\tau=0}^{N-1} \sum_{k=\tau+1}^{N} \lambda^{k-\tau-1} \| \boldsymbol{u}(\tau) \|^2 \\ &\leqslant K_4 + K_2 \sum_{k=1}^{N} \| \boldsymbol{u}(k) \|^2 + K_6 \sum_{\tau=0}^{N-1} \| \boldsymbol{u}(\tau) \|^2 \\ &\leqslant C_1 + C_2 \sum_{k=0}^{N} \| \boldsymbol{u}(k) \|^2\end{aligned}$$

■

引理 A.1.2 考虑离散差分模型

$$\boldsymbol{A}(z^{-1})\boldsymbol{y}(k) = z^{-d}\boldsymbol{B}(z^{-1})\boldsymbol{u}(k) + \boldsymbol{C}(z^{-1})\xi(k) \quad k \geqslant 1$$

式中$\{\boldsymbol{y}(k)\}$、$\{\boldsymbol{u}(k)\}$和$\{\xi(k)\}$分别为p维输出、m维输入和p维随机噪声向量序列；$\boldsymbol{A}(z^{-1})$、$\boldsymbol{B}(z^{-1})$和$\boldsymbol{C}(z^{-1})$分别为$p\times p$、$p\times m$、$p\times p$维系数多项式矩阵，且$\boldsymbol{B}(z^{-1})$和$\boldsymbol{C}(z^{-1})$稳定，则有

$$\frac{1}{N}\sum_{k=1}^{N} \| \boldsymbol{u}(k) \|^2 \leqslant \frac{K_1}{N}\sum_{k=1}^{N} \| \boldsymbol{y}(k+1) \|^2 + \frac{K_2}{N}\sum_{k=1}^{N} \| \xi(k+1) \|^2 + \frac{K_3}{N}$$

证明 由于$\boldsymbol{B}(z^{-1})$和$\boldsymbol{C}(z^{-1})$稳定，$\boldsymbol{u}(k)$可看成为一渐近稳定线性系统的输出，其输入为$\{\boldsymbol{y}(k)\}$和$\{\xi(k)\}$，因此有

$$\begin{aligned}\boldsymbol{x}(k+1) &= \boldsymbol{A}\boldsymbol{x}(k) + \boldsymbol{B}_1\boldsymbol{v}_1(k) + \boldsymbol{B}_2\boldsymbol{v}_2(k) \\ \boldsymbol{u}(k) &= \boldsymbol{C}\boldsymbol{x}(k) + \boldsymbol{D}_1\boldsymbol{v}_1(k) + \boldsymbol{D}_2\boldsymbol{v}_2(k)\end{aligned}$$

式中

$$\boldsymbol{v}_1(k) = \boldsymbol{y}(k+d), \quad \boldsymbol{v}_2(k) = \varepsilon(k+d)$$

应用叠加原理、引理 A.1.1 和 Schwarz 不等式，可证引理 A.1.2 成立。

■

引理 A.1.3(Toeplitz 引理) 设$a_{nk}(k=1,2,\cdots,k_n)$为实数，对每一个固定的k有$a_{nk}\to 0$，对所有的n有$\sum_{k=1}^{\infty} | a_{nk} | \leqslant C < \infty$，

设

$$y_n = \sum_{k=1}^{\infty} a_{nk}x_k$$

式中，$\{x_k\}$为一实数序列，若

(1) $\lim\limits_{k\to\infty} x_k = 0$ 则有$\lim\limits_{n\to\infty} y_n = 0$

(2) $\left.\begin{aligned}&① \lim_{n\to\infty}\sum_{k=1}^{\infty} a_{nk} = 1 \\ &② \lim_{k\to\infty} x_k = x < \infty\end{aligned}\right\}$则有$\lim\limits_{n\to\infty} y_n = x$

(3) 特别是，若 $b_n = \sum_{k=1}^{n} a_k$ 及

$$\left.\begin{array}{l} ① \lim\limits_{n\to\infty} b_n = \infty \\ ② \{a_n\} \geqslant 0 \\ ③ \lim\limits_{k\to\infty} x_k = x < \infty \end{array}\right\} 则有 \lim_{n\to\infty} \frac{1}{b_n} \sum_{k=1}^{n} a_k x_k = x$$

证明 (1) 对每一个 $\varepsilon>0$，存在 $k(\varepsilon)$ 使得对于所有的 $k\geqslant k(\varepsilon)$ 和 $|x_k|<\varepsilon/c$，下式得以满足

$$y_n = \sum_{k=1}^{k(\varepsilon)} a_{nk} x_k + \sum_{k=k(\varepsilon)+1}^{\infty} a_{nk} x_k$$

$$|y_n| \leqslant \sum_{k=1}^{k(\varepsilon)} |a_{nk} x_k| + \varepsilon$$

令 $n\to\infty$ 并注意到 ε 为任意选定值，故令 $\varepsilon\to 0$，即得

$$\lim_{n\to\infty} y_n = 0$$

(2) $y_n = \sum\limits_{k=1}^{\infty} a_{nk} x + \sum\limits_{k=1}^{\infty} a_{nk}(x_k - x)$，对该式取极限，利用(1) 即有

$$\lim_{n\to\infty} y_n = x$$

(3) 令 $a_{nk} = \dfrac{a_k}{b_n}$，$k\leqslant n$，利用(2)，即得(3)。

■

Toeplitz 引理的特例即下面给出的 Kronecker 引理。

引理 A.1.4(Kronecker 引理) 如果：

(1) $\sum\limits_{k=1}^{n} x_k$ 收敛

(2) $\{b_n\}$非降

(3) $\lim\limits_{n\to\infty} b_n = \infty$

则有

$$\lim_{n\to\infty} \frac{1}{b_n} \sum_{k=1}^{n} b_k x_k = 0$$

证明 令 $b_0 = 0$

$$a_k = b_k - b_{k-1}$$

$$S_{n+1} = \sum_{k=1}^{n} x_k$$

于是

$$\frac{1}{b_n}\sum_{k=1}^{n} b_k x_k = \frac{1}{b_n}\sum_{k=1}^{n} b_k(S_{k+1} - S_k) = \frac{1}{b_n}\sum_{k=1}^{n}(b_k S_{k+1} - b_{k-1}S_k + b_{k-1}S_k - b_k S_k)$$

$$= S_{n+1} - \frac{1}{b_n}\sum_{k=1}^{n} a_k S_k$$

应用引理 A.1.3 中的(3)便有

$$\lim_{n\to\infty}\frac{1}{b_n}\sum_{k=1}^{n}b_kx_k = S-S=0$$

■

A.2 Martingale(鞅)及有关定理

考虑一概率空间(Ω,F,P),其中Ω为样本空间,为一非空集,F为Ω子集的σ-代数,P为在F中定义的概率测度。

设$\{F_k,k\in \mathrm{T}\}$为具有以下性质的σ-代数序列$F_k\subset F,\forall k\in T,F_k\subset F_s$,当$k\leqslant s$时,序列$\{F_k\}$称为递增的。设$F_k$为$k$时刻的信息,则所谓递增特性意味着在此时刻之后信息量增加。

定义 A.2.1 对所有的k,若x_k对F_k都可测,则称随机过程$\{x_k,k\in \mathrm{T}\}$可转化为σ-代数F_k的序列。换言之,包含在F_k中的信息足以完全地确定x_k,即

$$\mathrm{E}(x_k\mid F_k)=x_k$$

定义 A.2.2 若以下条件成立:

(1) $\{F_k\}$递增;

(2) $\{x_k\}$转化为F_k;

(3) $\mathrm{E}(|x_k|)<\infty$;

(4) $x_s=\mathrm{E}(x_k|F_s,s<k)$。

则随机过程$\{x_k,k\in T\}$对于σ-代数$\{F_k,k\in T\}$的序列称为鞅。

若$x_s\leqslant \mathrm{E}(x_k|F_s,s<k)$,则称$\{x_k\}$对于$\{F_k\}$为亚鞅(Submartingale)。若$x_s\geqslant \mathrm{E}(x_k|F_s,s<k)$,则称$\{x_k\}$对于$\{F_k\}$为超鞅(Supermartingale)。

定理 A.2.1(Doob 分解定理) $\{x_k\}$对于$\{F_k\}$为亚鞅的充要条件为,对于$\{F_k\}$存在一个鞅$\{x'_k\}$和一正的递增序列$\{z_k\}$,使得

$$x_k=z_k+x'_k$$

证明略。

定理 A.2.2 设$\{x_k\}$对于$\{F_k\}$为一亚鞅,f为定义在R上的递增凸函数,则$\{f(x_k)\}$对于$\{F_k\}$也是亚鞅。

证明略。

定理 A.2.3 设$\{x_k\}$为对于$\{\boldsymbol{F}_k\}$为向量鞅,且对所有$k\,\|\mathrm{E}(\boldsymbol{x}_k\boldsymbol{x}_k^{\mathrm{T}})\|<\infty$,则存在一个具有有界协方差的向量随机变量$\boldsymbol{x}$,使得

$$\boldsymbol{x}_k\xrightarrow{\text{a.s.}}x$$

$$\boldsymbol{x}_k\xrightarrow{\text{q.m.}}x\quad(\text{q.m. 为均方收敛})$$

$$\boldsymbol{x}_k=\mathrm{E}[\boldsymbol{x}\mid \boldsymbol{F}_k],\quad \forall t>0$$

证明略。

定理 A.2.4(鞅收敛定理) 设$\{V_k\}$,$\{\alpha_k\}$,$\{\beta_k\}$均有非负随机变量序列,它们可转化为σ—代数的递增序列$\{F_k\}$,使得

$$E\{V_{k+1} \mid F_k\} \leqslant V_k - \alpha_j + \beta_j \quad \text{a. s.}$$

若$\sum_{j=0}^{k}\beta_j < \infty$,a. s. ,则$V_t$几乎确定地(almost surely)收敛于一有限的随机变量,并且$\lim_{N\to\infty}\sum_{k=0}^{N}a_k < \infty$,a. s. 。